国家一类特色专业 国家卓越工程师教育培养计划

地 质 工 程 专 业 系 列 教 材



# 岩土工程施工

（第二版）

主编 陈 晨

地质出版社

·北 京·

## 内 容 提 要

本教材系统地介绍了岩土工程常用施工方法的原理、计算及施工工艺。教材共分 9 章，包括绪论、工程勘察钻探、工程孔施工方法、地基处理技术、桩基础施工、地下连续墙施工、锚固技术、非开挖施工技术和其他岩土工程施工方法。

本教材为高等学校地质工程、土木工程等专业的教学用书，也可供其他相关专业师生和从事岩土工程设计、施工的技术人员参考。

**图书在版编目（CIP）数据**

岩土工程施工 / 陈晨主编. —2 版. —北京：地质出版社，2015.7（2024.12 重印）

ISBN 978-7-116-09153-5

Ⅰ.①岩… Ⅱ.①陈… Ⅲ.①岩土工程-工程施工-教材 Ⅳ.①TU4

中国版本图书馆 CIP 数据核字（2015）第 030961 号

YANTU GONGCHENG SHIGONG

**责任编辑**：李惠娣
**责任校对**：关风云
**出版发行**：地质出版社
**社址邮编**：北京市海淀区学院路 31 号，100083
**电　　话**：(010)66554646（邮购部）；(010)66554579(编辑室)
**网　　址**：https://www.gph.clmpg.com
**印　　刷**：固安华明印业有限公司
**开　　本**：787 mm×1092 mm 1/16
**印　　张**：28.25
**字　　数**：720 千字
**版　　次**：2015 年 7 月北京第 2 版
**印　　次**：2024 年 12 月河北第 3 次印刷
**定　　价**：45.00 元
**书　　号**：ISBN 978-7-116-09153-5

**国家一类特色专业 国家卓越工程师教育培养计划**
**地质工程专业系列教材**

# 编写委员会

**主任委员：** 孙友宏
**副主任委员：** 陈剑平　陈　晨
**委　　员：**（按姓氏笔画排序）

王茂森　王常明　牛建军　代树林　刘宝昌
李　欣　杨志双　陈宝义　范建华　佴　磊
赵大军　徐会文　徐佩华

# 编审委员会

**主任委员：** 苏义脑（中石油集团钻井工程技术研究院）
何满潮（中国矿业大学）
**委　　员：**（按姓氏笔画排序）

王　达（中国地质调查局）
石智军（中煤科工集团西安研究院）
伍法权（中科院地质与地球物理研究所）
刘佑荣（中国地质大学〈武汉〉）
刘宝林（中国地质大学〈北京〉）
肖树芳（吉林大学）
张　伟（中国地质调查局）
郑达辉（吉林大学）
殷　琨（吉林大学）
唐大雄（吉林大学）
鄢泰宁（中国地质大学〈武汉〉）
谭周地（吉林大学）
薄景山（防灾科技学院）

# 序　一

地质工程专业包括传统的工程地质与探矿工程两个专业方向，它是我国国民经济建设不可缺少的专业。随着人类社会的发展和技术进步，其地位愈加重要，应用领域也日益广泛。地质工程专业除了为传统的地质找矿服务外，当前还广泛应用于工业与民用建筑、重大基础设施建设、地质灾害防治、非常规油气资源开发、海洋资源调查等领域，与人们的生产和生活密切相关。

吉林大学地质工程专业办学已有63年的历史，经过几代教师的栉风沐雨、辛勤耕耘，为国家培养了一大批杰出人才，取得了一批高水平的研究成果；而该专业所在的建设工程学院，其学科建设和专业特色也享誉海内外。2007年，吉林大学地质工程学科被评为国家重点学科，2008年，勘查技术与工程专业（含地质工程专业）被评为“国家一类特色专业”。2010年，吉林大学首批进入教育部“国家卓越工程师教育培养计划”，勘查技术与工程专业（地质工程方向）为首批实施专业。

吉林大学建设工程学院的老师们，根据地质工程专业教学大纲要求并结合自身教学和科研经验，编写了本系列教材。这个系列教材具有如下特点：一是内容新，不仅保留了原有教材的精华，还增加了地质工程学科的国内外最新科研成果，做到继承与创新的统一；二是自成专业体系，全套教材共20种，涵盖了地质工程专业两个方向的专业基础课程、专业主干课程和专业特色课程，满足了专业教学的需要；三是通俗易懂，充分利用现代信息技术手段，将大量的工法原理和非可视化的地下过程，变成图像、图形、图示、表格等形式，可供相关专业人员参考。

我认为，这套系列教材反映了吉林大学地质工程专业60多年来深厚的学科积累，凝结了几代教师的心血和智慧，值此谨向参加本套教材编写的教师们表示由衷的敬意！相信这套教材的出版将为我国地质工程专业的发展起到更大的促进作用。

是为序。

中国工程院院士　苏文聪

2015年7月20日

# 序　二

地质工程属于工程技术学科，主要服务于资源开发、工程建设、地质灾害防治与地质环境保护等领域。地质工程学科需要面向我国“走新型工业化道路”和“‘走出去’发展战略”的国家目标，以培养和造就一批创新能力强，适应社会对人才培养多样化的需要，满足学生继续深造或就业的不同需要为导向，以此制定专业培养方案。吉林大学地质工程专业是国家“国家卓越工程师教育培养计划”首批实施专业，为此，该校建立了多样化的人才培养模式和与之相适应的课程体系，改革了教学内容、教学方法，设计了多门优势特色课程。这些措施为培养探索研究型、拔尖创新型地质工程专业人才奠定了基础。

教材建设是专业建设、课程建设的重要组成部分，是“传道、授业、解惑”的重要工具。吉林大学建设工程学院组织编写的“国家一类特色专业、国家卓越工程师教育培养计划地质工程专业系列教材”涵盖了工程地质和钻掘工程两个方向，包括：工程岩土学、土力学、岩体力学、碎岩工程学等专业基础课，环境地质与工程、工程地质勘察、钻探工艺学、冲击回转钻进、油气钻探等专业主干课，以及岩土工程分析与设计、岩土工程施工等专业特色课程。创编地质工程专业系列教材在我国尚属首次，求全不易，创新更难。吉林大学建设工程学院有60多年学科建设的经验积累，有一大批优秀的专家学者在此耕耘和奉献，取得了一批国内外领先的研究成果，为本套教材的创编与出版奠定了扎实的基础。希冀本套教材能够遵循继承与发展的原则，尽快出版，以助推我国地质工程专业教育的进步和发展。

当今社会的科技发展日新月异，地质工程学科也是如此。近年来，室内常规试验、物理模拟及试验、原位测试等新技术不断应用于地质工程，地质灾害的理论和地基处理技术的研究等都取得了令人瞩目的进展。将这些新理论、新方法、新技术及时应用于专业教育，方能培养出具有创新思维和科学素养的专门人才。唯其如此，方能体现教材的科学性、先进性和实用性。这是教材编写者需要关注的一个重要方面。

会当凌绝顶，一览众山小。寄语攻读地质工程专业的莘莘学子，继承前辈优良传统，热爱专业，勇攀科技高峰，将来为国家建设做出更大贡献！

欣然应邀，特作此序。

中国工程院院士 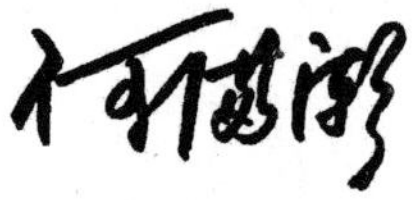

2015 年 6 月 12 日

# 前　言

本教材是根据地质工程专业国家卓越工程师培养计划“岩土工程施工”课程教学大纲，在2004年吉林大学出版社出版的《岩土工程施工》基础上编写而成的。在编写过程中征求了相关企业与专家对本课程及教材的意见，并结合近年来相关学科科研及工程技术的发展，进行了修订、补充和重新编写。

本教材同时也是吉林大学“十二五”规划教材，在教材编写内容上，既考虑满足地质工程专业的教学标准，也考虑了卓越工程师培养计划的提升需求。在第一版的基础上，本教材增加了“工程勘察钻探”和“其他岩土工程施工方法”两章内容，并对第一版的全部内容进行了修订、补充，甚至重新编写。最后定稿的内容包括：绪论、工程勘察钻探、工程孔施工方法、地基处理技术、桩基础施工、地下连续墙施工、锚固技术、非开挖施工技术、其他岩土工程施工方法。

本教材由陈晨（吉林大学）担任主编，并编写第一、三、五、六章、第九章第一节及第四章（第四节一、二、三除外）；赵长文（吉林水利水电勘测设计院）编写第二章；吴旭君（中国京冶工程技术有限公司）编写第四章第四节一、二、三；计胜利（吉林大学）编写第七章；严轩辰（美国路易斯安那理工大学）编写第八章；陈敏（上海市岩土工程检测中心）编写第九章第二节；赵嵩颖（吉林建筑大学）编写第九章第三节。吉林大学博士研究生温继伟、王维、赵贵杰、钱方、高帅和硕士研究生刘鑫鹏、董雪娇、洪建俊、王聪、赵富章负责了大部分章节的资料收集、整理、绘图及校对工作。

作者的一些同行和朋友先后提出许多建议，并给予多方面的支持，在此表示深深的谢意。

编写过程中引用了大量参考文献，包括专著、论文、标准、会议资料中的内容和图表，在此谨向原作者表示感谢。

本书得到“勘查技术与工程专业国家专业综合改革试点项目”和“吉林大学‘十二五’规划教材资助计划”资助，在此深表谢意。

限于水平，虽经努力，书中疏漏与不妥之处在所难免，诚恳欢迎读者和同行们提出批评和建议。

陈　晨

2014年8月26日于吉林大学水工楼

# 前言

# 第一版前言

21世纪是地下建筑工程大发展的世纪，“岩土工程施工”正是讲授这方面内容的重要课程。近十几年来，岩土工程施工技术发展很快，国内外的专家编写了与其有关的大量专业性书籍，但国内编写的多以手册形式为主，包罗万象；国外则多以某一门或以某一类施工技术为主，不能全面反映岩土工程施工技术的整体发展水平。目前还没有一本既能反映目前岩土工程施工技术整体发展水平，又能满足本科生教学需求的教材。

1991年开始，笔者根据地质工程各专业课教学内容改革的要求，开始为勘察工程专业的本科生讲授“岩土工程施工”（原名“现代基础工程施工”），历时10年。根据当时的岩土工程施工技术水平，编写了《现代基础工程施工》讲义，受到学生们的欢迎和行业专家的好评。但岩土工程施工技术在这十多年里的飞速发展，使这本仅介绍基础施工技术内容的教材在几年前就远不能满足教学需求了。毫无疑问，与这门课程相配套的教材将在培养学生是否满足专业要求、行业需求等方面起重要的作用。

“反者道之动”“熟知非真知”，古代东方、西方两位先哲的名言是作者编写这本《岩土工程施工》的宗旨或准则。

“反者道之动”体现的是一种“中庸”的思想。作者希望本教材尽可能全面地反映最基本的岩土工程施工技术、方法；反映岩土工程施工技术最前沿技术的发展方向；突出基本原理、基本计算、基本要求；体现十多年的相关专业、行业的科学研究成果，如潜孔锤钻进技术、大口径反循环钻头的设计、反循环井底流场的净化规律和扩底钻头、钻斗的设计等。因此作者在编写本教材时，首先考虑的不是写成专著的深度，虽然在许多方面有多项科研课题，研究的也比较深入，但这仍是一本本科教材，仍需要在一定时间内的稳定性。由于对一些新技术、新方法较难把握其未来的走向，所以只是简单介绍；而对一些已经过时、应用也不多的方法不予涉及。从施工技术的选择，涉及的深度却比一些专著要浅，体现了一种所谓的“中庸”思想。

作者参加了许多重大的工程，这门课程也讲授了10年之久，有时一年还讲两个学期，主要针对本科生，也有部分研究生课程的内容，可谓熟悉之极，但“熟知非真知”。对某一具体技术、方法的理解和掌握，长期的直接使用和实践者才具有真正的发言权，所以一些章节专门请长期从事应用的专家来撰写，对一些有争议的问题也采用了现场专家的观点。

本教材是吉林大学“十五”规划教材，其内容包括：总论、工程孔施工方法、地基处理技术、桩基础施工、地下连续墙施工、锚固技术、非开挖施工技术。编写时采用了最新的岩土工程技术规范，并将粗线条的规范具体化。由于大量的岩土工程施工涉及钻孔技术，所以单独辟出一章来介绍这部分内容。每部分内容力求充实，对常规技术、方法均作系统的介绍，对相应的其他有前途的技术、方法也有一定深度的涉及。

本教材编写分工如下：陈晨担任主编，并编写第一、三、四、五章及第二章除第八节和第七章除第三节的全部内容；卢文阁编写第六章；陈宝义编写第二章第八节；冶金一勘燕郊非开挖管线工程公司的王银献编写第七章第三节。硕士研究生贾栋、韩冰负责了大部分章节的绘图及校对工作。

本教材由吉林大学建设工程学院殷琨教授主审，本书从酝酿到整个写作过程始终得到殷老师的鼓励和支持。我的博士生导师、俄罗斯自然科学院外籍院士张祖培教授也曾对本书的最终成形提供了很多帮助并提出重要的建议。衷心感谢我的硕士生导师郑培根教授、常世臣教授，是他们将我引入岩土工程领域，并在这个领域开始了充满挑战的工作。

作者的一些同行和朋友也先后给予作者许多建议和支持，包括哈尔滨工业大学土木工程学院我的博士后合作导师张克绪教授、吉林大学的徐会文教授、徐克里副教授等，在此表示深深的谢意。

编写过程曾引用多种参考文献，如书籍、论文、杂志文稿、会议论文等中的某些内容和图表，参阅了 http://www.dingguan.com/和 http://www.geosouth.net/等网站的内容，在此谨向原作者表示感谢。

本书受“吉林大学‘十五’规划教材资助计划”资助，在此深表谢意。

限于水平，虽经努力，书中错误与不妥之处在所难免，诚恳欢迎读者批评指正。

E-mail：chenchen@email.jlu.edu.cn

陈 晨

2002 年 8 月 6 日于长春地质宫

# 目　录

# 第一章 绪 论

## 一、岩土工程施工所处的学科领域及其工作范围

土木工程是所有工程中发展最早、内容最广的工程学科，是人类改造自然、建设家园、和谐环境的先行手段。岩土工程是隶属于土木工程的一个分支学科，是以工程地质学、岩体力学、土力学和地基基础工程学作为基本理论基础，以解决工程建设过程中出现的所有与岩体和土体有关的工程技术问题为目的的一门技术学科，是一门把岩体和土体作为建设环境、建筑材料和建筑物组成部分并进而研究其合理利用、整治、改造的综合性应用技术。简而言之，岩土工程就是处理地质体的工程缺陷，使之满足工程建筑物对岩土体的工程要求的技术。

岩土工程的主要工作内容有以下五个方面：①岩土工程勘察；②岩土工程设计；③岩土工程施工（治理）；④岩土工程监测；⑤岩土工程监理。它涉及的内容广泛，是具有综合性高、社会性广、实践性与专业性极强等特点的系统工程。岩土工程的业务范围主要有基础工程、地基处理工程、土石方工程、地下工程（隧道、硐室）、水工结构物、地质灾害防治、环境地质工程、地震地质等，凡是与岩土、地质有关的建设工程都是其服务对象。

岩土工程施工是岩土工程全过程中非常重要的组成部分，在这一阶段，将对岩土工程勘察获取的工程地质资料进行检验，并将对岩土工程设计的内容予以实施，同时将调整、修正岩土工程设计阶段出现的问题，所以，岩土工程施工是在整个工程过程中保证工程质量、缩短工程周期、降低工程造价、提高工程经济效益和社会效益的关键阶段。

## 二、岩土工程施工技术分类及应用现状

岩土工程施工技术主要包括以下方面。

**1. 地基处理技术**

各种地基处理工程施工方法（包括强夯法、振冲碎石桩、挤密碎石桩、深层搅拌桩、高压旋喷桩、塑料排水板、堆载预压、真空预压、砂桩、静压注浆等）专门用来改善地基条件，以期达到工程对地基的承载能力或抗渗能力等要求。

60 年来，我国地基处理技术由最初的引进到吸收、发展、创新，初步形成了具有中国特色的地基处理技术体系，许多方法达到了国际先进水平。我们用了 60 年的时间走完了发达国家发展地基处理技术经历的百年以上的历程。

1）真空预压法、动力固结法、深层搅拌法、高压喷射注浆法、土工织物、碎石桩法等得到了广泛的研究和应用。有些工法，如真空预压法达到了世界先进水平。

2）低强度混凝土桩复合地基的出现，极大地拓宽了地基处理的应用领域。其主要途径是通过提高桩体材料的强度或刚度来实现提高复合地基的承载力。在这方面有代表性的如水

泥粉煤灰碎石桩（CFG 桩）、夯实水泥土桩等，有效地降低了工程成本。

3）钢筋混凝土疏桩复合地基的开发与应用。它是一种介于传统概念上的桩基与复合地基之间的新型地基基础形式。采用桩基疏布，使桩间土的承载作用得到充分发挥，使桩与土共同承受上部结构荷载，从而有效地将建筑物沉降控制在允许范围内。

4）我国发展了多种地基处理技术的复合应用，主要体现在：由单一加固技术向复合加固技术发展；复合地基的加固体由单一材料向复合加固体发展；复合地基加固技术与非复合地基加固技术的结合；静力加固与动力加固技术的结合；机械加固与非机械加固的结合。

5）复合地基加固体的类型丰富多样，其发展呈现如下特点：同一加固体由不同材料、不同工艺完成，形成具有多功能的加固体；同一场地采用不同的加固体形成多元复合地基；刚性桩（素混凝土桩、钢筋混凝土桩）被越来越多地应用于地基处理。

**2. 基础工程施工技术**

基础工程施工技术包括预制桩施工法（振动沉桩法、锤击沉桩法、静力压桩法、射水沉桩法等）、灌注桩施工法（沉管灌注桩，钻、冲孔灌注桩，人工挖孔灌注桩，旋挖灌注桩）和地下连续墙等基础工程施工。现有施工方法超过 300 种。我国桩基础施工工法主要有混凝土钻孔灌注桩和预制桩施工，混凝土灌注桩施工机械主要有旋挖钻机、长螺旋钻机等，预制桩施工机械主要是柴油锤、振动锤、液压静力压桩机等。

经历了与地基处理技术相类似的发展。我国桩工机械行业在经历了 60 年的发展后已经形成了规模，不但可以基本满足国内日益增长的基础设施建设需要，而且已经走向了国际市场。进入 21 世纪以后，在国家大形势的影响下，一些中国建筑工程机械行业的大型企业如三一重工、中联重科、郑州宇通、山河智能、南车时代等纷纷进入桩工机械行业，桩工机械行业进入快速发展时期。其中，旋挖钻孔机发展最快。

1）桩的尺寸向长、大、短、小方向发展。基于高层、超高层建筑物及大型桥主塔基础等承载的需要，桩径越来越大，桩长越来越长。桩的最大直径达到 4 m，最大桩长已达 139 m。基于老城区改造、老基础托换加固、建筑物纠偏加固、建筑物增层以及补桩等需要，小桩及锚杆静压桩技术日趋成熟，应用广泛。小桩径为 70～250 mm（国内多用 250 mm）、长径比大于 30（国内桩长多用 8～12 m，长径比通常为 50 左右），采用钻孔（国内多用螺旋钻成孔）、强配筋（配筋率大于 1%）和压力注浆（注浆压力为 1.0～2.5 MPa）工艺施工。

2）扩孔桩技术发展迅速。扩孔的成型工艺包括钻扩、爆扩、冲扩、夯扩、振扩、锤扩、压扩、注扩、挤扩和挖扩等。注扩是在灌注桩成桩后对桩底和桩身表面实施压力灌浆，消除了桩底沉渣隐患，改善了桩端和桩周土性，提高了桩基承载力，减少了桩基沉降量，综合效果显著。桩端压力注浆桩已成为土木建筑深基础中的一种重要桩型，国内已有数百栋多层、高层和超高层建筑桩基工程采用此类桩型。

3）大力发展异型桩技术。为了提高单桩承载力（桩侧摩阻力和桩端阻力），国内外大力发展异型桩。广义地说，异型桩包括横向截面异化桩和纵向截面异化桩。

横向截面从圆截面和方形截面异化后的桩型有三角形桩、六角形桩、八角形桩、外方内圆空心桩、外方内圆异形空心桩、十字形桩、X 形桩、丁形桩及壁板桩等。

纵向截面从棱柱桩和圆柱桩异化后的桩型有楔形桩（圆锥形桩和角锥形桩）、梯形桩、菱形桩、根形桩、扩底柱、多节桩（多节灌注桩和多节预制桩）、桩身扩大桩、波纹柱形桩、波纹锥形桩、带张开叶片的桩、螺旋桩、DX 挤扩灌注桩等。

4）采用预钻孔、静压等措施，预应力钢筋混凝土桩（简称 PC 桩，混凝土强度等级为

C40～C80）和预应力高强度混凝土桩（简称 PHC 桩，混凝土强度等级不低于 C80）使用越来越多。产品品种与规格齐全，生产技术成熟，国产化装备和原材料完全满足生产需要，配套应用技术日趋完善，应用领域不断扩大。

5）桩身材料使用多种化。以灌注桩为例，桩身材料种类亦出现多样化趋势，如普通混凝土、超流态混凝土、无砂混凝土、纤维混凝土、自流平混凝土及微膨胀混凝土等。打入式桩亦有组合材料桩，如钢管外壳加混凝土内壁的合成桩等。

6）桩工机械行业通过引进、模仿、吸收以及自主创新，产品的技术水平不断提升，在国内桩基础施工中几乎都是国产产品。不仅如此，筒式柴油锤还出口欧美，旋挖钻机出口创汇更为显著。

**3. 边坡加固工程施工技术**

边坡加固工程施工技术包括锚桩、锚索（锚杆）、喷锚、土钉、抗滑桩、挡土墙等。在这方面，我国的许多技术跻身于世界先进行列。

1）随着我国水利、电力和城市建设的发展，我国岩土锚固的应用在 20 世纪 80 年代进入飞速发展时期。伴随着我国高强钢绞线生产和灌浆技术的发展，长度大于 15 m 的高和较高预应力的锚索（锚杆）在我国边坡稳定、深基坑支护、坝基加固和抗浮结构等工程中广泛应用。

2）在锚固的黏结材料、筋材、钻机等方面研究发展很快。

3）软土锚固技术基本达到世界先进水平。采用可重复灌浆技术，大幅度提高了软土中锚杆的承载力；基本掌握了软土中锚杆蠕变变形和预应力值变化的规律；在实践中，找到了控制软土基坑周边位移的若干有效方法。

4）土钉支护技术在我国有新的发展。我国土钉支护与其他的止水设施或支护结构结合使用，形成的复合土钉支护，如土钉支护与深层搅拌桩、高压旋喷桩结合构成的止水型土钉支护；土钉与预应力锚杆相结合构成的加强型土钉支护；土钉与微型桩、超前注浆、超前竖向土钉结合的超前加固型土钉支护等，大大拓宽了土钉支护的应用领域，使我国的土钉支护技术跻身于世界先进行列。

5）在高层建筑深基础及工业设备、市政设施等地下开挖中，采用各种排桩支护结构，辅以深层搅拌桩等隔水措施来代替槽式地下连续墙，具有良好的经济效益。

**4. 非开挖施工技术**

非开挖施工技术是指在微开挖或不开挖地表的条件下铺设、修复或更换各种地下公用设施（管道和电缆）的技术和方法，包括：顶管法、微型隧道施工法、水平钻进、导向钻进、螺旋钻进、顶推钻进、水平定向钻进、冲击矛法、夯管法、潜孔锤施工法、内衬法、缠绕法、灌浆法、爆管法、胀管法、吃管法等。

非开挖施工技术是一项社会效益与经济效益极为良好的工程施工高新技术。在欧、美等发达国家应用 40 年之久，其应用领域还在不断拓宽。

**5. 其他岩土工程施工技术**

1）地下水工程施工方法。包括帷幕注浆、井点降水、水文水井等施工方法，其目的是隔离地下水、降低地下水位、抽取地下水等。

2）盾构法是一种在软土或软岩中修建地下隧道的特殊施工方法。盾构隧道施工是先在设计开挖位置开挖土体，再用千斤顶使盾构（有保护条件及隧道施工功能的构造体）推进到已开挖的位置，然后在缩回千斤顶的同时，用液压举重拼装器拼接隧道衬砌。如此一段段地向前掘进拼装，直至完成整条隧道。盾构的结构，一般由盾构壳体及开挖机构、推进系统、衬砌拼装系统组成。

3）尾矿坝建造与防治。尾矿坝通常以滤水堆石坝或土石坝为基础坝，在形成初期库容后，主要利用水力输送的尾矿充填筑坝而称为尾矿坝。

尾矿坝加固方法，目前主要从卸载、排水、压重和采用地基处理中的一些新技术等着手。如采用盲沟、排水沟、压坡、卸载、回填、振冲、灌浆、土工合成材料的应用及降低浸润线所采用的排渗降水技术等。

4）土石坝加固与坝基置换。土石坝加固的重点在于控制渗流、预防滑坡和处理裂缝等方面，一般采用劈裂灌浆的方法加固处理。

坝基置换是将坝基部分的断层破碎带等不良岩土挖除一部分，然后用混凝土回填替换的一种强化加固岩体的工程。

5）填海岩土工程施工。填海岩土工程是随着国民经济的迅速发展，特别是沿海工业的发展，岩土工程拓宽而出现的新领域。由于海上施工不同于陆地，从岩土工程勘察、岩土工程设计及其施工，都比陆地更为复杂。因此，填海工程需通过海上勘察与填方试验优选确定最佳填海方案，使之满足填海岩土工程设计的要求。

目前国内外在填海工程上常见的施工方法有：水上吹填施工法、干填施工法、排水固结施工法、强夯施工法和振冲挤密施工法等。

## 三、岩土工程施工技术的主要特点

1）各种岩土工程施工技术与其所预计达到的目的具有某种程度上的不确定性。首先，代表岩土性质的各种指标只有通过原位测试、原型监测和室内试验取得，同一指标在不同的试验中，由于条件、原理、方法以及精度不同，往往会得到不同的成果数据，因此取得的计算参数是不精确的，具有参数不确定性，而且工程勘察报告只是取得了很少的场地数据，不太可能对场地岩土的全部性能都了解清楚；其次，某些岩土的结构及性能又容易随环境条件而改变，特别是水对岩土性质有非常不利的影响，而施工时又常改变了岩土的环境条件，施工对岩土性质的影响是不容忽视的；再次，改变了的岩土结构及性能反过来对施工过程又施加一定的影响。所有这一切都不可能在事先估计得非常清楚，所以施工依据的技术数据就具有一定的不确定性，这是无法回避的事实。

2）各种岩土工程施工技术具有地区性的特点。由于各地的自然条件不同，所形成的岩石或土的性质也就存在很大的差异。压缩性指标和抗剪强度指标不同，不仅设计参数不同，工程处理措施的目的也不同，因而施工的方法也不相同。例如，上海规范的特点是软土施工技术，重庆的特点是山区岩石的施工技术，太原的特点是湿陷性黄土的施工技术。

3）许多岩土工程施工技术都具有隐蔽性的特点。地基处理、桩基、地下连续墙、锚杆（锚索）等都是在岩土中隐蔽施工，工程完成后的运行也是在隐蔽环境下进行的，即使使用过程中出现问题也不易被发现，出现问题后的判断和处理难度也较大，而且是否已经成功解决该问题也需一定的时间来验证。在岩土工程施工期间以及施工结束后，依据现场情况都采用了多种有针对性的检测、监测方法，这些检测和监测手段对于发现这类隐蔽性工程存在的问题具有十分重要的意义。

4）各种岩土工程施工技术也都具有经验性的特点，这是由不确定性和地区性决定的。

所以用施工中实测的数据来验证，并作为采取进一步工程措施的依据。在这种思想的指导下，形成了著名的“观察法”，即信息化施工的系统方法。

5）多样化的岩土工程施工技术依赖于众多相关学科的发展。如随着高压射流切割技术的发展，20世纪60年代末期出现了高压喷射注浆法；射流泵及真空泵技术孕育出来真空预压法；液压技术的发展，使大吨位的静压桩变为现实；超声波技术的发展，使岩土工程施工技术的质量检验上了一个新台阶，与相关的岩土工程施工技术配套，使信息化施工成为可能。

6）许多岩土工程施工技术的研究都是超前于其设计计算理论的。各种施工方法都是先研究其施工效果，然后再研究其计算理论和方法，如扩底桩、夯扩桩、夯实水泥土桩等，先有具体的施工技术及其大范围的使用，才有设计理论的研究、规范的编制，这也是岩土工程发展的特点。

## 四、岩土工程施工技术的选用原则

岩土工程施工工艺和方法的正确应用，是与对岩土工程技术性质的正确认识以及对岩土工程设计原理的正确理解紧密联系在一起的。

1）每类岩土工程问题的施工往往有几种技术方案供选择，而每种技术方法有可能应用于几类岩土工程问题，需要通过经济、工期、技术、安全等方面对比后才能确定。在这里，施工技术的经济性占第一位，这既符合我国当前的国情，也是发展中国家应采取的技术政策和市场经济规律的具体反映。

2）没有经验的施工方法首先需在现场小范围试验，取得了可靠数据，才能全面使用。

3）各种施工方法对环境的影响程度，将成为选用与否的重要参考。可以预计，随着各地日益严格的环保要求，许多的岩土工程施工技术将逐渐退出历史舞台，同时更多的“绿色”施工技术将成为主角。

# 第二章　工程勘察钻探

岩土工程勘察钻探（geotechnical investigation drilling，以下称工程勘察钻探）按照钻探的目的不同，可以分为工程勘察钻探和工程施工钻探，主要用于各种工程的勘察和施工；在应用范围上，既有地表各项工程勘察钻探又有地下和水上工程勘察钻探。随着工程建设事业的发展，原有的设备和工艺已远远不能满足工程勘察钻探的需要，目前工程勘察钻探的设备和工艺逐步向专用化及多样化方向发展，而且已经成为钻探技术的一个重要组成部分。

在第一章中已经学习了岩土工程包括以下四个方面的内容：岩土工程勘察、岩土工程设计、岩土工程施工和岩土工程监测。在从事岩土工程各个方面的工作中，首先要进行的是岩土工程勘察工作，岩土工程勘察成果的质量将直接影响岩土工程设计、施工的成果质量。《岩土工程勘察规范》（GB 50021—2001）明确规定：各项工程建设在设计和施工之前必须按基本建设程序进行岩土工程勘察，先勘察、后设计、再施工是工程建设必须遵守的程序，是国家一再强调的十分重要的基本政策，工程勘察钻探是岩土工程勘察的重要手段之一，可以说工程勘察钻探是做好岩土工程勘察、岩土工程设计、岩土工程施工和岩土工程监测的基础。鉴于此，本章着重介绍工程勘察钻探方法、原状试样的采取以及进行工程勘察钻探时需要进行的原位测试。

## 第一节　概　　述

### 一、工程勘察钻探的目的

钻探（drilling boring）是利用特殊工具或钻机，以人力或机械作为动力，为探明地下资源及地质情况以取得地质资料向地层内部钻孔的钻进。在工程勘察钻探过程中，要采取原状岩（土、砂、水）样和在孔内进行各种原位测试，以获取建筑物基础的工程地质资料和岩土层的物理力学性质指标，为选择适宜的建筑物地点，确定建筑物的类型和结构，制订合理的施工方法，以及为防治滑坡、泥石流、地面沉陷等不良工程地质作用而采取的工程措施提供必要的工程地质依据。工程勘察钻探的目的有如下几个方面：

1）揭露并划分地层，鉴定和描述岩土的性质和成分，查明地质构造。

2）采取土样和岩心，进行试验和分析，确定岩土的物理力学性质，为设计提供可靠的依据。

3）进行工程地质和水文地质的观测和试验，了解岩（土）体的渗透性及地下水类型，测量地下水位，采取水样进行水质分析，以了解地下水的物理和化学性质，判定水质对建筑材料的腐蚀性。

4）查清不良地质现象的分布特征、界线和形态等，预防不良地质作用和地质灾害。

5）利用钻孔进行原位测试（载荷试验、静力触探试验、圆锥动力触探试验、标准贯入试验、十字板剪切试验、旁压试验等)、水文地质试验(如抽水试验、压水试验)和长期观测等。

## 二、工程勘察钻孔的类型

在工程勘察钻探中,不管钻孔的类型如何划分,对钻孔的要求是一致的,即要求从钻孔中能获得详尽的工程地质及水文地质资料、可靠的物理力学性质指标,并能在钻孔中进行相关原位试验和水文地质试验工作。为此,在进行钻孔结构设计时不但要考虑钻孔的目的及用途和现有的钻机、动力机及其他设备的情况,还应考虑所适用的取土器规格和进行原位测试、水文地质试验所使用的设备、仪器等,根据钻孔性质的不同,可分为以下四种类型:

测绘孔 为配合工程勘察、地质测绘而钻得少量的浅孔,在孔内采取原状样品进行室内试验,以查清测绘区域内岩土的工程地质特征。

勘探孔 在勘察阶段中,用以了解基础的详细地质情况,为建筑物地基基础设计、地基处理与加固等提供资料而进行的钻孔。勘探孔分为一般性钻孔及控制性钻孔两类,控制性勘探钻孔比一般性勘探钻孔要深一些;控制性勘探钻孔的作用是了解较深部的地层、岩性及是否存在软弱地层及其他地质问题。

控制孔 为了编制地层岩性、工程地质和水文地质剖面,便于工程地质分区而钻得的钻孔。

试验孔 为进行原位测试或进行水文地质试验所钻的孔。

## 三、工程勘察钻探的分类

工程勘察钻探方法多种多样。钻探方法的选择应根据岩土的性质、钻孔的目的、钻孔的深度、设备情况和施工条件而定,所选用的钻探方法应充分保证岩土的工程勘察成果的质量,在工程勘察钻探中,首先应选择工艺简单、宜于操作、较为通用的钻探方法。工程勘察钻探分类如下。

**1. 按钻探时外力作用的性质和方式的不同划分**

(1) 回转钻探

在轴向压力和水平回转力同时作用下将人力或钻机的动力通过一定的传动方式,直接或间接地传至孔底,在孔底回转以压入压碎和剪切破碎岩土进而向地下进行钻进以获得土样和岩样的一种方法。回转钻探又可分为螺旋钻探、无岩心钻探和岩心钻探。

(2) 冲击钻探

是利用冲击钻机或卷扬机悬吊起冲击钻头(冲锤)上下往复运动,用冲击钻头的冲击力将岩土破碎,再用一定的方法将破碎的岩土取出钻孔内的一种钻进方法。冲击钻探根据所采用的动力不同可分为人力冲击钻探和机械冲击钻探两种;根据冲击工具的不同又可分为钢绳冲击钻探和钻杆冲击钻探;按冲击时有无介质又可分为纯冲击钻探和锤击钻探。

(3) 振动钻探

主要应用于砂层、砂土层、卵砾石、碎石以及黏性土地层中钻进。振动钻探是在振动器的作用下,使整个钻具发生振动而将振动力传到钻头周围的岩土中,在钻具和振动器的振动力及自重作用下,钻头周围岩土抗剪强度下降而切入岩土中从而实现钻进。振动钻探包括上位冲锤和下位冲锤两种钻进方法，其中下位冲锤振动钻探具有机械组钻速高、应用范围广、钻孔深度大等特点。在振动钻进中，还可以利用振动器下入并起拔套管以及处理孔内事故等。

（4）冲洗钻探

主要是通过高压射水破坏孔底土层实现钻进，土层破碎后随水流冲出地面。

**2. 按钻探深度不同划分**

（1）浅部土层钻探

一般来讲，把小于5～10 m的工程勘察钻探孔称为浅孔，勘探浅部土层可采用的钻探方法有：①人力钻（洛阳铲）钻进；②小口径麻花钻（或提土钻）钻进；③小口径勺钻钻进。

（2）深部岩土层钻探

深孔钻探方法包括硬质合金钻探、金刚石钻探和空气潜孔锤钻探。

**3. 按钻探对象的不同划分**

（1）工程勘察钻探

工程勘察钻探包括：①房屋建筑和构筑物钻探；②地下硐室钻探；③岸边工程钻探；④管道和架空线路工程钻探；⑤废弃物处理工程钻探；⑥核电厂钻探；⑦边坡工程钻探；⑧基坑工程钻探；⑨桩基础钻探；⑩地基处理钻探；⑪既有建筑物的增载和保护钻探。

（2）不良地质作用和地质灾害钻探

不良地质作用和地质灾害钻探包括：①岩溶钻探；②滑坡钻探；③危岩和崩塌钻探；④泥石流钻探；⑤采空区钻探；⑥地面沉降钻探；⑦场地和地基的地震效应钻探；⑧活动断裂钻探。

（3）特殊性岩土钻探

特殊性岩土钻探包括：①湿陷性土钻探；②红黏土钻探；③软土钻探；④混合土钻探；⑤填土钻探；⑥冻土钻探；⑦膨胀岩土钻探；⑧盐岩土钻探；⑨风化岩和残积土钻探；⑩污染土钻探。

（4）地下水钻探

为了获取地下水文地质资料和开发利用水资源而进行的钻探称为地下水钻探。地下水钻探分为两种，一种是水文地质钻探，另一种是水井钻探。其中水文地质钻探按照水文地质勘察的阶段又可分为水文普查钻探、水文地质勘察钻探和探采结合钻探。

**4. 按钻探所处位置的不同划分**

按钻探所处位置的不同，可分为陆地钻探和水上钻探，其中水上钻探又包括漂浮钻探、钢索桥钻探、冰上钻探和近海钻探。

**5. 按钻孔口径的不同划分**

按钻孔口径不同，可分为小口径钻探和大口径钻探。

## 四、钻探方法的选择原则及适用范围

选择钻探方法应考虑的原则是：①地层特点及钻探方法的有效性；②能保证以一定的精度鉴别地层，了解地下水的情况；③尽量避免或减轻对取样段的扰动影响。

钻探方法可按《岩土工程勘察规范》(GB 50021—2001) 的规定，根据岩土类别和勘察要求选用，具体见表 2-1。

**表 2-1　钻探方法的适用范围**

| 钻探方法 | | 钻进地层 | | | | | 勘探要求 | |
|---|---|---|---|---|---|---|---|---|
| | | 黏性土 | 粉土 | 砂土 | 碎石土 | 岩石 | 直观鉴别、采取不扰动试样 | 直观鉴别、采取扰动试样 |
| 回转 | 螺旋钻探 | ++ | + | + | — | — | ++ | ++ |
| | 无岩心钻探 | ++ | ++ | ++ | + | ++ | — | — |
| | 岩心钻探 | ++ | ++ | ++ | + | ++ | ++ | ++ |
| 冲击 | 纯冲击钻探 | — | + | ++ | ++ | — | — | — |
| | 锤击钻探 | ++ | ++ | ++ | + | — | ++ | ++ |
| 振动钻探冲洗钻探 | | ++ | ++ | ++ | + | — | + | ++ |
| | | + | ++ | ++ | — | — | — | — |

注："++"表示适用；"+"表示部分适用；"—"表示不适用。

## 五、工程勘察钻探的特点

工程勘察钻探不同于工程孔施工钻进，其主要特点如下：

1) 在覆盖层中，因钻孔较浅，一般都在 50 m 以内，孔径依照工程勘察的目的而定，其变化范围一般不大。

2) 在钻进过程中，不仅仅要查明岩土的种类和性质、岩土的层位和厚度等一般地质及岩土方面的特征，而且还要查明岩土的原状特征，例如岩土的裂隙程度、密实程度、含水情况及风化特点等，因此在钻进过程中要连续或间隔地用取土器采取原状样品。

3) 孔内要进行各种试验工作，试验所占用的时间也较多，往往比钻进的时间还要长。

4) 钻探时地层条件变化大，勘察对象分散。

5) 钻探结束后必须进行封孔，封孔后钻孔部位岩土的各项物理力学指标应高于或相当于钻探前的各项指标。

# 第二节　钻 探 方 法

## 一、回转钻探

### (一) 概述

回转钻探是通过钻杆将旋转扭矩传递至孔底钻头，同时施加一定的轴向压力实现钻进。产生旋转力矩的动力源可以是人力或机械，轴向压力则依靠钻机的加压系统以及钻具自重获得。回转钻探包括硬质合金钻进、金刚石钻进、钢粒钻进、全面钻进等。在岩土工程勘察中，土层以硬质合金钻进为主；岩层以硬质合金、金刚石钻进为主。其钻进规程涉及的钻进参数主要有：钻压(施加在钻头上的轴向载荷)、钻具转速、冲洗介质(清水、泥浆、压缩空气)的品质、冲洗液泵量等。

回转钻探中，钻头的主要类型有螺旋类、环形钻进类和无岩心孔底全面钻进类（表2-2）等。

**表2-2 回转钻进常用钻头**

| 钻头类别 | 钻头名称 | 功能特性 |
| --- | --- | --- |
| 螺旋类 | 麻花钻头、勺形钻头 | 适用于黏性土层，可干法钻进，螺纹旋入土层之中，提钻时扰动土样，供肉眼鉴别及分类试验之用 |
| | 提土钻头 | 功能同上。设有中心空杆及底活塞，可通水通气，防止提钻时孔底产生真空，造成缩孔、管涌等孔底扰动破坏 |
| 环形钻进类（岩心钻进） | 合金钻头、钢粒钻头（单管及双管） | 适用于土层及岩层，对孔底做环形切削研磨，用循环液清除输出岩粉，环形中心保留柱状岩心，提取后可供鉴别、试验之用 |
| | 金刚石钻头（单管及双管） | 功能同上。钻进效率高，高速回转对岩心扰动破坏小，可获得更高的岩心采取率 |
| 孔底无岩心全面钻进 | 鱼尾钻头、三翼钻头、牙轮钻头 | 适用于土层及岩层，对整个孔底做切削研磨，用循环液清除输出岩粉，可不提钻连续钻进，效率高，只能根据岩粉及钻进感觉判断地层变化 |

此外，目前使用较多的是空心管连续螺旋钻，即在空心管外壁加上连续的螺旋翼片，用大功率的钻机驱动旋入土层之中，螺旋翼片将碎屑输送至地面，提供有关地层变化的粗略信息，通过空心管则可进行取样及标准贯入试验等工作，用这种钻头可钻出直径约150～250 mm的钻孔，深度可达30～50 m，长而连续的钻头旋入土中后实际上也起到了护壁套管的作用。

### （二）简易人力钻探

简易人力钻是带有三脚架或人力绞车以及通过人力直接钻进的器具，包括带有三脚架的人力钻，用手提的小口径螺旋钻、勺形钻、提土钻等；简易人力钻探所使用的钻头如图2-1所示，主要适用于浅部土层和基岩强风化层钻进，因此钻进效率较低，劳动强度大，仅在地形复杂，机动钻机难以达到的场地或有特殊要求（如基坑检验等）时使用。

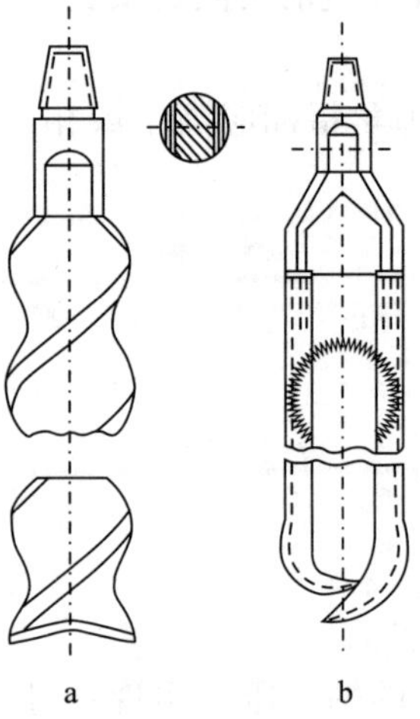

图2-1 回转钻探的钻头类型

a—螺旋钻头；b—勺形钻头

### （三）硬质合金钻探

#### 1. 概述

硬质合金钻探是利用镶焊在钻头体上的硬质合金切削具，作为破碎岩石的工具，以切入切削和回转切削作用或以两种作用同时破碎岩（土）而进行钻进、采取岩心和采集样品的过程，是工程勘察回转钻探最为常用的方法之一。

硬质合金钻探的基本原理是属于机械方法破碎岩石，即对岩石施加集中压缩载荷，岩石在外加集中压缩载荷作用下，引起内部应力状态的变化，在外加载荷处产生应力带，由于应力带应力之间的差别，在岩石表面引起了力的作用，使其自然联系受到破坏，当外加载荷增加至相当大时，岩石沿着一定的方向和表面全部或部分地分裂成小块进而对岩石实现了破碎过程。

硬质合金破碎岩石的过程分为弹性变形阶段、挤压变形阶段和压碎变形阶段。

硬质合金钻探有诸多优点，包括：①可以钻进任意倾角和孔径的钻孔，孔深可满足不同勘察目的和要求；②钻头质量容易保证，钻孔孔壁和岩心表面比较光滑，岩心采取率较高，孔斜较小；③钻头结构可根据不同地层自行设计和选择，以保证岩心和样品的采集要求；④钻进过程中操作简单，钻进规程参数容易保证。其缺点是只能在松软、中等硬度及低研磨性地层中钻进，对于坚硬而致密、强研磨性地层钻进时钻头硬度不足，磨损较快，钻速迅速下降。

**2. 取心式硬质合金钻头的类别**

决定硬质合金钻头形式的因素称为结构要素。取心式硬质合金钻头的结构要素有：钻头体（空白钻头）本身；切削具出刃；切削具镶焊角度；切削具在钻头上的排列和布置；切削具数目；水口、水槽的形式与数目等。

工程勘察钻探工作中最常见、使用最多的是取心钻头，硬质合金取心钻头可分为磨锐式硬合金钻头和自磨式硬合金钻头两类，各类取心钻头细分结构如下：

- 取心钻头
  - 磨锐式钻头
    - 松软及中软地层所用钻头
      - 肋骨式合金钻头
        - 螺旋肋骨钻头
        - 阶梯肋骨钻头
      - 薄片硬合金钻头
    - 中硬及较硬地层所用钻头
      - 分环式钻头
        - 内外镶硬合金钻头
        - 大八角硬合金钻头
        - 扭方柱硬合金钻头
      - 掏槽式钻头
        - 单双粒硬合金钻头
        - 品字形硬合金钻头
        - 三八式硬合金钻头
        - 破扩式硬合金钻头
        - 小切削具硬合金钻头
  - 自磨式钻头
    - 针状硬合金钻头
      - 胎块式针状硬合金钻头
      - 铜柱式针状硬合金钻头
    - 薄片硬合金钻头

**3. 硬质合金钻进规程参数**

钻进规程是研究如何合理、有效地运用钻具进行钻进的问题，钻进规程一般指钻压、转速及冲洗液量这三个钻进过程中可以控制的工艺参数。

（1）钻压的确定

钻压也称轴向压力，表示钻压的方法有单位钻压 $p$，即表示每颗（或每组）切削具上的钻压；总钻压或钻压 $P$，即表示整个钻头上的钻压。

在实际生产中，钻压的确定一般根据实际情况首先确定每颗硬质合金切削具上应有的钻压，然后再根据一个钻头上镶焊切削具数目来计算总钻压，即

$$P = pm \tag{2-1}$$

式中：$P$ 为钻头上的总钻压，MPa；$p$ 为每颗切削具应有的钻压，MPa；$m$ 为钻头上切削具的颗数。

钻压除了受切削具本身和钻头本身的限制外，还应考虑到岩层的状态、钻头的类型、钻孔的深度、钻杆的强度和机械设备能力等影响因素。

(2) 转速的确定

钻头的转速 $n$ 即钻头每分钟的转数（r/min）。在钻进过程中用来衡量回转速度的指标除转数外还有周速 $v$，即钻头切削具的圆周速度（m/min）。

在软而塑性大、研磨性小的岩层，如黏土类岩层中钻进时，使用一定的钻头以一定的钻压钻进时，可以认为钻速 $v$ 与转速 $n$ 成正比。

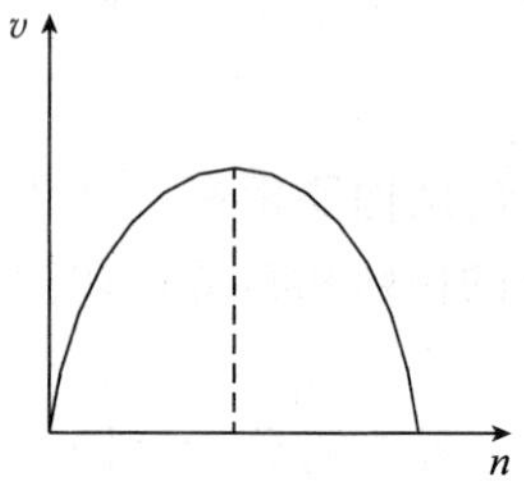

图 2-2 钻速与转速成抛物线关系

在中硬及硬岩层钻进时，切削具的碎岩深度随着转速的提高（即切削具作用于岩石的时间减少）明显地下降。研究结果表明，钻速与转速成抛物线变化关系（图 2-2），对应于曲线的顶点是最优转速或极限转速 $n_0$，此时转速最合理。

在实际生产中，在硬岩中钻进时，增大钻头的转速，会使岩石破碎过程发育不完全，切削具还没来得及破碎岩石就离开该处，这样会引起碎岩深度减少。因此使用磨锐式硬质合金钻头钻进较硬岩石是有限度的，即受到切削具较快地磨钝和碎岩时间的限制，不允许过分地增大转速。

(3) 冲洗液量的确定

硬质合金钻进中，泵量的大小是由单位时间内产生的岩粉量来决定的。众所周知，随着泵量的增加，对孔底冷却钻头和清除岩粉的能力也增强，为连续破碎岩石创造了有利条件，避免了重复破碎岩石，减少了钻具的磨损。在松软岩石中，在一定的泵量下使液流冲速达到相当的高度，可以起到很大的冲射碎岩作用。

确定泵量的一般原则为：岩石可钻性级别越低，转速越大，钻速越高，井径越大，所选的泵量也应越大。由于泵量的增大直接增加泵的负担，甚至会冲毁岩心造成岩心劈裂和岩心堵塞而影响钻进工作和岩心采取率，因此，泵量也存在着择优问题。

在钻进过程中，轴向压力、钻具转速和冲洗液量是紧密配合的，在确定钻进技术参数时必须将轴向压力、转速和冲洗液量三者联系起来，根据岩石性质、钻头的类型、钻孔技术条件和设备能力等全面考虑，以确定能达到最好技术经济指标的钻进参数值。硬质合金钻头钻进规程参数间的关系见表 2-3。

**表 2-3 硬质合金钻头钻进规程参数间的关系表**

| 岩石性质 | 钻压 | 转速 | 冲洗液量 |
| --- | --- | --- | --- |
| 研磨性大而坚硬的岩石 | 大 | 小 | 大 |
| 岩石裂隙发育 | 小 | 小 | 较小 |
| 软 岩 | 小 | 大 | 大 |

## (四) 金刚石钻探

### 1. 概述

金刚石钻探技术在我国发展速度非常快，随着金刚石产量和质量的提高，新型钻探设备、钻探机具和仪表的出现，优质泥浆和各种人造超硬材料的成功应用，金刚石钻探技术目前已经是一项应用广泛、成熟的技术。可以说，金刚石钻探和其他钻探方法相比具有无可比拟的优点，具体表现在钻进效率高，钻孔质量好，劳动强度低，设备轻，孔内事故少，钻探成本低等。

关于金刚石钻头破碎岩石的机理，近年来最新研究结果表明：对于表镶钻头的碎岩机理，颗粒较大的单颗金刚石破碎坚硬的脆性岩石，主要破碎方式是以体积破碎加上大体积剪崩，切削破碎岩石是次要的；对于塑性大的硬及中硬岩石，主要碎岩方式是以体积破碎为主，压裂压碎作用为辅。对于孕镶钻头的碎岩机理：一种观点是将孕镶钻头上每颗金刚石看作一个磨粒，当磨粒压在岩石表面摩擦时，使岩石表面挤压发生变形，即“磨削”作用，此时磨削深度较小，属于表面破碎；另一种观点是孕镶钻头破碎岩石与表镶钻头相似，差别在于金刚石粒度的大小，其碎岩过程可看作微切削和微压裂压碎作用的综合，破碎岩石属于体积破碎，对于脆性岩石，以微压裂压碎为主，对于塑性岩石，以微切削为主。

**2. 金刚石钻头和扩孔器**

(1) 金刚石钻头的分类

按金刚石的包镶形式分为表镶钻头和孕镶钻头；按所配岩心管不同分为单管钻头和双管钻头；按钻头胎体厚度不同分为标准钻头、厚壁钻头和薄壁钻头；按金刚石成因不同分为天然金刚石钻头和人造金刚石钻头；按制造方法的不同分为冷压钻头、热压钻头、电镀钻头和金刚石复合片钻头以及仿生金刚石钻头等。

(2) 金刚石钻头的组成

金刚石钻头由金刚石、胎体和钻头体三部分组成（图 2-3）。

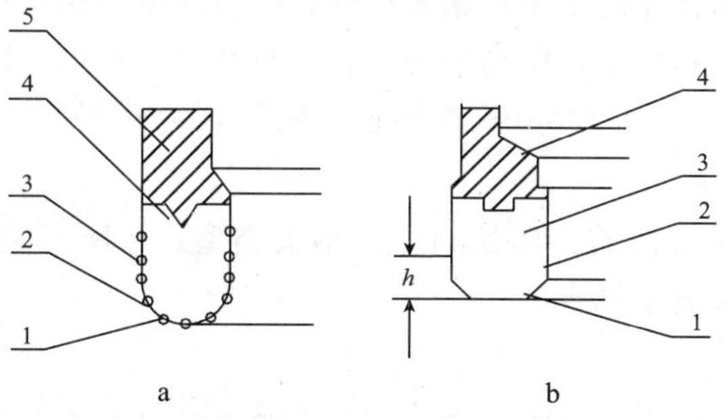


图 2-3 金刚石钻头组成

a—表镶钻头：1—底刃金刚石；2—边刃金刚石；3—侧刃金刚石；4—胎体；5—钻头体。
b—孕镶钻头：1—金刚石；2—工作部分胎体；3—非工作部分胎体；4—钻头体。$h$—孕镶层厚度

(3) 金刚石钻头的结构要素

金刚石钻头的结构要素包括金刚石的质量（品级）、金刚石的含量、金刚石的粒度与出刃、金刚石的分布与排列、胎体的性能和成分、水道数目和形状以及底唇形式等。

(4) 扩孔器

扩孔器由金刚石、胎体和扩孔器刚体三部分组成，其作用是修整孔径，防止钻头因磨损减径而导致钻孔直径逐渐缩小，保证新钻头下至孔底。按所采用的金刚石不同分为天然扩孔器和人造扩孔器；按金刚石的包镶形式不同分为表镶扩孔器和孕镶扩孔器；按所采用的岩心管不同分为单管扩孔器和双管扩孔器；按使用胎体形状的不同分为环状、条带状和螺旋状扩孔器。

**3. 金刚石钻进规程**

(1) 钻压

对于表镶和孕镶钻头，经理论计算得到不同直径钻头所需要的钻压、冲洗液量，见表 2-4。

**表 2-4 金刚石钻进常用钻压及冲洗液量**

| 项目名称 | 钻头种类 | 压力阶段 | 钻头直径/mm | | | | |
|---|---|---|---|---|---|---|---|
| | | | $\phi$36 | $\phi$46 | $\phi$59 | $\phi$76 | $\phi$91 |
| 钻压/kN | 表镶钻头 | 初压力 | 0.5～1.0 | 0.5～1.0 | 1.0～2.0 | 1.0～2.0 | 1.0～2.0 |
| | | 正常压力 | 2.0～4.0 | 3.0～5.0 | 4.0～6.0 | 5.0～7.0 | 6.0～8.0 |
| | 孕镶钻头 | | 2.0～3.0 | 3.0～4.0 | 3.5～5.5 | 4.0～6.0 | 6.0～7.0 |
| $\frac{\text{冲洗液量}}{\text{L}\cdot\text{min}^{-1}}$ | | | 15～20 | 20～25 | 25～30 | 40～60 | 50～80 |

影响钻压的因素很多，理论计算公式比较理想化，所以具体确定钻压时还应针对岩石的性质、钻头的类型及金刚石的质量、数量和粒度等区别对待。

(2) 转速

确定转速的原则是：表镶钻头的转速低于孕镶钻头；小直径钻头要采取较高的转速，大直径钻头可采取较低的转速；中硬完整岩层采用高转速，岩石破碎、裂隙发育、软硬不均应当降低转速；细粒钻头的转速高于粗粒钻头；深孔时应降低转速，浅孔段采用较高转速；钻孔结构简单，钻杆与孔壁间隙小采用高转速。金刚石钻进转速划分范围是：低转速为 150～300 r/min；中转速为 300～600 r/min；高转速一般为 600～800 r/min 乃至大于 1000 r/min。

(3) 冲洗液量

冲洗液量的大小由岩石性质、环状间隙、钻头类型、金刚石粒度、胎体性能等因素决定，金刚石钻进常用冲洗液量见表 2-4。

**4. 金刚石钻进工艺**

金刚石钻进技术比硬质合金钻进技术要求高，除了钻进规程参数的影响外，还涉及其他很多影响钻进效率的问题，例如钻具的组配、钻头的选择和使用以及操作技术等。

## 二、冲击钻探

利用钻具自重冲击破碎孔底实现钻进。破碎后的岩粉、岩屑由循环液冲出地面，也可以用带活门的抽砂筒提出地面。冲击钻进可应用于多种土类以至岩层，对卵石、碎石、漂石、块石尤为适宜。冲击钻探按冲击动力的来源不同可以分为人力冲击钻探和机械冲击钻探。

**1. 人力冲击钻探**

人力冲击钻探是用砸石器、抽砂筒或称掏砂筒（图 2-4）及洛阳铲等冲击钻头通过人力实现冲击功能。下面仅对洛阳铲进行详细介绍。

(1) 洛阳铲的由来

洛阳铲又名探铲，为半圆柱形的铁铲，曾由盗墓人发明，后来成为文物工作者考古和建设勘探的必备工具。关于洛阳铲的“身世”，民间有各种说法，最流行的一种说法是洛阳铲为洛阳市马坡村一个李姓村民所发明。早在 70 多年前，李某偶然发现一个搭棚子的人挖坑插棚杆时，用的是一把筒瓦状短柄铁铲，铲往地下一戳，提起时就带上不少土，李某灵机一动，这样的铲子探墓肯定比钢锨容易多，于是他用纸贴着铲子撕了一张图样，回家后找铁匠按照图样仔细琢磨打造了一把，果然好用，于是洛阳铲就在盗墓者手中传开了。

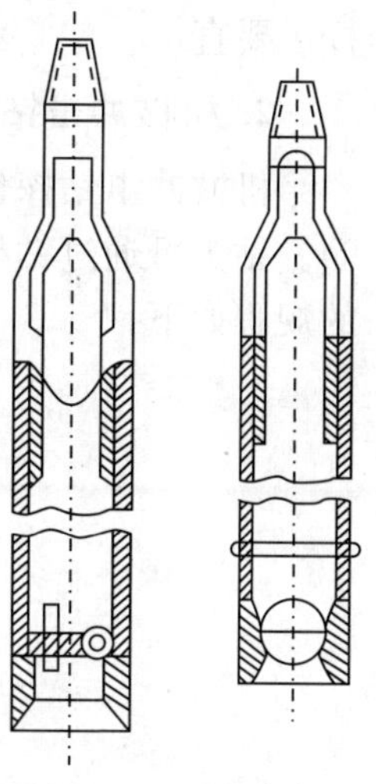

图 2－4　抽砂筒

（2）洛阳铲的结构类型

洛阳铲由半圆形的铁铲（铲头）、铲柄、组合杆（原位胶木棒）、专用内镶式连接头组成（图 2－5），常见的铲头一般长 30 cm，带铲柄时其长度可达 90 cm；组合杆每节长 50 cm，直径 2 cm。洛阳铲加工过程一般要经过制坯、煅烧、热处理、成型、磨刃等 20 余道工序，好的洛阳铲一般铲身韧、铲口硬。在外形上，洛阳铲看似半圆筒，其实它不圆也不扁，只能用手工打制，最关键的是成型时铲头弧度的打造，需要细心敲打，稍有不慎，打出的铲子带不上土来。洛阳铲的类型有：考古铲、普探铲、灰桩铲、炮眼铲及组合式考古探针等。

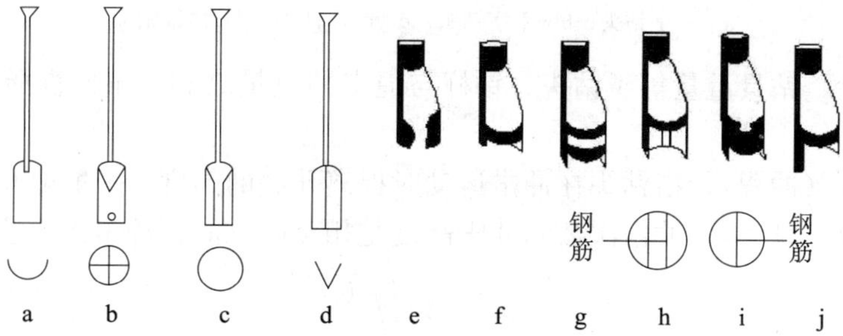


图 2－5　洛阳铲示意图

a—弧形铲；b，c—圆形铲；d—掌形铲；e—软湿黏土铲；f，g—稀泥铲；h—水位以下的稀泥铲；i—砂土和淤泥稀泥铲；j—风化的岩石铲

（3）洛阳铲的性能及适用条件

好的洛阳铲探测时进土锐利，退土快捷，能够打穿、提取断砖碎瓦，遇到卵石、岩块等坚硬物体，铲头不会卷刃缺口，钻探深度一般从十几米到几十米，有资料记载，洛阳铲钻探最深可达近百米。洛阳铲几乎成为中国考古钻探工具的象征，20 世纪 70 年代初，中国考古代表团访问阿尔巴尼亚时，赠送的礼物就是一把打造精致的洛阳铲。在考古工作中，洛阳铲具有不可替代的作用，因为它反映的地下情况最直接，除用于考古外，洛阳铲还可用于野外勘察钻探和工程探矿等领域。

（4）洛阳铲的使用方法

1）洛阳铲钻探属于人力钻探方法之一，使用洛阳铲时，身体站直，两腿叉开，双手握杆，置于胸前，铲头着地，位于二足尖间，用力向下垂直打探。

2）开口到底，不断将铲头旋转，四面交替下打，保持孔的圆柱形，否则探不下去，拔不上来，将铲卡在孔中。

3）钻探时一面下铲，孔半圆；两面下铲，孔椭圆；只有四面下铲，探孔才是圆的。打的孔要正要直，正是不弯，直是不歪；打垂直孔也并不十分容易，对工具而言，铲头要正，杆子要直。

**2. 机械冲击钻探**

机械冲击钻探包括钢丝绳冲击和钻杆冲击。冲击钻头有一字形、十字形等多种（图 2-6）。钻头可通过钻杆或钢丝绳操纵，其中，钢丝绳冲击钻进使用较为广泛，钢丝绳冲击钻进的规程如下：

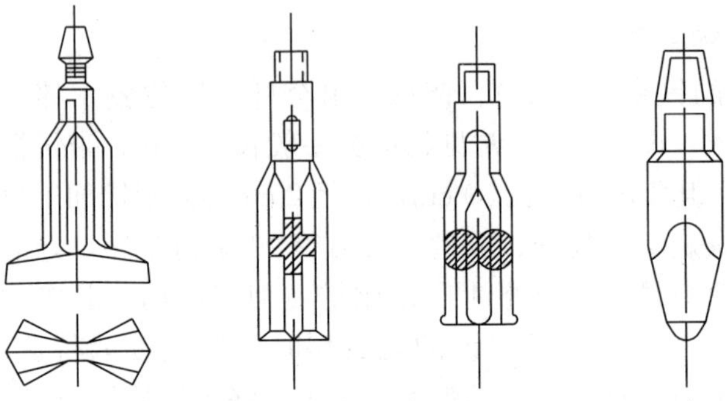


图 2-6　冲击钻探用钻头

a—一字钻头；b—十字钻头；c—圆形钻头；d—角锥钻头

1）钻具重量。钻具重量等于钻头、钻杆与绳卡的重量之和。不同性质的岩土体应选取合适的钻具重量。

2）冲击高度（冲程）。指钻头在冲击运动时提离孔底的高度。一般取 0.6～1.1 m。

3）冲击次数（频率）。冲击次数和冲击高度是相互联系的，冲击次数按下式计算：

$$n = 20\sqrt{\frac{j}{s}} \tag{2-2}$$

式中：$n$ 为冲击次数，次/min；$j$ 为钻具在岩粉浆中的下降加速度，$m/s^2$；$s$ 为冲击高度，m。

4）岩粉密度。岩粉密度直接影响钻进效率，岩粉密度大，影响钻具下降加速度，对破岩不利，若过低，则岩屑留在孔底形成岩粉垫，使钻头不易接触孔底，钻进效率低。通常通过控制掏砂间隔和数量来调整岩粉密度，试验证明，当岩粉相对密度为 1.7～2.3 时，钻进效率较高。

## 三、振动钻探

**1. 振动钻探的工作原理**

振动钻探是由偏心振动装置产生的振动力，使整个振动器发生振动并通过钻杆将振动器激发的振动力迅速传递至孔底管状钻头周围的土中，由于振动器的振动频率较高，使土的抗剪阻力急剧降低，在振动器的自重和振动力的作用下使钻头贯入土层中，从而实现钻进。

**2. 振动器的组成**

振动钻探采用机械式振动器或液压式振动器两种，而机械式振动器是目前使用最多的一种振动器。机械式振动器利用偏心重轮在旋转时产生的离心力而发生振动作用实现钻进。振动器可分为无弹簧式和弹簧式两种，振动器由电动机、偏心机构、弹簧、冲头、砧子和接头组成（图 2-7）。

**3. 振动钻探适用地层**

振动钻探常用于黏性土层、砂层以及粒径较小的卵石、碎石层，其优点是不但能取得有代表性的鉴别土样，而且是钻进效率最高的一种钻进方法；其缺点是这种钻进方式对孔底扰动较大，往往影响高质量土样的采取。

**4. 振动钻探钻头**

振动钻头分为常规振动钻头和带纵向切口的振动钻头（图 2-8）。振动钻头上端有异径接头与钻杆相连，下端接有带刃角的管靴。

振动钻头管体切口所对的圆心角的大小决定于岩层的性质，切口的作用一方面是为了减少钻头和孔壁间的摩擦阻力，另一方面可以从外部观察所取的岩心，取心时应先将钻头旋转一定的角度，切断岩心与岩土层的联系，然后再将钻头和岩心一起提离孔底，如果钻进时使用不带有纵向切口的钻头，钻速则会急剧下降，同时岩心上部松软，下部非常密实。

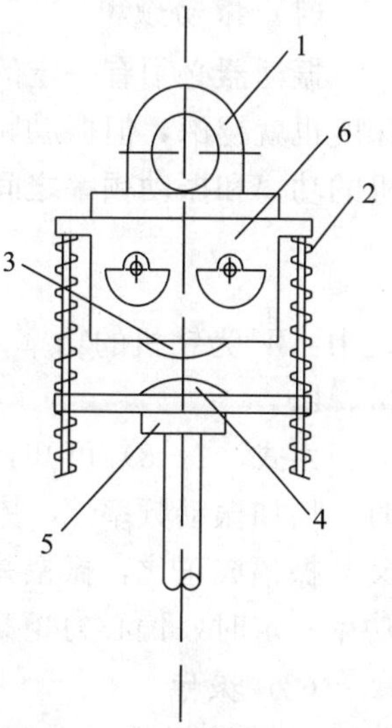


图 2-7 振动器结构示意图

1—电动机；2—弹簧；3—冲头；4—砧子；5—接头；6—振动器

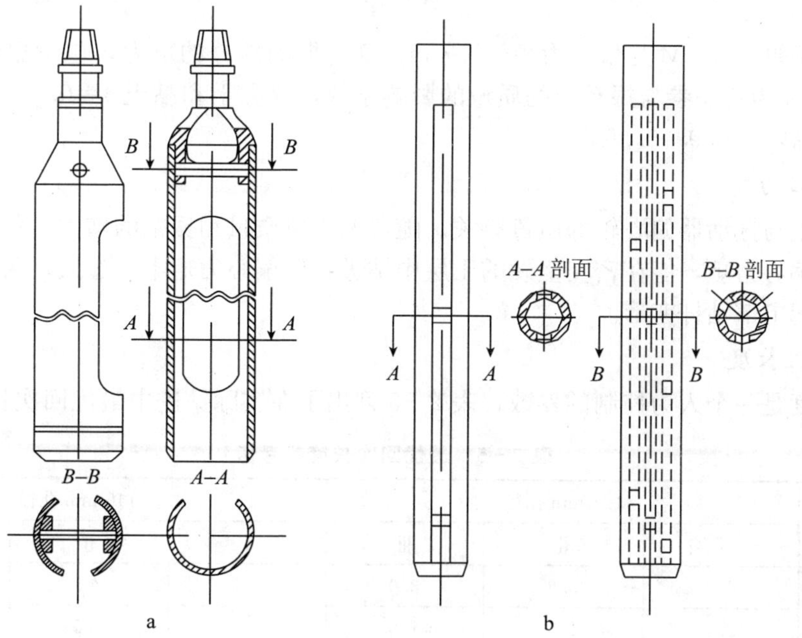


图 2-8 振动钻头示意图

a—常规振动钻头；b—带纵向切口的振动钻头

带有切口的振动钻头的主要缺点是强度和刚度小，钻进时容易被扭曲或被劈开，因此振动钻头不宜太长，切口的宽度一般为钻头直径的 0.4～0.6 倍；为了保证振动钻头的强度和刚度，在切口上可以交错留有若干横梁。

**5. 振动钻进的工艺参数**

振动钻进的工艺参数主要有：振动频率、振幅、偏心力矩和回次长度。

（1）振动频率

振动器必须有一定的振动频率才能实现钻进，振动频率越高，钻具的振幅越大，钻进的深度也就越深，但振动频率不能选择过高，振动频率越高，要求动力机的功率也越大，动力机的功率和振动频率之间有如下关系式：

$$W=\frac{M^2 f^3}{4Q} \tag{2-3}$$

式中：$W$ 为钻机的功率，kW；$M$ 为偏心力矩，N·m；$f$ 为振动频率，r/min；$Q$ 为钻具质量，kg。

由式（2－3）可知：功率 $W$ 的增加同振动频率 $f$ 的三次方成正比，动力机的功率一定时，增加振动频率 $f$，势必降低偏心力矩 $M$，而 $M$ 的减小则使振幅 $A$ 随之减小；钻进速度又与振幅成正比，振幅减小后，会使钻进速度降低。因此，为了不降低钻进速度，当动力机功率一定时，偏心力矩又要保持足够大时，振动频率不能选择过高。

（2）振幅

振幅是影响钻具的重要因素，只有当振幅超过起始振幅 $A_0$ 时，钻头才能切入岩土层。$A_0$ 随振动频率、钻具断面尺寸和地层条件的变化而变化。在钻进中振幅 $A$ 一般选 $A_0$ 的 3～5 倍，也可用下式计算：

$$A=\frac{M}{Q} \tag{2-4}$$

式中：$A$ 为振幅，m；$M$ 为偏心力矩，N·m；$Q$ 为振动部分的重力，包括振动器重力和钻具重力，N；$\alpha$ 为考虑参与振动土的质量的影响系数，亚黏土和黏土 $\alpha=0.7\sim0.85$，亚砂土 $\alpha=0.85$，细砂 $\alpha=0.9\sim0.95$。

（3）偏心力矩

偏心力矩与振动器偏心轮的质量有关。随着偏心轮质量和振幅的增大，偏心力矩也相应增大。增大偏心力矩，能在密实坚硬的土层中钻进，但偏心力矩不能过大，否则过大的振动器质量会引起上部钻杆变形。

（4）回次长度

回次长度是一个人为控制的参数，表 2－5 列出了在实际钻进中最优回次长度的参考值。

**表 2－5　最优回次长度参考值**

| 孔深/m | 108 mm 孔径 | | | 146 mm 孔径 | | |
|---|---|---|---|---|---|---|
| | Ⅰ | Ⅱ | Ⅲ | Ⅰ | Ⅱ | Ⅲ |
| 0～4 | 4.0 | 3.6 | 3.0 | 3.0 | 2.5 | 2.0 |
| 4～10 | 2.5 | 2.5 | 1.5 | 1.5 | 1.5 | — |
| 10～20 | 2.0 | 2.0 | 1.0 | 2.0 | 1.0 | 0.7 |
| 20 | 1.5 | 1.5 | 0.7 | 1.5 | 0.7 | 0.4 |

注：“Ⅰ”表示在软塑和流塑状黏性土、松散及饱水的细砂中钻进；“Ⅱ”表示在粉砂、黏性土、中细砂中钻进；“Ⅲ”表示在硬塑状黏性土和粗砂、砾砂中钻进。

## 四、冲洗钻探

冲洗钻探是通过高压射水破坏孔底土层实现钻进，土层破碎后随水流冲出地面。这是一种简单、快速、成本低廉的钻进方法，适用于砂层、粉土层和不太坚硬的黏性土层，但冲出地面的粉屑往往是各土层物质的混合物，代表性很差，给地层的判断和划分带来困难，故该方法主要用来查明基岩起伏面的埋藏深度。

在实际工作中，冲洗钻探应用较少，因此这里不再过多加以介绍。

## 五、常用的钻探方法

### 1. 无泵钻进

在钻进过程中不使用水泵，而是利用孔内水反循环作用，不使钻头与孔壁或岩心黏结，同时将岩粉收集在取粉管内。这种钻进技术较简便，但它可以防止由于水泵送水而冲刷岩层及孔壁，较顺利的穿透软弱破碎岩层，并提高岩心采取率和基本保持岩层的原状结构。无泵钻进与干钻不同，需要定时窜动钻具利用孔内水的反循环作用，将岩粉沉淀于取粉管内，孔底保持干净顺畅的钻进。这种钻进技术的钻具有敞口式和封闭式两种（图 2－9，图 2－10），钻进时孔内一定要有水。而且，其水位应经常保持在出水孔上部，以使冲洗液在钻具窜动时产生循环作用。孔内水是天然地下水或是由地面灌入的。窜动钻具的时间间隔、次数和高度，需根据岩层软硬和钻进深度等确定。孔内洁净是提高钻进效率及岩心采取率的关键，所以必须恰当地窜动钻具。因无泵钻进劳动强度大，钻进效率比冲洗液钻进低，所以在钻穿软弱、破碎岩层并做完水文地质试验后，应立即下入套管，改用冲洗液钻进。

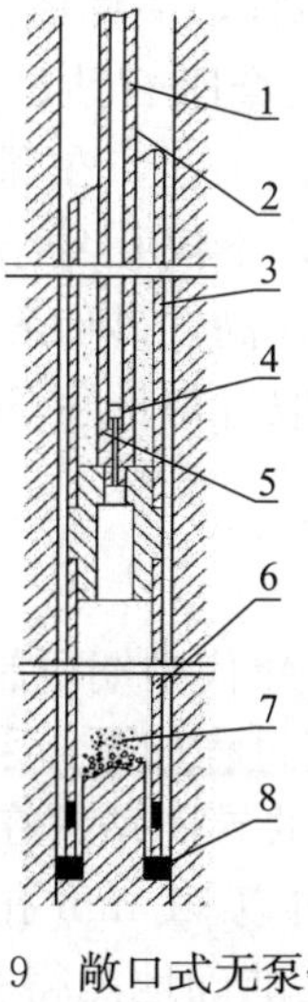


图 2－9 敞口式无泵钻具

1—钻杆；2—出水孔；3—取粉管；4—球阀；5—钻杆接头；6—岩心管；7—沉淀的岩粉；8—钻头

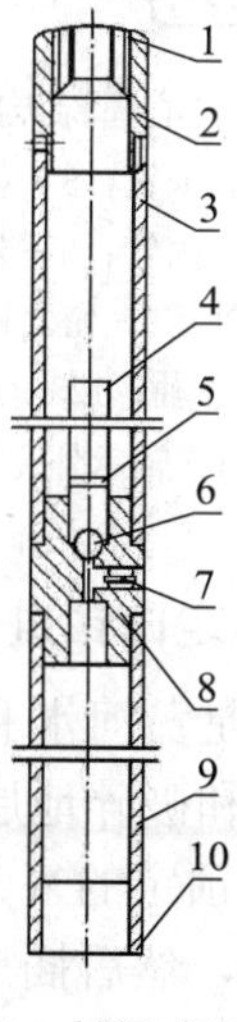


图 2－10 封闭式无泵钻具

1—出水孔；2—异径接头；3—取粉管；4—导粉管；5—控制销；6—球阀；7—螺钉；8—特制接头；9—岩心管；10—钻头

### 2. 双层岩心管钻进

双层岩心管钻进是复杂地层中最普遍采用的一种钻进技术。一般岩心钻采用的是单层岩心管，其主要缺点是钻进时冲洗液直接冲刷岩心，致使软弱、破碎岩层岩心被破坏。而双层岩心管钻进时岩心进入内管，冲洗液自钻杆流下后，在内外管壁间隙循环，并不进入内管冲刷岩心，所以能有效地提高岩心钻采效率。双层岩心管有双层单动和双层双动两类结构，以前者为优。金刚石钻头钻进一般都采用双层单动岩心管，其结构如图 2－11 所示。这种钻进

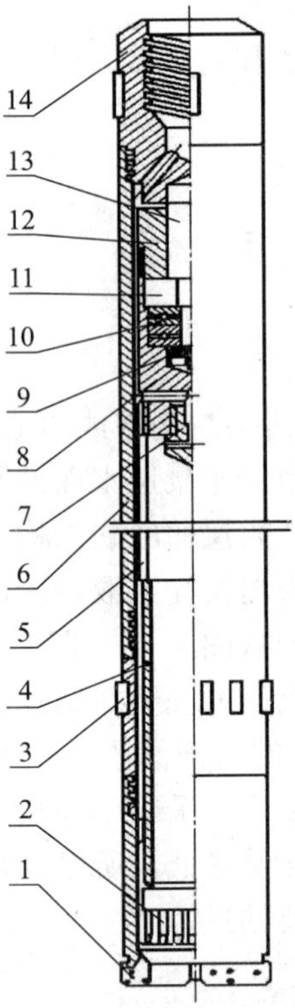


图 2-11 双层单动岩心管结构
1—金刚石钻头；2—岩心卡簧；3—扩孔器；4—内管短节；5—内管；6—外管；7—钢球；8—推力轴；9—密封圈外壳；10—套筒；11—心轴；12—异径接头；13—锁母；14—轴承外壳

技术是在钻头内部使用岩心卡簧采取岩心的，在外管上还设置有扩孔器，不易扰动，所以钻进效率高，而且当岩心进入单动岩心管后，也不易扰动，岩心采取率及岩心质量也较高。

**3. 绳索取心钻进的应用**

绳索取心钻进技术是小口径金刚石钻进技术发展到高级阶段的标志。此项钻进技术的主要优点是：①有利于穿透破碎易坍塌地层；②提高岩心采取率及取心的质量；③节省辅助工作时间，提高钻进效率；④延长钻头使用寿命，降低成本。

绳索取心钻进可以直接从专用钻杆内用绳索将装有岩心的内管提到地面上取出岩心，简化了钻进工序。我国东北水电勘测设计院与美国某公司，共同研制成功了与此项钻进技术相配套的 SGS－1 型不提钻气压栓塞，可以同时提高钻孔压水试验的效率和质量，已在国内水利水电工程地质勘测中推广使用。

**4. 厚砂卵石层钻进新工艺**

深厚砂卵石层的钻进和取样，一直是岩土工程钻探的难题。成都水电勘测设计院采用金刚石钻进与 SM 和 MY－1 型植物胶体作为冲洗液的钻进工艺，在深厚砂卵石层中裸孔钻进，深度已超过 400 m，不仅孔身结构简化，而且钻进效率和岩心采取率也大大提高。砂卵石岩心表面被特殊的冲洗液包裹着，从而可获取近似原位的柱状岩心以及夹砂层、夹泥层的岩心。

**5. 套钻和岩心定向钻进**

此项钻进工艺是黄河水利委员会勘测设计院于 20 世纪 80 年代中期研制成功的，已有效地保证了软弱夹层和破碎地层获取高质量的岩心。钻进的工艺过程如下：采用金刚石钻具以 91 mm 孔径钻进至预定的复杂地层深度后，先用直径 46 mm 的导向钻具在钻孔中心钻出一个约 1 m 深的小孔，然后插筋并灌注化学黏结剂，待凝固后再以 91 mm 孔径用随钻定向钻具钻进并取出岩心。岩心采取率几乎可以达到 100%，而且能准确地测得孔内岩层的产状，但是所采取的岩心不能作为力学试验的样品。

## 第三节 原状样采取

### 一、概述

工程勘察钻探的目的是为了获取准确的工程地质、水文地质资料，因此在钻探过程中必须采取原状岩土试样，通过对试样的分析化验获得岩土试样的物理力学指标，例如密实度、湿度、抗剪强度、容重、压缩系数等。

根据在采集过程中受扰动的程度，试样可以分为原状样品和扰动样品。原状土样是指天然成分和结构未被破坏的土样，用原状土样可以获取土层在自然状态下的各种物理力学性质指标，为各类工程建筑提供可靠的设计依据；用一般钻进工具如勺钻、麻花钻、管钻所取出的土样，其天然成分和结构已被破坏，称为扰动土样，扰动土样获得的试验分析资料是不准确的，不能全面满足工程勘察的要求。

事实上要取得完全不受扰动的原状土样是不可能的，如果将土从土体中取出，由于消除了土样周围的压力，应力条件发生了变化，会引起土样质点间的相当位置和组织结构的变化，出现质点间凝聚力的破坏，这种现象称为土样天然结构的“自然破坏”，因此，所谓原状土样实际上都遭受到不同程度的“自然破坏”；另外，不论采用何种取土器，都有一定的厚度和体积，当切入土层时土样都会产生一定的压缩变形，从一定意义上说，原状土样是相对的，是变形相对较小的土样。

采取原状土样的工具称为原状土取土器，简称取土器，在砂卵砾石中的取样工具称为取砂器。

**1. 取土器的种类**

取土器的种类很多，根据取土器下端是否封闭可以分为敞口式、封闭式；根据取土器上部封闭形式可分为球阀封闭式、活阀封闭式和活塞封闭式；根据取土器的壁厚可分为薄壁取土器和厚壁取土器；按进入土层的方式可分为贯入（静压或锤击）及回转两类。

**2. 取土器的设计要求**

取土器的结构是影响取土质量的主要因素之一，另外影响取土质量的因素尚有很多，如钻进方法、取土方法、土试样的保管和运输等，工程勘察钻探中为了采取保持原状结构的岩土试样，设计取土器时应考虑下列要求：

1）取土器进入土层要顺利，尽量减小摩擦阻力；

2）取土器要有可靠的密封性能，使取土时不至于掉土；

3）结构简单，便于加工和操作；

4）土样顶端所受的压力，包括钻孔中心的水柱压力、大气压力及土样与取土筒内壁摩擦时的阻力；

5）土样下端所受的吸力，包括真空吸力、土样本身的黏聚力和土样自重；

6）取土器进入土层的方法和进入土层的深度。

- 敞口式
  - 球阀式
    - 自由球阀式
    - 限制球阀式
  - 活阀式
    - 上提活阀式
      - 橡皮垫密封式
      - 双锥面密封式
      - 下悬式
    - 下压活阀式——弹簧下压式
  - 回转压入式
    - 有弹簧调节
    - 无弹簧调节
  - 封闭式
    - 自由活塞式
      - 浮动活塞式
      - 简易打入活塞式
    - 固定活塞式
      - 球卡式
      - 水压式

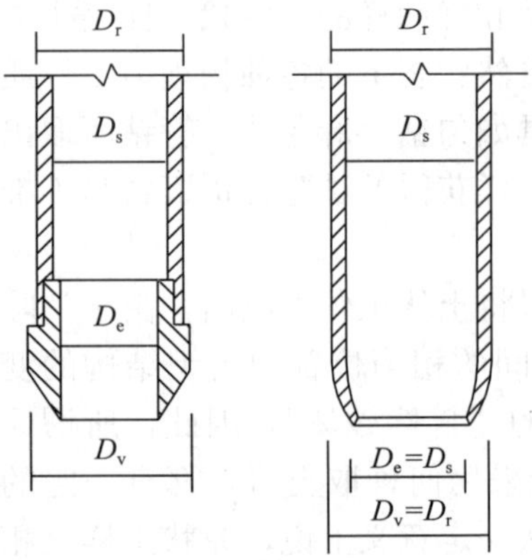


图 2-12　取土器取样管类型

### 3. 取土器的基本技术参数

(1) 面积比

取土器最大断面积和原状土样断面积之差与原状土断面积之比为面积比 $A_r$，图 2-12 为取土器取样管的两种类型。

$$A_r=\frac{D_v^2-D_e^2}{D_e^2}\times 100\% \tag{2-5}$$

对于无管靴的薄壁取土器，$D_v=D_r$，故

$$A_r=\frac{D_r^2-D_s^2}{D_s^2}\times 100\% \tag{2-6}$$

式中：$D_r$ 为取土管外径；$D_s$ 为取土管内径；$D_v$ 为管靴外径；$D_e$ 为管靴刃口内径。

根据式 (2-5) 和式 (2-6)，$A_r$ 越大，被排挤的土愈多，挤进土样中的多余土也可能愈多，扰动的可能性愈大，因此，$A_r$ 值宜尽量减小，最好能减小到取土器结构强度所能允许的程度。一般薄壁取土器的 $A_r$ 值应≤10%，采取低级别土样的厚壁取土器 $A_r$ 值可达到 30%，$A_r$ 值过大的缺陷可采用提高贯入速度、设置固定活塞、特别是减小刃口角度的办法来弥补。

(2) 内间隙比

取土器内径 ($D_s$) 和管靴刃口内径 ($D_e$) 之差与管靴刃口内径 ($D_e$) 之比为内间隙比 $C_i$：

$$C_i=\frac{D_s-D_e}{D_e}\times 100\% \tag{2-7}$$

适当的 $C_i$ 值可使内壁摩擦力减小，使扰动程度降低，但当 $C_i$ 值过大，会使土样进入后过分膨胀，增加扰动，并造成逃土的可能性。因此对于短的取土器，$C_i$ 可取 0～1.0%；对于中等长度的取土器，$C_i$ 取 0.5%～3.0%。$C_i$ 的最佳值随土样直径的增大而减小。内壁光洁，刃口角度很小的取土管，$C_i$ 可降低至零。

(3) 外间隙比

取土器管靴外径 ($D_v$) 和取土管的外径 ($D_r$) 之差与取土管的外径 ($D_r$) 之比为外间隙比 $C_o$：

$$C_o=\frac{D_v-D_r}{D_r}\times 100\% \tag{2-8}$$

$C_o$ 增大可减小外壁摩擦力，使面积比 $A_r$ 增大。所以，对于无黏性土，$C_o$ 可取零值；对黏性土，$C_o$ 值不大于 2%～3%。薄壁取土器的 $C_o$ 为零。

(4) 取土器直径

考虑取土方法、土层性质、环刀直径等因素后，取土器的内径应稍大于室内试验试样的直径。目前试样直径多采用 $\phi$50 mm 或 $\phi$80 mm，相应的取土器直径宜采用 $\phi$75 mm 或 $\phi$110 mm。在湿陷性黄土地区，取土器直径不应小于 120 mm，砂土可采用直径较小的取土器，以免提取时脱落土样。

(5) 取土器长度

取土器长度 $L_s$ 决定于所谓的"安全贯入深度" $H$。安全贯入深度 $H$ 是指贯入深度 $H$

与进入管内的土样长度 $L$ 保持正常比值（等于或略低于 0.1），安全贯入深度应略小于极限贯入深度。国外对直径 2～3 in（1 in＝0.0254 m）的取土器推荐的合适长度如下：

对无黏性土：

$$L_s = (5 \sim 10)D_s \tag{2-9}$$

对黏性土：

$$L_s = (10 \sim 20)D_s \tag{2-10}$$

（6）**刃口角度**

刃口角度 $\alpha$ 是影响土样质量的重要因素，小的 $\alpha$ 值可在很大程度上弥补面积比 $A_r$ 过大的缺陷，但 $\alpha$ 过小，要求使用良好的材质及加工处理技术，否则刃口易受损，寿命降低，成本提高。

不同壁厚的贯入式取土器技术规格见表 2-6。

**表 2-6　不同壁厚取土器的技术规格**

| 取土器参数 | 厚壁取土器 | 薄壁取土器 | | |
|---|---|---|---|---|
| | | 敞口自由活塞 | 水压固定活塞 | 固定活塞 |
| 面积比 $A_r$/% | 13～20 | ≤10 | 10～13 | |
| 内间隙比 $C_i$/% | 0.5～1.5 | 0 | 0.5～1.0 | |
| 外间隙比 $C_o$/% | 1.0～2.0 | 0 | | |
| 刃口角度 $\alpha$/(°) | 5～10 | 5～10 | | |
| 长度 $L_s$/mm | 400，550 | 对砂土：(5～10) $D_e$；对黏性土：(10～20) $D_e$ | | |
| 外径 $D_r$/m | 75～89，108 | 75，100 | | |
| 衬管 | 整圆或半合管，由塑料、酚醛层压纸或镀锌铁皮制成 | 无衬管，束节式取土器衬管同左 | | |

注：取样管及衬管内壁必须光滑圆整。在特殊情况下取土器直径可增大至 150～250 mm。

### 4. 取土器的结构

贯入式取土器可分为敞口取土器和活塞取土器两大类型，敞口取土器按管壁厚度分为厚壁和薄壁两种，下面以复壁敞口取土器和敞口薄壁取土器为例说明取土器的结构特点。

1）复壁敞口取土器（图 2-13）。国外称谢尔贝管，是最简单的取土器，在取样管内加装内衬管的取土器称为复壁敞口取土器，其外管多采用半合管，易于卸出衬管和土样；其下接厚壁管靴，能应用于软硬变化范围很大的多种土类。其主要优点是结构简单，取样操作简便，缺点是对土样质量不易控制，且易于逃土，由于壁厚，面积比 $A_r$ 可达 30%～40%，对土样扰动大，只能取得Ⅱ级以下的土样。

2）敞口薄壁取土器（图 2-14）。是用一薄壁无缝管作取样管，面积比可降低至Ⅱ级以下，可作为采取Ⅰ级土样的取土器。薄壁取土器内不设衬管，一般是将取样管与土样一同封装运送到实验室。薄壁取土器只能用于软土或较疏松的土层取样，若土质过硬，取土器易于受损。

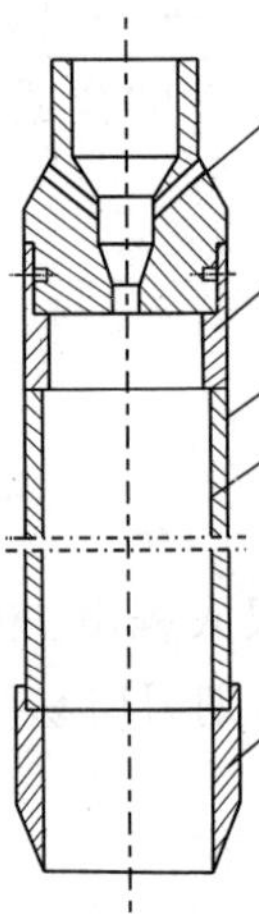


图 2-13　复壁敞口取土器图

1—球阀；2—废土管；3—半合取样管；4—衬管；5—加厚管靴

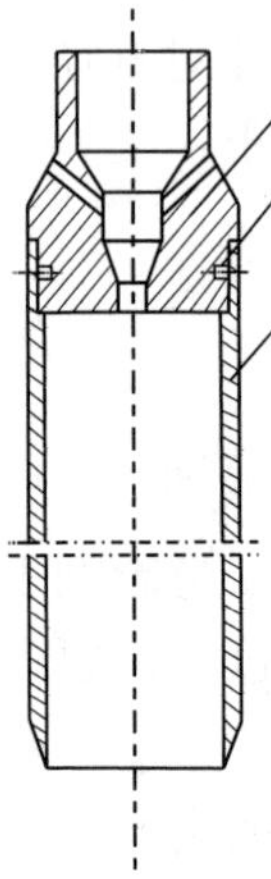


图 2-14　敞口薄壁取土器

1—球阀；2—固定螺丝；3—薄壁取样管

## 二、原状（不扰动）土样的采取

### 1. 探井、探槽中采取原状土试样的方法

探井、探槽中采取原状土试样可采用两种方式，一种是锤击敞口取土器取样，另一种是人工刻切块状土样，由于块状土试样的质量高，因此该方法使用较多。

人工采取块状土试样一般应注意以下几点：

1）避免对取样土层的人为扰动破坏，开挖至接近预计取样深度时，应留下 20～30 mm 厚的保护层，待取样时再细心铲除；

2）防止地面水渗入，井底水应及时抽走，以免浸泡；

3）防止暴晒导致水分蒸发，坑底暴露时间不能太长，否则会风干；

4）尽量缩短切削土样的时间，及早封装。

块状土试样可以切成圆柱状和方块状，也可以在探井、探槽中采取“盒状土样”，这种方法是将装配式的方形土样容器放在预计取样位置，边修切、边压入，从而取得高质量的土试样。

### 2. 钻孔中采取原状土试样的方法

（1）击入法

击入法是用人力或机械力操纵落锤，将取土器击入土中的取土方法。按锤击次数分为轻锤多击法和重锤少击法；按锤击位置又分为上击法和下击法。经过取样试验比较认为：就取样质量而言，重锤少击法优于轻锤多击法，下击法优于上击法。

（2）压入法

压入法可分为慢速压入和快速压入两种。

慢速（静力）压入法是用杠杆、千斤顶、钻机手把等加压将取土器压入土层，取土器进入土层的过程是不连续的，在取样过程中对土试样有一定程度的扰动，采用静力压入取样的条件可用式（2-11）表示：

$$p \geqslant (FR + f\pi D_r h)\alpha - q \tag{2-11}$$

式中：$p$ 为压入取土器所需要的压力，kN；$F$ 为取土器的环状面积，$m^2$；$R$ 为土层抗压强度，kPa；$f$ 为取土器与土层的侧壁摩擦阻力，kPa；$D_r$ 为取土器外径，m；$h$ 为取土器与孔壁的接触长度，m；$\alpha$ 为尖端阻力系数（各种均质土层为 1.0，砂砾石为 1.3～2.5）；$q$ 为钻具重量，kN。

快速压入法是将取土器快速、均匀地压入土中，采用这种方法对土试样的扰动程度最小，目前普遍使用以下两种方法：活塞油压法，采用比取土器稍长的活塞压筒通以高压，强迫取土器以等速压入土中；钢绳、滑车组法，借机械力量通过钢绳、滑车装置将取土器压入土中。

（3）回转压入法

回转压入法是使用回转式取土器取样，取样时内管压入取样，外管回转削切，这种方法可减少取样时对土试样的扰动，从而提高取样质量。

（4）振动法

振动法是在高速的振动作用下将取土器压入土层中，振动法对土样有一定的扰动，振动带宽度较大，为了保证土样的质量，一般采用大直径取土器取土，对于振动后易产生液化的土，不易采用振动法取土。

## 三、特殊岩土层取样方法

### 1. 饱和软黏性土取样

饱和软黏性土强度低，灵敏度高，极易受扰动，并且当受扰动后，强度会显著降低。在严重扰动的情况下，饱和软土强度可能降低 90%。

在饱和软黏性土中采取高质量等级试样必须选用薄壁取土器。土质过软时，不宜使用自由活塞取土器，取样之前应仔细检查取土器，刃口卷折、残缺的取土器必须更换。取样管应形状圆整，取样管上、中、下部直径的最大、最小值相差不能超过 1.5 mm。取样管内壁加工光洁度应达到▽ 5～▽ 6。

饱和软黏性土取样时应注意以下方面：

1）应优先采用泥浆护壁回转钻进。这种钻进方式对地层的扰动破坏最小。泥浆柱的压力可以阻止塌孔、缩孔以及孔底的隆起变形。泥浆的另一作用是提升时对土样底部能产生一定的浮托力，因而掉样的可能性减少。

2）清水冲洗钻探也是可以使用的钻探方法，因为在孔内始终保持高水头也是有利的，但应注意采用侧喷式冲洗钻头，不能采用底喷式钻头，否则对孔底冲蚀剧烈，对取样不利。

3）螺旋钻头干钻虽是常用的方法，但螺旋钻头提升时难免引起孔底缩孔、隆起或管涌。因此采用螺旋钻头钻进时，钻头中间应设有水、气通道以使水、气能及时通达钻头底部，消除真空负压。

4）强制挤入的大尺寸钻具，如厚壁套管、大直径空心机械螺旋钻、冲击、振动均不利于取样。如果采用这类方法钻进，必须在预计取样位置以上一定距离停止钻进，改用对土层扰动小的钻进方法，以利于取样。在饱和软黏性土中取样应采用快速、连续的静压方法贯入取土器。

### 2. 砂层及淤泥取样

砂土在钻进和取样过程中，更容易受到结构的扰动。砂土没有黏聚力，当提升取土器时，砂样极易掉落。在探井、探槽中直接采取砂样是可以获得高质量试样的，但开挖成本高，不现实。

在钻探过程中为了采取砂样，可采用泥浆循环回转钻进。用泥浆护壁既可防止塌孔、管涌、又可浮托土样，在土样底端形成一层泥皮，从而减少掉样的危险。

此外，也可用固定活塞薄壁取土器和双层单动回转取土器采取砂样。前者只能用于较疏松细砂层，对密实的粗砂层宜采用后者。

日本的 Twist 取土器，是在活塞取土器外加一套管，两管之间安放有橡皮套，橡皮套与取样管靴相连。贯入时两管同时压下，提升时，内部取样管先提起一段距离，超过橡皮套后停止上提，改为旋扭，使橡皮套伸长并扭紧，形成底端的封闭，然后内外管一并提起。这种取土器取砂成功率较高。日本的另一种大直径（$\phi$200 mm）取砂器（图 2－15），其底部的拦挡装置是通过缆绳操纵的。当贯入结束后，提拉缆绳，即可收紧拦挡，形成底端封闭，亦可采取较高质量的砂样。

采取高质量砂样的另一类方法是事先设法将无黏性的散粒砂土固化（胶凝或冷冻），然后用岩心钻头刻切取样。图 2－16 是一种冷冻取砂装置示意图。该方法成本高，难以广泛实施。

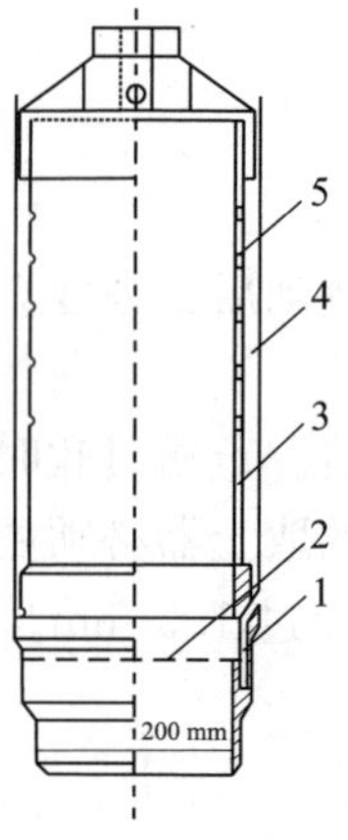


图 2－15　大直径取砂器

1—拦挡安置处；2—拦挡封闭位置；3—对分取样管；4—通向地面的操纵缆绳；5—排水孔

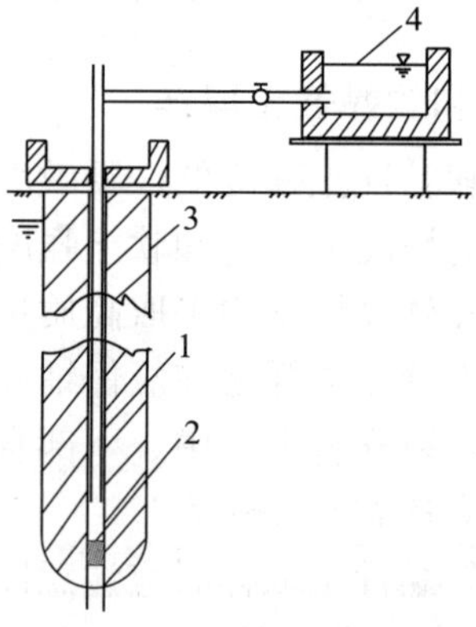


图 2－16　冷冻法取样器

1—冷冻管；2—砂浆封塞；3—冻结砂柱；4—冷却剂

**3. 砂砾石层取样**

卵石、砾石土粒径悬殊，最大粒径可达数十厘米以上，采样很困难。在通常口径的钻孔中不可能采取Ⅰ～Ⅲ级卵石试样。在必须要采取砂砾石土试样时可考虑用以下方法：

1）冻结法。将取样地层在一定范围内冻结，然后用岩心钻探取心。

2）开挖探坑。人工采取大体积块状试样。

若卵石土粒径不大，且含较多黏性土时，采用厚壁敞口取土器或三重管双动取土器能取到质量级别为Ⅲ或Ⅳ级的试样；砾石层在合适的情况下，用三重管双动取土器有可能取得Ⅰ～Ⅱ级试样。

**4. 残积土取样**

残积土层取样的困难在于土质复杂多变，软硬变化悬殊，一般的取土器很难完成取样。

如非饱和的残积土遇水极易软化、崩解，应采用黏度大的泥浆作循环液，用三重管取土器采取土试样。在强风化层中可采用敞口取土器取样，取土器贯入时往往需要大能量多次锤击，在管靴需要加厚的同时，土层也受到较大扰动。因此，在残积土层中钻孔取样较好的方法是采用回转取土器，并以能自动调节内管超前值的皮切尔式三重管取土器为最好，为避免冲洗液对土样的渗透软化，泥浆应具有高黏度，并注意控制泵压和流量。

**5. 取样质量要求**

(1) 土试样质量等级

根据试验目的，《岩土工程勘察规范》(GB 50021—2001) 把土试样的质量分为四个等级（表 2-7）。试样采取的工具和方法可按表 2-8 选择。

**表 2-7　岩土试样质量等级**

| 等级 | 扰动程度 | 试验内容 |
|---|---|---|
| Ⅰ | 无扰动 | 土类定名、含水量、密度、强度试验、固结试验 |
| Ⅱ | 轻微扰动 | 土类定名、含水量、密度 |
| Ⅲ | 显著扰动 | 土类定名、含水量 |
| Ⅳ | 完全扰动 | 土类定名 |

注：无扰动土试样是指：虽然土样原位应力状态改变，但土的结构、密度、含水量变化很小，能满足室内试验各项要求的土试样。除地基基础设计等级为甲级的工程外，对于可塑、硬塑黏性土及非饱和的中密、密实粉土，在工程技术要求允许的情况下，可用Ⅱ级土试样进行强度和固结试验，但宜先对土试样受扰动程度进行抽样鉴定，判断用于试验的适宜性，并结合地区经验使用试验成果。

**表 2-8　不同等级岩土试样的取样工具和方法**

| 土试样质量 | 取样工具和方法 | | 适用土层 | | | | | | | | | | |
|---|---|---|---|---|---|---|---|---|---|---|---|---|---|
| | | | 黏性土 | | | | | 粉土 | 砂土 | | | | 砾砂、碎石土、软岩 |
| | | | 流塑 | 软塑 | 可塑 | 硬塑 | 坚硬 | | 粉砂 | 细砂 | 中砂 | 粗砂 | |
| Ⅰ | 薄壁取土器 | 固定活塞 | ++ | ++ | + | — | — | + | + | — | — | — | — |
| | | 水压固定活塞 | ++ | ++ | + | — | — | + | + | — | — | — | — |
| | | 自由活塞 | — | + | ++ | — | — | + | + | — | — | — | — |
| | | 敞口 | + | + | + | — | — | + | + | — | — | — | — |
| | 回转取土器 | 单动三重管 | — | + | ++ | ++ | ++ | ++ | ++ | ++ | — | — | — |
| | | 双动三重管 | — | — | — | + | + | — | — | — | ++ | ++ | + |
| | 探井（槽）中刻取块状土样 | | ++ | ++ | ++ | ++ | ++ | ++ | ++ | ++ | ++ | ++ | ++ |
| Ⅱ | 薄壁取土器 | 水压固定活塞 | ++ | ++ | + | — | — | + | + | — | — | — | — |
| | | 自由活塞 | + | ++ | ++ | — | — | + | + | — | — | — | — |
| | | 敞口 | ++ | ++ | ++ | — | — | + | + | — | — | — | — |
| | 回转取土器 | 单动三重管 | — | + | ++ | ++ | + | ++ | ++ | ++ | — | — | — |
| | | 双动三重管 | — | — | — | + | ++ | — | — | — | ++ | ++ | ++ |
| | 厚壁敞口取土器 | | + | ++ | ++ | ++ | ++ | + | + | + | + | + | — |
| Ⅲ | 厚壁敞口取土器 | | ++ | ++ | ++ | ++ | ++ | ++ | ++ | ++ | ++ | ++ | — |
| | 标准贯入管 | | ++ | ++ | ++ | ++ | ++ | ++ | ++ | ++ | ++ | ++ | — |

续表

| 土试样质量 | 取样工具和方法 | 适用土层 | | | | | | | | | | |
|---|---|---|---|---|---|---|---|---|---|---|---|---|
| | | 黏性土 | | | | | 粉土 | 砂土 | | | | 砾砂、碎石土、软岩 |
| | | 流塑 | 软塑 | 可塑 | 硬塑 | 坚硬 | | 粉砂 | 细砂 | 中砂 | 粗砂 | |
| Ⅲ | 螺纹钻头 | | | | | | | | | | | — |
| | 岩心钻头 | ++ | ++ | ++ | ++ | ++ | ++ | ++ | ++ | ++ | ++ | + |
| Ⅳ | 标准贯入器 | ++ | ++ | ++ | ++ | ++ | ++ | ++ | ++ | ++ | ++ | — |
| | 螺纹钻头 | | | | | | | | | | | — |
| | 岩心钻头 | ++ | ++ | ++ | ++ | ++ | ++ | ++ | ++ | ++ | ++ | ++ |

注："++"表示适用；"+"表示部分适用；"—"表示不适用。采取砂土试样应有防止试样失落的补充措施。在已施工过的地区，可用束节式取土器代替薄壁取土器。在湿陷性黄土层取原状土试样时，应选用专门黄土取土器，并按有关规范要求进行施工。

（2）取样技术要求

《岩土工程勘察规范》（GB 50021—2001）规定：在钻孔中采取Ⅰ～Ⅱ级砂样时，可采用原状取砂器，并按相应的现行标准执行。在钻孔中采取Ⅰ～Ⅱ级以上试样时，应满足下列要求：

1）在软土、砂土中宜采用泥浆护壁；如使用套管，应保持管内水位等于或稍高于地下水位，取样位置应低于套管底3倍孔径的距离。

2）采用冲洗、冲击、振动等方式钻进时，应在预计取样位置1 m以上改用回转钻进。

3）下放取土器之前应仔细清孔，清除扰动土，孔底残留浮土厚度不应大于取土器废土段长度（活塞取土器除外）。

4）采取土试样宜用快速静力连续压入法。

5）具体操作方法应按《建筑工程地质勘探与取样技术规程》（JGJ/T 87—2012）执行。

（3）土试样封装、贮存和运输

对于Ⅰ～Ⅲ级土试样的封装、贮存和运输，应符合下列要求：

1）取出土试样应及时妥善密封，以防止湿度变化，并避免暴晒或冰冻。

2）土试样运输前妥善装箱、填塞缓冲材料，运输过程中避免颠簸、振动。对于易振动液化和水分离析的土试样宜就近进行试验。

3）土试样采取后至试验前的保存时间一般不应超过三个星期。

## 第四节　原位测试

原位测试包括岩体原位测试和土体原位测试。岩体原位测试是在现场制备试件模拟工程作用对岩体施加外荷载，进而求取岩体力学参数的试验方法，土体原位测试一般是指在岩土工程勘察现场，在不扰动或基本不扰动土层的情况下对土层进行测试，以获得所测土层的物理力学性质指标，是一项自成体系的试验科学，也是一种不可缺少的勘察手段，在岩土工程勘察中占有重要位置。可以说，在当今的岩土工程勘察中，不进行原位测试的勘察设计成果是没有质量保证的，这也是原位测试的目的之所在。

## 一、概述

**1. 原位测试的特点**

（1）岩体原位测试的优点

1）对岩体扰动小，尽可能地保持了岩体的天然结构和环境状态，使测出的岩体力学参数直观、准确；其缺点是试验设备笨重、操作复杂、工期长、费用高。

2）原位测试的试件与工程岩体相比，其尺寸还是小得多，所测参数也只能代表一定范围内的岩体力学性质，因此，要取得整个工程岩体的力学参数，必须有一定数量试件的试验数据用统计学方法求得。

（2）土体原位测试优点

土体原位测试与钻探、取样、室内试验的传统方法比较起来，具有下列明显优点：

1）可在拟建工程场地进行测试，无需取样，避免了因钻探取样所带来的一系列困难和问题，如原状样扰动问题等。

2）原位测试所涉及的土尺寸比室内试验样品要大得多，因而更能反映土的宏观结构（如裂隙等）对土的性质的影响。

以上优点决定了土体原位测试所提供的土的物理力学性质指标更有代表性，更具可靠性；此外，大部分土体原位测试技术具有快速、经济、可连续进行等优点，因而自20世纪70年代以来，随着测试机理和成果应用的深入研究，原有测试仪器不断更新换代，新仪器又不断研制成功，土体原位测试技术得到了迅猛发展。实践证明，土的原位测试技术的应用效果良好，经济效益明显，勘察周期大为缩短，应用越来越广。

但是，由于土体原位测试技术的发展历史较短，现场土体边界条件不易控制及其复杂性，使所测成果和数据与土的工程性质指标等对比时，目前仍以大量的统计经验为基础，因此对测试机理及应用都有待于进一步深入研究。

**2. 原位测试技术的种类**

岩体原位测试的方法种类繁多，主要有变形试验、强度试验及天然应力量测等。而土体原位测试方法很多，可以归纳为两类：

1）土层剖面测试法。它主要包括静力触探、动力触探、扁铲松胀仪试验及波速法等。土层剖面测试法具有可连续进行、快速、经济的优点。

2）专门测试法。它主要包括载荷试验、旁压试验、标准贯入试验、抽水和注水试验、十字板剪切试验等。土的专门测试法可得到土层中关键部位土的各种工程性质指标，精度高，测试成果可直接供设计部门使用，其精度超过室内试验的成果。

## 二、土体原位测试

### （一）静力触探

**1. 静力触探原理**

触探是通过探杆用静力或动力将金属探头贯入土层，以测量表征土对触探头贯入的阻抗能力的指标，从而间接地判断土层及其性质的一类勘探方法和原位测试技术。作为勘探手段，触探可用于划分土层，了解地层的均匀性；作为测试技术，则可估计地基承载力和土的变形指标等。

静力触探试验（CPT）是通过一定的机械装置，将一定规格的金属探头用静力压入土层中，利用电测技术测得贯入阻力来判断土的力学性质，与常规的勘探手段比较，静力触探有其独特的优越性，它能快速、连续、精确地探测土层及其性质的变化，并能实现数据的自动采集和自动绘制静力触探曲线，反映土层剖面的连续变化，操作快捷，常在拟定桩基方案时采用。

**2. 静力触探设备及分类**

静力触探仪主要由三部分组成：贯入装置（包括反力装置），其基本功能是可控制等速贯入；另一部分是传动系统，目前国内外使用的传动系统有液压和机械两种；第三部分是量测系统，这部分包括探头、电缆和电阻应变仪（或电位差计自动记录仪）等。

静力触探仪按其传动系统可分为：电动机械式静力触探仪、液压式静力触探仪和手动轻型链式静力触探仪。

常用的静力触探探头分为单桥探头、双桥探头和孔压探头。根据实际工程所需测定的地基土层参数选用单桥探头或双桥探头，探头圆锥截面面积为 10 $cm^2$、15 $cm^2$ 及 20 $cm^2$，单桥探头侧壁高度分别采用 57 mm、70 mm 或 81 mm，双桥探头侧壁面积采用 200～300 $cm^2$，锥尖锥角为 60°。

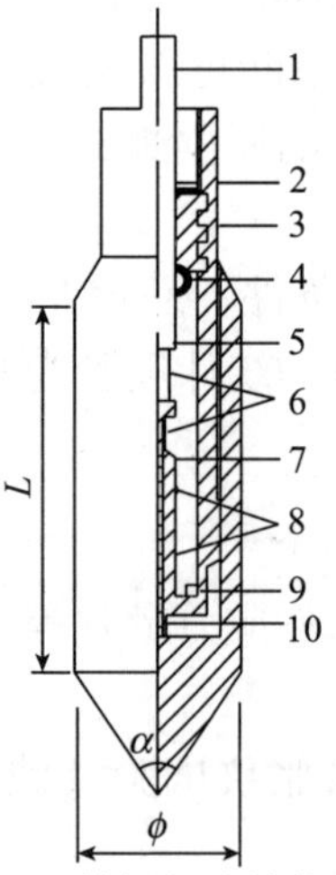


图 2－17　单桥探头结构示意图

1—四芯电缆；2—密封圈；3—探头管；4—防水塞；5—外套管；6—导线；7—空心柱；8—电阻片；9—防水盘根；10—顶柱。$\phi$—探头锥底直径；$L$—有效侧壁长度；$\alpha$—探头锥角

单桥探头（图 2－17）所测到的是包括比贯入阻力 $P_s$、锥尖阻力 $q_e$ 和侧壁摩阻力 $f_s$ 在内的总贯入阻力 $P$（kN），通常用比贯入阻力 $P_s$（kPa）表示，即：

$$P_s = P/A \qquad (2-12)$$

式中：$A$ 为探头截面面积，$m^2$。

利用双桥探头可以同时分别测得锥尖阻力和侧壁摩阻力，其结构比单桥探头复杂，双桥探头可测出锥尖总阻力 $Q_e$（kN）和侧壁总摩阻力 $p_f$（kN），通常以锥尖阻力 $q_e$（kPa）和侧壁摩阻力 $f_s$（kPa）表示：

$$q_e = Q_e/A \qquad (2-13)$$

$$f_s = p_f/A_s \qquad (2-14)$$

式中：$A_s$ 为外套筒的总表面积，$m^2$。

**3. 静力触探试验的目的和适用条件**

静力触探试验可以用于下列目的：

1）根据贯入阻力曲线的形态特征或数值变化幅度划分土层。

2）估计地基土层的物理力学参数。

3）评定地基土的承载力。

4）选定桩基持力层、估算单桩极限承载力，判定沉桩可能性。

5）判定场地地震液化趋势。

静力触探试验适用于软土、一般黏性土、粉土、砂土和含少量碎石的土，设备的贯入能力必须满足测试土性质、深度等需要，反力必须大于贯入总阻力。

**4. 静力触探试验结果的应用**

根据锥尖阻力 $q_e$ 和侧壁摩阻力 $f_s$ 可计算同一深度处的摩阻比 $R_f$ 如下：

$$R_f = \frac{f_s}{q_e} \times 100\% \tag{2-15}$$

在现场实测以后进行触探资料整理工作。为了直观地反映勘探深度范围内土层的力学性质，可绘制 $z-P_s$、$z-q_e$、$z-f_s$、$z-R_f$ 各种关系曲线。

（二）圆锥动力触探

**1. 概述**

圆锥动力触探是将一定质量的穿心锤，以一定的高度（落距）自由下落，将探头贯入土中，然后记录贯入一定深度所需的锤击次数，并以此判断土的性质。

圆锥动力触探试验的类型按《岩土工程勘察规范》（GB 50021—2001）规定可分为轻型、重型和超重型三种，其规格和适用土类应符合表 2-9 的规定。

**表 2-9　动力触探的类型及规格**

| 类型 | 标准贯入 | 轻型触探 | 重型触探 | 超重型 |
|---|---|---|---|---|
| 探头或贯入器规格 | 半合管贯入器，外径 51 mm，内径 35 mm，长 70 cm | 圆锥探头，锥角 60°，锥底面积 12.6 cm² | 圆锥探头，锥角 60°，锥底面积 43 cm² | 同标准贯入 |
| 落锤质量/kg | 63.5 | 10 | 63.5 | 120 |
| 落锤落距/cm | 76 | 50 | 76 | 74 |
| 探头直径/mm | 51 | 40 | 74 | 74 |
| 探头锥角/(°) | | 60 | 60 | 60 |
| 探杆直径/mm | 42 | 25 | 42 | 50～60 |
| 指标 | $N_{63.5}$，贯入 30 cm 的锤击数 | $N_{10}$，贯入 30 cm 的锤击数 | $N_{63.5}$，贯入土中 10 cm 的锤击数 | $N_{120}$，贯入土中 10 cm 的锤击数 |
| 适用地层 | 砂土、粉土、一般黏性土 | 浅部填土、砂土、粉土、黏性土 | 砂土、中密以下的碎石土、极软岩 | 密实和很密的碎石土、软岩、极软岩 |

根据圆锥动力触探试验指标和地区经验，可进行力学分层，评定土的均匀性和物理性质（状态、密实度）、土的强度、变形参数、地基承载力、单桩承载力，查明土洞、滑动面、软硬土层界面，检测地基处理效果等。应用试验结果时是否修正或如何修正，应根据建立统计关系时的具体情况确定。

**2. 标准贯入试验**

（1）标准贯入试验设备

主要由标准贯入器、触探杆和穿心锤三部分组成（图 2-18）。

（2）试验要点

当钻进至需要进行试验的土层标高以上 15 cm 时，清孔后换用标准贯入器，记录深度；将贯入器打入试验土层中，先打入 15 cm 不计击数，继续贯入土中 30 cm 记录锤击数，若砂层比较密实，贯入击数较大时，也可记录贯入量小于 30 cm 的锤击数，并通过式（2-16）换算成贯入 30 cm 的锤击数 $N$；拔出贯入器，取出土样进行鉴别描述；若需进行下一深度的

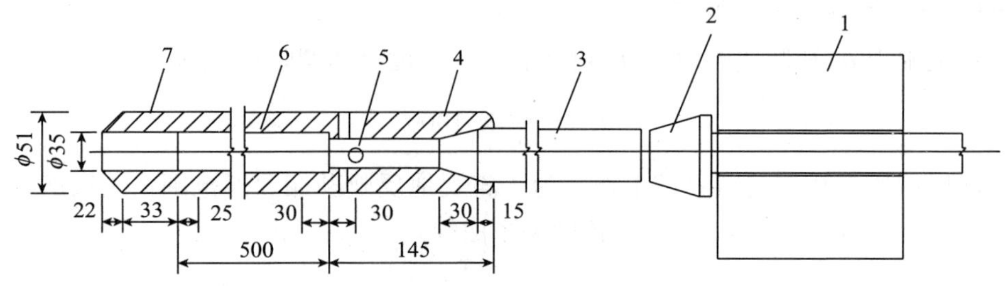


图 2-18　标准贯入试验设备（单位：mm）

1—穿心锤；2—锤垫；3—钻杆；4—贯入探头；5—出水孔；6—贯入器身（两半圆形管合并而成）；7—贯入器靴

贯入试验时，则继续钻进重复上述操作步骤；当钻孔孔壁不稳定尚需进行试验时，可用泥浆或套管护壁；当触探杆长度大于 3 m 时，锤击数应按式（2-16）进行触探杆长度校正：

$$N=\frac{30n}{\Delta S} \tag{2-16}$$

式中：$n$ 为所选的任意贯入量的锤击数；$\Delta S$ 为对应锤击数 $n$ 的贯入量，cm。

$$N_{63.5}=\alpha \cdot N \tag{2-17}$$

式中：$N_{63.5}$ 为标准贯入试验锤击数；$\alpha$ 为触探杆长度校正系数，可按表 2-10 确定；$N$ 为实测贯入 30 cm 的锤击数。

**表 2-10　触探杆长度校正系数**

| 触探杆长度/cm | ≤3 | 6 | 9 | 12 | 15 | 18 | 21 |
|---|---|---|---|---|---|---|---|
| $\alpha$ | 1.0 | 0.92 | 0.86 | 0.81 | 0.77 | 0.73 | 0.70 |

（3）确定容许承载力

按上述确定的 $N_{63.5}$ 查表 2-11 和表 2-12，得出容许承载力 [$R$]。

**表 2-11　砂土的容许承载力 [$R$]**

| 锤击数 $N_{63.5}$ | 10～15 | 15～30 | 30～50 |
|---|---|---|---|
| [$R$]/(kN·m$^{-2}$) | 140～180 | 180～340 | 340～500 |

**表 2-12　黏性土的容许承载力 [$R$]**

| 锤击数 $N_{63.5}$ | 3 | 5 | 7 | 9 | 11 | 13 | 15 | 17 | 19 | 21 | 23 |
|---|---|---|---|---|---|---|---|---|---|---|---|
| [$R$]/(kN·m$^{-2}$) | 120 | 160 | 200 | 240 | 280 | 320 | 360 | 420 | 500 | 580 | 660 |

（4）标准贯入试验与其他动力触探试验的区别

标准贯入试验简称标贯（英文缩写 SPT），是动力触探测试方法最常用的一种，其设备规格和测试程序在世界上已趋于统一。它和圆锥动力触探测试的区别：一是探头不同，标贯探头是空心圆柱形的，常称标准贯入器；其二，在测试方法上也不同，标贯是间断贯入，每次测试只能按要求贯入 0.45 m，只计贯入 0.30 m 的锤击数 $N$，称标贯击数，$N$ 没有下标，以与圆锥贯入锤击数相区别；其三，圆锥动力触探是连续贯入、连续分段计锤击数的。标贯的穿心锤质量为 63.5 kg，自由落距 76 cm。其动力设备要有钻机配合。

（5）标准贯入试验的技术要求

标准贯入试验孔采用回转钻进，并保持孔内水位略高于地下水位。当孔壁不稳定时，可用泥浆护壁，钻至试验标高以上 15 cm 处，清除孔底残土后再进行试验。

采用自动脱钩的自由落锤法进行锤击，并减小导向杆与锤间的摩阻力，避免锤击时的偏心和侧向晃动，保持贯入器、探杆、导向杆连接后的垂直度，锤击速率应小于 30 击/min。

贯入器打入土中 15 cm 后，开始记录每打入 10 cm 的锤击数，累计打入 30 cm 的锤击数为标准贯入试验锤击数 $N$。当锤击数已达 50 击，而贯入深度未达 30 cm 时，可记录 50 击的实际贯入深度，按式（2-18）换算成相当于 30 cm 的标准贯入试验锤击数 $N$，并终止试验。

$$N = 30 \times \frac{50}{\Delta S} \tag{2-18}$$

式中：$\Delta S$ 为 50 击时的贯入度，cm。

### （三）静力载荷试验

#### 1. 概述

平板静力载荷试验（英文缩写 PLT），简称载荷试验。它是模拟建筑物基础工作条件的一种测试方法，起源于 20 世纪 30 年代的苏联、美国等国家。其方法是在保持地基土的天然状态下，在一定面积的承压板上向地基土逐级施加荷载，并观测每级荷载下地基土的变形特性。测试所反映的是承压板以下大约 1.5～2.0 倍承压板宽的深度内土层的应力-应变-时间关系。

载荷试验的主要优点是对地基土不产生扰动，利用其成果确定的地基承载力最可靠、最有代表性，可直接用于工程设计。因此，在对大型工程、重要建筑物的地基勘测中，载荷试验一般是不可少的，是比较其他土的原位试验成果的基础。

载荷试验按试验深度分为浅层和深层；按承压板形状有平板与螺旋板；按用途可分为一般载荷试验和桩载荷试验；按载荷性质又可分为静力和动力载荷试验。本章主要讨论浅层平板静力载荷试验，其他载荷试验可参见相关资料。

#### 2. 静力载荷试验的仪器设备

载荷试验设备由承压板、加荷装置及沉降观测装置等组合而成。

（1）承压板

有现场砌制和预制两种，一般为预制厚钢板（或硬木板）。对承压板的要求是要有足够的刚度，在加荷过程中承压板本身的变形要小，而且其中心和边缘不能产生弯曲和翘起；其形状宜为圆形（也有方形者），对密实黏性土和砂土，承压面积一般为 1000～5000 $cm^2$。对一般土多采用 2500～5000 $cm^2$。

（2）加荷装置

加荷装置包括压力源、载荷台架或反力构架，加荷方式可分为两种，即重物加荷和油压千斤顶反力加荷。

重物加荷法（图 2-19），即在载荷台上放置重物，如铅块等。由于此法笨重，劳动强度大，加荷不便，目前已很少采用。其优点是荷载稳定，在大型工地常用。

油压千斤顶反力加荷法（图 2-20），即用油压千斤顶加荷，用地锚提供反力。由于此法加荷方便，劳动强度相对较小，因此被广泛采用。采用油压千斤顶加压，必须注意两个问题：油压千斤顶的行程必须满足地基沉降要求；下入土中的地锚反力要大于最大加荷，以避免地锚上拔，试验半途而废。

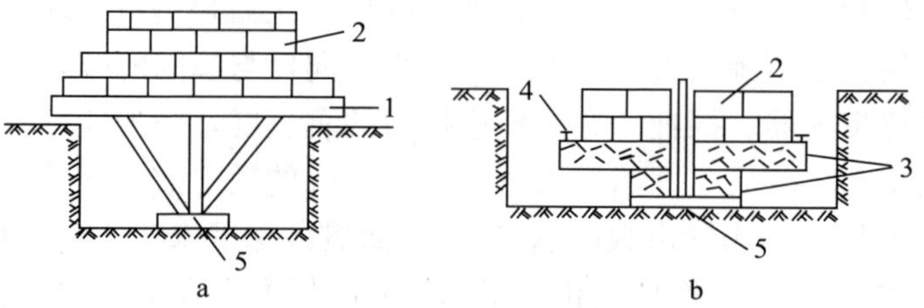


图 2－19　重物加荷法

a—木质或铁质载荷台；b—低重心载荷台

1—载荷台；2—钢锭；3—混凝土平台；4—测点；5—承压板

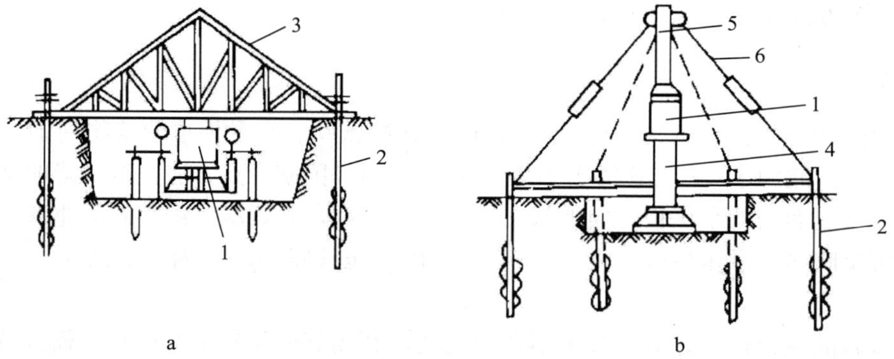


图 2－20　油压千斤顶反力加荷法

a—钢桁架式装置；b—拉杆式装置

1—千斤顶；2—地锚；3—格架；4—立柱；5—分立柱；6—拉杆

（3）沉降观测装置

沉降观测仪表有百分表、沉降传感器或水准仪等。只要满足所规定的精度要求及线性特性等条件，可任意选用其中一种来观测承压板的沉降。由于载荷试验所需荷载很大，要求一切装置必须牢固可靠、安全稳定。

**3. 试验要点**

1）载荷试验一般在方形试坑中进行，试坑底的宽度应不小于承压板宽度（或直径）的3倍，以消除侧向土自重引起的超载影响，使其达到或接近地基的半空间平面问题边界条件的要求，试坑应布置在有代表性的地点，承压板底面应放置在基础底面标高处。

2）为了保持测试时地基土的天然湿度与原状结构，应做到以下几点：测试之前，应在坑底预留 20～30 cm 厚的原土层，待测试将开始时再挖去，并立即放入载荷板；对软黏土、松散砂，在承压板周围应预留 20～30 cm 厚的原土作为保护层；在试坑底板标高低于地下水位时，应先将水位降至坑底标高以下，并在坑底铺设 2 cm 厚的砂垫层，再放下承压板等，待水位恢复后进行试验。

3）安装设备。安装承压板前应整平试坑底面，铺设 1～2 cm 厚的中砂垫层，并用水平尺找平，以保证承压板与试验面平整均匀接触；安装千斤顶、载荷台架或反力构架，其中心应与承压板中心一致；安装沉降观测装置，其支架固定点应设在不受土体变形影响的位置上，沉降观测点应对称放置。

4）加荷（压）。安装完毕，即可分级加荷。测试的第一级荷载，应将设备的重量计入，且直接接近所卸除土的自重（相应的沉降量不计）。以后每级荷载增量，一般取预估测试土层极限压力的 1/10～1/8。当不宜预估其极限压力时，对较松软的土，每级荷载增量可采用 10～25 kPa；对较坚硬的土，采用 50 kPa，对硬土及软质岩石，采用 100 kPa。

5）观测每级荷载下的沉降。加荷开始后，第一个 30 min 内，每 10 min 观测沉降一次；第二个 30 min 内，每 15 min 观测一次，以后每 30 min 观测一次。沉降相对稳定标准为，连续四次观测的沉降量，每小时累计不大于 0.1 mm 时，方可施加下一级荷载。

6）尽可能使最终荷载达到地基土的极限承载力，以评价承载力的安全度。当测试出现下列情况之一时，即认为地基土已达极限状态，可终止试验。承压板周围的土体出现裂缝或隆起，在荷载不变的情况下，沉降速率加速发展或接近一常数，压力—沉降量曲线出现明显拐点，总沉降量等于或大于承压板宽度（或直径）的 0.08，在某一荷载下，24 h 内沉降速率不能达到稳定标准。

7）如达不到极限荷载，则最大压力应达到预期设计压力的两倍或超过第一拐点至少三级荷载。

8）当需要卸荷观测回弹时，每级卸荷量可为加荷量的 2 倍，历时 1 h 每隔 15 min 观测一次，荷载完全卸除后，继续观测 3 h。

### （四）十字板剪切试验

#### 1. 十字板剪切试验的原理和特点

十字板剪切试验（英文缩写 FVST）是用插入软黏土中的十字板头，以一定的速率旋转，在土层中形成圆柱形破坏面，测出土的抵抗力矩，然后换算成土的抗剪强度。

十字板剪切试验开始于 1928 年，1954 年我国南京水利科学研究所引进了这种测试技术，并在软土地区得到了广泛应用，主要用其测定饱水软黏土的不排水抗剪强度，即 $\varphi=0°$ 时的黏聚力 $c$ 值。它具有下列明显优点：

1）不用取样，特别是对难以取样的灵敏度高的软黏土，可以在现场对基本上处于天然应力状态下的土层进行扭剪，所求软土抗剪强度指标比其他方法都可靠。

2）野外测试设备轻便，容易操作。

3）测试速度较快，效率高，成果整理简单。

长期以来，野外十字板剪切试验被认为是一种有效、可靠的土的原位测试方法，国内外应用很广。必须注意的是，此法对较硬的黏性土和含有砾石、杂物的土不宜采用，否则会损伤十字板头。

#### 2. 十字板剪切试验的仪器设备

野外十字板剪切试验的仪器为十字板剪切仪，目前国内有三种：开口钢环式、轻便式和电测式，方法分为钻孔式和压入式两种。开口钢环式是利用蜗轮旋转将十字板头插入土层中，测出抵抗力矩，计算出土的抗剪强度，要配用钻机打孔。轻便式的优点是轻便、易于携带，不需动力，但在测试中难以准确掌握剪切速率和不易准确维持仪器水平，测试精度不高，故使用较少。电测式测力设备是在十字板头上方连接一贴有电阻应变片的受扭力柱的传感器，在地面用电子仪器直接量测十字板头的剪切扭力，不必进行钻杆和轴杆校正。

电测式十字板剪切仪轻便灵活，容易操作，试验成果也较稳定，目前已得到广泛应用，故介绍这种仪器设备。它主要由以下几部分组成：

1）压入主机。功能是将十字板头垂直压入土中。

2）十字板头（图 2-21），直径 $D$=50 mm，高 $H$=100 mm，板厚 2 mm，刃口角度为 60°，轴杆直径为 13 mm，轴杆长度为 50 mm。

3）扭力传感器（图 2-22）。传感器（电阻式）应具有良好的密封和绝缘性能，对地绝缘电阻不应小于 200 MΩ，传感器事先率定。

4）量测扭力仪表。静态电阻应变仪（精度为 5 με）或数字测力仪（精度 1～2 N）。

5）施加扭力装置。由蜗轮、蜗杆、变速齿轮、钻杆夹具和手柄等组成，手摇柄转动一圈正好使钻杆转动一度。

6）其他。钻杆、水平尺和管钳等。

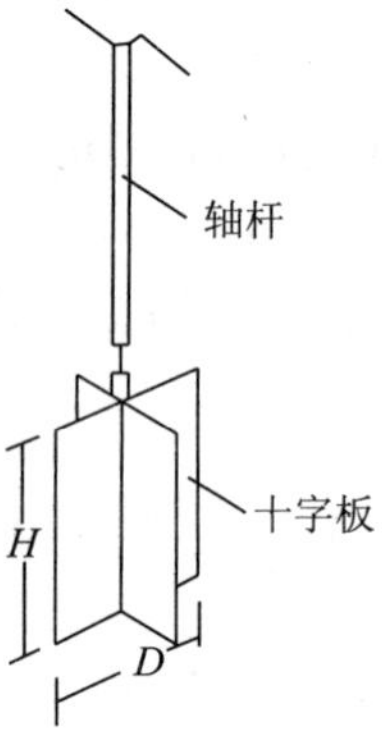


图 2-21　十字板头

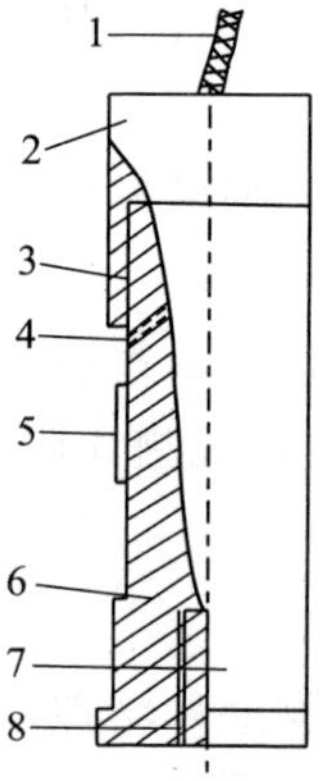


图 2-22　扭力传感器

1—电缆；2—钻杆接头；3—固定护套螺丝；4—引线孔；5—电阻应变片；6—受扭立柱；7—护套；8—接十字板丝扣

**3. 测试要点**

包括十字板头扭力传感器的率定和正式测试两部分。

（1）扭力传感器率定

目的在于确定扭力矩与传感器应变值之间的关系，求出传感器率定系数。一般每隔三个月率定一次。如在使用过程中出现异常，经过检修后应重新率定。试验时使用的传感器、导线和测量仪器均应与率定时相同。其率定步骤见有关文献，然后以扭矩为纵坐标，以平均应变读数值为横坐标，绘制扭矩与应变值的关系曲线（图 2-23）。最后，按下式计算传感器率定系数值：

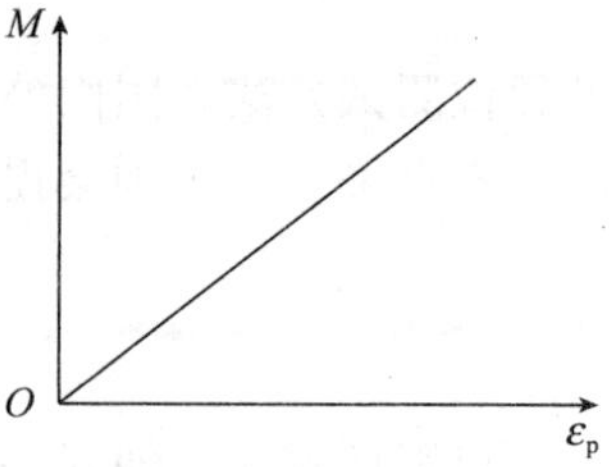


图 2-23　扭矩与应变值关系曲线

$$\alpha = \frac{M}{\varepsilon_p} \tag{2-19}$$

式中：$\alpha$ 为传感器率定系数，N·cm/με；$M$ 为扭矩，N·cm；$\varepsilon_p$ 为扭矩 $M$ 所对应的应变值，με。

（2）现场测试

1）安装及调平电测式十字板剪切仪机架，用地锚固定，并安装好施加扭力的装置。

2）将十字板头接在传感器上拧紧，然后将其所附电缆及插头与穿入钻杆内的电缆及插座连接，并进行防水处理，接通测量仪器。

3）将十字板头垂直压入土中至预定深度，并用卡盘卡住钻杆，使十字板头固定在同一深度上进行扭剪，在扭剪前，应读取初始读数或将仪器调零。

4）测试开始，匀速转动手摇柄，摇柄每转一圈，十字板头旋转一度。每 10 s 使摇柄转动一圈，每转动一圈测记应变读数一次。当读数出现峰值或稳定值后，再继续测记 1 min。十字板头插入预定深度后需静置 2～3 min 后才能开始扭剪。

5）松开钻杆夹具，用手或管钳快速将探杆顺时针方向旋转 6 圈，使十字板头周围的土充分扰动后，立即拧紧钻杆夹具，重复步骤 4），测量记录剪切破坏时的应变仪或测力仪的读数。注意事项为要设法防止电缆与十字板接头处被拧断，故此项宜每层土只做一两次。

6）完成一次试验后，松开钻杆夹具。根据需要，继续将十字板头压至下一个试验深度，重复步骤 3）至步骤 5）。

### （五）压水试验

#### 1. 概述

钻孔压水试验是用专门的止水装置把一定长度的钻孔段隔离开，然后用固定的水头向该段钻孔压水，水从孔壁裂隙向周围渗透，最终渗透水量会趋向一稳定值。根据压水水头、试段长度和渗入水量，便可确定裂隙岩石的渗透性能，通常以单位水头（m）、单位长度（m）试段和单位时间内的吸水量（L/min）表示，称为单位吸水量 $\omega$[L/(min·m·m)]。通过压水试验，可定性地了解地下不同深度岩层的相对透水性和裂隙发育程度，为评价、论证建筑物地基岩层的完整性和透水程度、制定基础防渗与处理方案提供必需的基本资料。

#### 2. 压水试验的基本方法

1）按供水和形成压力水头的方式可以分为静水柱压水法、孔内水柱压水法和水泵压水法。

*静水柱压水法*　靠设在高处的静水压力形成自流供水以进行压水试验，静水柱压水过程中，压力和流量易于稳定，压水连续均匀，试验成果准确，此方法适用于地下水位较浅的钻孔。

*孔内水柱压水法*　当地下水位较深（一般大于 15 m）时，供水水箱可以安放在钻孔孔口，水由水箱经阀门直接压入孔内，在孔内形成一定高度的水柱，提供必要的水柱压力，此方法与静水柱压水法的本质相同，优点相似，但设备简单，更易于操作和控制，且不受地形条件的限制。

*水泵压水法*　此方法是用水泵提供压水试验所需的压力。试验时，水泵的送水管与压水栓塞的管柱连接，在栓塞内管柱顶端装有压力表，在送水管与回水管上分别装有进水闸门、流量表和分流闸门，用来调节进水流量和压力。水泵压水法使用的设备较多，造成误差的因素也较多，影响试验资料的准确性，因此只有在地形平缓、地下水位浅而不能使用静水柱压水法和孔内水柱压水法时才使用。

2）按试验段的隔离次序分为分段压水法和综合压水法。

*分段压水法*　此法可分为自上而下分段压水法和自下而上分段压水法两种。

自上而下分段压水法（图 2-24）是当钻孔钻到第一试验段底部时，停止钻进，将栓塞塞在第一试验段顶部，做完试验后，继续钻进至第二试验段的底部，再将栓塞塞在第二试验段的顶部做试验，以此类推，直至终孔。此法的优点是岩粉充填岩层裂隙的时间短，影响小，试验资料比较可靠，缺点是费时多，纯钻进时间少。

自下而上分段压水法（图 2 - 25）是连续钻进，直至达到钻孔设计的深度，然后按照设计的试验段长度自下而上分段压水。做完 $L_1$ 压水试验后，必须回填黏土或止水物至 $L_1$ 高度，再做 $L_2$ 试验段的压水试验，然后回填止水物，再做 $L_3$ 试验段压水试验，以此类推，直至全孔做完压水试验。此法的优点是钻进和试验互不干扰，纯钻进时间多，缺点是钻孔被封闭，不能作为长期观测孔。

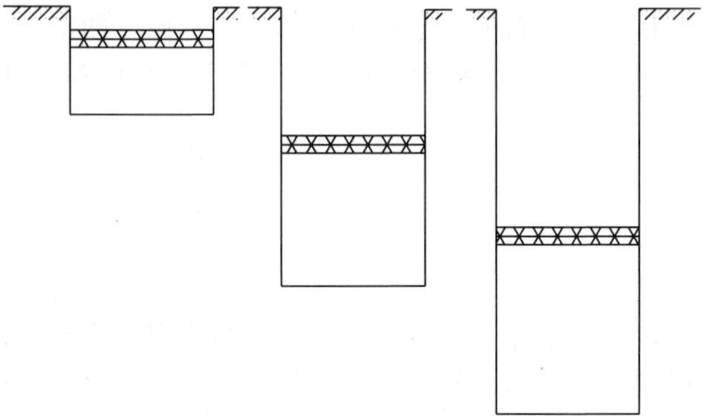

图 2 - 24　自上而下分段压水法

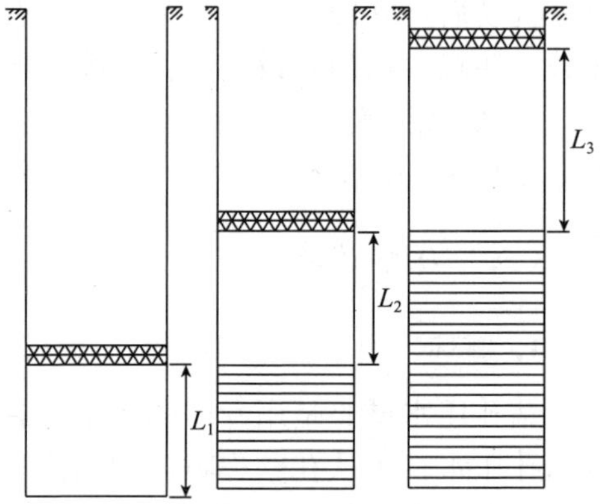


图 2 - 25　自下而上分段压水法

综合压水法　此法可分为自上而下综合压水法和自下而上综合压水法两种。

自上而下综合压水法（图 2 - 26）是当钻孔深度达到第一试验段底部时，将栓塞塞在第一试验段顶部做完压水试验后，继续钻进至第二试验段的底部，仍将栓塞塞在第一试验段的顶部做压水试验，以此类推，栓塞始终塞在第一试验段的顶部，直至终孔。

自下而上综合压水法是全孔钻完后，再按设计的试验段长度，自下而上做压水试验（图 2 - 27）。

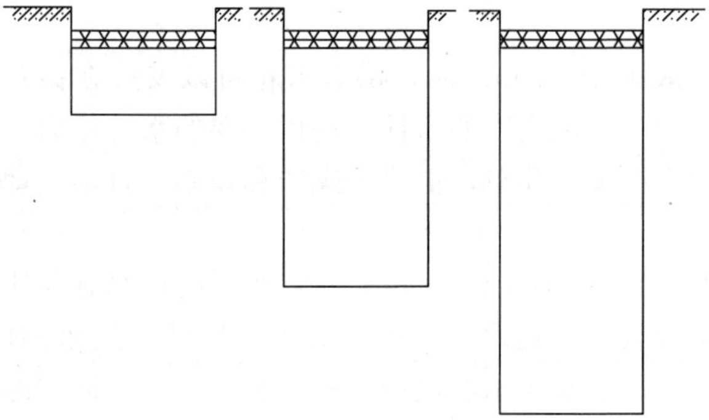

图 2 - 26　自上而下综合压水法

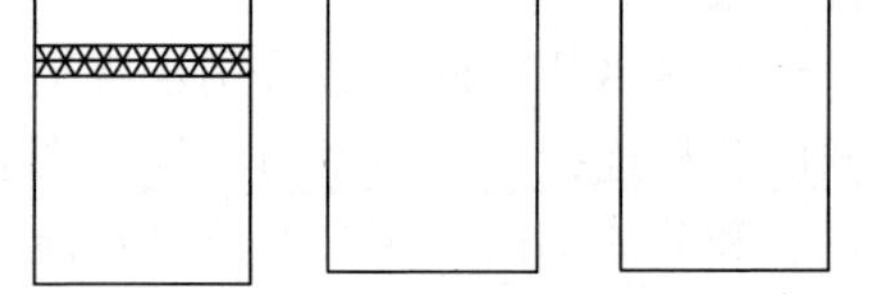

图 2 - 27　自下而上综合压水法

**3. 压水试验设备**

压水试验设备主要有止水封隔器、供水设备以及水压、水量、水位等观测仪表。

（1）止水封隔器

止水封隔器（即止水栓塞）是隔离试验孔段、将压力水引入试验段进行压水试验的主要设备。常用的止水栓塞有双管循环式栓塞和单管顶压式栓塞。双管循环式栓塞又可以分为双管单栓塞和双管双栓塞。

双管单栓塞（图2-28）由内、外两层水管组成，底部有橡胶栓塞，内管上端有丝杠，丝杠套有丝扣绞盘。当栓塞下至试验段顶端时，扭转丝扣绞盘，使内管上升，外管相对下降，栓塞受压膨胀而压紧孔壁，从而达到隔离试验段的目的。试验时，压力水由内、外管之间的环状间隙经花管流入内管，由内管继续下流进入试验孔段。这种止水栓塞不受地下水位深度的限制，压力大小可以任意控制。

双管双栓塞（图2-29）上部丝杠装置与双管单栓塞相同，下部有上栓塞和下栓塞，其间有带圆孔的支力管。扭转丝扣绞盘，可同时使上、下栓塞受压膨胀而压紧孔壁，达到隔离试验段的目的。支力管的长度取决于试验段的长度，压水试验时，压力水由内、外管之间下流，经支力管圆孔流入试验段。

单管顶压式栓塞（图2-30）只有一层管柱，栓塞套在心管上，栓塞上下以及栓塞间有垫圈，心管伸入进水管内，心管顶端有锁帽，锁帽被挡台挂住，使心管不能脱落，整个栓塞用花管支撑在孔底，进水管的重量和钻机的压力使栓塞膨胀而隔离试验段，花管长度和试验段长度一致。压水试验时，压力水经进水管、心管、花管流入试验段。单管顶压式栓塞的主要优点是管路简单、安装方便，缺点是压力损失较大。

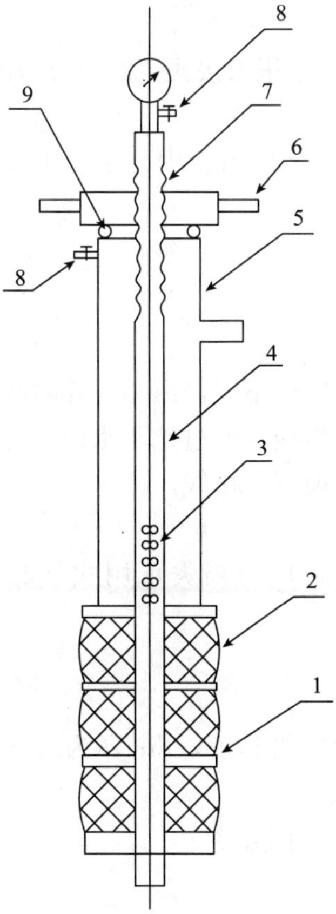


图2-28　双管单栓塞

1—垫圈；2—橡胶栓塞；3—花管；4—内管；5—外管；6—丝扣绞盘塞；7—丝杠；8—放气阀门；9—滚珠轴承

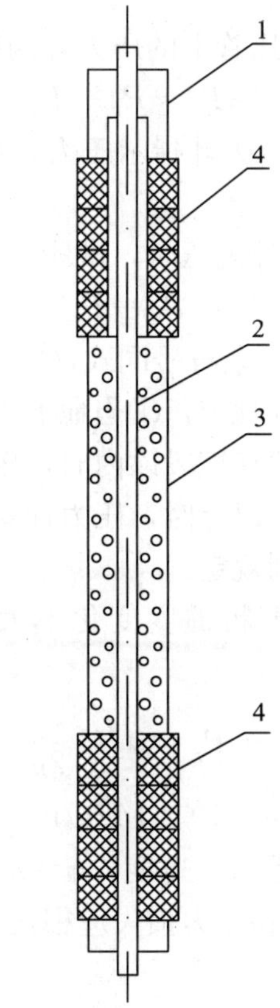


图2-29　双管双栓塞

1—外管；2—内管；3—圆孔支力管；4—橡胶栓塞

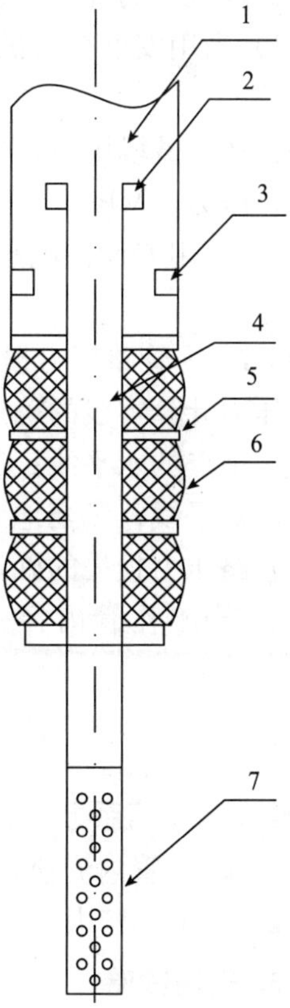


图2-30　单管顶压式栓塞

1—进水管；2—锁帽；3—挡台；4—心管；5—垫圈；6—橡胶栓塞；7—花管

（2）其他设备、仪表

选择水泵时，除应考虑岩层预计的吸水量和所需要的最大压力外，还应保证压水时送水均匀、压力稳定、重量轻、便于装拆搬迁；压力表的选择应根据需要量测的压力值的大小，使要测的压力值约在压力表盘刻度的 1/3～3/4 的范围内，常用压力表的极限压力值多为 0.3 MPa 左右；流量计有三角堰箱和流量表两种，用以计量流入试验段的水量；水位计是测量钻孔中地下水位和管内水位升高的工具，有电测水位计和测钟两种。

**4. 试验段长度与压力值的确定**

《水利水电工程钻孔压水试验规程》（SL 31—2003）规定：试验段长度宜为 5 m，采用单栓塞分段隔离进行，岩石完整、孔壁稳定的孔段或有必要单独进行压水试验的孔段，可采用双栓塞分段进行。含断层破碎带、裂隙密集带、岩溶洞穴等的孔段，应根据具体情况确定试验段的长度。

压水试验应按三级压力、五个阶段［即 $P_1—P_2—P_3—P_4(=P_2)—P_5(=P_1)$，$P_1<P_2<P_3$］进行。$P_1$、$P_2$、$P_3$ 三级压力宜分别为 0.3 MPa、0.6 MPa、1 MPa。当试验段埋深较浅时宜适当降低试验段压力。

试段压力的确定应遵守下列规定：

1）当用安设在与试段连通的测压管上的压力计测压时，试段压力按式（2-20）计算：

$$P = P_p + P_z \tag{2-20}$$

式中：$P$ 为试段压力，MPa；$P_p$ 为压力计指示压力，MPa；$P_z$ 为压力计中心至压力计零线的水柱压力，MPa。

2）当用安设在进水管上的压力计测压时，试段压力按式（2-21）计算：

$$P = P_p + P_z - P_s \tag{2-21}$$

式中：$P_s$ 为管路压力损失，MPa；其余符号同式（2-20）。

压力计算零线的确定应遵守下列规定：①当地下水位在试段以下时，压力计算零线为通过试段中点的水平线；②当地下水位在试段以内时，压力计算零线为通过地下水位以上试段中点的水平线；③当地下水位在试段以上时，压力计算零线为地下水位线。

管路压力损失的确定应遵守下列规定：

1）当工作管内径一致，且内壁粗糙度变化不大时，管路压力损失可用式（2-22）计算：

$$P_s = \lambda \frac{L_p}{d} \frac{v^2}{2g} \tag{2-22}$$

式中：$\lambda$ 为摩阻系数，$\lambda=2\times10^{-4}\sim4\times10^{-4}$ MPa/m；$L_p$ 为工作管长度，m；$d$ 为工作管内径，m；$v$ 为管内流速，m/s；$g$ 为重力加速度，$g=9.8$ m/s$^2$。

2）当工作管内径不一致时，管路压力损失应根据实测资料确定。

**5. 现场试验**

现场试验内容包括洗孔、试段隔离、水位观测、压力和流量观测记录等。

（六）旁压试验

旁压试验（PMT）也是岩土工程勘察中的一种常用的原位测试技术，实质上是一种利用钻孔做原位横向载荷试验。其原理是通过旁压器在竖直的孔内加压，使旁压膜膨胀，并由旁压膜（或护套）将压力传给周围土体（或软岩），使土体（或软岩）产生变形直至破坏，并通过量测装置测出施加的压力和土体变形之间的关系，然后绘制应力一应变（或钻孔体积增量，或径向位移）关系曲线。根据这种关系对孔周所测土体（或软岩）的承载力、变形性质等进行评价。

1957年，法国工程师梅那德（Mcnard）研制成功了三腔式旁压仪，即梅那德预钻式旁压仪，由于其应用效果好，现已普及到全世界，但预钻式旁压试验要预先钻孔，因而会对孔壁土体产生扰动，旁压孔的深度也会因塌孔、缩孔等原因而受到限制，为了克服预先成孔等一系列缺点，自钻式旁压试验应运而生。

自钻式旁压仪是一种自行钻进、定位和测试的钻孔原位试验装置，它借助于地面上或水下的回转动力（通常可用水冲正循环回转钻机作为动力），利用旁压器内部的钻进装置，可自地面连续钻进到预定测试深度进行试验。

## 三、岩体原位测试

### 1. 现场直接剪切试验

岩体原位直剪试验是岩体力学试验中常用的方法，它又可分为岩体本身、岩体沿结构面及岩体与混凝土接触面剪切三种。每种试验又可细分为抗剪断试验、摩擦试验及抗切试验。抗剪断试验是试件在一定的法向应力作用下沿某一剪切面剪切破坏的试验，所求得的强度为试件沿该剪切面的抗剪断强度；摩擦试验是试件剪断后沿剪切面继续剪切的试验，所求得的强度为试件沿该剪切面的残余剪切强度；抗切试验是法向应力为零时试件沿某一剪切面破坏的试验。

直剪试验一般在平硐中进行，如在试坑或大口径钻孔内进行，则需设置反力装置。图2-31为常见的直剪试验布置方案，当剪切面水平或近水平时，采用图2-31a～e方案，其中图2-31a～c为平推法，图2-31d为斜推法，当剪切面为陡倾时采用图2-31e，f方案。方案图2-31a施加剪切荷载时有一力矩 $e_1$ 存在，使剪切面的剪应力及法向应力分布不均匀。方案图2-31b使法向荷载产生的偏心力矩 $e_2$ 与剪切荷载产生的力矩平衡，改善了剪切面上的应力分布，但法向荷载的偏心力矩较难控制。方案图2-31c剪切面上的应力分布均匀，但试件加工有一定难度。方案图2-31d法向荷载与斜向荷载均通过剪切面的中心，$\alpha$ 一般为15°，但在试验过程中，为保持剪切面上的法向应力不变，需同步降低由于斜向荷载增加的那一部分法向荷载。方案图2-31e适用于剪切面上法向应力较大的情况。方案图2-31f适用于剪切面上应力较小的情况。

另外，岩体直剪试验一般需制备多个试件在不同的法向应力作用下进行试验，这时由于试件之间的地质差异，将导致试验结果十分离散，影响成果整理与取值。因此，工程界还提出了一种叫单点法的直剪试验，即利用一个试件在多级法向应力下反复剪切；但除最后一级法向应力下将试件剪断外，其余各级均不剪断试件，只将剪应力加至临近剪断状态后即卸荷。

### 2. 岩体原位应力测试

岩体应力是工程岩体稳定性分析及工程设计的重要参数。目前，岩体应力主要靠实测求得，特别是构造活动较强烈及地形起伏复杂的地区，自重应力理论将无力解决岩体应力问题。由于岩体应力不能直接测得，只能通过量测应力变化而引起的诸如位移、应变等物理量

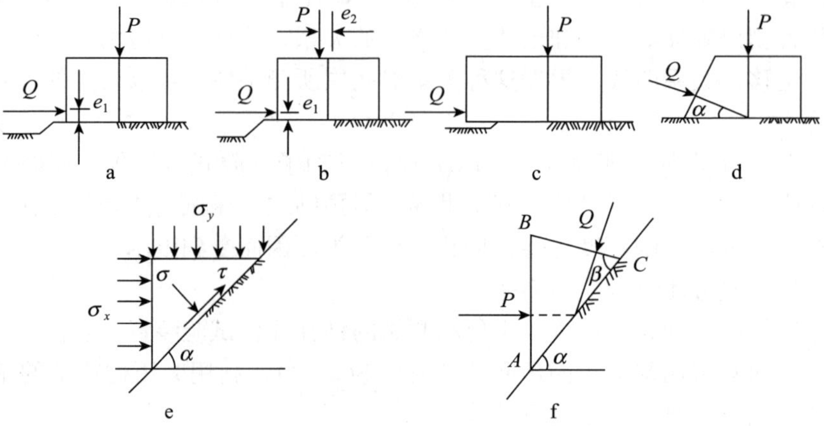


图 2-31　岩体现场直剪试验布置方案

a～c—平推法；d—斜推法；e，f—沿倾斜软弱面剪切的楔形试件

$P$—法向载荷；$Q$—剪切载荷；$\sigma_x$、$\sigma_y$—均布应力；$\tau$—剪应力；$\sigma$—法向应力；$e_1$、$e_2$—偏心距

的变化值，然后基于某种假设反算出应力值。因此，目前国内外使用的所有应力量测方法，均是在平硐壁面或地表露头面上打钻孔或刻槽，引起岩体中应力扰动，然后用各种探头量测由于应力扰动而产生的各种物理量变化值的方法来实现。常用的应力量测方法主要有：应力解除法、应力恢复法和水压致裂法等。这些方法的理论基础是弹性力学，因此，岩体应力测试均视岩体为均质、连续、各向同性的线弹性介质。

岩体应力测试适用于无水、完整或较完整的岩体，可采用孔壁应变法、孔径变形法和孔底应变法测求岩体空间应力和平面应力。

# 第三章　工程孔施工方法

## 第一节　概　　述

在众多的岩土工程施工方法中，大量使用了钻孔技术，即根据岩土工程要求，选择相应的钻孔设备、钻进方法和工艺，向地下钻出不同直径、深度和角度的钻孔。然后，根据设计要求在钻孔内或制桩，或制锚固体，或制土钉，或注浆等。本章着重介绍岩土工程施工中常用的钻孔方法，包括这些方法的基本原理、使用的主要设备、工具和工艺方法。

### 一、工程孔施工方法分类

常用的工程孔施工方法按其工作中的主要特点分类如下。

**1. 按孔内有无循环介质**

1）无循环介质时采用螺旋钻进法、旋挖钻斗钻进法、冲抓锥钻进法、钢丝绳冲击钻进法。

2）有循环介质时采用正循环回转钻进法、反循环回转钻进法、反循环冲击钻进法。

3）孔内无任何护壁流体介质时采用全套管（贝诺特）法、振动沉管法、锤击沉管法、静压沉管法、振动加压沉管法。

**2. 按破碎孔底岩土的方式**

按破碎孔底岩土的方式一般采用回转方法、冲击方法、冲击回转方法、振动方法、人力挖掘方法、爆破方法。

**3. 按动力所在位置**

1）地表驱动钻。动力在地表，通过钻杆将扭矩和压力传到孔底。

2）潜孔钻。动力通过电缆传到近孔底的电机再传到碎岩工具；或动力介质通过钻杆传到碎岩工具，驱动钻具转动。

**4. 按直接破碎岩土的工具（钻头）的特点**

1）按钻头的组成有单钻头钻进法、组合钻头钻进法（包括多头钻）。

2）按直接破碎岩土的工具材料有金刚石钻进法、硬质合金钻进法、钢粒钻进法。

3）按钻头结构特征有翼（片）状钻头钻进法、牙轮钻头钻进法、滚刀钻头钻进法。

### 二、工程孔施工的主要特点

1）大多数工程孔孔深都较浅，超过 70 m 就可称为深孔。但工程孔所穿过的地层多为软土，进入基岩很浅，可以认为大多数的工程孔是在复杂的第四系中完成的。

2）钻孔直径变化较大，小到 200～400 mm，大到数米甚至十几米。

3）据不完全统计，在我国，工程孔施工方法有 40 余种，以专门针对各种地质施工条件。这主要是由于我国地域大、地质条件复杂、工程性质不同等客观实际需要而决定的。

4）多数工程的工程孔数量较多，单孔工作量小，群孔工作量大，需要钻孔设备、机具频繁迁移。

5）钻机功能多样，根据施工工程孔的目的需配备多种附属设备、机具。

6）施工受多方面的条件限制，如考虑环保、作业的地上（下）空间等。

## 三、工程孔施工中的主要难题

目前的工程孔施工中仍存在许多急需解决的问题。

**1. 如何提高在厚漂、卵、砾石层和基岩中的钻进效率**

在卵砾石层和硬基岩层中，特别是在硬基岩中的大直径孔钻进，现有的方法效率低、成本高，其设备与施工条件不适应。大直径潜孔锤钻进、组合式冲击回转钻进、环状取心钻进等方法，对硬岩具有明显的技术优势和巨大的潜力，但就已经取得的进展情况看，在大直径工程孔施工中推广应用还存在一些亟待解决的技术问题和降低成本等问题。

**2. 泥浆处理**

虽然正反循环回转工法在工程孔施工上有较大的优越性，但其所使用的泥浆对环境的影响很大，尤其在城市中施工。因此，如何对废弃泥浆进行处理，使其不再污染环境是需要解决的问题。现在的方法是只要条件允许，就采用干钻，即采用螺旋钻、旋挖钻、沉管桩、预制桩等无泥浆循环的成桩方法。

**3. 如何提高排渣效率**

清除孔底沉渣是基桩孔的主要质量指标之一，对于用泥浆循环的工法来说，无论是回转还是冲击，钻渣的排除效率对钻进效率都有极大影响。在正循环工法中，钻渣是在多次重复破碎后才被排出孔外，既损耗了钻头，又降低了钻进效率，因此如何提高排渣效率也成为需要解决的一个重要技术问题。

# 第二节　无循环液回转钻进法

无循环液回转钻进法是不依靠冲洗介质循环提升钻头破碎下来的钻渣，钻渣或在回转钻具的带动下沿具有特殊结构的钻具上升排出孔外，或暂时储存在钻头内，随钻头一起提升到地面。

## 一、螺旋钻进法

### （一）概述

**1. 工作过程**

螺旋钻进是利用螺旋钻具储存和输送钻渣的干式机械回转钻进方法，它一般不使用冲洗介质，在轴心压力和回转力矩作用下，钻头回转并切削岩土，钻头破碎下来的钻渣沿钻头和钻杆上的螺旋叶片上升到地表排出；或暂时储存在钻头的螺旋叶片之间与孔壁的空间内，随钻头一起提到地表排除。

**2. 螺旋钻进法类型**

1）长螺旋钻进和短螺旋钻进。钻进时，钻渣沿钻杆上的螺旋叶片上升，直接排往孔口，称为长螺旋钻进；使用螺旋钻头和圆形钻杆，钻进时，钻渣暂时储存在钻头的螺旋叶片空间内，最后随钻头提出孔口，称为短螺旋钻进。

2）空气螺旋钻进。适用于钻进中硬岩层，高压空气自螺旋钻杆内流至孔底，由中心管与螺旋翼板或叶片间的环状通道排至地面，空气起到悬浮钻渣和减阻作用。

3）冲击螺旋钻进。适用于钻进卵砾石层及硬岩层，将螺旋钻具与潜孔式冲击机构结合。

4）振动螺旋钻进。是将振动钻进与螺旋钻进相结合，以减少钻渣与叶片、钻渣与孔壁间的摩擦阻力，并可提高硬土层钻进的时效。

5）泥浆循环螺旋钻进。适用于在复杂地层中，用螺旋干孔钻进排渣困难时，可考虑用泥浆循环的方法。

6）取心螺旋钻进是在空心螺旋钻杆的底端连接取心钻头，钻进破碎下来的钻渣靠钻杆外螺旋叶片输送到地面，空心钻头内装有卡取岩心的装置或取心内管，以获取岩心，其能量消耗低。

7）跟管螺旋钻进。对于不稳定的地层，可使用带套管的螺旋钻进，可解决护壁问题。

**3. 螺旋钻进法的特点**

1）在均质软层（如土层、砂土层）中钻进，可以获得很高的小时效率（最高可达 40～50 m/h），这是因为螺旋钻具能及时排除孔底钻渣（长螺旋钻进，钻渣可连续不断地排往地表），无重复破碎现象，同时也不存在液柱压力对孔底岩土破碎过程的影响。

2）无冲洗液或稳定液护壁、低噪声、低振动，属于低公害的“绿色”施工法。

3）钻孔成本低。

4）对长螺旋钻进，破碎岩土与排除钻渣同时进行，所以消耗于钻具上的能量较大。

5）成孔直径与深度受钻孔设备限制。

6）遇到粒径大的卵石层时成孔困难。

**4. 螺旋钻进法的适用条件**

1）地层。适用于填土层、黏性土层、淤泥土层、粉土层、砂土层及卵石层（粒径小于 150 mm、卵石含量 30%～40%）等，采用特殊钻头也可进入强、中风化岩层。

2）钻孔直径和深度。长螺旋钻，目前最大直径为 800 mm，最大深度为 27.5 m；短螺旋钻，直径最大可达 1.5～2 m，孔深可达 60 m。

在中小直径（800 mm 以下）小深度（30 m 以下）混凝土灌注桩施工领域，长螺旋钻机最具有优势，效率高、成本低，特别是 CFG 桩及后植入钢筋笼技术的开发成功大大提高了长螺旋钻孔灌注桩的适用范围，目前已从我国广大北方地区推广应用到湖北、湖南、广东等地。

### （二）螺旋钻进主要设备

国内使用的长、短螺旋钻机见表 3-1 和表 3-2。

**表 3-1 部分国产主要长螺旋钻机的主要性能参数**

| 性能指标 | 生产厂家和型号 | | | |
|---|---|---|---|---|
| | 郑州宇通重工有限公司 | 郑州勘察机械有限公司 | 滕州市五岳机械厂 | 上海金泰工程机械有限公司 |
| | YTZ30 | ZKL—30 | wy360 | GKL—25 |
| 钻孔深度/m | 22～30 | 25～30 | 6～15 | 22～25 |
| 钻孔直径/mm | 400～800 | 600～800 | 150～800 | 400～800 |
| 钻杆扭矩/(kN·m) | 48.4 | 43.4 | 100 | 37 |
| 钻杆转速/($r\cdot min^{-1}$) | | 24.2 | 40 | 23 |
| 动力头电机功率/kW | 55×2 | 37×2 | 22 | 45×2 |
| 钻机移动 | 步履式 | 步履式 | 车载 | 履带式 |
| 整机质量/kg | 51600 | 60000 | 6500 | 41000 |
| 外形尺寸（长×宽×高)/m | 12×5.7×35.6 | 13.5×6×36 | 7.2×1.98×3.10 | 12×5×28 |

**表 3-2 部分国内短螺旋钻机的生产厂家**

| 序号 | 企业 | 生产型号 | 成桩深度/m | 成桩直径/mm | 动力头扭矩/(kN·m) |
|---|---|---|---|---|---|
| 1 | 徐工集团公司 | RD18 | 60 | 1500～2000 | 180 |
| 2 | 三一重工股份有限公司 | SYR200 | 60 | 2000 | 200 |
| 3 | 北京经纬巨力工程机械有限公司 | ZY—120 | 40～60 | 1500～2000 | 120、200 |
| 4 | 河北石家庄煤矿机械公司 | XZ—20 | 60 | 2000 | 200 |
| 5 | 内蒙古工程机械有限公司 | ZY—200 | 60 | 2000 | 200 |
| 6 | 连云港黄海机械厂 | GZX—12 | 40 | 1500 | 120 |
| 7 | 兰州建筑通用机械总厂 | ZY—150 | 40～60 | 1500～2000 | 150、220 |
| 8 | 郑州市金牛集团郑州勘察机械有限公司 | KU1500 | 40 | 1500 | 150 |
| 9 | 内蒙古北方重型汽车股份有限公司 | ZY—200 | 60 | 2000 | 200 |
| 10 | 河南山河智能机械有限公司 | SWDM—20 | 60 | 2000 | 200 |
| 11 | 哈尔滨四海工程机械有限公司 | LGB1500 | 66 | 1500～2000 | 200 |
| 12 | 徐州东明机械制造有限公司 | TRM160 | 60 | 1500～2000 | 140，200 |

### （三）螺旋钻具

螺旋钻具包括螺旋钻头和螺旋钻杆。

**1. 螺旋钻头**

常用钻头形式如图 3-1 所示，包括一般地层用钻头（图 3-1a），在软硬不均地层可用钻头（图 3-1b），遇混凝土块、条石或大卵石时，用钻头（图 3-1c）将石块钻碎，并挤满钻头体内，提出孔外。

钻头主要结构参数如下：

1）钻头直径 $D$。钻头直径比设计孔径小±10 mm，比螺旋钻杆直径大 5 mm。

2）中心角 $\varphi_0$。中心角适当，能够钻进平稳，减少振动和冲击，提高钻进效率。一般 $\varphi_0=80°\sim120°$，地层硬，取小值；地层软，取大值。

3）硬质合金齿的布置如图 3-1a 所示。

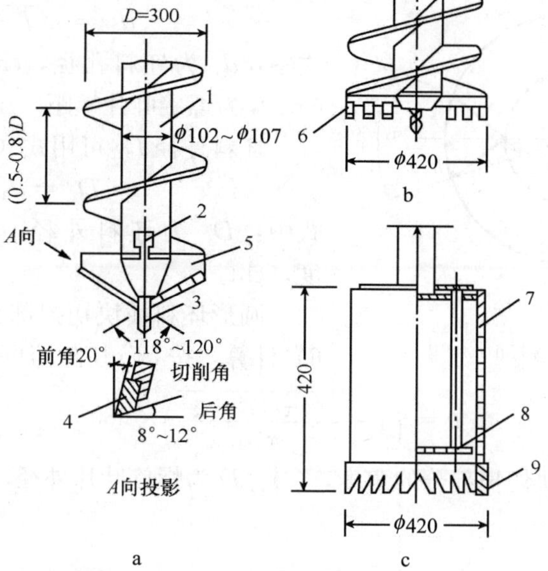


图 3-1　螺旋钻头形式（单位：mm）

1—螺旋钻杆；2—钻头接头；3—导向尖；4—硬质合金齿；5—切削板；6—切削齿；7—钻头体；8—推土盘；9—硬质合金齿

4）螺旋数一般为双螺旋。钻头上常用 2～3 个螺距，黏土层阻力大，钻渣不易脱落，2 个螺距即可；砂土层阻力小，钻渣易脱落，可多几个螺距。

**2. 螺旋钻杆**

螺旋钻杆包括心管、螺旋带和连接部分，其主要的性能参数如下。

（1）螺旋角

螺旋角 $\alpha$ 的选取不能过大或过小，螺旋角过大时为提高惯性离心力需增加钻杆转速，影响钻机的工作稳定性，提钻时，土块容易向下滑落；螺旋角过小会使叶片空间变小而影响钻渣输送的效果。因此，选择适当的螺旋角可以使钻渣输送流畅，钻进效率高。螺旋角可以小于或等于钻渣与螺旋叶片的摩擦角，后者大约为 27°～35°。

（2）螺距

螺距 $s$ 与心管直径 $d$、钻杆外径 $D$ 有关，因为 $s$ 的大小影响到螺旋角。通常：

$$D < 1.0\ \text{m},\quad s = (0.5 \sim 0.8)D \tag{3-1}$$

$$D > 1.0\ \text{m},\quad s = (0.25 \sim 0.5)D \tag{3-2}$$

直径大时，$s$ 取小值；直径小时，$s$ 取大值。

另外，从钻渣在螺旋叶片上不滑落的条件出发：

$$\left.\begin{aligned} &\tan\alpha = s/(\pi d) \leqslant f \quad (\text{摩擦系数 } f = 0.5 \sim 0.7) \\ &s \leqslant (1.57 \sim 2.19)d \end{aligned}\right\} \tag{3-3}$$

综合式（3-1）～式（3-3）确定螺距 $s$ 的具体值。

（3）螺旋叶片（制造）

制造螺旋叶片，可用外径为 $D_1$、内径为 $d_1$、宽度为 $C$、厚度为 $b$（4～6 mm）的 $A_3$ 钢或 Mn 钢制作，其加工尺寸如图 3-2 所示。

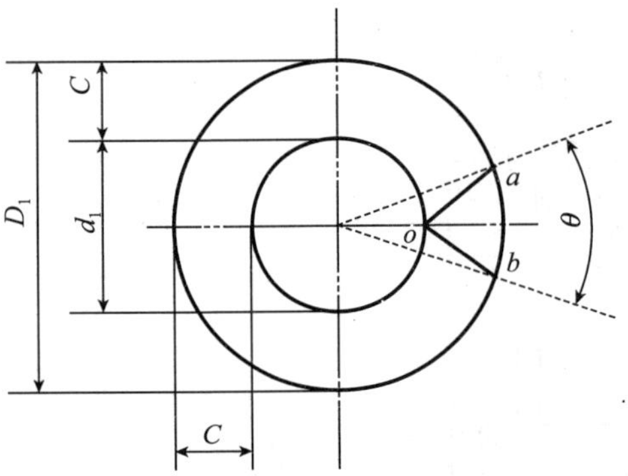


图 3-2 螺旋叶片坯料加工尺寸

坯料内孔径 $d_1$ 可按式（3-4）求得：

$$d_1 = \sqrt{d^2 + (s/\pi)^2} \tag{3-4}$$

式中：$d_1$ 为坯料孔径，cm；$d$ 为螺旋叶片内径，cm；$s$ 为螺旋叶片螺距，cm。

坯料外径 $D_1$ 可用式（3-5）求得：

$$D_1 = d_1 + 2C \tag{3-5}$$

式中：$D_1$ 为坯料外径，cm；$C$ 为螺旋叶片宽度，cm。

圆形坯料横块切掉部分的中心角可按式（3-6）计算，按 $abo$ 切除即可。

$$\theta = \left(1 - \frac{\sqrt{(\pi D)^2 + s^2}}{\pi D_1}\right) \times 360° \tag{3-6}$$

式中：$\theta$ 为圆形坯料横块切掉部分的角度，(°)；$D$ 为螺旋叶片外径，cm。

（四）钻进工艺

**1. 钻进工艺参数**

1）钻压 $p$。钻压主要靠钻具自重和螺旋钻杆上输送钻渣的重量提供。所采用的钻压决定于地层和钻头直径，适宜的钻压以每转切入地层 2～3 cm 为宜。

2）转速 $n$。螺旋钻进中转速具有双重功能，既影响钻头的钻进效率，又影响输送钻渣的效率。为了同时满足这两种要求，直径小于 500 mm 的钻具，转速常为 100～150 r/min；直径大于 500 mm 的钻具，转速一般不超过 100 r/min。

**2. 钻进速度的控制**

为有效输送孔底岩土，避免岩土堵塞，因此在实际钻进中应控制钻速：

$$v_{max} \leqslant \frac{(R^2 - r^2)\psi v_1}{R^2 j K_0} \tag{3-7}$$

式中：$v_{max}$ 为实际最高钻速，m/h；$R$、$r$ 分别为螺旋叶片外、内径，m；$\psi$ 为螺旋叶片间充满系数，$\psi$=0.2～0.5；$v_1$ 为钻渣运移速度的垂直分量，m/h；$j$ 为扩孔系数，$j$=1.1～1.2；$K_0$ 为岩土的松散系数，纯砂及砾石，$K_0$ 为 1.05～1.2；亚黏土及亚砂土，$K_0$ 为 1.2～1.25；纯黏土及夹卵石黏土，$K_0$ 为 1.3～1.4；含砾石土，$K_0$ 为 1.4～1.43。

**3. 钻具输土速度 $v_1$**

由于钻渣与螺旋叶片间的相对运动、岩土本身的松散性和螺旋叶片的空间不可能完全充满，实际上

$$v_1 = (0.06 \sim 0.15)ns \tag{3-8}$$

式中：$n$、$s$ 含义同前。

**4. 施工中注意事项**

1）钻前应调平钻机，安装导向套。

2）当钻孔穿过软硬土层分界处时，应慢速回转，控制进尺不宜过快。钻进应保持钻具工作平稳。

3）采用长螺旋钻具钻至设计深度时，一般应在原处空转排土，然后停止回转再提升钻

杆，如孔底钻渣超过容许厚度，应使用掏土工具清除或用夯实工具夯实孔底。

4）采用短螺旋钻进时，钻进深度控制在钻头长度的2/3左右。

5）钻遇较大的卵石、探头石，发生卡钻、夹钻时，不得强行钻进或提升，防止弄断钻杆。应缓慢回转，上、下活动，解除卡、夹钻事故。

## 二、旋挖钻进法

### （一）概述

#### 1. 工作过程

旋挖钻进方法是在钻杆下端连接一个底部带耙齿的筒状钻具（称为旋挖钻斗），靠钻具自重和钻压，在回转力矩作用下旋挖钻斗回转，切削钻掘地层，并将切削下的钻渣收入斗内，待钻渣装到相当数量后被提到孔外，打开旋挖钻斗，卸去土块。然后再将旋挖钻斗下入孔内，重复以上过程。

旋挖钻进法是20世纪20年代后期美国CALWELD公司改造钻探机械而用于灌注桩施工的方法，是西方发达国家主要三种成桩施工方法之一。

#### 2. 旋挖钻进法的特点

1）适宜在黏性土中干作业钻进成孔；

2）钻进与排渣交替进行，但钻进速度较快，工程造价较低；

3）振动小、噪声低；

4）由于频繁的升降旋挖钻斗，导致孔壁不规整，扩孔率较大（10%～20%）；

5）对稳定液管理十分严格，且竣工后要对稳定液进行处理；

6）在承载地基附近有强承压水时，施工困难。

#### 3. 适用条件

1）旋挖钻进法适用于填土层、黏土层、砂土层以及含有部分卵石、碎石等地层。

2）钻孔直径和深度：目前最大直径达到3000 mm，最大深度达到80 m。

### （二）旋挖钻进主要设备和机具

#### 1. 设备

世界桩工机械比较发达的国家主要是德国、意大利和日本，最先进的设备和工法一般也是这三个国家首先开发的，其次是美国、英国、法国、荷兰和芬兰等国。在全球桩工机械市场，宝峨、土力、卡萨格兰地三个公司的销售额位居前列。我国从这些国际大公司引进旋挖设备后，经过20余年的吸收、开发，国产旋挖钻机整机的主要性能已接近或达到国际先进水平。目前我国已能生产从6 t·m到40 t·m大中小型多种规格的旋挖钻机。从2006年开始国产旋挖钻机占领了国内市场。据桩工机械分会统计，2006年我国旋挖钻机的销量约为350台，2007年约为450台，2008年约为900台，2009年为1200台，2010年达到1700台。目前我国已是世界上最大的旋挖钻机生产国和使用国。

国内生产的部分旋挖钻机及其主要性能参数见表3－3。

表 3-3　部分国产的旋挖钻机及其主要性能参数

| 性能指标 | 生产厂家和型号 | | | | | |
|---|---|---|---|---|---|---|
| | 山东山推机械有限公司 | 上海金泰工程机械有限公司 | 三一重工股份有限公司 | 徐工集团 | 中联重科股份有限公司 | 北京南车时代重工机械有限公司 |
| | SER15 | SH36 | SR280LH | XRS1050 | ZR360A | TR500C |
| 钻孔直径/mm | 1500 | 2000～2500 | 2000 | 2500 | 2800 | 4000 |
| 钻孔深度（机锁式/摩擦式）/m | 55 | 30 | 42 | 105 | 64/98 | 130 |
| 钻杆扭矩/(kN·m) | 150 | 360 | 280 | 390 | 360 | |
| 钻杆转速/($r\cdot min^{-1}$) | 30 | 6～30 | 7～23 | 7～18 | 6～26 | 6～20 |
| 提升力/kN | 160 | 300 | 300 | 240 | 300 | 440 |
| 加压力/kN | 150 | 300 | 300 | 250 | 300 | 300 |
| 发动机功率/kW | 133 | 298 | 261（350HP） | 298 | 298 | 420 |
| 底盘形式 | 履带式 | 履带式 | 履带式 | 履带式 | 履带式 | 履带式 |
| 整机质量/kg | 48500 | 95000 | 26000 | 114000 | 100000 | 168000 |

## 2. 旋挖钻斗

旋挖钻斗集破碎岩土和储存钻渣功能于一身，按所装齿可分为截齿钻斗和斗齿钻斗；按底板数量可分为双层底斗和单层底斗；按开门数量可分为双开门斗和单开门斗；按桶的锥度可分为锥桶钻斗和直桶钻斗；按底板形状可分为锅底钻斗和平底钻斗。以上结构形式相互组合，再加上是否带通气孔、开门机构的变化，可以组合出几十种旋挖钻斗。一般来说，双层底钻斗适用地层范围较宽，单层底的只适用于黏性较强的土层，双门钻斗适用地层范围较宽，单门钻斗只是用于大直径的卵石及硬胶泥。图 3-3 为几种旋挖钻斗的示意图。

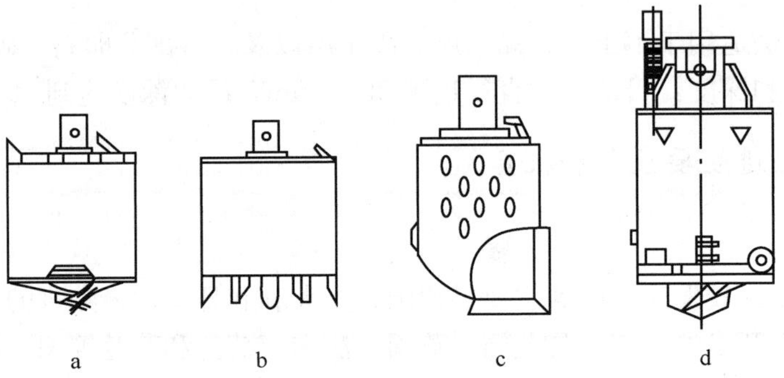

图 3-3　各种旋挖钻斗示意图

a—锥底式旋挖钻斗；b—冲击式旋挖钻斗；c—闭锁式旋挖钻斗；d—底开式旋挖钻斗

对于一般土层选用锥底式旋挖钻斗；对于卵石或密实砂砾层则用冲击式旋挖钻斗；遇大块石、卵石则用闭锁式旋挖钻斗；底开式旋挖钻斗通过换齿可以钻进软硬土层。下面以底开式旋挖钻斗（图 3-4）为例说明旋挖钻斗的基本结构。

底盘：底盘（10）由铰接轴（4）铰接于筒体底端面，上开进渣口、锁栓口并设两排切削板。切削刃可根据地层情况装配不同形式的齿套，中心部位有超前中心刃，起导向、定心作用。

筒体：在筒体（3）的下部（沿筒体圆周切线方向）一般焊有切削刃，筒体的上部也设有扩孔刀具（9）。筒体可以是圆柱形，也可以是上小下大略带锥角的钟形。这种设置使孔径大于旋挖钻斗筒体直径，减少旋挖钻斗频繁升降时的阻力和对钻孔的抽吸力。

开关控制机构：提升时使顶杆（1）撞击钻机转盘底架，顶杆下行，通过拉链带动锁栓控制板（8）顺时针方向转动，与锁栓控制板（8）相连的锁栓杆同时回转一个角度，此时锁栓头的扁面与底面长条形孔对正，底盘在自重和旋挖钻斗内钻渣的重力作用下绕铰接轴（4）打开卸土。卸土完成后强迫锁栓杆穿过底盘的锁栓孔，在复位弹簧的作用下（见 *B* 向视图）锁栓杆自动转过一个角度锁紧底盘。

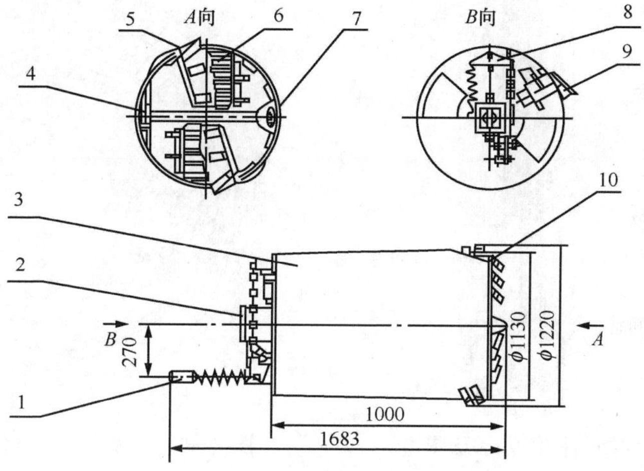


图 3-4 底开式旋挖钻斗（单位：mm）

1—顶杆；2—方接头；3—筒体；4—铰接轴；5—套齿；6—挡土板；7—锁栓；8—锁栓控制板；9—扩孔刀具；10—底盘

### 3. 伸缩钻杆

由于钻进和排渣交替进行，旋挖钻进法采用了一种能够快速升降旋挖钻斗的特殊结构的钻杆，国内称为伸缩钻杆，国外称为凯利杆（Kelly bar）。

其使用过程如下：不同直径的钻杆同轴套在一起，钻杆在完全缩进状态被安装到旋挖钻机上，整根钻杆的重量通过最内一节杆的扁头和提引器相连接作用在主卷扬钢丝绳上。最内一节杆通过焊接（或安装）在其上的圆盘和安装的弹簧、弹簧座（托盘）将其他各节杆托起（弹簧座的外径与 1 杆钢管外径相同）。钻杆下放（伸出）：钢丝绳下放，钻杆由于自重整体下降，1 杆在动力头内键套内滑动下降。当 1 杆上的减振环碰到动力头上平面时，1 杆被动力头托住，停止下降；钢丝绳继续下放，其余各节杆在重力作用下一起继续下降。当第 2 节杆的挡环碰到 1 杆下管内键上端面时，2 杆被 1 杆挡住，停止下降；钢丝绳继续下放，其余各节杆在重力作用下一起继续下降。当第 3 节杆的挡环碰到 2 杆下管内键上端面时，3 杆被 2 杆挡住，停止下降。如此继续，直到各节杆全部伸出，将安装在最里边一节杆方头上的钻具下放到孔底。由此可见，各节钻杆的伸出（下放）是由外向里进行的。钻杆提升（缩进）：（以 5 节杆为例）每次钻进结束后，钢丝绳提升，5 杆带着钻具一起向上提升，同时 5 杆向 4 杆内缩进。当 5 杆完全进入 4 杆内时，安装在 5 杆上的弹簧座（托盘）将 4 杆托起，带着 4 杆一起上升，同时 4 杆、5 杆一起向 3 杆内缩进。如此继续，直到 5、4、3、2 各节杆全部缩进1杆内，并且1杆也被弹簧座托起在动力头内键套内滑动上升，直至钻杆和钻具全部提出地面。由此可见，各节钻杆的提升（缩进）是由内向外进行的。

例如四层伸缩钻杆，其规格为：300/285，246/230，196/185，160/130，总质量3500 kg，伸出后长30～40 m，提起或降下只用45 s。

常用钻杆分为三种类型：摩阻式、机锁式和组合式，机锁式又分为多点机锁式和分段机锁钻杆。

伸缩钻杆传力原理和基本间隙如图3-5和图3-6所示。

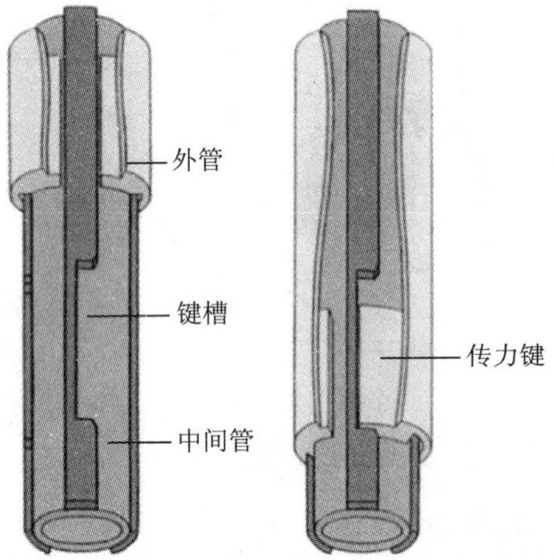

图3-5　伸缩钻杆传力示意图

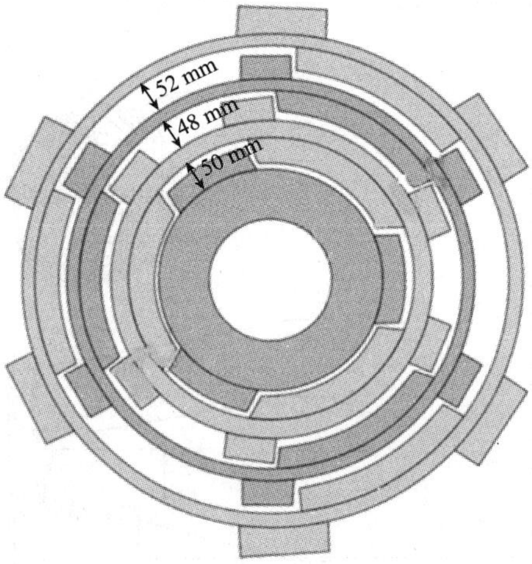

图3-6　宝峨394 mm伸缩钻杆间隙

（1）摩阻式钻杆

由套接在一起的两个钻杆之间的键与槽配合，实现传扭和相对滑动。靠键与槽之间侧面正压力引起的摩擦力传递轴压，因而只能在扭矩很大时加压，所加轴压较小，且不能均匀加压。优点是：摩阻总比机锁钻杆多出一节，上提下钻速度快，不需要机锁和解锁，因此带杆的几率也很小。缺点是：出现打滑没有阻力时，失去传递加压力的作用，钻进强度高、胶结性好的地层，由于传递加压力小不能切入地层，而不能切入地层就不能提供巨大的加压力，因此难以钻进。

（2）机锁式钻杆

国内外采用的加压方法较多，如在普通圆钻杆两端加焊六方钻杆，靠六方传扭，端部的六个面上，开有定位孔，靠拧紧外管的定位螺钉予以轴向定位，并传递压力；靠钻杆上的传扭销与传扭套上的“┓”形孔传扭与传压；由钻杆上宽窄不一的键和与之配合的钻杆内表面上同样宽窄不一的键槽实现凹凸配合，靠键槽的侧面传扭，下端面传压，控制钻杆的回转方向可以使键与键槽锁紧或脱开。

分段式机锁钻杆　钻杆上有三至四个锁点，通过机锁点可把每节钻杆锁住，完全把加压力传递给钻斗，能钻进坚硬的地层；当钻进软地层时也可不机锁，利用摩阻段钻进即可。优点是：可钻进坚硬地层，可利用摩阻段钻进软地层。缺点是：不能钻进较深的桩孔，需要寻找锁点及解锁。

多点式机锁杆　钻杆上有连续齿条式的加压点，只要正转就可机锁钻进。优点是：不需要寻找机锁点就可锁住钻杆，适合钻进任何地层。缺点是：不能钻进较深基础，机锁点容易磨损，需要经常补焊，需注意解锁以免带杆。

(3) 组合式钻杆

摩阻式钻杆与机锁式钻杆组合，如三节是分段式机锁杆，内三节是摩阻式钻杆。

（三）钻进工艺

**1. 钻进工艺参数**

1）钻压。由回转器上的液压给进力、钻杆重量、旋挖钻斗及旋挖钻斗内钻渣重量组成，其加压大小除决定于地层、孔径外，还取决于钻杆类型，建议钻压为1.0～1.6 $kN/cm^2$。

2）转速。旋挖钻机一般采用液力变矩器，所以转速是变化的，一般小于30 r/min，见表3-4。

**表3-4 不同地层旋挖钻机使用的参考转速**

| 地　层 | 转速/$(r \cdot min^{-1})$ |
|---|---|
| 表层土 | 0～10 |
| 黏土类粉质黏土、淤泥质粉质土、淤泥质粉质黏土、粉质黏土等 | 0～20 |
| 砂质粉土夹粉砂、粉土、粉砂粉质黏土类等 | 0～15 |
| 粉细砂、粉砂、粗砂等 | 0～8 |

**2. 旋挖钻头的选择**

旋挖工法常用的钻头有螺旋钻头、旋挖钻斗、筒式取心钻头、扩底钻头、冲击钻头、冲抓锥钻头和液压抓斗等。

在切削齿的布置上，对于软土层，切削齿应齿宽大，齿距大，小切削角，小刃角；对硬土层，切削齿齿宽稍窄，大切削角。

考虑地层条件，总的选用钻头原则如下：

1）对黏土层，选用单层底的旋挖钻斗，如果直径偏小可采用两瓣斗或带卸土板的钻斗。

2）对淤泥、黏性不强的土层、砂土、胶结较差粒径较小的卵石层，可配用双层底的钻挖钻斗。

3）对硬胶泥层，选用单进土口的（单双底皆可）旋挖钻斗，或斗齿直螺钻斗。

4）对冻土层，含冰量少的可用斗齿直形螺钻斗和旋挖钻斗，含冰量大的可用锥形螺旋钻头。一般来说，螺旋钻头用于土层（除淤泥外）皆有效，但一定要在没有地下水的情况下使用，以免产生抽吸作用造成卡死。

5）对胶结好的卵砾石和强风化岩石，需要配备锥形螺旋钻头和双层底的旋挖钻斗（粒径较大的用单口，粒径小的用双口）。

6）对中风化基岩，配备截齿筒式取心钻头、锥形螺旋钻头、双层底的旋挖钻斗，或者截齿直形螺旋钻头、双层底的旋挖钻斗。

7）对微风化基岩，配备牙轮筒式取心钻头、锥形螺旋钻头、双层底的旋挖钻斗，或者采用分级扩孔方法。

**3. 稳定液管理**

稳定液是在钻孔施工中为防止孔壁坍塌，使孔壁稳定的一种多种材料组成的液体。稳定液是旋挖钻机能否成孔的关键，也是影响钻孔进度和桩基混凝土质量的关键。稳定液过稀时不能浮渣，影响钻进；过稠时泥浆附着在孔壁和钢筋上，影响桩基混凝土的质量。稳定液以水为主体，含有膨润土、重晶石、Na－CMC、硝基腐殖酸钠、铁铬木素磺酸盐、废纸浆、棉籽、锯末等。稳定液的密度建议为 1025～1055 $kg/m^3$；其黏度值一般为 20～45 s。

桩孔施工采用一次性全面不间断作业，施工中根据出渣情况判断土层结构及时合理地调整泥浆性能指标，遇松散地层时，适当增大泥浆相对密度和黏度，保持孔内水头高度，尽量减轻冲洗液对孔壁的影响，同时降低转速和钻压以满足施工质量控制要求。

**4. 施工要点**

1）旋挖施工步骤。①旋挖钻机的就位；②钻头轻轻着地，旋转，开钻，宜用钻头自重作为钻进压力，以更好地保证桩基精度；③当钻头里装满钻渣，提升出孔外时，注意孔内地下水位情况，及时补充水，以防坍塌；④旋挖钻机旋回，将钻头内的钻渣倾倒在土方车或地上；⑤关上钻头活门，旋挖钻机旋回到原位，锁上钻机旋转体；⑥放下钻头；⑦埋设护筒，放入泥浆，或如果现场土质都是比较好的黏性土，可以考虑不注入泥浆或清水，直接钻进；⑧钻孔完成，进行第一次清孔，并测定深度；⑨放入钢筋笼；⑩放入导管；⑪进行第二次清孔；⑫进行水下混凝土灌注；⑬拔出护筒，清理桩头，沉淤回填，成桩。

2）在开始钻进或穿过软硬层交界处时，为保持钻杆竖直，宜缓慢进尺。在钻进过程中，如发现钻杆摇晃或难钻进时，可能是遇到硬石、石块或硬物等，这时应立即提钻检查，等查明原因并妥善处理后再钻，以免导致桩孔严重倾斜、偏移，甚至使钻杆、钻具扭断或损坏。钻进过程中应随时清除孔口积土和地面散落土。遇到孔内渗水、塌孔、缩颈等异常情况时，应将钻具从孔内提出，研究妥善处理。在用稳定液护壁时要合理控制钻斗的升降速度，主要指标参考值见表 3－5。必须控制旋挖钻斗在孔内的升降速度，尤其是在砂土层和砂土与黏土交界处。因为如果升降速度过快（大于 1 m/s），会造成孔内过大的压力激动，造成塌孔。所以应按孔径的大小及土质情况来调整旋挖钻斗的升降速度。

3）稳定液随时检测，严格控制各项指标。为防止稳定液变性，应视具体情况适当增加 CMC、硝基腐殖酸钠的含量，防止混凝土、泥砂及多余的水混入稳定液。

4）为防止孔壁坍塌，应确保孔内水位高出地下水位 2 m 左右。

5）每个回次都要检查旋挖钻斗的侧齿、边齿磨损情况，视磨损情况及时补焊。

6）钻进遇阻时，严禁强力钻进，以免造成卡钻事故。

**表 3－5　钻斗的升降速度参考值**

| 钻孔直径/mm | 钻斗携渣升降速度/($m \cdot s^{-1}$) | 空钻斗升降速度/($m \cdot s^{-1}$) |
|---|---|---|
| 700 | 0.973 | 1.21 |
| 800 | 0.973 | 1.21 |
| 1000 | 0.858 | 1.02 |
| 1200 | 0.748 | 0.83 |
| 1500 | 0.575 | 0.83 |
| 2000 | 0.438 | 0.62 |
| 2500 | 0.231 | 0.31 |

# 第三节　正循环回转钻进法

## 一、概述

### 1. 工作过程

在钻具回转钻进的同时，利用泥浆泵通过水龙头、钻杆内腔向孔底输送冲洗液（清水，更常用的是泥浆），冲洗液用于冷却钻头，冲洗孔底，并携带钻渣沿钻杆与孔壁之间的外环空间上升，从孔口流向沉淀池，形成正循环（冲洗液的这种流向称为正循环）排渣系统，称为正循环回转钻进。

### 2. 正循环回转钻进的特点

1）多采用泥浆循环，孔壁稳定，不受地层限制。

2）即使循环系统有少量泄漏，循环也不会中断，只要冲洗液能够连续补给，仍可继续钻进。

3）设备体积小，质量较轻，且施工技术容易掌握。

4）冲洗液上返流速低，大颗粒钻渣（大于 40～50 mm）不能及时排出，这些钻渣在孔底被钻头重复破碎，增加钻头的功率消耗，加速钻头的非正常磨损。

### 3. 适用条件

1）地层。没有地层限制。

2）钻孔直径和深度。多使用于 800 mm 以内的孔径，深度基本不受限制。

### 4. 选择正循环工法的依据

1）对于直径大于 1 m 的工程孔，使用该法无论在经济或工期方面都不利，该法适用于 1 m 以内、$\phi$800 mm 以内的孔。

2）该法钻机体积小，质量较轻，在施工少量桩时，工程造价较低。

3）在基坑底部或狭窄地段，以及重型机械不易进入的山地等处施工，该工法具有绝对优势。

4）该工法耗电量小，使用 50～60 kW 的电动机（累加），就可以进行钻孔、灌注混凝土、钢筋笼加工等工作。

## 二、正循环回转钻进使用的主要设备

虽然旋挖钻机发展很快，但在我国东南沿海地区及其他中小城市混凝土灌注桩的施工仍然主要以正反循环工程钻机为主，正反循环工程钻机施工需要泥浆护壁，产生大量泥浆，许多施工企业对泥浆不经任何处理随意排放造成严重环境污染。随着我国经济水平的提高、环保法规的健全及新设备的应用，此种钻机的使用会越来越少。当然，在大直径（2 m 以上）、大深度（60 m 以上）桩基础的施工中，正反循环工程钻机仍有优势。近几年，正反循环工程钻机的产量变化不大，每年都在 1000 台左右。

钻机选型应遵循以下原则：

1）首先考虑满足施工工程钻孔的地质条件、钻孔主要指标（孔径、孔深、孔身结构以及钻孔工程质量要求等）对设备性能的要求、施工现场的地形地理环境以及施工技术设计中提出的工艺技术措施等因素；

2）在满足以上诸因素的基础上优先考虑利用（包括做适当的改造后利用）本单位、本地区现有钻机的可能性；

3）在满足以上诸因素购置钻机时，应优先考虑设备的先进性和实用性（即适应性、功能多），兼顾本工程施工要求。

部分国产的工程钻机和水泵，见表 3－6 和表 3－7。

**表 3－6　部分国产的正循环回转工程钻机及其性能参数**

| 性能指标 | 生产厂家和型号 | | | |
|---|---|---|---|---|
| | 张家口中地装备探矿工程机械有限公司 | 郑州勘察机械有限公司 | 连云港黄海机械股份有限公司 | 天津探矿机械有限公司 |
| | GPF2000D | QJ25—10 | GM—20A | SPT—300 |
| 钻孔直径/mm | 1200～2200 | 2500 | 2000 | 500 |
| 钻孔深度/m | 50～100 | 100 | 80 | 200～300 |
| 转盘转速/($r \cdot min^{-1}$) | 6.3；14.4；30.6 | 7.8；12.7；26 | 10.4；19；31；49.3；76.5 | 52；78；123 |
| 最大扭矩/(kN·m) | 30 | 117.8 | 40 | 0.345 |
| 最大提升能力/kN | 392 | 600 | 120 | 150 |
| 使用的水泵特点 | 正反循环 | 正反循环 | 正反循环 | 正循环 |
| 动力机功率/kW | | 95 | 45 | 74 |

**表 3－7　常用泵的性能参数**

| 泵型 | | 流量/($m^3 \cdot h^{-1}$) | 扬程/m | 转速/($r \cdot min^{-1}$) | 功率/kW | 吸程/m | 泵重/kN |
|---|---|---|---|---|---|---|---|
| 离心泵 | 4PN 泥浆泵 | 100 | 41 | | 55 | | |
| | 6PN 泥浆泵 | 280 | 26 | 980 | 75 | 5.3 | 12 |
| | 4PS 砂泵 | 90 | 37 | | 55 | | |
| | 6PS 砂泵 | 380 | 28.5 | 980 | 115 | | 14.6 |
| | 4PH 灰渣泵 | 100 | 41 | | 40 | | |
| | 4BA—6 清水泵 | 90 | 91 | | 55 | | |
| 往复泵 | BWT450/12 | 27 | 1.2MPa | | 17 | | |
| | BWT800/20 | 48 | 2MPa | | | | |
| | BWT600/30 | 36 | 3MPa | | | | |

## 三、正循环回转钻进使用的钻具

### 1. 钻杆

国内各施工单位除自配非标准钻杆外，大多沿用地质、水文、石油部门的管材系列。

### 2. 钻头

工程孔所遇地层基本分为两类。一类属软层，包括第四系的土、砂土、填土和淤泥等；另一类属硬层，包括卵砾石层和风化或半风化基岩。而在一个钻孔中，特别是嵌岩桩孔中，往往前者钻进量大，一般占 80%～90%，后者虽不大，可是所占用的钻进时间几乎达 1/2，甚至更多。因此，钻头的选择很重要。从现有的经验来看，工程钻孔常用钻头有软岩（土）中成孔用的翼状钻头，全风化岩石、基岩钻进中用的牙轮、滚刀钻头，此外在基岩钻进中也使用了少量的钢粒钻头。每类钻头又都因具体施工条件不同而有不同的结构和要求。

1）在保证钻头破碎孔底岩土能力的前提下，尽量减少钻压。为此应选择较少且具有足够强度的切削具，以稀疏、阶梯方式布置在钻头底部。对软土层，宜以稀为主，在不同直径方向上布置重复系数较小的合金。对于岩层则宜以阶梯状为主，采用超前掏槽扩大钻进。

2）为了及时将钻渣从钻头所处的位置排走，应使更多的泵功率分配在清洗钻头上，如在设计中尽量增大回水断面，注意钻头出水口的位置、方向与数量等。

3）钻头径向各点上的线速度由于回转半径不同而相差较大，由此而产生的结果是在钻进中钻头底部不同直径上的切削刃被磨损的程度很不均匀，因此在设计钻头时应按非等密度排列，以“等强度”“等钻速”的要求使合金以“内稀外密”的方式布置。

下面介绍几种钻头。

1）三翼刮刀钻头如图 3－7 所示，钻头翼板底部呈正阶梯形，其底边和侧缘均密集镶焊 S508（6×8×20）YG8 硬质合金片，刀片外缘前刃加镶保径硬质合金。钻头体上有 4 个喷嘴，冲洗效果好，不易糊钻，并有水力辅助破碎作用。适用于砂土、黏土和泥岩、泥质砂岩等地层。

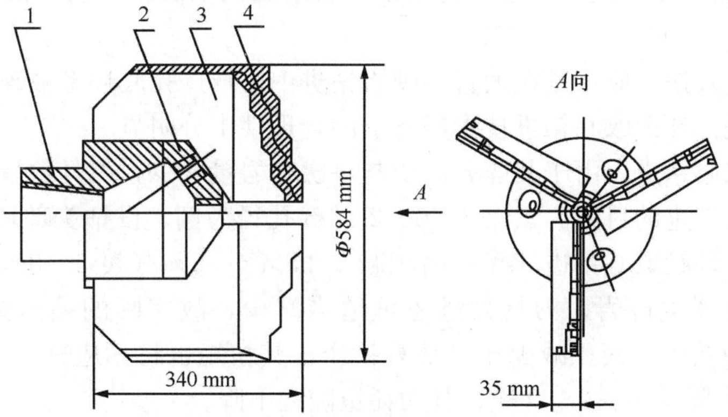


图 3－7　三翼刮刀钻头

1—接头；2—喷嘴（$\phi$18 mm）；3—翼板；4—硬质合金片

2）阶梯盘形组合牙轮钻头如图 3－8 所示，前导钻头为 $\phi 9\frac{5''}{8}$（244.5 mm）三牙轮钻头，其余牙轮、轮掌均用 $\phi 12\frac{1''}{4}$（311 mm）和 $\phi 9\frac{5''}{8}$（244.5 mm），牙轮钻头切割成单件，对称焊在托盘上，为便于更换磨损牙轮，托盘分成上下两块，便于拆换。相邻两圈牙轮母线的高差为 10～30 mm，孔底呈锥形，液流阻力小，排屑效果好，心轴上斜开喷嘴，液流可有效冲刷牙轮。适用于砂砾、卵砾石和软硬不均地层。

## 四、大直径硬岩全面钻进与取心钻进的分析

目前国内大直径嵌岩钻进，不论采取牙轮、滚刀，还是潜孔锤钻进，大部分选择全面破碎。这种孔底碎岩方式带来了一系列技术、经济问题。

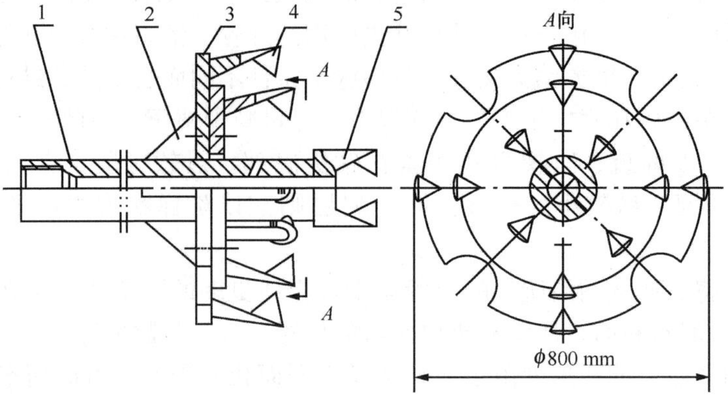


图 3-8　阶梯盘形组合牙轮钻头

1—心管；2—筋板；3—上、下托盘；4—单牙轮；5—三牙轮钻头

1）牙轮滚刀钻进要求高的钻压（每只牙轮、滚刀要求 15～40 kN 甚至更高的压力），由于大直径钻孔采取配重加压的方法，因而孔内钻具质量高达几十吨，钻具质量大，钻机必须有高的起重能力、大的扭矩和功率，若钻压不足，则效率低，磨耗大。

2）潜孔锤钻进要求大风量、高风压。要有大型空压机，固定资产投入大，成本高。

3）嵌岩进尺量不多，仅为少量嵌岩工作量而采用大型设备或届时换用大型设备，显然不合理。

解决问题的有效途径应该是在大直径硬岩钻进中，推广孔底环形破碎方式，将孔底全面钻进变为取心钻进。环形取心钻进技术经济上的合理性十分明显。

牙轮、滚刀取心钻进，由于其碎岩面积与一次碎岩量减少，刀具数量相应减少，钻压降低，故可达到高效钻进的目的。试以 φ1.0～2.0 m 孔径为例，设钻头部环宽 250～400 mm，与全面钻进比较：环状取心钻进的碎岩面积减少 25%～36%（表 3-8），考虑到环状钻头可利用刀具的循环重复碎岩，刀具数量还可适当减少，故实际的钻压减小比例至少可达 30%～40%。即使按碎岩面积减少比例计算钻压，其扭矩也将相应减少 12.5%～22%（实际扭矩减少可达 20%～30%），这样，其功耗也随之下降。

**表 3-8　全面与环状钻进碎岩面积、扭矩比较表**

| 钻头参数 | 外径/m | | 1.0 | | 1.2 | | 1.5 | | 2.0 | |
|---|---|---|---|---|---|---|---|---|---|---|
| | 内径/m | | 0 | 0.5 | 0 | 0.6 | 0 | 0.9 | 0 | 1.2 |
| 比较参数 | 碎岩面积 | $m^2$ | 0.79 | 0.59 | 1.13 | 0.85 | 1.77 | 1.13 | 3.14 | 2.01 |
| | | % | 100 | 74.7 | 100 | 75.2 | 100 | 63.8 | 100 | 64 |
| | 扭矩/% | | 100 | 87.5 | 100 | 87.5 | 100 | 78 | 100 | 78 |

潜孔锤钻进，采用环状钻进方式，不仅因钻压下降带来扭矩、功耗下降等效果，更重要的还在于冲击功下降，风量可大幅度下降。以 φ1500 mm 钻孔为例，全面钻进需冲击功约 7000 J，风量 60 $m^3$/min（风压 0.5～0.7 MPa）。若采用环状钻进，冲击功可降至 2300 J 左右，风量 20 $m^3$/min（风压 0.5～0.7 MPa），后者所需的冲击功和风量约为前者的 1/3。

基于对环状取心钻进优越性的认识，国内外在大直径嵌岩钻进中采用了取心钻进方法，取得了较好的社会和经济效益。在大直径硬岩钻进工程中使用环状取心钻进方法的主要障碍在于断取大直径坚硬岩心的技术方法，快速而有效的断取方法是其应用的前提。

断取大直径岩心的传统方法是冲击挤断、钢绳套取法。即在钻出一定长度的岩心后，提出钻头，向岩心与孔壁之间的环隙内下入一单斜面楔，使用冲锤冲击斜面楔，在岩心上部产生侧向挤推力，使岩心折断，然后下入钢绳套，套入岩心后收紧钢绳将岩心提出。这种方法本身比较简单，但工序多，效率低，只适用于直径较大的浅孔。另外一种是筒状钻头套取法，使用带长钢筋（$\phi$8～10 mm）的筒状钻头套入孔底岩心后回转，使钢筋缠绕岩心，利用钻机回转扭矩将岩心拧断后提出。这种方法操作、工序都较简单，但也只适用于断取较小直径（$\phi$400～800 mm 左右）的岩心。

参考国内外断取大直径岩心的技术经验，断取岩心的方法如下：

1）在环形钻头体内装设若干把弧形硬质合金偏心切刀，在钻头原地回转带动下，偏心切刀从内壁伸出，将岩心直径切小，然后利用径向卡瓦卡紧岩心后，钻头回转将岩心扭断。

2）在环形钻头体内装设金刚石“绳锯”，使绳锯向内伸出，将岩心切细乃至切断，然后利用径向卡瓦卡紧岩心（或同时回转扭断岩心）。

3）利用偏心切刀和金刚石“绳锯”，将岩心直径切细后，将钻头提起适当高度，利用环形钻头体下部装置的水平液压活塞对岩心上部施加单向水平推力，使岩心从根部折断，然后再将岩心套入，利用钻头的径向卡瓦夹紧岩心。

4）利用单向阀原理，岩心只能垂直向上进入钻头，岩心相对向下移动时，活阀卡紧岩心。

5）冲击法楔断岩心，钢丝绳套取。

6）爆破法炸断岩心。

图 3－9 和图 3－10 为宝峨公司开发的大直径取心钻头。

图 3－9　锥齿筒形钻头

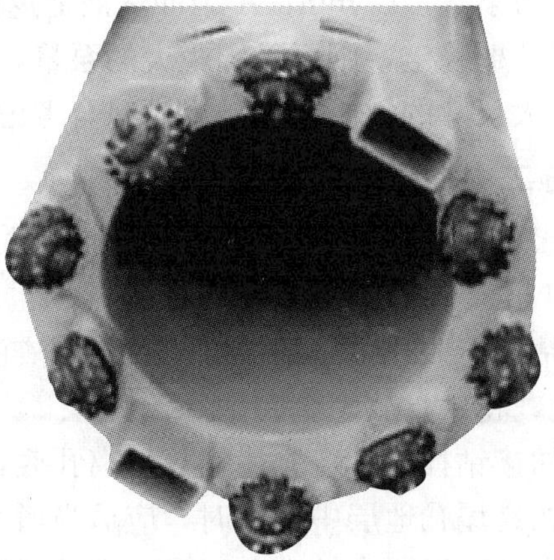

图 3－10　牙轮筒形钻头

## 五、钻进工艺

### 1. 钻进规程参数

（1）钻压

在土层和塑性岩石中用刮刀钻头钻进时，钻压 $P$ 为

$$P = Eqb \tag{3-9}$$

式中：$E$ 为刀具重复系数，全面钻进时推荐为 1.2～1.5；$q$ 为刀具单位刃长的钻压，kN/m，

土层取 0.1～0.6 kN/m，岩层取 1.0～4.0 kN/m；$b$ 为钻头在半径方向上的碎岩宽度，全面钻进等于钻头半径，m。

在塑脆性、脆性岩石中用滚刀钻头钻进：

$$P = Np \tag{3-10}$$

式中：$N$ 为滚刀数；$p$ 为每把滚刀的设计钻压，一般不超过 20～40 kN。

地层不同钻压的变化幅度也较大，从几千牛到 300～400 kN。

（2）转速

根据国内外大量的钻进经验，当钻头外缘线速度小于 2.5～3.5 m/s 时，线速度的变化对钻头切削阻力没有影响，而当线速度超过 2.5～3.5 m/s 时，其阻力将随线速度的增加而增大。建议采用国外推荐的大口径钻进时比较经济的转速经验公式（适用于刮刀、滚刀钻头）：

$$n = \frac{36.576}{D} \tag{3-11}$$

式中：$n$ 为钻头转速，r/min；$D$ 为钻头直径，m。

综合考虑上述各种因素，转速一般在 10～100 r/min 之间变化。

（3）泵量（冲洗液量）

根据有关资料，在非固结地层中钻进时，如果冲洗液沿孔壁上升的流速超过 10 m/min（0.17 m/s），容易发生塌孔，所以在孔壁稳定性差的地层选择泵量应为：

$$\frac{Q}{1000A} \leqslant 10$$

即

$$Q \leqslant 10000A \tag{3-12}$$

式中：$Q$ 为泵量，L/min；$A$ 为冲洗液上返的过流面积，$m^2$。

如果孔壁稳定，则可采用较大的泵量，使环空间隙的上返流速达到 0.2～0.3 m/s 或更大，使较大尺寸的钻渣能够排出。综合考虑，泵量一般在 100～3000 L/min 之间变化。

**2. 施工中的技术要点**

1）水头高度（高出地下水位）的选择。一般地层：1.5～2.0 m，流动性较强的砂层：2.5～3.0 m。

2）钻具下入孔内，钻头应距孔底沉渣面 50～80 mm，开动泥浆泵循环 2～3 min，然后开动钻机，将钻具放至孔底。

3）加接钻杆时，应先将钻具提离孔底，待冲洗液循环 3～5 min 后，再拧卸加接钻杆。

4）在易塌孔地层中钻进时，应适当增大泥浆的密度和黏度来稳定孔壁。

5）在砂砾石层中钻进时，易出现钻具跳动、憋车、憋泵、钻孔偏斜等现象，操作时要控制给进。

## 第四节　反循环回转钻进法

### 一、概述

**1. 工作过程**

在钻具回转钻进的同时，与正循环的循环路径相反，冲洗介质从孔口沿钻具与孔壁的环状间隙流向孔底，冷却钻头，清洗孔底，携带钻渣，再沿钻杆内腔上升，经过水接头和排渣管排到地表沉淀池，经净化重新流入孔内，冲洗液的这种循环方式，称为反循环回转钻进法。

早在1871年德国人郝尼格曼试验研究回转式钻井法时，就首次使用了压气反循环冲洗排渣。20世纪50年代，在德国的莱因煤田排水井和南美洲委内瑞拉国马拉开波海湾的高速公路基础桩的施工中，均大规模采用了泵吸反循环回转钻进法，该工法表现出了非常高的效率，引起了世界的瞩目，工程界高度评价了它的实用价值，以此为契机，反循环施工法迅速普及与发展起来。在发达国家，反循环施工法是常用的三种桩孔施工法之一。

我国于20世纪60年代就开始了反循环施工法的研究，现已成为非常成熟的施工方法。

**2. 反循环钻进的特点**

1）钻进效率高。反循环冲洗液上升流速快，排渣效果好，岩土不经重复破碎就被排到地表。在一般土层中最高纯钻速可达20～30 m/h，平均钻速可达6～7 m/h，比正循环方法提高几倍。

2）钻头寿命长。由于排渣效果好，减少了重复破碎，所以钻头寿命明显提高。采用正循环钻进卵石层，一个牙轮钻头“寿命”不足30 m，改用反循环方法施工后，用组合牙轮钻头，钻进720 m（包括90 m卵石层）后仍能使用。

3）钻孔不易坍塌。因为环状间隙中冲洗液的流速很慢，对孔壁的破坏作用较小。只要合理设置水头（孔内水位高于地下水位2 m），保持稳定的液柱压力，钻孔一般不会坍塌。

4）钻孔质量好。清孔效果好，孔底残渣厚度可不超过5 cm。钻孔的超径率比正循环小。钻速快，孔壁泥皮薄，这些对工程孔的后续工作非常有利。

总之，反循环回转钻进的上述特点的综合效果是：施工费用低、工期短、工程质量好。据有关资料介绍，反循环方法比正循环方法的施工费用可降低30%～40%。

**3. 反循环回转钻进法的类型**

1）按钻杆内上升液流形成的方法：①泵吸反循环；②气举反循环（又称压气反循环）；③射流反循环；④复合反循环。前三种如图3-11所示，第四种为前三种方法的两种组合。

2）按驱动钻头回转的动力位置：①分为地表钻机通过钻杆传递钻压和扭矩，这是最常用的形式；②电动机在孔底驱动钻头回转，称为潜水电钻，根据泵的位置又可分为地面泵方式和水下泵方式。

**4. 适用条件**

1）地层：软土层、基岩地层均可采用该工法。反循环钻进特别适合于在第四纪松散地层钻进大直径钻孔。超径卵石、漂石不能通过钻杆内部通道时，可以采用抓斗或爆破配合反循环钻进。

2）工作地区地下水位适中。地下水位不宜太高（最好在3 m以下），太高不利于孔壁保持稳定；地下水位也不宜太低，太低则易增大冲洗液的漏失量，给供水造成困难。

3）需要有适当的供水水源，以满足钻进需要。

4）就目前工程孔所需的深度和直径来说，该工法基本不受限制。

## 二、反循环原理

形成反循环的基本方式有三种，即泵吸反循环、气举反循环和射流反循环（图3-11）。

下面将分别讨论这三种反循环的工作原理和特点。

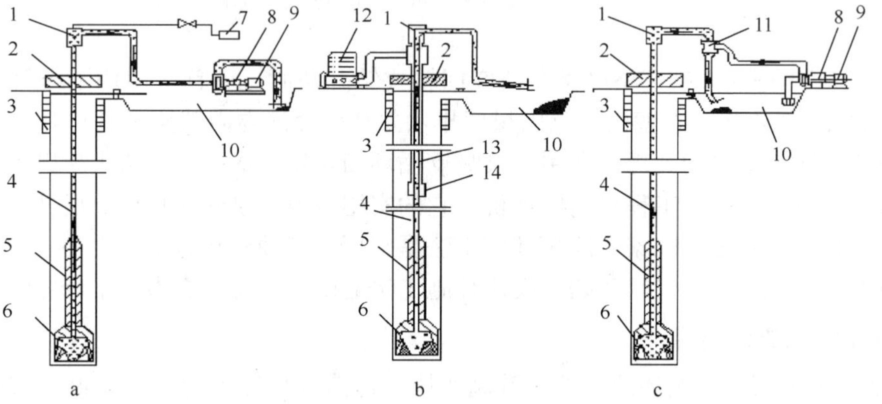


图 3-11　反循环回转钻进法的三种基本类型

a—泵吸反循环；b—气举反循环；c—射流反循环

1—水接头；2—钻机；3—孔口管（护筒）；4—钻杆；5—钻铤；6—钻头；7—真空泵或注水泵；8—砂石泵；9—电机；10—沉淀池；11—喷射腔；12—空压机；13—双壁钻杆；14—混合室

**1. 泵吸反循环**

这是利用砂石泵运转时，在其吸口处产生的负压于孔口液面与泵的吸口之间形成压差，实现冲洗液反循环，它是利用了砂石泵的吸程。

开动钻机前，先向孔内供水，孔内水位上升至孔口，然后启动砂石泵。砂石泵的启动有两种方式：一种是利用真空泵排除泵体和吸水管内的空气，形成负压，钻杆内的液体上升充满砂石泵后启动；另一种启动方式是配备一台注水副泵，开动副泵注满砂石泵的进水管后，再启动砂石泵。

根据泵吸反循环的工作原理，可建立泵吸反循环工作压力平衡方程式：

$$10^{-4}h_1(\gamma_r-\gamma_c)+10^{-4}h_2\gamma_r+P_1+P_2+\frac{V^2}{2g}\leqslant\Delta P \tag{3-13}$$

式中：$\Delta P$ 为砂石泵允许的吸程高度，如果将砂石泵的有效真空度视为 85%，则吸程为 8.5 m，为了获取必要的流量再减去 0.5 m，实用吸程为 8 m；$h_1$ 为钻孔内冲洗液面以下钻杆长度，m（水柱）；$\gamma_r$ 为钻杆内携带钻渣后冲洗液的容重，N/m$^3$；$\gamma_c$ 为冲洗液的容重，N/m$^3$；$h_2$ 为砂石泵叶轮中心到孔内冲洗液液面的高度，m；$V$ 为钻杆内冲洗液上返速度，m/s；$g$ 为重力加速度；$P_1$ 为孔底钻头吸水口水头（m，水柱）损失，根据流体力学实验结果，$P_1$ 可用下式近似计算：$P_1=0.5\times V^2/(2g)$；$P_2$ 为钻杆和吸水管沿程水头（m，水柱）损失，$P_2=8.3\times10^{-6}\times\lambda[\gamma_c Q(L_1+L_2)]/d^5$，其中，$\lambda$ 为钻杆内水力损失无因次阻力系数，与冲洗液流态有关，$\lambda$ 可按 0.02 计算；$L_1$ 为钻孔内钻杆长度，m；$L_2$ 为地面吸水管长度，m；$Q$ 为泵量，m$^3$/s；$d$ 为钻杆内径，m。

分析式（3-13）可知，随孔深增加，不等式左边第一项和第四项增加，为满足不等式，速度将下降（$V$ 降低），排渣效率降低，钻进效率下降。泵吸反循环经济合理的钻深在 100 m 以内，最大钻进深度可达 230 m。

**2. 气举反循环（压气反循环）**

气举反循环（压气反循环）是将压缩空气通过管路（单独的风管或双壁钻杆）送至钻杆

某一深度处的气水混合室，并由此进入钻杆内部，在这里压气膨胀（管内液柱压力小于压缩空气压力）、液气混合，形成小于冲洗液密度的液气混合物，并在钻杆内外液体容重差和压气动量的联合作用下，带动孔内的冲洗液和钻渣一起向上流动，形成气、液、固三相流，经排渣管流往地面沉淀池，空气逸散，钻渣沉淀，冲洗液流回钻孔。

由容重差引起的压差计算式如下：

$$\Delta P = 10^{-6}(\gamma_c - \gamma_t)h_0 - 10^{-6}\gamma_t h_1 \tag{3-14}$$

式中：$\Delta P$ 为由钻杆内外的容重差引起的压差，MPa；$\gamma_c$ 为冲洗液容重，$kN/m^3$；$\gamma_t$ 为气、液、固三相流容重，$kN/m^3$；$h_0$ 为混合器至孔口的水位高度（混合器沉入水下深度），m；$h_1$ 为水龙头至孔口水位的高度，m。

这个压差克服的各种阻力可见泵吸反循环部分。对其详细的分析表明，混合器沉入水下的深度、送往孔内的空气流量和压力是影响气举反循环钻进效率的重要参数。

(1) 混合器沉没深度

混合器沉没深度通常使用沉没比 $\varepsilon$ 来表示：

$$\varepsilon = \frac{h_0}{h_0 + h_1} \tag{3-15}$$

在开孔和浅孔段，$h_0$ 很小，沉没比很小，气举反循环无法实现，一般要求 $\varepsilon > 0.5$，实际混合器沉没深度超过 15 m 后，气举反循环才能正常进行。

(2) 压缩空气的压力

考虑到供气管道的压力损失，空气压力 $P$（MPa）应为：

$$P = 10^{-6}\gamma_c h_0 + \Delta p \tag{3-16}$$

式中：$\Delta p$ 为供气管道的压力损失，一般取 0.05～0.1 MPa；其他参数同前。

所以，孔深增加，要求混合器沉没深度增加，相应需增大风压。

(3) 空压机送风量

空压机送风量 $Q$（$m^3/min$）既要满足钻进排渣的需要，又要使空压机功率不能过高，经济的风量应按实际需要确定。

1) 排渣所需的单位时间内冲洗液排量 $q_0$（$m^3/h$）为：

$$q_0 = \frac{\pi k_1 D^2 v}{4k_2} \tag{3-17}$$

式中：$k_1$ 为岩土破碎后的体积膨胀系数，一般取 1.8；$D$ 为钻孔直径，m；$v$ 为钻进速度，m/h；$k_2$ 为冲洗液携带钻渣的容积百分数，清水为 1%～3%，泥浆为 3%～5%。

2) 按压气绝热膨胀计算，提升 1 $m^3$ 带钻渣的冲洗液所需的空气量 $q_1$（$m^3/m^3$）为

$$q_1 = \frac{\gamma_r h_1 k}{23\lg\left(\frac{h_0}{10} + 1\right)} \tag{3-18}$$

式中：$\gamma_r$ 为钻杆内带钻渣冲洗液的相对密度；$k$ 为由实验求得的有效系数，$k = 2.17 + 0.164h_0$；其他符号意义同前。

3) 送风量 $Q$（$m^3/min$）：

$$Q = \frac{q_0 q_1}{960} \tag{3-19}$$

由式（3-16）中的 $P$ 和式（3-19）中的 $Q$ 就可选择空压机。

(4) 尾管长度 $L$ 的确定

尾管长度即混合器到钻头吸渣口的距离。该长度影响了冲洗液的循环阻力损失值的大小，尾管长度应与混合器的沉没深度保持适当关系，并以 $L \leqslant (2 \sim 3)\ h_0$ 为宜，最大为 $L_{max} = 4h_0$。这样极限孔深 $H_{max}$ 也就确定：

$$H_{max} = h_0 + L_{max} = h_0 + 4h_0 = 5h_0 \tag{3-20}$$

实际的气举反循环钻进深度可达到 2000 m 以上。

**3. 喷射反循环**

喷射反循环采用水泵的水或空气压缩机的压缩空气为动力，但与泵吸反循环和压气反循环不同，它首先供给装在喷射腔内的喷嘴，然后经喷嘴高速喷射出去，因此在喷嘴外部形成负压区，其负压可达 0.08～0.09 MPa，水泵的水（空气压缩机的压缩空气）通过喷嘴形成上升水流。据研究认为，冲洗液的最优排渣流速，约相当于管路内最大清水流速的 60%。

泵吸、气举、喷射三种反循环钻进理论效率变化曲线如图 3-12 所示，通过分析对比，可以清楚地看出三种反循环钻进方式的特点：泵吸、喷射反循环钻进工艺在 50 m 以内孔段效率很高，随着钻孔的加深，钻进效率逐渐降低；气举反循环钻进工艺，15 m 以内孔段不能使用，50 m 以内效率很低，随着孔深的增加，钻进效率逐渐提高，至 200 m 以上孔深，钻进效率不再有明显的增长。所以可在实际工作中合理地选用反循环工作方式，充分发挥其特点，即在 50 m 以内孔段选泵吸反循环或喷射反循环；在 50 m 以上孔段采用泵吸、气举反循环或采用复合式的反循环钻进工艺均能取得更加经济合理的效果。其他方面的比较可见表 3-9。

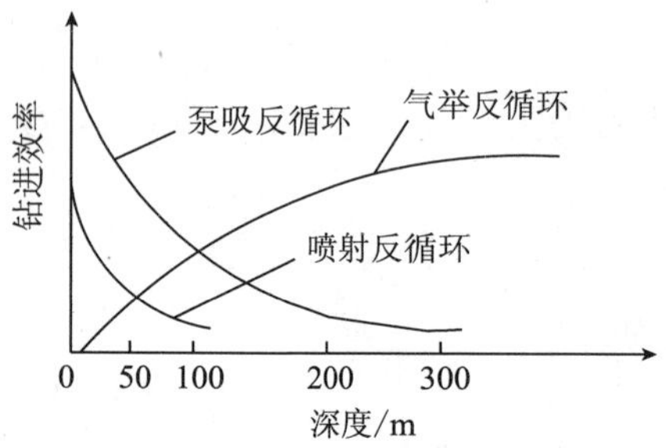


图 3-12　泵吸、气举、喷射三种反循环钻进理论效率变化曲线

**表 3-9　三种反循环方式的对比**

| 编号 | 项目 | 泵吸反循环 | 气举反循环 | 喷射反循环 |
|---|---|---|---|---|
| 1 | 能量利用率/% | 60 | 20 | 18 |
| 2 | 吸水压差/MPa | 0.06～0.07 | 0.25～0.3 | 0.09～0.095 |
| 3 | 有效孔深/m | <100，可达 200 | >15，可达 1000 以上 | <50 |
| 4 | 管线平直情况 | 砂石泵处直角拐弯，易堵 | 管线平直，不易堵 | 管线平直，不易堵 |
| 5 | 管路密封要求 | 密封要求高 | 密封要求低 | 密封要求高 |
| 6 | 启动方便程度 | 需抽气或注水启动 | 启动方便 | 射流直接启动 |
| 7 | 管路磨损情况 | 砂石泵易磨损 | 无磨损 | 喷嘴易磨损 |
| 8 | 泵潜入孔底难易 | 水下密封，要求高 | | 无运动件，易密封 |
| 9 | 对钻渣的影响 | 造浆差，废浆易净化 | 弱分散钻渣能力 | 强分散钻渣能力 |
| 10 | 设备、成本 | 泵类型多，但成本不高 | 空压机使用费用高 | 使用泵数最少 |
| 11 | 地层条件 | 地下水位高，漏失少地层 | 可用于漏失层 | 同泵吸反循环 |

**4. 反循环孔底净化过程**

(1) 孔底净化过程的概念

在反循环钻进的条件下，孔底净化过程是指钻头碎岩形成的钻渣在循环液流冲洗、携带

和钻头翼板的联合作用下，离开钻头切削具和井底，并向钻头吸渣口汇聚的过程。

孔底净化过程一般都经历三个过程（图3-13）：

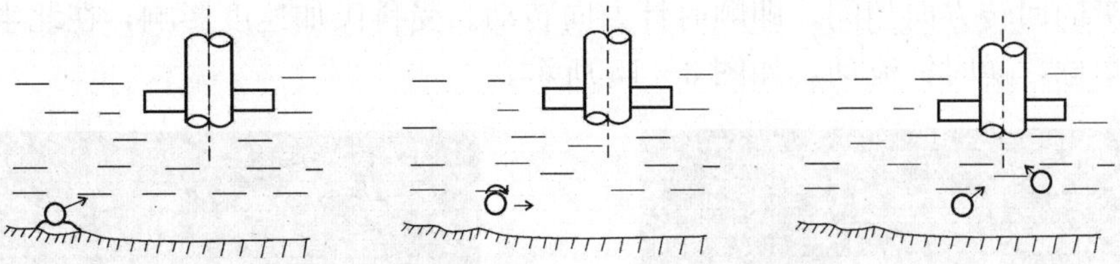

图3-13 孔底钻渣运移过程示意图

1）钻渣离开原位。在渗入破碎穴底部或在钻渣空隙中的液体压力和液流、钻头切削具携带下钻渣离开形成的位置。

2）平移或滚动。在液流和做回转运动的钻头切削具的携带驱动下，向吸渣口方向运移。

3）举升。在钻头吸渣口的吸力（即吸口内外压力差）与液流携带下，钻渣在运移过程中向上移动，最后进入吸渣口。

由此可见，孔底钻渣的净化过程，同时受液流运动和钻头运动的影响，而后者又影响前者。从力学角度分析，孔底钻渣在运移过程中受到液流的冲洗力和携带力、液体的悬浮力、钻头翼板的轴向压力和回转推力、钻渣随液流和翼板在孔底回转时的离心力、孔底流场压力差、钻渣在移动和滚动时的摩擦阻力、钻渣本身的重力等。

这些作用力，按方向可分为水平力和垂直力，按其对钻渣运动的作用，可分为动力和阻力。应该说，井底钻渣净化过程，正是上述作用力综合作用的结果。井底流场和净化过程研究的任务，就在于找出强化其动力、减小其阻力、加速净化过程的途径和措施。吉林大学建设工程学院（原长春地质学院）研制了反循环孔底流场实验台，如图3-14所示，并开展了孔底净化过程的深入研究。

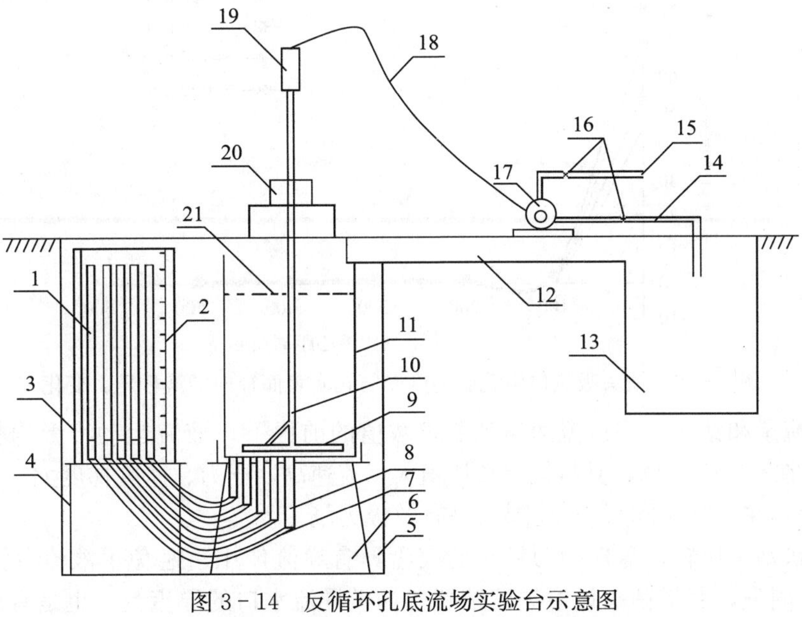


图3-14 反循环孔底流场实验台示意图

1—玻璃管；2—标尺；3—水柱显示板；4—显示板桌架；5—基坑；6—井筒底架；7—传压胶管；8—紫铜管；9—钻头；10—钻杆；11—有机玻璃井筒；12—水槽；13—水池；14—排渣管；15—注水管；16—阀门；17—砂石泵；18—吸渣管；19—水接头；20—回转器；21—均流筛板

(2) 反循环孔底净化过程的基本规律

1) 反循环井底流场是一个由汇与涡复合而成的螺旋线形流场，其流向独立存在，液流的方向与钻头的回转方向相同，即顺时针方向转动。受科氏加速度影响，在北半球，顺时针流动；在南半球，逆时针流动，如图 3 - 15 所示。

a

b

图 3 - 15　孔底流入吸渣口液流在北半球、南半球的流动方向

a—北半球顺时针流动；b—南半球逆时针流动

2) 影响反循环井底流场的诸多因素中，以钻头结构和流量、转速为主要因素，如图 3 - 16 至图 3 - 18 所示，其中纵坐标为孔底表面压力，实验时用孔底测得的液柱高度与测试井筒实际液柱高度差表示，即数值越大，相当于压力值越低。

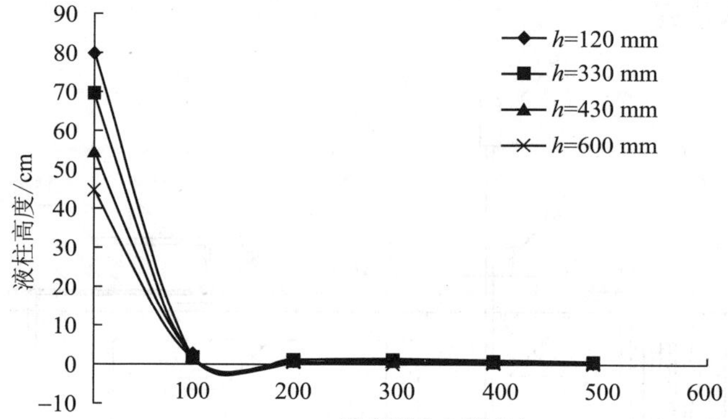


图 3 - 16　钻头吸渣口距孔底高度 $h$ 与孔底表面径向的液柱压力变化

3) 液流流量和钻头吸渣口流速达到要求数值的前提下，液流运动将影响整个井底。但在吸口周围存在有效吸力场，其特征是负压值大，流速高，压力、速度梯度大。如图 3 - 16 至图 3 - 18 所示，在 100～200 mm 范围内是有效吸力场。

4) 与翼状钻头比较，盘形滚刀钻头的底盘具有导流作用，避免了液流分流，是一种好的结构形式。同理，翼板钻头设置导流装置（如带导流水口的导流盘）也是有意义的，但导流盘距离井底的高度应适当。如图 3 - 19 和图 3 - 20 所示，在 $n=40$ r/min、$Q=25$ m$^3$/h 时，明显看出，盘型钻头的压力和速度分布对孔底携渣的效果好于翼状钻头。

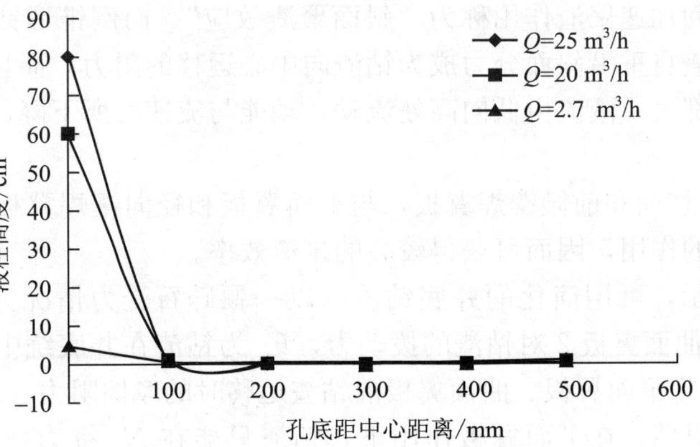


图 3-17　不同流量 $Q$ 值孔底表面径向的液柱压力变化

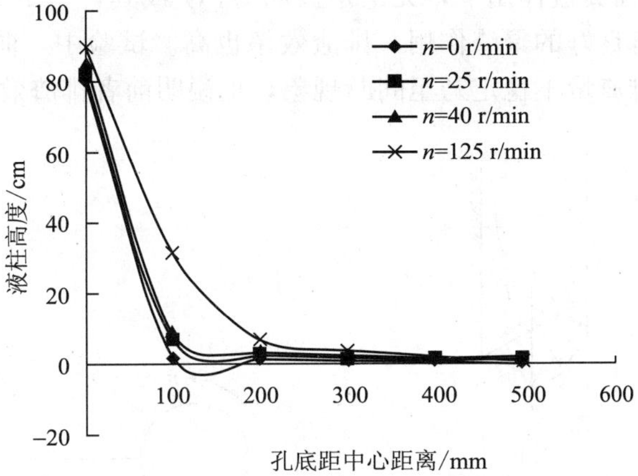


图 3-18　不同转速值孔底表面径向的液柱压力变化

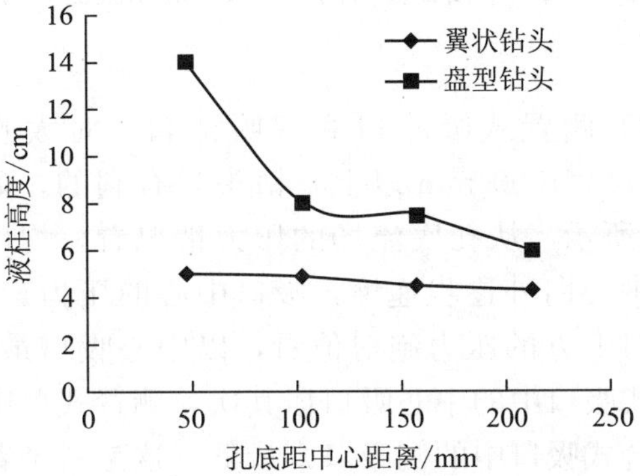


图 3-19　翼状钻头与盘型钻头孔底压力分布

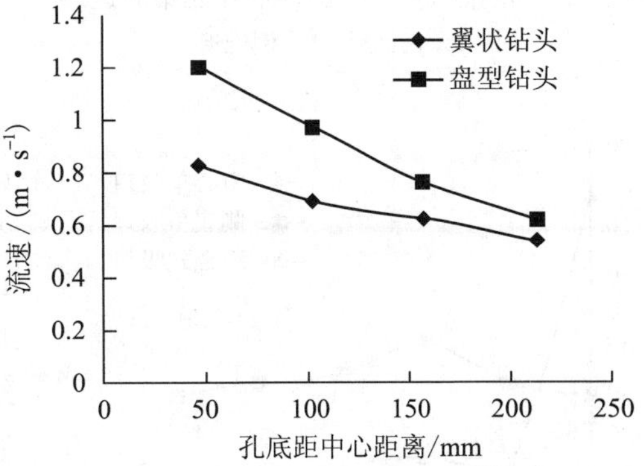


图 3-20　翼状钻头与盘型钻头孔底流速分布

5）一般说来，不论何种钻头，钻头底部以正锥形最佳，它既利于切削碎岩，又有利于汇流聚渣。锥角大小应视地层性质而异。

如图 3-21 所示，以斜面上单粒钻渣为例，钻渣自重 $G$ 与浮力 $F$ 的合力沿斜面的分力与液流携带力 $F_s$ 共同（即合力 $P$）驱动钻渣沿斜面下落；由于斜面上正压力的减小，钻渣下滑摩擦阻力 $F_f$ 小；液流由上向下沿正锥形井筒变向流动，流线圆滑、角度变化不大，变向处涡流，能量损失少，部分势能转化为动能，增大液流对钻渣的携带力。为叙述方便，把这种正锥形孔底斜面加速聚渣作用称为“斜面聚渣效应”。而倒锥形钻头形成的孔底，情况恰好相反：不仅钻渣自重沿斜面分力成为钻渣向中心运移的阻力，而且液流急剧换向，局部涡流及其能量损失都大，液流由低向高处流动，动能与流速有所下降，使液流携带（钻渣运移）能力减少。

6）曲面翼板、切向和前倾镶焊翼板，与平面翼板和径向镶焊翼板相比，具有向井底内区、中心聚拢钻渣的作用，因而可获得较高的排渣效率。

如图 3－22 所示，可用简化的井底钻渣（以一颗砾石受力情况为例）予以解析。$N_1$、$N_2$ 为平面翼板 1、曲面翼板 2 对钻渣的拨动力，$F_L$ 为钻渣在井底绕中心做回转运动时受到的离心力，$F_1$、$F_2$ 为平面翼板、曲面翼板前钻渣运移时的摩擦阻力。$F$ 为曲面翼板回转时，钻渣受到的合力。显然，在平面翼板作用下，钻渣只能在 $N_1$ 推力作用下往前移动（或在 $N_1$ 与 $F_1$ 的力矩作用下滚动），并在离心力 $F_L$ 作用下外移（实际上，受钻渣群体的限制，外移量不大）；但在曲面翼板作用下，无论是拨动力 $N_2$ 或其合力 $F$ 均会驱动钻渣向中心方向移动。因此，它具有良好的聚渣作用，排渣效率也高。试验中，曲面翼板钻头排渣连续，而平面翼板钻头则有排渣量不稳定乃至间断现象，也说明前者排渣效果好。

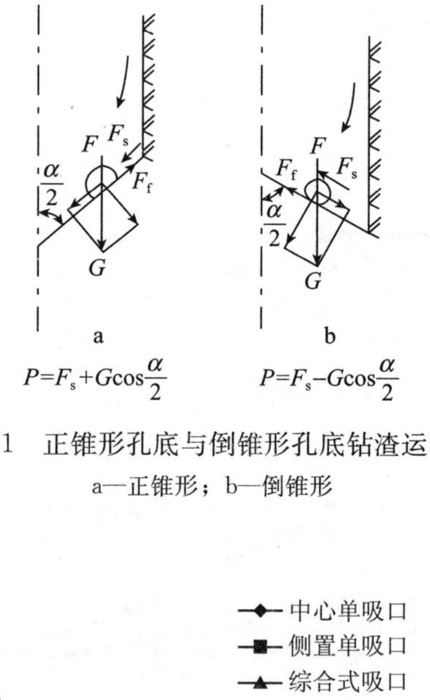


图 3－21　正锥形孔底与倒锥形孔底钻渣运移受力

a—正锥形；b—倒锥形

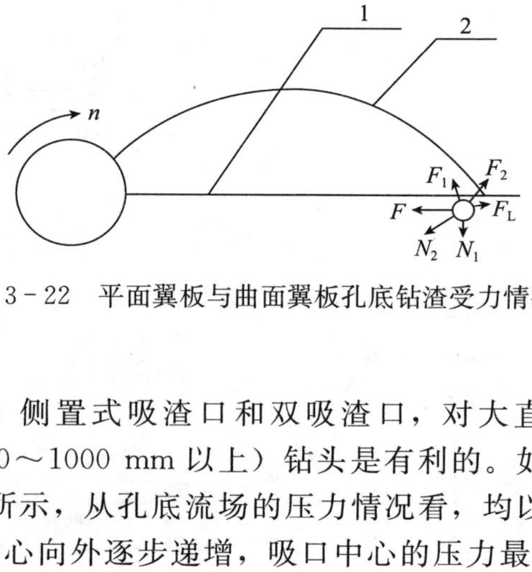


图 3－22　平面翼板与曲面翼板孔底钻渣受力情况

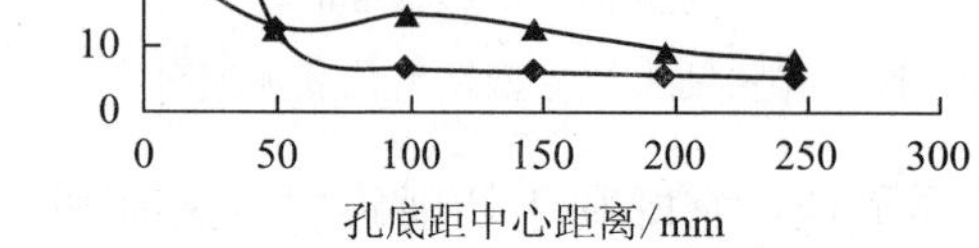


图 3－23　三种吸渣口布置对应的孔底压力

7）侧置式吸渣口和双吸渣口，对大直径（如 800～1000 mm 以上）钻头是有利的。如图 3－23 所示，从孔底流场的压力情况看，均以吸口为中心向外逐步递增，吸口中心的压力最低；从吸口下方的压力绝对值看，以中心吸口最高，综合式吸口中的中心吸口居其次，侧置式单吸口和综合式吸口中的侧吸口则最低。这是一个普遍的规律，因为液流从外环空间流往中心吸口的距离最长，损失能量最大；中心吸口下是稳定的负压区，而侧置吸口，随钻头回转，不断改变位置，故某点的压力约为平均值；使用双吸口，在吸口断面积增大、液流量不变的情况下，由于液流分散，通过每个吸口的流量减少，故其对应的流场负压和流速也下降，下降幅度受多种因素影响，不可能完全一样。因此，在双吸口情况下，两个吸口的吸渣能力将不等，这将是普遍存在的现象。

(3) 基于反循环孔底净化过程钻头结构

1) 具有底盘或低导流盘，以防止液流分流，导引全部液流通过井底。

2) 钻头翼板或碎岩刀具以螺旋形布置在钻头底盘平面上，确保液流通畅以利于钻渣汇集。

3) 钻头底部一般呈锥角适度的正锥形，以利于碎岩和聚渣。

4) 使用曲面翼板，或使平面翼板按切向或前倾方向镶焊于心管上，以提高其向中心聚渣的能力。

5) 小直径钻头设中心单吸口，大直径钻头设侧置式单、双吸口或综合式双吸口，提高排渣效率。

6) 翼板钻头宜采用小高度翼板，以充分发挥钻头底盘或导流盘的导流作用。

## 三、设备和机具

### 1. 设备

反循环回转钻进使用的设备包括：钻机、砂石泵、离心泵、空压机等，常用钻机参数见表 3-10。

**表 3-10 部分国产反循环回转工程钻机的主要技术性能**

| 类型 | 型号 | 孔径/m | 孔深/m | 扭矩/(kN·m) | 功率/kW | 生产厂家 |
|---|---|---|---|---|---|---|
| 转盘式 | GPS—25D | 2.5 | 130 | 120 | 75 | 上海金泰工程机械有限公司 |
| | KP3500 | 3.5 | 120 | 210 | 30×4 | 郑州勘察机械有限公司 |
| | GPF2000D | 1.2～2.2 | 50～100 | 30 | | 张家口中地装备探矿工程机械有限公司 |
| 动力头 | KT5000 | 5.0 | 120 | 400 | 315 | 郑州勘察机械有限公司 |
| | SP280 反循环钻机 | 3.0 | 150 | 280 | 75 | 三一重工股份有限公司 |
| | GD35 | 3.5 | 150 | 250 | 255 | 上海金泰工程机械有限公司 |
| 潜水式 | KQ1250 | 0.55～1.25 | 100 | 4.66 | 22 | 华构钻机修造厂 |
| | KQ1500 | 1.0～1.5 | 100 | 6.0 | 22 | |
| | KQ2500 | 1.8～2.5 | 100 | 50 | 22×2 | |

### 2. 钻杆

泵吸和喷射反循环采用的钻杆一般用内径 150～200 mm 无缝钢管制作，两端焊上接头，采用法兰连接和类似于高压锅盖的齿式插装连接。

气举反循环必须有专门的送气通道，送气管在钻杆外侧，称为并列式气举反循环钻杆；利用双层管柱之间的环状空隙送气，称为双壁钻杆。

### 3. 反循环回转钻进用钻头

反循环回转钻进用钻头，可分为两类：钻进土层的翼状钻头和钻进岩层的牙轮、滚刀钻头，正确设计其钻头结构，必须基于对反循环孔底净化过程的准确认识。

(1) 反循环钻进用翼状钻头设计的基本原则（也是评价的标准）

根据理论研究与实践应用的结果，反循环钻进翼状钻头设计的基本原则如下：

1) 效率原则。有利于提高破碎效果，特别是充分发挥体积破碎（包括不破碎，而是疏松作用)。

2) 自洁原则。利于迅速排渣，避免糊钻、泥包现象。

3) 均衡磨损原则。减少磨损，以降低阻力，延长钻头寿命。不同半径上的切削具磨损速度相同、相近。

4) 坚固原则。有足够的强度、刚度，以便在足够大压力、扭矩作用下不变形、不损坏。

5) 稳定、保向原则。在运动中保持稳定，保持方向。

6) 可修复、更换原则。易损件可拆卸、更换。

(2) 几种典型地层用翼状钻头

1) 砂土层用钻头。带前导钻头、导正圈，翼板为正锥形，中心吸渣口，切削具可换、直径可调。

2) 黏土层用钻头。切削具上的切削齿数少（疏齿），大龙门吸渣口，翼板数量少，设导流罩，单导正环。如图 3-24 所示。

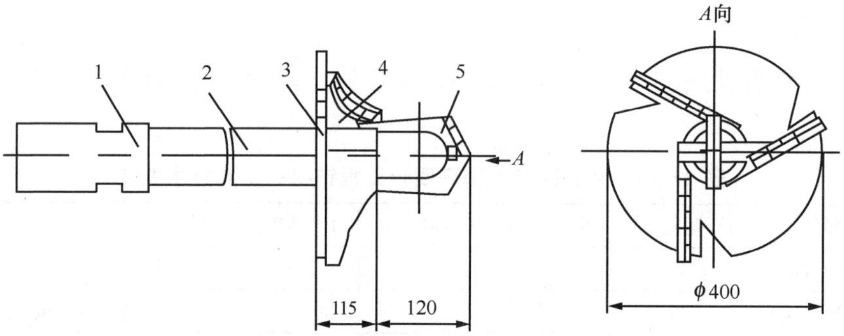


图 3-24 带导流盘锥形三翼钻头（单位：mm）

1—接头；2—心管；3—导流盘；4—主切削翼板；5—前导钻头

3) 软岩层用钻头。小前导翼板（取消前导钻头），大锥角，多翼板，多阶梯，镶硬质合金齿。如图 3-25 所示。

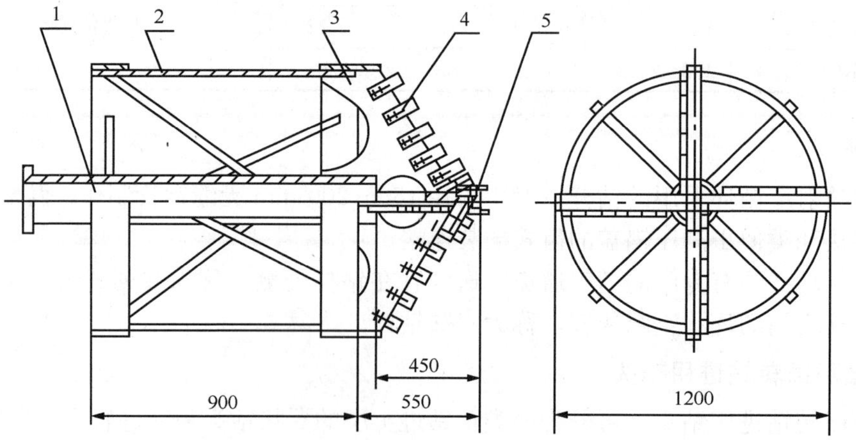


图 3-25 带前导翼板笼式四翼钻头（单位：mm）

1—心管；2—导向笼；3—主切削翼板；4—切削具；5—前导翼板

4) 砂卵砾石层用钻头。主要问题是难于切削，大径卵砾石不能排出，需下入专门的钻具捞取，可采用筒式内螺旋钻头、筒式捞石钻头。

(3) 牙轮、滚刀钻头结构及设计原则

牙轮通常是全锥形，都是单支点悬臂安装。滚刀是截锥形，都用双支点安装。显然，后者的支撑条件和受力情况好于前者，所以尽可能选用滚刀钻头。

1）钻头底部形状。滚刀钻头完成的孔底底部多为平底形或近似平底，因为滚刀钻头靠自转和公转压、剪、切来完成破岩工作，其结构特点决定了每个滚刀只能在一个平面上工作。使用前导钻头不但意义不大，而且有可能泥包钻头（吸渣口侧置）或使滚刀早期损坏。此外，在钻孔直径足够大时，也可以考虑使用阶梯形式的钻头，形成阶梯式孔底。

2）滚刀形式的选择。滚刀形式应根据岩层性质选择。盘形滚刀多用于软岩层，楔齿用于软到中硬岩石，镶齿（球齿、锥齿）或盘形滚刀上镶合金齿则用于硬岩、坚硬岩石。图 3－26 为有代表性的楔齿齿形图。

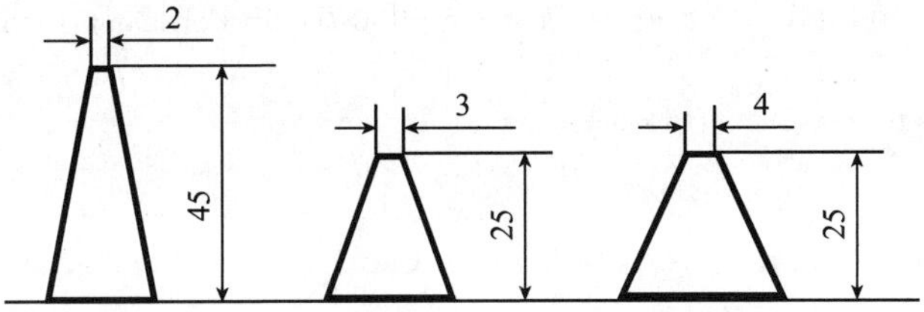


图 3－26 中硬岩石不同硬度楔齿所选用的齿形（单位：mm）

3）滚刀在钻头底盘上的布置。根据在钻头底盘（刀盘）上的位置不同，滚刀有不同的名称：中心部分为中心刀；中心以外外缘以里为正刀；靠外缘为边刀、保径刀。其布置原则：①滚刀分组布置，每组滚刀形成环形切削带，各切削带之间至少重叠 10 mm，防止出现岩墙，各切削带的组合要占满钻头底面，寿命基本一致；②同组滚刀的最低齿点（或线）应在与刀盘平行的平面内；③每把滚刀的碎岩量相近，边刀负担重，应适当增加边刀数；④刀盘上 4 个象限内滚刀数量要尽可能相等，保持刀盘受力平衡；⑤尽可能减少滚刀的数量，以使在同等配重条件下，每把滚刀获得更大的钻压；⑥每个滚刀中心线要与刀盘中心点相交，否则滚刀将滑动，产生偏磨，如图 3－27 所示。

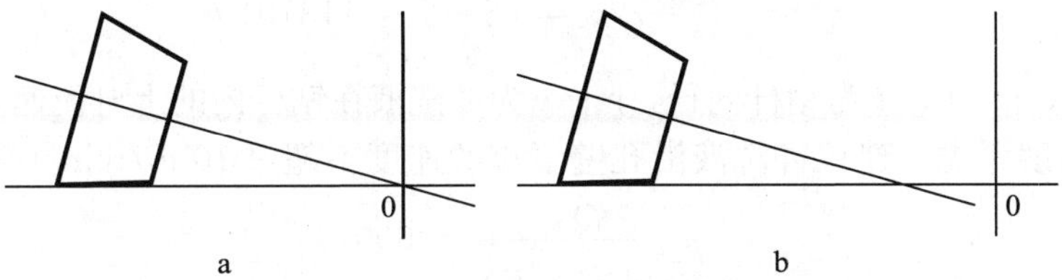


图 3－27 滚刀运动时纯滚动与滑动的判断

a—纯滚动（滚刀中心通过刀盘中心）；b—滑动（滚刀中心不通过刀盘中心）

4）滚刀钻头在水力学上的设计。同样考虑增大钻头底面的液流流速，加速钻渣从岩体分离到进入钻杆的过程。①吸渣口设置在半径方向上；在孔径非常大时也可设两个吸渣口，在半径 1/2 以外和以内 180°方向上各设一个。②滚刀的 U 形支架装进钻头底盘的凹槽中，或设护罩屏遮。

图 3－28 为适用于Ⅴ～Ⅶ级中硬基岩的滚刀钻头。

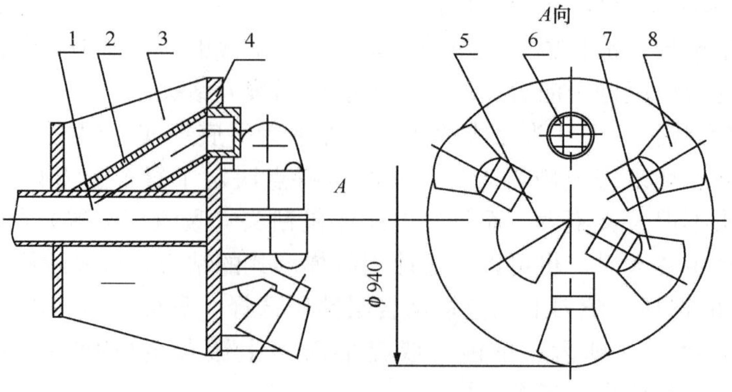


图 3-28　焊齿滚刀钻头（单位：mm）

1—心管；2—侧吸渣管；3—辅板；4—底盘；5—中心刀；6—铁筋滤网；7—正刀；8—边刀

## 四、钻进工艺

### 1. 钻进工艺参数

（1）钻压与转速

反循环回转钻头的钻压与转速的确定可参考正循环回转钻头的方法。此外，也可以采用下式计算滚刀钻头的最大转速：

$$n_{\max} = 120\frac{d}{D} \tag{3-21}$$

式中：$n_{\max}$为滚刀钻头的最高转速，r/min；$d$ 为滚刀钻头直径，m；$D$ 为钻头直径，m。

（2）泵量

从节能的角度考虑，泵量能满足排渣的要求即可，并非愈大愈好。根据理论分析和实际施工经验，冲洗液在钻杆内的上升流速一般在 2～4 m/s 范围内选取。这样可按下式计算出泵量的选择范围：

$$Q = \frac{3600\pi}{4}d^2 v = (5655 \sim 11310)d \tag{3-22}$$

式中：$Q$ 为泵量，$m^3/h$；$d$ 为钻杆内径，m；$v$ 为冲洗液在钻杆内的上升流速，取 2～4 m/s。

从护壁的角度考虑，建议冲洗液沿孔壁下流的速度不超过 10 m/min（600 m/h），因此，

$$\frac{Q}{\frac{\pi}{4}(D^2 - d_1^2)} < 600$$

整理得：

$$Q < 471(D^2 - d_1^2) \tag{3-23}$$

式中：$D$ 为孔径，m；$d_1$ 为钻杆外径，m。

选择泵量时应同时符合式（3-22）和式（3-23）的要求。

### 2. 施工中技术要点

1）钻进时孔内水位高出地下水位 2 m；

2）地层不稳，孔较深，施工周期较长的情况下，可使用泥浆；

3）吸水系统连接严密、牢固、通畅；

4）启动砂石泵前钻头离孔底大于 0.2 m；

5）加接钻杆、暂停钻进或提升钻具时，钻具停止回转后仍要循环延续 1～2 min，待钻杆内钻渣全部排出后再停泵或空压机。

## 第五节　钢绳冲击钻进法

### 一、概述

**1. 工作过程**

钢绳冲击钻进法是用冲击式钻机或卷扬机悬吊冲击钻头（又称冲锤），借助钻头自身重量周期性地冲击孔底，将岩土破碎，部分钻渣和泥浆挤入孔壁中，而另一部分悬浮在孔底泥浆中，用抽筒或循环的方式排至地表，形成钻孔。

冲击钻进是最古老的一种钻孔方法，起源于中国。公元前 1—2 世纪，中国人便已使用冲击法钻凿盐井和水井。钻井方法和工具在实践中不断改进，至北宋庆历年间（1041—1048 年）发明了当时世界上最先进的绳索冲击钻进法，制造了竹、木质的冲击钻进装置、竹质绳索、锻铁钻头等各种钻进工具和打捞工具等，形成了碎岩、护壁、排渣的一套完整钻进工艺。这种绳索冲击钻进的原理和钻进工艺程序至今仍在沿用。英国科学家李约瑟认为，1900 年以前世界上所有的深井，几乎都是用中国人创造的方法打成的。由于其独有的特点，该工法仍在国内外使用。尤其是在 20 世纪 70 年代意大利、日本等国成功将反循环引入该方法后，使这种古老的钻孔方法又获得新的发展。

**2. 钢绳冲击法特点**

1）采用冲击动载破碎岩土体，冲击功大而作用时间短，岩土瞬时间受到的动压力是钻头重量的几十倍，岩土在高速加载的条件下，不易产生塑性变形，表现为脆性增加，形成大体积破碎。

2）所用设备和机具比较简单，操作和维护容易，施工中材料消耗也少，工程费用较低。

3）可采用反循环排渣，大大提高了钻进速度。

4）在水源不足的情况下，排渣可不用循环液，采用抽筒。

5）有效破碎岩面的时间少，绝大部分时间能量消耗在钻头上下运动上（由该方法本身所决定）。

6）若不采用反循环排渣，则钻渣聚集在孔底，钻头工作时造成重复破碎，影响钻进效率，而专门的捞渣作业也减少了纯钻进时间。

7）由于靠钻头自由下落钻进，所以只能钻垂直孔。

**3. 分类**

根据排渣方式的不同，可将钢绳冲击成孔法分为三类：

1）抽筒排渣钢绳冲击钻进。利用下口为活门的抽筒，下入孔底掏取钻渣。冲击一段时间后，将钻头提出，利用副卷扬机将抽筒下到孔底，多次提升将孔底钻渣及浓泥浆排至地面。这种方法可以将孔底较大钻渣及小卵砾石排至地面，但反复抽提占用时间较长。

2）正循环冲洗钢绳冲击钻进。是将送浆管（软管）固定在冲击钻头上，边冲击边通过往复泵向孔底供泥浆，这种方法虽然可以造成孔内泥浆上升溢出孔口，但由于孔径大，截面积大，所供泥浆量只能造成极缓慢的上升流速，很难将大颗粒钻渣排至地面，但可以和抽筒法联合使用，起到更换孔底泥浆的作用。

3）冲击反循环钻进。钻头为中空圆形，内设排渣管，可以边钻进边排渣，大大提高了钻进效率。

**4. 适用条件**

1）地层。适于在黄土、黏性土或粉质黏土和人工杂填土中应用，特别适于在有孤石的砂砾石层、漂石层、坚硬土层、岩层中使用，对流砂层亦可使用，但对淤泥及淤泥质土则要慎重使用。

2）钻孔直径和深度。钻孔直径一般为 600～2500 mm，深度从几十米到数百米。

## 二、冲击成孔设备和机具

**1. 冲击式钻机**

冲击成孔设备大体分为两类。一类是专用冲击钻机，另一类是用带有离合器的双筒式或单筒卷扬机组成的简易冲击钻机。表 3－11 为国产部分冲击钻机的主要性能参数。

**表 3－11　国产部分冲击钻机的主要性能参数**

| 性能指标 | 生产厂家和型号 | | | |
|---|---|---|---|---|
| | 河北省宏源机械制造有限公司 | | 郑州勘察机械有限公司 | 山东省地质探矿机械厂 |
| | CZ－6D | CZ－9 | CZF2000 | YCJF－20 |
| 钻孔最大直径/m | 0.6～2.5 | 0.8～3.0 | 0.8～2.0 | 0.7～2.0 |
| 钻孔最大深度/m | 60～300 | 60～300 | 80 | 80 |
| 冲击频率/(次・$min^{-1}$) | 36～42 | 36～38 | 38 | 0～25 |
| 冲程/m | | | 0.75、1.0 | 0.1～1.3 |
| 钻具质量/kg | 5500 | 7000 | 3000 | 4500 |
| 主副卷扬提升能力/kN | 68 | 140 | 350 | 100 |
| 总功率/kW | 55 | 75 | 55 | 55 |
| 钻机质量/kg | 13000 | | | 14000 |
| 排渣方式 | 抽筒 | 抽筒 | 泵吸 | 泵吸 |

与老式冲击钻机相比，冲击反循环钻机在研制中主要解决以下问题：

①在钻头中间能够放置排渣管；②钻头与排渣管是滑动关系；③若排渣与钻头分离，不随钻头冲击，则需单独用一卷扬机构；④提动钻头钢丝绳需设两根，两根绳在井下易绞缠；⑤冲击机构，缓冲机构，双绳同步等问题；⑥钻进与排渣松绳量同步。

**2. 卷扬机**

国产卷扬机类型较多，挑选的余地较大，现多用提升能力为 3000～5000 kg 带离合器的双筒卷扬机和相应的钻架组成。

**3. 冲击钻具**

1）冲击钻头。若采用抽筒排渣，目前使用较为普遍的是十字形带副刃的冲击钻头，它尤其适用于砂卵石、砂砾石及裂隙发育的中硬地层。使用较为普遍的还有抽筒钻头，可以边破碎岩土边捞取钻渣，可节省部分辅助作业时间。抽筒底部的活门必须开闭自如。冲击反循环钻头有平底形和阶梯形，在孔径较大时，多以阶梯形为主。各种冲击钻头如图 3-29 和图 3-30 所示。

2）冲击钻杆。冲击钻杆又称加重钻铤，其与钻头的连接采用法兰盘或丝扣。

3）钢丝绳接头。采用活动式钢绳接头，在提起钻具时，钢丝绳在冲击钻具的重力作用下被拉伸，带动钻具按钢绳捻扭的相反方向转动一个角度，当钻具冲击孔底岩石时，钢绳处于松弛状态，则由于本身的弹性作用又带动转向套（环）转回原位，从而使钻具每冲击一次便转动一个角度。钢丝绳上固定绳卡不少于 3 个，且绳卡方向一正一反，两绳卡之间的距离不得小于钢绳直径的 6 倍。

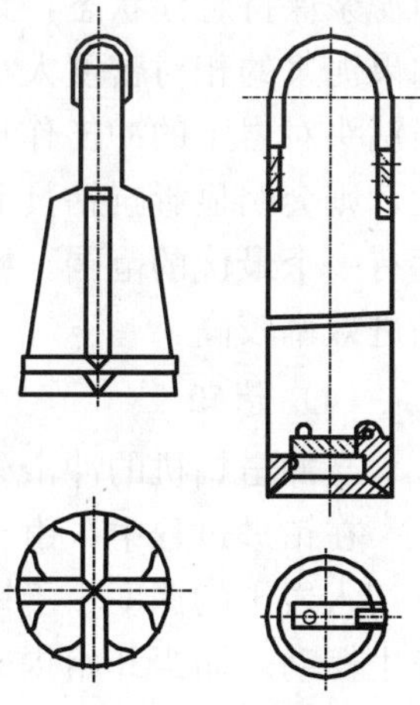


图 3-29　冲击钻头形式

a—十字形冲击钻头；b—抽筒

## 三、冲击钻进工艺

### 1. 规程参数

冲击钻进的效率与钻具重量、冲程、冲击频率以及钻具在孔内下降加速度成正比，与钻孔直径的平方以及破碎单位体积岩土所需功成反比，前面的四个因素是可以人为控制的。

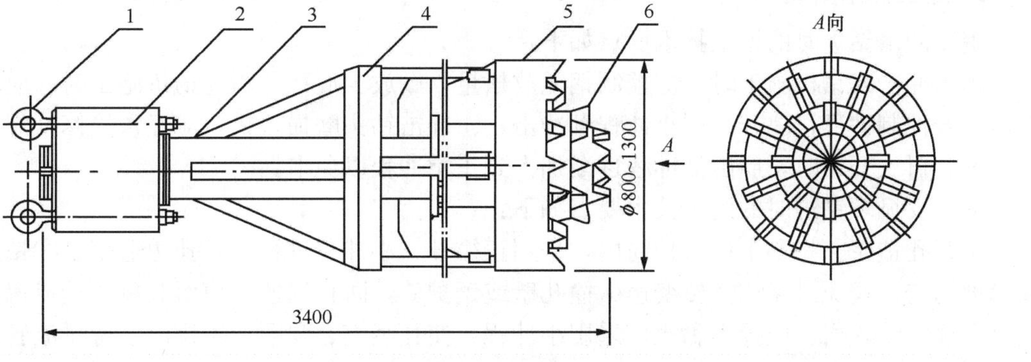


图 3-30　阶梯形冲击反循环钻头（单位：mm）

1—钻头与钢丝绳的接头；2—钻头与钢丝绳的接头本体；3—中心管；4—钻头体；5—钻头圆盘；6—冲击齿

（1）钻具重量

增加钻具重量可以增加冲击能，增加钻头切入岩土的深度，使岩土容易发生大颗粒的脆性破碎，从而提高钻进效率。根据施工经验，每厘米刃长的钻具重量在 80～120 N 范围选择为宜，松软地层取小值，硬地层取大值。

（2）冲程与冲击频率

增加冲程与冲击频率可以提高钻进效率，但冲程与冲击频率是两个相互制约的钻进参数，不可能同时增加。在一定条件下，增大冲程比增大钻具重量对破碎岩土效果更明显。在实际工作中，一般软地层用小冲程，硬地层用大冲程。国内大多数冲击钻机的最大冲程为 1.0 m。采用卷扬机冲击时由于人力操纵，冲击频率比冲击钻机低，所以采用的冲程最大可以加到 3～6 m，但加大冲程时应考虑钻具的承受能力。

（3）孔内泥浆的相对密度

采用抽筒捞渣时需考虑孔内泥浆的相对密度。由于不采用循环方式排渣，钻渣主要靠孔内泥浆保持悬浮状态，到一定程度再用抽筒捞取，因而要求孔内的泥浆有较强的悬浮能力。如果泥浆的相对密度太小，悬浮钻渣的作用很小，则大多数钻渣将留在孔底，形成垫层，减弱钻头对岩土的冲击作用，影响钻进效率。如果泥浆中悬浮的钻渣过多，泥浆相对密度过大，则会明显影响钻具下落的加速度，使钻进效率明显降低。所以，孔底附近泥浆的相对密度有一个最优的范围。根据现场试验资料，孔底附近泥浆的相对密度在 1.7～2.3 范围时，钻进效率较高。

（4）悬距

当冲击钻机的冲击梁处在上死点位置时，钻头距孔底的高度称为悬距。

在钻进过程中，由于钻具的重量使钢丝绳产生弹性伸长，当钻头与孔底接触时，如果钻头切入岩土的深度小于钢丝绳的伸长量，便发生剩余长度，使钢丝绳处于松弛状态，钻具易发生摆动。而当开始提升钻具时，易造成抖动现象，钢丝绳负荷突然增加，设备受冲击载荷，容易造成事故和孔斜。所以，当钻进岩土较硬、冲击钻头切入深度很小时，必须留有悬距。合适的悬距应是钢丝绳的伸长量与钻头切入岩土深度的差值，而钻进岩土较软，冲击钻头切入岩土深度与钢丝绳伸长量相当时，则不必留悬距。

（5）泵量

采用泵吸或气举反循环时有关泵量的计算可参考本章第四节相关内容。

**2. 施工技术要点**

钢绳冲击钻进时的施工技术要点如下：

①用冲击式钻机施工时，应控制钢绳放松量，勤放少放；②用卷扬机施工时，应在钢绳上做记号控制冲程；③开孔用小冲程勤冲击；④冲击钻头磨损较快，应经常检修补焊；⑤每次停钻后再次开钻时，应由低冲程逐渐加大到正常冲程以免卡钻。

冲击反循环钻进时的施工技术要点如下：

①开孔造浆。将黏土投入护筒内，采用正循环、小冲程进行边开孔边造浆。②钻进。起锤速度均匀，避免过猛或突然变速碰撞孔壁或钢护筒，防止提速过快引起负压造成塌孔，防止打空锤。③入岩。应投入黏土，采用小冲程，使孔竖直、圆顺。④排渣。待排渣管下入泥浆内和泥浆达到规定要求（一般体积质量为 1.2～1.5 kg/L）后，由泥浆泵吸泥浆，通过排渣管采用正循环方式排净空气，停泥浆泵，启动砂石泵进行反循环泵吸排渣作业（气举可直接启动）。应保持泥浆连续循环，并及时补充泥浆保持水头防止塌孔。⑤成孔后采用换浆法清孔，不能采用清水换浆，否则容易塌孔。

## 四、冲击反循环工法与正循环工法的比较

1）地层。一般在黏土、亚黏土、淤泥质土层、粉砂层施工时，正循环回转法要比冲击反循环法施工快 1.2 倍，且因冲击反循环钻机自重大、搬迁困难、时间长等因素，在土层中施工不如正循环快。但在卵砾石层、基岩中施工，冲击反循环钻进明显比正循环要快 3 倍，一般 5 cm 以下砾石要快 2 倍以上，5～10 cm 砾石要快 3 倍以上，而且冲击反循环钻进 5 级以下的岩石，钻进速度比回转钻进要快 5～6 倍。冲击反循环在施工复杂地层即卵石层、嵌岩钻孔桩时成孔速度的优点明显，尤其在一些丘陵山区地带较为适用，优越性更加显著。

2）孔壁稳定。冲击反循环施工孔径一般在黏土、亚黏土、淤泥质土层、粉砂层施工时，为防止塌孔仍然采用正循环冲击钻进，但易缩径。但桩的垂直度比较好。在卵、砾石层中施

工采用冲击反循环钻进，由于冲击力较大，容易塌孔，充盈系数偏大，在正循环孔段的平均充盈系数为1.15；而冲击反循环钻进段的充盈系数则为1.25，在土层中的充盈系数，冲击和回转基本接近1.1。

3）成本消耗。在黏土、亚黏土、淤泥质土层、粉砂层中施工，冲击反循环的成本消耗要比正循环消耗大，主要是冲击钻机动力功率大、耗电量高，再则，钢丝绳消耗大以及自身重量大，搬迁运输成本大等。但在卵砾石层、漂石、块石、基岩中施工，冲击钻进效率高，而正循环研磨材料消耗大，钻进速度慢，成孔周期长，成本比冲击钻进大5倍以上。

4）环境影响。冲击反循环钻进振动对周围环境影响比回转钻进要大，特别是冲击坚硬基础岩面时，冲击振动对产生声音较大，影响人们休息。

表3-12为某工程中使用冲击钻工法和冲击反循环工法时间与成本的比较，可以看出，后者优势明显。

**表3-12　50 m桩基冲击钻工法与冲击反循环工法时间与成本的比较**

| 序号 | 项目 | | CZ—8型冲击钻机 | YCJF—25冲击反循环钻机 |
|---|---|---|---|---|
| 1 | 50 m成桩时间 | 护筒内钻孔钻进时间/h | 20 | 20 |
| 2 | | 护筒外钻孔钻进时间/h | 312 | 145 |
| 3 | | 辅助时间/h | 10 | 10 |
| 4 | | 清孔、提钻、检孔、移机时间/h | 6 | 5 |
| 5 | | 钢筋笼安装、混凝土浇筑时间/h | 12 | 12 |
| 6 | | 折合天数/(d·根$^{-1}$) | 15 | 8 |
| 7 | 成本 | 单桩50 m进尺费用（市场价格）/元 | 50000 | 55000 |
| 8 | | 电费/元 | 21600 | 17280 |
| 9 | | 泥浆材料/元 | 700 | 900 |
| 10 | | 混凝土节约费/元 | | —2000 |
| 11 | | 合计/元 | 72300 | 71180 |

注：数字前的“—”表示正常应该发生、但实际未发生的费用。

# 第六节　冲抓及全套管钻进法

## 一、冲抓钻进法

### 1. 概述

（1）工作过程

冲抓成孔是在稳定液护壁的条件下，利用特制的冲抓锥或冲抓斗鄂板，在下落时，冲抓锥锥瓣和冲抓斗鄂板张开，冲入或压入孔底岩土，然后提升，冲抓锥锥瓣和冲抓斗鄂板闭合抓土，提升至地面将土卸去，重复上述过程，使钻孔不断延伸到设计深度。

冲抓成孔施工方法使用比较广泛。在国外，最早是法国的蚌式抓斗用于防渗墙施工，到20世纪50年代将套管护壁技术与冲抓成孔法结合起来，称为贝诺特工法。日本从法国引进了贝诺特工法，并使之本土化。国外基本是全套管式的冲抓钻进，国内主要由于成本的原因，仍是停留在稳定液护壁的冲抓成孔法阶段，全套管方法使用的极少。

（2）冲抓钻进特点

1）主要不是靠破碎岩土，而是靠抓瓣切入，将部分岩土从整体中分离出来后抓取，切入和抓取同时进行，破碎工作量不大。

2）钻进与排渣交替进行。

3）稳定液护壁，对稳定液的管理较严格。

4）设备、机具和工艺简单，易于掌握。

5）扩孔率较大。

（3）适用条件

1）地层。在腐殖土、淤泥、坚密性黏土、砂土、流砂、松散及软硬相差较大的岩层均可使用。

2）钻孔直径和深度。钻孔直径一般为 $\phi$600～1800 mm；施工孔深在 70 m 以内。

**2. 设备与机具**

冲抓成孔设备及机具主要由钻架、起重卷扬机和冲抓工具三部分组成。其中采用自动挂钩的冲抓钻机则由钻架、冲抓锥、钢丝绳、转向装置、出渣设备等组成。

（1）钻机与钻架

钻架的形式和规格根据施工具体要求而定。在国内，一般是冲抓工具与相应的卷扬机和钻架配合，主要参数见表 3－13。

**表 3－13　国内部分冲抓钻机的主要性能参数**

| 性能指标 | 生产厂家和型号 | |
|---|---|---|
| | 浙江台州迦南商务有限公司 | 临海市旺达建筑机械厂 |
| | 8JZ 系列 | 8JZD—3T 系列 |
| 钻孔直径/m | 0.6～1.8 | 0.9～1.2 |
| 钻孔最大深度/m | 70 | 60 |
| 电机功率/kW | 22 | 22 |
| 整车质量/kg | 3000～8000 | 3000～5000 |

如 8JZD 系列设备由 3 t、4 t 或 5 t 冲抓机主机、底架、三脚架、22 kW 电动机和自动挂卸器、冲抓钻头以及出土小车、夯实锤组成。

（2）卷扬机

冲抓施工所用的卷扬机一般都采用双筒卷扬。卷扬的提升能力控制在锥重的 1.5～2.0 倍范围内。

（3）抓斗

常用的抓斗有单绳抓斗和双绳抓斗两类。以双绳抓斗为例来说明其工作原理。

双绳双鄂板抓斗如图 3－31 所示，一般由鄂板（1），下横梁（2），撑杆（3），上横梁（4），支撑绳（5）和开闭绳（6）组成。支撑绳和开闭绳的一头分别绕在相应的绞车上；支撑绳另一端直接固定在抓斗上横梁上，而开闭绳的另一端则穿过上下横梁的开闭滑轮组后再固定在上横梁或下横梁上，称为开闭滑轮组。

双绳抓斗的特点是在整个工作过程中由空斗（张开状态）降落到孔底，抓取岩土，满斗

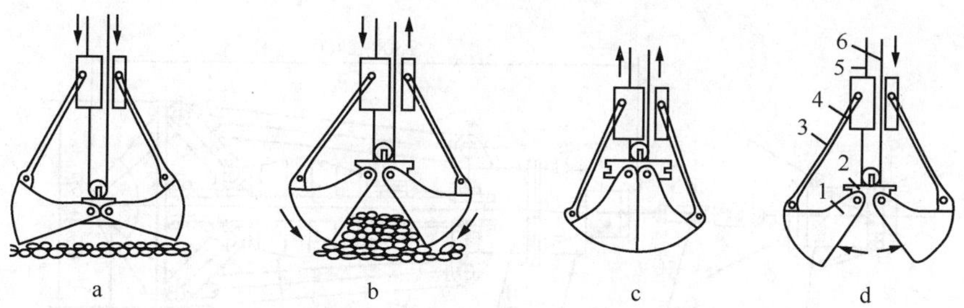


图 3-31　双绳双鄂板抓斗工作进程

a—降斗；b—闭斗抓土；c—满斗提升；d—开斗卸土

1—鄂板；2—下横梁；3—撑杆；4—上横梁；5—支撑绳；6—开闭绳

提升和运行到卸料地点后张斗卸料四个工序组成。这四个工序过程由两根钢绳（支撑绳和开闭绳）来控制。两根钢绳分别由两个单滚筒绞车驱动（也可用带有离合器的双卷筒绞车驱动）。双绳优点是在施工浅孔时，抓斗装料、卸料都很方便，效率高。不足的是抓斗在升降过程中容易出现旋转，使支撑绳与开闭绳缠绕在一起，很不安全，且又影响效率，故这种抓斗适用于浅孔中施工。深孔采用单绳抓斗。

抓斗的工作效率随抓斗重量、形状而变化，以容重比表示其能力的大小。抓斗的容量与自重之比称为抓斗的容重比。

$$C=\frac{G}{V} \tag{3-24}$$

式中：$C$ 为抓斗的容重比，$kg/m^3$；$G$ 为抓斗自重，kg；$V$ 为抓斗容量，$m^3$。

不同地层的抓斗选择参考表 3-14。

**表 3-14　不同地层的抓斗选择**

| 抓斗标称 | $C$ 值/($kg\cdot m^{-3}$) | 地层 |
|---|---|---|
| 轻型 | 1000～2000 | 软黏土、淤泥 |
| 中型 | 2000～3000 | 较软的黏性土，松散砂质土 |
| 重型 | 3000～4000 | 普通硬度的砂土 |
| 特重型 | 4000～5000 | 硬黏土、细砂土、风化岩层 |

（4）冲抓锥

冲抓锥与抓斗的结构、作用原理基本相同（锥瓣一般尖锐，用于硬质岩土，而抓斗鄂板较钝，用于软质岩土），也有单、双绳之分。

双绳冲抓锥由 2 根钢丝绳（一台双筒卷扬机或两台单筒卷扬机）操纵，一根钢丝绳提吊锥头，另一根控制叶瓣的开闭，完成抓土、卸土动作，不需自动挂钩设备；冲抓锥瓣有三瓣、四瓣和六瓣三种。目前以四瓣冲抓锥较为普遍。根据公路建桥施工中的经验，在漂石地层中多用四瓣冲抓锥，而在卵石、黏土、粉质砂土和砂质黏土层则多用六瓣冲抓锥成孔。另外，钻孔直径也是确定锥瓣多少的依据之一，当孔径小于 1.2 m 时，锥瓣多了则瓣臂也相应增加，必然要减少抓斗容量，使抓出的岩土减少，因此，锥瓣一般不宜超过 4 瓣。

图 3-32 为 8JZ95 型冲抓锥，属单绳四抓瓣冲抓锥。钢绳放松时，抓瓣松开，靠自重加速下落的动能切入地层，钢绳拉紧时，抓瓣合拢，抓取卵砾石。提到地面后，与绳帽套、自动挂钩器配合，使抓瓣张开卸土。单绳冲抓锥下至孔底只能冲抓一次即提升。适用于黏土、黄土、砂土，较松散的砂砾、卵砾层。钻头质量为 1540 kg，冲抓速度为 0.7 m/s。

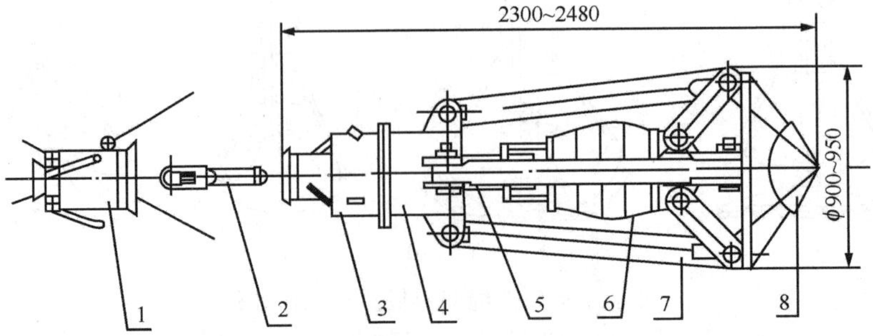


图 3-32　8JZ95 型冲抓锥（单位：mm）

1—自动挂卸器；2—接绳器；3—开闭机构；4—上滑轮组；5—下滑轮组；6—配重块；7—连杆；8—抓瓣

### 3. 钻进工艺

（1）工艺参数

1）抓斗（锥）的容积和重量按表 3-14 选取。

2）冲程，即自由下落的高度，一般为 1.5～2 m。

3）钢丝绳速度的控制。20 m 以内的浅孔为 18 m/min；对于深孔为 30 m/min。

（2）不同地层的冲抓成孔工艺

1）对于黏土层，可按一般操作方法冲抓成孔。土层软时，冲程不宜过大。若土质较密实，则可增大冲程至 2～3 m，并用外套绳双绳冲抓锥连续冲几次后，再抓土。

2）在砂土层中成孔时，采用小冲程 0.5～1.0 m。为保持孔壁稳定，除保持孔内水头高度和泥浆相对密度外，一般每冲抓一次要往孔底投入一定量的黏土，并勤加水。

3）在砂卵石层成孔时，适当增加冲程，采用连续冲、抓几次反复将岩土碎块集中到孔底中央，然后再抓出。

4）单一冲抓方法遇复杂地层时（如密实的土层、卵砾石层以及大漂石、探头石），冲抓较为困难，可结合冲击、爆破、高压水射流来处理。

（3）施工注意事项

1）提锥的钢绳应选用同向捻制、纤维心、优质、无断丝，安全系数不得小于 10。

2）锥中心与护筒中心的偏差不得大于 20 mm。

3）可根据需要，直接向孔内灌入泥浆，倒入黏土或投入泥球。倒入黏土后，将锥瓣收拢的冲抓锥放入孔内，冲挤黏土使之与松散的孔壁黏结，然后提起冲抓锥，张开锥瓣进行冲抓钻进。

## 二、全套管施工法

### 1. 概述

（1）工作过程

全套管施工法是：用液压油缸摇动套管，并用另外的油缸将其压入地基土中来护壁，同时在套管内用锤式抓斗冲抓钻进，一直将孔掘凿到设计规定的地基深度以后，再将焊接好的钢筋骨架插入孔中，边灌注混凝土边拔出套管，就地建成大孔径灌注桩。

全套管施工法（国外称为贝诺特工法）20 世纪 50 年代出现于法国，目前日本、德国、英国、意大利等国家以及中国香港地区也以贝诺特工法作为就地灌注桩的主要施工方法，我国内地于20世纪70年代开始关注此类工法，因其具有施工速度快、环保效果好、施工安全以及质量容易保证等优点，20世纪90年代末期开始在沿海发达城市应用。实际应用证明，其施工速度是同条件下其他施工方法的8～10倍，成桩质量也远远高于现行施工验收标准，显示出了贝诺特施工法的科学性和先进性。

(2) 全套管施工法特点

1）一般地层中，原则上是套管超前于挖掘，所以引起的孔周围土的松动很小。

2）在松软地层中施工，能做到安全与准确。

3）能够安全地紧贴已有的建筑物进行施工，不会影响建筑物的基础。

4）孔底的沉渣量小，是各种成孔方法中能获得最优承载力的一种方法。

5）根据冲抓斗的挖掘阻力及排出土目测，能准确掌握地层情况，控制孔底标高。

6）不使用泥浆，桩孔质量高，而且施工场地干净，特别适于城市内施工。

7）与其他施工法相比，其噪声、振动级别低。

8）扩孔率极低，与其他成孔法相比可节约混凝土13%。

9）设备庞大，自重大，所以当场地小，表土软弱及水上作业时，该工法不适合。

10）设备原价高，机械使用费用也高，所以钻孔成本费用高。

(3) 适用条件

1）地层。除基岩以及含有大卵石、巨石的所有地层。

2）钻孔直径和深度。孔径$\phi$800～2000 mm；深度30～70 m。

**2. 设备和机具**

全套管施工法使用设备和机具有贝诺特钻机、锤式抓斗、套管、引拔机、吊车等。

(1) 贝诺特钻机

贝诺特钻机根据实际工程的需要可分成整体式和分体式，后者可在狭小的场地工作，如图3-33所示，国外生产的分体式贝诺特钻机主要参数见表3-15。

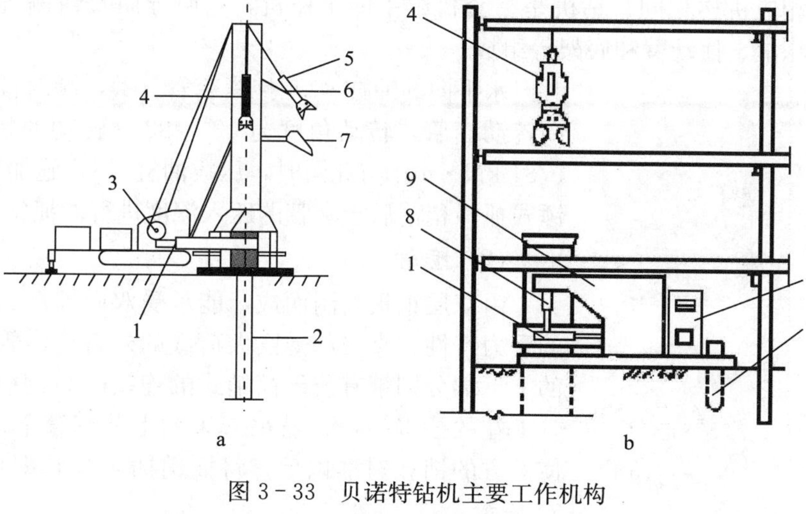


图3-33　贝诺特钻机主要工作机构

a—整体式；b—分体式

1—摇动装置（水平液压缸）；2—套管；3—卷扬机；4—锤式抓斗；5—卸土时的锤式抓斗；6—排土板；7—溜土槽；8—压拔油缸；9—贝诺特主机；10—动力机；11—锚桩

**表 3-15　国外部分分体式贝诺特钻机主要性能参数**

| 性能指标 | 生产厂家和型号 | | |
|---|---|---|---|
| | Leffer | Casagrande | Soilmec |
| | 1500 | GC1500 | MGT1500 |
| 钻孔最大直径/m | 1500 | 1500 | 1500 |
| 钻孔最大深度/m | 60 | 60 | 60 |
| 钻管扭矩/(kN·m) | 2920 | 2100 | 2200 |
| 钻管角度/(°) | 25 | 24 | 24 |
| 拔管力/kN | 2350 | 1884 | 2000 |
| 拔压管行程/mm | 600 | 600 | 600 |
| 夹管力/kN | 1900 | 1120 | 1550 |
| 液压站最大压力/MPa | | 30 | 32 |
| 泵站功率/kW | 107 | 72 | 55 |
| 钻机质量/kg | 14000 | 12500 | 15000 |
| 外形尺寸（长×宽×高)/m | 6.5×2.85×1.85 | 6.35×2.49×2.48 | 6.79×2.5×1.992 |

整体式是以履带式或步履式底盘为行走系统，同时将动力系统、钻机作业系统等集成于一体。其结构由主机、钻机、套管、锤式抓斗、钻架等组成。主机主要由驱动全套管钻机短距离移动的底盘和动力系统、卷扬系统等组成；钻机主要由压拔管、晃管、夹管机构组成，包括压拔管、晃管、夹管油缸液压系统及相应的管路控制系统。套管是一种标准的钢制套管，互相连接采用连接螺栓，要求有严格的互换性；锤式抓斗由单绳控制，靠自由落体冲击落入孔内取土，提上地面卸土；钻架主要是为锤式抓斗取土服务，设置有卸土外摆机构和配合锤式抓斗卸土的开启锤式抓斗机构。

分体式全套管钻机是以压拔管机构作为一个独立系统，施工时必须配备其他形式的机架（如履带式起重机)，才能进行钻孔作业。分体式全套管钻机是由起重机、锤式抓斗、锤式抓斗导向口、套管、钻机等组成。起重机为通用起重机，锤式抓斗、导向口、套管均与整机式全套管钻机的相应机构相同；钻机是整套机组中的工作机，它由导向及纠偏机构、晃管装置、压拔管液压缸、摆动臂和底架等组成。

水平向的油缸（1）抱紧套管（2)，顺时针或逆时针方向转动套管，转动角度为 12°～32°，转动的扭矩为 500～7781 kN·m；与此同时，压拔油缸（8）施加压力和拔力，锤式抓斗稍落后于套管的压入深度进行冲抓钻进。

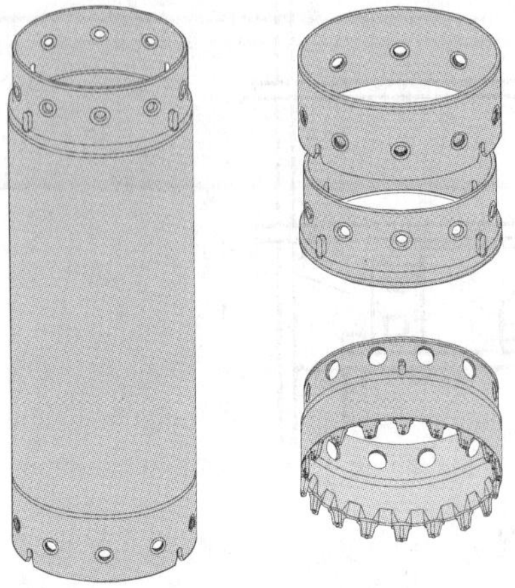

图 3-34　全套管工法套管及其连接示意图

（2）套管

由双层钢板卷制而成，能承受双向摇动和轴向压、拉的受力特性。直接承受巨大荷载的外管比内管壁厚，套管的上下端分别带有公母插销式的连接圆筒钢板，将下节套管上端的公接头插入被吊起来的上节套管下端母接头里，使双方的销孔对准以后，将插销插入拧紧即可。如图 3-34 所示。

第一节套管的下端接有管靴，管靴外径比套管外径大 10～20 mm，以降低地基土与套管的摩擦阻力。若管靴外径过大，将增大地基土的松动。

（3）冲抓锥（斗）

采用锤式抓斗，质量一般为3200 kg，外径小于套管内径约110 mm。此外，还使用筒状十字形钻头钻进漂石、砾石层，采用修孔钻头修整孔底。

**3. 钻进工艺**

（1）钻进工艺流程

钻进工艺流程为：钻机就位—压第一节套管—挖掘、推进、连接套管—测量孔深—钻机移至下一桩位就位—安放引拔机—清孔、制桩、拔套管。

（2）施工技术要点

1）严格保证第一节压入套管有较高的垂直精度，使用两台经纬仪，精度高于1/500。

2）对不同的地层采用不同的套管和抓斗超前方式。在各种地层中的施工要求如图3-35和图3-36所示。

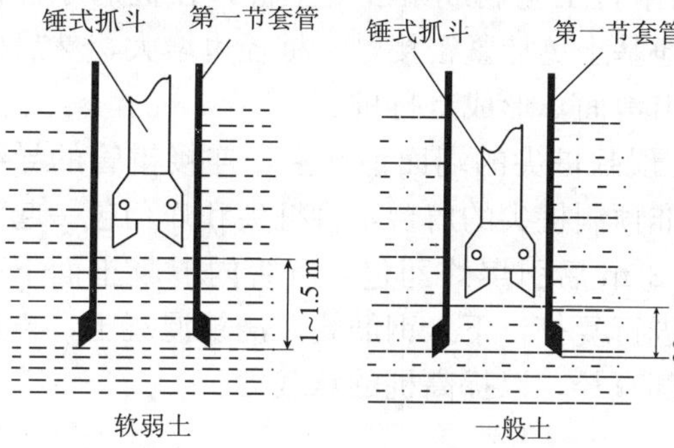


图3-35　软土中的钻进方法

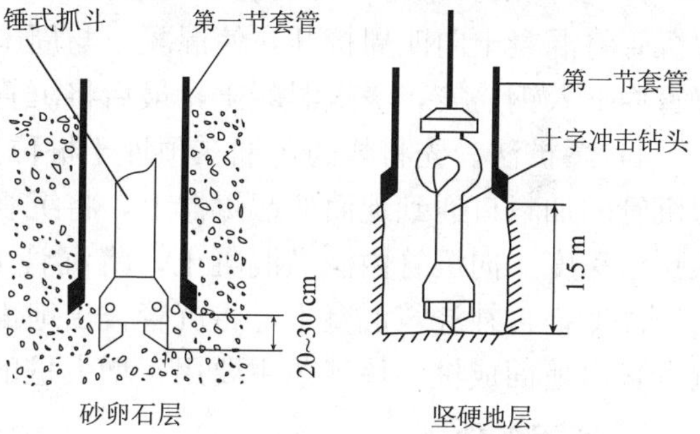


图3-36　坚硬土中的钻进方法

3）承载地基附近有承压水时，可能出现涌砂现象，可采取套管超前较多和往套管内注入与承压水头高度相适应的水量等措施。

4）如在地下水位以下有超过5 m厚的细砂层，应慎重考虑可否用该工法，因为砂土受到扰动而被压密，将套管紧紧抱住，使拔管非常困难。

# 第七节　振动沉管钻进法

## 一、概述

**1. 工作过程**

振动沉管法是在钻管（桩管）的上部安装一个振动锤，振动锤与桩管刚性连接，形成一个振动体系，启动振动锤的原动机，锤内两水平轴上的偏心块则相对旋转而产生激振力，使桩管振动，桩管下部的锥形钻头边破坏地层土，边挤密土下沉，沉入地层预定深度后在管内制桩，振动拔管。

**2. 振动沉管施工法特点**

1）采用挤密法成孔，桩身的承载力会有一定程度的提高。

2）可按实际的地层条件变更原设计桩长、桩径，以满足要求，不会造成材料浪费和延误工期。

3）采用钻管（沉管）护壁，不使用泥浆，具有干式成孔法的优点。

4）成孔速度快。

5）可结合爆破法扩底，扩大钻孔底部直径，提高桩端承力。

6）该施工方法将产生一定的噪声和挤土效应。

**3. 类型**

1）单打法。将沉管沉入预定深度，下入钢筋笼，浇筑混凝土，再拔出沉管成桩，该工艺适用于含水量较小的地基土。在饱和土层中，对于单桩承载力要求不高的工程也可使用。

2）反插法。将沉管沉到预定深度，下入钢筋笼，浇筑混凝土，每次拔管 0.5～1.0 m，再将沉管下沉 0.3～0.5 m，沉管内壁对混凝土产生向下的挤压力，使管外的混凝土向四周的地层中扩展挤紧，从而提高桩的竖向承载力，该工艺适合饱和土层，但在流动性淤泥中不宜使用。

3）复打法。系将单打工艺重复进行，即先用单打工艺制成素混凝土桩，在桩的原位再次沉管将混凝土向四周挤开，使混凝土与周围的地基土更加紧密接触，桩径也增大，然后向沉管内下入钢筋笼，浇筑混凝土，最后将沉管拔出地面，形成复打桩。

4）爆扩法。先将炸药包捆在预埋于桩位上的预制桩尖的端面钢环上，连接雷管的导线由沉管的加料口通到地面的起爆器上，将沉管对准预制桩尖的肩台，将桩尖和炸药包一起沉入预定深度，向沉管内浇满混凝土，将沉管上拔 2 m 后引爆炸药包，沉管内混凝土面下落一定高度，再补浇筑混凝土，将沉管拔出地面，进行复打，下入钢筋笼，浇筑混凝土，再将沉管拔出地面成桩。该工艺主要用于增大桩的端部直径，以提高桩的承载力。

**4. 适用条件**

1）地层。黏土、淤泥质土、砂性土、人工回填土、稍密（或部分中密）的卵石层和碎石夹层。

2）钻孔直径和深度。孔径 300～600 mm；深度 28 m。

## 二、振动沉管的工作原理

振动沉管的工作原理应该分为振动器的工作原理和沉管沉入地层的工作原理两部分。前者一般使用双轴双轮振动器产生振动，后者一般用共振和振动冲击观点解释沉管的原理。

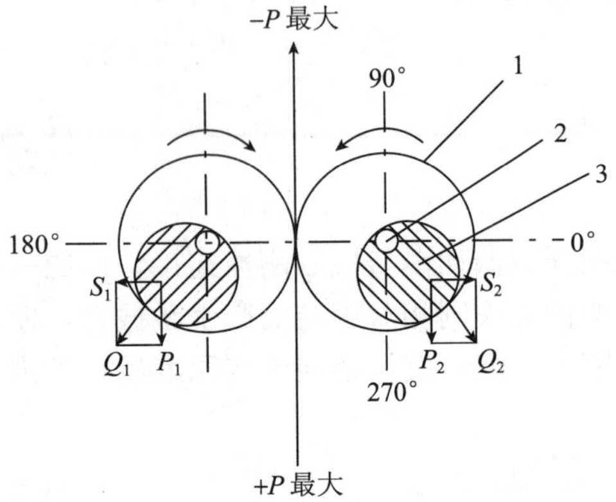


图 3－37　双轮双轴振动器作用原理示意图

1—齿轮；2—轴；3—偏心轮

**1. 双轮双轴振动器作用原理**

振动沉管是将振动打桩锤和沉管刚性连接，形成一个振动体系。当启动振动锤时，其中的双轴双轮振动器开始工作，如图 3－37 所示。两个偏心轮的形状、尺寸、重量和偏心距都相同，两轮的轴水平布置，且互相平行，两轴转动由齿轮传动，因而使两个偏心轮的旋转方向相反，而角速度相同和相位角对称。由图可知，无论两个偏心轮处于任何位置，离心力 $Q_1$ 和 $Q_2$ 均可分解为两组分力。其中水平分力 $S_1$ 和 $S_2$ 大小相等方向相反，故相互抵消；而垂直分力 $P_1$ 和 $P_2$ 大小相等，方向相同，其合力 $P$ 等于 $P_1$ 和 $P_2$ 之和。当偏心轮的重心位于水平轴线以上时，合力的方向则向上，即转动时产生的惯性离心力水平分力相互抵消，垂直分力大小相等方向相同，相互叠加，从而产生忽上忽下周期性的激振力，使沉管上下振动。

**2. 共振理论**

当沉管的振动频率与地基土的自振频率一致时，土体发生共振，土中的结合水释放出来成为自由水，颗粒间黏结力急剧下降，呈现液化状态，土体对沉管表面的摩阻力，对沉管的端阻力大为降低，沉管在自重和附加荷载作用下沉入预定深度。

共振理论中又有强迫振动与土壤共振、与土管系统共振、与桩管共振等几种振动形式。

1）当桩管的强迫振动频率与地基土颗粒的自振频率一致时，则地基土颗粒产生共振。由于地基土颗粒的自振频率较低，一般为 15～20 Hz（振动器偏心块转数 900～1200 r/min）。中频振动锤就是根据这种理论设计的，其特点是频率较低（8～20 Hz），振幅大（7～25 mm），能克服桩尖阻力，但对附近的建筑物可能产生振害。适用于打砂桩、大口径桩管和钢筋混凝土桩。

2）把桩管视为均质的刚体，地基土为弹性支撑。桩管与地基土组成一个单自由度的振动体系，当振动锤的强迫振动频率接近这一体系的自振频率时，桩管便产生纵向振动而贯入土中。这是高频振动锤的设计依据，其特点是频率较高（20～60 Hz），振幅较小（3～8 mm），适宜在含水的松散冲积层和松散、中等密实砂层中沉桩，大多用于下沉断面小、重量轻的桩，在钢板桩工程中多使用这种锤。

3）把桩管视为一个均质的弹性体，当振动锤的强迫振动频率接近桩管纵向振动的自振频率时，由于桩管共振，最大限度地增大了桩管的弹性变形量，从而将桩管贯入土层中。这是超高频振动锤的设计依据，其特点是频率很高（100～150 Hz），这种类型锤的振动对周围的影响小，一般不超过 30 cm，噪音小，因而适用于城市中建筑物桩基的施工，在硬质土中沉大断面桩管效果好。

**3. 振动冲击理论**

这种理论认为，地基土的性质是多样的，所以其自振频率也各不相同。因此，振动锤的强迫振动频率不易与地基土颗粒的自振频率接近，甚至相差很远。因此，桩管下沉不单是靠自重破坏桩前端的土层，而是由于桩管在振动时有很高的振动速度，使桩管产生很大的冲击力且作用于桩尖上，致使桩尖破土下沉。振动冲击锤就是根据此理论设计的。

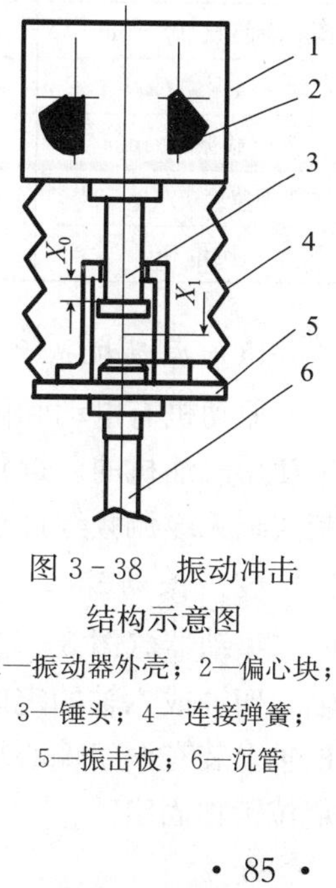

图 3－38　振动冲击结构示意图

1—振动器外壳；2—偏心块；3—锤头；4—连接弹簧；5—振击板；6—沉管

振动冲击沉管是通过振动打桩锤的振击锤头，高频率地振动打击与沉管连接的振击板上的砧子，迫使沉管破土下沉。从图 3－38 可以看出，根据振动锤的振幅 $A$ 调整振击锤头与振击板的上下间隙可以得到三种工作状况：①当 $X_0<A<X_1$ 时，振动锤向下冲击砧子，迫使沉管下沉钻进；②当 $X_1<A<X_0$ 时，振动锤向上冲击，可以拔出沉管；③当 $A=X_1=X_0$ 时，振动锤周期地向下、向上冲击，用来处理卡夹事故。

## 三、振动沉管钻进设备和机具

### 1. 振动钻孔机

振动沉管施工使用的主要设备是振动钻孔机（通称振动打桩机，因为在桩基施工中也用这种机械打钢板桩、钢管桩和预制钢筋混凝土桩）。国产的振动钻孔机主要性能参数见表 3-16。

**表 3-16　国产部分振动钻孔机主要性能参数**

| 性能指标 | 型号 | | | |
|---|---|---|---|---|
| | ZD—30Y | ZD—40Y | ZD—50Y | ZD—60Y |
| 最大沉桩直径/mm | 400 | 400 | 450 | 450 |
| 沉桩长度/m | 25 | 25 | 25 | 25 |
| 最大施加压力/kN | 98 | 98 | 117.6 | 117.6 |
| 允许拔桩力/kN | 98 | 98 | 117.6 | 117.6 |
| 电机功率/kW | 30 | 37 | 45 | 55 |

### 2. 振动锤

振动锤是由原动机、振动器、吸振器、夹桩器等主要构件组成，如图 3-39 所示。国产振动锤主要性能参数见表 3-17。

**表 3-17　部分国产振动锤主要性能参数**

| 性能指标 | 型号 | | | | | | | |
|---|---|---|---|---|---|---|---|---|
| | DZ—22 | | DZ—30 | | DZ—40 | | DZ—60 | |
| 电机功率/kW | 22 | | 30 | | 37 | | 55 | |
| 偏心力矩/(N·m) | 140 | 100 | 180 | 135 | 250 | 180 | 350 | 270 |
| 偏心轴转数/($r \cdot min^{-1}$) | 950 | 1200 | 900 | 1150 | 900 | 1150 | 900 | 1150 |
| 激振力/kN | 140 | 160 | 160 | 210 | 230 | 260 | 320 | 400 |
| 空载振幅/mm | 5.6 | 4 | 6.3 | 4.7 | 7.4 | 5.3 | 7.4 | 5.7 |
| 空载加速度 $g$/($m \cdot s^{-2}$) | 5.6 | 6.4 | 5.6 | 6.9 | 6.7 | 7.8 | 6.7 | 8.4 |
| 质量/kg | 1550 | | 2920 | | 3380 | | 4840 | |

（1）原动机

原动机有电动和内燃两类。现代振动锤中多采用鼠笼式异步电动机，也有在小型振动锤中使用汽油机的。近年来，因为液压马达具有启动力矩大、外形尺寸小、质量轻、由地面控制实现无级调频等优点，也开始应用于振动锤中。

（2）振动器

振动器（图 3-39）是振动锤的振源。现在用于沉桩（管）或拔桩的振动锤多采用双轴、四轴或六轴的定向振动器。双轴振动器是在振动器箱体上安装两根带有偏心块的轴，每根轴上装有两组偏心块，每组偏心块是由一个固定块与一个活动块组成，两者相互位置通过定位销轴固定。

在调整偏心块位置时，必须将四组偏心块调到同样位置。调整偏心块位置的目的在于改变偏心力矩，也就是改变振动器所产生的激振力。当四组偏心块处于重合位置时，其偏心力矩最大，处于分离位置时，其偏心力矩减小，振幅也随之减小。此时，如不提高振动频率，则会使激振力减小。因此，在将偏心块调至分离位置时，要更换主、从动皮带轮，提高偏心轴的转数来提高激振力，以适应沉桩和拔桩要求。

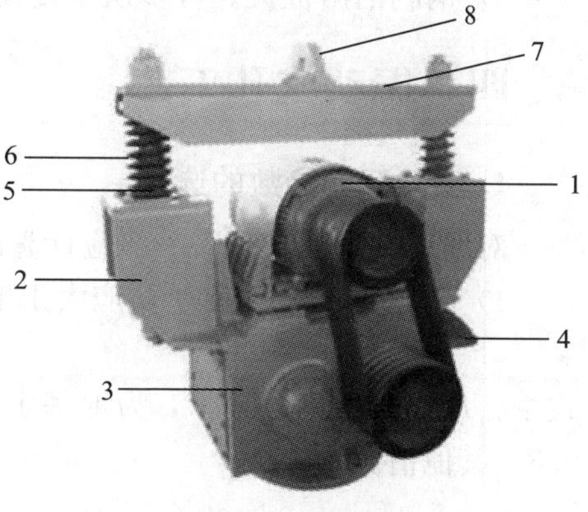

图 3－39　振动器

1—电机；2—减振架；3—箱体；4—导向板；5—连接杆；6—弹簧；7—横梁；8—提吊滑轮组

（3）吸振器

吸振器的作用是防止振动锤在工作时产生的强烈振动传到打桩架（或起重机）的起吊滑轮组（或吊钩）。吸振器一般由吸振架和压缩螺旋弹簧组成。吸振器在沉管时受力较小，在拔管（桩）时承受荷载较大。当超载时，螺旋弹簧被压缩而失效，使振动传至起吊环或吊钩。但不能因此而提高吸振器弹簧的刚度，因为弹簧刚度越大，吸振效果越差。因此，吸振器弹簧应根据拔管（桩）力来设计计算。

（4）液压夹桩器

振动锤工作时必须与桩管刚性相连，才能将振动锤产生的向上、向下的激振力传给桩管，使桩管与振动锤成为一体一起振动。因此，为了沉或拔不同形状和材质的桩（管）应有相应的夹桩器。大型振动锤全部采用液压夹桩器。

**3. 桩管、桩尖**

桩管一般采用无缝钢管，常用的规格有直径为 273 mm、325 mm 和 377 mm 三种。桩管由管子、上部法兰盘和进料漏斗组成，如图 3－40 所示。桩管与上部法兰盘采用焊接连接。在桩管上部一侧开一长口，并焊接进料漏斗。进料漏斗的作用在于方便向桩管内灌入成桩材料和放置短于 4.5 m 的钢筋笼，在使用预制混凝土桩尖或铁桩尖时，桩管的下端应采用钢板（汽车弹簧钢片较好）进行外加厚，以增加与桩尖台肩的接触面积，减轻桩尖在激振力作用下的破损程度。

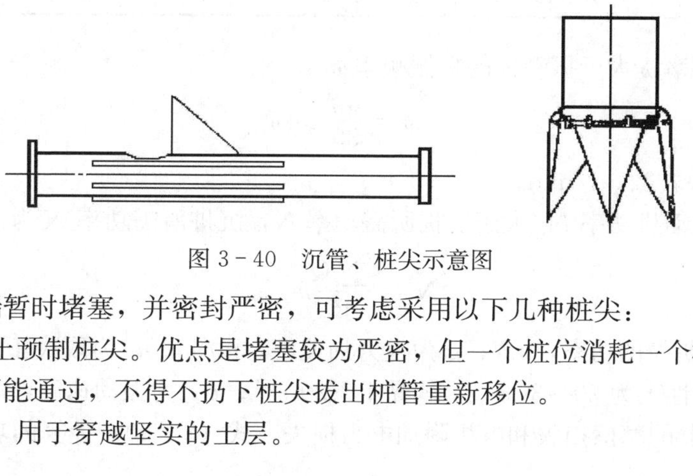

图 3－40　沉管、桩尖示意图

为使沉管下端暂时堵塞，并密封严密，可考虑采用以下几种桩尖：

1）钢筋混凝土预制桩尖。优点是堵塞较为严密，但一个桩位消耗一个桩尖，成本较高，遇到硬夹层，桩不能通过，不得不扔下桩尖拔出桩管重新移位。

2）钢板桩尖。用于穿越坚实的土层。

3）钢制活瓣桩尖。可多次重复使用，降低造价。

## 四、振动成孔工艺

### 1. 振动沉管参数的选择

对振动效率的考虑，一般应计算以下几方面的参数。

1）激振力 $P$。激振力 $P$ 应大于地基土对沉管表面所产生的阻力 $T$，即

$$P \geqslant \alpha T \tag{3-25}$$

式中：$P$ 为激振力，kN；$\alpha$ 为地基土弹性影响系数，当用 8～20 Hz 的振动锤时，为 0.6～0.8；其他情况为 1。

$$T = u\sum Kh_i \tag{3-26}$$

式中：$T$ 为地基土对沉管表面所产生的阻力，kN；$u$ 为桩周长，m；$h_i$ 第 $i$ 层土的厚度，m；$K$ 为不同土的阻力系数（$kN/m^2$），饱和砂土及软塑性黏土为 6，饱和砂土及软塑性黏土但有密实黏性土夹层或砾石土夹层为 8，坚塑性黏土为 15，坚硬性黏土为 20。

可以查振动锤产品说明书或按下式计算 $P_{max}$：

$$P_{max} = 2m_e r\omega^2 \tag{3-27}$$

式中：$m_e$ 为偏心块的质量，kg；$r$ 为偏心距（偏心块重心至回转中心的距离），m；$\omega$ 为偏心块角速度，$s^{-1}$。

2）锤一桩管振动体系下沉所需振幅 $A_0$：

$$A_0 = \frac{M_0 K_1}{\sum Q} \tag{3-28}$$

式中：$K_1$ 为考虑参与振动的地基土质量影响系数，亚黏土和黏土为 0.7～0.85，砂土为 0.85，细砂为 0.9～0.95；$M_0$ 为振动锤偏心块的偏心力矩，kN·m；$\sum Q$ 为锤、桩管的总重力加上附加压力，kN。

桩管下沉所需要的振幅 $A$ 见表 3-18。

**表 3-18　下沉所需要的振幅 $A$**

| 参数 | 砂性土 | | 黏性土 | |
|---|---|---|---|---|
| 频率/(r·$min^{-1}$) | 800～1000 | 1200～1500 | 800～1000 | 1200～1500 |
| 振幅 $A$/mm | 10～12 | 6～8 | 12～15 | 8～10 |

3）振动锤频率 $\omega$ 大于振动体的自振频率 $\omega_n$：

$$\omega = \frac{\pi n}{30} > \omega_n \tag{3-29}$$

式中：$n$ 为偏心块转数，r/min。

4）振动锤电动机功率 $N_0$ 大于沉桩所需功率 $N$，沉桩所需功率 $N$ 为：

$$N = \frac{\sum Q}{g} n_1 v_{max}^2 \tag{3-30}$$

式中：$N$ 为沉桩所需的功率，kW；$g$ 为重力加速度，$m/s^2$；$n_1$ 为取决于土层性质的振动阻尼系数，$s^{-1}$，黏性土为 20～30 $s^{-1}$，软黏土＜20 $s^{-1}$；$v_{max}$ 为振动速度，$v_{max}=A_0\omega$，m/s。

考虑到振动器的摩擦损失和电机附加电力损失，式（3-30）计算的功率应增加 20%～

30%的值为实际选用的振动锤电动机功率 $N_0$。

5）桩管可能达到的最大下沉深度 $h$ 为：

$$h=\frac{P_{max}}{Ku} \tag{3-31}$$

式中各项符号的含义同前。

**2. 挤土方法**

挤土方法有排土法和取土一排土综合施工法两种。

1）排土法是直接挤密成孔的方法。

2）取土一排土综合施工法是在遇硬夹层、钻具无法穿过时采用。一般采用小径钻孔取土，减少土层对桩尖的阻力。有振动沉管＋取土器法和螺旋钻法两种。

## 五、成桩工艺

**1. 成桩过程**

1）桩机就位。将桩管对准桩位中心，压桩尖入土。

2）沉管。若发现管内水或泥浆较多，应拔出桩管，用砂回填桩孔后重新沉管；如发现水和泥浆进入套管，一般在沉入前先灌入约 1 m 高的混凝土或砂浆，封住活瓣桩尖缝隙，然后再继续沉入。沉管时，为了适应不同土质条件，常采用加压方法来调整土的自振频率，桩尖压力改变可利用卷扬机把桩架的部分重量传到桩管上加压，并根据桩管沉入速度，随时调整离合器，防止桩架抬起发生事故。

3）上料。桩管沉到设计标高后，停止振动，用上料斗将混凝土灌入桩管内，混凝土一般应灌满桩管或略高于地面。

4）拔管。开始拔管时，应先启动振动箱片刻，再开动卷扬机拔桩管。用活瓣桩尖时宜慢，用预制桩尖时可适当加快；在软弱土层中，宜控制在 0.6～0.8 m/min 范围内并用吊砣探测桩尖活瓣确已张开，混凝土已从桩管中流出以后，方可继续抽拔桩管，边振边拔，桩管内的混凝土被振实而留在土中成桩，拔管速度应控制在 1.2～1.5 m/min 之间。

**2. 拔管方法（即制桩方法）**

1）单打法。即一次拔管。拔管时，先振动 5～10 s，再开始拔桩管，应边振边拔，每提升 0.5 m 停拔，振 5～10 s 后再拔管 0.5 s，再振 5～10 s，如此反复进行直至地面。

2）复打法。在同一桩孔内进行两次或多次单打，或根据需要进行局部复打。成桩后的桩身混凝土顶面标高应不低于设计标高 500 mm。全长复打桩的入土深度宜接近原桩长，局部复打应超过断桩或缩颈区 1 m 以上。全长复打时，第一次浇筑混凝土应达到自然地面。复打施工必须在第一次浇筑的混凝土初凝之前完成，应一边拔管一边清除黏在管壁和散落在地面上的泥土，同时前后两次沉管的轴线必须重合。

一些部门曾做过试验，复打后的沉管灌注桩的单桩承载力极限值可提高 40%～80%，甚至 100%以上。沉管灌注桩经过复打，会最大限度地克服悬桩现象及其他诸多方面的施工弊病，从而相对大幅度地提高了单桩承载力，但由于成倍的消耗混凝土量，单桩造价也相应提高很多，沉管灌注桩的优势也就不复存在。

3）反插法。先振动再拔管，每提升 0.5～1.0 m，再把桩管下沉 0.3～0.5 m，在拔管过程中分段添加混凝土，使管内混凝土面始终不低于地表面，或高于地下水位 1.0～1.5 m

以上，如此反复进行直至地面。反插次数按设计要求进行，并应严格控制拔管速度不得大于0.5 m/min。在桩尖的1.5 m范围内，宜多次反插以扩大端部截面。在淤泥层中，清除混凝土缩颈，或混凝土浇筑量不足，以及设计有特殊要求时，宜用此法；但在坚硬土层中易损坏桩尖，不宜采用。

4）在拔管过程中，桩管内混凝土应至少保持2 m高或不低于地面，不足应及时补灌。

5）当混凝土灌至桩顶时，混凝土在桩管内的高度应大于桩孔深度；当桩尖距地面60～80 cm时停振，利用余振将桩管拔出。同时混凝土浇筑高度应超过桩顶设计标高0.5 m，适时修整桩顶，凿去浮浆后，应确保桩顶设计标高及混凝土质量。

## 六、沉管灌注桩质量事故处理补救方法

### 1. 补桩

在已知承载力不足的桩旁另加桩，这是最直接的办法，但这一定要在确定了哪些桩不合格的情况下才能施工，这就要求所有桩均做检测后或合理推测后，才能进行补桩。不进行全部检测，也可以取一个检测值最低的桩作为承载力的计算值，但这样要造成一定的浪费。

补桩还要对称布置，采用“扁担挑”，而非缺一补一。不能局部偏硬，其他部分偏软，这样以后容易产生不均匀沉降，将圈梁甚至墙体拉裂。补桩的形式有补预制桩和人工钻孔高压注浆桩补桩等形式。

预制桩的补桩有两种施工形式，一种是采取预制桩机进行锤击打预制桩，一种是采用静压法施工。对于预制桩机强力锤击补桩，很容易对周围桩产生推力，且在桩距较密的施工平面内补桩，打预制桩后容易引起邻桩上浮（使灌注桩为悬桩）。静压法施工就是通过静力压桩，其噪声小，施工现场干净，对相邻桩的影响也相对小些，可以克服锤击带来的弊端，但静压机体积庞大，场外运输费用往返一次就达到近2万元。除此以外，补桩费用为110元/m，因造价原因而很少被采用。

人工钻孔高压注浆桩形式比较灵活，施工场地要求比较宽松，作业面相对较小。没有机械振击，这种桩在成桩过程中基本对桩的相邻土不产生成桩挤土效应，能够保护相邻桩，是一种典型的非挤土桩。其噪声很小，对邻近桩受力影响小，这是人工钻孔桩的优点，但废泥浆、弃土运输等可能会对环境造成不利影响，并且桩的施工速度因大量使用人工而相对比较慢。

### 2. 锤击桩顶

采用锤击拍打，是待桩身混凝土强度达到C20后，锤击桩顶（桩顶要稍做保护处理，加桩帽或钢筋箍紧桩头），使桩身与桩尖地层经过锤击拍打后紧密相连。如果下部为无筋混凝土，建议采用3.2 t锤，落距1.5 m，要求为最后10锤（落距1.50 m）贯入度小于6 cm即可。对于那些桩身完整性比较好，而承载力比较低的情况，这是一种很好的办法，单桩承载力经过拍打后均有不同程度的提高乃至满足设计要求。长春地区采用锤击拍打法补救措施的成功案例见表3-19。

### 3. 接桩的补救措施

如果沉管桩只是在顶部几米内有严重缺陷，通常是把桩顶部分挖开，再浇筑混凝土把桩接上来，这样既经济又简单。但这仅对那些小应变检测顶部有缺陷而承载力合乎要求的桩适合。

表 3-19　长春地区采用锤击拍打法补救措施的成功案例

| 序号 | 工程名称 | 锤击前的承载力/kN | 锤击后的承载力/kN | 承载力提高幅度/% |
|---|---|---|---|---|
| 1 | 长春国际会展中心 | 210 | 964 | 357 |
| 2 | 长春龙铁石化联营有限公司综合楼 | 188 | 640 | 240 |
| 3 | 吉林省教育学院学生宿舍 | 420 | 606 | 44 |
| 4 | 净月供热二公司锅炉房 | 320 | 640 | 100 |

**4. 桩承台用片筏基础或条形基础连接起来的补救措施**

原理是利用地梁及片筏的刚度来调整各个承台内桩的内力。使整个建筑物不致发生局部不均匀下沉，同时由于有了片筏或条形基础，考虑到地基土的反力也承担了部分上部荷载，考虑了桩土的共同作用，桩所承受的荷载也减小了，这样便达到了处理的目的。但这种办法考虑了承台或片筏的作用，同时它们本身的混凝土重量也要部分由桩承担，使桩的承载力又降低了一部分。这种办法的好处在于不用具体确定不合格桩的位置，但工程造价会比较高。

# 第八节　大直径潜孔锤钻进法

## 一、概述

随着我国经济建设的高速发展，高层建筑、大型厂房、港口码头、水库坝基、公路桥梁及高速铁路等工程嵌岩灌注桩数量大幅度增加，这些灌注桩孔直径一般都较大，嵌岩深度较深，多数要求嵌入新鲜基岩面一定深度，以确保基桩的承载力和抵御自然灾害的能力。在硬岩地层施工大直径钻孔，常规的钻进方法有很多，诸如刮刀钻头钻进、钢粒钻进、组合牙轮、滚刀钻头钻进等。但这些钻进方法，由于存在各种各样的缺陷而不能完全满足施工要求。随着大直径潜孔锤钻进技术的研究不断深入，该工法已成为硬岩钻进的非常有效的方法之一。各种岩层钻进方法见表 3-20。

表 3-20　常用于硬岩基桩孔施工的方法

| 钻进方法 | 钻具组成 | 钻进特点 | 适用地层 | 优缺点 |
|---|---|---|---|---|
| 正反循环翼状钻头钻进 | 笼式双腰带刮刀钻头，钻头下部带有导向小钻头 | 在钻压和回转扭矩的作用下，钻头切削破碎岩土而获得进尺。切削下来的钻渣，由泥浆携出桩孔 | 黏土层、砂土层、砾砂层、粒径小的卵石层和强风化基岩 | 对于软土层效果好，辅助设备少，操作简便；钻进硬岩层时，效率低，钻头磨损严重，无法进尺 |
| 正循环取心钻进 | 筒状钻头体、加强筋板、肋骨块和硬质合金片组成 | 用于比较完整的岩层钻进，以减少破碎岩石的体积，增大钻头比压，提高钻进效率 | 砂土层、卵石层和一般岩石地层 | 钻头结构简单，成本低，制造简便，对钻机要求低 |
| 钢粒钻进 | 钻头可以是筒形的，也可以是全面钻进的 | 利用钢粒作为碎岩磨料，达到破碎岩石进尺。钻进过程中，当钢粒消耗后可以继续补给 | 中硬以上的岩层，也可用于大漂砾或大孤石地层 | 适用可钻性 7 级以上、坚硬致密或研磨性很强的岩层。当嵌岩桩直径大时，钢粒磨损消耗大，钻渣多，需要冲洗液量也多 |

续表

| 钻进方法 | 钻具组成 | 钻进特点 | 适用地层 | 优缺点 |
|---|---|---|---|---|
| 牙轮、滚刀钻进 | 单体牙轮焊接组合或滚刀盘型平底、阶梯、锥底钻头 | 滚轮钻头在孔底既有公转，也有自转，有冲击、刮削、剪切破碎岩石的作用 | 软岩、较硬的岩层和卵砾石层，也可用于一般地层 | 钻头回转时产生一定的孔底冲击荷载，有利于碎岩；钻头形式很容易实现组合多样化和规格化 |
| 钢丝绳冲击钻进 | 钻头体提供钻头所必须的重量和冲击动能，并起导向作用 | 采用连杆机构或卷扬机带动钢丝绳提升冲击钻头，利用冲击钻头下落的动能产生冲击作用，破碎岩土 | 软硬土层及中风化以下基岩 | 冲击土层时的冲挤作用形成的孔壁较坚固；在含有较大卵砾石层、漂砾石层中成孔效率较高；设备简单，操作方便；钻进效率低；容易出现桩孔不圆及孔斜、卡钻和掉钻等情况；岩屑多次重复破碎 |
| 冲击反循环钻进 | 冲击反循环钻机，配有棘轮式冲击反循环钻头，排渣管等 | 用两根钢丝绳对称地提引冲击钻头，通过同步卷筒卷扬机的自动调整使两根钢丝绳受力相等，在两根钢丝绳之间设置排渣管，在钻头作往复冲击运动时，用砂石泵连续排出孔底破碎下来的钻渣 | 软硬土层及中风化以下基岩 | 效率高，质量好（孔底沉渣少，钻孔垂直度高）。需要专用钻机设备，不能与回转钻机直接配套应用，配套钻机较笨重，成本较高，钻机功率大，耗电量高，结构复杂，体积大 |
| 潜孔锤反循环钻进 | 气动冲击器、冲击钻头 | 将潜孔锤碎岩钻进与反循环结合，利用三通道钻具实现反循环连续排渣 | 硬岩和坚硬岩层以及卵砾石层、漂石层 | 钻进效率高，能保持稳定的钻速，孔底干净，钻头寿命长，所有的钻压和扭矩比回转钻进小。但是全断面大直径破岩钻进，所需功率大，效率低，成本高，配套设备昂贵 |

气动潜孔锤发明应用于20世纪初，20世纪30年代中期开始发展，后经不断改进和完善，先后在一些工业发达国家得到广泛应用。20世纪40年代末，气动冲击回转钻进出现在采矿工业中，到50年代末期已开始用于深井钻进。20世纪80年代，国外开始研究贯通式潜孔锤及全孔反循环钻进工艺方法。欧美在气动钻进中遇到硬岩层和卵砾石层时几乎95%以上都是采用气动潜孔锤钻进。理论和实践证明：在硬岩地层和软硬交错地层采用气动潜孔锤钻井技术，可大幅度提高钻井效率，防止井眼弯曲，减轻钻具和钻头磨损，减少井内事故，缩短施工周期，降低钻井成本，是目前解决硬岩钻进难题最有效的方法之一，具有广泛的应用前景。

国产气动潜孔锤的使用已有50余年的历史，自20世纪60年代以来，气动潜孔锤钻进技术发展迅速，应用领域不断拓宽，从初始的爆破孔施工，逐步发展到水文水井钻凿、地质岩心勘探、水库坝基帷幕灌浆、工程地质勘察、非开挖管线铺设、建筑基础及岩土工程等几乎所有钻孔施工领域。

国内先后研究和生产气动潜孔锤的单位有：吉林大学建设工程学院（原长春地质学院）、中国地质科学院勘探技术研究所、长沙矿山研究院、浙江嘉兴冶金机械厂等。20世纪90年代，长春地质学院研制了单体大直径反循环贯通式潜孔锤和组合式大直径潜孔锤钻具系统。

近年来，国内外气动潜孔锤结构及其钻进工艺上的发展趋势主要表现在以下方面：

1）从有阀式发展到无阀式。无阀式气动潜孔锤对气压适应性强，耗气量低。

2）有效长度更短、结构更简单、寿命更长。

3）单次冲击功由小向大发展。

4）钻进深度由浅向深发展，钻孔直径由小向大发展。

5）将多个单体气动潜孔锤组成集束式气动潜孔锤用于大直径钻进。

6）与多种钻孔工艺相结合。

7）应用领域更加广泛。

8）发展贯通式气动潜孔锤，集潜孔锤碎岩、冲洗介质反循环、钻进中连续取心（样）三项技术于一体的钻进技术。

9）采用计算机仿真计算研究潜孔锤，揭示潜孔锤动力过程，找出配气参数、结构参数等主要因素对潜孔锤工作性能的影响规律，替代传统的实验法、经验法和类比法，实现潜孔锤参数的优化设计。

全面钻进的大直径潜孔锤主要有两种类型，一种为单体式，一种为集束式（组合式）。从我国目前的工程实践来看，以单体式潜孔锤的应用为主。

## 二、单体式潜孔锤

### （一）单头潜孔锤基本结构及工作原理

以 FGC－15 型潜孔锤为例，该潜孔锤为湿式反循环闭型贯通潜孔锤。该潜孔锤及其钻具系统，可利用现有钻探设备，完成大直径硬岩钻进。

潜孔锤设计为无阀型，依靠活塞往复运动自行配气。无阀型潜孔锤在活塞往复运动一个周期内，前后气室各经历了一次膨胀做功过程，此过程无压气进入，减小了潜孔锤的耗气量。无阀型潜孔锤对气源压力的波动有很好的适应性，故工作平稳可靠。为实现反循环和连续取心钻进，潜孔锤的结构为贯通式。为使压缩空气在潜孔锤内完成闭式循环，多设一层外管，其结构原理如图 3-41 所示。

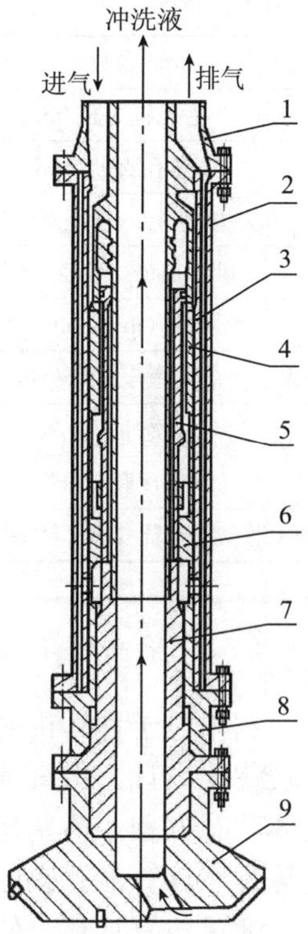

图 3-41　FGC－15 潜孔锤结构原理图

1—上接头；2—外套管；3—外缸；4—内缸；5—活塞；6—衬套；7—花键轴；8—花键套；9—钻头

压缩空气由三通道钻具左侧通道上接头（1）和内缸（4）的径向孔进入前气室，推动活塞（5）上行，后气室内气体由于容积变小而排出，经活塞与上接头下部心管之间的环状间隙排到衬套（6）下环槽。此时前气室处于进气行程，后气室处于排气行程。当活塞中环面进入内缸内孔后，即关闭了前气室进气通道，使前气室处于封闭状态，室内压缩气体开始膨胀做功，推动活塞上行，此段为膨胀行程。后气室气体当活塞上端内孔与心管密封面接触而关闭排气环槽后，便处于压缩状态，即压缩行程开始。活塞底端面越过衬套径向排气孔后，前气室开始排气，经衬套中心孔直接排到下部环槽，此为前气室排气行程；活塞上环面越过内缸环槽后，压气开始进入后气室，开始了进气行程，此时活塞减速运动，直至停止，即完成了活塞的回程运动。冲程运动与此类同，前气室依次经历排气行程、压缩行程和进气行程；后气室依次经历进气行程、膨胀行程和排气行程。活塞往复运动一个周期，完成一次冲击，排气由衬套下环槽经外缸（3）径向孔排至外缸与外套管（2）之间环状通道，再经上接头右侧排气孔通过三通道钻具右侧通道排出孔外，形成孔内完全的封闭循环。

潜孔锤内部诸零件因有贯通孔的存在，其结构均为筒状，故压气的循环路线与普通潜孔锤也不尽相同。关键零件的材料与热处理方法也需特殊选择，以保证强度与使用寿命。

砧子与钻头采用分开式，钻头更换方便，也利于制造加工。

### （二）单头潜孔锤工作性能参数

潜孔锤工作性能参数主要有冲击能和冲击频率，以冲击能为主。潜孔锤碎岩时每颗柱齿合金承受的冲击能必须大于岩石临界体积破碎功，方能使岩石产生体积破碎穴，以保持钻速和钻头寿命。实践表明，较大直径柱齿合金，单齿冲击能以 15～45 J 为宜。根据钻头直径和钻速的要求，潜孔锤钻头的柱齿合金设计为 100 颗，则潜孔锤冲击能在 1500～4500 J 之间。当冲击能达到上限值 4500 J 时，单位面积破岩比功接近于普通潜孔锤。根据上述目标值，同时考虑气源参数，对工作性能参数进行微机优化设计，得出了相应的冲击频率为 9.6～13.6 Hz。

FGC—15 型潜孔锤逐步完善，分别研发了 FGC—15 型（Ⅰ型）、FGC—15B 型和 FGC—15D 型，三代潜孔锤的参数见表 3-21。

**表 3-21　FGC—15 型潜孔锤的参数**

| 参数 | FGC—15（Ⅰ型） | FGC—15B | FGC—15D |
|---|---|---|---|
| 潜孔锤外径/mm | 500 | 700 | 700 |
| 钻孔直径/mm | 600～1200 | 800～1500 | 800～1500 |
| 中心钻杆直径（内径/外径）/mm | 150/168 | 150/180 | 154/194 |
| 风管直径（外径）/mm | 60 | 100 | 88 |
| 风量/($m^3 \cdot min^{-1}$) | 15～40 | 20～60 | 20～60 |
| 潜孔锤压力降/MPa | 0.5～1.0 | 0.3～0.7 | 0.4～0.6 |
| 单次冲击能/kJ | 1.5～4.2 | 3.0～10.0 | 6.0～12 |
| 单次频率/Hz | 9.6～13.6 | 9.0～13.0 | 7.0～14.0 |
| 潜孔锤质量（不含钻头）/kg | 950 | 1800 | 2500 |

### （三）单头潜孔锤微机仿真计算结果

利用电子计算机对潜孔锤内部动力过程及工作性能进行仿真计算，研究活塞运动规律，实现优化设计。仿真计算基于有限差分原理，具体方法是将活塞运动分割成有限的微段，以气体状态方程、活塞运动微分方程、气体能量平衡方程等理论公式为基础，运用专门开发的电算程序计算潜孔锤的工作性能参数，研究其内部动力过程，进行辅助优化设计。

通过仿真计算，使潜孔锤的设计参数与实测参数相吻合，以达到性能优良，耗风量低，有效热功效率高的目的。表 3-22 是仿真计算后的一组工作参数。

表 3-22 中数据说明，当气源压力为 5 atm[1] 时，冲击能为 1522.9 J，冲击频率为 9.6 Hz，大于前述最低临界冲击能。此时，潜孔锤压力与压气闭式循环总压力降之和可满足低压空压

[1] 1 atm=101325 Pa。

机额定能力，因此施工中可配用低压型空气机。随着气源压力的提高，冲击能迅速提高，冲击频率也增加。当气源压力为10.8 atm时，冲击能为4178 J，频率为13.6 Hz，活塞冲击速度达8 m/s。根据应力波理论以及对活塞材料的容许应力研究表明，受材料的容许应力限制，活塞冲击末速度的极限值一般不应超过8 m/s。据此，可确定潜孔锤的最高工作风压和风量，以便正确指导潜孔锤使用。计算结果表明，配用中压空压机，冲击能将大幅度增加，钻进效率也相应得到提高。

**表3-22　不同气源压力、供气量情况下的工作性能参数**

| 序号 | 气源压力（大气压）/Pa | 大气压力 Pa | 周期 s | 冲击能 J | 冲击频率 Hz | 冲击速度 $m\cdot s^{-1}$ | 活塞实际行程 mm | 冲击功率 kW | 压气消耗量 $m^3\cdot min^{-1}$ | 热功效率 % |
|---|---|---|---|---|---|---|---|---|---|---|
| 1 | 392400 (3) | 98500 | 0.1309016 | 778，5815 | 7.639324 | 3.47225 | 128，7317 | 6.090031 | 6.668768 | 54.6914 |
| 2 | 588600 (5) | 98500 | 0.1040012 | 1522.851 | 9.615274 | 4.835155 | 138.5013 | 14.85363 | 14.3438 | 45.0627 |
| 3 | 686700 (6) | 98500 | 0.09560104 | 1935.736 | 10.46014 | 5.444278 | 141.5378 | 18.71429 | 18.71429 | 42.80508 |
| 4 | 1157580 (10.8) | 98500 | 0.07330067 | 4178.031 | 13.64244 | 8.026848 | 151.9596 | 42.95178 | 42.95178 | 38.3438 |

注：气源压力栏中，单位为Pa时为绝对压力；单位为大气压时为相对压力。

### （四）单头潜孔锤钻进工艺方法与配套设备

#### 1. 钻进工艺方法

利用常规方法进行大直径硬岩钻进时，按碎岩的要求必须增大钻头的轴心压力，同时扭矩也相应增加，对钻机的要求较高。对于气动潜孔锤钻进来说，即便是质量较小的活塞（冲锤），其冲击力的峰值也可达几兆牛以上，活塞冲击时产生的瞬时应力波，使孔底岩石发生体积破碎。故潜孔锤钻进所需的转速较低，轴心压力和扭矩也较小，现有的普通钻机都可满足要求。

大直径钻孔若采用正循环钻进，由于冲洗介质上返流速低，钻渣难于排除，积留于孔底，造成重复破碎，使钻头磨损加剧，钻进效率降低，且容易诱发孔内事故。采用反循环钻进方法，冲洗介质上返流速高且稳定，排屑能力也强。可采用泵吸反循环、气举反循环或直接利用潜孔锤工作废气形成全孔反循环等，应根据实际情况加以选择。

施工大直径硬岩钻孔时，钻孔的上部多为松散层或软地层。为维护孔壁稳定，防止塌孔，需用泥浆进行护壁。在潜孔锤反循环钻进时，泥浆材料可由孔口灌入，使泥浆在循环中完成了护壁作用又维持了孔内压力平衡，保证钻孔的稳定。

空气压缩机是驱动潜孔锤工作的动力源。大直径潜孔锤耗风量大，空压机的选型很重要。我国多数施工单位只有常规的低压型空压机，潜孔锤钻具系统能满足低风压的要求。为此，将潜孔锤设计为闭型结构，将钻具设计为并列式三通道，使压缩空气与钻孔完全封隔，实现进、排气全程闭式循环。由于压缩空气不受孔内液柱压力、钻渣及循环阻力等因素的影响，大幅度减小了潜孔锤背压，为使用低压型空压机创造了条件，并且也利于钻进深孔。

为实现反循环或反循环连续取心钻进，将潜孔锤设计为贯通式。贯通孔直径与并列式钻杆中心通道直径相同，从而为完成反循环提供了通道。

综上所述，FGC—15 型大直径潜孔锤钻具系统（见图 3-38），采用的钻进工艺方法是：大直径潜孔锤碎岩、反循环排渣、必要时可实现反循环连续取心钻进，对于易塌不稳定地层配用泥浆护壁，并列式三通道钻杆实现压缩空气的闭式循环。

**2. 配套设备**

潜孔锤钻进主要是靠冲击能量使岩石产生体积破碎。因此，钻进时轴压小、转速低、扭矩小，普通钻机即可满足要求。但为了便于实现反循环，最好选择具有反循环功能的钻机。

配套用的空压机，选择普通低压型就可以满足施工要求。为达到额定供风量，也可以将多台空压机并联使用。若有条件配用中压型空压机，可进一步提高潜孔锤冲击能量，提高钻进效率，钻进效果更佳。配套设备见表 3-23。

**表 3-23　大直径潜孔锤主要配套设备**

| 设备机具名称 | 规格或型号 | 数量 | 备　注 |
|---|---|---|---|
| 钻机 | GPS—15 | 3 台 | 配直径 1000～1200 mm 单腰带钻头 |
| | SC—208060 | 1 台 | GJC—40H 改装动力头，满足泵吸和贯通式潜孔锤反循环钻进需要，并配 6BS 砂石泵 |
| | SPJ—300 | 1 台 | 改造钻塔底座，满足泵吸和潜孔锤反循环钻进需要，配 6BS 砂石泵 |
| 潜孔锤 | FGC—15 | 2 套 | 配直径 1000 mm 钻头 3 个，直径 1200 mm 钻头 2 个 |
| 空气压缩机 | VHP700 | 2～4 台 | 上海英格索兰有限公司生产，压力 1.2 MPa，风量 20 $m^3$/min |
| 吊车 | QY—20T | 1 台 | 长江起重机厂制造 |
| 其他附属设备 | | | 搅拌机、电焊机、翻斗车等 |

FGC—15 型大直径硬岩潜孔锤钻具系统，包括三通道水龙头、三通道主动钻杆、三通道并列式钻杆、导正加重器、贯通式闭型潜孔锤和大直径柱齿钻头，其钻具系统如图 3-42 所示。空压机提供的压气经过三通道水龙头、主动钻杆、钻杆、导正加重器的一侧通道进入潜孔锤，驱动潜孔锤工作，废气则由另一侧通道排出孔外，完成闭式循环。

**3. 钻进技术操作要点**

1）潜孔锤下入孔内之前，进行严格检查，在地表供气试风，观察活塞工作是否正常，并加入一定量的润滑油，使缸体活塞运动灵活。

2）在下钻时，各部位连接要放好密封圈，防止漏气。操作升降机要平稳，切忌发生跑钻事故。

3）下好钻具，当钻具离孔底一定高度时，先开泵循环冲洗液，然后送风开钻。

4）钻进中不得使用太高转速，发现孔内扭矩过大，不得强行钻进，避免发生钻杆扭断事故。

5）钻进过程中，要及时将孔底钻渣排除。加接钻杆时，应从钻杆进气通道倒入 1～2 kg 润滑油，使钻具保持良好的工作性能。

6）钻进结束后，应将孔底钻渣排除，及时将钻具提出吹洗干净，并加入润滑油，以备下次再用。

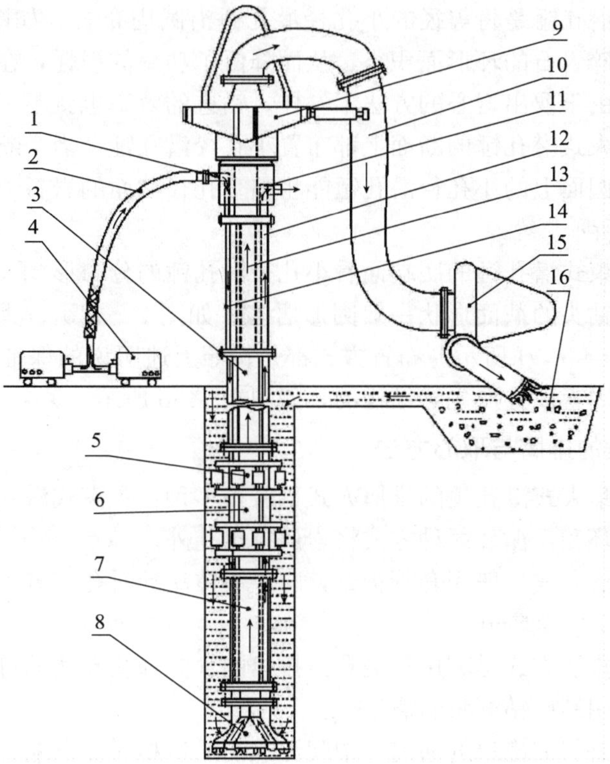

图 3－42　FGC—15 型潜孔锤钻具系统图

1—进气口；2—高压胶管；3—圆钻杆；4—空压机；5—导正器；6—加重块；7—潜孔锤；8—钻头；9—水龙头；10—胶管；11—排气口；12—排气通道；13—主动钻杆；14—进气通道；15—砂石泵；16—泥浆循环池

## 三、集束式潜孔锤

### 1. 集束式潜孔锤的结构形式

集束式潜孔锤是由若干相同或不同直径的小孔径潜孔锤刚性集束组成的钻具，每一个小孔径潜孔锤由相应的配气机构实现自身的进、排气的方式。集束式潜孔锤按结构形式分为环状取心集束式潜孔锤和全断面破碎集束式潜孔锤，如图 3－43 所示。

a　b　c

d　e　f

图 3－43　集束式潜孔锤底端面小孔径潜孔锤布置形式

环状取心集束式潜孔锤是将等径的小孔径潜孔锤沿圆周布置，如图 3-43a 所示。环状取心集束式潜孔锤破碎岩石的环形面积小，从而降低了功率的损耗，在钻进所需深度后将取出岩心再继续钻进，由于取出岩心的方法不一样，钻进的效率也就不一样。全断面破碎集束式潜孔锤是在整个集束式潜孔锤的断面上都布置小孔径潜孔锤，当全断面破碎集束式潜孔锤回转一周时，分布在圆面上的小孔径潜孔锤能将整个孔径截面的岩石冲击破碎，不留空白区域，如图 3-43b～f 所示。

从全断面破碎集束式潜孔锤的底端面看小孔径潜孔锤的分布形式，又有很多种结构布置方式，小孔径潜孔锤钻头的截面形状一般圆形居多，如图 3-43b，c 所示。但是也有方形、近似扇形等，如图 3-43e，f 所示。布置方式都是按照上述所说的保证不留冲击破碎空白区域。也有考虑钻进的因素设计成先导结构的，如图 3-43d 所示。

**2. 集束式潜孔锤的排屑与取心方法**

对于全断面破碎集束式潜孔锤的排屑方式也有很多种，集束式潜孔锤工作时产生的岩屑可以通过泥浆的正循环和反循环两种方式将岩屑排出孔外。

泥浆正循环的排屑方式一般用套管护壁，防止液体流动对孔壁有影响，这种排屑方式气体的通道与泥浆的通道完全隔开。

气体正循环螺旋排屑方式是利用从潜孔锤排出的气体强吹孔底的过程中，把岩屑吹起一定的高度，然后再利用螺旋钻杆将岩屑排出。

气举反循环方式是气体出口的通道与中间泥浆的通道相通，压缩气体驱动潜孔锤冲击做功之后，进入中间泥浆的通道，排出的气体与泥浆、岩屑混合以后的密度小于钻杆外部泥浆的密度，并且该混合物通过钻杆内外压差的作用从钻杆中心孔内上返排出。

干空气反循环排屑方式是采用高压引风从钻杆中抽出岩屑。

环状取心集束式潜孔锤的排屑方式与上述有所区别，在钻进时的排屑方式可以是上述几种排屑模式之一；但环状取心集束式潜孔锤只是钻出一定深度的环形孔，达到指定深度后，需要取出岩心后再进行钻进，而取出岩心的方式直接影响环状取心集束式潜孔锤的工作效率，取出环形岩心的方式见本章第三节所述。

**3. 集束式潜孔锤国内外发展状况**

20 世纪 80 年代，西方工业发达国家开始研制大孔径集束式潜孔锤，用于各类建筑工程。目前国外有很多集束式潜孔锤的生产厂家，例如：瑞典 Atlas Copco 公司、韩国的东宇、JOYTECH HAMMER，以及 HI－TOP 公司、爱尔兰 Mincon 公司、美国的英格索兰公司等。

瑞典 Atlas Copco 公司研制的 CD 系列的潜孔锤为集束式潜孔锤，可有效地进行硬岩钻进，可以根据客户的要求定制他们所需要孔径的集束式潜孔锤，这些钻具的特点是长度短、质量轻，采用模块化设计，一般使用泥浆反循环排屑系统。这使 Atlas Copco 公司的集束式潜孔锤能适应很多地质条件。瑞典 Atlas Copco 公司研制的集束式潜孔锤的技术参数见表 3-24，集束式潜孔锤的结构如图 3-44 所示。

爱尔兰 Mincon 公司研制的集束式潜孔锤有如下优点：在钻进硬岩的同时保持活塞的高撞击能量，在钻进硬岩同时保持高的排屑能力，密封性能好且空气损耗量少。钻孔时贯入量大，使用寿命高，各受力表面润滑性能好，小孔径潜孔锤的钻头是方形截面，该集束式潜孔锤采用反循环排屑，设置了防空打机构，当其中一个单体潜孔锤先与其他潜孔锤钻进的同时，此单体潜孔锤的气室关闭，而其气体提供给其他的潜孔锤，以增加其打击能量。爱尔兰 Mincon 公司研制的集束式大孔径潜孔锤的结构如图 3-45 所示，其型号为 WVC Mincon MDX 系列，直径为 1250～2400 mm。

**表 3-24　Atlas Copco 集束式潜孔锤参数**

| 型号 | 直径/mm | 长度/mm | 压力/MPa | 耗气/($m^3 \cdot min^{-1}$) | 质量/kg |
|---|---|---|---|---|---|
| CDS36 | 915 | 1600 | 0.69～1.38 | 41.9～112.2 | 2800 |
| CDS42 | 1067 | 1600 | 0.69～1.38 | 58.7～157.3 | 4000 |
| CDS46 | 1169 | 1600 | 0.69～1.38 | 58.7～157.3 | 4300 |
| CDS48 | 1219 | 1600 | 0.69～1.38 | 58.7～157.3 | 4500 |
| CDS54 | 1372 | 1600 | 0.69～1.38 | 75.5～201.9 | 5800 |
| CDS60 | 1524 | 1600 | 0.69～1.38 | 92.2～246.7 | 7100 |
| CDS70 | 1778 | 1600 | 0.69～1.38 | 109.1～291.6 | 9100 |

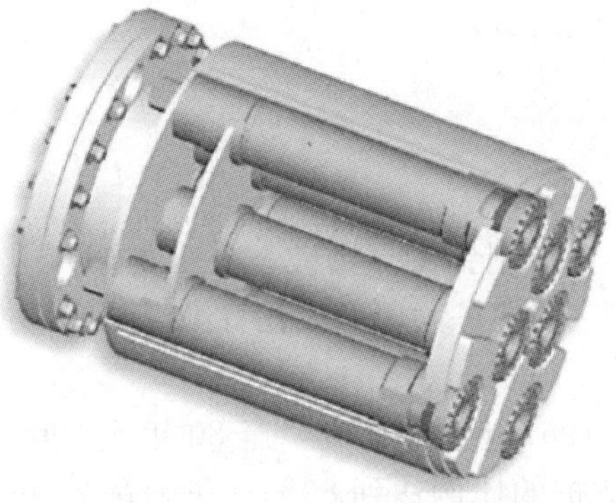

图 3-44　Atlas Copco 集束式潜孔锤

图 3-45　Mincon 集束式潜孔锤

英格索兰的集束式潜孔锤分 6 个型号。一般情况下，直径小于 $\phi$700 mm 的集束式潜孔锤采用中心式排列，即一个潜孔锤在中心，其余在外缘；大于 $\phi$700 mm 的组合潜孔锤采用中间式排列，即两个以上潜孔锤在内缘，其余在外缘。英格索兰公司生产的组合式潜孔锤可钻最大直径达 1.98 m。

我国最早于 20 世纪 80 年代中期，吉林大学建设工程学院（原长春地质学院）开始与上海金泰工程机械有限公司（原上海探矿机械厂）研制 FC312 型大孔径集束式潜孔锤，其外形如图 3-46 所示。FC312 型大孔径集束式潜孔锤全断面破碎方式，专门用于大孔径工程井硬岩施工。之后，吉林大学与上海金泰工程机械有限公司和无锡钻探工具厂又联合制造了 HC—15 型大孔径环状取心集束式潜孔锤，外形如图 3-47 所示。与 FC312 型大孔径集束式潜孔锤相比，HC—15 型大孔径环状取心集束式潜孔锤钻进时破碎面积小，对空压机的风压和风量的要求减小，而且减少了制造的复杂程度，维修方便等。但 HC—15 型大孔径环状取心集束式潜孔锤配气盒的结构比较复杂。后来吉林大学建设工程学院又对 HC—15 型大孔径环状取心集束式潜孔锤配气盒的结构进行了改进，将原来的三个隔板焊接成的上下两个气室改成 2 个储气罐和 6 个配气罐用软管相连接的结构，与原来的配气盒相比，降低制造成本，减轻了维修难度。

图 3-46　FC312 型大孔径集束式潜孔锤

图 3-47　HC—15 型大孔径环状取心集束式潜孔锤

# 第九节　扩底桩孔施工法

## 一、概述

**1. 工作过程**

在已完成工程孔的基础上，采用不同的方法（特制钻头、爆破、人工挖掘），按设计要求把工程孔（一般为桩基孔）的底部或孔身的某一部位扩大，形成孔身细、孔底部或孔身某一部位粗的扩底桩孔。

该施工法研究始于 20 世纪 60 年代，日本自 1967 年开始研究，至 80 年代中叶，已创造出 19 种扩底施工法，施工扩底灌注桩占全部灌注桩的比例达到 80%。我国在 20 世纪 60 年代也开始试用扩底灌注桩，1968 年浙江建筑科学研究院，在软土地区采用爆破扩底桩。80 年代初，开始在钻孔灌注桩中使用。随着振动沉管灌注桩的兴起，施工中采用复打、反插的办法，解决了以往爆扩桩爆扩头难以充实和桩身折断、错位等技术难题，保证了扩底桩施工质量，扩大了爆扩桩使用范围。

**2. 扩底桩孔施工的特点**

1）可直接利用施工直孔的设备，但钻具和工艺有区别。

2）孔身断面下大上小，要求扩底钻头能够稳定张开、可靠收拢地从孔内提出。

3）扩孔时应能够保持孔壁稳定。

**3. 扩底桩与普通圆柱桩相比的优点**

1）在同样桩径、桩长情况下，单桩承载力可提高 60%～100%，并能改善桩的抗震性、抗拔性。

2）在同等承载力下，可以将长桩改为短桩，减少钻进工作量，加快施工速度，缩短施工周期。

3）可以减少承台桩数，减少工作量，节省灌注材料。节省建筑物基础部分投资，一般在钻孔灌注桩中采用扩底法，能节省基础投资 50%；在振动沉管灌注桩中采用扩底法，能节省基础投资 30%。

**4. 类型**

扩底桩按施工方法不同可分三种。

1）钻扩桩。采用钻头扩底的方法。

2）爆扩桩。采用炸药爆破的方法将孔底扩大，一般与沉管法结合使用。

3）人工挖孔桩。采用人工挖掘的方法。

**5. 适用条件**

1）钻扩桩施工。宜用于坚硬、硬塑、可塑、软塑状态的黏性土，以及密实、中密、稍密的砂土地基，不宜用于流塑状态的黏性土，松散砂土及碎石地基；扩大头直径为桩身直径的 2～2.5 倍。

2）爆扩桩（爆破扩底）。由于与振动沉管结合，扩大了使用范围，可以适用于各种土层，而且不受地下水位的限制；扩大头直径为桩身直径的 2～4 倍。

3）人工挖孔扩底桩。适用于无地下水或地下水较少的黏土、粉质黏土，含少量的砂、砂卵石的黏土层和黄土层；桩身直径 800 mm 以上，孔深 20 m（国外达 70 m）以内，扩大头直径为桩身直径的 2～2.5 倍。

## 二、理想扩大头的形状和规格尺寸

理想扩大头如图 3－48 所示，这种规定是基于以下三个原因：

1）扩底桩承受的荷载是由桩的端承力和桩身的侧摩阻力来平衡，而这两个力在桩的受荷过程中是变化的。首先是侧摩阻力起作用，随着荷载的增加，到最大值时，端承力开始增加，直到端承力也达到很大值时，桩基础产生下沉，桩与桩侧土产生相对位移。对于长桩侧摩阻力的作用是明显的，而短桩则是端承力起主要作用。无论是哪种情况，基础受荷都要沉降，这就在扩大头的斜面处出现“临空面”（图 3－48b），造成扩大头上侧土体塌落，使桩侧摩擦阻力降低。为减少侧摩擦阻力的损失，直孔段与扩大头之间的变化不应过急。

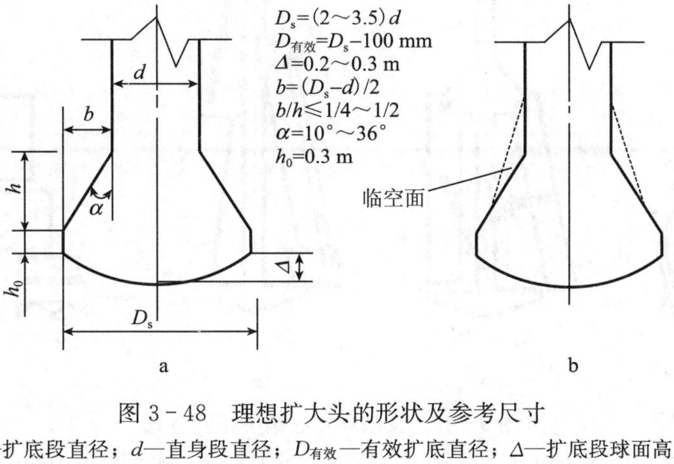


图 3－48　理想扩大头的形状及参考尺寸

$D_s$—扩底段直径；$d$—直身段直径；$D_{有效}$—有效扩底直径；$\Delta$—扩底段球面高度；$b$—直身段伸出长度；$h$—扩底段变化高度；$\alpha$—扩底角；$h_0$—稳定段高度

2）可供扩底的地层是多样的，其中包括含水层和非含水层，在这种条件下既要考虑土体的稳定性，又要尽可能增大扩大头的直径。

3）要在满足混凝土强度的条件下，全面考虑经济效益。

对这三方面因素综合考虑结果，决定了扩大头的形状和尺寸（图 3－48a）。实际使用的扩底钻头张开形状与其并不完全相符，所以要进行抗冲切和抗剪切的校核。冲切破坏是沿45°方向拉裂的，只要保证 $b/h \leqslant 1$ 就不必进行冲切破坏验算，而抗剪切却并不一定满足。

由地基产生的对环带的总切力 $Q_1$ 为：

$$Q_1 = KQ = K\sigma\pi\frac{D_s^2 - d^2}{4} \tag{3-32}$$

混凝土的抗剪力 $Q_2$ 为：

$$Q_2 = \eta f_c \pi dh \tag{3-33}$$

式中：$\sigma$ 为地基产生的应力；$f_c$ 为混凝土抗压强度；$K$，$\eta$ 为系数；$D$，$d$，$h$ 的意义同前。

满足抗剪条件 $Q_1 < Q_2$，整理得：

$$\frac{D_s}{d} \leqslant \frac{2\eta f_c h}{K\sigma b} - 1 \tag{3-34}$$

式（3－34）即是扩大头满足抗剪要求的条件。在实际施工中，特别是使用上开式扩底钻头时必须进行抗剪强度的验算。若验算结果不能满足要求可以有三种办法解决：①降低单桩的设计承载力；②加大扩大头的高度，这需要改进扩底钻头或改变工艺参数；③扩大头改灌高标号混凝土，计算控制混凝土的灌注量。

对扩大头的底端面研究表明，扩大头底端面是圆弧底时，桩的端承力能提高15%左右。人工挖孔桩能够完全满足这一要求。而钻扩桩和爆扩桩则较难达到。

## 三、钻扩桩孔施工技术

### 1. 扩底钻头的基本结构

（1）扩底钻头的张开方式

1）反循环回转钻头扩底方式如图 3－49 所示。

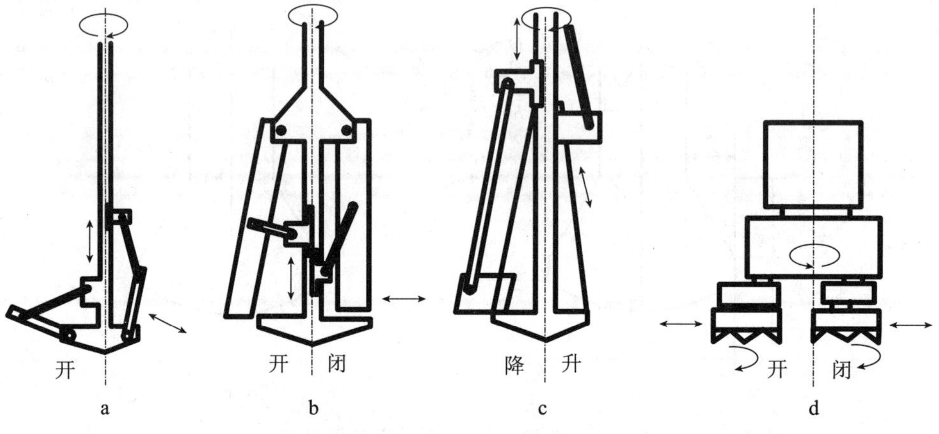


图 3－49　反循环扩底钻头张开方式

a—上开式；b—下开式；c—滑降式；d—推出式

上开式　在规定的扩底深度处，把扩底翼板由上向下打开扩底。上开式钻头形式简单，加工方便，主要用于稳定土层。

下开式　在规定的扩底深度处，把扩底翼板由下向上打开扩底。下开式钻头结构简单，加工方便，扩底角小，成孔可靠性好，适用于较复杂地层，但切削扭矩大。

滑降式　扩底翼板沿着倾斜的固定导架下滑的同时，缓慢切削而形成底部扩孔。滑降式钻头结构复杂，加工困难，扩底直径调节范围小，但不重复切削孔壁，成孔可靠。

推出式　扩底钻头绕偏心轴回转，并沿直径方向推出而形成扩底部。推出式钻头的结构非常复杂，主要用于潜水钻。

2）旋挖钻斗钻扩底方式是钻头整体不下移，原位张开扩底，如图 3－50 所示。

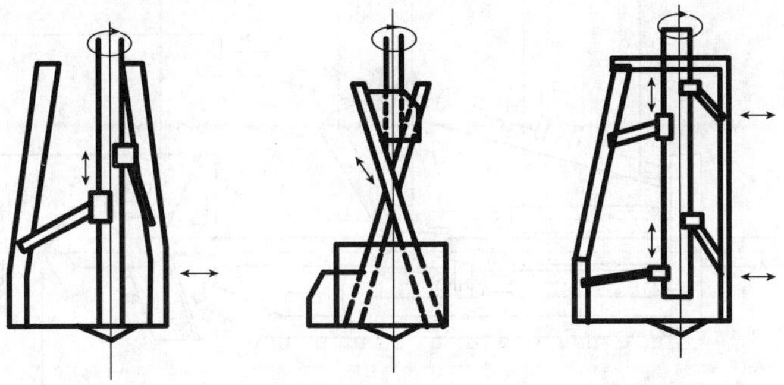


图 3－50　旋挖钻斗钻扩底方式

a—原位推出式；b—原位滑降式；c—原位下开和水平推出式

原位推出式　将具有 12°的倾斜扩底翼板向外侧推出后进行扩底的方式。

原位滑降式　将扩底刀刃沿着斜倾 12°的固定导杆滑降后进行扩底的方式。

原位下开和水平推出式　将上部关闭的扩底翼板缓慢地按下开方式打开后进行扩底的同时，将下部的扩底刀刃向外侧水平推出进行扩底的方式。

各种钻头形成的扩大头形状如图 3－51 所示。

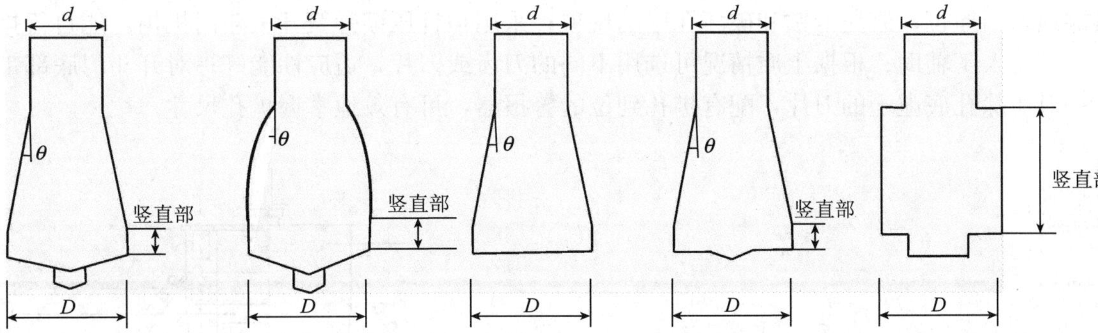


图 3－51　各种钻头形成的扩大头形状

a—A 型（底面 V 形）；b—A′型（底面 V 形，斜面钟形）；c—B 型（底面平坦）；

d—C 型（底面 A、B 形并用）；e—D 型（扩底部的角度 $\theta=0°$）

（2）扩底钻头的基本结构

1）YKD 系列液压扩底钻头如图 3－52 所示。该系列钻具包括钻头、泵站、控制台和回转接头，属三翼下开型。通过地面液压控制、检测装置，可准确控制钻头翼片开合量，随时测定扩底直径，方便精确，可于钻孔任意深度扩径。钻头装有副翼，可调节扩底段直径。切削具磨损后可更换。适用于各种砂土层、黏土层，粒径小于 100 mm 有胶结性的砂砾卵砾层，Ⅳ级以下风化基岩，反循环回转钻进，钻（基孔）扩（底）两用。

2）KDJ－1500 型扩底钻头如图 3－53 所示。钻头属三翼上开型。借助轴向力，导向轴做上下轴向移动，实现扩底翼片的收敛与伸张，通过轴套与轴的内外方形截面传递扭矩。钻头直径与长度（m）：$\phi0.9\times2.2$（收敛），$\phi1.5\times1.3$（张开），最大行程 440 mm，扩底段孔底中心角 160°，过渡段长度≤0.65 m。适用于砂质黏土层，正、反循环回转钻进，扩底专用。

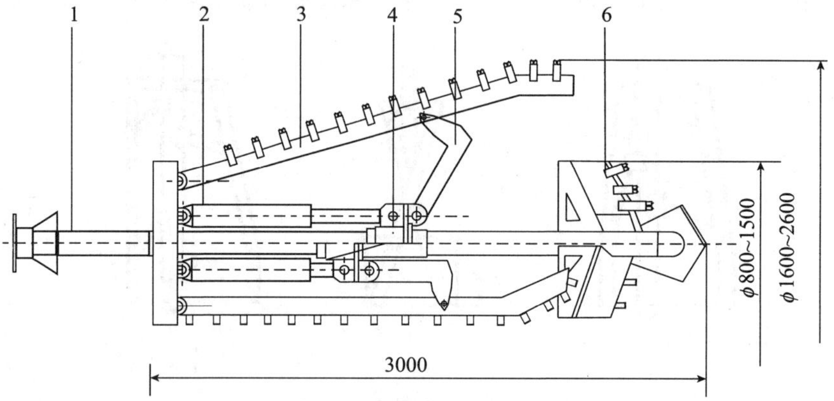


图 3-52　YKD 系列液压扩底钻头（单位：mm）

1—中心管；2—液压缸；3—扩底翼板；4—连接支座；5—连杆；6—基孔钻头

3）旋挖钻斗扩底钻头如图 3-54 所示。该扩底钻头与短螺旋大直径钻孔机配套使用，由扩孔刀杆、推土板、支撑架、钻筒滑块、对开斗门和斗门开关弹簧压杆机构组成，钻头外径 900 mm，最大扩孔直径为 2600 mm，每次取土量为 0.25～0.30 $m^3$，最大钻深为 28 m。该扩孔钻头的特点是：可完成扩孔、取土、弃土等各个工序，结构简单可靠，效率较高；可把平孔底切削成圆弧底，承载力进一步提高；滑块行程大，增大了钻筒的存土空间，刀杆能可靠地缩回原位，避免卡钻和破坏孔壁的现象；采用顶杆压缩弹簧开关斗门机构，能自行排土，不需人工辅助；根据土质情况可选用不同的刀齿或刀片，适应性能好；对开斗门底部带有一对清除孔底虚土的刀片，配有扩孔到位的警报器，可有效地掌握扩孔尺寸。

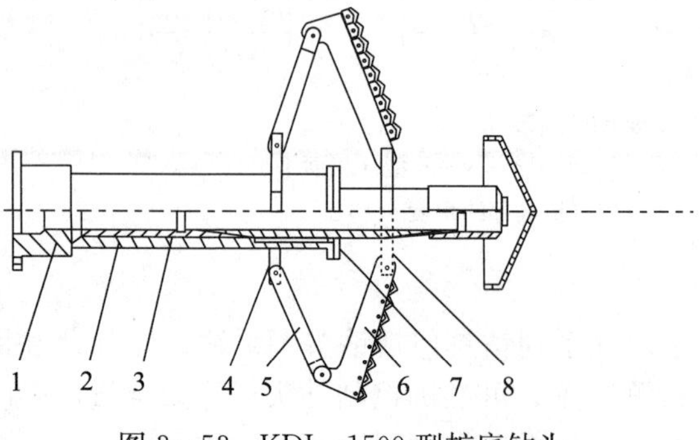


图 3-53　KDJ—1500 型扩底钻头

1—法兰盘；2—导向套；3—导向轴；4—上盘；5—连杆；6—扩底翼板；7—限位板；8—下盘

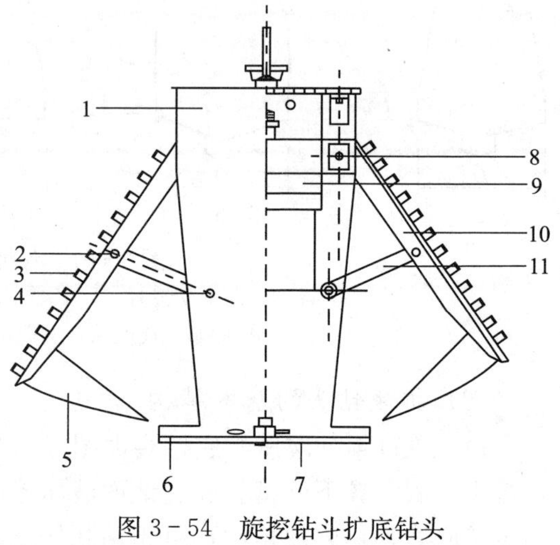


图 3-54　旋挖钻斗扩底钻头

1—钻筒；2—中销轴；3—刀齿；4—下销轴；5—推土板；6—底门；7—清底刀片；8—上销轴；9—滑块；10—刀杆；11—支撑架

(3) 扩底钻头的评价

我国在实际施工中使用较多的扩底钻头有两种：上开式扩底钻头和下开式扩底钻头。两种钻头有许多不同之处，见表 3-25。

1) 下开式扩底钻头形成的扩大头接近理想扩底形状。

2) 使用上开式钻头时，为减少扩底角 $\alpha$ 值，可以在钻头中心管下部接一前导钻头，扩底同时钻孔也在向下延伸。

3) 由于上开式形成的扩底角较大，所以其直径扩大倍数 ($D_s/d$) 要受到限制（因为要考虑土体的稳定性）。

4) 两种钻头切削扭矩的不同，主要是由于其切削翼板的长度不同。

**表 3-25 上开式扩底钻头和下开式扩底钻头的比较**

| 指标 | 上开式扩底钻头 | 下开式扩底钻头 |
|---|---|---|
| 扩底形状 | 底面 V 形，斜面钟形 | 底面 V 形 |
| 扩底角 $\alpha$ | 30°～45° | ≤12° |
| $D/d$ | 受限 | 不受限 |
| 扩大头抗剪强度 | 必须校核 | 视具体情况 |
| 切削扭矩 | 小 | 大 |
| 排渣方式 | 冲洗液循环或排渣筒 | 冲洗液循环 |
| 扩底效率 | 高 | 较高 |
| 适用地层 | 稳定地层 | 稳定性较差也可使用 |

5) 干钻扩底时，可以在上开式扩底钻头下部连接贮土筒，收集钻渣。扩底结束后可随钻头一同提出孔外，这种结构还能提高钻头工作时的稳定性。

6) 从扩底过程来看，下开式扩底钻头在基孔内由下而上逐层切削孔壁土，钻渣直接掉落孔底，切削具不会产生重复破碎。

7) 需要指出的是，带前导钻头有利也有弊。其利，减少扩底角，防止冲洗液对持力层的长时间冲洗，避免了持力层的松动；其弊，钻孔深度不易控制，经常要超深，而且分配到孔底的功率一部分要消耗在前导钻头上。

**2. 扩底钻头设计中应注意的问题**

1) 钻进时钻头要在很大的扭矩和压力下工作，各构件受力较复杂，要进行严格的刚度、强度校核。工作时钻头不允许产生变形，要保证张开和收拢绝对可靠。

2) 扩底翼板工作时，受到地层的轴向反力和径向反力，由于地层的不均匀性，造成作用在各翼板上反力的不等，使钻头发生摆动，这是超径的主要原因。所以钻头上部必须设置导正器，钻头各构件严格加工，保证钻头的同心度。定盘的锥角应与原孔底锥角接近。

3) 切削翼板上的切削具在孔底工作时是非同径回转，各点的回转速度和工作时间都不一样，而不同位置的切削具，其磨损的速度是不等的，所以应使切削翼板可以更换。

4) 在扩底角的允许范围内，应能够调节扩底翼的行程，一是适应孔径或地层的要求；二是调节扩大头的高度。

5) 扩底钻进时，虽扩底速度较慢，钻渣量较少，用循环液排渣时，仍以反循环方式为好。大部分钻头吸渣口都设在钻头的中心部位，而孔底钻渣的分布是在一个环形区域内，这

样钻渣要经过 $d/2$ 甚至更大的距离才能被运移到吸渣口。应该改变这种不合理的吸渣口布置，减少孔底钻渣的运移距离，优化井底流场，宜设置径向吸渣口。

**3. 扩底成孔时应注意的事项**

优化扩底钻进工艺，这是成孔质量的保证。钻压、转速、泵量的计算可参考有关章节，但是影响钻压、转速、泵量这三大规程参数的因素较多，不仅有地层，而且有扩底钻头本身，还有操作人员的素质等，需要进一步做深入研究。在实际施工中总结出的经验综述如下：

1）干钻扩底。一般使用上开式带贮土筒的扩底钻头，在扩底过程中钻压可基本保持不变，转速先高后低（在小范围内）。

冲洗液护壁扩底时，若使用上开式钻头（一般都带前导钻头），钻压先低后高；转速同样可在小范围内由高到低进行调节；采用大泵量。若使用下开式钻头，钻压可基本保持不变；转速由高到低。反循环清孔时应适当控制泵量，防止冲洗液对孔壁的严重冲刷。

2）控制钻进速度。干钻扩底时，由于无冲洗液护壁，应严格控制钻进速度，以防孔壁坍塌；水下钻进时，采用泥浆护壁，可适当提高钻进速度。

3）清除孔底沉渣时，钻头不应靠近持力层上长时间排渣，以防孔径的扩大或持力层的松动。用风力方式排渣时，扬水管也应与孔底保持一定距离。

## 四、爆扩桩施工技术

**1. 爆扩桩的类型及结构参数**

爆扩桩由桩柱和扩大头两部分组成，常用形式有单桩、串联桩、并联桩、斜桩等。

爆扩桩的构造要求为：①柱桩直径 $d$ 为 300～500 mm；②扩大头直径 $D$ 为（2～4）$d$；③桩的埋深小于 10 m；④桩的最小间距 $s$ 为（1.5～1.8）$D$。

**2. 爆扩原理**

埋在介质内的炸药被引爆后，原来一定体积的炸药，在极短的时间内由固体（或液体）状态转变为气体状态，体积增加数百倍甚至上千倍，从而产生很大的压力、冲击力和很高的温度，并在瞬间产生向四周介质辐射的冲击波，沿着辐射方向介质开始受到不同程度的破坏。如果以药包为中心，在介质中划分许多同心圆球层的话，则可以认为这些圆球层在爆破作用下运动，在辐射方向受到压缩，并在切线方向发生扩张，并产生径向裂缝。当介质扩张达到最大限度时，由于中心区域的压力差与冲击波之后的真空波的运动，介质便开始向心运动，使中心受压，外缘介质受拉，并将在径向裂缝以外的介质中产生很多环形裂纹。

塑性介质受巨大压力的作用，在靠近药包的周围被压缩成一个整体，并在压缩圈内造成孔洞。如果这个孔洞被混凝土填实就形成扩大头。

脆性介质内，药包周围通常不会出现被压实的区域，而是将岩石压裂、压碎，并在爆炸中心的周围形成破坏区。如果这个被压裂、压碎的破坏区与混凝土混合也可成为扩大头。

**3. 爆扩大头的药量计算**

爆扩大头的炸药用量，应经过试爆来确定，试爆时按下式估算：

$$D = K\sqrt[3]{C} \tag{3-35}$$

式中：$D$ 为爆扩大头直径，m；$C$ 为炸药用量，kg；$K$ 为土质影响系数，主要取决于土的变形模量和强度，0.7～0.8。

试爆时用药量亦可参照表 3－26 选用，施工时，再按试爆资料调整用药量。

**表 3－26　爆扩桩用药量参考表**

| 扩大头直径/mm | 0.6 | 0.7 | 0.8 | 0.9 | 1.0 | 1.1 | 1.2 |
|---|---|---|---|---|---|---|---|
| 炸药量/kg | 0.30～0.45 | 0.45～0.60 | 0.6～0.75 | 0.75～0.90 | 0.90～1.10 | 1.10～1.30 | 1.30～1.50 |

注：表内数值适用于地面下 3.5～9.0 m 深度的黏性土，土质松软时采用较小值，坚硬时采用较大值。在地面以下 2～3 m 的土层中爆扩时，用药量应按表中数值减少 20%～30%。在砂土中爆扩时，用药量应按表中数值增加 10%。

炸药包（宜用硝铵炸药）外形应制成扁圆球南瓜形，药包高度与直径之比应为 0.5～0.6，否则扩大头不成球形。药包中心应并联放置两个雷管，使爆力均匀，可防止瞎炮。

**4. 爆扩桩施工要点**

1）采用人工或机械设备（螺旋钻机、冲击钻、振动钻孔机）成孔，达到桩柱所要求的直径和深度。

2）爆扩药包用绳子吊入桩孔底部正中，如孔中有水，可加扎重物，以免浮起。药包表面覆盖 15～20 cm 厚砂子，以稳住药包位置，并借以免受混凝土的冲击。然后第一次灌入混凝土，其体积为 2～3 m 桩孔深（约为爆扩后扩大头混凝土容积的 1/2 多），过少引爆时会引起混凝土飞扬，过多则会产生混凝土“拒落”。混凝土坍落度：对黏性土为 9～12 cm；砂类土为 12 cm；黄土为 17～20 cm；引爆后浇筑的混凝土宜为 8～12 cm。

3）从浇筑混凝土开始至引爆时的时间间隔不应超过 30 min，以免出现混凝土的“拒落”事故。在不捣实情况下引爆，引爆后混凝土自由塌落至因爆破作用形成的球状孔穴中，并用软轴接长插入振动器振捣密实。

4）用测孔器测量扩大头直径，紧接着安装桩身钢筋，第二次连续分层灌入混凝土。坍落度：对黏性土为 5～7 cm；砂类土为 7～9 cm；黄土为 6～9 cm。厚 50 cm，并用插入式振捣器分层捣实，混凝土要一次连续浇筑完毕。

5）在易塌的软土中应用套管护壁的方法。桩孔有水时，炸药应用玻璃瓶或塑料薄膜 1～2 层紧密包裹以防水，引爆线应采用绝缘防潮。

6）当相邻爆扩桩桩距大于爆扩影响间距时，可采用单爆方式；当桩距小于爆扩间距 1.5 $D$ 时，宜采用联爆方式。当相邻桩不在同一标高时，引爆应先浅后深，串联桩引爆则应先深后浅，先爆扩深大头，插入下段钢筋骨架，浇下部混凝土至浅大头标高处，然后爆扩浅大头，插入上段钢筋骨架，浇筑上部混凝土至桩顶。

## 五、人工挖孔扩底桩施工技术

**1. 构造要求**

挖孔桩直径 $d$ 一般为 800～2000 mm，最大直径可达 3500 mm；桩埋置深度（桩长）一般为 20 m，最深可达 70 m。当要求增大承载力、底部扩底时，扩底直径一般为 1.3～3.0 $d$，最大可达 4.5 $d$，扩底直径大小按前述控制。一般采用一柱一桩，如采用一柱两桩时，两桩中心距不应小于 3 $d$，两桩扩大头净距不小于 1 m，群桩中上下扩大头设置不小于 0.5 m。桩底宜挖成锅底形，锅底中心比四周低 200 mm，根据试验，它比平底桩可提高承载力 20% 以上。

**2. 设备、机具**

1）提升设备、机具包括：1 t 卷扬机配三木塔或 1 t 以上单轨电动葫芦（链条式）配提升金属架与轨道，活底吊桶。

2）挖孔工具包括：短柄铁锹、镐、锤、钎。

3）水平运输工具包括：双轮手推车或 1 t 机动翻斗车。

4）其他机具设备包括：钢筋加工机具、支护模板、支撑、电焊机、自挂式软爬梯；36 V 低压变压器、孔内外照明设施；桩孔深超过 20 m，另配鼓风机、输风管；有地下水应配潜水泵及胶皮软管等。

**3. 施工要点**

1）挖孔灌注桩的施工程序是：场地整平—放线、定桩位—挖第一节桩孔土方—支模浇筑第一节混凝土护壁—在护壁上二次投测标高及桩位十字轴线—安装活动井盖、垂直运输架、起重电动葫芦或卷扬机、活底吊土桶、排水、通风、照明设施等—第二节桩身挖土—清理桩孔四壁、校核桩孔垂直度和直径—拆上节模板，支第二节模板，浇筑第二节混凝土护壁—重复第二节挖土、支模、浇筑混凝土护壁工序，循环作业直至设计深度—检查持力层后进行扩底—清理虚土、排除积水、检查尺寸和持力层—吊放钢筋笼就位—浇筑桩身混凝土，如图 3－55 所示。

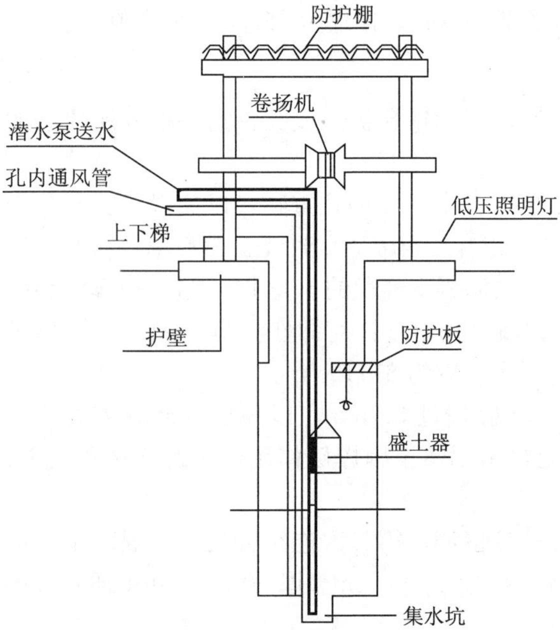

图 3－55　人工挖孔桩施工示意图

2）为防止塌孔和保证操作安全，直径 1.2 m 以上桩孔多设混凝土支护，每节高 0.9～1.0 m，厚 8～15 cm，或加配适量直径 6～9 mm 光圆钢筋，采用 C20 或 C25 混凝土；直径 1.2 m 以下桩孔，井口 1/4 砖或 1/2 砖护圈高 1.2 m，下部遇有不良土体用半砖护砌。

3）护壁施工采取一节组合式钢模板拼装而成，拆上节支下节，循环周转使用，模板用 U 形卡连接，上下设两半圆组成的钢圈顶紧，不另设支撑，混凝土用吊桶运输人工浇筑，上部留 100 mm 高作浇筑口，拆模后用砌砖或混凝土堵塞，混凝土强度达 1 MPa 即可拆模。

4）挖孔由人工自上而下逐层用镐、锹进行，遇坚硬土层用锤、钎破碎；挖土次序为先挖中间部分，后挖周边，允许尺寸误差 3 cm，扩底部分采取先挖桩身圆柱体，再按扩底尺寸从上到下削土修成扩底形。弃土装入活底吊桶或箩筐内。垂直运输，在孔口上安支架、工字轨道、电葫芦或搭三木塔，用 1～2 t 慢速卷扬机提升，吊至地面后，用机动翻斗车或手推车运出。人工挖孔桩底部如为基岩，一般应伸入岩面 150～200 mm，底面应平整不带泥砂。

5）桩中心线控制是在第一节混凝土护壁上设十字控制点，每一节设横杆吊大线坠作中心线，用水平尺杆找圆周。

6）在挖孔时，如地下水丰富、渗水或涌水量较大时，可根据情况分别采取以下措施：

◎ 少量渗水可在桩孔内挖小集水坑，随挖土随用吊桶将泥水一起吊出。

◎ 若大量渗水时，可在桩孔内先挖较深集水井，设小型潜水泵将地下水排出桩孔外，随挖土随加深集水井。

◎ 涌水量很大时，如桩较密集，可将一桩超前开挖，使附近地下水汇集于此桩孔内，用1～2台潜水泵将地下水抽出，起到深井降水的作用。

◎ 渗水量较大，孔底地下水难以排干时，底部泥渣可用压缩空气清孔方法清孔。

7）当挖孔遇到流砂层时，一般可在井孔内设高1～2 m、厚4 mm的钢套护筒，直径略小于混凝土护壁内径。利用混凝土支护作支点，用小型油压千斤顶将钢护筒逐渐压入土中，阻挡流砂，钢护筒可一个接一个下沉，压入一段，开挖一段桩孔，直至穿过流砂层0.5～1.0 m，再转入正常挖土和设混凝土支护等工序。

# 第四章　地基处理技术

## 第一节　概　　述

### 一、地基处理的目的和对象

在岩土工程施工中，当天然地基不能满足建（构）筑物对地基的要求时，需要对其进行处理，形成人工地基，以满足建（构）筑物对地基的要求，保证其安全与正常使用，这方面的工作称为地基处理（ground treatment），或地基改良（ground improvement），或地基加固（ground reinforcement）。

**1. 建（构）筑物对地基的要求**

（1）地基承载力或稳定性问题

地基承载力或稳定性问题是指地基在建（构）筑物荷载（包括静、动荷载的各种组合）作用下能否保持稳定。天然地基承载力主要与土的抗剪强度、基础形式及埋深有关。提高地基承载力主要是采取一定的措施增加地基土的抗剪强度。

（2）沉降、水平位移及不均匀沉降问题

天然地基变形主要与荷载大小、土的变形、基础形式以及施工技术等有关。天然地基为高压缩性，则建筑物的沉降和不均匀沉降加大。衡量地基压缩性的指标是地基土的压缩模量，所以，采取措施提高地基土的压缩模量可以减少地基的沉降或不均匀沉降。

（3）渗透问题

渗透问题主要分两类：一是堤坝蓄水构筑物的地基渗流量超过其允许值，后果是造成较大水量损失，甚至蓄水失败；另一类是地基中水力比降超过其允许值时，地基土会因潜蚀和管涌产生破坏而导致建（构）筑物破坏造成工程事故，因此必须采取措施使地基土变成不透水或减少其水压力。

（4）液化问题

动力荷载作用下，饱和松散粉细砂（包括部分粉土）将会产生液化，使土体减少或失去抗剪强度，因此需要研究采取何种措施防止地基土液化。

**2. 软弱土地基**

地基处理的对象是软弱地基（soft foundation）和特殊土地基（special ground）。不能满足建（构）筑物要求的天然地基称为软弱地基，所以天然地基是否属于软弱地基是相对的。

（1）软土

软土（soft soil）是淤泥和淤泥质土的总称。它是在静水或非常缓慢的流水环境中沉积，经生物化学作用形成。软土的特性是天然含水量高、天然孔隙比大、抗剪强度低、压缩系数高、渗透系数小。在外荷载作用下地基承载力低、地基变形大，不均匀变形也大。

（2）人工填土

主要指杂填土（miscellaneous fill）和冲填土（hydraulic fill）。前者是指由人类活动而任意堆填的建筑垃圾、工业废料和生活垃圾，后者是指整治和疏浚江河航道时，用挖泥船通过泥浆泵将泥砂夹大量水分吹到江河两岸而形成的沉积土。其共同特点是强度低、压缩性高。

（3）部分砂土和粉土

饱和粉砂土、饱和细砂土和砂质粉土在动载作用下有可能产生液化。

（4）湿陷性黄土

凡天然黄土在上覆土的自重应力作用下，或在上覆土的自重应力和附加应力作用下，受水浸湿后土的结构迅速破坏而发生显著附加下沉的黄土，称为湿陷性黄土（collapsible loess）。

（5）有机质土和泥炭土

地基土中有机质含量大于5%时为有机质土；大于60%时为泥炭土。由于土中的有机质含量高，强度往往降低，压缩性大。

（6）膨胀土

膨胀土（expansive soil）是指黏粒成分主要由亲水性黏土矿物组成的黏性土。其特点是吸水膨胀和失水收缩，具有较大的膨胀变形及往复变形的性能。

（7）冻土

冻土（frozen soil）分季节性冻土和多年冻土或永冻土。前者是指该冻土在冬季冻结，而夏季融化的土层，对地基的稳定性影响较大；后者是指冻结状态持续三年以上的土层，在长期荷载作用下具有强流动性。

（8）岩溶、土洞和山区地基

岩溶和土洞对建（构）筑物的影响很大，可能造成地面变形，地基陷落，发生水的渗漏和涌水现象。山区地基地质条件比较复杂，主要表现在地基的不均匀性和场地的稳定性两方面。

早在3000年前，地基土的加固技术已用在巴比伦寺庙的建造中。同一时期。我国也用竹、木以及麦秸等来加强土。当前世界各国出现的土木工程事故中，地基问题常常是事故的主要原因。地基问题处理好，工程不仅安全可靠而且具有较好的经济效益。实际工程的需求促进地基处理技术的发展，实践的结果又发展了理论。对地基处理技术的深入研究并应用到工程之中，将不断提高地基处理水平，节约工程建设投资，加快工程建设速度。

## 二、地基处理原理和分类

根据对地基的加固原理，可对地基处理技术进行如下分类。

**1. 置换法**

利用物理力学性质较好的岩土材料、人造材料或二者联合使用置换天然地基中部分或全部软弱土或不良土，形成双层地基或改良地基，以达到提高地基承载力减少沉降的目的。

置换法包括：换土垫层法、挤淤置换法、振冲置换法（振冲碎石桩法）、沉管碎石桩法、强夯置换法、砂桩法、石灰桩法、CFG 桩法、钢渣桩法、二灰桩法、钢筋混凝土疏桩法、褥垫以及泡沫苯乙烯超轻质料填土法等。

在松散的土被排除而用其他材料替换时，应考虑用重量轻的填料代替原来的土体，以增加加固效果。回填材料的单位容重最好是小于原来土的单位容重。这种思路在国内外的许多工程中得到应用。如国内外采用非常轻（容重为 0.2～0.4 $kN/m^3$，是土容重的 1/50～1/100）的聚苯乙烯块作垫层堆砌和彼此嵌锚（块的尺寸为 0.5 m×1 m×3 m），施工速度快，非常经济。其抗压强度为 100～350 kPa，变形模量为 2.5～11.5 MPa，其吸水率为 0.5%。

适用范围：黏性土、粉土、冲填土、杂填土、膨胀土、红黏土、湿陷性黄土。一般用于七层以下民用建筑。

**2. 排水固结法**

土体在一定载荷作用下排水固结，孔隙比减小，强度提高，达到提高地基承载力，减少工后沉降的目的。

排水固结法包括：加载预压法、超载预压法、砂井法（普通砂井、袋装砂井和塑料排水带法）、真空预压与堆载预压联合作用、电渗排水法（通过向土中插入金属电极通以直流电，使土中的水流由正极区域流向负极区域，使正极区域土体因为水流排出而固结）以及降低地下水位等。

适用范围：饱和的黏性土及杂填土，最大加固深度为 20 m。其中超载预压法能使软土的次固结得到有效的消除。降低地下水位法适用于渗透系数大于 $10^{-8}$～$10^{-6}$ m/s 的土层，是一种临时性加固措施。

**3. 注浆加固法**

向土体中灌入或拌入水泥、石灰或其他化学固化浆材，在地基中形成增强体，以达到地基处理的目的。

注浆加固法包括：深层搅拌法、高压喷射注浆法、渗入性灌浆法、劈裂灌浆法、压密灌浆法、电化学灌浆法等。

用石灰作为固化浆材时，石灰与黏土矿物发生作用，生成一种不溶于水的、将土颗粒结合在一起的硅酸钙凝胶。硅酸钙凝胶形成了起包裹和联结作用的一层薄膜（图 4－1）。由图 4－1 还可看到，只有在有足够的水使 $Ca^{2+}$ 和 $OH^-$ 能够转移到黏土颗粒表面时，才能形成硅酸钙凝胶。在相同的条件下，用石灰处理的临时加固效果比用水泥处理要明显得快。与水泥处理相反，用石灰处理的成功与否取决于粒径小于 60 μm 的颗粒含量，此含量必须大于 35%才可行。

适用范围：黏性土、粉土、砂土、黄土、人工填土和碎石土等地基。值得指出的是，这类方法尤其适用于既有建筑物的地基加固和沉降调整。

**4. 振密、挤密法**

采用振动或挤密的方法使非饱和土密实，以达到提高地基承载力和减少工后沉降的目的。

振密、挤密法包括：表层原位压实法、强夯法、振冲密实法、挤密砂桩法、爆破挤密法、土桩和灰土桩法、渣土桩法等。

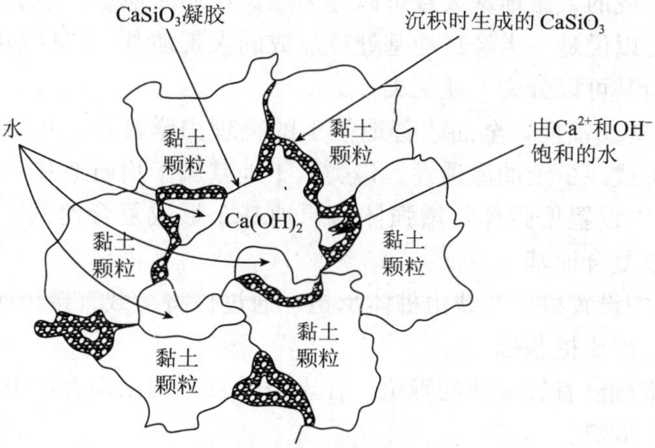


图 4－1 用生石灰稳定土的原理

梅纳的强夯方法中还派生出来了另一种轻能量夯击方法，从 1985 年起由弗兰基（Franki）开始应用。重量 $M$ 为 73 kN，直径为 1.8 m 的锤子从 6 m 高处 $h$ 落下，其每一击产生的能量要比传统的强夯小得多。每一击的有效夯击能 $E$ 建议用下式计算：$E=\eta Mh$，其中折减系数 $\eta$ 是综合了自由落体、夯击、土体变形结果分析计算的结果，一般 $\eta=4/27$。

振动器除短的振管式以外，还有振杆式和振翼式。

适用范围：各类土层。七层以下的民用建筑物。

**5. 加筋法**

在地基土中设置强度高、模量大的筋材（钢筋混凝土、土工格栅、土工织物等），以达到提高地基承载力，减少工后沉降的目的。

加筋法包括：加筋土法、土钉墙法、土工织物、锚固法、树根桩法等。

适用范围：各类土的地基处理，既有建筑物的地基加固、稳定土坡及支挡结构物。

**6. 热力学法**

冷热处理是指通过冻结土体，或焙烧、加热地基土改变土体物理力学性质，以达到地基处理的目的。

热力学法包括：冻结法和烧结法两种。

适用范围：热处理法适用于渗透性大的无黏性土及湿陷性黄土。冻结法适用于各类土，但对地下水流速有要求，是一种临时的加固措施。

**7. 托换**

托换是指对原有建筑物地基和基础进行处理和加固。它主要包括基础加宽法、墩式托换法、桩式托换法、地基加固法以及综合加固法等。

**8. 纠偏**

纠偏是指对由于沉降不均匀造成倾斜的建筑物进行矫正的手段。主要包括加载纠偏法、掏土纠偏法、顶升纠偏法和综合纠偏法等。

事实上，许多地基处理方法是具有多种效用的，例如振冲碎石桩和灰土桩法既有挤密作用又有置换作用。而且地基处理方法也在不断发展，功能不断扩大，所以严格的统一分类是很困难的。上述分类仅供参考。

经过地基处理形成的人工地基大致可以分为三类：均质地基、多层地基和复合地基。广义地讲，桩基础也可以说是一类经过地基处理形成的人工地基。将桩基础包括在内，通过地基处理形成的人工地基可以分为下述三类：

1）通过土质改良或置换，全面改善地基土的物理力学性质，提高地基土的抗剪强度，增大土体压缩模量，或减少土的渗透性。该类人工地基属于均质地基，或多层地基。

2）通过在地基中设置增强体，增强体与原地基土形成复合地基，以提高地基承载力，减小地基沉降，形成复合地基。

3）通过在地基中设置桩，荷载由桩体承担，通过桩将荷载直接传递给地基中承载力大、压缩模量高的土层，形成桩基础。

均质地基和桩基础已有较成熟的理论，在土力学及基础工程著作中有详细的介绍。复合地基设计理论也趋于成熟。

## 三、地基处理规划流程

选用地基处理方法的总原则是：技术先进、经济合理、安全适用、确保质量。一般来说，对地基处理建议按下面的过程考虑。

首先根据建（构）筑物对地基的各种要求和天然地基条件确定地基是否需要处理。若天然地基能够满足要求，尽量采用天然地基。在确定是否需要进行地基处理时，应将上部结构、基础和地基统一考虑。若天然地基不能够满足要求，首先需要确定进行地基处理的天然地层的范围以及地基处理要求；然后根据天然地层的条件、地基处理方法的原理、过去应用的经验和机具设备、材料条件，进行地基处理方案的可行性研究，提出多种可行方案；最后对提出的多种方案进行技术、经济、进度等方面的比较分析，考虑环境保护要求，确定采用一种或几种地基处理方法，如图 4－2 所示。

这里需要强调的是，要重视对天然地基工程地质条件的详细了解。许多由地基问题造成的工程事故，或地基处理达不到预期目的，往往是由于对工程地质条件的了解不够全面造成的。详细的工程地质勘察是判断天然地基能否满足建（构）筑物对地基要求的重要依据之一。如需要进行地基处理，详细的工程地质勘察资料也是确定合理的地基处理方法的主要基本资料之一。地质勘察的要求也要适当，既要把地质条件搞清楚又应避免要求过高过多。

## 四、我国地基处理技术现状及发展展望

60 多年来，我国地基处理技术由最初的引进，到吸收、发展、创新，初步形成了具有中国特色的地基处理技术体系，许多方法达到了国际先进水平。我们用 60 年的时间走完了发达国家发展地基处理技术经历的百年以上的历程。

1）世界上绝大多数的地基处理方法在国内得到一定的研究和应用。如强夯法、真空预压法、塑料排水板法、深层搅拌法、高压喷射注浆法、土工织物法、石灰桩法、碎石桩法等。

2）利用工业废渣、废料及其城市建筑垃圾处理地基的研究取得了长足的进步。如采用粉煤灰、生石灰开发的二灰桩复合地基；利用废钢渣开发的钢渣桩复合地基；利用城市建筑垃圾开发的渣土桩复合地基等。这些项目的开发利用，不仅节约大量资源，降低工程费用，

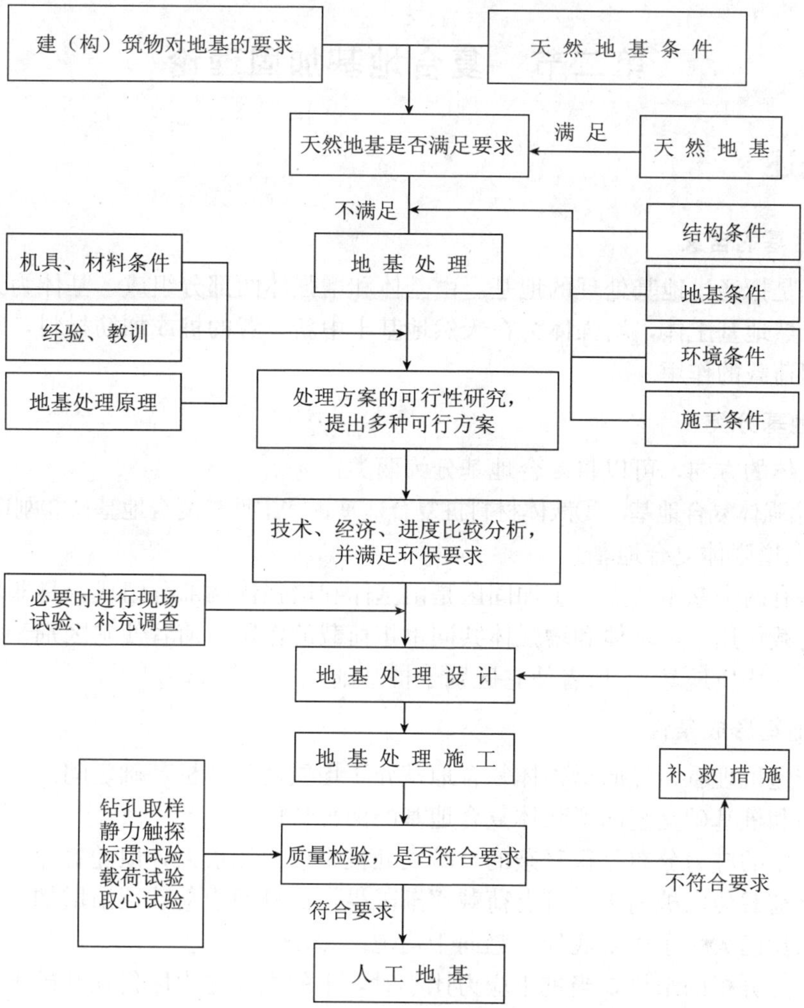


图4-2　地基处理规划程序

同时为改善环境、减少城市污染开辟了新的途径。

3）低强度混凝土桩复合地基的出现，极大地拓宽了地基处理的应用领域。其主要途径是通过提高桩体材料的强度或刚度来实现提高复合地基的承载力。在这方面有代表性的如水泥粉煤灰碎石桩、二灰（石灰、粉煤灰）桩、夯实水泥土桩等，有效地降低了工程成本。

4）钢筋混凝土疏桩复合地基的开发与应用。它是一种介于传统概念的桩基与复合地基之间的新型地基基础形式。采用桩基疏布，使桩间土的承载作用得到充分发挥，使桩与土共同承受上部结构荷载，从而有效地将建筑物沉降控制在允许范围内。疏桩基础设计理论也日趋完善并进入规范。

5）托换技术在手段和工艺上有了显著进展。如树根桩托换法、压入桩托换法、坑式托换法、基础加（减）压纠偏法等。完成了许多高难度的托换工程。

6）建筑物纠偏技术主要采用迫降法和抬升法。这些纠偏技术的应用不仅将大量条形以及筏式基础的倾斜建筑物得到纠正，而且能使倾斜的桩基础建筑物得到纠偏，在已建工程中有着广阔的应用前景。

# 第二节　复合地基加固理论

## 一、概述

### 1. 复合地基的含义

复合地基是指经过地基处理的地基。由基体和增强体两部分组成，基体为天然地基土体或被改良的天然地基土体，增强体为在天然地基土中新设置的桩或加筋材料，基体和增强体需要共同承担荷载的作用。

### 2. 复合地基分类

根据增强体的方向，可以将复合地基分为两类：

1）竖向增强体复合地基。①散体材料桩复合地基；②柔性桩复合地基；③刚性桩复合地基。

2）水平向增强体复合地基。

复合地基有两个基本特点：①加固区是由基体和增强体两部分组成，是非均质和各向异性的；②在荷载作用下，基体和增强体共同承担荷载的作用。前者使它区别于均质地基（包括天然和人工的均质地基），后者使它区别于桩基础。

### 3. 复合地基形成条件

从荷载传递机理看，竖向增强体复合地基介于均质地基和桩基础之间。在某种意义上来讲，均质地基和桩基础是竖向增强体复合地基的两种特例。

复合地基中的应力分布是很复杂的。基底处桩土应力比最大，但随着深度增加，桩通过桩土摩阻力将荷载传向桩间土，桩上荷载逐渐减少，而桩间土荷载逐渐增加，因而到桩底深处，桩土应力比已大大小于基底处，趋向于均匀。

根据有限元分析的结果，当桩土应力比小时，土的主要受力区仍在基础下；随着桩土应力比的增加，土的主要受力区向下移动，复合地基桩土受力如图 4－3 所示，不同桩的复合地基的桩土应力比见表 4－1。

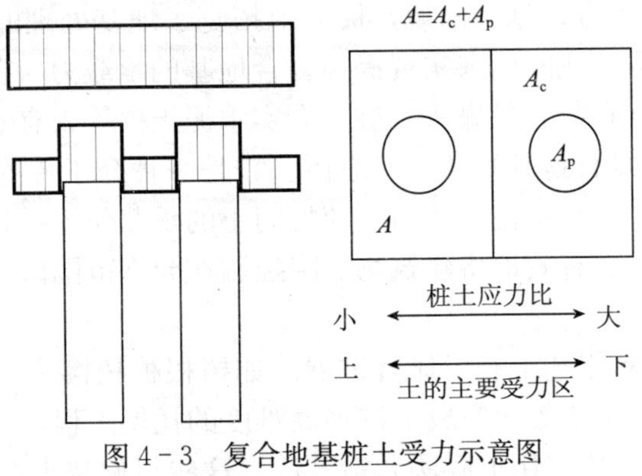


图 4－3　复合地基桩土受力示意图

**表 4－1　复合地基中各种桩的桩土应力比**

| 钢或钢筋混凝土桩 | CFG 桩 | 水泥搅拌桩（含水泥 5%～12%） | 石灰桩 | 碎石桩 |
|---|---|---|---|---|
| ＞50 | 20～50 | 3～12 | 2.5～5 | 1.3～4.4 |

垫层是保证形成复合地基的措施，但不是必要条件，如图 4-4 所示。当桩身压缩模量 $E_P$ 大于桩间土压缩模量 $E_{S1}$ 以及桩身压缩模量 $E_P$ 大于桩端土压缩模量 $E_{S2}$ 时，在荷载作用下，桩能够产生一定的位移，进入桩端持力层一定深度，桩间土压缩量大，能够产生相应的反力，贡献出相应的承载力。若桩端土不可压缩，可在承台和桩之间设置垫层，当桩身压缩模量 $E_P$ 大于垫层土压缩模量 $E_{S2}$ 时，在荷载作用下桩顶进入垫层一定的深度，同样桩间土压缩量大，能够产生相应的反力，贡献出相应的承载力。

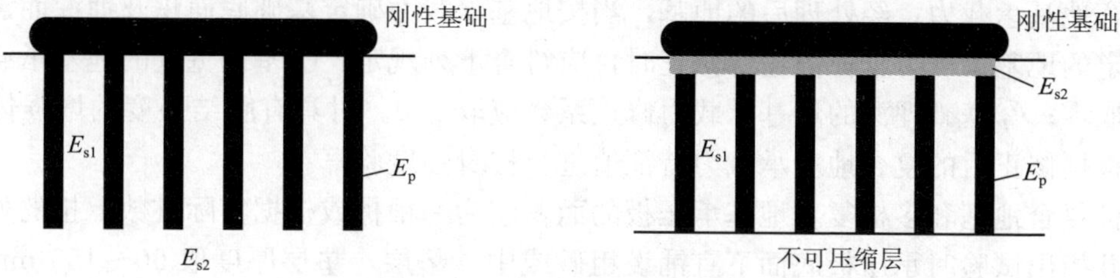


图 4-4 形成复合地基条件

采用黏结材料的桩，应注意形成复合地基的条件，如图 4-5 所示。当桩身压缩模量 $E_P$ 大于桩间土压缩模量 $E_{S1}$ 以及桩端土压缩模量 $E_{S2}$ 大于桩间土压缩模量 $E_{S1}$ 时，由于持力层较好，桩端不能有大的位移，且黏结材料桩本身的压缩量也较少，因此桩间土的压缩量也较少，贡献出的承载力少，不是复合地基。

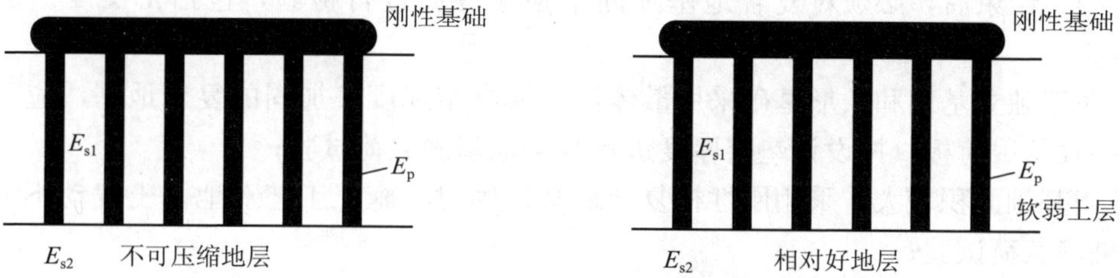


图 4-5 难以形成复合地基条件

**4. 各类复合地基选用的一般原则**

1）水平向增强体复合地基主要应用于提高地基稳定性。在高压缩性土层不厚时，采用该复合地基可有效提高地基稳定性、减少沉降；在高压缩性土层较厚时，采用该复合地基对减少总沉降效果不明显。

2）散体材料桩适于能够振密、挤密的砂性土地基；对饱和软黏土地基，应慎用。

3）对深厚软土地基可采用长桩来减少工后沉降；可采用长短桩复合地基降低地基处理费用。

4）刚性基础下采用黏结材料桩复合地基时，若桩土相对刚度较大，且桩体强度较小时，桩头与基础间应设置柔性垫层；若桩土相对刚度较小，或桩体强度足够时，也可不设柔性垫层。

5）填土路堤下采用黏结材料桩复合地基时，应在桩头上铺设刚度较好的垫层（如土工格栅砂垫层、灰土垫层等），垫层的铺设可防止桩体向上刺入路堤，增加桩土应力比，发挥桩体能力。

## 二、竖向增强体复合地基承载力

### （一）静载荷试验确定法

复合地基承载力特征值应通过现场复合地基载荷试验确定，或采用增强体的载荷试验结果和周边土的承载力特征值根据经验确定。单桩复合地基和多桩复合地基均可采用载荷试验确定复合地基承载力。经处理后的地基，当按地基承载力确定基础底面积及埋深而需要对本规范确定的地基承载力特征值进行修正时，应符合下列规定：①基础宽度的地基承载力修正系数应取零；②基础埋深的地基承载力修正系数应取 1.0。对具有胶结强度的增强体复合地基尚应根据修正后的复合地基承载力特征值进行桩身强度验算。

单桩复合地基和多桩复合地基承压板的面积应为一根桩或根据实际桩数承担的处理面积确定，并指出试验时承压板底面下宜铺设粗砂或中砂垫层，垫层厚度取 50～150 mm，桩身强度高时取大值。由于增强体材料的多样性，散体材料（碎石桩、砂桩）、低黏结材料（石灰桩，水泥土桩）、高黏结材料（CFG 桩）形成的复合地基承载和变形特性有较大差异，所以载荷试验方法中多种因素会影响检测结果，包括承压板尺寸、褥垫层厚度以及采取单桩复合地基还是多桩复合地基等。对工程中复合地基静载荷试验方法中出现的问题，可考虑如下方法：

1）施工结束后，必须对复合地基加固增强体性质进行检验，包括密实度、强度和完整性；

2）对于独立基础和条形基础采用散体桩或低黏结强度桩加固的复合地基，应采用与基础宽度一致的载荷板，按设计垫层厚度进行复合地基静载荷试验；

3）当基础面积较大，采用刚性桩复合地基加固时，施工工艺对地基土扰动不大时，应进行单桩静载荷试验；

4）施工工艺对地基土有扰动时，应在一定休止时间后进行复合地基检测；

5）当基础面积较大，试验条件受限制时，对刚性桩复合地基采用单桩复合地基静载荷试验时，应采用较薄（50～100 mm）褥垫层。

### （二）公式估算法

复合地基是由桩间土和增强体（桩）共同承担荷载。目前复合地基承载力计算公式比较多，但比较普遍的有两种，一种是由桩间土承载力和单桩承载力进行合理组合叠加；另一种是将复合地基承载力用天然地基承载力扩大一个倍数来表示。

**1. 复合地基承载力估算**

（1）Wong H. Y. 公式

Wong H. Y.（1975）提出按式（4－1）计算散体材料增强体复合地基的容许承载力 $R_{sp}$：

$$R_{sp}=q_{ap}+\sigma_s(1-m) \tag{4-1}$$

式中：$q_{ap}$为单桩容许承载力；$\sigma_s$ 为桩间土容许承载力；$m$ 为桩土面积置换率。

龚晓南在 Wong 的基础上考虑群桩效应对桩体强度的影响、制桩过程对桩间土强度的影响和桩、土强度的发挥度提出复合地基承载力 $P_{cf}$为

$$P_{cf}=K_1\lambda_1 mP_{pf}+K_2\lambda_2(1-m)P_{sf} \tag{4-2}$$

式中：$P_{pf}$为桩体极限承载力；$P_{sf}$为天然地基极限承载力；$K_1$ 为桩体极限承载力修正系数；$K_2$ 为桩间土极限承载力修正系数；$\lambda_1$ 和 $\lambda_2$ 分别为桩体和桩间土极限强度发挥度。

陈念军等（1998）提出，如果以桩体承载力达到其承载力特征值时的复合地基承载力作为复合地基承载力特征值，则 $f_{spk}=mf_{pk}+\zeta_s(1-m)f_{sk}$，其中，$f_{pk}$为桩承载力特征值，$f_{sk}$为桩间土的承载力特征值，$\zeta_s$ 一般取 0.75～0.80；无载荷试验资料时用 $f_{spk}=[\zeta_s+m(n-\zeta_s)]f_{sk}$计算；对变形要求不高时，可采用桩间土达到其承载力特征值时的复合地基承载力作为复合地基承载力特征值，这时 $f_{spk}=\zeta_p mf_{pk}+(1-m)f_{sk}$，$\zeta_p$ 一般取 1.10～1.20；无载荷试验资料时用 $f_{spk}=[1+m(\zeta_p n-1)]f_{sk}$计算。

（2）基于 Brauns 理论的改进计算式

盛崇文将 Brauns 理论推广到复合地基以及各种群桩情况。对满堂碎石桩情况，他通过推导获得桩的极限垂直应力为 $[\sigma_{p1}]_{max}$：

$$\frac{[\sigma_{p1}]_{max}}{C_u}=\frac{(\lambda+1)}{2}\left(\frac{\sigma_s}{C_u}+\frac{\lambda-1}{2\tan\delta_p}+\frac{2\tan\delta_p}{\lambda-1}\right)\tan^2\delta_p=\xi_1 \tag{4-3}$$

式中：$\lambda=(1/m)^{1/2}$；$C_u$ 为不排水抗剪强度；$\delta_p$ 为桩身材料的内摩擦角；$\xi_1$、$\lambda$ 为中间系数。

根据力的平衡原理，满堂加固情况复合地基的极限承载力 $q_f$ 为

$$q_f=m[\sigma_{p1}]_{max}+(1-m)\sigma_s \tag{4-4}$$

或

$$\frac{q_f}{C_u}=m\xi_1+(1-m)\frac{\sigma_s}{C_u} \tag{4-5}$$

式中：$\sigma_{p1}$为桩中的垂直应力；$\sigma_s=(2\sim3)C_u$，具体取用值视建筑物的容许变形而定，容许变形小，取低值，否则取高值。

（3）郭蔚东—钱鸿缙计算式

郭蔚东—钱鸿缙（1989）提出以式（4-6）计算散体材料增强体复合地基的承载力：

$$[R_{sc}^c]=4md_p fK+[R_s] \tag{4-6}$$

式中：$d_p$ 为深度因素，$d_p=2\sim4$；$f$ 为桩侧允许摩阻力；$K$ 为经验系数；$[R_s]$ 为 2～4 倍桩径处的桩间土或天然土的允许承载力。其 $d_pf$ 值由下式估算：淤泥质黏土 $d_pf=0.378[R_s]+28.7$，饱和黄土和一般软黏土 $d_pf=0.378[R_s]+38.7$。

此外，盛崇文等（1983）推荐用桩或土的载荷试验资料、置换率及按经验估计桩土应力比来推算复合地基承载力。林孔镏（1984）用圆弧滑动法计算复合地基极限承载力。郭尉东、钱鸿缙（1990）用塑性能量法和广义 Brauns 法求解柔性碎石桩复合地基发生鼓胀破坏、整体剪切破坏及相应破坏形式的复合地基承载力。

（4）规范法计算公式

对散体材料增强体复合地基：

$$f_{spk}=[1+m(n-1)]f_{sk} \tag{4-7}$$

$$m=\frac{d^2}{d_e^2}$$

式中：$f_{spk}$为复合地基的承载力特征值；$f_{sk}$为桩间土加固后承载力特征值；$m$ 为复合地基置换率，$m=A_p/A=d^2/d_e^2$，$A_p$ 为桩体面积，$A$ 为对应的加固面积；$d$ 为桩身平均直径；$d_e$ 为一根桩承担的等效圆直径，$d_e=1.05s$（等边三角形），$d_e=1.13s$（正方形），$d_e=1.13(s_1s_2)^{\frac{1}{2}}$（矩形），$s$、$s_1$、$s_2$ 为分别为桩间距、桩的纵向和横向间距；$n$ 为复合地基桩土应力

比，在无实测资料时，可取 1.5～2.5，原土强度低取大值，原土强度高取小值。

对黏结材料桩复合地基：

$$f_{spk} = \lambda m \frac{R_a}{A_p} + \beta(1-m) f_{sk} \tag{4-8}$$

式中：$f_{spk}$为复合地基的承载力特征值；$\lambda$ 为单桩承载力发挥系数，宜按当地经验取值，无经验时可取 0.7～0.9；$m$ 为面积置换率；$A_p$ 为桩的截面积；$f_{sk}$为处理后桩间天然地基土承载力特征值，按载荷试验确定，无试验资料可取天然地基承载力特征值；$\beta$ 为桩间土承载力发挥系数，宜按当地经验取值，无经验时可取 0.9～1.00，$R_a$ 为单桩竖向承载力特征值，应通过现场单桩荷载试验确定。

**2. 复合地基中桩体承载力的确定**

1）对刚性桩复合地基和柔性桩复合地基，桩体承载力特征值可采用类似摩擦桩承载力特征值以及根据桩身材料强度分别计算，取小值：

$$R_a = u_p \sum_{i=1}^{n} q_{si} l_i + \alpha q_p A_p \tag{4-9}$$

$$f_{cu} \geqslant 4 \frac{\lambda R_a}{A_p} \tag{4-10}$$

当承载力验算深度修正时，桩身材料还应满足：

$$f_{cu} \geqslant 4 \frac{\lambda R_a}{A_p} \left[1 + \frac{\gamma_m (d - 0.5)}{f_{spa}}\right] \tag{4-11}$$

式中：$R_a$ 为单桩竖向承载力特征值，kN；$q_{si}$为桩周摩阻力特征值，kPa；$u_p$ 为桩身周边长度，m；$q_p$ 为桩端土端阻力特征值，kPa；$\alpha$ 为桩端天然地基土的承载力折减系数，不同的桩取值不同；$l_i$ 为按土层划分的各段桩长，对柔性桩，桩长大于临界桩长时，计算桩长应取临界桩长值，m；$f_{cu}$为桩体试块（边长为 150 mm 的立方体）标准养护 28 d 时立方体抗压强度平均值，kPa；$\gamma_m$ 为基础底面以上土的加权平均容重，地下水位以下取浮容重；$d$ 为基础埋置深度，m；$f_{spa}$为深度修正后地基承载力特征值，kPa。

2）对散体材料桩复合地基，桩体极限承载力主要取决于桩侧土体所能提供的最大侧限力。散体材料桩在荷载作用下桩体发生膨胀，桩周土进入塑性状态，可通过计算桩间土侧向极限应力计算单桩极限承载力。

目前国内外估算散体材料桩的单桩极限承载力的方法有若干种，如侧向极限应力法、整体剪切破坏法、球穴扩张法等，以下是目前常用的几种计算方法。

1）Hughes－Withes 计算式。Hughes 和 Withes（1974）建议按式（4－12）计算单桩极限承载力 $q_{fp}$：

$$q_{fp} = (p_0 + u_0 + 4C_u)\tan^2\left(45^\circ + \frac{\varphi_p}{2}\right) \tag{4-12}$$

式中：$p_0$、$u_0$ 分别为原土的起始有效压力和孔隙水压力；$C_u$ 为桩间土不排水抗剪强度；$\varphi_p$ 为桩身材料内摩擦角。

他们从原型观测资料中得到信息，认为 $p_0 + u_0 = 2C_u$，于是

$$q_{fp} = 6C_u \tan^2\left(45^\circ + \frac{\varphi_p}{2}\right) \tag{4-13}$$

若令 $\varphi_p = 38^\circ$，则式（4－13）可简化为

$$q_{fp} = 25.2C_u \tag{4-14}$$

求桩的容许承载力时，安全系数用 2～3。

2）Wong H. Y. 计算式。Wong H. Y.（1975）提出单桩容许承载力 $q_{ap}$ 可按下式计算：要求较小沉降的情况：

$$q_{ap} = \frac{1}{K_p}(K_s\sigma_s + 2C_u\sqrt{K_s}) \tag{4-15}$$

容许中等沉降的情况：

$$q_{ap} = \frac{1}{\left(1-\frac{3D}{4l}\right)K_p}\left(K_s\sigma_s + 2C_u\sqrt{K_s} + \frac{3}{4}DK_s\gamma_s\right) \tag{4-16}$$

容许较大沉降的情况：

$$q_{ap} = \frac{2}{K_p}\left[K_s\sigma_s + 2C_u\sqrt{K_s} + \frac{3}{4}DK_s\gamma_s\left(1-\frac{3D}{4l}\right)\right] \tag{4-17}$$

式中：$K_p$ 为桩体的侧压力系数；$K_s$ 为原土的被动土压力系数；$\gamma_s$ 为原土的容重；$l$ 为桩长；$D$ 为桩的直径；其他符号含义同前。

计算注意事项：①关于 $C_u$。对均质黏土层，不排水抗剪强度常随深度而增大，此时，对第一种情况，式（4-15），可用桩顶以下 1.5 m 深处的 $C_u$ 值；对第三种情况，式（4-17），可用整个桩长范围内的平均值；对第二种情况，式（4-16），取一、三两种情况的平均值。对成层土，承载力由最软弱的土层控制。此时，对第一种情况，若最软弱土层的埋深小于桩的间距，则取该层的 $C_u$ 值进行计算，若埋深大于桩的间距，则取从桩顶至该层范围内的平均值；对第三种情况，可用整个桩长范围内的平均值，对第二种情况，取一、三两种情况的平均值。②关于 $\sigma_s$。对第一种情况，$\sigma_s=1.5C_u$；对第二种情况，$\sigma_s=2.25C_u$；对第三种情况，$\sigma_s=3C_u$。③关于 $K_s$。$K_s=\tan^2\left(45°+\frac{\varphi_s}{2}\right)$，其中 $\varphi_s$ 为原土的内摩擦角，$\varphi_s$ 约为 0°～10°，对应的 $K_s=1.0$～1.4。④关于 $K_p$。$K_p$ 为桩体内的水平应力与垂直应力之比。对于第一种情况来说，$K_p\approx\tan^2\left(45°-\frac{\varphi_p}{2}\right)$，对于第三种情况来说，$K_p=(1-\sin^2\varphi_p)/(1+\sin^2\varphi_p)$；对第二种情况，取一、三两种情况的平均值。设 $\varphi_p=40°$，以上三种情况的 $K_p$ 值分别为 0.217、0.316 和 0.415。

3）被动土压力法。该方法用被动土压力作为桩周土的极限侧向应力，由此求得桩极限承载力 $P_{pf}$ 的表达式为：

$$P_{pf} = [(\gamma Z + \sigma_s)K_{ps} + 2C_u\sqrt{K_{ps}}]K_{pp} \tag{4-18}$$

式中：$\gamma$ 为桩周土的容重；$Z$ 为桩鼓胀的深度；$K_{ps}$ 为桩周土被动土压力系数；$K_{pp}$ 为桩体被动土压力系数；其他符号含义同前。

方永凯、郑培成（1983）假设碎石桩在极限荷载作用下，桩周土被动破坏，荷载影响深度为 2 倍桩径，得到碎石桩单桩极限承载力计算式 $P_{pf}=(\gamma_s d+4C_u)K_{pp}$。

4）Brauns 计算式。根据鼓出破坏形式，Brauns J.（1978）提出单根桩极限承载力计算，如图 4-6 所示。

Brauns J. 假设单桩的破坏是空间轴对称问题，桩周土是被动破坏。如散体材料的内摩擦角为 $\varphi_p$，当桩顶应力 $P_0$ 达到极限时，考虑 $BB'A'A$ 内的土体发生被动破坏，即土块 $ABC$

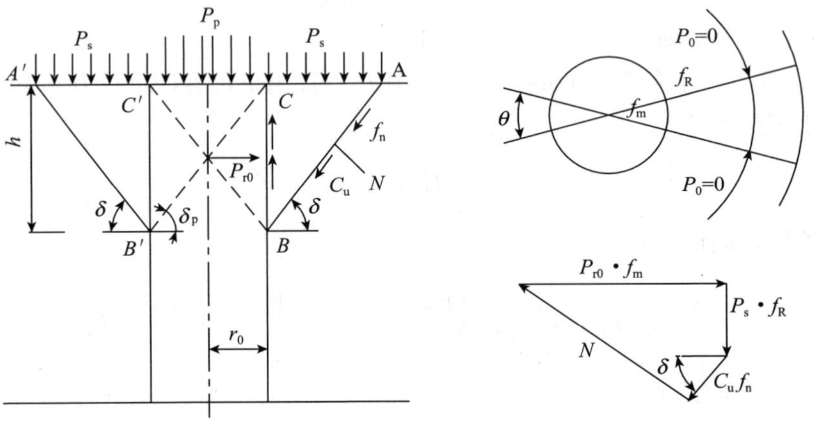


图 4-6　Brauns J. 的单桩计算图式

在桩的侧向力 $P_{r0}$ 的作用下沿 $BA$ 面滑出，亦即出现鼓胀破坏的情况。Brauns J. 在推导公式时作了三个假设条件：①桩的破坏段长度 $h=2r_0\tan\delta_p$，其中，$r_0$ 为桩的半径，$\delta_p=45°+\varphi_p/2$；②桩间土摩擦力 $\tau_m=0$，土体中的环向应力 $P_0=0$；③不计地基土和桩的自重等。

图 4-6 中，$f_R$ 为桩间土面上的应力；$f_n$ 为 $C_u$ 的作用面积；$f_m$ 为 $P_{r0}$ 的作用面积；$P_p$ 为桩顶压力；$P_s$ 为桩间土面上的应力；$\delta$ 为 $BA$ 面与水平面的夹角（°）；$C_u$ 为地基土不排水抗剪强度。

推导得
$$P_{r0}=\left(P_s+\frac{2C_u}{\sin 2\delta}\right)\left(1+\frac{\tan\delta_p}{\tan\delta}\right) \tag{4-19}$$

另外
$$P_p=P_{r0}\tan^2\delta_p \tag{4-20}$$

为了解出极限承载力 $P_p$，必须求出 $P_{r0}$ 的极值。

由 $\frac{\partial P_{r0}}{\partial \delta}=0$，得

$$\frac{P_s}{2C_u}\tan\delta_p=-\frac{\tan\delta}{\tan 2\delta}-\frac{\tan\delta_p}{\tan 2\delta}-\frac{\tan\delta_p}{\sin 2\delta} \tag{4-21}$$

式（4-21）用试算法解 $\delta$ 后，再代入式（4-19）和式（4-20），从而可确定单桩极限承载力 $P_p$。

当求单桩极限承载力时，$P'_p=0$，则式（4-20）为

$$[P_p]_{max}=\tan^2\delta_p\frac{2C_u}{\sin 2\delta}\left(1+\frac{\tan\delta_p}{\tan\delta}\right) \tag{4-22}$$

相应按照 $\frac{\partial P_{r0}}{\partial \delta}=0$，得

$$\tan\delta_p=\frac{1}{2}\tan\delta(\tan^2\delta-1) \tag{4-23}$$

如假设碎石桩体的内摩擦角 $\varphi_p=38°$，得 $[P_p]_{max}=20.75C_u$。

（三）天然地基极限承载力的确定

复合地基天然地基极限承载力除了直接通过载荷试验，以及根据土工试验资料，查阅相关规范外，也可采用 Skempton 极限承载力公式进行计算：

$$f_{sk}=C_uN_c\left(1+\frac{B}{5L}\right)\left(1+\frac{D}{5L}\right)+\gamma D \quad (4-24)$$

式中：$f_{sk}$为天然地基极限承载力；$D$为基础埋深；$N_c$为承载力系数，当$\delta_p=0°$时，$N_c=5.14$；$B$为基础宽度；$L$为基础长度；其他符号含义同前。

## 三、水平向增强体复合地基承载力

复合地基工作性状与加筋体长度、强度、加筋层数，以及加筋体与土体间的黏聚力和摩擦系数等因素有关。在软弱地基表面上铺设土工织物后，再在其上填筑粗颗粒土，此时作用荷载的正下方产生沉降，其周边地基产生侧向位移和部分隆起。由于土工织物和地基土共同作用，而作用在土工织物与地基土间的抗剪阻力就能相对的约束地基的位移，此时其地基极限承载力$P_u$的计算如图4-7所示。

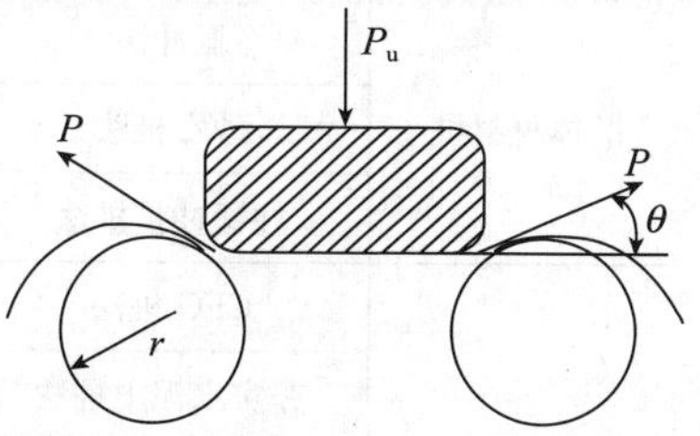

图4-7　铺设土工织物后地基承载力计算示意图

$$P_u=\alpha\cdot c\cdot N_c\cdot B+2\cdot p\cdot\sin\theta+\beta\cdot\frac{p}{r}N_q\cdot B \quad (4-25)$$

式中：$\alpha$，$\beta$为基础的形状系数，一般$\alpha=1.0$，$\beta=0.5$；$c$为土的黏聚力，kPa；$N_c$，$N_q$为与内摩擦角有关的承载力系数，一般$N_c=5.3$，$N_q=1.4$；$p$为土工织物的抗拉强度，kN/m；$\theta$为基础边缘土工聚合物的倾角，一般为10°～17°；$r$为假想圆的半径，一般取3 m，或为软土层厚度的二分之一，但不能大于5 m；$B$为基础宽度，m。

式（4-25）右边第一项是没有土工织物时，原天然地基的极限承载力。第二项是在荷载作用下，由于地基的沉降使土工织物发生变形而承受拉力的结果。第三项是土工织物阻止隆起而产生的平衡镇压作用的效果（是以假设近似半径为$r$的圆求得的）。第二、三项均是由于埋设土工织物而提高的承载力。

## 四、复合地基沉降计算方法

在各类复合地基沉降实用计算方法中，通常把沉降量分为两部分，如图4-8所示。图4-8中$h$为复合地基加固区厚度，$z$为荷载作用下地基压缩层厚度。加固区土体压缩量为$S_1$，加固区下卧层土体压缩量为$S_2$，则复合地基总沉降量$S$表达式为

$$S=S_1+S_2 \quad (4-26)$$

式中：$S_1$可采用复合模量法、应力修正法、桩身压缩量法计算；$S_2$可采用分层总和法计算。

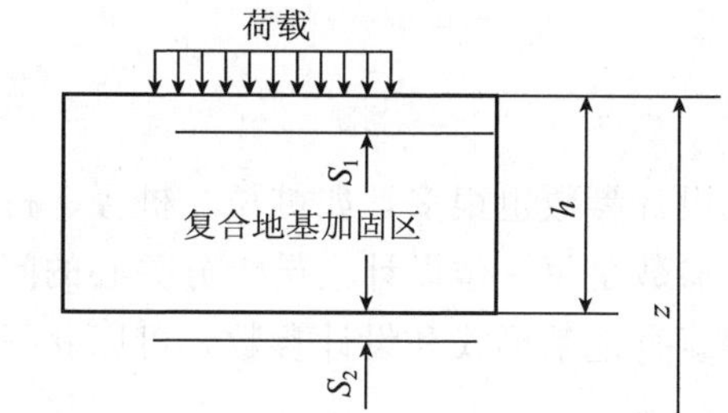

图4-8　复合地基总沉降量$S$计算示意图

将复合地基加固区中增强体和基体两部分视为一复合土体，采用复合压缩模量$E_{sp}$来评价复合土体的压缩性。采用分层总和法计算复合地基加固区压缩量$S_1$，表达式为

$$S_1 = \sum_{i=1}^{n} \frac{\Delta P_i}{E_{spi}} l_i \tag{4-27}$$

式中：$\Delta P_i$ 为第 $i$ 层复合地基土上附加应力增量；$l_i$ 为第 $i$ 层复合地基土层的厚度。$E_{sp}$ 常采用面积加权平均法计算，见表 4－2。

**表 4－2　复合地基压缩模量确定方法**

| 地基处理方法 | | 初步设计时压缩模量估算公式 | 备　　注 |
|---|---|---|---|
| 桩型 | 名称 | | |
| 散体材料桩 | 振冲法 | $E_{sp}=[1+m(n-1)]E_s$ | $E_{sp}$ 为复合地基压缩模量；$E_s$ 为土体压缩模量；$m$ 为面积置换率；$n$ 为桩土应力比；$f_{ak}$ 为基础底面下天然地基承载力特征值；$f_{spk}$ 为复合地基的承载力特征值；$E_p$ 为桩身压缩模量 |
| | 砂石桩法 | $E_{sp}=\zeta E_s$<br>$\zeta=f_{spk}/f_{ak}$ | |
| | 柱锤冲扩桩法 | | |
| 柔性桩和刚性桩 | CFG 桩法 | $E_{sp}=\zeta E_s$<br>$\zeta=f_{spk}/f_{ak}$ | |
| | 夯实水泥土桩法 | | |
| | 旋喷桩法 | | |
| | 水泥土搅拌法 | $E_{sp}=mE_p+(1-m)E_s$ | |
| | 石灰桩法 | $E_{sp}=\alpha[1+m(n-1)]E_s$ | $\alpha=1.1\sim1.3$；$n=3\sim4$ |

当软土层较厚时，加固区压缩量占复合地基沉降总量的比例较小，所以计算误差对设计的影响不大。

$$S_2 = \sum_{i=1}^{n} \frac{\Delta P_i}{E_{si}} l_i \tag{4-28}$$

在计算下卧层压缩量 $S_2$ 时，作用在下卧层上的荷载难以准确计算。常用应力扩散法计算：

$$p_b = \frac{DBp}{(B + 2h\tan\beta)(D + 2h\tan 2\beta)} \tag{4-29}$$

式中：$p_b$ 为作用在下卧层上的附加应力；$p$ 为复合地基上的荷载密度；$B$ 为复合地基上的荷载作用宽度；$D$ 为复合地基上的荷载长度；$h$ 为加固区厚度；$\beta$ 为复合地基上荷载沿深度的压力扩散角，等于复合地基加权内摩擦角的四分之一。

## 五、复合地基优化设计

在工程中应用的复合地基形式很多，而且复合地基设计参数也很多，如桩长、桩径、桩体强度、置换率等。如何合理选用复合地基形式及设计参数是每一位设计人员十分关心的问题。复合地基优化设计是一个很重要的课题，合理选用复合地基形式和设计参数，可以获得较好的社会效益和经济效益。

复合地基常应用于深厚软弱地基加固，以减少工后沉降。在深厚软弱地基上进行工程建设，合理控制沉降量特别重要，发展复合地基，按沉降控制设计理论是非常有意义的。

在进行复合地基设计时，首先要弄清楚采用复合地基的目的。采用复合地基的主要目的是解决地基承载力不足，以提高地基承载力为主，还是解决地基沉降量过大，以减小地基沉降为主，还是二者兼而有之，既要提高地基承载力，又要减小地基沉降。对上述不同情况，复合地基优化设计思路也不同，如图 4－9 至图 4－11 所示。

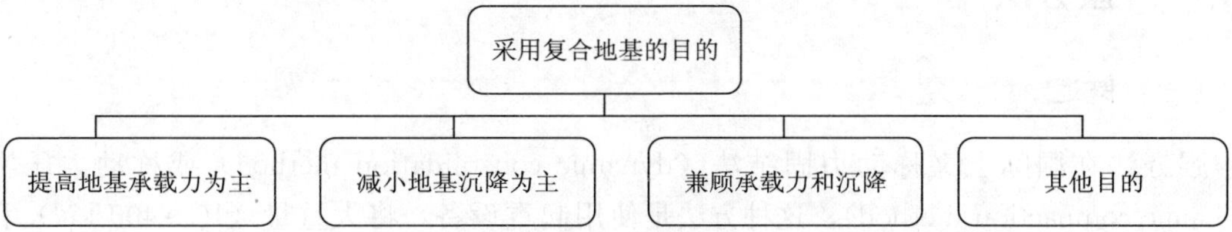


图 4－9　复合地基优化设计

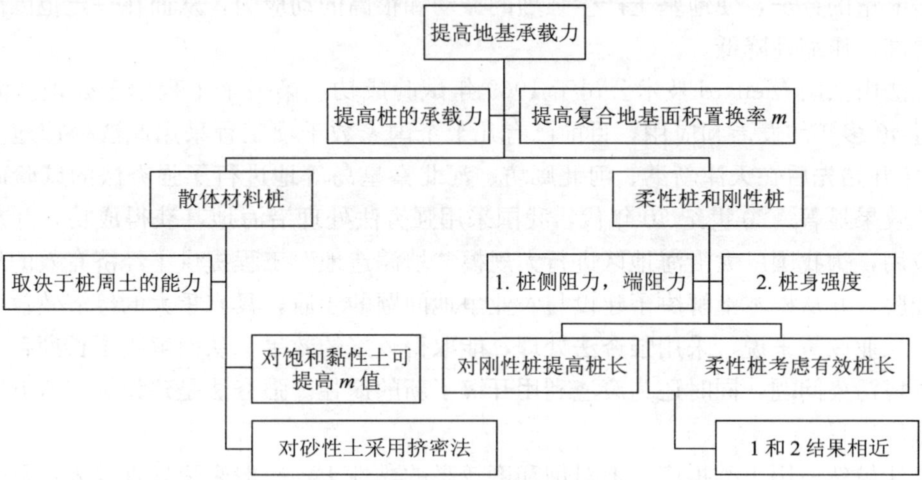


图 4－10　提高地基承载力为主时的优化设计思路

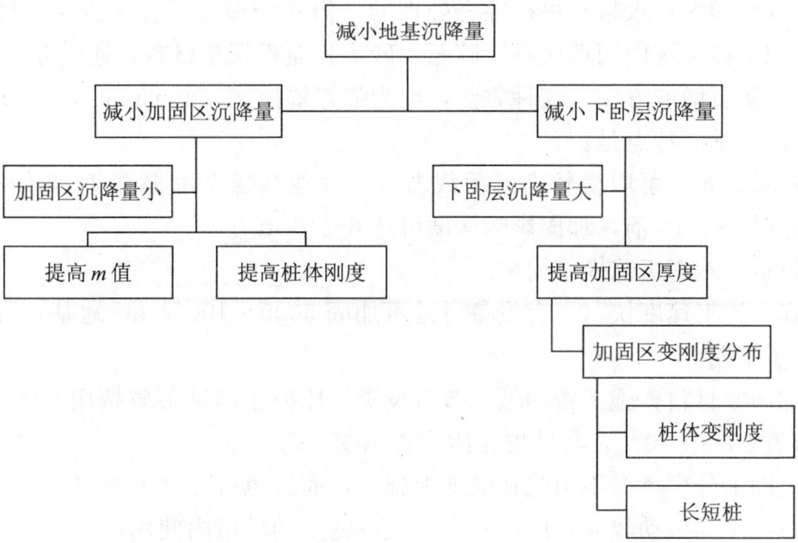


图 4－11　减小地基沉降量为主时的优化设计思路

# 第三节　振密、挤密方法

常用的振密、挤密方法包括强夯法、振动水冲法等。

## 一、强夯法

### （一）概述

强夯法在国际上又称动力固结法（dynamic consolidation method）或称动力压实法（dynamic compaction method）。这种方法是使用起重设备，将大重量（10～400 kN）和一定外形结构规格的夯锤起吊至某一高度（一般为 10～40 m）后，自由下落，给地基土以强大的冲击能量的夯击，使地基土产生强烈的振动和很高的动应力，从而在一定范围内使土体的强度提高，压缩性降低。

强夯法由法国 Menard 技术公司于 1969 年试验成功，第一个工程用于处理滨海填土地基。经过 40 多年的发展和应用，目前已有几十个国家数千项工程采用此法处理地基。我国于 1978 年开始先后在天津新港、河北廊坊、河北秦皇岛等地进行了强夯法的试验研究和工程施工，效果显著。20 世纪 80 年代，我国采用强夯法处理沿海地基获得成功，并在沿海地区推广应用，为我国广大沿海地区进行大规模“填海造地”工程提供了经济有效的地基处理方法和经验，并从根本上解决了建设与农业争地问题的矛盾，具有重大的经济效益和社会效益。对于工业废渣来说，采用强夯法处理，能取得较好的效果，从而解决了长期存在的废渣占地和环境污染问题，同时还为废渣利用开辟了新的途径。强夯法是建设部“八五”期间科技进步推广项目。

强夯法虽然适用土类很广，但对饱和度较高的黏性土，一般来说处理效果不显著。其中尤其是淤泥和淤泥质黏土地基，处理效果更差，应慎用。近些年来，对这类土也有采用强夯法加袋装砂井（和塑料排水带）进行综合处理的，但其处理效果并不理想。针对上述情况，国内外相继采用了在夯坑内回填块石、碎石、砂或其他粗颗粒材料，通过夯击排开软土，从而在地基中形成块石墩的方法。这种方法，称为强夯置换法（dynamic replacement）。

强夯法加固地基的特点是：

1）加固效果显著，可取得较高的承载力，一般地基强度可提高 2～5 倍；变形沉降量小，压缩性可降低 2～10 倍，加固影响深度可达 6～10 m。

2）施工设备、施工工艺操作简单。

3）工效高，施工速度快（一套设备每月可加固 5000～10000 $m^2$ 地基），比换土回填和桩基法缩短一半工期。

4）节省加固原材料，施工费用低，节省投资。比换土回填节省费用 60％，与预制桩加固地基相比节省 50％～70％，与砂桩相比节省 40％～50％。

5）适用范围十分广泛，不但能在陆地上施工，而且也可在水下夯实。

6）施工时噪声和振动较大，因而不宜在人口密集的城市内使用。

强夯法适用于处理碎石土、砂土、粉土、黏性土、杂填土和素填土等地基。经过处理后的地基，既提高了地基土的强度，又降低其压缩性，同时还能改善其抗震动液化的能力和消除土的湿陷性。所以这种处理方法还常用于处理可液化砂土地基和湿陷性黄土地基等。

目前，应用强夯法处理的工程范围很广，有各类工业与民用建筑、仓库、油罐、贮仓、飞机场跑道、铁路和公路路基及码头堆场等。总之，强夯法在某种程度上比其他处理方应用得更为广泛、更为有效和更为经济，已成为我国最常用的地基处理方法之一。

### (二) 强夯法加固地基的原理

强夯法虽然已在工程中得到广泛的应用，但有关强夯机理的研究，国内外至今尚未取得满意的结果。其主要原因是各类地基土的性质差别很大，很难建立适用于各类土的强夯加固理论。但在这方面仍做了很多研究工作。

根据检测，夯锤在极短时间内对地基土体施加一个巨大的冲击能量（震源），这一突然释放的巨大能量使地基产生强烈震动，并以波的形式从震源向四周传播，如图4-12所示。

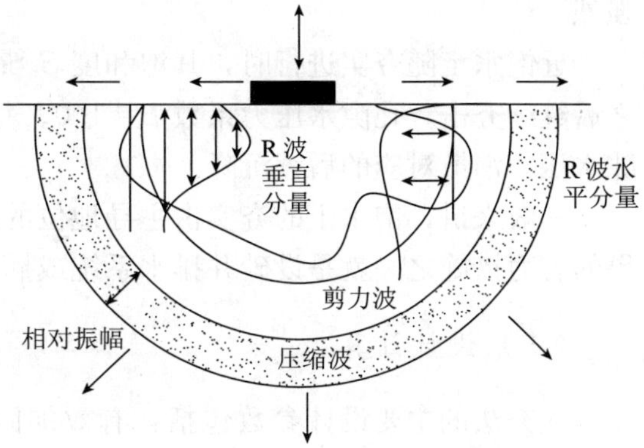


图4-12　波动传递示意图（重锤夯击在弹性半空间地基中产生的波场圆形基础）

波主要由纵波、横波和表面波组成（质点运动由竖向和水平分量组成）联合传播的。纵波又称为压缩波、P波、初波、无转动波。P波质点震动方向与波动方向平行。这种波系沿波动方向的一种推拉运动，沿此方向有压缩和扩张，综合效果有利于颗粒质点的靠拢（压密）。横波，又称剪切波、S波、次波、等体积波。S波质点震动方向与波动方向垂直，发生剪切破坏。这两种波波速不同，$v_P$最快，最先到达远处某点，故称初波（初至波），$v_S$要慢，后到达，故称次波。在半无限介质体表面有一震动源就可能出现表面波（瑞利波、R波），它沿表面呈柱面辐射，柱轴直立（但长度有限）并通过震动源点，柱面在表面的痕迹为一个圆。

P波、S波、R波所占的相对能量分别为：P波占7%，S波占26%，R波占67%（Miller，1954），R波占全部能量的2/3。P波大部分通过液相运动，使孔隙水压力增大，同时使土粒错位，土体骨架解体，随后到达的S波使土颗粒处于更密实的状态。R波其竖直分量起到松动土的作用，水平分量可使土得到密实。

采用强夯法加固非饱和土是基于动力压密的概念，即使用动力载荷，使土中的孔隙体积减小，土体变得密实，从而提高其强度。非饱和土的固相是由大小不等的颗粒组成，在土颗粒周围的孔隙被空气和水所充满。在P波能量的作用下，土颗粒互相靠拢，因为气相的压缩性比固相和液相的压缩性大得多，所以气体部分首先被排出，颗粒进行重新排列，由天然的紊乱状态进入稳定状态，孔隙大为减小。就是这种体积变化和塑性变化使土体在外载荷作用下达到新的稳定状态。当然，在波动能量作用下，土颗粒和其间的液体也受力而可能产生变形，但这些变形相对土颗粒间的移动、孔隙减少来说是较小的，这样我们可以认为对非饱和土的夯实变形主要是由于颗粒的相对位移而引起。因此也可以说，非饱和土的夯实过程，就是土中的气相被挤出的过程。

所以，在强夯过程中，地基强度的变化和增加可分为四个阶段：①夯击能转换，使土体中气体排出，孔隙水压力上升并伴随土体被强制压密和振密；②土体产生液化或结构破坏，土体渗透性能改变，土体裂缝发展；③排水固结压密，土体强度提高；④触变恢复，土体继续固结压密，强度进一步提高。土体旧的平衡体系被打破后，新的平衡体系建立了起来。

饱水土是指位于地下水面附近及以下饱和度接近1.0的土层。强夯中的饱水土常常是以近饱和状态出现，究其原因：①地下水面经常升降，故一定深度范围内地下水也常常含有大量空气；②毛细带具有过渡性，一般也归入饱水土范围内，这带土中本来就含有大量空气；③有的土层本身就含有气体，如海相层中有甲烷，地热区地下水中含有 $CO_2$ 等。因此，强夯面对的饱水土往往是近饱和土。近饱水土的夯实过程，总趋势是土体的密实程度提高，土体中水分减少，同时由于存在均一化过程，不同区块不同单元之间孔隙水和气的交流十分强烈。

近饱水土随夯实进行时，其饱和度 $S_r$ 最终会增大到 1.0 而成为名副其实的饱水土，这之后继续夯击，孔隙水压力系数 $B=1.0$。每一击后夯坑基本不存在初始沉降，而只有与孔隙水压力消散对应的后续沉降。

一般来讲，饱水土的夯实占主导地位的还是排水固结。在实践中，提高饱水土体夯实效果的有力措施之一就是设砂井排水系统或插塑料排水板组成排水系统。

## （三）设计计算

强夯法的主要设计参数包括：有效加固深度、夯击能、夯击次数、夯击遍数、间隔时间、夯击点布置和处理范围等。现分别阐述如下。

### 1. 有效加固深度

有效加固深度既是选择地基处理方法的重要依据，又是反映处理效果的重要参数。一般可按下列公式估算有效加固深度：

$$H = \alpha\sqrt{Mh/10} \tag{4-30}$$

式中：$H$ 为有效加固深度，m；$M$ 为锤重，kN；$h$ 为落距（锤底至起夯面距离），m；$\alpha$ 为修正系数，须根据所处理地基土的性质而定，变动范围为 0.4～0.8。

在缺试验资料或经验时也可按表 4-3 来确定。

**表 4-3　强夯法的有效加固深度**

| 单次夯击能/kJ | 有效加固深度/m | |
|---|---|---|
| | 粗颗粒土 | 细颗粒土 |
| 1000 | 5～6 | 4～5 |
| 2000 | 7～8 | 6～7 |
| 3000 | 8～9 | 7～8 |
| 4000 | 9～10 | 8～9 |
| 5000 | 10～10.5 | 9～9.5 |
| 6000 | 10.5～11 | 9.5～10 |

### 2. 单位夯击能

锤重 $M$ 与落距 $h$ 的乘积称为单位夯击能。强夯的单位夯击能（指单位面积上所施加的总夯击能）应根据地基土的类别、结构类型、荷载大小和要求处理的深度等综合考虑，并通过现场试夯确定。按表 4-3 选用或按经验公式（4-30）计算后确定。一般粗颗粒土可取 1000～3000 kN·m/m²；细颗粒土为 1500～4000 kN·m/m²。

**3. 最佳夯击能**

理论上，能使地基中出现的孔隙水压力达到土的自重压力时的夯击能称为最佳夯击能。

黏性土地基，孔隙水压力消散慢，孔隙水压力可以叠加，可根据孔隙水压力叠加值来确定最佳夯击能。

砂性土地基，孔隙水压力消散快（仅为几分钟），因此孔隙水压力不能随夯击能增加而增加。当孔隙水压力增量随夯击次数的增加而趋于稳定时，以此可确定最佳夯击能。

实际工作时，常用夯击时对夯点附近土的变形观测来确定最佳夯击能。即认为夯击时，使土体竖向压缩最大，而侧向移动最小的夯击能为最佳夯击能。

**4. 夯击击数与遍数**

夯点的夯击击数，应按现场试夯得到的夯击击数和夯沉量关系曲线确定，一般为 4～10 击。

夯击遍数应根据地基土的性质和平均夯击能确定。一般情况下可采用 1～8 遍，粗颗粒土夯击遍数少；细颗粒土夯击遍数多。最后一遍是以低能量满夯（搭夯），即夯锤的锤印彼此搭接。

**5. 间歇时间**

相邻两遍夯击的间歇时间取决于前一遍夯击后，土体中孔隙水压力的消散时间。一旦孔隙水压力消散，即可施行。排水性差的黏性土地基，需 3～4 周，也可在地基土中埋设排水系统，加速孔隙水压力的消散；排水性好的砂性土地基，消散时间只有 2～4 min，可连续施工。

**6. 夯击点布置及间距**

强夯处理范围一般自基础外缘起增加拟加固深度的 1/3～1/2，并不小于 3 m。夯击点可根据建筑物结构类型进行布置。可按正方形、等边三边形、等腰三角形等布点。

夯击点间距一般根据地基土的性质和要求处理的深度而定。一般为夯锤直径的 1.3～2.0 倍（约 5～15 m）。

（四）施工设备和机具

施工的设备和机具主要包括：起重机、夯锤、脱钩装置及推土机、压实机等。

**1. 起重机**

多使用自行式、全回转履带式起重机。如 $W_1-50$、$W_1-100$、$W_1-200$、$W_2-25$ 等，起重机质量 5～50 t，起重机臂长为 10～40 m。

（1）选择起重机的指标

起重量 $Q$：

$$Q \geqslant KQ_1 + q \tag{4-31}$$

式中：$Q$ 为起重机起重量；$Q_1$ 为夯锤重量；$q$ 为索具重量；$K$ 为夯坑阻力系数，一般为 1.3～3.0。

起重高度 $H$：

$$H = h + h_1 + h_2 \tag{4-32}$$

式中：$H$ 为起重高度，m；$h$ 为落距，m；$h_1$ 为夯锤高度，m；$h_2$ 为夯锤吊梁高度，m。

幅度（回转半径）$R$：$R$ 大，可减少起重机移动进度。但还需验算臂杆与夯锤上缘安全间距及臂杆顶滑轮至吊钩钩口安全距离。

$$\left.\begin{aligned} S &= \frac{(L\sin\alpha + E) - h - h_1}{\tan\alpha} - \frac{D}{2} \\ \alpha &= \cos^{-1}\left(\frac{R-F}{L}\right) \\ h_3 &= (L\sin\alpha + E) - H \end{aligned}\right\} \tag{4-33}$$

式中各参数含义如图 4－13 所示，$S \geqslant 0.6 \sim 1.2$ m；$h_3 \geqslant 2.5 \sim 4.5$ m。

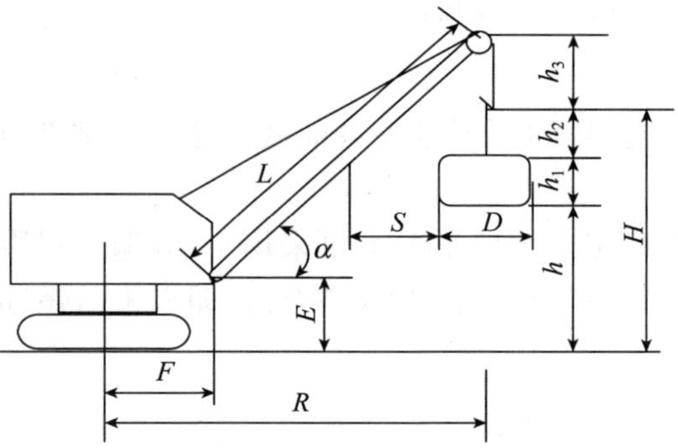


图 4－13　起重机验算高度示意图

（2）稳定性验算

在超负荷吊升或接长臂杆时进行。

（3）附加装置

为防止起重机臂杆在较大的仰角下突然释重而有可能发生后倾，可在履带起重机的臂杆端部设置辅助门架，或采取其他安全措施。为防夯锤碰撞臂杆，可在臂杆相应位置焊钢板或固定汽车轮胎。

**2. 夯锤**

1）夯锤材料。可采用铸钢或铸铁，刚性好、重心低、可拼装、便于运输；也可采用钢板壳内灌混凝土，就地灌注、成本低。

2）夯锤底面积和形状。锤底面积宜按土的性质和锤重确定，锤底静压力值可取 25～40 kPa，对于粗颗粒土选用大值，锤底面积为 3～4 $m^2$；对于细颗粒土取小值，锤底面积 3～6 $m^2$。同时应控制夯锤的高宽比（1∶2.5～1∶2.8），以防止产生偏锤现象。

夯锤底面有圆形和方形两种，圆形定位方便，稳定性和重合性较好，采用较广。实际采用的形状如图 4－14 所示。加固深部地基用图 4－14b，d 所示的夯锤底面；加固浅部地基用图 4－14a，c 所示的夯锤底面。

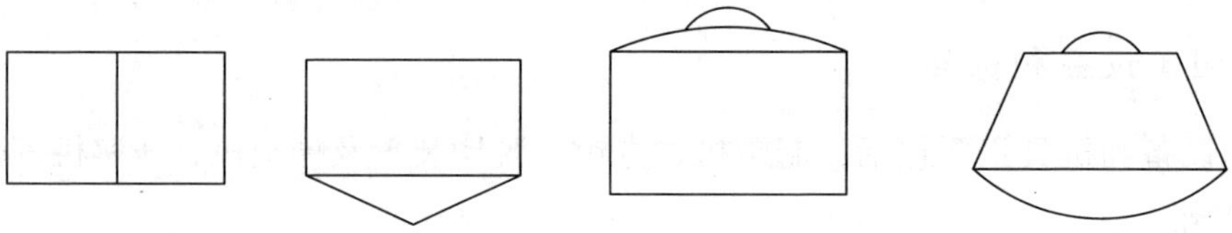


图 4－14　夯锤底部形状示意图

a—平底正方形；b—锥底圆柱；c—平底圆柱；d—球体台锥形

3）减阻气孔结构。为了减少夯锤着地前瞬时气垫的上托力，从而减少能量损失（气垫作用，消耗功约为夯击能的 30%），以及减少起吊夯锤时的真空吸附作用（大于锤的自重），可在夯锤中设置 4～6 个对称分布、上下贯通的排气孔，孔径可取 250～300 mm。

**3. 挂脱钩装置**

以转动式脱钩装置为例，如图 4－15 所示。工作时，将吊钩挂在夯锤提梁上，并合上锁柄，将夯锤吊起，至预定高度后，拉起锁柄（副卷扬），在夯锤重力作用下吊钩绕轴转动，夯锤提梁滑出吊钩，自由下落。

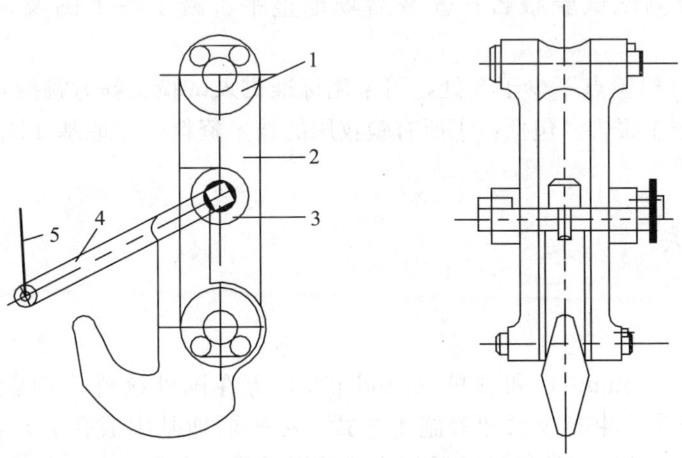


图 4－15　强夯自动脱钩器

1—吊环；2—耳板；3—销环轴辊；4—锁柄；5—拉绳

**4. 辅助机械**

辅助机械包括推土机、静力光面压路机、蛙式打夯机等。其作用是夯前、夯后平整及压实施工场地、填土、推平等作业。

（五）强夯法施工

**1. 准备阶段**

1）拟定初步施工方案。①了解施工场地土质概况、确定强夯参数；②确定夯后土的物理力学指标；③选定强夯机具；④施工组织及计划安排；⑤保证质量及安全措施；⑥工程预算。

2）平整场地。场地高差要求小于±10 cm。可铺设垫层，在地表形成硬层，用以支承起重设备。同时可加大地下水和表层距离，防止夯击效率的降低。

3）试夯。确定正式施工方案。并防止震动向远处传播，一般挖隔震沟，防震效果主要取决于隔震沟的深度而不是宽度，所以在震动速度为 0.5$g$ 的时候，隔震沟为 2 m 深即可。

**2. 施工阶段**

1）起重机就位，对一个夯实点完成夯击作业，移至下一个夯点夯击，直至完成第一遍全部夯点夯击。

2）用推土机将夯坑填平，间隔规定天数，待孔隙水压力消散。

3）重复步骤 1）和步骤 2）。

4）“满夯”。最后一遍夯击，采用调整落距或减少夯锤重量的方法减少夯击能，以便加固地基表层。

5）夯后测试，检查夯击效果。

**3. 收尾阶段**

1）强夯设备、机具退场，平整场地。

2）提交以下技术资料：①强夯各遍施工图；②强夯各遍施工记录；③强夯各遍场地

平整记录；④强夯测试试验报告；⑤夯后场地整平、碾压竣工图及资料；⑥探坑回填资料。

3）选点检验。检验点不少于3处，可采用标准贯入试验、静力触探等方法检验。

4）提交强夯施工报告。包括：①所有验收用的技术资料；②地基加固效果的评价；③地基未来变化的预测。

## 二、振冲法

### （一）概述

碎石桩（stone column）和砂桩（sand pile）等在国外统称为粗颗粒土桩（granular pile）。它是指用振动、冲击或水冲等施工方式，在软弱地基中成孔后，再将碎石或砂等粗骨料挤压入孔中，使被加固的松散地基挤密或填料成桩并和原地基土组成复合地基，提高地基强度的加固技术。

1937年，德国凯勒公司（Jahann Keller）按斯图门（Steuerman）设计制造出具有现代振冲器雏形的机具，并用于处理柏林市郊一幢建筑物砂土地基。20世纪50年代末和60年代初，德国和英国相继又利用振冲法来加固黏性土地基。我国于20世纪70年代中期引进振冲法加固技术。20多年来在水利水电工程、道路、桥涵、大型厂房及工业与民用建筑地基上广泛采用了振冲法加固地基。

随着时间的推移，各种不同的施工工艺相应产生。如沉管法、振动气冲法、袋装碎石桩法、碎石桩强夯置换法等。虽然它们施工不同于振冲法，但同样可形成密实的碎石桩，人们自觉或不自觉地套用了“碎石桩”的名称。所以碎石桩的内涵扩大了。不管加固的地基是砂性土还是黏性土；不论施工方法是振冲法、干振法、振动沉管法还是其他方法，只要制成的是以石料组成的柱或桩体，均称为“碎石桩”。

振冲法按加固机理和效果的不同，又分为振冲置换法和振冲密实法两类。前者是在地基土中借振冲器成孔，孔内填料、振密，制作出以碎石、砂砾等散粒材料组成的桩体，与原地基土组成复合地基，又称振冲置换碎石桩法；后者是在松散的砂层中，使砂层液化、密实，可根据砂土的不同，有加填料和不加填料两种，又名振冲挤密砂桩法。

振冲法加固软弱地基的特点如下：

1）振动力直接作用在地基深层软弱土的部位，对软弱土施加的振动侧向挤压力大，因而使土密实的效果与其他地基处理方法相比最好；

2）对不均匀的天然地基土，在平面和深度范围内，由于地基的振密程度可随地基软硬程度对不同的填料量进行调整，同样可取得相同的密实电流（地基土或桩体达到密实要求时，振冲器所使用的电流），使加固后成为较为均匀的地基，以满足工程对地基变形的要求；

3）施工机具简单、操作方便、施工速度较快、加固质量容易控制，目前的施工技术最深可达30 m；

4）不用钢材和水泥，仅用碎石、卵石、角砾、圆砾、砾砂、粗砂和中砂等当地硬质材料，因而造价较低，与钢筋混凝土桩基相比，一般可节约总投资的三分之一；

5）在天然软弱地基中，经振冲加以碎石或卵石等粗骨料，成桩后改变了地基排水条件可加速地震时超孔隙水压力的消散，有利于地基抗震和防止液化；

6）施工中排放污水、污泥量较大，在人口稠密地区和没有排污泥场地时使用受到一定限制。

振冲置换法一般适于处理不排水抗剪强度大于 20 kPa 的黏性土、粉土、饱和黄土和人工填土等地基，但对不排水抗剪强度小于 20 kPa 的淤泥质土、淤泥等地基，应通过场地试验确定其适用性。这样既不限制适用范围，也对设计人员采用时提醒应持慎重态度；振冲密实法适用于处理砂土和粉土等地基，不加填料的振冲密实法仅适用于处理黏粒含量小于10%的粗砂、中砂地基。

为了克服振冲施工排污泥缺点，各国都在研究干振法（dry process）。干法施工不用水，土全部被振冲器挤到周围土体中。河北省建筑科学研究所采用干振法加固地基，在石家庄和承德等地区都取得了明显的效果。目前，国内干振法适用于地下水位以上的非饱和松软黏性土。

目前国内振冲法加固地基的深度为 14 m，最大达 18 m，置换率为 10%～30%，每米桩的填料量为 0.3～0.7 $m^3$，直径为 0.7～1.2 m。

（二）加固地基原理

**1. 松散地基加固**

砂土是单粒结构。密实的单粒结构已接近稳定状态，在荷载作用下不会再产生大的变形。而疏松的单粒结构，颗粒间孔隙较大，颗粒位置不稳定，在动载或静载作用下很容易位移，因而会产生较大的变形。特别是在振动荷载作用下更为显著，其体积可减少 20%。所以疏松的砂性土不经处理不能作为建筑地基。碎石桩（不论振冲法或干振法）加固砂性土地基的主要目的是提高地基土的承载力和模量，并增强抗液化性。

（1）挤密效应

振冲器的水平振动加水使饱和砂层液化、砂颗粒重新排列，孔隙减少；水平振动力又可使砂层挤压、加密；若做碎石桩，则桩体具有良好透水性，加速地基固结。

（2）排水减压效应

对砂土液化机理的研究证明，当饱和松散砂土受到剪切循环荷载作用时，将发生体积收缩和趋于密实。在砂土无排水条件时，体积的快速收缩将导致超静孔隙水压力来不及消散而急剧上升，当砂土中有效应力降低为零时，便形成了完全液化。碎石桩加固砂土时，桩孔内充填反滤性好的粗颗粒料，在地基中形成渗透性能良好的人工竖向排水减压通道，可有效地消散和防止超孔隙水压力的增高和砂土产生液化，并可加快地基的排水固结。

（3）预震效应

美国的试验表明，密实度 $D_r$ 为 54%但未受过预震影响的砂样，与其抗液化能力相当的相对密实度 $D_r$ 为 80%的未受过预震的砂样相比，即在一定循环次数下，当两试样的相对密实度相同时，要造成经过预震的试样发生液化，所需施加的应力要比施加在未经预振的试样而引起液化所需应力值提高 46%。从而得出了砂土液化的特性，除了与土的相对密实度有关外，还与其振动应变史有关的结论。在振冲法施工时，振冲器以每分钟 1450 次振动频率，98 $m/s^2$ 水平加速度和 90 kN 激振力喷水沉入土中时，使填料和地基土在挤密的同时获得强烈的预振，这对砂土增强抗液化能力极为有利。

**2. 黏性土地基加固**

由于黏性土在施加振动后具有的“触变现象”（密实度不变，强度能恢复到原来强度的特性），所以振冲法只是成孔，然后孔内填料成桩，桩与原地基土形成复合地基。

由于桩、土的变形模量不等（土为 1～5 MPa，桩为 3～10 MPa），施加荷载后，一部分荷载作用在桩上，另一部分作用在地基土上。由于碎石桩的刚度比桩周土的刚度大，而地基中应力按材料变形模量进行重新分配时，大部分荷载将由碎石桩承担，桩体应力和桩间黏性土应力之比值称为桩土应力比。

（三）设计计算

**1. 设计的一般原则**

（1）处理范围

振冲挤密法：建筑物基础外缘每边加宽至少 5 m。振冲置换法：一般地基，在基础外缘应扩大 1～2 排桩；对可液化地基，在基础外缘应扩大 2～4 桩。

（2）桩位布置和桩距

对大面积满堂处理，桩位采用等边三角形布置；对独立或条形基础，采用正方形、矩形或等腰三角形布置。

桩的间距根据地基土性质、荷载大小、振冲器的功率来确定。如振冲器为 30 kW，则桩距为 1.8～2.5 m；振冲器为 75 kW，则桩距为 2.5～3.5 m。振冲挤密法也可按式（4-34）来计算：

$$s = \alpha\sqrt{V/V_F} \tag{4-34}$$

式中：$s$ 为桩距，m；$\alpha$ 为系数，正方形为 1，等边三角形为 1.075；$V_F$ 为单位桩长平均填料量，为 0.3～0.7 $m^3$；$V$ 为原地基为达到规定密实度单位体积所需填料量，$V$ 的计算公式如下：

$$V = \frac{(1+e_p)(e_0-e)}{(1+e_0)(1+e)} \tag{4-35}$$

式中：$e_p$ 为桩体孔隙比；$e_0$ 为原地基土孔隙比；$e$ 为地基土要求达到的孔隙比。

振冲置换法的桩距一般为 1.5～2.5 m。

（3）桩长的确定

当相对硬层的埋藏深度不大时，应按相对硬层的埋藏深度确定；当相对硬层的埋藏深度较大时，应按建筑物地基的变形允许值确定。桩长不宜短于 4 m。桩顶应铺设一层 200～500 mm 厚的碎石垫层。

（4）桩的直径

可按每根桩所用的填料计算，一般振冲挤密法为 0.3～0.5 m；振冲置换法为 0.8～1.2 m。

（5）填料选择

振冲挤密法：可采用中粗砂或砂砾混合物，原地基为中粗砂时可不加填料；振冲置换法：碎石、卵石、砾砂、矿渣、碎砖等，粒径一般为 2～5 cm。

（6）振动影响

振冲器工作时其震波向四周传递，对于松砂地基，影响不超过 8 m；对于黏性土地基不超过 2～3 m。所以一般不进行抗震处理。

**2. 对砂性土设计计算方法**

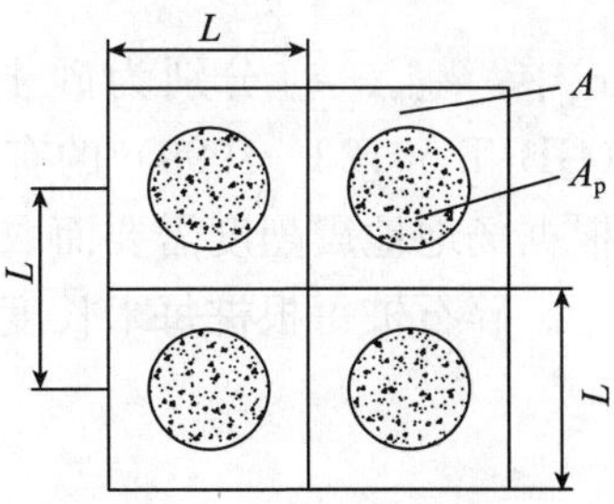

图 4－16　正方形桩位布置计算桩距

对砂性土地基，主要是从挤密的观点出发考虑地基加固中的设计问题，首先根据工程对地基加固的要求（如提高地基承载力、减少变形或抗地震液化等要求），确定碎石桩加固后要求达到的密实度和孔隙比，从而考虑桩位布置形式和桩径大小，再计算桩距和桩长。

（1）桩距确定

设碎石桩的布置如图 4－16 所示，假定在松散砂土中打入碎石桩能起到 100％的挤密效果，亦即在成桩过程中地面没有隆起或下沉现象，被加固的砂土没有流失。已知一根碎石桩所分担的加固面积为 $A$，单位深度灌碎石量为 $A_p$，桩距为 $L$，原砂土地基单位深度的平均体积为 $V_0$，其中原砂的固体颗粒所占的体积为 $V_s$（图 4－17）。

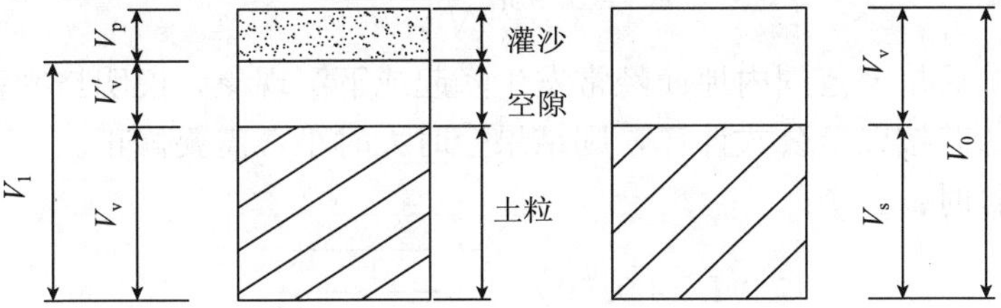

图 4－17　孔隙比 $e$ 的变化图

$e_1=\frac{V_v'}{V_s}$；$e_0=\frac{V_v}{V_s}$

当正方形布置时，处理前体积如下：

$$V_0=L^2\times 1=V_s(1+e_0) \tag{4-36}$$

当正方形布置时，处理后体积为

$$V_1=V_s(1+e_1)=V_0-A_p\times 1 \tag{4-37}$$

从式（4－36）和式（4－37）可求得：

$$\frac{V_1}{V_0}=\frac{1+e_1}{1+e_0}=\frac{V_0-A_p}{V_0} \tag{4-38}$$

故

$$A_p=\frac{e_0-e_1}{1+e_0}V_0=\frac{e_0-e_1}{1+e_0}L^2 \tag{4-39}$$

设桩体直径为 $d$，由于 $A_p=\frac{\pi}{4}d^2$，得：

当正方形布置时，

$$L=0.887d\sqrt{\frac{1+e_0}{e_0-e_1}} \tag{4-40}$$

当等边三角形布置时，

$$L=0.95d\sqrt{\frac{1+e_0}{e_0-e_1}} \tag{4-41}$$

地基挤密后要求达到的孔隙比 $e_1$，可按工程对地基承载力要求或按挤密后要求达到抗液化的相对密实度 $D_r$ 确定：

$$e_1 = e_{max} - D_r(e_{max} - e_{min}) \tag{4-42}$$

式中：$e_{max}$、$e_{min}$分别为砂土的最大和最小孔隙比，可按国家标准《土工试验方法标准》（GB/T 50123—1999）的有关规定确定；$D_r$ 为地基挤密后要求砂土达到的相对密实度，可根据场地地震烈度需要而取得。

碎石桩每根桩每米长度的填料量 $q$ 为：

$$q = \frac{e_0 - e_1}{1 + e_0}A \tag{4-43}$$

式（4-40）和式（4-41）也可用加固前、后土的容重度 $\gamma_0$ 和 $\gamma_1$ 表示，即：

正方形布置时：

$$L = 0.887d\sqrt{\frac{\gamma_1}{\gamma_1 - \gamma_0}} \tag{4-44}$$

等边三角形布置时：

$$L = 0.95d\sqrt{\frac{\gamma_1}{\gamma_1 - \gamma_0}} \tag{4-45}$$

实际上，成桩后挤密范围内地面经常发生隆起或下沉现象，说明挤密范围内土层体积已发生变化，因此，若按以上公式计算，则结果会时大时小，需要修正。

当正方形布置时：

$$L = 0.90d\sqrt{\frac{1}{\frac{e_0 - e_1}{1 + e_0} - \frac{\Delta h}{l}}}$$

当等边三角形布置时：

$$L = 0.95d\sqrt{\frac{1}{\frac{e_0 - e_1}{1 + e_0} - \frac{\Delta h}{l}}}$$

式中：$l$ 为桩长，m；$\Delta h$ 为制桩过程中地面高程的升降变化（升为+，降为－），m。

（2）液化判别

根据《建筑抗震设计规范》（GB 50011—2010）规定：应采用标准贯入试验判别法判别在地面下 20 m 深度范围内的液化。当饱和土标准贯入锤击数（未经杆长修正）小于或等于液化判别标准贯入锤击数临界值时，应判为液化土。当有成熟经验时，尚可采用其他判别方法。

$$N_{63.5} < N_{cr}$$

$$N_{cr} = N_0\beta[\ln(0.6d_s + 1.5) - 0.1d_w]\sqrt{\frac{3}{\rho_c}} \tag{4-46}$$

式中：$N_{63.5}$为饱和土标准贯入锤击数实测值（未经杆长修正）；$N_{cr}$为液化判别标准锤击数临界值；$N_0$ 为液化判别标准锤击数基准值，应按表 4-4 采用；$d_s$ 为饱和土标准贯入点深度，m；$d_w$ 为地下水位深度（m），应按建筑使用期内年平均最高水位采用，也可按近期内年最高水位采用；$\rho_c$ 为黏粒含量百分率，当小于 3 或为砂土时，均应采用 3。$\beta$ 为调整系数，设计地震第一组取 0.80，第二组取 0.95，第三组取 1.05。

**表 4-4　液化判别标准贯入锤击数基准值 $N_0$**

| 设计基本地震加速度（$g$） | 0.10 | 0.15 | 0.20 | 0.30 | 0.40 |
|---|---|---|---|---|---|
| 液化判别标准贯入锤击数基准值 | 7 | 10 | 12 | 16 | 19 |

这种液化判别法只考虑了桩间土挤密效应的抗液化能力，而未考虑碎石桩的排水减压效应和预震效应，所以是偏于安全的。

### 3. 黏性土设计计算方法

（1）承载力计算

1）单桩承载力计算。由于碎石桩均由散体土粒组成，其桩体的承载力主要取决于桩间土的侧向约束能力，对这类桩最可能的破坏形式为桩体的鼓胀破坏（图 4－18）。目前国内外估算碎石桩的单桩极限承载力的方法有若干种，如有侧向极限应力法、整体剪切破坏法、球穴扩张法。一般常用的有 Brauns 单桩极限承载力法和综合极限承载力法。

可采用下式估算单桩极限承载力（kPa）为：

$$[P_p]_{max} = 20 \cdot C_u \tag{4-47}$$

式中：$C_u$ 为地基土的不排水抗剪强度，kPa。

2）复合地基承载力计算。在碎石桩和桩间土所构成的复合地基上（图 4－19），当作用荷载为 $P$ 时，设作用于砂桩的应力为 $P_p$ 和作用在桩周黏性土上的应力为 $P_s$。假定在碎石桩和黏性土各自面积为 $A_p$ 和 $A-A_p$ 范围内作用的应力不变时，则可求得：

$$P \cdot A = P_p \cdot A_p + P_s \cdot (A-A_p) \tag{4-48}$$

式中：$A$ 为一根桩所分担的地基处理面积。

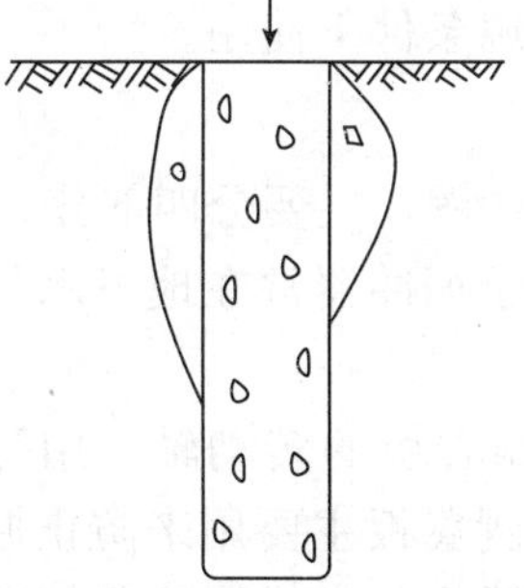

图 4－18　桩的鼓胀破坏

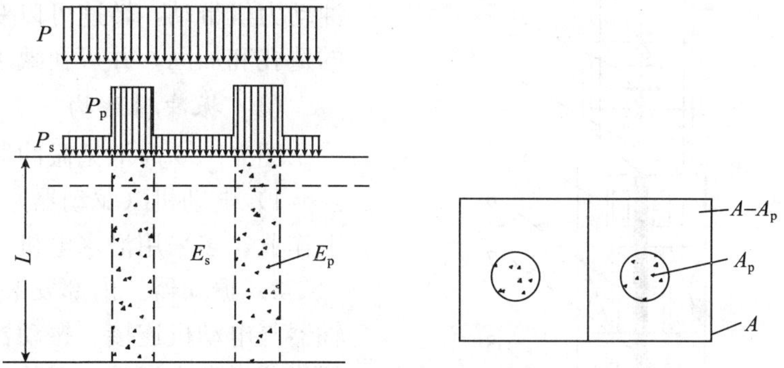


图 4－19　复合地基应力状态

若将桩土应力比 $n=P_p/P_s$ 及面积置换率 $m=A_p/A$ 代入式（4－48），则公式可改为：

$$\frac{P_p}{P} = \mu_p = \frac{n}{1+(n-1)m} \tag{4-49}$$

$$\frac{P_s}{P} = \mu_s = \frac{1}{1+(n-1)m} \tag{4-50}$$

式中：$\mu_p$ 为应力集中系数；$\mu_s$ 为应力降低系数。

另外，式（4－48）又可改写为：

$$P = \frac{P_p \cdot A_p + P_s(A-A_p)}{A} = [1+(n-1)m] \cdot P_s \tag{4-51}$$

从式（4－51）也可得知，只要由实测资料求得 $P_p$ 和 $P_s$ 后，就可求得复合地基极限承载力。一般桩土应力比可取 2～4，原天然地基土强度低者可取大值。

《建筑地基处理技术规范》（JGJ 79—2012）规定：

$$f_{spk} = [1+m(n-1)]f_{sk} \tag{4-52}$$

式中：$f_{spk}$为复合地基的承载力特征值；$f_{sk}$为桩间土加固后承载力特征值；$m$ 为复合地基置

换率，$m=A_p/A=d^2/d_e^2$，$A_p$ 为桩体面积，$A$ 为对应的加固面积，$d$ 为桩身平均直径，$d_e$ 为一根桩承担的等效圆直径，$d_e=1.05l$（等边三角形），$d_e=1.13l$（正方形），$d_e=1.13(l_1l_2)^{1/2}$（矩形），$l$，$l_1$，$l_2$ 分别为桩间距、桩的纵向和横向间距；$n$ 为复合地基桩土应力比，可按地区经验确定。

（2）复合地基沉降计算方法

详见第四章第二节“四、复合地基沉降计算方法”。

（3）稳定分析

若碎石桩用于改善天然地基整体稳定性时，可使用复合地基的抗剪强度，再采用圆弧滑动法来进行计算。

## （四）振冲法施工设备、机具

### 1. 振冲器

振冲器是一种利用自激振动，配合水力冲击进行作业的机具。振动方式有水平振动、水平振动加垂直振动。目前国内外均以单向水平振动为主。振冲器的振动能源有电动机和液压马达两种，我国常用的振冲器均采用潜水电机驱动。液压马达由自备柴油动力机带动，转速可以变化，可广泛使用于不同土质的造孔和加固，并可在缺乏电源条件下使用。

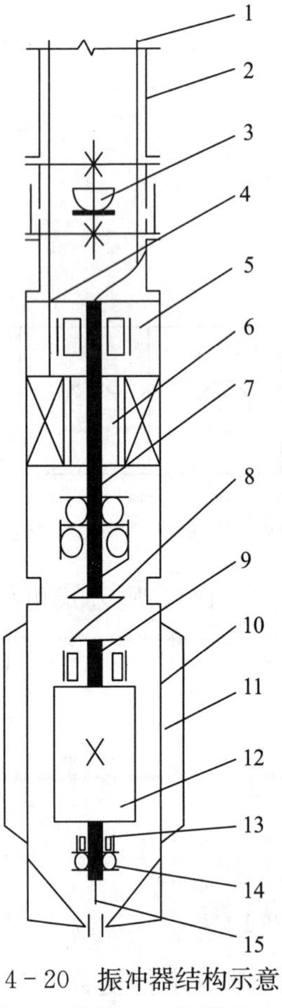


图 4－20　振冲器结构示意图

1—水管；2—导管；3—活接头；电动机垫板；5—潜水电机；6—转子；7—电动机轴；8—联轴节；9—空心轴；10—壳体；11—翼板；12—偏心块；13—向心轴承；14—推力轴承；15—射水管

（1）振冲器结构

图 4－20 为常见振冲器结构图，主要分四部分。

1）电动机（驱动器）。由于振冲器常在地下水位以下作业，多采用潜水电机。

2）振动器。内部安装有偏心块的转动轴，用弹性轴器与电动机连接。振动器两侧翼板主要用来防止振冲器作业时发生扭转。有些振冲器头部亦有翼板起加强防扭作用。

3）通水管。通水管一般穿过潜水电机转轴及振动器偏心轴，通到振动器侧壁或下端。

4）减振器及导管。减振器的作用是保证振冲器能独立水平振动，减少对上部导管影响。目前国内大多使用橡胶减振器。导管用来起吊振冲器和保护电缆、水管。

（2）振动参数选择

1）振动频率。振冲器振动迫使周围土颗粒强迫振动，处在共振状态，产生相对位移，达到最佳加密效果。国外试验表明，振动频率为 1500 r/min 时，可获得最佳加密效果，3000 r/min 时效果最差。目前我国振冲器所选用电机转速是 1450 r/min，接近最佳加密效果。

2）振幅。振冲器的振幅在一定范围内给土体以挤压。在相同振动时间内，振幅增加，地基土的沉降量亦增加，加密效果好。但振幅过大或过小，均不利于加固土体。我国振冲器的振幅设计一般约为 10 mm（全振幅）。

3）加速度。是反映振冲器振动强度的主要指标，我国振冲器自身发出加速度值一般约为 10$g$。

4）振冲器与电机匹配。振冲器与电机匹配是一个重要问题。匹配好，振冲器使用效果好，适用性强。匹配不当，即使大功率振冲器也不一定能解决中小型功率振冲器解决不了的地基加固问题。

目前振冲器设计理论尚不够成熟。一般先制造出振冲器配发电机，通过工程实践不断修改定型。

(3) 国内主要振冲器类型

国内主要振冲器类型见表 4-5。

表 4-5 振冲器主要技术参数

| 型号 | BJV55E—377 | BJV75E—377L | BJV75E—426 | BJV100E—426 | BJV130E—426 | BJV150E—426 |
|---|---|---|---|---|---|---|
| 电动机功率/kW | 55 | 75 | 75 | 100 | 130 | 150 |
| 转数/$(r\cdot min^{-1})$ | 1459～1800 | 1450 | 1450 | 1450 | 1450 | 1450 |
| 额定电流/A | 108 | 148 | 148 | 195 | 255 | 290 |
| 振动力/kN | 150～230 | 180 | 188 | 208 | 208 | 276 |
| 最大振幅/mm | 20 | 16 | 17.5 | 17.2 | 17.2 | 18.9 |
| 振冲器外径/mm | 377 | 377 | 426 | 426 | 426 | 426 |
| 振冲器长度/mm | 2000 | 2150 | 2500 | 3000 | 3150 | 2200 |
| 工作桩径/mm | 800～1000 | 1000～1200 | 1000～1200 | 1000～1200 | 1000～1200 | 1000～1200 |
| 质量/kg | 1560 | 1828 | 2018 | 2073 | 2320 | 2516 |

## 2. 其他设备、机具

振冲法加固施工主要辅助机具有起吊机械、供水泵、排浆泵、填料机械、电气自动控制系统及配套的电缆、胶管、修理机具等。

(1) 起吊设备

起吊设备可用汽车吊、履带吊或井架式专用车，根据施工经验，采用汽车吊施工比较方便。汽车吊机的起吊力，30 kW 振冲器宜大于 80 kN，75 kW 振冲器宜大于 160 kN。起吊高度必须大于施工深度。

(2) 填料设备

填料可用装载机和人工手推车，30 kW 振冲器配 0.5 $m^3$ 以上的装载机，75 kW 振冲器配 1.0 $m^3$ 以上装载机。也可采用人工手推车填料，应根据填料情况确定需用人工手推车数量。一般 30 kW 振冲器施工采用人工手推车填料可满足要求。大功率振冲器因填料用料大、时间短，人工填料难以满足要求。

(3) 电器控制设备

电气控制系统除为施工配电外，还应具有控制施工质量的功能。控制振冲加固的标准是一般用振冲器达到某一电流值及该电流维持的时间即留振时间。目前有手动式和自控式两种控制箱。手动式施工过程中电流和留振时间是人工按电钮控制的，自动控制式电器设备，可以设定加密电流值，当电流达到加密电流值能自动发出信号，该控制系统还具有时间延时系统用于留振时间控制。为保证施工质量不受人为因素影响，应选用自动控制装置。

（4）供水设备

供水泵要求压力 0.4～1.0 MPa，供水量为 20～30 $m^3/h$。

（5）排泥浆设备

排浆泵应根据排浆量和排浆距离选用合适的排污泵。

### （五）振冲法施工

#### 1. 施工准备工作

施工准备一般应做好下列工作：

1）参加设计单位的技术交底。

2）收集、分析施工场地地质资料。

3）查清施工场地内地下障碍物。

4）编写施工组织设计。

5）配备相应功率及型号的振冲器和配套机具。

6）施工场地应做到“三通一平”。三通指路通、电通、水通。施工道路应满足施工机械和填料运输车辆进入施工场地。水、电用量应满足施工要求。一般单台机组用电量为 30 kW，宜不少于 60 kW；75 kW 振冲器不少于 120 kW。电压应保持（380±20）V。用水量宜根据地质情况确定，一般单台机组不少于 15 $m^3/h$，最大水压 0.5～0.8 MPa。

7）根据建筑物或桩位主要轴线按图纸测放桩位。桩位测放允许偏差小于 30 mm。当主要建筑物或桩位轴线由建设单位测放时，施工单位必须复核；如果由施工单位测放，监理应检查。测量放线应有正式记录，以免处理后因主要轴线不准造成巨大损失。

8）做好施工场地作业布置。

9）在护桩或建筑物非主要部位进行试制桩。

#### 2. 施工

施工的一般工序为：桩机对准桩位、成孔并清孔、填料振密、上提振冲器逐段加密等步骤，如图 4-21 所示。

（1）成孔

成孔是保证施工质量的首要环节，成孔应符合下列规定：

1）振冲器对准桩位，偏差应小于 100 mm。先开启高压水泵，振冲器端口出水后，再启动振冲器，待运转正常后开始成孔。

2）成孔过程中振冲器应处于悬垂状态，要求振冲器下放速度小于或等于振冲器贯入土层速度。振冲器与导管之间有减振器相连接，因此导管有稍微偏斜是许可的，但不能偏斜过大，而使振冲器偏离贯入方向。

3）成孔速度取决于地基土质条件和振冲器类型及成孔水压等，根据工程实践经验，成孔最大速度一般控制在每分钟不大于 2 m 为宜。

4）有些振冲规范规定，造孔深度可小于设计桩深 300 mm。这是为了防止高压水对处理深度以下地基土的冲击。在此造孔深度填料，振冲器带着填料向下贯入到设计深度并开始

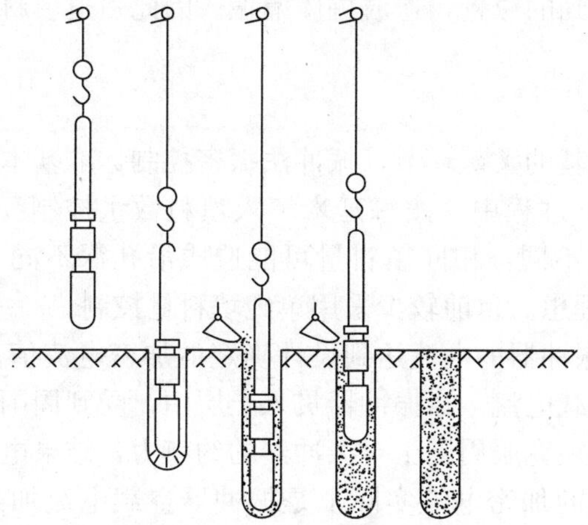


图 4-21　振冲碎石桩施工工艺

a—定位；b—振冲下沉；c—振冲至设计标高并下料；d—边振边下料、边上提；e—成桩

加密，减少水冲对下卧地基土的影响，即成桩深度与设计桩深一致。对于软淤泥、松散粉砂、砂质粉土、粉煤灰等易被水冲破坏的土，初始成孔深度可小于设计深度 300 mm 以上，甚至可达 1.0 m，充满填料向下贯入减少水冲影响，但开始加密深度必须达到设计深度。

5）成孔水压大小视振冲器贯入速度和地基土冲刷情况而定。一般 0.3～0.8 MPa，成孔水压大即水量大，返出地表的泥砂多；水压小，返出泥砂少，在不影响成孔速度的情况下水压宜小。

6）当成孔时，振冲器出现上下震动或电流大于电机额定电流时可终止成孔。若未达到设计深度，应与设计及监理人员研究解决。

（2）清孔

成孔时，返出泥浆密度大或孔中有狭窄或缩孔地段时，应进行清孔。将振冲器提出孔口或需要扩孔地段上下提拉振冲器，使孔口返出泥浆变稀（密度降低），振冲孔顺直通畅，以利填料加密。

（3）填料

一般清孔结束可将填料倒入孔中，有一些地层也可不清孔，成孔结束后就可开始填料。填料方式可采用连续填料、间断填料或强迫填料三种方式。

连续填料　在制桩过程中振冲器留在孔内，连续向孔内填料直至充满振冲孔。连续填料要求填料速度和数量满足成桩要求，若填料数量不足或不及时，振冲器在孔中长时间运转及水冲，振冲孔不断扩大，难以加密成桩。连续填料一般适用于机械作业。

间断填料　填料时将振冲器提出孔口，倒入一定量填料（一般高度 1.0 m），再将振冲器放入孔中振捣填料。间断填料一般多用人工，使用机械填料较难控制每次填料数量。由于每次填料要将振冲器提出孔口，当孔深比较大时，填料难到达底部，提放振冲器占用时间，施工效率低，8 m 以内孔深可采用间断填料法。目前这种填料方式已较少使用。

强迫填料　利用振冲器的自重和振动力将上部的填料输送到孔下部需要填料的位置。强迫填料利用振冲器夹带填料，振冲器所受阻力大，由于要在填料满孔状态下保证振冲向下贯入，要求振冲器的额定电流远大于加密电流，否则振冲器在向下运行中电流超过电机额定电流，而不能贯入到应该达到的位置，造成桩体漏振。因此强迫填料一般适用于大功率振冲器施工。

（4）振密

振密是振冲法处理地基的关键环节，振冲法振密控制标准基本上可分三种：

1）填料量控制。振密过程中，按每延米填入填料数量控制。这种控制标准缺点在于：由于孔内土质不同、强度不同，相同填料量可能造成沿孔深不同土层存在填料“不足”或“富余”情况，加密不甚理想。目前较少采用单纯填料量控制。

2）电流控制。是指振冲器的电流达到设计确定的加密电流值。振冲器在贯入土层前运行时的电流称为振冲器空载电流。当振冲器贯入土层中，受到周围土的约束时，为保持振冲器处于自由振动状态，必须克服周围土对振冲器的约束力，结果电机电流必然增大，即电机输出功率增加。设计确定的加密电流实际上是振冲器空载电流加某一增量电流值。在施工中，由于不同振冲器的空载电流有差值，加密电流应进行相应调整。电流控制实际是振冲器的电机输出功率控制，控制一定的加密电流即振冲器以一定电机功率的振动力施加于周围土质，这样在孔周围土质软弱地段需要多填填料，而在土质强度高的地段填料数量就需要少些，以达到与振冲器相同输出功率、振动力相匹配的周围土的抗力，因此通过相同电机功率振动力作用使加密后周围土相对变得比较均匀。

3）加密电流、留振时间、加密段长度综合指标法。采用这三种指标加密标准是为了使加密质量更具有保证。因为加密效果不仅同加密电流值大小有关，同时也和达到该电流值的维持时间长短有关，留振时间就是保证达到加密电流值延续的时间。同样，相同加密电流和留振时间条件下，加密段长度大小对加密效果起着关键作用，加密段长度短效果好，加密段长度大效果差。目前振冲法处理加密标准已逐步统一采用多指标控制标准。

由于采用加密电流、留振时间、加密段长度作为加密控制标准，填料数量仅作为参考标准，但填料数量的多少应予以充分的关注。若填料数量与设计要求相差较大，应向设计、监理报告，分析研究填料数量大小对地基加固质量的影响，当确实影响加固效果时，应及时调整加密技术参数，确保施工质量。

无论采用哪一种加密控制标准，桩体加密都应从孔底开始，逐段向上，中间不得漏振。根据工程经验，30 kW 振冲器加密电流为 45～60 A，75 kW 振冲器为 70～100 A，留振时间为 5～15 s，加密段长度为 200～500 mm，加密水压 0.1～0.5 MPa。

加密结束后，应先关闭振冲器，再关闭高压水泵。

施工中每一孔（桩）都必须有完整的原始记录；成孔时每贯入 1～2 m 记录电流、水压、时间；加密时每加密 1～2 m 记录电流、水压、时间、填料量。记录应及时、准确、字迹清晰，不得随意涂改。

（5）制桩顺序

制桩顺序见表 4－6。

**表 4－6　制桩顺序选择表**

| 制桩顺序 | 步骤 | 优缺点 |
|---|---|---|
| 排打法 | 由一端开始，依次制桩到另一端结束 | 易于施工，但孔位较密时，后打的桩易倾斜 |
| 跳打法 | 一排孔隔一排孔制桩反复进行 | 桩之间影响小，但要防止漏桩和准确定桩位 |
| 围打法 | 先制外围桩，逐步向内施工 | 振密效果好，节约桩数，但要防止漏桩和准确定桩位 |

### 3. 质量检查

振冲桩的施工质量检验可用单桩载荷试验或用标准贯入、静力触探等试验，可按每200～300根桩随机取一根桩检验，但总数不得少于3根。对不加填料的振冲密实法处理的砂土地基，宜用标准贯入、动力触探等方法。

### 4. 编写施工报告

编写施工报告的主要内容包括：①地基加固设计、施工；②加固前后的技术检验资料；③论证加固效果等。

## 三、石灰桩法

### （一）概述

### 1. 石灰桩的含义

石灰桩是指用人工或机械在土体中成孔，然后灌入生石灰块，经夯压后形成的一根桩体。桩身还可掺入其他活性与非活性材料。例如，掺入粉煤灰的称为“二灰桩”，掺入砂子的称为“石灰砂桩”等。

用石灰加固软弱地基在我国已有约两千年的历史，这主要是指石灰掺填法。长城、西藏佛塔、北京御道、天津炮台和水利工程以及漳州民居等都是应用石灰掺填法的著名例子。而石灰桩的应用和研究却始于20世纪50年代。1952年，天津大学首先用石灰短桩处理食堂的局部软基，由于桩身“软心”问题未获解决，研究工作和工程应用曾一度中断。70年代中期，重新恢复对石灰桩的试验研究。1975～1976年，铁道部科学研究院对塘沽软土路基进行六种不同处理方法的效果对比试验，以石灰桩的加固效果为最好。80年代初，同济大学等在浙江湖州做了等长度（3 m）的砂桩、碎石桩、石灰桩、混凝土灌注桩的复合地基承载力对比试验，也是石灰桩复合地基的承载力最高。目前全国有十余个省市已应用过石灰桩，应用范围主要是多层民用建筑、部分工业厂房和个别9～12层高层建筑物的地基加固，结构形式有砌体承重结构、框架结构和排架结构等。此外，石灰桩还用于烟囱、油罐、贮仓、设备基础的地基加固，以及基坑围护、路基加固、市政管线工程和房屋托换工程中。

### 2. 分类

（1）块灰灌入法（亦称石灰桩法）

块灰灌入法是采用钢套管成孔，然后在孔中灌入新鲜生石灰块，或在生石灰块中掺入适量的水硬性掺和料——粉煤灰和火山灰，一般的经验配合比为8∶2或7∶3。在拔管的同时进行振密或捣密。利用生石灰吸取桩周土体中水分进行水化反应，此时生石灰的吸水、膨胀、发热以及离子交换作用，使桩四周土体的含水量降低、孔隙比减小，使土体挤密和桩柱体硬化。桩和桩间土共同承受荷载，成为一种复合地基。

（2）粉灰搅拌法

粉灰搅拌法是粉体喷射搅拌法的一种。所用的原材料是石灰粉，通过特制的搅拌机将石灰粉加固料与原位软土搅拌均匀，促使软土硬结，形成石灰（土）柱。

（3）石灰浆压力喷注法

石灰浆压力喷注法是压力注浆法的一种，它是采用压力将石灰浆或石灰一粉煤灰浆喷注于地基的孔隙内或预先钻好的钻孔内，使灰浆在地基土中扩散和硬凝，形成不透水的网状结构层，从而达到加固的目的。此法可用于：①处理膨胀土，借以减少膨胀潜势和隆起；②加固破坏的堤岸岸坡；③整治易松动下沉的铁路路基等。

**3. 适用条件**

石灰桩适用于杂填土、素填土、一般黏性土、淤泥质土和淤泥、湿陷系数不大的黄土类土，以及透水性小的粉土，在解决盐土的盐胀和膨胀土的胀缩性上也有尝试，但后者用的是搅拌法。石灰桩不适用于砂土和透水性大的砂质粉土。是否选用石灰桩还需考虑一些别的因素。例如，杂填土中包含大量有机生活垃圾，或者软土的含水量过高，用石灰桩不能解决问题；当地下水渗流量很大或者含酸量过高时，石灰桩桩身的形成和强度均受影响，也不宜使用石灰桩。在某些情况下，例如在渗透系数较大的填土和透水量中等的夹薄透水层的黏土中，以及在雨季施工时，应采取阻水和降水等措施。

（二）加固机理

石灰桩的加固机理可从桩间土、桩身和复合地基三方面进行分析。

**1. 桩间土**

（1）成孔挤密

石灰桩施工时是由振动钢管下沉而成孔，对桩间土产生挤压和排土作用，其挤密效果与土质、上覆压力及地下水状况等有密切关联。一般地基土的渗透性愈大，挤密效果愈好；地下水位以上的挤密效果比地下水位以下好。然而，对灵敏度高的饱和软黏土，成桩过程中非但不能挤密桩间土，而且还会破坏土的结构，促使土的强度降低。室内模拟试验测定表明，对于饱和软黏土，石灰桩成桩后地面隆起占总灌灰体积的70%～90%，如加上侧向挤出，则成桩过程中桩对软黏土挤密效果更小。

（2）膨胀挤密

石灰桩在成孔后混入生石灰便吸水膨胀，使桩间土产生强大的挤压力，这对地下水位以下软黏土的挤密起主导作用。生石灰体积膨胀的主要原因是固体崩解和孔隙体积增大、颗粒比表面积增大，表面附着物增多，使固相颗粒体积也增大。体积膨胀与生石灰磨细度、水灰比、熟化温度、有效钙含量和外部约束等有关。生石灰愈细，膨胀就愈小；熟化温度高时体胀也大；有效钙含量高的石灰体胀大，外部约束小时体胀大。测试结果表明，根据生石灰质量高低，在自然状态下熟化后其体积增加到原来的1.5～3.5倍。

（3）脱水挤密

软黏土的含水量一般为40%～80%，1 kg生石灰的消解反应要吸收0.32 kg的水。同时，由于反应中放出的大量热量提高了地基土的温度，实测桩间土的温度在50 ℃以上，使土产生一定的汽化脱水。从而使土中含水量下降，孔隙比减小，土颗粒靠拢挤密，在所加固区的地下水位也有一定的下降。

（4）胶凝作用

通过X射线衍射、化学分析、差热分析及电子显微照片，证明了土体加固前后矿物成分和有机物质没有改变。但加固的 $CaCO_3$ 及 pH 值都明显提高，钙离子含量也相对增加。这是由于生石灰吸水生成的 $Ca(OH)_2$ 中一部分与土中二氧化硅和氧化铝产生化学反应，生成水化硅酸钙、水化铝酸钙等水化产物。水化物对土颗粒产生胶结作用，使土聚集体增大，加固前土样单元体为 1～4 $\mu$m，加固后达 10 $\mu$m。加固前颗粒排列松散，加固后趋于紧密。从粒度分析中也可看出加固土黏粒含量减少，这都说明颗粒胶结作用从本质上改变了土的结构，提高了土的强度，而土体的强度将随龄期的增长而增加。

**2. 桩身**

对单一的以生石灰作为原料的石灰桩，当生石灰水化后，石灰桩的直径可膨胀到原来所填生石灰块屑体积的一倍，如充填密实且纯氧化钙的含量很高，则生石灰密度可达 1.1～1.2 $t/m^3$。

生石灰吸水膨胀后仍存在着相当多的孔隙，当将膨胀后相当硬的石灰团用手揉捏时，水分就会被挤出来，石灰块会变成稠糊状，这现象说明不能过多地依靠石灰桩本身的强度，但很多试验证明石灰桩膨胀后的挤密作用使桩周土的孔隙比减小，土的含水量降低，形成一圈类似空心桩的较硬土壳，它使土的强度提高。所以对这类桩其作用是使土挤密加固，而不是使桩起承重作用。

试验证明，为保证石灰桩桩身不产生软化，必须要求石灰桩应具有一定的初始密度，而且吸水过程中有一定的压力限制其自由膨胀。当填充初始密度为 1.17 $t/m^3$，上覆压力大于 50 kPa 时，石灰吸水并不软化。也有采用较大的充盈系数（如 1.5～1.7），提高石灰含量或缩短桩距来进一步约束桩的膨胀作用，也可提高桩身的密实度，用砂填充石灰桩的孔隙，使膨胀后的石灰桩本身比膨胀前密实；桩顶采用黏土封顶，可限制由于石灰膨胀而隆起，同样可起到提高桩身的密实度的作用；采用掺和料（粉煤灰、火山灰、钢渣或黏性土）也可防止石灰桩软心。

**3. 复合地基**

一般认为，在软土中石灰桩的置换作用和吸水膨胀作用是主要的，而在杂填土中置换和挤密起着同样重要的作用。由于石灰桩桩体具有比桩间土更大的强度（抗压强度约 500 kPa），在与桩间土形成复合地基中具有桩体作用。当承受荷载时，桩上将产生应力集中现象。根据国内实测数据，石灰桩复合地基的桩土应力比一般为 2.5～5.0。

### （三）设计计算

**1. 桩径**

石灰桩的桩径一般为 150～400 mm，具体桩径取决于成孔机管径。

**2. 桩距及布置**

桩距一般为 3 倍桩径。桩距太大则约束力太小。平面布置可为梅花形或正方形。一般离桩的 3～4 倍桩径外，原状土得不到加固，故对大面积加固通常至少需要两排护桩。

**3. 桩长**

桩的长度取决于石灰桩加固的目的和上部结构的条件。若石灰桩加固只是为了形成一个压缩性较小的垫层，则桩长可较小，一般可取 2～4 m。若加固目的是为了减少沉降，则就需要较长的桩。如果为了解决深层滑动问题，也需要较长的桩，保证桩长穿过滑动面。

**4. 置换率**

石灰桩置换率有两个概念，一是由施工时桩管或桩孔面积确定的置换率 $m$；二是由石灰桩吸水膨胀后的桩身截面积确定的置换率 $m'$。$m'=\varepsilon m$，其中膨胀率 $\varepsilon$ 应根据试验开挖检查确定，当无试验资料时，可按表 4－7 估计 $\varepsilon$ 值，当桩身约束力大时取小值。

表 4－7　不同掺和料的石灰桩膨胀率 $\varepsilon$ 的参考值

| 纯石灰 | 粉煤灰：生石灰为 2：8 | 粉煤灰：生石灰为 3：7 | 火山灰：生石灰为 2：8 | 火山灰：生石灰为 3：7 |
|---|---|---|---|---|
| 1.2～1.5 | 1.15～1.40 | 1.10～1.35 | 1.10～1.35 | 1.05～1.25 |

置换率 $m$ 与桩径 $d$（未膨胀时）、桩距 $l$ 的关系如下：

正三角形时，

$$m=0.7854\left(\frac{d}{l}\right)^2$$

正方形时，

$$m=0.907\left(\frac{d}{l}\right)^2$$

**5. 承载力和变形计算**

通常还是用复合地基计算公式估算地基承载力和模量，并用现场载荷试验结果加以确定，然后按浅基础的常规设计方法设计基础。

（1）确定石灰桩复合地基的承载力和模量

1）用复合地基计算公式进行估算：

$$f_{spk}=[1+m(n-1)]f_{sk} \tag{4-53}$$

$$E_{sp}=[1+m(n-1)]E_s \tag{4-54}$$

2）用复合地基载荷试验确定。可用多桩或单桩复合地基载荷试验确定石灰桩复合地基承载力和变形模量，后者较为经济。当进行单桩复合地基试验时，载荷板形状可为圆形，也可为方形，面积宜与实际布置的一根桩所承担的加固面积相同。试验方法可参照《建筑地基处理技术规范》（JGJ 79—2012）的规定。载荷试验应在成桩后一个月进行。

（2）沉降计算

对需要进行沉降计算的建筑物，可以按规范方法计算沉降量。

（四）施工工艺

**1. 材料**

石灰桩的材料以生石灰为主，选用现烧的（新鲜）生石灰并需过筛，粒径一段为 50 mm，含粉量不得超过总质量的 10%，CaO 含量不得低于 80%，其中夹石不大于 5%。

生石灰中掺入适当粉煤灰或火山灰等含硅材料时，粉煤灰或火山灰与生石灰的质量配合比一般为 3：7。粉煤灰应采用干灰，含水量 $\omega$ 小于 5%，使用时要与生石灰拌和均匀。

**2. 施工顺序**

石灰桩一般是在加固范围内施工时，先外排后内排；先周边后中间；单排桩应先施工两端后中间，并按每间隔 1～2 孔的施工顺序进行，不允许由一边向另一边平行推移。

如对原建筑物地基加固，其施工顺序由外及里进行；如邻近建筑物或紧贴水源边，可先施工部分“隔断桩”将其施工区隔开；对很软的黏性土地基，应先在较大距离打石灰桩，过四个星期后再按设计间距补桩。

**3. 成桩**

（1）成孔

石灰桩成孔可选用沉管法、挖孔法等。

1）沉管法是最常用的成孔方法。使用柴油或振动打桩机将带有特制桩尖的钢桩管打入土层中，达到设计深度后，缓慢拔出桩管即成桩孔。沉管法成孔的孔壁光滑规整，挤密效果和施工技术都比较容易控制和掌握，成孔最大深度由于受桩架高度的限制，一般不超过8 m。

2）冲击法成孔是使用冲击钻机将0.6～3.2 t锥形钻头提升0.5～2.0 m高度后自由落下，反复冲击，使土层成孔。冲击法成孔的孔径大，孔深不受机架高度的限制，同一套设备既可成孔，又可填夯。

3）螺旋钻进法成孔的优点是：不使用冲洗液，符合石灰桩施工要求；钻进时不断向孔壁挤压，可使孔壁保持稳定；可一次成孔，不需要升降工序，可进行深孔钻进，桩孔深度不受设备限制；钻进效率高，每小时效率可高达几十米。

4）爆扩法成孔工艺简便，不需要打桩机械，适用于缺少施工机械的新建工程场地。

（2）填夯

成孔检验合格后应立即填夯成桩，夯实。

（3）封顶

由于生石灰吸水膨胀，对不同方向都将产生强大的膨胀力，且与桩料的干密度有较大关系，为了减少向上膨胀力的损失，约束石灰桩向上膨胀，应在最后一次填料夯实后在桩身上段夯入膨胀力小、密度大的灰土或黏土将桩顶捣实，亦称桩顶土塞。对于直径300～500 mm的石灰桩，在桩顶部1.0 m范围内用C7.5素混凝土封顶捣实，并且投管后在封头部位用适当重量的碎石压住作为过渡。封顶长度一般为1.0 m，对于直径500 mm的石灰桩，封头长度取1.5 m。封顶是石灰桩施工中不可缺少的工序，但各地的具体做法不尽相同。天津市的规范规定：石灰桩加固土层顶面至少作两步灰土垫层封顶（每步夯实后为150 mm），设计时地基的标高应以灰土上皮为准。

（4）工艺流程

生石灰桩有管内成桩和管外成桩之分，一般宜采用管内成桩。上述施工顺序均为管内成桩法，即机械或人工成孔后填料、夯实、封顶，自上而下成孔，自下而上填夯成桩。

管外成桩法成孔质量较难保证，仅在大面积淤泥等软弱地面采用，先将石灰料铺放在待加固的地面，地基土吸水膨胀固结后再用打桩机将钢管打入，成一段孔，拔出管，填一段料后再成一段孔。桩孔达到设计深度后拔出钢管，钢管外已形成较硬的石灰壁。桩间土已基本固结，管外桩身由上而下逐段形成，然后再在管内填料夯实，形成管内的桩身。施工工艺流程如图4－22所示。

（5）质量检验

施工质量检验主要包括桩位布置、填料质量和桩体密实度。桩体密实度可采用轻便触探检验，也可取样进行室内试验检验。

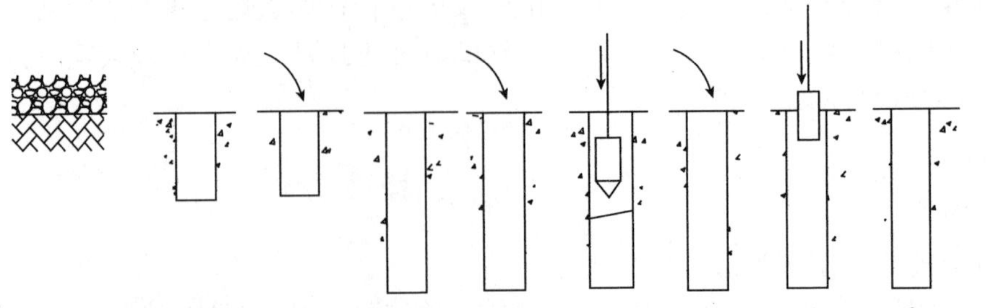


图 4-22　管外成桩工艺流程

1—堆放桩料；2—成下段孔；3—堆填材料；4—成下段孔；5—填料；
6—夯实，成下段桩身；7—填料；8—夯实，成上段桩身；9—黏土封顶

石灰桩复合地基效果检验可采用载荷试验，也可采用十字板剪切试验、轻便触探试验，或静力触探试验检验加固效果。

# 第四节　喷射注浆法

## 一、概述

喷射注浆法（jet grouting）是化学注浆技术和高压射流切割技术的结合。其实质是：用钻机将特制的高压射流喷头钻至（自钻）或送至（预钻）土体中预定深度，通过高压泵向土体喷射高压水泥浆射流或喷射高压清水射流，同时输入中低压水泥浆，水泥浆与被高压射流切割破碎的土体充分混合，经一系列物理化学反应后形成强度高、压缩性低、渗透性小的水泥土，达到加固改良土体的目的。

众所周知，静压化学或水泥注浆法是将不同性质的硬化剂（化学药品或水泥）用压力注入地基中，用以改良土的性质。这种方法主要适用于砂类土，也可应用于黏性土。但是，在很多情况下，由于土层和土性的关系，其加固效果常不为人们所控制，尤其是在沉积的分层地基和夹层多的地基中，注入剂往往沿着层面流动；在细颗粒的土中，注入剂难以渗透到颗粒的孔隙中。因此，经常出现加固效果不明显的情况。高压喷射注浆法克服了上述注入法的缺点。将注入剂形成高压喷射流，借助高压喷射流的切削和混合，使硬化剂和土体混合，达到改良土质的目的。

最基本的喷射注浆方法按照切割时向土体中输送的介质种类分为单管法、双管法、三管法三种类型，如图 4-23 所示。

单管法　高压水泥浆射流切割土体并与被切割破碎的土体混合。

双管法　环状压缩空气与高压水泥浆射流同轴（气浆同轴）喷射切割土体并与被切割破碎的土体混合。

三管法　环状压缩空气与高压清水射流同轴（气水同轴）喷射切割土体，同时向土体中输送中低压水泥浆与被切割破碎的土体混合。

喷射注浆过程中可调整高压射流喷嘴摆动方式和提升速度，形成所需要的水泥土固结体形状。根据高压射流喷嘴摆动方式可形成圆柱状（旋喷）、板状（定喷）和扇形状（摆喷）三种加固体形式，如图 4-24 所示。

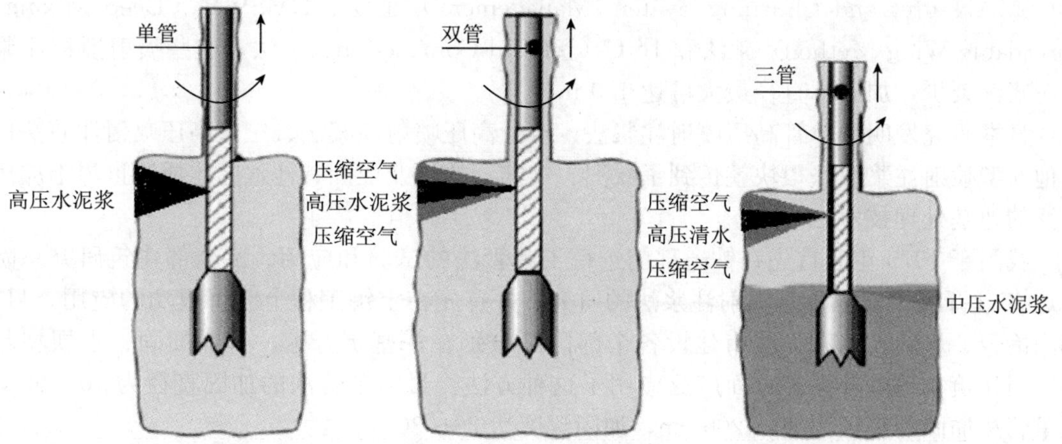


图 4-23　高压喷射注浆的三种基本方法

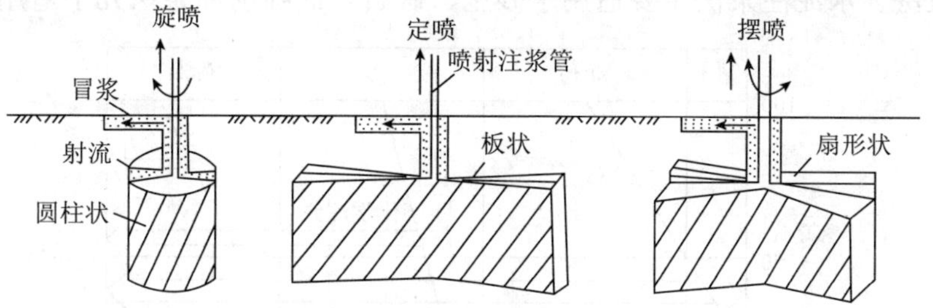


图 4-24　高压喷射注浆加固体形状的三种形式

*圆柱状加固体（旋喷桩）* 高压射流喷嘴在喷射的同时边旋转边提升；

*板状加固体* 高压射流喷嘴在喷射的同时提升，而水平喷射方向固定不变；

*扇形状加固体* 高压射流喷嘴在喷射的同时提升，水平喷射方向按预定的角度来回摆动。

喷射注浆法起源于日本，在 20 世纪 60 年代末期，日本 N. I. T 公司承建大阪市地下铁道时，先后采用冻结法、灌浆法对地层进行加固，均告失败。日本工程师在静压灌浆法的基础上，结合水力采煤技术，以高压喷射水泥浆射流，把土体切割破碎并和浆液混合成均匀的加固体，形成了第一根 0.30～0.35 m 的单管旋喷桩，这就是高压单管喷射注浆在土木工程中的第一次实践。在 1973 年于莫斯科召开的第八届国际土力学会议上，日本正式公布了这一技术，简称 CCP 工法。

在发明了单管高压旋喷注浆法（CCP 工法）以后，日本又相继开发并推广应用了双管高压喷射注浆法（JGS 工法）、三管高压喷射注浆法（GJG 工法）以及多重管的 SSS-MAN 施工工法（Super Soil Stabilization Management），后来又开发并推广应用了以两个水平反向高压（30 MPa）大流量（300 L/min）水泥浆喷嘴喷射注浆的 Super Jet 工法，用压缩空气和超高压水（压力 40 MPa 以上）同轴喷射进行一次切割，同时用压缩空气和超高压水泥浆（压力 40 MPa 以上）同轴喷射进行二次喷射切割的 RJP 工法。同期，MJS（Metio Jet System）喷射注浆法研制成功，该工法水平、垂直、倾斜全方位喷射注浆，注浆过程中在钻杆内设置泥浆吸取管抽取泥浆，同时在喷头位置设置了孔内压力监测装置。该工法加固直径可达 5.0 m，最大垂直加固深度比原来的 30 m 提高到 80 m，最大水平加固长度也可达 50 m。

自 20 世纪 90 年代开始，日本又将喷射注浆法和深层搅拌法结合，先后研发成功了

JACSMAN（Jet and Churning System Management）工法、DMSWM（Deep Mixing by Spreadable Wing Method）工法和J&C（Jet and Compaction）工法，这些喷射搅拌注浆工法泥浆污染少，加固体直径最大可达4.0 m。

日本研究发明的单管高压喷射注浆法、双管高压喷射注浆法、三管高压喷射注浆法以及其他新型喷射注浆工法很快就传到了欧洲、美洲、非洲及亚洲其他地区，成为世界上应用最广泛的地基处理技术之一。

我国于1975年起首先在铁道部门进行了单管法的试验和应用。冶金部建筑研究总院自1977年起开展了对三重管喷射注浆法的研究，并首先在宝钢工程上获得成功的应用。目前，我国冶金、煤炭、水利、城市建设各个部门已分别在深基坑开挖、桥墩加固、水坝坝基防渗、旧建筑物地基补强等方面广泛应用了这种方法。目前单管法的加固直径为40～60 cm，三重管法加固的直径为80～200 cm，加固深度达20～30 m。

图4-25所示为高压喷射注浆法与化学注浆法、水泥注浆法在不同土质条件下的适用范围。化学注浆法、水泥注浆法主要适用于砂土、砾石，而喷射注浆法几乎适用于所有的土。

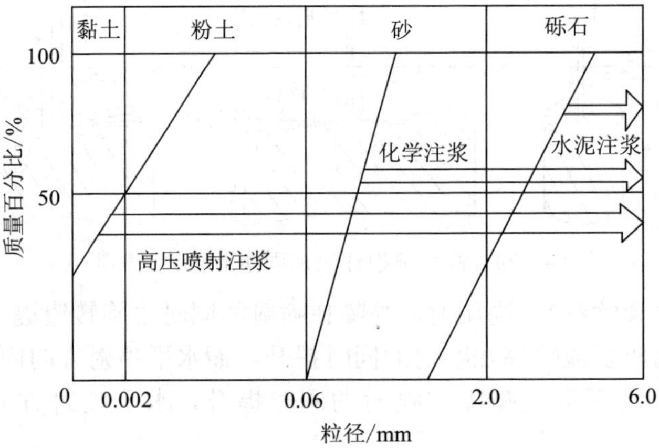


图4-25　各种注浆法适用范围

喷射注浆技术与其他地基处理方法相比，具有较好的技术经济效益，其技术优点总结如下：

1）适用范围广。高压喷射注浆法适用于软土（淤泥及淤泥质土）、黏性土、粉土、黄土、砂类土、人工填土和砂砾卵石层等地层，除能强化地基外，还有防渗作用，并可作水平、倾斜和垂直喷射，能适用于各种土质条件下不同目的的固结处理工程。

高压喷射注浆法适用于永久性工程，可与其他工法配合使用，简化工程设计，改善工程整体施工效果，涉及坝基加固防渗、建筑物纠偏托换、软基加固、基坑防渗、工程桩事故处理等多行业的多个领域。

2）可控制固结体的形状。为了满足具体工程的需要，喷射注浆施工中可调整喷射速度、旋转角度和提升速度、增减喷射压力或变化喷嘴直径改变流量，使固结体形成工程设计所需要的形状。随喷射参数的不同，固结体形状有均匀圆柱状、非均匀圆柱状、圆盘状、板墙状及扇形等。可根据工程需要，控制加固范围，既可以加固钻孔的全长，也可仅加固其中一段。

3）浆材来源广泛、性能好。喷射注浆浆液材料以水泥为主，造价低廉，无公害，并可根据工程需要（如在含腐蚀性元素及冻融环境下）添加一些化学外加剂如速凝剂、早强剂等，改善注浆液和固结体的性能，扩展适用范围。

4）固结体强度高。喷射注浆固结后的水泥土，具有相对密度低，承载力大、渗透系数小等特性，极大地改善了原地基土强度，既可用于工程新建之前，也可对既有建（构）筑物的地基进行加固，加固体抗压性能好，可以用于永久性工程。

5）施工简便、安全。高压喷射注浆设备较简单，体积小而机动性大，操作简单，并可在狭窄和低矮的空间内施工。施工时仅需在土层钻直径 50～180 mm 的小孔，便可进行注浆作业，形成比孔径大 8～10 倍的大直径固结体。喷射注浆施工质量容易控制，在施工过程中，通过对喷射压力、冒浆量等情况的观测，即可了解旋喷桩的加固效果，以便及时调整施工参数，保证施工质量。

喷射注浆时，在高压设备上有安全阀门和自动停机装置，当压力超过规定时，阀门便自动开启降压或自动停机。因此，只要按规定对机器设备合理维护管理，喷射注浆施工完全能做到安全生产。

6）无环境污染。高压喷射注浆材料都是无毒无害的，而且施工机具振动小、噪声低、冒出的浆液如处理得当可回收再利用，对环境无污染。

按照工程目的，可以将其应用分为增加地基强度、支挡围堰及地下工程、改良土体工程力学性能、防治砂土液化、降低土体含水量、防渗防漏、防止洪水冲刷及桩基缺陷处理等共八大工程类别和 20 多个应用方面。具体的使用范围见表 4－8。

**表 4－8　高压喷射注浆适用工程**

| | | |
|---|---|---|
| 高压喷射注浆加固土体 | 一、增加地基强度 | 1. 提高地基承载力 |
| | | 2. 处理局部地表下沉 |
| | | 3. 复合桩基础 |
| | | 4. 扩散地基应力 |
| | 二、支挡围堰及地下工程 | 5. 保护邻近构筑物 |
| | | 6. 地下工程建设 |
| | | 7. 市政排水设施 |
| | | 8. 防止基坑底部隆起 |
| | 三、改良土体工程力学性能 | 9. 防止小型塌方滑坡 |
| | | 10. 锚固基础 |
| | 四、防治砂土液化 | 11. 减小设备基础震动 |
| | | 12. 处理砂土液化 |
| | 五、降低土体含水量 | 13. 治理路基翻浆 |
| | | 14. 防止地基冻胀 |
| 高压喷射注浆加固土体 | 六、防渗防漏 | 15. 水库坝基防渗 |
| | | 16. 矿山井巷帷幕 |
| | | 17. 防止管道漏气 |
| | | 18. 基坑止水帷幕 |
| | 七、防止洪水冲刷 | 19. 保护河堤、桥渡等水工建筑 |
| | 八、桩基缺陷处理 | 20. 断桩、桩身夹泥处理 |
| | | 21. 桩底沉渣处理 |

## 二、射流破土机理及注浆工艺参数研究

### （一）射流破土机理研究

土体为不均匀的各向异性体，对不同成因的、饱和和非饱和的、黏性和无黏性的、地下水以上和以下的、加固深度深的和浅的土体，高压射流的切割效能均不同。喷射注浆法与其他岩土工程领域的新技术一样，有着“先实践，后理论”的特点，因此在理论研究上相对滞后。目前国内外尚无成熟的理论计算方法，只能从定性一半定量的角度分析高压射流的破坏机理。

**1. 高压射流对土体的作用**

目前国内外公认的高压射流对土体的主要作用如下。

（1）喷射动压力作用

高压喷射流冲击土体时，高度集中的射流能量冲击一个很小的区域，因此土体受到很大的动压力作用，当这些外力超过土颗粒结构的强度时，土体结构便遭受破坏。

（2）切割掺搅作用

在喷射过程中，强大的动压力破坏了土体结构，致使土体塌落形成空穴和沟槽，这种现象又称为“空穴现象”，在射流的卷吸作用下，能量衰减后的喷射流尽管失去了切割作用，但可以与切割下来的土体掺搅混合。高压流体的切削与低压流体的搅和，合称为切割掺搅作用。

（3）升扬置换作用

由于喷射时的压力远大于大气压力，喷射过程中在这个压力作用下使土颗粒产生升扬作用，因此会有部分土体形成泥浆沿着钻孔管壁间隙返到地面上来，这个现象称为“冒浆”。冒浆使喷射注浆具有一定的置换作用，例如最新的 SSS－MAN 工法就是将泥浆全部抽取到地面上来的全置换法，升扬置换作用减小了地层中的细颗粒含量，使土体中粗颗粒含量相对增多。

（4）充填挤压作用

由高压水气射流冲切出来的空穴，被低压浆液与土体颗粒混合体充填，并最终形成固结体。在冲击破坏土体的周围，由于能量的衰减，喷射流对其无法切削，但是在衰落的压力下仍然可以发挥一定的挤压作用，压密土体，使固结体四周的土体更加致密。

（5）渗透凝结作用

在喷射过程中，由于浆液具有一定的流动性，浆液会向四周土体孔隙渗透，形成浆液的渗透凝结层。凝结层的厚度大小与土体的颗粒和孔隙性有关，在透水性强的砾砂性土层中，厚度可达 5～10 cm。渗透凝结层同样具有较好的强度和较低的透水性。

（6）位移袱裹作用

在冲切掺搅过程中，遇有大颗粒如卵漂石等，虽高压喷射流不能将其冲切成空穴或沟槽，但在强大的冲击震动作用下，大颗粒将产生一定位移从而被浆液袱裹，称为位移袱裹作用。

**2. 喷射压力的确定**

水射流破坏效果，随土的物理力学性质不同而变化，当初始喷射时，被破坏土体处于受

压状态，在水射流冲击点表面，土体被水射流冲压产生凹陷变形（图 4－26）。

射流作用于土体表面时，产生两种作用力：一种是在距喷嘴较近处，射流作用面积很小且压力远大于土体的自重应力，因而在土体中产生一个剪应力；另一种是在距喷嘴较远处，射流压力不能使土体发生破坏，但可压密土体并将部分射流挤入土体中，因而在土体中产生一个挤压力，对无黏性土，渗流作用占主导地位；对黏性土，压密作用起主导作用。当水射流移动进入土颗粒之间时，土体因被切割而破坏。由于土质的不均匀性，水射流首先进入大孔隙中产生侧向挤压力，以裂隙为边界的大块土体被冲刷下来，翻滚到射流压力较小处而停止。因此，该处射流压力较小，土块不会再发生破坏，这就是喷射加固体内存在块状土的原因。

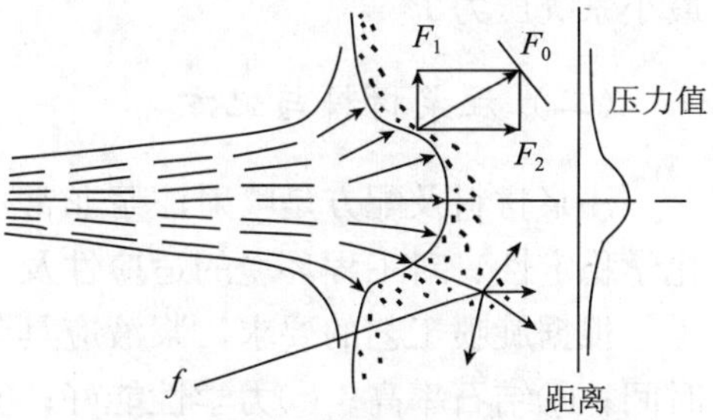

图 4－26　水射流破土示意图

$F_0$—射流压力；$F_1$—由压力分解到剪力；$F_2$—压渗挤胀力；$f$—由挤胀力转化的拉伸力

土体在射流作用下的破坏临界压力对不同的土体而言是不同的，主要受土体抗剪强度、渗透性、土颗粒粒径的大小及土的密度影响，射流破坏临界压力可表达为：

$$F_{cr} = \alpha \tau_f^2 \left(\frac{d_{60}}{K}\right)^{-2} \gamma_d^{-1} \tag{4-55}$$

式中：$F_{cr}$为土体破坏面上射流的临界压力，kN；$\alpha$ 为修正系数，经试验测定 $\alpha=1.8\times10^{10}$；$\tau_f$为土的抗剪强度，kPa；$d_{60}$为土颗粒限定粒径，mm；$K$ 为土的渗透系数 m/s；$\gamma_d$ 为土的干容重，kN/m$^3$；$d_{60}/K$ 为土的抗冲蚀强度。

根据式（4－55），只要求得或测得在一定喷射参数（提升、回转速度）下射流在一定距离对土体产生的射流轴心压力，即通过判定土体能否破坏来判定射流的有效切割破碎范围。但事实上，射流在一定的喷射参数下在土体中某一距离的射流轴心压力很难从理论上判定，只能通过试验测定一定参数条件下距离和喷射流轴心压力的关系，进而判定切割破碎的范围。

马飞等研究了淹没射流对土层的作用力，淹没射流的几何图如图 4－27 所示。

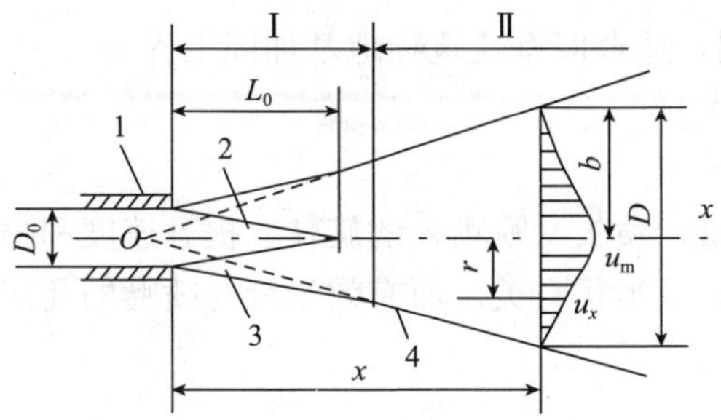

图 4－27　射流水动力学结构

Ⅰ—初始段；Ⅱ—主体段。1—喷嘴；2—等速核；3—混合区；4—边界层。$O$—极点；$D$—喷嘴直径；$L_0$—等速核长度；$x$—计算点到喷嘴距离；$r$—计算点的有效破碎半径；$b$—射流在计算点处的半径；$u_m$—计算点处射流中心流速；$u_x$—计算点处距中轴不同距离处的射流流速

最后得出射流半径宽度范围内的平均作用力 $F_b$ 为：

$$F_b = \frac{C_0 P_0 R_0^2}{x^2} \tag{4-56}$$

式中：$F_b$ 为射流半宽度范围内的平均作用力；$x$ 为射流的打击射程，m；$C_0$ 为试验常数；$P_0$ 为喷嘴出口压力，MPa；$R_0$ 为喷嘴出口半径，m。

由式（4－55）和式（4－56），令 $F_b=F_{cr}$，得

$$P_0 = \beta \tau_f^2 \left(\frac{d_{60}}{K}\right)^{-2} \left(\frac{d}{d_0}\right)^{-2} \gamma_d^{-1} \tag{4-57}$$

式中：$\beta$ 为试验常数；$d$ 为切割破碎直径，$d=2x$，m；$d_0$ 为喷嘴出口直径，m。

式（4－57）表明，当给定土体的参数、喷嘴直径及要求的切割破碎直径，即可求得所需的

最小系统压力 $P_0$。

### （二）注浆材料与配方

注浆材料及配方是喷射注浆非常重要的环节，其影响到浆液的可喷性、物理力学性质、化学稳定性、对工程环境的适应性及工程造价。

根据旋喷工艺的要求，浆液应具备以下特性：①可喷性好；②稳定性好；③适合的胶凝时间；④结石率高；⑤力学性能好；⑥无毒、无害。

水泥浆液是喷射注浆最常用的浆液，其特性符合上述要求，而且水泥具有料源广、价格低等优点，通常单独使用或与其他外加剂一起使用以满足不同的工程目的。

喷射注浆常用水泥浆液主要种类如下：

1）普通型（纯）水泥浆：水灰比 1∶1～1.5∶1，适合于一般的地基加固及防渗工程；

2）速凝早强型水泥浆：可作为早强剂的外加剂有氯化钙、水玻璃、三乙醇胺等。掺入早强剂的水泥土固结体早期抗压强度比纯水泥浆固结体高出 2 倍以上。

3）抗渗型水泥浆：在水泥中掺入水泥质量 2%～4%的水玻璃，不但能加快凝固时间，而且能够明显提高水泥土的抗渗效果，但不适合矿渣水泥。如对水泥土强度要求不高的防渗工程中，可以掺入一定量的膨润土，掺入量为 5%～15%。

4）高强型水泥浆：固结体平均抗压强度在 20 MPa 以上的注浆用水泥浆称为高强型水泥浆。配制高强型水泥浆，可以提高水泥标号，或是掺入高强扩散剂。常用的扩散剂有 N、NO、$NR_3$、$NaNO_2$ 等。

5）抗冻型水泥浆：在水泥浆中加入抗冻剂可以在低温条件下防止水泥土发生体积膨胀，起到抗冻的功能。常用的抗冻水泥浆有水泥－沸石粉浆液、水泥－三乙醇胺浆液、水泥－NNO 浆液。

6）充填型水泥浆：水泥浆中加入经研磨后的粉煤灰或矿渣，以降低工程成本，该水泥浆早期强度低、水化热低、后期强度增长率高。

7）黏土型水泥浆：水泥浆中加入一定量的黏土，形成的浆液不易沉淀，稳定性高，析水率小，适合于对强度要求不高的工程。

8）微胀型水泥浆：水泥浆中加入一定量膨胀剂，适合旧有建筑物地基加固工程。

### （三）喷射注浆参数

喷射注浆的技术参数包括高压注浆的压力和流量，喷头（喷嘴）的旋转、提升速度和喷嘴的几何形状和尺寸等。旋转、提升的速度与喷射有效半径有关。而有效半径与喷嘴的几何尺寸和喷射角又相互联系，并直接影响喷射流的特性。

#### 1. 射流压力和流量

高压喷射流携带的喷射功率为 $P\times Q$，功率愈大，射流的破坏力愈大，因此，提高喷射压力 $P$ 和增大射流流量 $Q$，都能有效地增大射流切割破碎土体的范围。

马飞等根据杜嘉鸿教授建立的喷射出口压力和土体的参数关系模型式（4－57），推导出在射流打击下，喷嘴出口压力 $P_0$、射流流量 $Q$ 和切割速率 $S$（单位时间内切割土体体积）的关系式：

喷射切割速率：

$$S = \frac{\pi}{4} d^2 L_v \tag{4-58}$$

射流流量：

$$Q = u\varphi\pi d_0^2 \left(\frac{P_0}{8\rho}\right)^{\frac{1}{2}} \tag{4-59}$$

式中：$d$ 为切割土体直径；$d_0$ 为喷嘴出口直径；$L_v$ 为提升速度；$u$、$\varphi$ 为流量系数、流速系数；$P_0$ 为喷嘴出口压力；$\rho$ 为水密度。

当土体参数、射流流量一定时，

$$S = C_1 P_0^{\frac{1}{2}} \tag{4-60}$$

当土体参数、射流压力一定时，

$$S = C_2 Q \tag{4-61}$$

式中：$C_1$、$C_2$ 为试验常数。

压力、流量与切割速度关系如图 4-28 和图 4-29 所示。

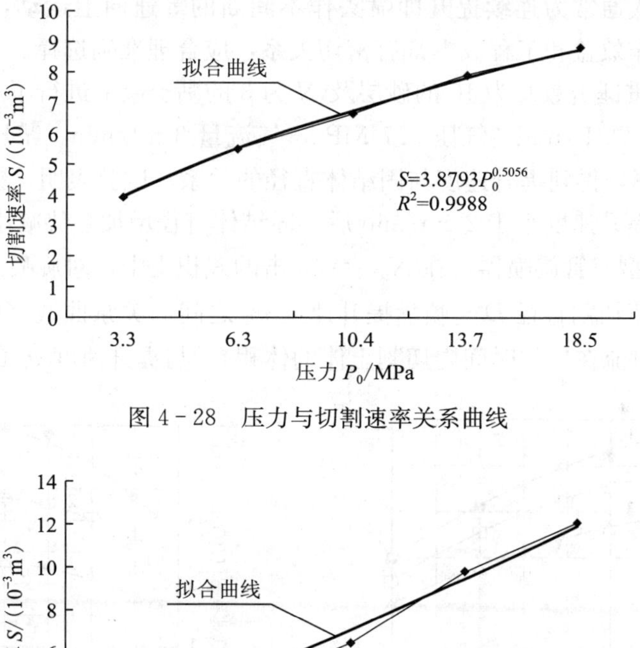


图 4-28　压力与切割速率关系曲线

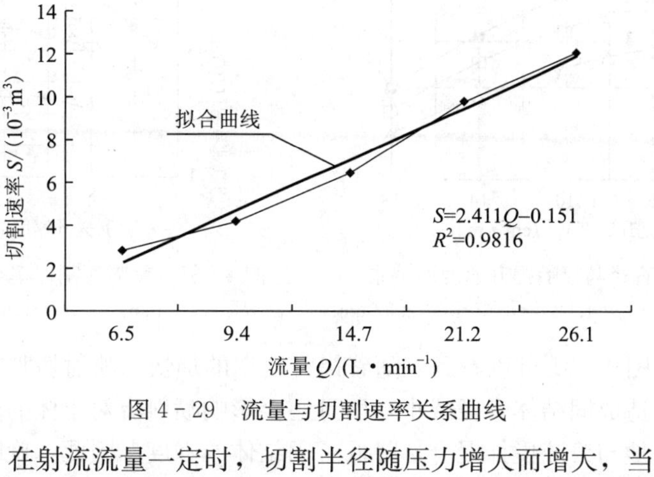


图 4-29　流量与切割速率关系曲线

实验结果表明，在射流流量一定时，切割半径随压力增大而增大，当压力增大到一定程度后，单纯的增大压力对增大切割范围的效果明显减弱，工作效率开始降低；相对于压力而言，流量与切割速率关系的梯度明显大于 $P_0-S$ 曲线，流量的增大更有利于扩大加固范围；喷射能量给定时，增加流量比增加压力对提高喷射距离效果更明显。

**2. 喷头旋转速度**

钻机的旋转和提升速度，应能满足喷射流在土体内连续不断对土颗粒的冲击。一般而言，旋转速度越快，射流对土体作用时间越短，成桩直径愈小，反之则成桩直径加大，但旋转速度减慢到一定程度后，意味着射流在同一高度范围内对土体的重复切割次数减小，反而降低了破坏和置换土体的作用，成桩直径反而减小，因此，当提升速度一定时，旋转速度有一最佳值，在该值附近成桩直径最大，旋转速度与提升速度相配合，一般以每提升 1 cm 旋转 0.8～2.0 转。

**3. 喷头提升速度**

试验和实践证明，土体受到射流的定向冲击后，很快被切割穿透，穿进的深度随持续喷射时间的增加而增大。当射流冲击力等于或小于土的结构强度时，切割破坏即停止，切割深度不再增加。这时的深度为最大切割深度，相应的定向射流喷射时间为最佳喷射时间。

旋喷提升的方式通常为连续提升即喷头作不间断的等速向上运动，提升速度与成桩直径、成桩质量、工作效益和工程成本都有密切关系，应合理准确选择。

日本在 $N$（标贯锤击数）为 10 的砂层及 $N$ 为 3 的黏土层上进行了三管旋喷试验，在水压 40 MPa，水流量 70 L/min，气压 0.7 MPa，气流量 3 $m^3$/min，浆压 3.5 MPa，浆流量 200 L/min 等条件下，得到提升速度与固结体直径的关系，试验表明，提升速度愈快，固结体直径越小，但当提升速度小于 2 cm/min 后，固结体直径增加趋势减小，趋于一常数值。

在用国产 3XB 型三管旋喷器，在 $N_{63.5}=10$ 击的残积土中，对旋喷的提升速度进行了试验研究，得出了旋喷切割直径 $D$ 与喷嘴提升速度 $v_L$ 之间的关系曲线（图 4－30）和旋喷切割速率 $S$（旋转喷射流在单位时间内切割土体的体积），与提升速度 $v_L$ 的关系（图 4－31）。

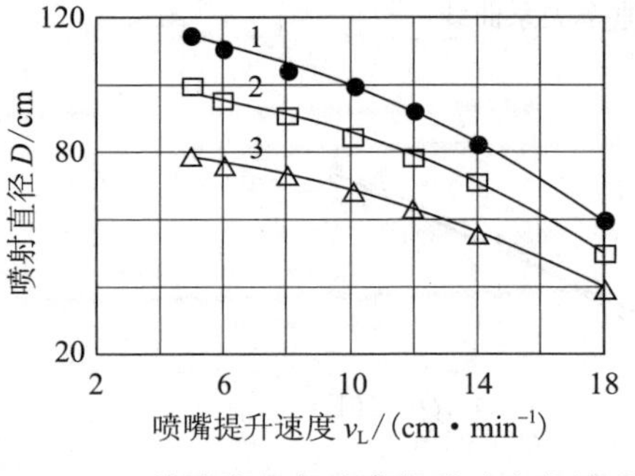


图 4－30　旋喷直径与喷嘴提升速度的关系

1—$d_0=1.77$ mm；2—$d_0=1.92$ mm；3—$d_0=2.22$ mm

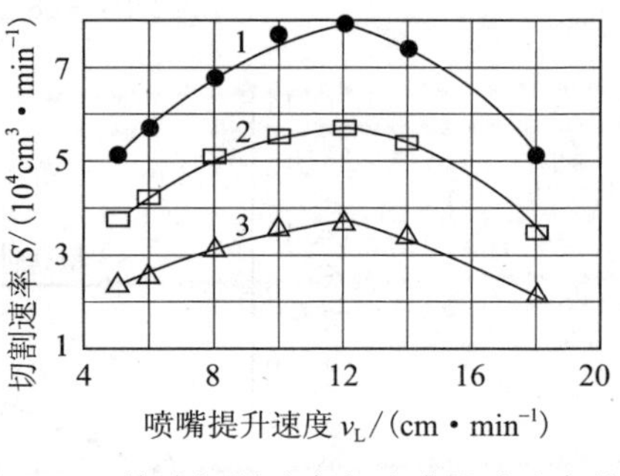


图 4－31　旋喷切割速率与喷嘴提升速率关系

1—$d_0=1.77$ mm；2—$d_0=1.92$ mm；3—$d_0=2.22$ mm

由图 4－30 和图 4－31 可以看到，随着提升速率的加快，喷射切割直径逐渐减小。提升速度过快，不但会造成固结体直径减小，而且还会影响喷射流对土体的破碎程度，造成土中一部分黏性土成块地与浆液搅拌混合，降低了固结体的强度。因此，旋喷移动速度愈小，旋喷质量愈好，但是当达到喷射的最大切割直径时，提升速度的减小，只能降低旋喷的加固效率。在其他参数不变的情况下，随着喷头提升速度加快，切割速率随着喷头的提升速度先增大而后减小，切割速率即旋喷的效率有一个最大值，相应的提升速度为最佳提升速度。对于不同的土体，由于土体所需得的破坏切割能量不同，故有不同的最佳提升速度。

**4. 喷嘴几何形状及参数**

高速喷流浆液在喷射时带出的动能大小，除与泵压有关外，与喷嘴的几何形状也有密切关系。流体力学理论和试验结果表明：

1）在喷射流量一定的条件下要想提高射流流速，从而提高喷射流的切割能力，必须减小喷嘴直径，提高喷射流压力，切割直径随高压水喷嘴直径的减小而增大，在流量一定时，喷嘴内径±0.2 mm的变化，可以引起喷射压力变化约为10 MPa。

图4-32是国产3XB型三管旋喷器，在$N_{63.5}$=10击的某残积土中的旋喷试验结果。

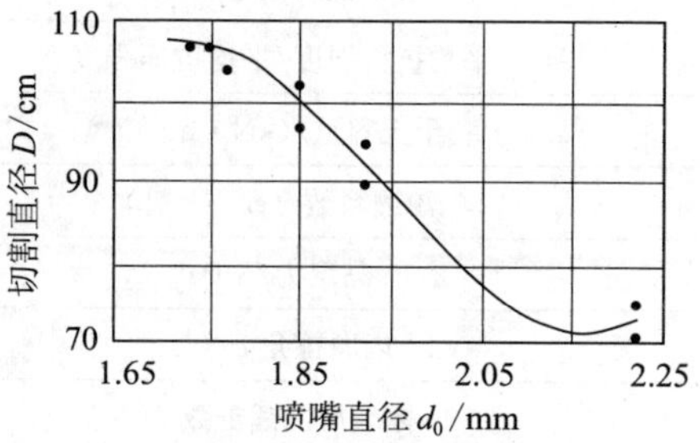


图4-32 旋喷切割直径与喷嘴直径的关系

流量$Q$=75 L/min，提升速度$v_L$=6～8 cm/min

从图4-32可知，随着喷嘴直径加大，旋喷切割的直径逐渐减小，但是喷嘴的直径不能过小，当喷嘴减小到一定程度（$d_0$<1.75 mm）后，由于高速喷射流的“雾化”现象逐渐加强及介质阻力的增大等原因，使喷射流切割能力迅速降低。常用的注浆喷嘴直径一般为1.8～3.2 mm。

2）射流进入喷嘴收敛圆锥区段，水射流逐渐收敛，流速和动能也逐渐增加，因此圆锥区的长度对提高流速和保持喷流的稳定性都是有利的，但受到钻头结构尺寸的限制，不能增大很多。

3）射流从收敛形圆锥喷嘴流出，其流量系数和流速系数取决于圆锥角，当圆锥角$\theta$约等于13°时，可获得最大的流量系数$\mu_{max}$=0.94和流速系数$\varphi_{max}$=0.96。

4）为了使喷射流能稳定，喷嘴直径应和喷嘴直线段保持一定的关系，即内圆锥角$\theta$在13°左右时，水平段$S=(3\sim4)d_0$。

## （四）喷射注浆固结体的工程特性

一般情况下，喷射注浆固结体的工程特性应由室内及现场试验确定。在无试验资料的情况下，对于小型或不重要的工程，可参考表4-9所列的数值选用。

**表4-9 高压喷射注浆（旋喷）固结体的特性**

| 固结体特性 \ 喷注方法 | | | 单管法 | 双管法 | 三管法 |
|---|---|---|---|---|---|
| 固结体有效直径/m | 黏性土 | 0<N≤5 | 0.5～0.8 | 0.8～1.2 | 1.2～1.8 |
| | | 6<N≤10 | 0.4～0.7 | 0.7～1.1 | 1.0～1.6 |
| | | 10<N≤20 | 0.3～0.5 | 0.6～0.9 | 0.7～2.0 |
| | 砂土 | 0<N≤10 | 0.6～1.0 | 1.0～1.4 | 1.5～2.0 |
| | | 10<N≤20 | 0.5～0.9 | 0.9～1.3 | 1.2～1.8 |
| | | 20<N<30 | 0.4～0.9 | 0.9～1.3 | 1.2～1.8 |
| 单向定喷有效长度/m | | | | | 1.0～2.5 |
| 单桩垂直极限荷载/kN | | | 500～600 | 1000～1200 | 2000 |
| 单桩水平极限荷载/kN | | | 30～40 | | |

续表

| 固结体特性＼喷注方法 | | 单管法 | 双管法 | 三管法 |
|---|---|---|---|---|
| 最大抗压强度/MPa | | 砂土 10～20，黏性土 2～6，砾砂 8～20 | | |
| 平均抗折强度/平均抗压强度 | | 1/5～1/10 | | |
| 干土容重/(kN·m$^{-3}$) | | 砂土 16～20，黏性土 14～15，黄土 13～5 | | |
| 渗透系数/(cm·s$^{-1}$) | | 砂土、砂砾 $10^{-5}$～$10^{-7}$，黏性土 $10^{-6}$～$10^{-7}$ | | |
| 黏聚力/MPa | | 砂土 0.4～0.5，黏性土 0.7～1.0 | | |
| 内摩擦角 $\varphi$/(°) | | 砂土 30～40，黏性土 20～30 | | |
| 标准贯入锤击数 $N$ | | 砂土 30～50，黏性土 20～30 | | |
| 弹性波波速/(km·s$^{-1}$) | P 波 | 砂土 2～3，黏性土 1.5～2.0 | | |
| | S 波 | 砂土 1.0～1.5，黏性土 0.8～1.0 | | |

### （五）国内喷射注浆新研发设备

随着高压喷射注浆应用范围的扩展，国内相关厂家及工程技术人员相继研制了多种新型设备，较为典型的包括如下几种。

**1. HPJM—A1 型旋喷搅拌机**

该机的特点：能够单独实施深层搅拌、高压旋喷施工，也能够在复杂条件下组合实施高压旋喷搅拌大直径水泥土桩施工，为全液压系统，具有插筋功能，其主要技术参数为：加固深度 18～36 m；加固直径 0.5～1.8 m；钻盘通孔直径 510 mm；转速（正反）0～46 r/min 无级调速；给进、提升速度 0～6.0 m/min 无级调速；工作外形尺寸 6.5 m×5.0 m×21 m；运输状态外形尺寸 6.2 m×2.3 m×3.2 m；主机质量 1300 kg。

**2. XPB—90 型超高压旋喷注浆泵**

该泵是一种轻型、多用、高压、定量（也可等量）、既可泵送清水又能泵送高密度水泥浆的喷射注浆专用泵，其主要技术参数为：作用形式为卧式往复单作用三柱塞式，柱塞直径 40 mm；工作行程 120 mm；输入速度 1480 r/min；往复次数 220 次/min；排出流量 85 L/min；工作压力 50 MPa、40 MPa、35 MPa（浆液密度分别为 1.0 kg/m$^3$、1.25 kg/m$^3$、1.5 kg/m$^3$）；吸入高度 2.5 m；排出管径 16～25 mm；总质量 3000 kg（含电机）；额定功率 90 kW；外形尺寸 3050 mm×1250 mm×750 mm；该机型已发展成三种型号，并可配无级电磁调速电机，无级变量，更适合喷射注浆施工使用。

**3. DJ—60 型振孔高喷机**

DJ—60 型振孔高喷机由振动拔管机改制而成，可完成调直、调平、步履位移等作业，采用机械振动、机械提升、电气控制并配备特制的高喷钻具（专利技术），可在砾卵石地基中实现成孔及喷射注浆一体化，沉管速度可达 4 m/min，解决了水利工程中砾卵石地基旋喷成孔困难、施工效益低的技术难题，其主要技术参数见表 4－10。

**4. 其他旋喷钻机**

无锡探矿机械总厂研发了 XPL—20 型履带式旋喷锚固两用钻机，加固深度可达 30～

50 m；煤炭科学研究总院西安分院研发了 GX－1 型多功能旋喷钻机及配套钻具，最大加固深度 30 m；杭州钻探机械厂研发了 SGZ 型旋喷钻；西安探矿机械厂研发了 GXM－50 型旋喷锚杆钻机并生产 ZJB－30 型高压注浆泵，加固深度可达 50 m；中国地质大学及中南冶金钻具厂研发了 YDP－1500 型高压旋喷钻机，最大加固深度 50 m。

**表 4－10　DJ－60 型振孔高喷机主要技术参数表**

| 电机功率 kW | 偏心力矩 N·m | 偏心轴转速 $r\cdot min^{-1}$ | 激振力 kN | 空载振幅 mm | 允许加压力 kN | 允许起拔力 kN | 质量 kg |
|---|---|---|---|---|---|---|---|
| 55～60 | 310～230 | 900～1150 | 280～350 | 9.5～7.3 | 100 | 150 | 4840 |

## 三、大直径单管喷射（旋喷）注浆新方法

### （一）增大加固体直径的工程意义

一般而言，对特定的土层和喷射注浆参数，随着喷射注浆成桩直径的增大，桩身水泥含量降低，水泥土初始含水量则随之增大，导致桩身强度随成桩直径的增大而减小。对桩身强度要求不高的工程，如止水工程等，成桩直径的增大可以减小工程量、降低工程造价；而对以提高地基承载力为目的的工程，单桩承载力随桩径增大的变化规律尤为重要。对一定的土层和喷射注浆参数，随着喷射注浆成桩直径的增大，桩身水泥土承载力特征值也逐渐增大。桩身直径的增大和承载力特征值的提高，对单管喷射注浆法的工程应用意义重大。

1）对以提高地基承载力为目的的工程，单桩承载力的提高，可大幅度减少复合地基的桩数，进而降低工程造价，提高施工效率。如前述计算结果，当桩径从 0.6 m 提升至 1.0 m 时，承载力特征值从 220 kN 提高至 354 kN，复合地基桩数可减少约 38%。

2）对以基坑止水为目的的工程中，分两种情况：①相互搭接连续的止水墙；②桩间止水（图 4－33）。

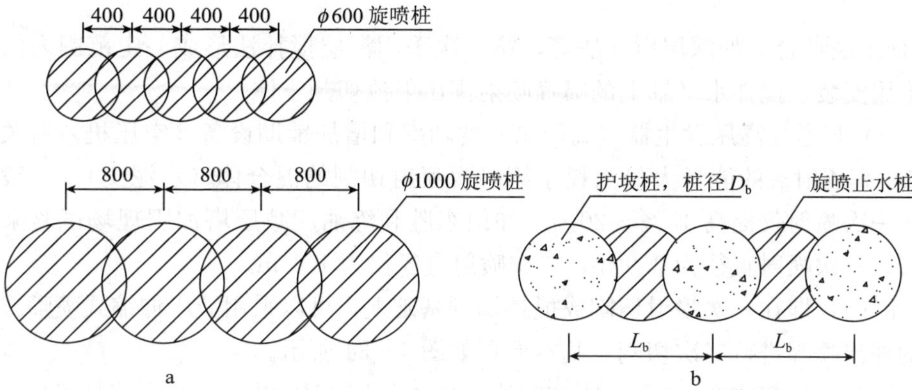


图 4－33　单管喷射注浆桩在基坑止水工程中的应用（单位：mm）

图 4－33a 中，当以连续相互搭接的旋喷桩形成止水墙时，通常要求搭接 200 mm，若单管喷射注浆旋喷桩直径从 $\phi$600 mm 增大至 $\phi$1000 mm，则止水桩数减少 50%，大幅度降低工程造价。图 4－33b 中，旋喷桩作为桩间止水，若护坡桩间距为 $L_b$，护坡桩直径为 $D_b$，旋喷桩直径为 $D_j$，若要求旋喷桩和护坡桩至少相互搭接 100 mm，则旋喷桩要求直径 $D_j \geq (L_b -$

$D_b$)+200（式中，$D$，$L$ 单位均为 mm）。若 $L$=1500 mm，$D_b$=1000 mm，则 $D_j$=700 mm。此时，传统的单管旋喷桩桩径则很难满足设计要求，必须采用双管或三重管喷射注浆法，止水工程造价大幅度提高。反之，针对同一工程，若采取技术措施增大单管旋喷直径，使单管旋喷注浆法能满足设计桩径要求，即可大幅度降低止水工程的造价。

3）相同土层和喷射参数下，桩径提高一倍，承载力相应提高，单位承载力消耗的能源和水泥相应减少。

4）桩径及桩身承载力的提高，使单位体积加固体和单位承载力在施工过程中产生的冒浆体（废浆）大幅减少，进而降低了废浆处理的费用并减少了水泥的浪费。以前述施工参数为例，对 $\phi$600 mm 桩，冒浆体（废浆）体积为 0.3 $m^3$/m，即冒浆体（废浆）体积为桩身体积的 1.06 倍，有近 50%的水泥随冒浆流出地面浪费，单位承载力形成的泥浆污染为 1.36 L/kN；对 $\phi$1000 mm 桩，冒浆体（废浆）体积为 0.3 $m^3$/m，即冒浆体（废浆）体积为桩身体积的 38.2%，仅有 27.6%的水泥随冒浆冒出地面浪费，单位承载力形成的泥浆污染为 0.85 L/kN。

上述分析表明，对特定的土层和喷射参数，当桩径从 $\phi$600 mm 增大至 $\phi$1000 mm 时，水泥浪费减少 22.4%，单位承载力形成的泥浆污染减少 0.51 L/kN；$\phi$1000 mm 的桩单位承载力形成的泥浆污染只相当于 $\phi$600 mm 桩的 62.5%，即可降低泥浆处理费用 37.5%。

### （二）增大加固直径的主要途径分析确定

由前述喷射流功率、射流对土体的破坏力计算可知，扩大加固范围的主要途径为：

1）增大喷嘴出口处的压力 $P_0$；

2）增大喷射流流量，即增大喷嘴直径 $d_0$；

3）利用环状空气保护高压射流，减缓喷射流轴压 $P$ 的衰减速度；

4）采用复喷措施，即一次喷射切割结束后，重复进行二次喷射切割；

5）一次喷射的同时或一次喷射结束后，采用伸出喷头体外的喷嘴进行二次喷射切割土体；

6）与其他工法结合，如深层搅拌法等，第一次采用深层搅拌法形成一定范围内的加固体，第二次采用安装在搅拌水平轴上的喷嘴喷射高压射流切割土体。

途径 1)～3）与增加高压发生器（高压泵）的功率和增加辅助设备（空压机）有关，途径 4）由于二次高压射流的能量大量消耗于第一次喷射切割的混合体（水泥土），一般二次复喷的直径比一次喷射仅提高 15%～20%。如山东胜利炼油厂减压塔加固现场试验采用三重管旋喷注浆，一次喷射直径为 0.9 m，二次喷射直径仅为 1.1 m。

途径 5）和 6)，即在一次喷射切割或搅拌切割基础上，可以采用液压伸缩式喷嘴或固定于水平轴上的伸出喷嘴进行二次切割，基本原理如图 4-34 所示。

图 4-34 采用伸出式喷嘴，上下喷嘴在旋喷上升过程中同时喷出高压水泥浆切割破碎土体形成加固体（图 4-34a)，或喷头下降时下喷嘴喷射，喷头提升时上喷嘴喷射（图 4-34b)。通常下喷嘴伸出半径小于一次切割破碎半径，假设一次切割土体的直径为 $D_1$=400 mm，喷嘴伸出半径 $R_{02}$ 选用 180～200 mm，二次切割后，预期最后形成的加固体直径 $D_2 \geqslant 2R_{02} + D_1$=(360～400)+400=760～800 mm，加固直径增大近 1.0 倍，面积增大约 3.0 倍。

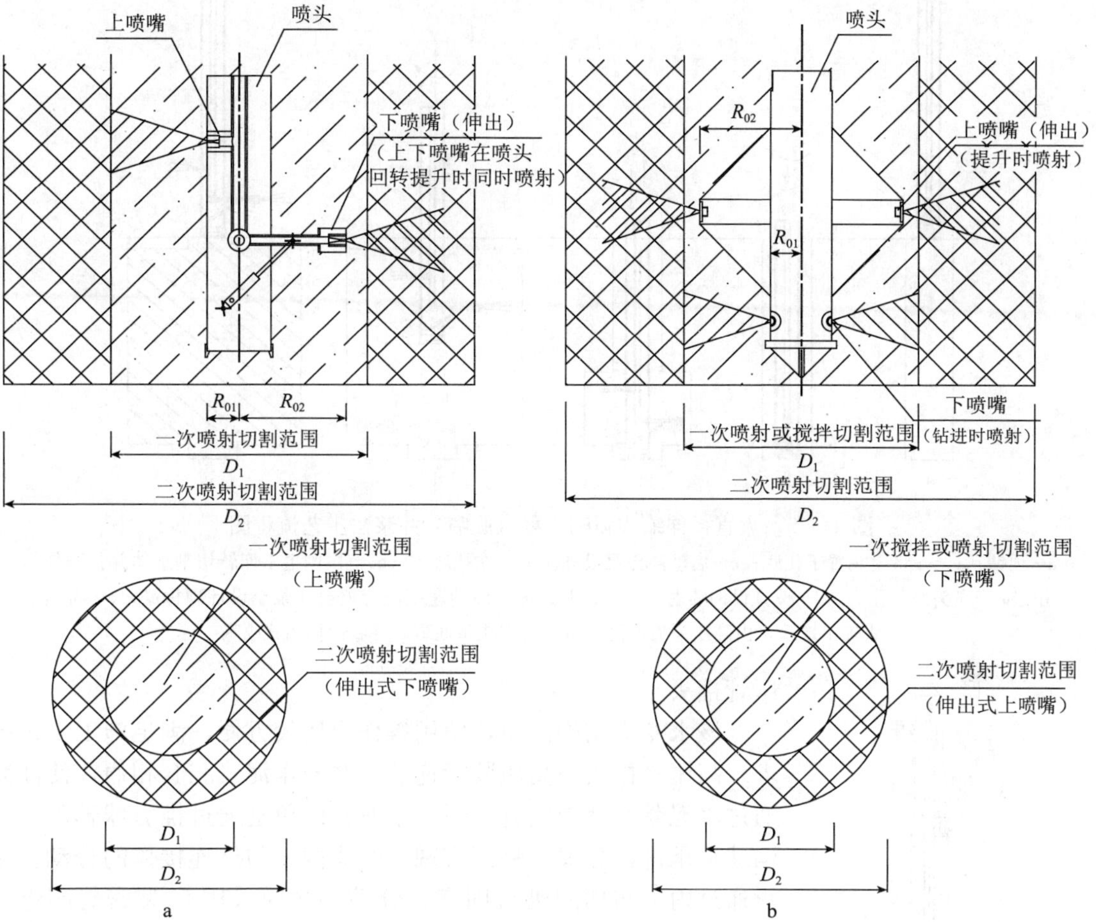


图 4-34 增大喷射直径方法原理图

a—上喷嘴、伸出式下喷头在回转提升时同时切割土体；b—喷头回转钻进时下喷嘴喷射切割或搅拌切割土体，喷头回转提升时，伸出的上喷嘴喷射切割土体

## （三）大直径液压伸缩式喷嘴单管喷射（旋喷）注浆法（A 方法）

### 1. 注浆工艺流程

本方法的基本原理为：利用特制的三通道钻具，其中一个通道为高压水泥浆通道，用于输入喷射切割射流和水泥固化剂介质，另外两个通道为进油和回油管，在液压油泵的控制下，实现安装于喷头上的伸出式喷嘴（下喷嘴）的伸出和缩进。喷射注浆时，将喷头送至预钻孔的孔底，启动高压泵在孔底 50 cm 范围内上下提升回转喷头并伸出由液压泵控制的喷嘴（下喷嘴），然后喷头置于设计标高，按规定的提升和回转速度上下喷嘴同时喷射高压水泥浆液形成注浆加固体，工艺流程如图 4-35 所示。

### 2. 喷射钻具

液压伸缩式喷嘴单管（旋喷）钻具的组成如图 4-36 所示。钻具包括高压水龙头回转器、液压旋转器、主动钻杆、钻杆、喷头连接接头、喷头、法兰盘接头及液压系统等。

高压水龙头（图 4-37）：主要功能是实现钻具的转动与高压注浆时密封。其主要包括吊环、上连接体、水泥浆腔套、中连接体、半圆卡环、下连接体、内管、主动钻杆接头及高

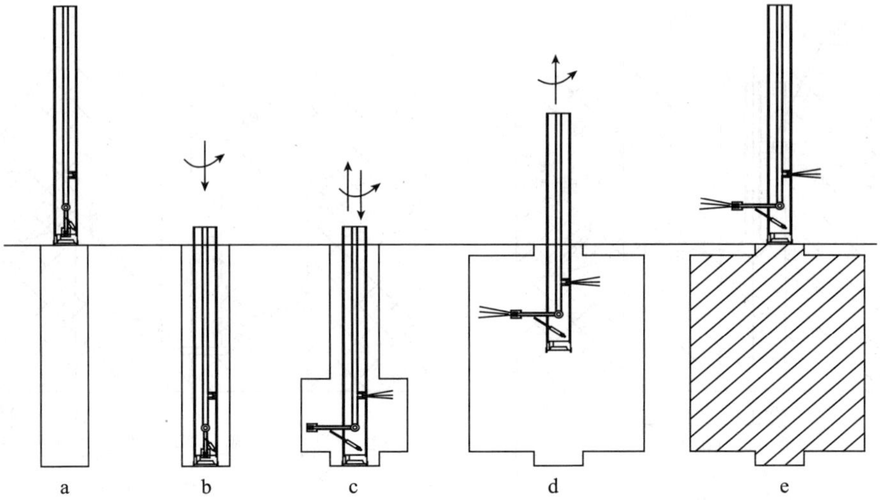


图 4-35 大直径伸缩式喷嘴喷射（旋喷）注浆法工艺流程图

a—预钻孔；b—将喷头置于孔底；c—启动高压泵设计压力，在孔底 50 cm 范围内上下回转切割土体并打开伸出喷嘴，喷头回至孔底；d—按预设的喷射压力、提升速度、回转速度进行喷射注浆至设计顶标高；e—将喷头提出地表，由高压泵喷射高压清水清洗注浆通道，并收回伸出式喷嘴

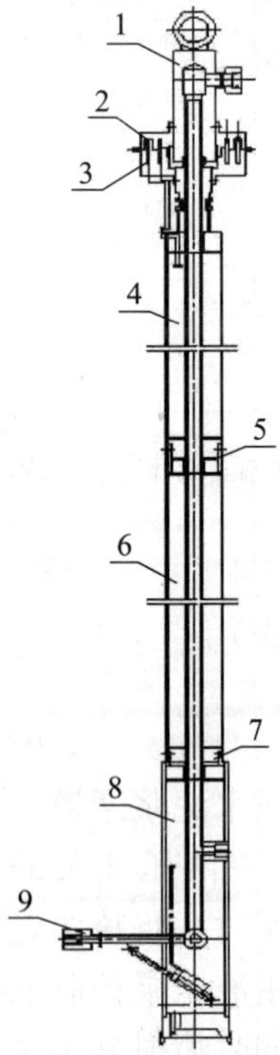


图 4-36 液压伸缩式喷嘴钻具

1—高压水龙头回转器；2—液压旋转器；3—液压系统；4—主动钻杆；5—法兰盘接头；6—钻杆；7—喷头连接接头；8—喷头；9—液压伸缩式喷嘴

压管接头。

该水龙头结构简单，使用操作也比较方便，满足施工工艺要求。高压管接头与高压胶管连接，并与水泥浆腔套相通，使注浆通过水泥浆腔套与内管连通。水龙头的单动通过推力球轴承与深沟球轴承进行分离，从而实现水龙头内管与外连接体的分动。轴承通过内套与挡圈进行固定，分动件之间采用 O 型密封圈进行密封，其他材料均使用 45# 钢。

主动钻杆（图 4-38）：主要功能是与钻机钻盘相连接，把扭矩及压力传递到下部的钻杆（图 4-39）的功能。其主要包括主动钻杆外管接头、加强筋、上隔板、主动钻杆外管、主动钻杆内管及下固定板等。

该结构操作简单、安装方便。主动钻杆外接头安装到主动钻杆接头上，下端连接主动钻杆内管。主动钻杆内管由下固定板固定。

喷头（图 4-40）：主要功能是在注浆过程中，根据要求实现单管高压旋喷工艺要求。主要包括钻头、外管组件、下喷嘴组件、伸缩油缸及上喷嘴组件等。

该结构较复杂，要求加工精度较高。上喷嘴组件焊接在固定板与挡板上，上喷嘴内管上部与内管接头连接，与钻杆内管连接形成内部注浆通道。上喷嘴座焊接在上喷嘴内管与外管之间，内孔连通上喷嘴内管与外管，上喷嘴安装在喷嘴座上，下部通过调节螺栓固定，形成上喷嘴组件。下喷嘴组件上端通过调节螺栓固定，下喷嘴组件下部通过油缸耳环与油缸固定在一起，使油缸控

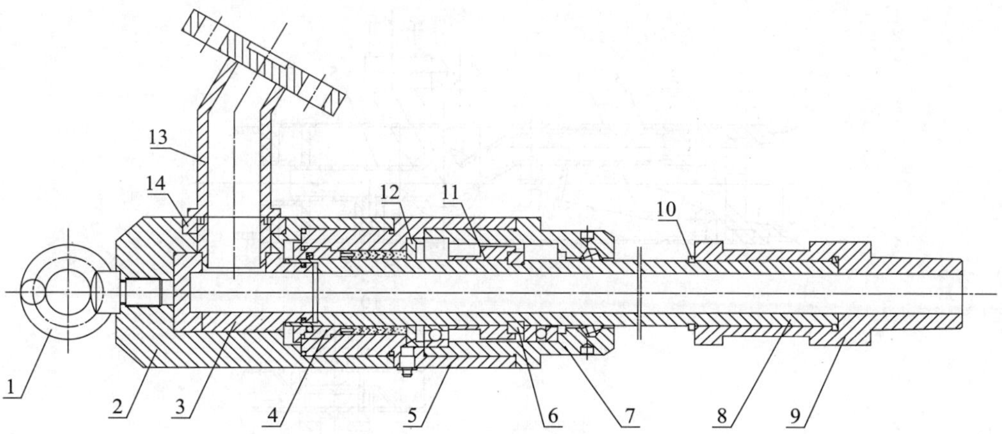


图 4-37　高压水龙头

1—吊环；2—上连接体；3—水泥浆腔套；4—内管密封压帽；5—中连接体；6—半圆卡环；7—下连接体；8—内管；9—主动钻杆接头；10—垫圈；11—内套；12—挡圈；13—高压管接头；14—垫圈

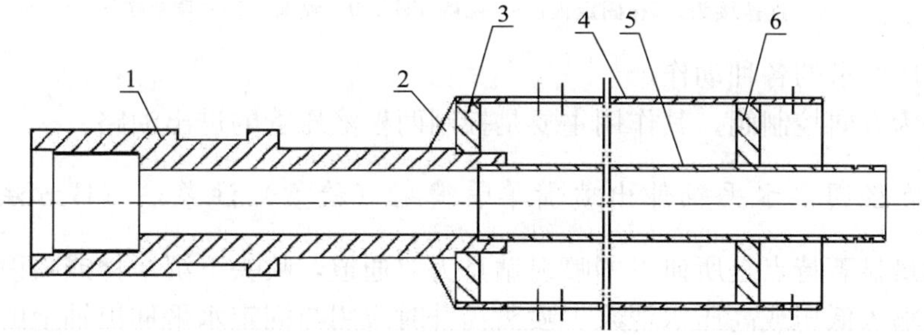


图 4-38　主动钻杆

1—主动钻杆外管接头；2—加强筋；3—上隔板；4—主动钻杆外管；5—主动钻杆内管；6—下固定板

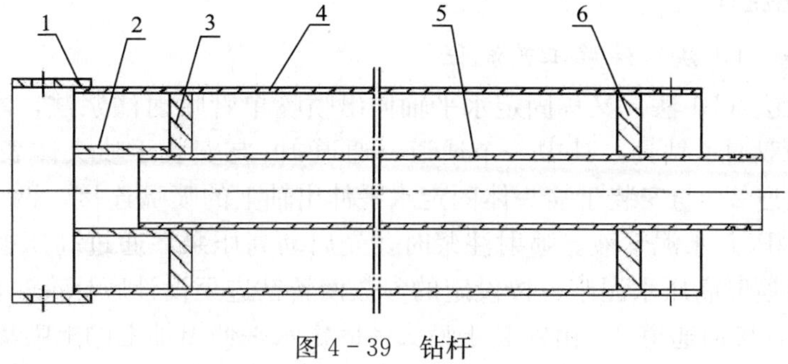


图 4-39　钻杆

1—钻杆接箍；2—内管接头；3—上固定板；4—钻杆外管；5—钻杆内管；6—下固定板

制下喷嘴组件旋转。

液压系统：主要包括液压泵控制阀、液压管路及液压缸等。主要功能是在下喷嘴注浆过程中，实现下喷嘴的伸缩。

液压系统主要分为：动力元件、执行元件、控制元件。

动力元件为定量齿轮泵，其作用是将电动机输出的机械能转换成液压能，向液压系统提供压力油，驱动液动机。

执行元件为伸缩油缸，其作用是将液压能转换为机械能，提供力（力矩）和运动，驱动

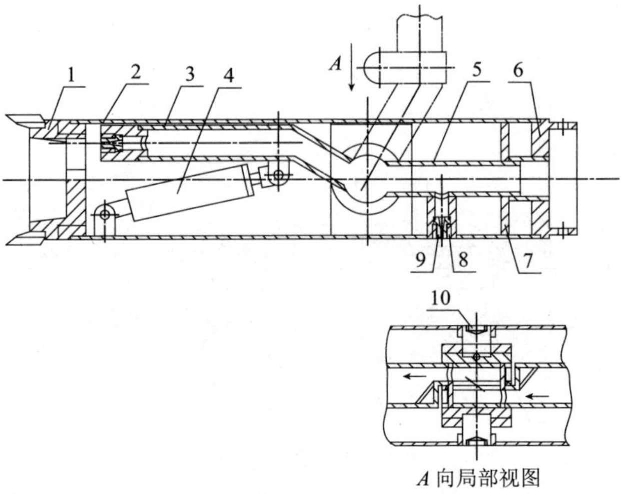


图 4-40　喷头

1—钻头；2—外管组件；3—下喷嘴组件；4—伸缩油缸；5—上喷嘴组件；
6—连接接头；7—固定板；8—喷嘴压帽；9—喷嘴；10—调节螺栓

工作机构完成所要求的各种动作。

控制元件为方向控制阀，其作用主要是控制两根液压管的进出油路。

### （四）大直径固定水平轴伸出喷嘴单管喷射（旋喷）注浆法（B 方法）

该工法的最显著特点是所研发的喷射钻具为双通道，喷头下沉搅拌或喷射时应用与下喷嘴连接的通道输入低压或高压水泥浆，喷头提升时应用与固定水平伸出轴上的上喷嘴通道输送高压水泥浆。根据喷头下沉、上升时采用的水泥浆压力的不同分为双高压（B1 法）和低高压（B2 法）两种注浆工艺。

#### 1. 注浆工艺流程

（1）双高压（B1 法）注浆工艺流程

双高压注浆法（B1 法）又称固定水平轴伸出喷嘴单管喷射注浆法，本方法的基本原理为：利用特制的双通道钻具，其中一个通道（通道 1）与安装于喷头体表面的下喷嘴连接；另一个通道（通道 2）与安装于喷头体固定水平伸出轴上的喷嘴连接，两个通道都用于喷射高压（>30.0 MPa）水泥浆液。喷射注浆时，先启动高压泵，通过高压换向阀接通通道 1，由喷头体下喷嘴喷射高压水泥浆，按设定的参数回转钻进至设计底标高；然后再通过高压换向阀关闭通道 1，接通通道 2，由安装于喷头体固定水平伸出轴上的上喷嘴喷射高压水泥浆，按设定的提升、回转速度喷射注浆至设计顶标高，形成加固体，工艺流程如图 4-41 所示。

（2）低高压（B2 法）注浆工艺流程

低高压注浆法（B2 法）又称固定水平轴伸出喷嘴单管喷射搅拌注浆法，本方法的基本原理为：利用特制的双通道钻具，其中通道 1 为低压通道，与安装于喷头体上低压喷嘴（下喷嘴）连接；另一通道 2 为高压通道，与安装于喷头体固定水平轴（搅拌轴）上的伸出高压喷嘴（上喷嘴）连接。喷射注浆时，先启动低压注浆泵，由喷头体下喷嘴喷出低压水泥浆，按设定的流量、下沉速度、回转速度边注浆边搅拌至设计底标高；关闭通道 1，然后启动高压泵并接通通道 2，由安装于固定水平伸出轴上的上喷嘴喷射高压水泥浆，按设定的提升、

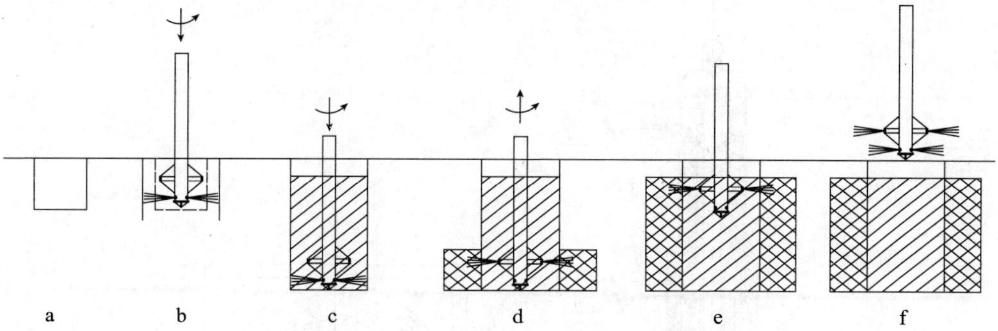


图 4－41　双高压（B1 法）注浆工艺流程图

a—预挖孔，深 1.0 m，孔径≥喷头直径；b—将喷头置于预挖孔内，接通通道 1 并按设定的下降及回转速度由下喷嘴开始高压喷射；c—喷射至设计底标高，关闭 1 通道，并接通 2 通道；d—按设定的提升及回转速度，由上喷嘴进行喷射注浆；e—喷射至设计预标高；f—将喷头提出地面，并切换 1、2 通道，用高压水清洗

回转速度注浆至设计顶标高，形成注浆加固体。工艺流程如图 4－42 所示。

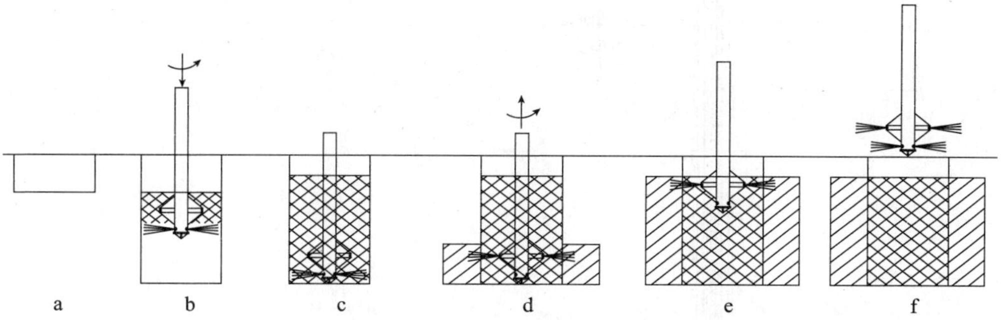


图 4－42　低高压（B2 法）注浆工艺流程图

a—预挖孔，深 1.0 m；b—喷头置于预挖孔内，接通通道 1，按设定流量、下沉速度、回转速度搅拌下沉；c—下沉至设计底标高，关闭 1 通道，接通 2 通道高压水泥浆；d—按设定流量、提升回转速度喷射提升；e—提升至设计顶标高，喷射注浆结束；f—将钻头提出地面，并接通 1、2 通道清洗管路

**2. 喷射钻具**

图 4－43 是实现喷射搅拌注浆工艺的喷射钻具，主要包括上水龙头、下水龙头、上水龙头内管、下水龙头内管、上法兰接头、钻杆、下法兰接头、上喷嘴内管、下喷嘴内管、上喷嘴、下喷嘴及钻头体等。

（1）双通道高压水龙头

高压水龙头主要功能是分别与两根注浆管连接，形成两个单动注浆通道。其主要结构如图 4－44 所示，水龙头主要结构为吊环、上水龙头、注浆接头、上连接体、上水龙头内管、中连接体、下水龙头、下水龙头内管、下连接体、轴承以及密封圈等组成。

（2）上喷嘴组件

如图 4－45 所示，由于喷嘴向外伸出，其作用是对一次切割后的土层进行二次喷射切割注浆。其主要结构由外接喷嘴座、上喷嘴内管及翼板组成。该结构加工简单，密封效果好。上喷嘴内管是通过钻头体纵向打孔的方式形成孔道，作为上喷嘴内管。上喷嘴座插接在钻头体的横向加工孔上，内孔与连通上喷嘴内管的横向加工孔连通。上喷嘴座通过钻头翼板固

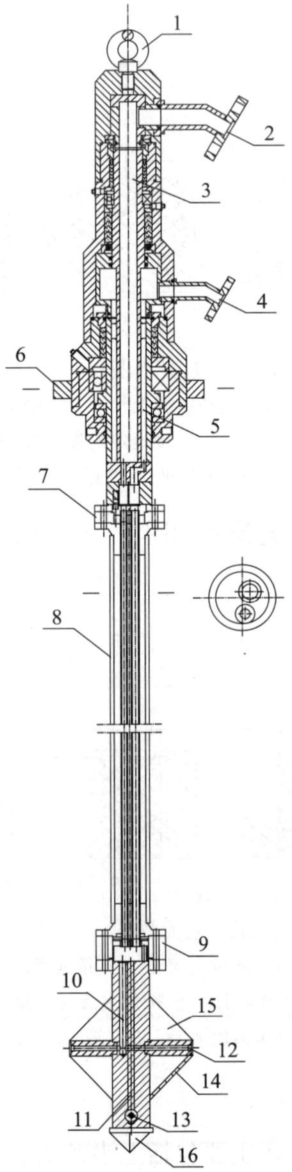


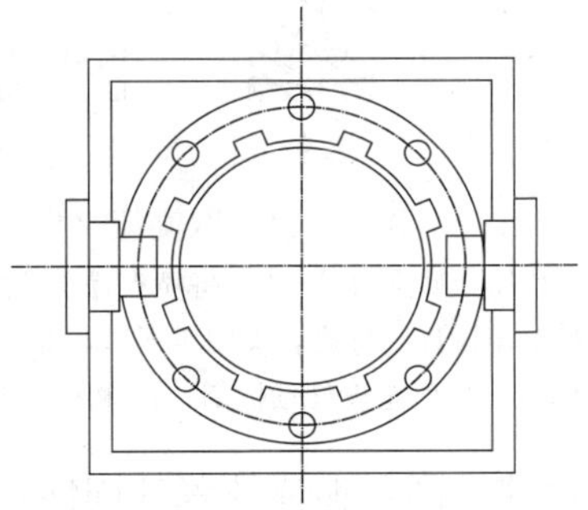

水龙头固定器

图 4-43　单管喷射搅拌法双通道喷射钻具总图

1—吊环；2—上水龙头；3—上水龙头内管；4—下水龙头；5—下水龙头内管；6—水龙头固定器；7—上法兰接头；8—钻杆；9—下法兰接头；10—上喷嘴内管；11—下喷嘴内管；12—上喷嘴组件；13—下喷嘴组件；14—合金块；15—翼板；16—钻头体

定，翼板周边嵌有合金块，以减少磨损，提高使用寿命。

### （五）工艺参数及配套设备

新工法工艺参数的确定是理论计算、类似或部分类似工法的施工实践及现场试验的综合结果。工艺参数不是唯一的，它可根据不同的工程目的而变化。因此，它只是一个相对合理的范围。只有在工艺参数的范围值确定后，才能根据参数要求选择相应的配套设备。

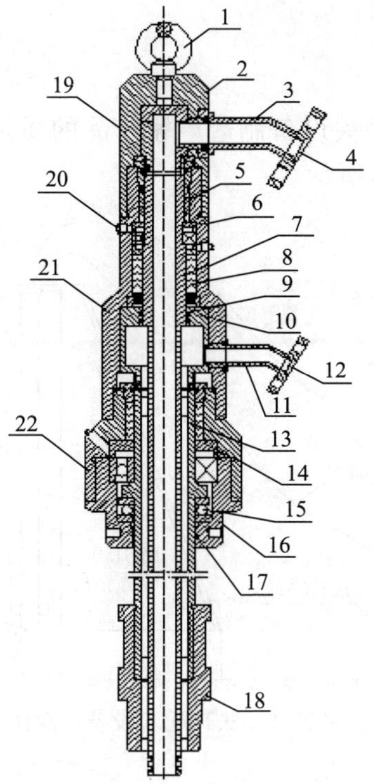


图 4-44　双通道高压水龙头

1—吊环；2—上水龙头内接头；3—注浆上接头；4—上水龙头接口；5—V形垫圈；6—上轴承限位环；7—上水龙头内管；8—V 形垫圈；9—O 形密封圈；10—下水龙头内接头；11—注浆下接头；12—水龙头下接口；13—下水龙头内管；14—下轴承限位环；15—推力球轴承；16—推力轴承限位接头；17—O 形密封圈；18—主动钻杆接头；19—上连接体；20—注油口；21—中连接体；22—下连接体

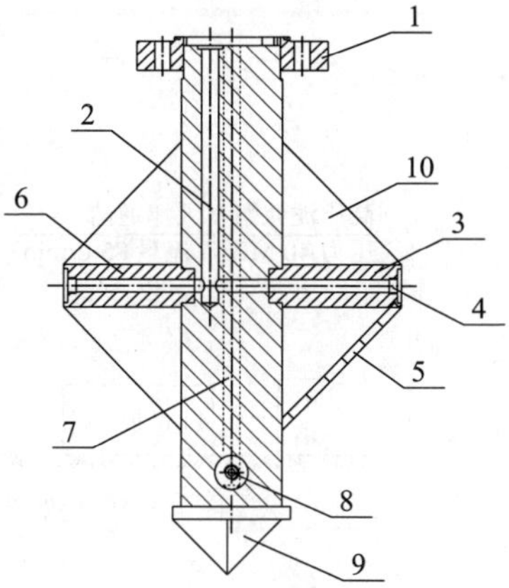


图 4-45　喷头体结构图

1—下法兰盘；2—上喷嘴内管；3—外接喷嘴座；4—上喷嘴；5—加强筋；6—上喷嘴座；7—下喷嘴内管；8—下喷嘴；9—钻头；10—翼板

**1. 工艺参数**

根据高压射流的流量、流速、压力、喷嘴直径等相关计算理论，参照现有单管喷射注浆、双管喷射注浆、RJP 工法、Super Jet 工法等已有的工艺参数，结合相关地基加固、止水工程等理论分析结果和大量的工程实践经验，确定新研发的三种单管喷射注浆方法的工艺参数见表 4-11。

**表 4-11　大直径单管喷射（旋喷）注浆法工艺参数表**

| 方法名称 | 喷嘴 | | | | 喷头 | | | 浆液 | | |
|---|---|---|---|---|---|---|---|---|---|---|
| | 上喷嘴 | | 下喷嘴 | | 提升速度 cm·min$^{-1}$ | 下沉速度 cm·min$^{-1}$ | 回转速度 r·min$^{-1}$ | 水灰比 | 流量 L·min$^{-1}$ | 压力 MPa |
| | 数量/个 | 直径/mm | 数量/个 | 直径/mm | | | | | | |
| A | 1 | 1.8～2.2 | 1 | 1.8～2.2（伸出） | 20～30 | — | 20～25 | 1∶1 | 55～85 | 30～40 |
| B1 | 1～2 | 1.8～2.2（伸出） | 1～2 | 1.8～2.2 | 25～35 | 25～35 | 20～25 | 1∶1 | 55～85 | 30～40 |
| B2 | 1～2 | 1.8～2.2（伸出） | 1～2 | 6～8 | 25～35 | 45～50 | 40～45 | 1∶1 | 下沉 30～35<br>提升 55～85 | 下沉 1～2<br>提升 30～40 |

注：A 为液压伸缩式喷嘴单管喷射注浆法；B1 为固定水平轴伸出喷嘴单管喷射注浆法（双高压 B1 法）；B2 为固定水平轴伸出喷嘴单管喷射搅拌注浆法（低高压 B2 法）。

**2. 配套设备及其参数**

（1）配套设备

根据上述确定的工艺参数范围，结合国内相关设备制造厂家产品的质量、性能及参数，选定三种工法配套的设备如图 4－46 至图 4－48 所示。

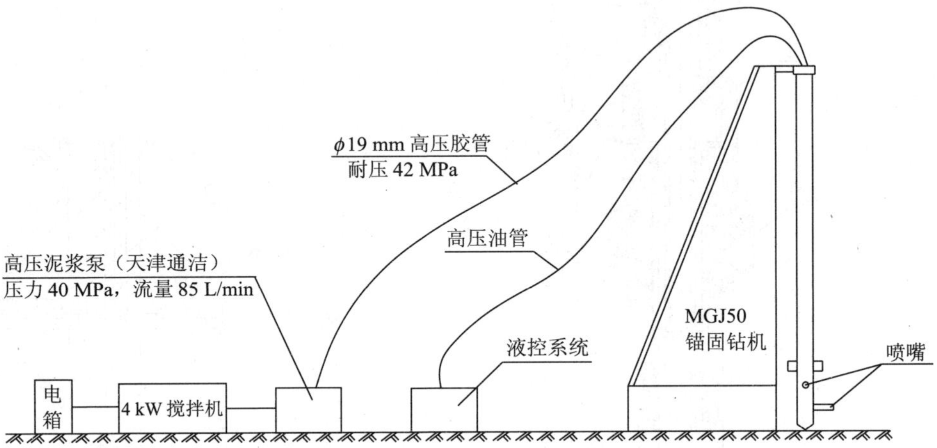


图 4－46 液压伸缩式喷嘴单管喷射注浆法（A 法）配套设备示意图

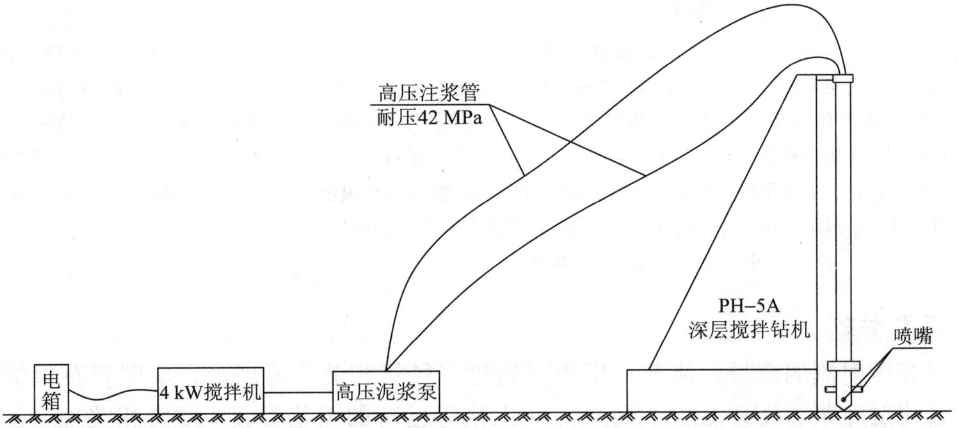


图 4－47 固定水平轴伸出喷嘴单管喷射注浆法（双高压 B1 法）配套设备示意图

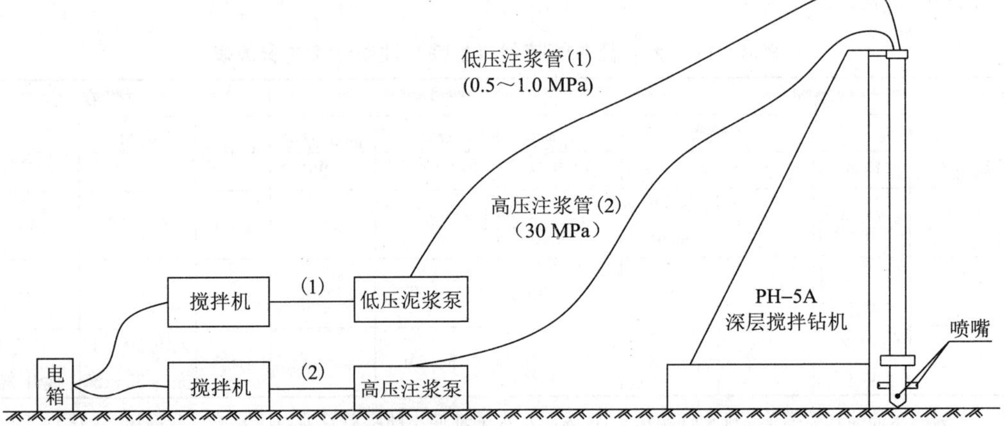


图 4－48 固定水平轴伸出喷嘴喷射搅拌注浆法（低高压 B2 法）配套设备示意图

（2）所选主要配套设备参数

所选主要配套设备参数见表 4－12～表 4－15。

**表 4－12　CPB—90 高压注浆泵技术参数**

<table>
<tr><td colspan="3">柱塞行程/mm</td><td>120</td><td colspan="2">变速比 $i$</td><td>7.2727</td></tr>
<tr><td colspan="3">输入轴转数/($r \cdot min^{-1}$)</td><td colspan="4">600～1320</td></tr>
<tr><td colspan="3">泵速/($r \cdot min^{-1}$)</td><td colspan="4">82～181</td></tr>
<tr><td colspan="2">电动机功率/kW</td><td>55</td><td>75</td><td>90</td><td>110</td><td rowspan="3">柱塞直径<br>mm</td></tr>
<tr><td colspan="2">公称流量</td><td colspan="4" rowspan="2">额定排出压力/MPa</td></tr>
<tr><td>$m^3 \cdot h^{-1}$</td><td>$L \cdot min^{-1}$</td></tr>
<tr><td>4.8</td><td>80</td><td>35</td><td>48</td><td>57</td><td>65</td><td>40</td></tr>
<tr><td>6.0</td><td>100</td><td>28</td><td>38</td><td>47</td><td>57</td><td>45</td></tr>
<tr><td>7.5</td><td>125</td><td>22</td><td>30</td><td>38</td><td>45</td><td>50</td></tr>
<tr><td>9.3</td><td>(155)</td><td>(17)</td><td>(22)</td><td>(30)</td><td>(38)</td><td>55</td></tr>
</table>

**表 4－13　UBJ1.8C 型挤压式注浆泵技术参数**

| 项目 | 数据 |
|---|---|
| 出灰量/($m^3 \cdot h^{-1}$) | 1.2；1.8 |
| 最大工作压力/MPa | 3 |
| 垂直泵送高度/m | 40 |
| 水平输送距离/m | 200 |
| 电机功率/kW | 2.2；2.8 |
| 整机质量/kg | 245 |
| 外形尺寸 $L \times W \times H$/mm | 13000×660×735 |

**表 4－14　PH—5A 深层搅拌钻机**

<table>
<tr><td colspan="2">项目名称</td><td>参数</td></tr>
<tr><td colspan="2">地基加固深度/m</td><td>14.5</td></tr>
<tr><td colspan="2">成桩直径/m</td><td>$\phi$500</td></tr>
<tr><td rowspan="2">钻机转速</td><td>正/($r \cdot min^{-1}$)</td><td>15；25；44；70；108</td></tr>
<tr><td>反/($r \cdot min^{-1}$)</td><td>17；29；52；82；126</td></tr>
<tr><td colspan="2">最大扭矩/($kN \cdot m^{-1}$)</td><td>21</td></tr>
<tr><td rowspan="2">提升速度</td><td>正/($m \cdot min^{-1}$)</td><td>0.288；0.386；0.679；1.665；1.081</td></tr>
<tr><td>反/($m \cdot min^{-1}$)</td><td>0.268；0.455；0.800；1.272；1.960</td></tr>
<tr><td colspan="2">钻杆规格/mm</td><td>125×125</td></tr>
<tr><td colspan="2">纵向单步行程/m</td><td>1.2</td></tr>
<tr><td colspan="2">横向单步行程/m</td><td>0.5</td></tr>
<tr><td colspan="2">接地比压/MPa</td><td>≤0.0287</td></tr>
<tr><td colspan="2">灰罐容量/m</td><td>1.3</td></tr>
<tr><td colspan="2">空气机排量/($m \cdot min^{-1}$)</td><td>1.6</td></tr>
<tr><td colspan="2">主电机功率/kW</td><td>37</td></tr>
</table>

续表

| 项目名称 | | 参数 |
| --- | --- | --- |
| 油泵电机/kW | | 5 |
| 空压电机/kW | | 13 |
| 整机质量 | 喷浆/kg | 7500 |
| | 喷粉/kg | 9500 |

**表 4-15　MGJ50 锚固钻机**

| 主要钻进方法 | | 潜孔锤常规钻进、合金钻进、螺旋钻进 | 潜孔锤跟管钻进 |
| --- | --- | --- | --- |
| 钻进能力 | 钻孔直径/mm | 110～150 | 150（开孔） |
| | | | 114（终孔） |
| | 钻孔深度/m | 50 | 钻孔 50 |
| | | | 跟管 15 |
| | 钻孔规格/mm | 89×1500 | 89×1000 |
| | 钻孔角度/(°) | −10～90（滑架调装可为−90～10） | |
| 钻进性能 | 额定转速/(r·min$^{-1}$) | 正反转：20；40；56；60；111；167 | |
| | 额定提升力/kN | 25 | |
| | 额定给进力/kN | 17 | |
| | 给进行程/mm | 1700 | |
| 电动机 | | Y180M—4W—B35，18.5 kW，1470 r/min | |
| 质量/kg | | 主机 640；泵站 400；操纵台 160 | |
| 外形尺寸 | (长×宽×高)/mm | 主机 | 垂直状态：2060×700×3008 |
| | | | 运输状态：2978×700×1205 |
| | | 泵站 | 1380×780×1190 |
| | | 操纵台 | 670×550×800 |

# 四、喷射注浆工艺的优化

## （一）喷射注浆工艺优化的思路

喷射注浆工艺除了自身的一些优势外，与其他方法比还有一个明显的缺陷就是施工中大量浆液流出孔口，造成浪费（图 4-49）。从施工过程看，这个多余浆液（携带土粒）的流出是必需的，所以研究这部分浆液并考虑其进一步的利用将会提高效益。

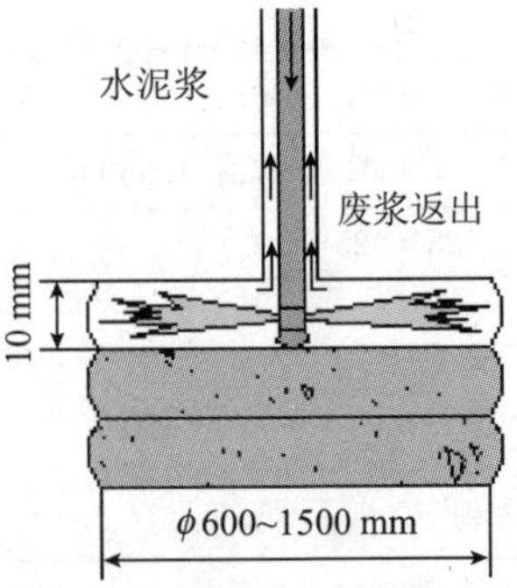


图 4-49　喷射注浆工艺中产生废浆示意图

有时浆液的损失比较隐蔽，如浆液通过固结体后沿着土体中破裂的通道进入土体。更多损失的浆液还是沿着注浆管和孔壁之间的环状间隙上返，流出孔口。由于环状间隙较小和浆液的黏度较大，则流动时，尤其是靠近孔口时的流动阻力很大。这个较大的流动压力压裂土体，使浆液沿着压裂的通道流走。当孔深 10～15 m 时，这种形式的浆液损失是主要形式。虽然增加环状间隙

（可钻孔直径）可以减少流动压力，但同时也增加了浆液沿孔口的流出量。

浆液的这种损失无论是用单一的浆液，还是三相浆液（气、水、水泥浆），都达到了总的压入浆液体积的31%～50%。如果一个大工程的浆液耗量是3000～5000 $m^3$，则水泥的损失达1500～3000 t。浆液的这种大量浪费，不仅仅是水泥的过量消耗，而且还有制备这些浆液的辅助工作、电能、设备机具的磨损等多余的消耗。总的费用超过了必须费用的30%～40%。可以采用两种方法克服（或减少）浆液的消耗。第一种方法，预先清除孔内部分土体，使剩余的土体与浆液搅拌；第二种方法，合理利用返到孔口的浆液。

形成固结体时需排出的土体积 $V_t$：

$$V_t = V_c\left(1 - \frac{1}{A - n + w_0 + 1}\right) \tag{4-62}$$

固结体所需的浆液体积 $V_g$：

$$V_g = V_c \frac{A}{A - n + w_0 + 1} \tag{4-63}$$

输送的浆液量 $Q_g$：

$$Q_g = V_c \frac{v}{H} \frac{A}{A - n + w_0 + 1} \tag{4-64}$$

式中：$V_c$ 为固结体的体积；$A$ 为系数，$A = V_g/V_s$，$V_s$ 为土的体积；$n$，$w_0$ 为土的天然孔隙比和含水率；$v$ 为注浆管轴向移动速度；$H$ 为固结体的长度或输送浆液部分的长度。

上述的计算是近似的，因为完全没有考虑在注浆中土体的变化特点。对非饱和土来说，虽然孔隙中的空气被浆液替换出来，但也不排除有部分体积的空气夹杂在浆液中并保留在固结体中。在这种情况下，无论是饱和土，还是非饱和土，都应进行修正。

此外，公式中没有考虑水从浆液中进入土中的过程。在透水性较差的地层，这个过程的影响较弱。在透水性强的地层，这个影响会很强。压裂时随深度变化的土的裂隙大小、含水率的变化等都是复杂的影响因素。解决这些问题的合理方法是地区性的试验研究。

减少浆液损失或废浆再利用的思路如图4-50所示。

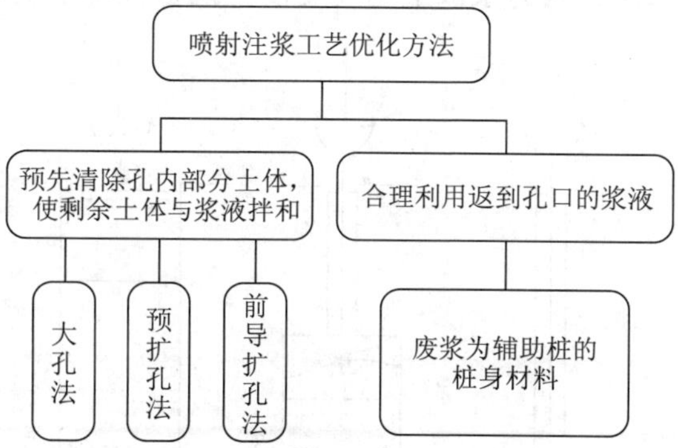

图4-50 喷射注浆工艺优化思路

（二）避免或减少浆液损失方法

**1. 大孔法**

仍利用浆液将多余土从孔内排除，但增加孔径。增加注浆管直径，以减少喷嘴到孔壁的距离，如图4-51所示。

孔径 $d$ 与固结体直径 $D$ 的关系为：

$$d = D\left(1 - \frac{1}{A - n + w_0 + 1}\right)^{1/2} \tag{4-65}$$

施工中，先将注浆管放入预定的钻孔（直径0.5～0.6 m）深度处，然后喷浆回转提升，若喷嘴的喷射距离达到0.3 m时（仅喷射浆液），直径可达1.0～1.2 m。若两种或三种介质

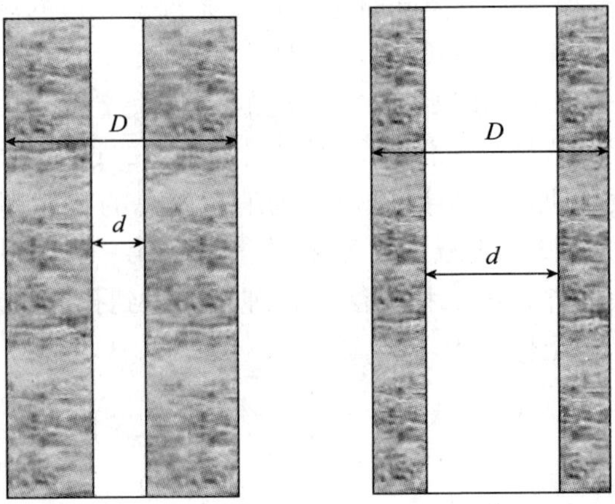


图 4-51　大孔法减少废浆示意图

a—常规法；b—大孔法

喷射，则得到的固结体更大。

**2. 预扩孔法**

先用水或气水介质扩孔，土体与水拌和在一起，变成土水浆液，部分排出地表，部分留在孔内，然后喷浆作业。适用于砂性土。

预扩孔法可有两种方案：从上向下扩孔或从下向上扩孔。前者在土中的细小颗粒较多时采用；因为浆液上返速度慢，大颗粒排不上来，建议采用后者，如图 4-52 所示。

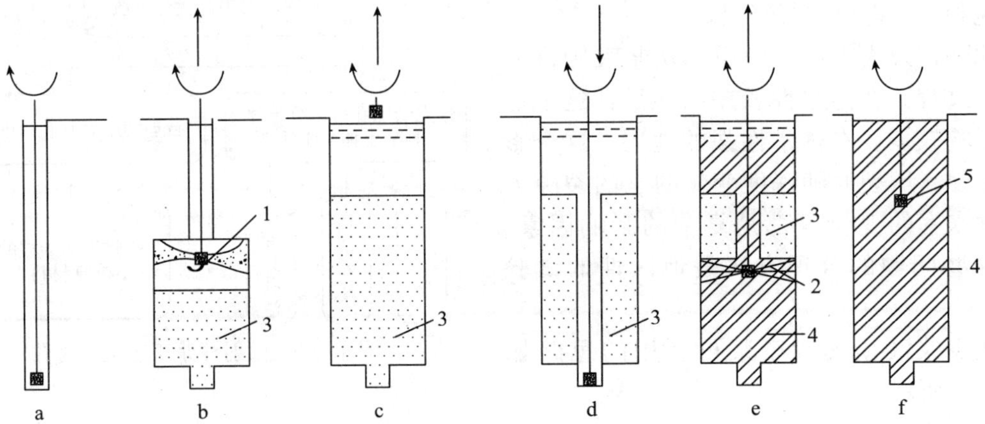


图 4-52　预扩孔法

a—钻孔；b—扩孔；c—扩孔结束；d—注浆管沉入土中；e—喷射浆液；f—喷浆结束

1—喷射水；2—喷射浆液；3—沉淀土颗粒；4—浆土混合液；5—喷浆结束时注浆管停留位置

**3. 前导扩孔法**

利用水力射流方法排除孔底相应的土体，形成扩大的孔身。在注浆管上设两排喷嘴，上层喷嘴用于喷射扩孔，下层喷嘴喷射浆液成桩，如图 4-53 所示。

在排土过程中，土体部分留在孔中混在固结体中。为此在计算公式中引入系数 $\alpha$，$\alpha=V_t/V_e$（$V_e$ 为钻孔扩大的体积），则扩大的直径 $d_e$ 为：

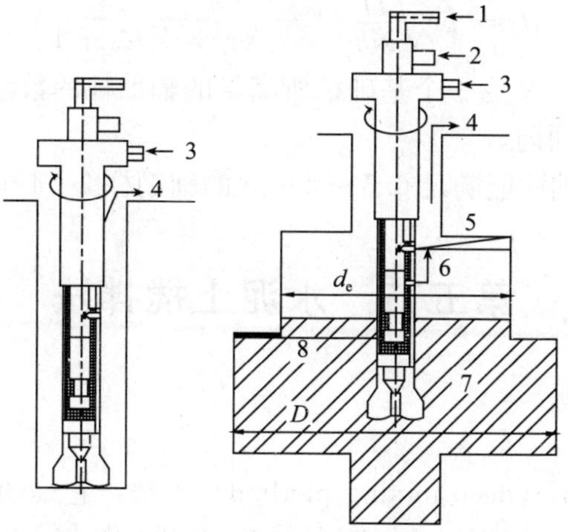


图 4-53　前导扩孔方法

a—钻进；b—喷射浆液。1—低压水；2—浆液；3—高压水；4—土水浆液；
5—高压水射流；6—低压水流；7—固结体；8—喷射浆液

$$d_{e}=D\left[\frac{A-n+w_{0}}{\alpha(A-n+w_{0}+1)}\right]^{1/2} \tag{4-66}$$

若用喷射水（或气液）扩孔，喷射浆液成固结体的工艺，则扩孔的直径和排出的浆液不易控制。因为水流和气流的参数变化既影响直径，又影响体积。前导破碎土体和排出土体用不同的方法，前者用高压水射流；后者用低压水射流。调整它们间的参数，可得到相应的前导扩孔直径和排出的土体体积。由于浆液表面是随着注浆管上升的，则用此方法完全可以杜绝水泥浆液的损失。

### （三）含水泥的泥浆利用

在实际工程中，尽可能使上返的含水泥的泥浆得到现场应用。如坝体防渗部分（中心、铺盖）、置换软土地基等，如图 4-54 和式（4-67）所示。

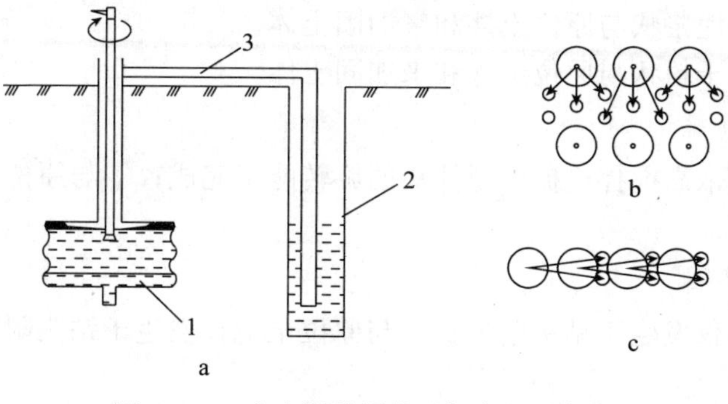


图 4-54　含水泥的泥浆现场应用示意图

a—工艺流程；b—不连续柱分布；c—水泥土墙。1—基础柱；2—辅助柱；3—溢流管

基础柱可用普通的喷射注浆工艺完成。辅助柱应先钻孔，然后利用溢流管将形成基础柱时的上返浆液灌入孔中。一个基础柱可供给几个辅助孔（柱）。辅助柱的直径 $d_a$ 可用下式确定：

$$d_a = D\sqrt{\frac{H}{Nh}\left(1-\frac{1}{A-n+w_0+1}\right)} \qquad (4-67)$$

式中：$D$ 为基础柱的直径；$N$ 为一个基础柱所满足的辅助柱的数量；$H$、$h$ 为基础柱和辅助柱的深度；其他符号含义同前。

一般来说，2 m 的基础柱能满足 0.5～0.6 m 的辅助柱 2～4 个。

# 第五节　水泥土搅拌法

## 一、概述

深层搅拌法又称 DMM（deep mixing method）工法，它是通过特制机械——各种深层搅拌机，沿深度将固化剂（水泥浆，或水泥粉或石灰粉，外加一定的掺和剂）与地基土强制就地搅拌，利用固化剂和地基土发生一系列物理、化学反应，使形成具有整体性、水稳性好和较高强度的水泥土桩或水泥土块体，与天然地基形成复合地基。

1954 年深层搅拌法的概念形成于美国，美国首先研制成功水泥深层搅拌法，制成的水泥土桩称为就地搅拌桩（mixed－in－place pile）。随后日本从美国引进水泥深层搅拌法，1967 年日本和瑞典开始研制喷石灰粉深层搅拌施工方法（dry jet mixing technology，即 DJM 法），并获得成功，于 70 年代应用于工程实践。我国于 1977 年由冶金部建筑研究总院和交通部水运规划设计院引进、开发水泥深层搅拌法，制成双搅拌轴、中心管输浆陆上型深层搅拌机，于 1980 年正式应用于工程实践。1980 年，天津市机械化施工公司与交通部一航局引进、开发成功单搅拌轴、叶片输浆型深层搅拌机。1983 年，浙江大学土木工程系会同联营单位开发成功 DSJ 型单轴喷浆水泥深层搅拌机。1983 年，铁道部第四勘测设计院开始进行喷石灰粉深层搅拌法研究，并获得成功。

**1. 分类**

根据深层搅拌法所用材料及施工工法的不同，可将其按四个角度进行分类。

（1）固化剂状态

湿法　固化剂以泥浆状与原位土拌和来加固土体。

干法　固化剂以干粉状与原位土拌和来加固土体。

（2）搅拌能来源

①与原位土拌和依靠搅拌机械中搅拌头的旋转能来完成；②与原位土拌和依靠高压喷射头所提供的能量完成。

（3）加固作用范围

①与原位土搅拌仅发生于钻头附近；②与原位土搅拌发生于钻头附近并通过叶片延伸一段距离。

（4）固化剂种类

湿法作业的固化剂包括水泥、水、黏土、石膏、粉煤灰及其他外加剂。对于干法作业，固化剂包括水泥、生石灰或两者的混合物。湿法作业中水泥掺入量一般为 100～150 kg/$m^3$，所喷浆液的体积约占被加固土体体积的 20％～40％。对于干法作业，水泥用量为 100～300 kg/$m^3$。

**2. 特点**

深层搅拌法特点是：在地基加固过程中无振动、无噪声，对环境无污染；对地基土无侧向挤压，对邻近建筑物影响很小；可按建筑物要求做成柱状、壁状、格子状和块状等加固形状；可有效提高地基强度（当水泥掺量为8%和10%时，加固体强度分别为0.24 MPa和0.65 MPa，而天然软土地基强度仅0.006 MPa）；同时，施工期较短，造价低廉，效益显著。

**3. 深层搅拌法适用条件**

深层搅拌法适用于加固较深较厚的淤泥、淤泥质土、粉土和含水量较高且地基承载力不大于120 kPa的黏性土地基，对超软土效果更为显著。当用于处理泥炭土或地下水具有侵蚀性时，宜通过试验确定其适用性，冬季施工时应注意负温对处理效果的影响。

## 二、水泥土搅拌法加固机理

### （一）固化剂的种类

固化剂是深层搅拌加固软土地基的主要材料，其性能要求应根据软土和土中水的化学成分进行选择，使之固化后能把软土的力学强度提高到设计要求的量值。通常使用的固化剂种类有：

水泥类　硅酸盐水泥、普通硅酸盐水泥、矿渣硅酸盐水泥、火山灰质硅酸盐水泥和石膏等；

石灰类　生石灰、消石灰等；

沥青类　地沥青、沥青乳剂、煤焦油、柏油等；

化学材料类　水玻璃、氯化钙、尿素树脂、甲醛缩化物、丙烯酸盐等。

目前，普遍使用的固化剂主要是水泥类和石灰类材料。

### （二）水泥加固软土的作用机理

水泥加固土的物理化学反应过程与混凝土的硬化机理不同，后者主要是在粗填充料（比表面积不大，活性很弱的介质）中进行水解和水化作用，其凝结速度较快。而在水泥加固土中，由于水泥掺量很小，一般仅为土重的7%～15%，水泥的水解和水化反应完全是在具有一定活性的介质——土的围绕下进行的，所以水泥加固土的强度增长比混凝土缓慢。

**1. 水泥的水解和水化反应**

普通硅酸盐水泥主要由氧化钙、二氧化硅、三氧化二铝、三氧化二铁及三氧化硫等组成，由这些不同的氧化物分别组成了不同的水泥矿物，包括硅酸三钙、硅酸二钙、铝酸三钙、铁铝酸四钙、硫酸钙等。

用水泥加固软土时，水泥颗粒表面的矿物很快与软土中的水发生水解和水化反应，生成氢氧化钙、含水硅酸钙、含水铝酸钙及含水铁酸钙等化合物。

1）硅酸三钙（$3CaO \cdot SiO_2$）：在水泥中含量最高，约占全重的50%，是决定强度的主要因素。

$$2(3CaO \cdot SiO_2)+6H_2O \rightarrow 3CaO \cdot 2SiO_2 \cdot 3H_2O+3Ca(OH)_2$$

2）硅酸二钙（$2CaO \cdot SiO_2$）：在水泥中含量较高，约占25%，它主要产生后期强度。

$$2(2CaO \cdot SiO_2)+4H_2O \rightarrow 3CaO \cdot 2SiO_2 \cdot 3H_2O+Ca(OH)_2$$

3）铝酸三钙（$3CaO \cdot Al_2O_3$）：占水泥质量的10%，水化速度最快，促进早凝。

$$3CaO \cdot Al_2O_3 + 6H_2O \rightarrow 3CaO \cdot Al_2O_3 \cdot 6H_2O$$

4）铁铝酸四钙（$4CaO \cdot Al_2O_3 \cdot Fe_2O_3$）：占水泥质量的10%左右，促进早期强度。

$$4CaO \cdot Al_2O_3 \cdot Fe_2O_3 + 2Ca(OH)_2 + 10H_2O \rightarrow 3CaO \cdot Al_2O_3 \cdot 6H_2O + 3CaO \cdot Fe_2O_3 \cdot 6H_2O$$

上述各反应中所生成的氢氧化钙、含水硅酸钙能迅速溶于水中，使水泥颗粒表面重新暴露出来，再与水反应，这样周围的水溶液逐渐达到饱和。当溶液达到饱和后，水分子虽继续深入颗粒内部，但新生成物已不能再溶解，只能以细分散状态的胶体析出，悬浮于溶液中，形成胶体。

5）硫酸钙（$CaSO_4$）：虽然在水泥中的含量仅约占3%，但它与铝酸三钙一起与水反应，生成一种被称为水泥杆菌的化合物：

$$3CaSO_4 + 3CaO \cdot Al_2O_3 + 32H_2O \rightarrow 3CaO \cdot Al_2O_3 \cdot 3CaSO_4 \cdot 32H_2O$$

在电子显微镜下观察，水泥杆菌最初以针状结晶形式在比较短的时间里析出，其生成量随着水泥掺入量的多少和龄期的长短而异。由X射线衍射分析，这种反应迅速，最后把大量的自由水以结晶水的形式固定下来，这对于含水量高的软土的强度增长有特殊意义，使土中自由水的减少量约为水泥杆菌生成质量的46%。当然，硫酸钙的掺量不能过多，否则这种水泥杆菌针状结晶会使水泥发生膨胀而导致破坏。所以，如使用得当，在某种特定条件下可利用这种膨胀势来增加地基加固效果。

**2. 黏土颗粒与水泥水化物的作用**

当水泥的各种水化物生成后，有的自身继续硬化，形成水泥石骨架；有的则与周围具有一定活性的黏土颗粒发生反应。

*（1）离子交换和团粒化作用*

黏土和水结合时就表现出一种胶体特征，如土中含量最多的 $SiO_2$ 遇水后，形成硅酸胶体微粒，其表面带 $Na^+$ 或 $K^+$，它们能和水泥水化生成的氢氧化钙中的 $Ca^{2+}$ 进行当量吸附交换，使较小的土颗粒形成较大的土团粒，从而使土体强度提高。

水泥水化生成的凝胶粒子的比表面积约比原水泥颗粒大1000倍，因而产生很大的表面能，有强大的吸附活性，能使较大的土团粒进一步结合起来，形成水泥土的团粒结构，并封闭各土团的空隙，连接坚固。从宏观上来看，也就使水泥土的强度大为提高。

*（2）硬凝反应*

随着水泥水化反应的深入，溶液中析出大量的 $Ca^{2+}$，当其数量超过离子交换的需要量后，在碱性环境中，能使组成黏土矿物的 $SiO_2$ 和 $Al_2O_3$ 的一部分或大部分与 $Ca^{2+}$ 进行化学反应，逐渐生成不溶于水的稳定的结晶化合物，增大了水泥土的强度，其反应式如下：

$$SiO_2 + Ca(OH)_2 + nH_2O \rightarrow CaO \cdot SiO_2 \cdot (n+1)H_2O$$

或

$$Al_2O_3 + Ca(OH)_2 + nH_2O \rightarrow CaO \cdot Al_2O_3 \cdot (n+1)H_2O$$

用扫描电镜观察可见，拌入水泥7 d时，土粒周围充满了水泥凝胶体，并有少量水泥水化物结晶的萌芽。一个月后水泥土中生成大量纤维状结晶，并不断延伸充填到颗粒间的孔隙中，形成网状结构。到5个月时，纤维状结晶辐射向外伸展，产生分叉，并相互连接形成空间网状结构，水泥的形状和土颗粒的形状已不能分辨出来。

**3. 碳酸化作用**

水泥水化物中游离的$Ca(OH)_2$能吸收水和空气中的$CO_2$，发生碳酸化反应，生成不溶于水的碳酸钙，其反应式如下：

$$Ca(OH)_2+CO_2 \rightarrow CaCO_3 \downarrow +H_2O$$

这种反应也能使水泥土增加强度，但增长的速度较慢，幅度也较小。从水泥土的加固机理分析来看，由于搅拌机械的切削搅拌作用，实际上不可避免地会留下一些未被粉碎的大小土团。在拌入水泥后将出现水泥浆包裹土团的现象，而土团间的大孔隙基本已被水泥颗粒充填。所以，加固后的水泥土中形成一些水泥较多的微区，而在大小土团内部则没有水泥。只有经过较长的时间，土团内的土颗粒在水泥水解产物渗透作用下，才逐渐改变其性质。因此在水泥土中不可避免地会产生强度较大、水稳定性较好的水泥石区和强度较低的土块区。两者在空间相互交替，形成一种独特的水泥土结构。可见，搅拌越充分，土块被粉碎得越小，水泥分布到土中越均匀，则水泥土结构的强度离散性越小，其宏观总体强度也越高。

### （三）石灰加固软土的作用机理

**1. 石灰的吸水、发热、膨胀作用**

在软弱地基中加入生石灰，它便和土中的水发生化学反应，形成熟石灰。在这一反应中，有相当于生石灰质量32%的水被吸收。

$$CaO+H_2O \rightarrow Ca(OH)_2+65303.2\ J/mol$$

形成熟石灰时，每生成1 mol $Ca(OH)_2$产生65303.2 J的热量，1 kg的CaO水化作用，产生1172094 J热量。这种热量又促进水分的蒸发，从而使相当于生石灰质量47%的水被蒸发掉。即形成熟石灰时土中总共减少了相当于生石灰质量79%的水分。另外，由生石灰变为熟石灰的过程中，石灰体积膨胀1～2倍，促进了周围土的固结。

**2. 离子交换作用与土微粒的凝聚作用**

生石灰刚变为熟石灰时，它处于绝对干燥状态，有很强的吸水能力。这种吸水作用持续到与周围土平衡为止，进一步降低了周围土的含水量。在这种状态下，化学反应式为：

$$Ca(OH)_2 \rightarrow Ca^{2+}+2(OH)^-$$

反应中产生的$Ca^{2+}$与扩散层中的$Na^+$、$K^+$发生离子交换作用，使双电层中的扩散层减薄，结合水减少，使黏土粒间的结合力增强，而呈团粒化现象，从而改变土的性质。

上述两种反应在2 d龄期时完成。

**3. 化学结合作用（固结反应）**

上述离子交换后，随龄期的增长，胶质$SiO_2$、$Al_2O_3$和石灰发生反应，形成复杂的化合物。这些水合物的形成，要经过长时间的缓慢过程，它们在水中和空气中逐渐硬化，与土颗粒黏结在一起，形成网状结构，结晶体在土颗粒间相互穿插，盘根错节，使土颗粒联系更加牢固，改善了土的物理力学性能，发挥了固化剂的强度。这种固结反应，使加固处理土的强度增高并长期保持稳定。

## 三、搅拌桩的设计计算

**1. 设计前收集的资料**

深层搅拌设计前必须进行室内加固试验，针对现场地基土的性质，选择合适的固化剂及外掺剂，为设计提供各种配比的强度参数。加固土强度标准值宜取 90 d 龄期试块的无侧限抗压强度。

深层搅拌法处理软土的固化剂可选用水泥，也可选用其他有效的固化材料。固化剂的掺入量宜为被加固土质量的 7%～15%。外掺剂可根据工程需要选用具有早强、缓凝、减水、节约水泥等性能的材料，但应避免污染环境。

**2. 复合地基的设计计算**

搅拌桩复合地基承载力标准值应通过现场复合地基荷载试验确定，也可按下式计算：

$$f_{spk}=\lambda mR_a/A_p+\beta(1-m)f_{sk} \tag{4-68}$$

式中：$f_{spk}$为复合地基的承载力特征值；$\lambda$ 为单桩承载力发挥系数，可取 1.0；$m$ 为面积置换率；$A_p$ 为桩的截面积；$f_{sk}$为桩间天然地基土承载力特征值；$\beta$ 为桩间土承载力发挥系数，可按地区经验取值。对淤泥、淤泥质土和流塑状软土等处理土层，可取 0.1～0.4，对其他土层，可取 0.4～0.8；$R_a$ 为单桩竖向承载力特征值，应通过现场单桩荷载试验确定。

单桩竖向承载力特征值也可按下列两式估算，取其中较小值：

$$R_a=\eta\cdot f_{cu}\cdot A_p \tag{4-69}$$

$$R_a=u_p\sum_{i=1}^{n}q_{si}l_{pi}+\alpha_p q_p A_p \tag{4-70}$$

式中：$f_{cu}$为桩体试块（边长为 150 mm 立方体）标准养护 28 d 的立方体抗压强度平均值；$\eta$ 为桩身强度折减系数，干法可取 0.20～0.25，湿法可取 0.25；$u_p$ 为桩的周长；$q_{si}$为桩周第 $i$ 层土的侧阻力特征值，可按地区经验取值，或对淤泥可取 5～8 kPa，对淤泥质土可取 8～12 kPa，对黏性土可取 12～15 kPa；$l_{pi}$为桩长范围内第 $i$ 层土的厚度；$\alpha_p$ 为桩端阻力发挥系数，可取 0.4～0.6，或按地区经验确定；$q_p$ 为桩端天然地基土的承载力特征值，可按地区经验确定，可取未经修正的桩端地基土侧阻力特征值。

在设计时，可根据要求达到的地基承载力，按式（4-68）求得面积置换率。

（1）深层搅拌桩平面布置

深层搅拌桩平面布置可根据上部建筑对变形的要求，采用柱状、壁状、格状、块状等处理形式。可只在基础范围内布桩。柱状处理可采用正方形或等边三角形布桩型式，其桩数可按下式计算：

$$n=m\cdot A/A_p \tag{4-71}$$

式中：$n$ 为桩数；$A$ 为基础底面积；$A_p$ 为一根桩的地基处理面积。

（2）下卧层强度及其他验算

当搅拌桩处理范围以下存在软弱下卧层时，可按《建筑地基基础设计规范》（GB 5007—2011）的有关规定进行下卧层强度验算。深层搅拌壁状处理用于地下挡土结构时，可按重力式挡土墙设计。为了加强其整体性，相邻桩搭接宽度宜大于 100 mm。

## 四、施工工艺

### （一）搅拌设备

**1. 搅拌机械**

国内目前的搅拌机有中心管喷浆方式和叶片喷浆方式。后者是使水泥浆从叶片上若干个小孔喷出，使水泥浆与土体混合较均匀，对大直径叶片和连续搅拌是合适的，但因喷浆孔小易被浆液堵塞，它只能使用纯水泥浆而不能采用其他固化剂，且加工制造较为复杂。中心管输浆方式中的水泥浆是从两根搅拌轴间的另一中心管输出，这对于叶片直径小于 1 m 时，并不影响搅拌均匀度。而且它可适用多种固化剂，除纯水泥浆外，还可用水泥砂浆，甚至可掺入工业废料等粗粒固化剂。

1）SJB—I 型深层搅拌机，如图 4－55 所示。SJB－1 型深层搅拌机是由冶金部建筑研究总院和交通部水运规划设计院合作研制，并由江苏省江阴市江阴振冲器厂生产的双搅拌轴中心管输浆的水泥搅拌用机械（图 4－55）。它包括：①动力部分：2×30 kW 潜水电机，各自连接一台 2 级 2K－H 行星齿轮减速器；②搅拌部分，包括搅拌轴（每节长度 2.45 m，直径 $\phi$127 mm）和搅拌头（带硬质合金齿的两叶片式，直径 0.7～0.8 m）；③输浆部分：由中心管（$\phi$140 mm，每节长度 2.45 m）和穿在中心管内部的输浆管（$\phi$68 mm）以及单向球阀（球径 $\phi$120 mm）组成。中心管通过横向板与搅拌轴连成整体。相关参数见表 4－16。

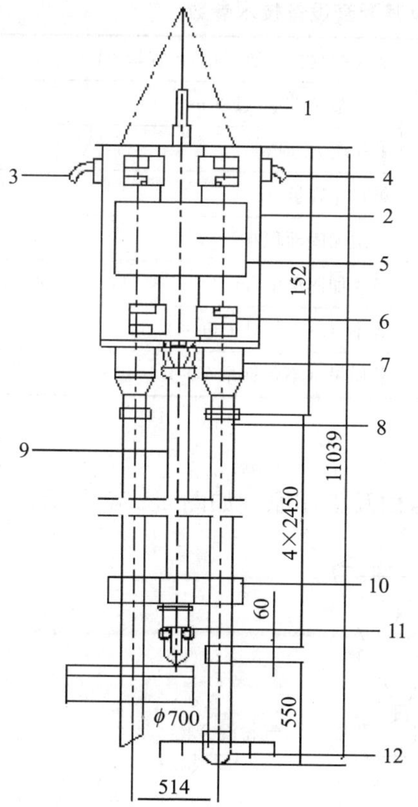


图 4－55 SJB－I 型搅拌机（单位：mm）
1—输浆管；2—外壳；3—出水口；4—进水口；5—电动机；
6—导向滑块；7—减速器；8—搅拌轴；9—中心管；
10—横向系板；11—球形阀；12—搅拌头

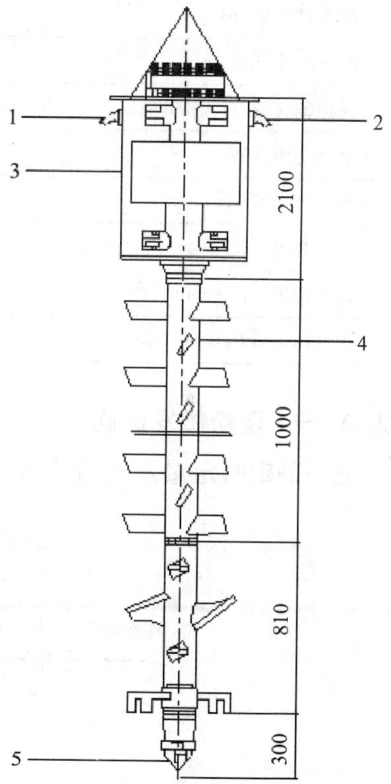


图 4－56 GZB－600 型搅拌机（单位：mm）
1—电缆接头；2—进浆口；3—电动机；
4—搅拌轴；5—搅拌头

2）GZB－600 型深层搅拌机，如图 4－56 所示。该机由天津机械施工公司利用进口钻机改装的单搅拌轴、叶片喷浆方式的搅拌机。它包括：①动力部分。两台 30 kW 电机，各自连接一台 2K－H 减速器；②搅拌轴和输浆管。单轴叶片喷浆方式是使水泥浆由中空轴经搅拌头叶片，沿着旋轴方向输入土中，搅拌轴外径 $\phi$129 mm，轴内输浆管外径 $\phi$76 mm；

③搅拌头。在搅拌头上分别设置搅拌叶片和喷浆叶片，2层叶片相距0.5 m，成桩直径$\phi$600 mm。喷浆叶片上开有3个尺寸相同的喷浆口。技术参数见表4-17。

**表4-16　SJB—1型搅拌机及其配套设备技术参数**

| | | | | | |
|---|---|---|---|---|---|
| 搅拌机 | 搅拌轴数量/根 | 2 | 固化剂制备系统 | 灰浆拌制机台数（台）×容量（L） | 2×200 |
| | 搅拌叶片外径/mm | 700～800 | | 灰浆泵输送量/($m^3 \cdot h^{-1}$) | 3 |
| | 搅拌轴转数/($r \cdot min^{-1}$) | 46 | | 灰浆泵工作压力/kPa | 1500 |
| | 电机功率/kW | 2×30 | | 集料斗容量/$m^3$ | 0.4 |
| 起吊设备 | 提升力/t | >10 | 技术指标 | 一次加固面积/$m^2$ | 0.71～0.88 |
| | 提升高度/m | >14 | | 最大加固深度/m | 10 |
| | 提升速度/($m \cdot min^{-1}$) | 0.2～1.0 | | 效率/(m·台$^{-1}$·班$^{-1}$) | 40 |
| | 接地压力/kPa | 60 | | 总质量（不包括吊车）/t | 4.5 |

**表4-17　GZB-600型搅拌机及其配套设备技术参数**

| | | | | | |
|---|---|---|---|---|---|
| 搅拌机 | 搅拌轴数量/根 | 1 | 固化剂制备系统 | 灰浆拌制机台数（台）×容量（L） | 2×500 |
| | 搅拌叶片外径/mm | 600 | | 灰浆泵输送量/($L \cdot min^{-1}$) | 281 |
| | 搅拌轴转数/($r \cdot min^{-1}$) | 50 | | 工作压力/kPa | 1400 |
| | 电机功率/kW | 2×30 | | 集料斗容量/L | 180 |
| 起吊设备 | 提升力/kN | 150 | 技术指标 | 一次加固面积/$m^2$ | 0.283 |
| | 提升高度/m | 14 | | 最大加固深度/m | 10～15 |
| | 提升速度/($m \cdot min^{-1}$) | 0.6～1.0 | | 效率/(m·台$^{-1}$·班$^{-1}$) | 60 |
| | 接地压力/kPa | 60 | | 总质量（不包括吊车）/t | 12 |

## 2. YP—I型粉体发送器

它是一种定时定量发送粉体材料的设备，其结构及工作原理如图4-57所示。

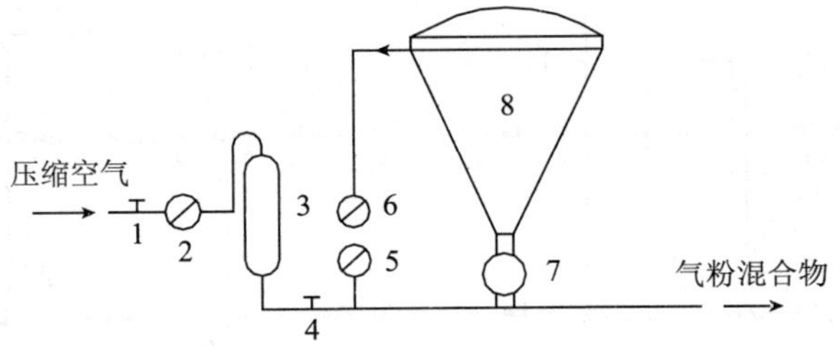


图4-57　粉体发送器的工作原理

1—节流阀；2—流量计；3—气水分离器；4—安全阀；5—管道压力表；
6—灰罐压力表；7—发送器转鼓；8—灰罐

目前，深层搅拌桩施工机械种类繁多（表4-18），既有陆上的也有水上的，有转盘式的也有动力头式的，各种不同的施工机械都有各自的优缺点，在选择施工机械时就应该考虑工程具体情况，如加固土体土质、桩体所需直径、施工环境等因素，选择最适宜的施工机械才能有效保证软土地基处理效果。当要求所成桩体具有一定的抗弯强度时，还可以选用深层三轴搅拌机械，它可在钻孔内插入工字钢从而提高水泥土搅拌桩的抗弯强度。

**表 4-18　我国常用深层搅拌机主要技术参数**

| 型号 | 技术参数 | | | | | | | |
|---|---|---|---|---|---|---|---|---|
| | 电机功率<br>kW | 钻头直径<br>mm | 搅拌轴数<br>个 | 搅拌转速<br>r·min$^{-1}$ | 额定扭矩<br>kN·m | 最大施工深度<br>m | 一次处理面积<br>m$^2$ | 喷注介质 |
| SJB－Ⅰ | 2×30 | 2×700 | 2 | 43 | 2×6.4 | 12 | 0.71 | 浆液 |
| SJB－Ⅱ | 2×40 | 2×700 | 2 | 43 | 2×8.5 | 18 | 0.71 | 浆液 |
| SJB－22D | 22 | 600 | 1 | 46 | 4.56 | 15 | 0.283 | 粉浆两用 |
| SJB－30 | 2×30 | 700 | 2 | 43 | | 10～12 | 0.71 | |
| SJB－37D | 2×18.5 | 700 | 1 | 45 | 7.5 | 18 | 0.483 | 粉浆两用 |
| SJB－40 | 2×40 | 700 | 2 | 43 | | 15～18 | 0.71 | |
| GZB－600 | 2×30 | 600 | 1 | 50 | | 10～15 | 0.283 | |
| DSJ－Ⅱ | 22；30 | 500 | 1；2 | 59 | | 22 | | 浆液 |
| PH－5 | 37 | 500 | 1 | 71.3～24.4 | 2.9～8.6 | 20 | 0.20 | 喷粉 |
| DJB－600 | 1×22 | 500 | 1 | 60 | | 19 | 0.196 | |
| SJBF37 | 2×37 | 2×700 | 2 | 42.6 | 2×7.88 | 18 | 0.8 | |
| BSJB37－Ⅲ | 2×37 | 3×400 | 3 | 42.6 | 3×5.2 | 18 | 0.406 | |
| SJBF45 | 2×45 | 2×760 | 2 | 40 | 2×10 | 25 | 0.85 | |

### （二）深层搅拌法的施工工艺流程

深层搅拌法的施工工艺流程如图 4-58 所示。

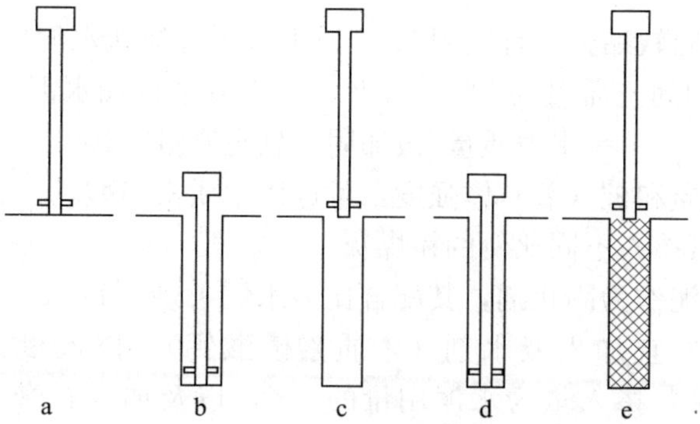


图 4-58　深层搅拌法的施工工艺流程

a—定位；b—喷浆（粉）搅拌下沉；c—搅拌上升；d—重复喷浆（粉）搅拌下沉；e—重复搅拌上升（完毕）

### （三）搅拌方法

可以选用以下搅拌方法：

*一喷二搅法*　指钻头预搅下沉到设计深度后，即喷浆搅拌提升至设计桩顶标高，停止喷浆，然后重复搅拌下沉和搅拌提升成桩。

*二喷二搅法*　指钻头预搅下沉到设计深度后，即第一次喷浆搅拌提升至设计桩顶标高，停止喷浆，然后重复搅拌下沉和第二次喷浆搅拌提升成桩。

*二喷三搅法*　在二喷二搅法的基础上，增加第三次重复搅拌下沉和搅拌提升成桩。

采用第一种方法时，要将水泥浆注入量一次喷注完毕，容易出现桩身水泥浆分布不匀，孔口也容易冒浆。采用第二、三种方法时，水泥浆注入量是分 2 次喷注的，每次喷注总浆量的 1/2，而且第二次喷浆还可以补救第一次喷浆中个别段落注入量的缺陷，所以桩身水泥浆分布较为均匀，有利于提高工程质量。因此，在实际施工中，一般较少采用第一种工艺。当搅拌桩主要用作止水帷幕或基坑的坑底加固时，较多采用第二种工艺。当搅拌桩用作复合地基的工程桩或重力式地下挡土墙时，则应采用第三种工艺。

（四）水泥浆注入量的控制

为保证工程质量，应根据设计指标和工程地质勘察报告中的软土容重按下式计算单桩水泥用量，并在施工中严格执行：

$$C = L \cdot A \cdot \gamma_s \lambda_c \tag{4-72}$$

式中：$C$ 为单桩水泥用量，kg；$L$ 为设计桩长，m；$A$ 为桩的断面积，$m^2$，单轴搅拌桩按设计桩径计算，2×700 mm 双轴搅拌桩 $A$=0.702 $m^2$；$\gamma_s$ 为软土的容重，查工程地质勘察报告；$\lambda_c$ 为设计水泥掺入比，一般为加固土质量的 7%～15%。

根据单桩水泥用量和设计水灰比，按下式计算单桩水泥注入量：

$$V_c = C/\gamma_c + W/\gamma_w \tag{4-73}$$

式中：$V_c$ 为单桩水泥浆注入量，L；$C$ 为单桩水泥用量，kg；$\gamma_c$ 为水泥容重；$W$ 为用水量，kg，$W$=$CR$（$R$ 为设计水灰比，一般为 0.5～0.6）；$\gamma_w$ 为水的密度。

（五）喷浆（粉）材料准备

**1. 浆液材料**

1）深层搅拌法加固软黏土，宜选用 525# 以上普通硅酸盐水泥作为固化剂，水泥掺量根据加固强度，一般为加固土质量的 7%～15%，每立方米掺加水泥量约为 110～160 kg。用公式表示为：掺入比（%）=水泥质量/被加固的软土质量×100%。

2）改善水泥土性质和桩（墙）体强度，可选用木质素磺酸钙、石膏、氯化钠、氯化钙、硫酸钠等外加剂，还可掺入不同比例的粉煤灰。

3）深层搅拌以水泥作为固化剂，其配合比为水泥∶砂=1∶1～1∶2，为增加水泥砂浆和易性能，利于泵送，宜加入减水剂（木质素磺酸钙），掺入量为水泥用量的 0.2%～0.25%，并加入硫酸钠，掺入量为水泥用量的 1%，以及加入石膏，掺入量为水泥用量的 2%，水灰比为 0.41～0.50。

**2. 粉体材料**

1）粉体搅拌法目前主要使用的固化剂为石灰粉、水泥、石膏及矿渣等，也可使用粉煤灰作掺和料。

2）粉体生石灰桩技术要求：①石灰应该是细磨的，在搅拌过程中，为防止桩体中石灰聚集，石灰最大粒径应小于 2 mm；②应尽量选取纯净无杂质的石灰，石灰中氧化钙和氧化镁含量至少应为 8.5%，其中氧化钙含量最好不低于 80%；③石灰的储存期不宜超过三个月；④石灰的液性指数不低于 70%。

3）石灰桩法（包括块灰灌入法、粉灰搅拌法）常用掺和料是粉煤灰，也可掺入火山灰、钢渣或黏土，采用掺和料后可防止石灰桩软心。

4）石灰加掺和料比例通常为 15%～30%，加大掺和料比例，使桩身强度提高较大，粉体材料为生石灰粉掺入3%。

5）掺粉煤灰必然减少桩身吸水量，若不追求石灰吸水胀发作用可增大粉煤灰掺量，最高掺量达80%～90%。

6）掺入30%细磨石灰粉，提高流塑状轻亚黏土地基的加固效果。

### （六）搅拌法施工要点

1）深层搅拌法施工的场地应事先平整，清除障碍物。

2）施工前应标定深层搅拌机械的灰浆泵输浆量、灰浆经输浆管到达搅拌机喷浆口的时间和起吊设备提升速度等施工参数，并根据设计要求通过成桩试验，确定搅拌桩的配比和施工工艺。

3）施工使用的固化剂和外掺剂必须通过加固土室内试验方能使用。配备好的浆液不得离析，泵送必须连续，拌制浆液的罐数、固化剂与外掺剂的用量以及泵送浆液的时间等应有专人记录。

4）保证起吊设备的平整度和导向架的垂直度，搅拌桩的垂直度偏差不得超过1.5%，桩位偏差不得大于50 mm。

5）搅拌机预搅下沉时不宜冲水，当遇到较硬土层下沉太慢时，方可适量冲水，但应考虑冲水成桩对桩身强度的影响。

6）搅拌机喷浆提升的速度和次数必须符合施工工艺的要求，应有专人记录搅拌机每米下沉或提升的时间，深度记录误差不得大于50 mm，时间记录误差不得大于5 s，发现的问题及处理均应注明。

### （七）喷射搅拌法施工要点

1）空压机的压力不需要很高，风量不宜过大。

2）钻机及桅杆安装在车体上，在地面上进行操作，要满足耐压力要求。

3）石灰（生）使用前一般用水熟化，其碳化作用产生放热反应，生石灰加水后放出热量形成蒸汽，同时体积膨胀增大，体积增大是由于相对密度减小（生比重3∶1，熟比重2∶1）和质地变为疏松的粉末状所致。

4）在施工现场要设置石灰池，石灰粉要遮盖，一是要防止飞起的石灰粉污染环境，二是要防止遇雨水产生化学反应，溅伤皮肤及眼睛，施工人员要佩戴防护眼镜。

5）钻头提升距地面30～50 cm应停止喷粉，以防溢出地面。

# 第六节　热力学方法

热力学方法就是通过冻结土体，或焙烧、加热地基土改变土体物理力学性质以达到地基处理的目的。下面介绍冻结法和热熔法。

## 一、冻结法

### （一）概述

冻结法是借助人工制冷手段暂时加固不稳定地层和隔绝地下水的一种特殊施工方法。其做法是向埋在地基中的冻结管（钢管）内，连续地输入低温液体（盐水或液化低温气体），使冻结管周围的地基冷却，其冷却的温度使地基土中的孔隙水降至零度以下结成冰，并以冻结管为中心，按年轮形状增长形成冻土柱，使相邻冻土柱连接，形成连续冻土墙，作为工程中的临时截水墙和受力墙，此时的地基具有理想的截水性能和良好的力学强度。

1862年，英国南威尔士在建筑基础施工中首先使用了人工制冷加固土壤。德国采矿工程师F. H. Poetsch（波茨舒）于1880年提出了冻结法凿井的原理，1883年首次应用冻结法开凿了阿尔巴里得褐煤矿区的Ⅸ号井，获得成功，同年12月获得发明专利。

我国1955年开始采用冻结法施工井筒，至今最大冻结深度为435 m，穿过冲积层的最大厚度为384 m，最大冻结直径为20 m。目前，冻结法在地下铁道工程、市政、桥墩工程等基础施工中，得到应用。随着国际社会对地球环境的日益重视，人工冻结技术逐渐被用于环境保护中，如化学、生物和放射性污染物的掩埋隔绝处理等。冻土墙不透水，密封性、热稳定性和化学稳定性好，可以原位修复，使人工土冻结法成为目前最有效的隔绝处理技术。J. G. Dash对不同污染物在冰和冻土内的分子扩散计算表明：冻土分子扩散泄漏速度非常缓慢，这是由于低温下冻土内未冻水膜变薄和分子扩散系数降低的缘故。并提出土的含水量为14%～18%，冻土的中心最低温度在－35～－37 ℃之间为最佳。美国能源部对该项处理技术进行了室内试验和野外试点，该项技术在美国已获得专利，被称为CRYOCELLTM，并被美国能源部指定为十大补救技术之一。

**1. 冻结法加固岩土的特点**

1）冻土具有很高的力学强度。如无侧限抗压强度只有0.3 MPa的软土，变成－10 ℃的冻土时，其强度可增加130倍，一般冻土可达到2～10 MPa，加固地层效果好。

2）冻土具有理想的截水性能。保证开挖面在不渗水、不漏水的无水条件下工作。

3）地层适应性强。能在复杂地层和各种地下工程中使用。

4）整体支护性能好。热具有从高温向低温传递的特性，对由多种土构成的地基，也同样能形成均匀的冻土块。

5）灵活性强。冻结法不受建筑场地地质条件限制，可形成任意深度和任意形状的冻土墙；可控制冻土墙厚度和强度，满足不同工程条件的强度和稳定性要求。

6）环境保护好。临时性措施不会污染大气和地下水，低公害。

7）冻结膨胀和解冻时产生的沉降可能对环境产生影响，设计和施工时应予以注意。此外造价较高。

**2. 冻结方法**

根据使冻结管冷却方法的不同，可有两种方法。

盐水法　利用冻结设备使盐水不冻液（$CaCl_2$或$MgCl_2$溶液，相对密度为1.286，冻结温度－55 ℃）冷却至－20～－30 ℃，作为传递冷量的媒介（冷媒），用盐水循环泵将其送入冻结管使盐水从地基中吸热，并流回冻结设备进行冷却，如图4－59所示。

低温液化汽法　将液态$CO_2$、氮（沸点－196 ℃）等冷冻剂直接流入冻结管中，利用汽化热使地基冷却，汽化后的气体或回收或排入大气。该方法适用于冻土量为200 $m^3$以下的小规模工程，如图4－60所示。

上述两种方法既可独立使用，也可组合应用，达到快速和经济的施工效果。低温盐水法与液氮法进行冻结施工的比较见表4－19。

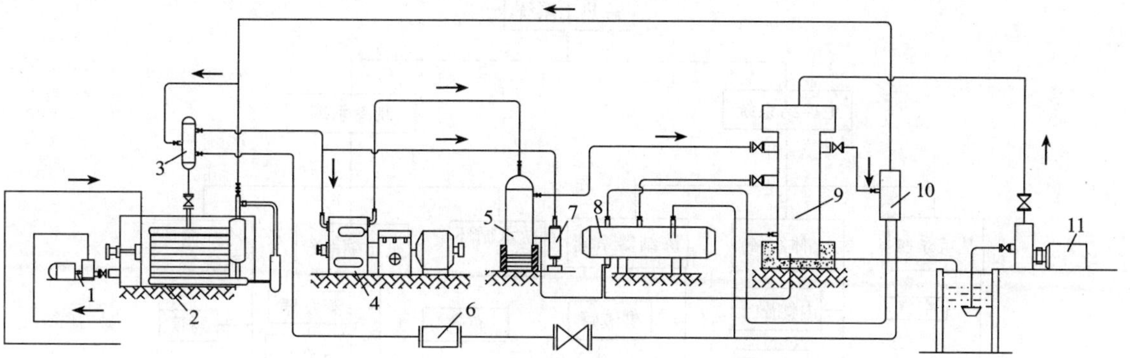


图 4-59 低温盐水冻结法的三大循环系统

1—盐水泵；2—蒸发器；3—氨液分离器；4—氨压缩机；5—氨油分离器；6—节流阀；7—集油泵；8—氨液储罐；9—冷凝器；10—空气分离器；11—冷凝水泵

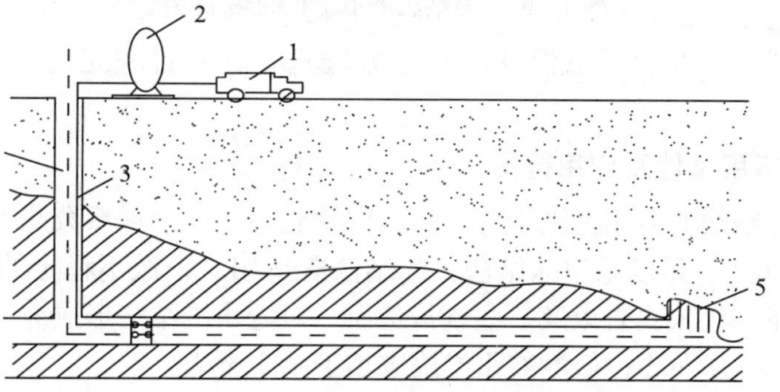


图 4-60 液氮法冻结土体示意图

1—液氮槽车；2—液氮储藏；3—液氮输送管；4—气体排出管；5—冻结器

**表 4-19 低温盐水法与液氮法进行冻结施工的比较**

| 方法 | 介质温度/℃ | 设备器材 | 现场用电 | 冷冻速度 | 操作管理 | 所需费用 |
|---|---|---|---|---|---|---|
| 低温盐水冻结法 | 约－20～－35 | 全套冷冻设备 | 上百千瓦<br>2～3个月 | 常为2～3个月 | 较复杂 | 以电费为主 |
| 液氮冻结法 | －35 | 液氮储罐及运输车 | 几乎不用电 | 几天或稍长 | 较简单 | 消耗液氮费用高于盐水冻结法 |

### 3. 冻结法的热工系统

冻结法施工是一个大的热工系统，其中包括土冻结和制冷两个子系统，而这两个子系统又可相继分出各自的低级次子系统，详细系统结构如图 4-61 所示。在这一总热工系统中，有能量、物质和信息贯穿，是个开放的时变系统，其内部发生以物理变化为主的综合过程，构成复杂的非线性关系，呈现多种反馈网络，形成新的结构和功能。各系统的变化可以通过技术工艺调整定向和控制定量，以期达到工程所要求的最优状况。

冻结法热工系统有动力、物质和能量的输运途径，其中有压缩机动力、盐水泵和冷却水泵动力，以保证液氨、盐水和冷却水的循环，同时形成了热工系统的能量输运条件和环境。能量输运包括两个不可逆的过程，在土冻结系统热量是从高温处向低温处的耗散；在制

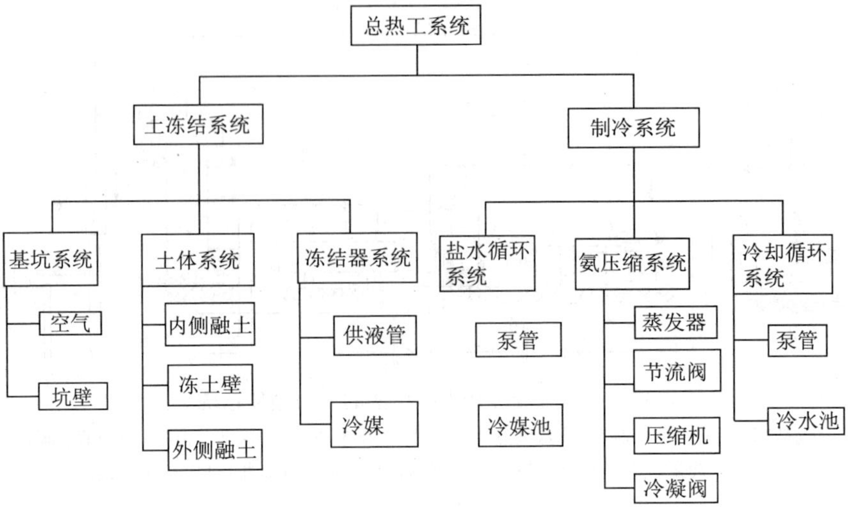


图 4-61　冻结法施工工程的热工系统

冷系统靠动力条件，热量是从低温处向高温处输送，这一过程是电能一机械能一热能的耗散。

**4. 冻结法的适用条件及应用范围**

适用条件　冻结法的适用范围十分广泛，因为它与土的渗透系数几乎无关，土的天然含水量（一般大于10%）足以采用冻结法。冻结法既适用于松散不稳定的冲积层和裂隙含水层，也适用于淤泥、松软泥岩以及一些含盐地层。对盐水冻结法形成冻土墙结构，地下水的流速应小于0.05～0.1 m/h；低温液化汽法应小于0.4 m/h。

应用范围　矿山井巷工程、地下铁道、桥墩、港口、大容积地下硐室及深基础工程等。

（二）岩土冻结原理

**1. 冻土的形成和组成**

土体是一个多相和多成分混合体系，由水、各种矿物和化合物颗粒、气体等组成，而土中的水又可有自由水、结合水、结晶水三种形态。当降到负温时，土体中的自由水结冰并将土体颗粒胶结在一起形成整体。冻土的形成是一个物理力学过程，土中水结冰的过程可划分为五个过程，如图4-62所示。

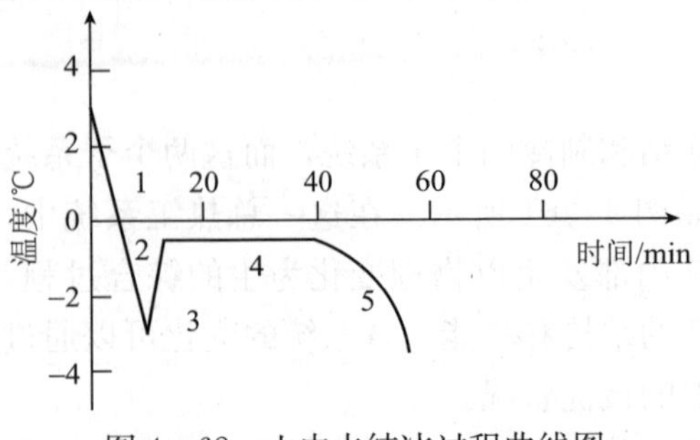


图 4-62　土中水结冰过程曲线图

1）冷却段：向土体供冷初期，土体逐渐降温到冰点。

2）过冷段：土体降温到0 ℃以下时，自由水尚不结冰，呈现过冷现象。

3）突变段：水过冷后，一旦结冰就立即放出结冰潜热出现升温过程。

4）冻结段：温度上升到接近0 ℃时稳定下来，土体中的水便产生结冰过程，矿物颗粒胶结在一起形成冻土。

5）冻土继续冷却，冻土的强度逐渐增大。

**2. 地下水对冻结的影响**

（1）水质对冻结的影响

水中含有一定盐分时，水溶液的结冰温度就要降低。当地层含盐或受到盐水侵害时都会降低结冰的冰点，其程度与溶解物质的数量呈正比例关系。盐水溶液在一定的浓度和温度下凝结成一种均匀的物质时，这种盐水溶液的浓度和温度称为低融冰盐共晶点。

（2）水的动态对冻结的影响

土中水的性态与土质结构有关，土体有原状和非原状土之分，原状土中砂层和砾卵石土层中水的渗透速度较大，非原状土如回填土要看回填土质和固结情况，较为复杂。土中水流速度对土的冻结速度有较大影响，常规的土层冻结的水流速度如前所述。水流速度与地层的渗透系数和压差成正比。

**3. 温度场和冻结速度**

（1）冻结地层的温度场

地层冻结是通过冻结器向地层输送冷量的结果。这样在每个冻结器的周围形成以冻结管为中心的降温区，分为冻土区、融土降温区、常温土层区。地层中温度曲线呈对数曲线分布，可用下列公式表示。

冻土区：

$$t=\frac{t_y\ln\frac{r_2}{r}}{\ln\frac{r_2}{r_1}} \tag{4-74}$$

式中：$t$ 为土体中任一点温度分布；$t_y$ 为冻结管外壁温度；$r$ 为冻柱内任意一点距冻结管中心的距离；$r_2$ 为冻结柱的半径；$r_1$ 为冻结管的外半径。

降温区：

$$t=\frac{2t_0}{\sqrt{\pi}}\int_0^{\frac{x}{\sqrt{4\pi}}}e^{-\frac{x^2}{4\alpha\tau}}d\left(\frac{x}{4\alpha\tau}\right) \tag{4-75}$$

式中：$t_0$ 为土的初始温度；$x$ 为距 0 ℃面的距离；$\alpha$ 为导温系数；$\tau$ 为冻结时间。

（2）土的冻结速度

1）冻结孔间距是影响冻柱交圈和冻结壁扩展速度的主要因素。

2）冻土圆柱的相交初期，交圈界的厚度发展较快，很快能赶上其他部位厚度。

3）冻结壁扩展速度随土层颗粒的变细而降低，砂层的冻结速度比黏土高。

4）冻结器内的盐水温度和流动状态是影响冻土扩展速度的重要因素。盐水温度降低，冻结速度提高，盐水由层流转向紊流时，冻结速度提高 20%～30%。

总之，冻结圆柱的交圈时间与冻结器间距、盐水温度、盐水流量和流动状态、土层性质、冻结管直径、地层原始地温等有关，影响因素较多，解析理论计算较复杂，一船按经验公式推算。

**4. 冻胀和融沉**

土体冻结时有时会出现冻胀的现象，土体融化时会出现融沉现象，其原因是水结冰时体积要增大 9.0%，并有水迁移现象。当土体变形受到约束时就要显现冻胀压力。目前人们把土冻结膨胀的体积与冻结前体积之比称为冻胀率。显然冻胀力和冻胀率与约束条件有关，把无约束情况下冻土的膨胀称为“自由冻胀率”，把不使冻土产生体积变形时的冻胀力称为最大冻胀力。我们把开始产生冻胀的最小含水量称为临界冻胀含水量。并不是所有的土在任何条件下都能产生冻胀，而是要具备以下条件：①具有冻胀敏感性的土；②初始水分和外界水分的供给；③适宜的冻结条件和时间。

像砂土、砾石这样的动水地层，一般不会出现冻胀现象。对含有 20 $\mu$m 以下细颗粒成分的粉土、黏土等，都存在冻结膨胀的问题，而在设计中应充分考虑。

**5. 冻胀防治措施**

1）钻孔充填。在钻好的钻孔中充填可塑性护孔材料（泥浆或其他材料），在冻土冻胀的发展过程中，可塑性护孔材料发生变形，吸收冻胀变形，使总的冻胀量减少。

2）取心。在冻土墙内进行钻进取心，钻孔的空间可以吸收冻胀的变形。

3）预留孔套管拔除法。在稳定性差的土层或水平孔中，维护钻孔空间比较困难，可以采用套管护孔，通过温度监测，当冻土发展到预留孔位置时，及时拔除护孔的套管，留下钻孔空间吸收冻胀变形。

4）设置卸压孔。定期打开卸压孔进行卸压，减少水分向冻结锋面迁移，达到抑制冻胀的目的。

### （三）人工冻土的力学特性

**1. 冻土的蠕变性**

冻土是一种非弹性材料，在外载荷作用下，应力—应变关系随时间发生变化，其变化有明显的流变特性，包括：①蠕变。即在外载荷不变的情况下，冻土材料的变形随时间而发展；②松弛。即维持一定的变形量所需要的应力随时间而减小；③强度降低。即随着载荷作用时间的增加，材料抵抗破坏的能力降低。

试验表明，冻土的应力—应变曲线是一系列随时间变化而彼此相似的曲线，不同时刻的应力—应变曲线可以用幂函数方程表示。冻土在不同的恒载荷作用下变形随时间的发展——典型蠕变曲线如图 4－63 所示。

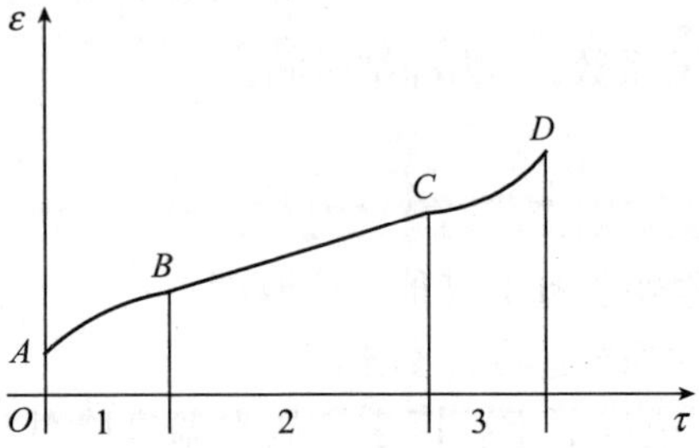


图 4－63　冻土蠕变曲线图

由图 4－63 可以看出，当载荷作用时，首先产生初始的标准瞬时变形（*OA* 段），随后变形速率逐渐减小，进入非稳定的第一蠕变阶段（*AB* 段），在衰减的蠕变过程中，变形速率逐渐降到最小值，变成一常数而进入第二蠕变阶段，即稳定的蠕变阶段（*BC* 段），随着变形的发展，变形速率增加进入第三蠕变阶段，渐进流变段（凹段），最后以土体的破坏而告终。

**2. 冻土强度**

冻土强度是指导致破坏和稳定性丧失的某一应力标准。由于冻土是一种非均质、各向异性的非弹性材料，有其特殊的受力特征。冻土的破坏形式有塑性破坏和脆性破坏两种，其影响因素主要有：

颗粒成分　一般来说，砂性土多呈脆性断裂，黏性冻土多呈塑性断裂，除砾石土外，土的颗粒越粗，冻土的强度越大。

土温　土温高多呈塑性破坏，土温低多呈脆性破坏，温度是控制冻土强度的主要因素，无论是砂土，砂砾石土，还是黏性土，其抗压强度都随温度的降低呈线性增大。

含水量 对于典型冻土，随着含水量的增加通常由脆性破坏过渡到塑性破坏，含水量进一步增加时，则由塑性破坏过渡到脆性破坏，含土冰多呈脆性破坏，砂的含水率为17%时，冻结的强度最大。

评价冻土蠕变强度一般有两个有意义的强度指标，一个是冻土的瞬时强度，它表征土体抗迅速破坏的能力，它共有3个指标，即瞬时抗压强度、瞬时抗拉强度和瞬时剪切强度；另一个是冻土的长期强度极限（或称持久强度），即超过它才能发生蠕变破坏的最小应力，它包括：持久抗压强度、持久抗拉强度和持久剪切强度。在设计时使用的是冻土的持久强度。冻土持久抗压强度约为瞬时抗压强度的1/2～1/2.5。冻土持久抗剪强度一般为瞬时抗剪强度的1/3～1/6。冻土强度值见表4-20和表4-21。

**表4-20 冻土瞬时极限抗压强度参考值**

| 温度/℃ | 抗压强度/MPa | | | 温度/℃ | 抗压强度/MPa | | |
|---|---|---|---|---|---|---|---|
| | 砂 | 砂土 | 黏土 | | 砂 | 砂土 | 黏土 |
| −2 | 4.8 | 3.8 | 1.7 | −10 | 13.8 | 12.5 | 5.4 |
| −4 | 7.8 | 6.8 | 2.7 | −12 | 15.1 | 13.8 | |
| −6 | 10.0 | 9.0 | 3.6 | −14 | 16.0 | | |
| −8 | 12.0 | 11.0 | 4.5 | | | | |

**表4-21 冻土瞬时极限抗拉强度参考值**

| 土壤 / 含水 | | 土壤的组成/g | | 冻土极限抗拉强度/MPa | | |
|---|---|---|---|---|---|---|
| | | 水 | 砂 | −10 ℃ | −15 ℃ | −20 ℃ |
| 水的饱和度/% | 100 | 165 | 1000 | 2.0 | 3.9 | 5.2 |
| | 75 | 125 | 1000 | 1.5 | 2.2 | 4.3 |
| | 50 | 83 | 1000 | 0.7 | 2.0 | 3.3 |

### 3. 冻结压力

冻结压力是指冻结井筒掘砌过程中作用于井壁上的外压力。它是一种临时性的施工荷载，存在于筑壁后和冻结壁彻底化冻前，根据实测冻结压力分析得出：

$$p_d = p_y + p_w \tag{4-76}$$

式中：$p_d$ 为冻结压力；$p_y$ 为极限平衡区的原始土压力；$p_w$ 为极限平衡区的温度应力。

$$p_y = \gamma HK \tag{4-77}$$

式中：$\gamma$ 为覆盖土层的平均容重；$H$ 为土层的埋藏深度；$K$ 为冻土的土压力系数，黏土层取0.4～0.6，砂质黏土取0.35～0.6，砂砾层取0.3～0.6。

$$p_w = -\mu t_c \tag{4-78}$$

式中：$\mu$ 为温度应力系数，主要与土层性质及支护方式有关，采用现浇混凝土井壁时，黏土取0.4～0.6，砂质黏土取0.4～0.5，土质砂层取0.2～0.4，砂层取0.1～0.2；砂砾层取0；$t_c$ 为冻结管布置圈至井邦内的土平均温度，与冻结时间、盐水温度等有关，可采用实测值或经验值。

（四）冻结技术设计

无论何种冻土墙，其设计内容应包括：冻土墙温度；深度和厚度设计；冻结孔布置；制冷能力计算；冻结时间确定等。

**1. 冻结墙设计及钻孔布置**

（1）冻土墙平均温度

冻土墙平均温度是按冻土墙主面平均温度与界面平均温度之和的二分之一计算，主要与冻结孔间距、冻土墙厚度、冻结盐水温度以及外部的温度等因素有关。

（2）冻土墙的厚度

1）土压力计算。用于围护坑壁的冻土墙上土压力值介于主动土压力和静止土压力间。为安全起见，宜采用静止土压力值，当邻近建筑物要求地基的沉陷小，即要求冻土墙变形较小时，其冻土墙厚度应按变形条件计算，强度条件校核；当无沉降要求时，按强度条件计算。

2）平面冻土墙厚度设计。平面冻土墙的破坏，往往不是强度不够，而是因为变形较大造成失稳，其厚度应按变形条件确定，按强度条件核算。视平面冻土墙的两端为铰支点，墙顶和墙底分别为固定边和自由边，按弹性理论（用冻土长期弹性模量参数）可算得其自由边中点的位移值。

平面冻土墙在实际施工时，为减小冻土墙变形。应设计成一定的起拱，其起拱度为跨中距基坑线距离 $\delta=L/50\sim L/100$（$L$ 为墙跨）。

根据冻土墙的受力特点把冻土墙看作一弹性平面薄板，用弹性理论的能量法求解薄板问题对冻土墙厚度进行计算，最后推导出冻土墙的厚度计算公式：

$$e\leqslant k_2\frac{(1-\mu^2)A(T)P_D^B h^4 t^C}{u_{\max}\pi\left[2+\left(\frac{4}{3}-2\mu\right)\left(\frac{\pi h}{L}\right)^2+\frac{1}{10}\left(\frac{\pi h}{L}\right)^4\right]}\tag{4-79}$$

式中：$e$ 为冻土墙厚度，m；$k_2$ 为系数，墙后均布荷载时取 8，三角形分布荷载取 2；$u_{\max}$ 为冻土墙最大的水平位移，m；$\mu$ 为塑性冻土的泊松比，0.2～0.3；$h$ 为冻土墙暴露高度，即基坑深度，m；$L$ 为冻土墙跨度，m；$P_D$ 为冻土墙后土压力；$t$ 为冻土墙暴露时间，h；$A(T)$、$B$、$C$ 分别为温度、应力、时间的蠕变参数。

3）曲面冻土墙厚度设计。整体曲面冻土墙可用于圆形或尺寸较小的矩形基坑施工，按无限长厚壁圆筒计算；而对于大型矩形基坑宜用分段曲面冻土墙，按圆拱失稳方法分析计算。

（3）冻土墙深度的确定

确定冻土墙深度的依据为：基坑深度和断面形式及尺寸；地基上的工程性质和水文地质条件；冻土墙结构形式。确定冻土墙深度的原则如下：

1）坑底以下为含水层，且涌水量较大时，为防止坑底涌水，冻土墙应穿过含水层进入不透水层。

2）坑底以下为软弱土层，且厚度不大时，为防止坑底隆起，冻土墙应穿过软弱土层进入下部较好持力层；厚度较大时，冻土墙进入坑底软弱土层的深度视深层剪切破坏的稳定性而定。

3）基坑以下为不透水的较好持力层（黏土）时，冻土墙应进入较好持力层，进入深度由浅层剪切破坏而定。

由计算模拟和实验表明，冻土墙插入深度为基坑深度的（0.5～1）$H$（$H$ 为基坑深度）

时，可以有效减少基坑变形量。

（4）钻孔布置

冻结孔的间距和偏斜率是影响冻结孔布置圈直径的主要因素。开孔间距直接影响冻结孔的数量、冻结墙的形成时间及平均温度，而钻孔偏斜率直接影响布置圈直径和终孔直径。冻结孔的开孔间距一般取0.9～1.2 m，钻孔偏斜率取0.5%。另外在孔内设水文观测孔，在冻结墙内外设温度观测孔。

**2. 制冷系统设计**

首先选择相应的冷冻方法，并在具体的冻结工程量下设计管路，计算散热量、冷冻站的需冷量，冻结设备应尽可能设置在冻结区附近。

冻结基坑所需的制冷量可按下式计算：

$$Q = K\pi d_0 NHq_D \tag{4-80}$$

式中：$Q$为冻结基坑实际所需的制冷能力，kW；$K$为管路冷量损耗系数；$d_0$为冻结管直径，m；$N$为冻结管数；$H$为墙深，m；$q_D$为冻结管的吸热率，0.26～0.29 $kW/m^2$。

此外，夏季施工时冻土墙暴露面接触大气层热空气，以及雨水对冻土墙冲刷，冷量损耗大，难于降温。为此，应在冻土场附近地表层敷设价廉的矿渣棉保温材料或用珍珠岩与石灰等廉价胶结材料做成保温隔热灰浆喷抹于地表。冻土墙面绝热保温，可用喷射聚氨基甲酸酯泡沫等覆盖于冻土墙。为防止雨水冲刷，在喷射层上加可回收的泡沫塑料板，以确保冻土墙降温。

**3. 冻结墙形成和自然解冻**

冻结前，同一深度的地层具有相同的原始温度。冻结开始后，通过冻结管把冷量传给地层，在冻结管周围产生降温区，形成以冻结管为中心的冻结圆柱，并逐步扩大直至相邻的冻结圆柱连接成封闭的冻结圆筒。

冻结墙的交圈时间主要与冻结孔的间距、土层性质、冻结管直径等因素有关，可参照表4-22。

**表4-22　冻结墙交圈时间参考值**

| 冻结孔间距/m | 1 | 1.3 | 1.5 | 1.8 | 2 | 2.3 | 2.5 |
|---|---|---|---|---|---|---|---|
| 冻结墙交圈时间/d | 10 | 15 | 22 | 35 | 44 | 58 | 67 |

冻结墙自然解冻时间主要与冻结墙的厚度、地层原始温度、地下水流速以及施工工艺等因素有关。根据国内的实测资料，可参考表4-23。

**表4-23　不同厚度冻结墙自然解冻时间参考值**

| 冻结墙厚度/m | 2.0 | 2.5 | 3.0 | 3.5 | 4.0 | 5.0 | 6.0 |
|---|---|---|---|---|---|---|---|
| 自然解冻时间/d | 120 | 143 | 165 | 187 | 206 | 255 | 300 |

**4. 辅助系统设计**

1）盐水管路设计包括管材直径、壁厚、线路、阀门控制等；

2）清水管路设计包括管材直径、壁厚、线路、阀门控制等；

3）盐水管路的保温设计；

4）地层冻结观测设计包括测温、水文孔布置，设备运行状态观测。

**5. 施工计划和劳动组织**

1）工序分析及排队；

2）工程量计算；

3）工程网络分析；

4）人员配备和劳动组织。

### （五）冻结技术施工

冻结技术施工分为三个阶段，包括冻结阶段、维护阶段和解冻阶段。各个阶段的工艺流程和冻结管构造如图 4－64 至图 4－66 所示。

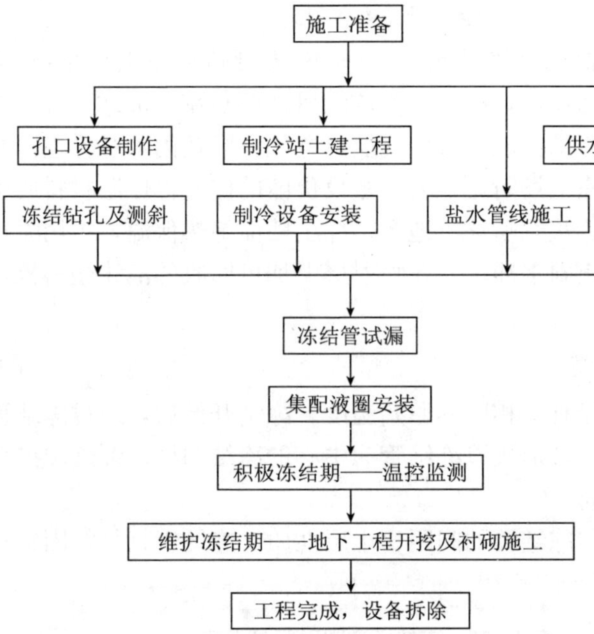


图 4－64　冻结法施工的工艺流程

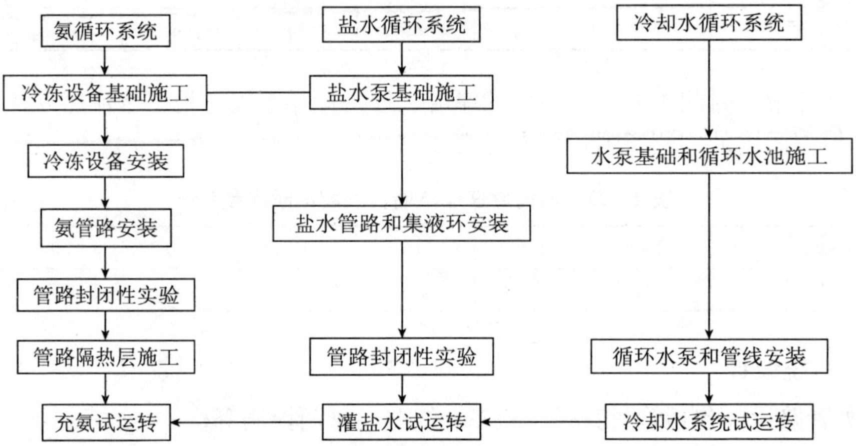


图 4－65　冻结站安装工艺流程图

（六）冻结管的安设、验收与起拔

**1. 冻结管的安设**

冻结管用无缝钢管制作，规格按设计要求选用，最下端接底锥密封。冻结管采用丝扣连接，密封要求好。冻结管的下入深度比钻孔深 0.2～0.3 m。冻结管与孔壁间环状间隙用黏土充填并捣实。

**2. 打压试验**

下入孔内的冻结管，必须进行打压试验，确认合格后方可使用。打压值一般按下式计算：

$$P=0.15P_1+\frac{\gamma-1}{100}H \qquad (4-81)$$

式中：$P$ 为打压值，MPa；$P_1$ 为盐水泵工作压力，MPa；$H$ 为冻结管深度，m；$\gamma$ 为盐液相对密度，1.25～1.35。

可采用的打压方法有两种。

（1）孔外打压试验

该方法应在专门设置的打压试验场地进行，将冻结管按顺序编号连接，分组试验。打压前向管内注满清水，然后开动打压泵打压，打压后保持 15～20 min，观察是否降压或泄漏。

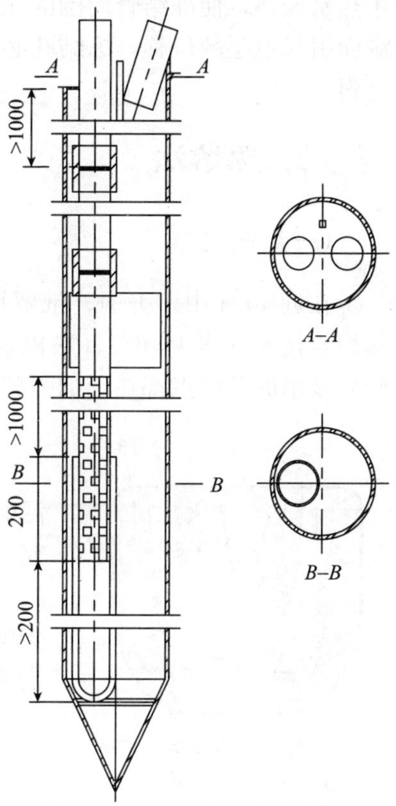


图 4－66　冷冻管构造示意图

（单位：mm）

（2）下管打压

边下冻结管边打压，发现泄漏及时处理。全部冻结管下完后，要立即注满清水，进行动压试漏，向管内打压至设计压力，经 15 min 压力下降不超过 50 kPa，再延续 15 min 压力保持不变。

**3. 冻结管的静压试漏**

打压试验合格后，还要做静压试漏。方法是向安装好的冻结管内灌入清水，经 1～2 d 后，再注入 30～40 mm 厚的机油（防止管内水分蒸发而影响测量精度），使油面距管口 50～100 mm。注油后稳定 3～12 h，即可进行液面降落测量。每隔 24 h 观测一次，连续观测 3～4 昼夜，每次测得液面下降小于 1 mm 为合格，超过 1 mm 需进行堵漏处理。

**4. 冻结管的堵漏方法**

根据不同的泄漏情况，可以采用相应的堵漏方法，如氯化钙溶液锈蚀丝扣法、水泥浆循环法、硅胶堵漏法等。

**5. 冻结管的验收**

冻结管验收的主要内容包括：①冻结管的密封性；②钻孔的垂直度和钻孔的间距；③孔深和管内有无异物。

**6. 冻结管的起拔**

当基坑或井筒壁完成后，即可起拔冻结管。可以采用起重机或钻机起拔。起拔前应首先用热水循环，使冻结管周围的冰融化，便于起拔。冻结管起拔后，为了避免因钻孔留下的孔洞而引起地层的位移，冻结孔必须充填。充填的材料可以是水泥砂浆或者是粗砂和碎石的混合料。

## 二、热熔法

### （一）概述

在近40年中，美国、俄罗斯、日本、中国等都在积极地研究各种新式碎岩技术，如：热熔岩技术（图4-67）、热机碎岩技术、脉冲放电碎岩技术、激光碎岩技术等。这些新式碎岩技术的共同点都在于加强碎岩过程中的热力学过程。

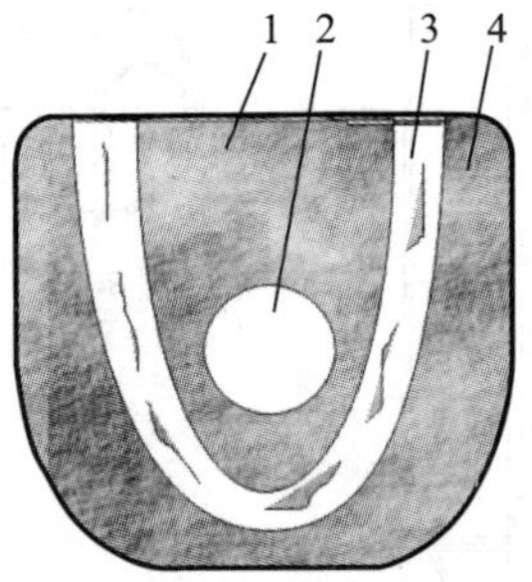

图4-67　热熔过程示意图
1—热熔器；2—热源；
3—热熔体；4—岩土

国内外相继开展的热熔法主要研究成果涉及以下几个方面：

1）确定合适的热熔器壳体材料。美国、日本等研究了耐高温的金属材料；而俄罗斯开始从金属材料起步，但最后集中研究非金属材料，并取得了突破性的进展。

2）虽然对加热电阻的选择比较统一，都采用热解石墨，但美国、日本等均通入惰性气体保护，而俄罗斯的研究没有保护措施。

3）热传递的方式是一致的。直流电通过加热电阻产生高温—主要是热辐射穿过空气或保护性气体传到外壳—受到热辐射的壳体内壁通过热传导将热能传到外壁—外壁的高温将与之接触的岩土熔化。

4）研究了热熔器、热熔体、岩石间的热传递问题。

5）提出了合理的热熔器外壳形状为流线型，以4次方抛物线或悬链线最佳。

6）研究了热熔体冷却后形成硬壳的机理及性质。

7）研究了工艺参数对热熔过程的影响。

8）根据相应的研究成果，研制了不同用途的热熔器，直径小到30 cm，大到2 m左右，在矿山巷道的围护及地基处理工程中完成了初步试验，取得了宝贵的经验和数据。

经过不断地研究，虽然掌握了热熔岩技术的许多数据和资料，但仍然有些问题需进一步研究、讨论：

1）寻找更经济耐用的壳体材料。国外的壳体材料虽然能够耐2800 ℃高温，但由于技术保密，加之成本较高，所以很难直接引进、应用。而且我国与国外使用对象的最大区别在于后者针对岩石，而我国主要考虑用于松散的土层。各类土层的实际熔化温度为1300～1400 ℃，考虑到钻进效率，实际上的热熔器壳体表面温度达1500 ℃就足够。所以，与国外相比，我国选用的壳体材料的力学性能、热学性能、电学性能等，某些方面的性能指标可适当降低。

2）国外将加热电阻一致选为热解石墨，对这一点也应重新审视。因为热熔器的工作地层是土层，热熔温度可以适当降低，所以对加热电阻的选择也要重新考虑。

3）已有的理论研究结果较多，但多集中于热熔器壳体外、热熔体、岩石，还应加强对热熔器壳体内的传热研究，这对优化热熔器内部的结构设计非常重要。

4）应加强对热熔器熔岩的工艺参数及热熔体冷凝生成硬壳的材质、机理及其各方面性能参数优化的研究。

（二）热熔体的流动特性

对于热熔岩来说，其物理现象和工艺过程由两个物体来控制：热熔器和被加热的岩土。俄罗斯的学者在进行这方面的研究时是把热熔体沿热熔器或岩土表面的流动模型近似作为边界层来描述，采用边界层状态方程，选择特征参数和尺寸，建立量纲为一的数学模型，以相似理论和特征方程来讨论，并在研究中引入了大压力、小热熔体尺寸（厚度）的情况（这与实际情况相符），其结果是使数学模型中的有关参数较小，简化了理论研究工作。

但把热熔体的运动视为边界层流动则与边界层建立时的初始条件（流体黏性很小或大的雷诺数）并不相符，所以采用边界层的流体动力学方程来分析研究热熔体的运动值得商榷。笔者给出了另一种分析。

图 4－67 表示了热熔过程。在热熔器里设置了热源（2），其工作表面被加热到温度 $t_H$，超过了周围岩土的熔化温度 $t_\varphi$；在外力作用下热熔器在热熔体中以速度 $U$ 运动；形成的热熔体沿热熔器表面和周围介质的熔化表面运动，热熔体的流动明显属于不可压缩流体黏性流动。用数学方法求解这种属于不可压缩流体黏性流动基本方程组的主要困难在于纳维尔一斯托克斯（N—S）方程中存在惯性项（非线性项）。由相关文献可知，当流体质点的流线（定常流动时即迹线）的形状是直线（或同心圆周时），所有惯性项恰好消失。因此可以预期，若不可压缩黏性流动的流线和直线相差很小时（或与同心周围相差很小），则惯性项也将很小，在近似时可以把它全部略去。这也可以从另一个角度理解，因为惯性力与速度平方成正比，而黏性力与速度的一次方成正比，当流动速度很小时，黏性力将比惯性力大得多（即雷诺数 $Re \ll 1$），近似时惯性力可全部略去。这种 $Re \ll 1$ 的流动在流体力学中通常称为缓慢流动或爬动（蠕动）。

热熔体在热熔器和地层间的环状间隙（厚度为 $\delta$）向上流动，环状间隙的径向尺寸比热熔器的半径小得多，所以作为一级近似，可将热熔体表面和热熔器表面近似地视为平面。这样，热熔体在热熔器和岩土间流动可近似为两个夹角很小的平面之间的流动（图 4－68）。设热熔器以等速 $U$ 运动，固态介质不动，忽略热熔器两端的影响，而将其间热熔体的流动看作平面内的二维流动，我们采用正交曲线坐标系，对于如图 4－68 所示的二维情况，以热熔器上的某一点 $O$（通常取为热熔器的前端点）为原点，沿着流动方向的热熔器轮廓线。作为 $x$ 轴，沿着热熔器表面的法线自壁面算起的距离作为 $y$ 轴。以 $u$ 和 $v$ 表示坐标系中的 $x$ 和 $y$ 轴方向的速度分量，考虑到间隙很小和两个平面之间的夹角很小，可假设 $v \ll u$。假设不计重力影响，由于热熔器以等速运动，则热熔体的运动是定常数。根据 N—S 方程，推导得出热熔体的速度、压力和受到的摩阻力方程。

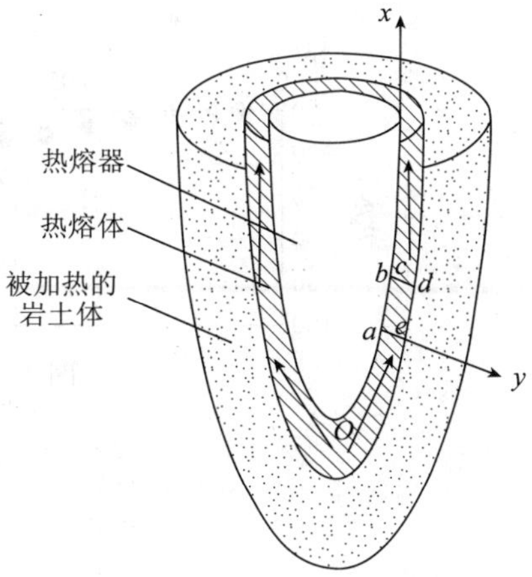

图 4－68　热熔体流动示意图

热熔体的流动速度的计算公式如下：

$$u = -\frac{P}{2\mu X}(y^2 - \delta y) - \frac{U}{\delta}(\delta - y) \tag{4-82}$$

作用在热熔器上压力的合力（总压力）的计算公式如下：

$$P_h = -\frac{\pi a P}{X}\left[X^2 \ln\left(\frac{\sqrt{X^2+a^2}-X}{a}\right)+\frac{X}{2}\sqrt{X^2+a^2}-\frac{a^2}{2}\ln(X+\sqrt{X^2+a^2})+\frac{a^2}{2}\ln a\right]$$
$$+2\pi a P\left[X\ln\left(\frac{\sqrt{X^2+a^2}-X}{a}\right)+\sqrt{X^2+a^2}-a\right] \tag{4-83}$$

摩擦阻力的计算公式如下：

$$F = 2\pi a\left(\frac{\mu U}{\delta}+\frac{\delta P}{2X}\right)\left[X\ln\left(\frac{\sqrt{X^2+a^2}-X}{a}\right)+\sqrt{X^2+a^2}-a\right] \tag{4-84}$$

则式（4－82）至式（4－84）分别表示了热熔器周围热熔体流动时的速度分布及其作用在热熔器上的总压力及热熔体作用在热熔器上的摩擦阻力。对这些公式进行计算的结果如图4－69～图4－71所示，计算中所采用的相关参数值见表4－24。

**表4－24　热熔体流动计算中采用的具体参数值**

| | | |
|---|---|---|
| $a=7.3\times10^{-3}$ m | $r_0=0.025$ m | $X=a\times\sinh(r_0/a)=0.112$ m，$\mu=3550$ N·s/m$^2$ |
| $U=0.0006$ m/s | $\gamma=18$ kN/m$^3$ | $P=\gamma\times a\times\cosh(r_0/a)=279$ N/m$^2$ |

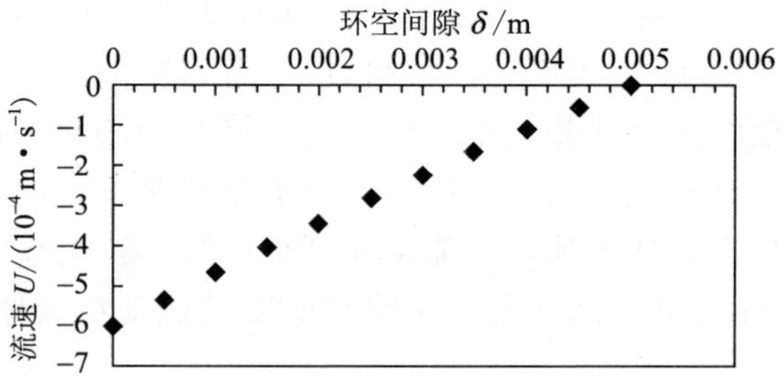


图4－69　热熔体在环空间隙中的流速分布

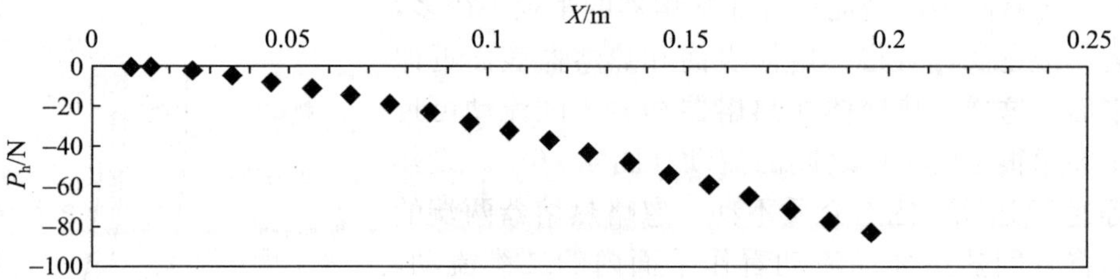


图4－70　热熔体对热熔器压力 $P_h$ 变化图

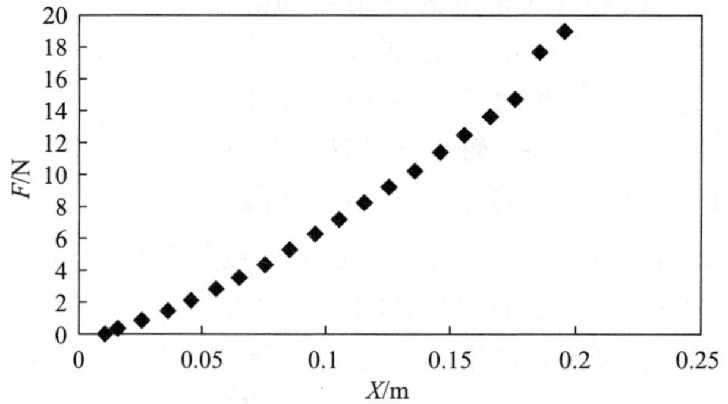


图4－71　热熔体对热熔器摩擦力 $F$ 与热熔器表面弧长 $X$ 的关系

由式（4－82）及图4－69可知，在环空间隙中热熔体的流速从孔壁到热熔器表面非线性增加，热熔器表面处的速度最大；热熔体流速的绝对值很小，热熔体的流动的确是一种蠕动，说明假设和实际情况相符；虽然热熔体流速的绝对值很小，但为了减少热熔器运动时的阻力，仍应该对热熔器的表面形状进行优化。

由式（4－83）和图4－70得到热熔体对热熔器表面压力的分布可知，压力从热熔器底部到上部也是呈一种由小到大的非线性变化，与实际情况相符；压力的这种曲线变化对于热熔器的平稳给进是非常必要的。压力的这种平滑变化，主要取决于热熔器的表面轮廓线是平滑的曲线。

由式（4－84）及图4－71得到热熔体对热熔器的摩擦力与热熔器表面弧长之间的关系。产生的变化及其原因同前述，值得指出的是黏度对摩擦力的影响相当大。

### （三）热能在岩土体中传递规律的研究

就物体温度和时间的依变关系而言，热量传递过程可区分为稳态过程（又称定常过程）与非稳态过程（又称非定常过程）两类。凡是物体中各点温度不随时间而改变的热传递过程均称为稳态热传递过程，反之则称为非稳态热传递过程。各种热力设备在持续不变的工况下运行时的热传递过程属于稳态过程，而在启动、停机、变工况时所经历的热传递过程则为非稳态过程。热量传递有三种基本方式：导热、对流和热辐射。对于实际的热熔过程而言，上述的各种情况都或多或少存在着。在我们所研究的热熔过程中，三种传递热量的基本方式往往不是单独出现的，这不仅表现在互相串联的几个换热环节中，而且同一环节也常是如此。热熔钻进中热量最终传递过程中各个环节的换热方式如下：

$$\text{热熔器的热源}\xrightarrow[\text{热辐射}]{\text{导热}}\text{热熔器内壁}\xrightarrow{\text{导热}}\text{热熔器外壁}\xrightarrow{\text{对流}}\text{热熔体}\xrightarrow[\text{导热}]{\text{对流}}\text{岩土体}$$

在固相介质没有熔化前（无热熔体）时的热量传递过程如下：

$$\text{热熔器的热源}\xrightarrow[\text{热辐射}]{\text{导热}}\text{热熔器内壁}\xrightarrow{\text{导热}}\text{热熔器外壁}\xrightarrow{\text{导热}}\text{岩土体}$$

**1. 热熔器表面温度变化时周围土体中的温度分布**

由热熔器表面到无穷远处固相介质中温度变化的数学描述为：在圆柱坐标系中，一区域$a \leqslant r < \infty$的初始温度分布为$T_0$；时间$t>0$时，$r=a$处的边界面温度保持某一固定的温度$T_1$（如固相介质的熔点温度）。试求$t>0$时该区域的温度分布$T(r, t)$的表达式。

在数值计算中采用如下参数值：对于土层$\lambda=0.8$ W/(m·K)，$\rho=2500$ kg/m$^3$，$c=1200$ J/(kg·K)，热熔器表面温度$T_1$介于室温和1300 ℃之间，在土体的无穷远处温度$T$为室温，如图4－72所示。

利用专门的仿真计算软件Matlab得出结果并绘图。图4－73为某一时刻热熔器外土体中温度的变化规律。热熔器的直径设为50 mm，计算范围为从热熔器外壳沿径向延伸150 mm处，计算结果用三维图表示。平面表示计算点的范围，垂直面表示计算点的温度值，图4－73的右侧立柱表示了温度的绝对值（℃），由颜色的深浅示意温度由高到低的分布（最高1300 ℃），可以看出，热熔器外土体中温度的衰减速度相当快，在10 cm之外土体中的温度与室温相比已增加的不多。图4－74为某一时刻热熔器外土体中温度梯度的变化。图4－75为某一时刻热熔器外土体中热流密度的变化，其变化规律与温度的变化规律一致。热熔器内所传出的热能急剧地消耗在热熔器周围的土体中，热能的传递和其影响仅局限于热熔器周围的小范围，在这个范围之外，热能的影响微乎其微。在这种宏观表象下隐藏着更深层的含义：

首先，使土体温度提高所需的热能非常大，我们所提供的热能仅能影响热熔器壳体外的小部分土体；

其次，热能集中消耗在一个小的土体范围内，非常经济，正是我们所需要和希望的；

再次，小范围的热能加热对周围大的土体的影响非常小，即其对土体环境的影响很小，钻进后周围大的土体的变化也微乎其微。

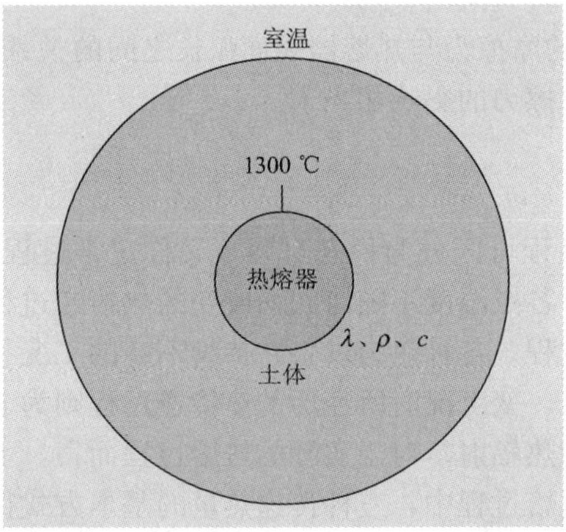


图 4-72　热熔器外壳温度及土体的相关参数

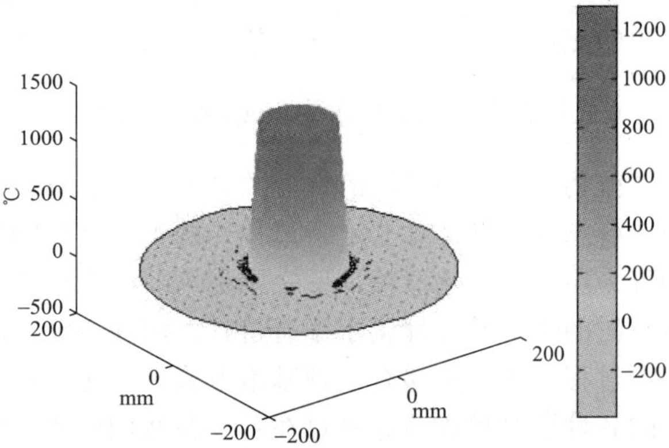


图 4-73　热熔器外土体中温度的变化规律

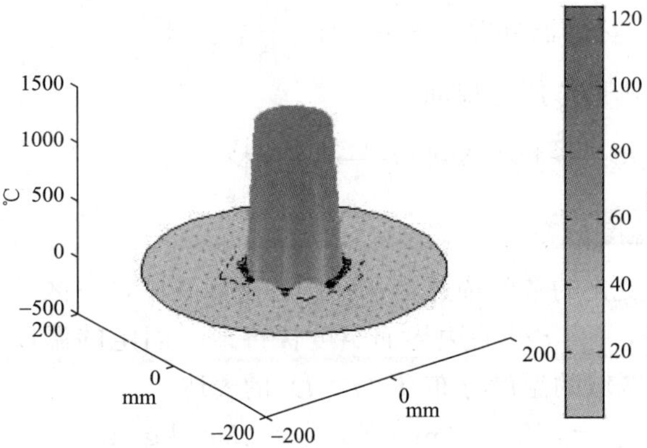


图 4-74　热熔器外土体中温度梯度的变化规律

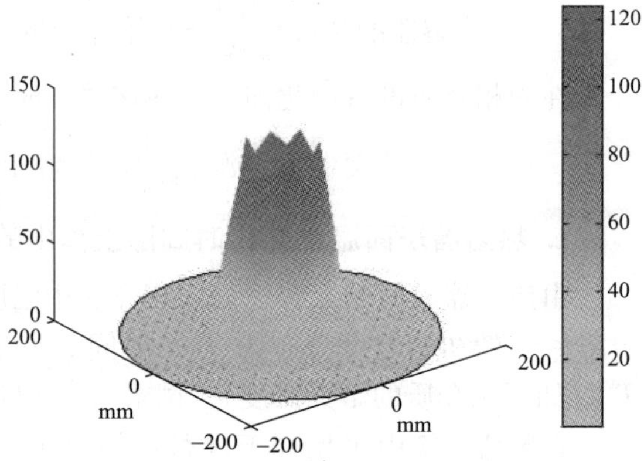


图 4-75　热熔器外土体中热流的变化规律

**2. 热熔器外土体中温度的监测**

在热熔实验台上对热熔器周围土体的温度进行测量，测温范围为 0～1300 ℃，但由于其温度显示仪只有三个通道，所以只能同时测三个点的温度。测量时样品采用了砂性土、黏性土及砂性土与黏性土的混合土。三个测点按图 4-76 布置。测点 1 直接与热熔器表面接触，测点 2 距测点 1 为 5 cm 或 3 cm，测点 3 距测点 1 为 10 cm。

图 4-77 至图 4-83 为各测点温度的变化，通过对这些图的分析可以得出如下结论：

1）热熔器壳体外的土体温度越靠近热熔器则温度变化越大，离热熔器越远温度变化越缓，说明热熔器传出的热能主要消耗于靠近热熔器的土体升温。

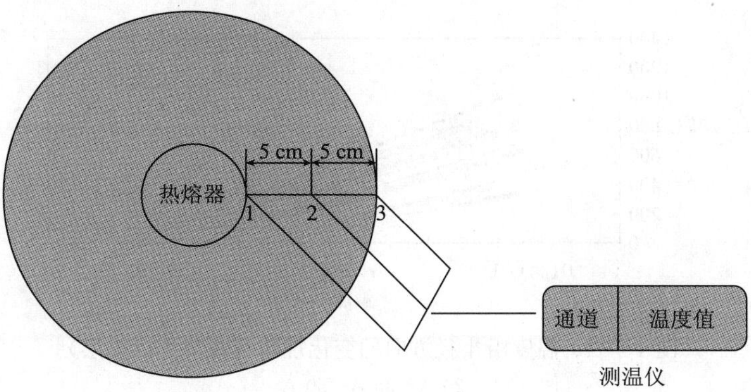


图 4-76　热熔过程测温系统示意图

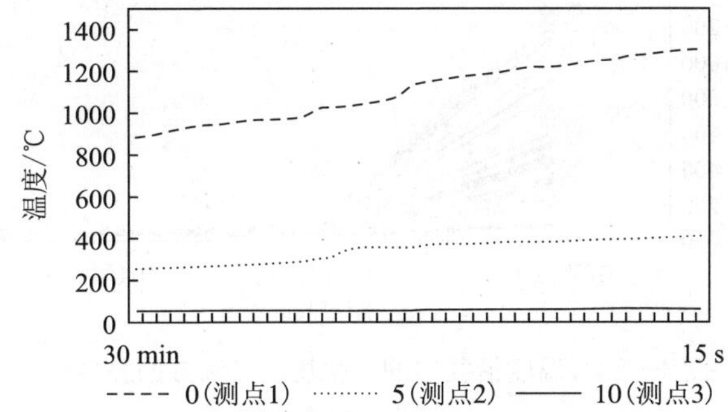


图 4-77　各测点温度随时间的变化规律（干砂土层）

20 A，50 V

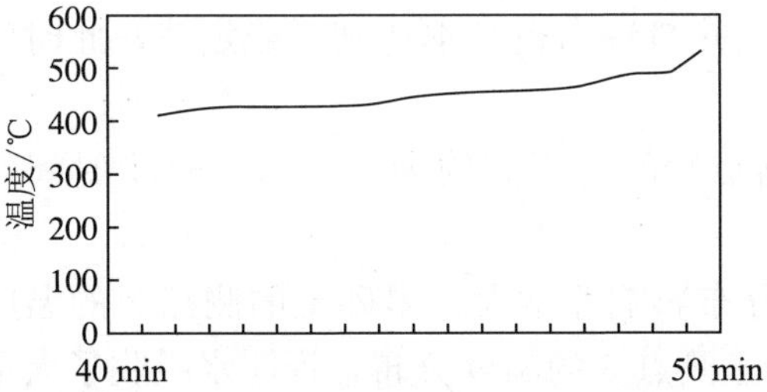


图 4-78　测点 2 温度随时间的变化规律

（砂土层）

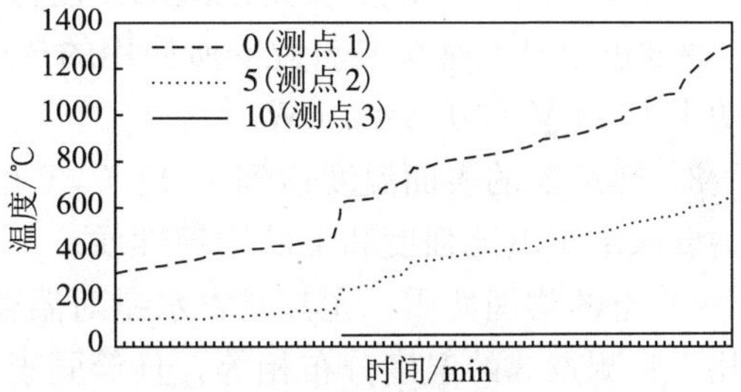


图 4-79　各测点温度随时间的变化规律

（潮湿的黏土层）

55 V，40 A

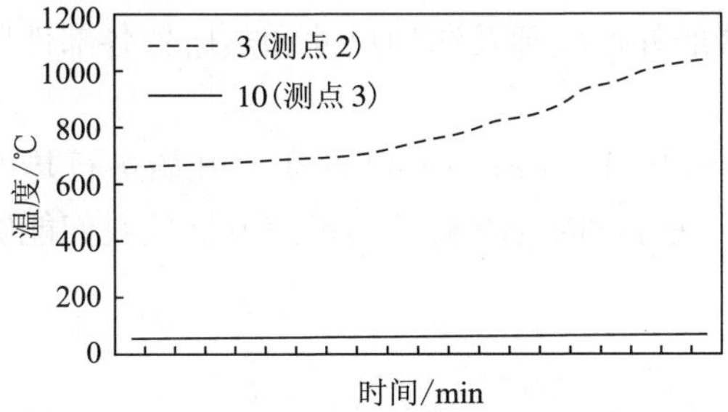


图 4-80　各测点随温度的变化规律

（潮湿的黏土层）

时间 $t$=30～40 min，55 V，40 A

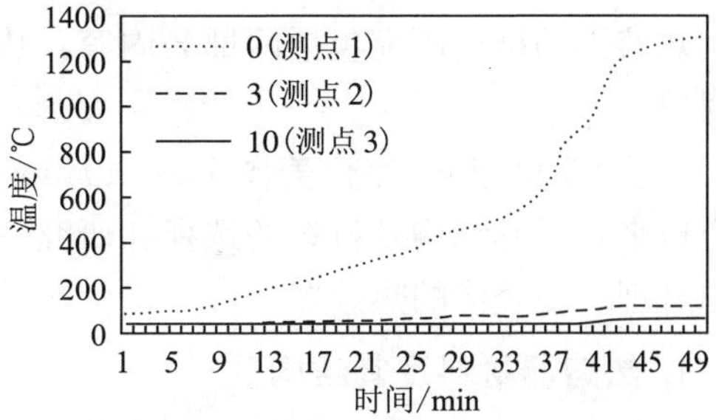


图 4-81　各测点随温度的变化规律

（潮湿的砂土层）

20 A—30 A—50 A

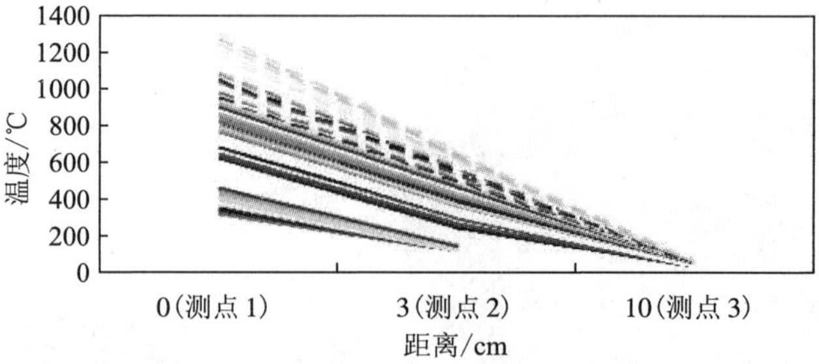


图4-82　温度沿半径方向的变化规律（潮湿的砂土层）

20 A—30 A—50 A

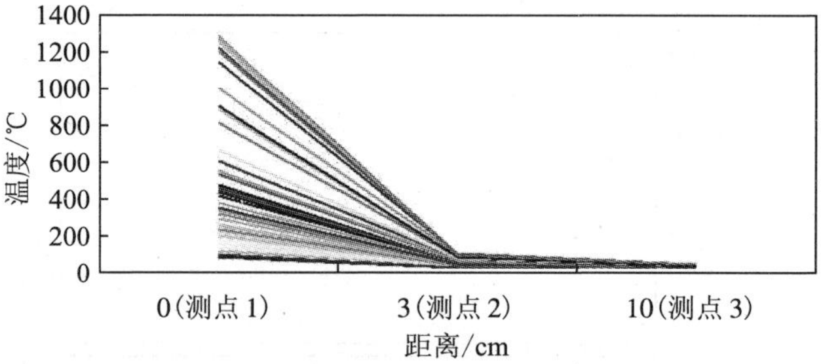


图4-83　温度沿径向的变化规律（潮湿的黏性土）

55 V，40 A

2）由于测温显示仪的量程限制（最大1300 ℃），所以当热熔器外表面温度达到1300 ℃以后，只有测点2和测点3是准确的温度值。测点3的温度几乎达到了一个稳定值，而测点2的温度也上升非常缓慢。说明所使用的热熔器的热量输出也基本达到了稳定值，此时的输入功率为50 V×40 A=2 kW。

3）热熔器的表面温度达到1300 ℃（土的熔点）的时间大约为30 min，这个时间的长短主要取决于电流强度和土的物理性质。

4）土的物理性质，尤其是含水量对温度的分布影响非常大。湿砂土的测点2的温度分布几乎和测点3的温度分布相等，且等同于干砂土测点3的温度分布，说明水吸收了大量的热量。而同是潮湿的黏性土和砂性土的温度分布也有所区别，这和砂性土的空隙有关。

### （四）热熔器的结构及其工艺

热熔器的结构研究包括两部分内容：热熔器的外形轮廓及结构尺寸和热熔器各部件所用的材料。

自从20世纪60年代美国Los Alamos Scientific Laboratory（LASL）开始进行热熔器研究以来，对其结构及材料的选择和研究一直在进行，因为材料学的迅速发展使我们能够研制更合理、更经济的热熔器。

**1. 热熔器材料及其结构**

根据对热熔过程理论计算、仿真研究以及国内外室内和工程试验，笔者认为热熔器的壳体材料应满足以下要求：

1）热熔器壳体为耐高温材料，材料耐高温的具体数值决定于热熔器的工作对象（岩石、土体、冰层）的熔点，如岩石为1600～1700 ℃；土体为1300 ℃，即热熔器壳体材料在此温度下应能保持正常的性能。

2）热熔器壳体应能迅速将壳体内的热量传到外面的岩土中去，所以要求热熔器具有良好的导热性能。

3）外壳材料应能够在高温下不与熔融的介质（土中的各种成分）产生化学反应，即高温下不易氧化。

4）外壳应与上面的钻杆部分有隔热部件，减少热量往钻杆上部传递，提高热功的利用率。

5）热熔器应有流线型的外形，能够保证形成平整、光滑的孔壁，在热熔器结构上应设置保径装置，保证热熔器升降通畅。

6）热熔器外壳应在不同温度值下保持绝缘性能和抗氧化性能，选择前应先做实验。

热熔器中的热源由加热电阻通电产生，对这种将电能转化为热能的电阻材料，由于热熔器内部狭小的空间，也必须满足以下要求：

1）热熔器外壳各部件应有相同或相近的热膨胀系数。

2）采用电流通过具有一定电阻值的电阻产生高温作为热源，该电阻材料为高温时在空气中不氧化。

3）热熔器内正负电极在高温下应能保持其工作性能。

4）热熔器的各部件抗热震性好。

美国、俄罗斯曾采用耐高温金属材料钼合金、铼钼合金等作为热熔器的壳体。20 世纪 80 年代末，苏联列宁格勒矿业学院的热熔岩专家开始寻找非金属材料。中国于 20 世纪 90 年代中期在俄罗斯专家帮助下也建立了相应的实验室，并随后与俄罗斯专家在双方的实验室分别进行研究，选择陶瓷材料来加工热熔器的壳体。无论是美国、日本还是俄罗斯，都选择热解石墨作为加热电阻，也可考虑高强石墨。

国内设计的热熔器如图 4－84 所示。

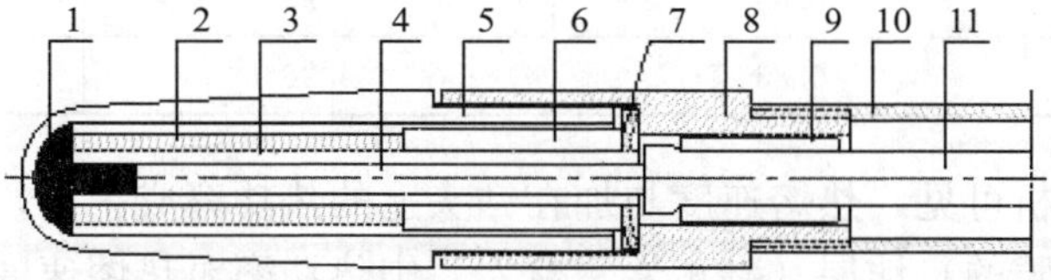


图 4－84　新式热熔器结构示意总图

1—电极座；2—电阻；3—绝缘管；4—电极杆；5—绝缘外壳；6—对中环；7—碟形弹簧；8—接头；9—绝缘套；10—钻杆；11—压杆

新型结构热熔器通过以下方式实现其功能，压杆（11）利用其平底端面压紧同样平底端面的电极杆（4），电极杆（4）和电极座（1）间平底端面压紧，电极座（1）的球状面被压紧在绝缘外壳（5）的球面底部上，电极杆（4）和电极座（1）上部套在绝缘管（3）内，绝缘管（3）外套片状的叠加为管状的电阻（2），接头（8）利用碟形弹簧（7）、对中环（6）、电极座（1）将片状的叠加为管状的电阻（2）压紧，碟形弹簧（7）和对中环（6）将电极杆（4）、绝缘管（3）和片状的叠加为管状的电阻（2）居于外壳中间，碟形弹簧（7）凸起部分压紧金属接头（8），碟形弹簧（7）母体部分压紧对中环（6），压杆（11）和接头（8）之间设绝缘套（9），接头（8）分别与绝缘外壳（5）和钻杆（10）都是用梯形螺纹连接。

热熔器的工作过程如下：将该热熔机具置于岩土中，外接直流电通过导电的压杆（11）传到电极杆（4），传到电极座（1），传到加热电阻（2），传到对中环（6），传到碟形弹簧（7），传到接头（8），传到钻杆（10）。在此电流回路中，电流通过加热电阻（2）时，产生大量的热能，通过热辐射和热传导传给绝缘的外壳（5），外壳再将吸收的热能传给外壳外部的岩土，将岩土在高温下熔化。

**2. 热熔工艺**

迄今为止，美国、俄罗斯、日本、中国都分别使用热熔钻具在室内或在野外进行过热熔岩工艺的研究，取得了大量的数据资料。这些资料包括以下几方面内容：①检验热熔器样机工作的可靠性，检验加热元件工作的可靠性；②优化热熔岩工艺；③研究热熔器材料与热熔体之间的相互作用，完善热熔器壳体材料；④野外试验研究该方法的工作特点以及影响工作可靠性和寿命的诸因素。

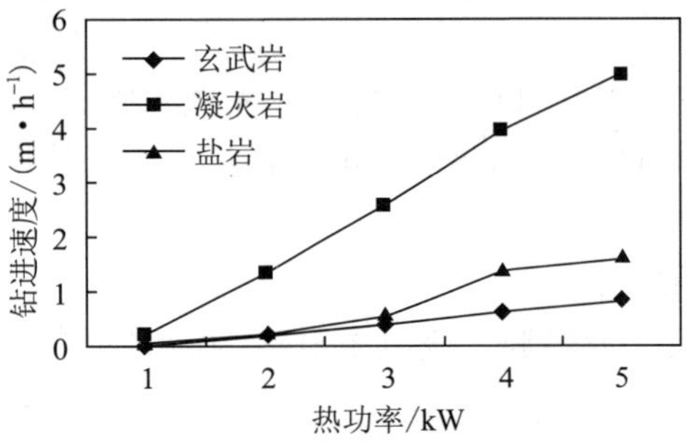

图 4-85　热功率对热熔速度的影响

热熔岩的一个重要工艺参数是热熔器上热功率的大小。使用挤密式的热熔钻头，作用在钻头上的钻压保持不变时（5000 N），改变热熔器上热功率的值，在不同性质（致密的、多孔隙的）的岩层上进行的实验结果如图 4-85 和表 4-25 所示。

**表 4-25　热熔器上的有效热功率在不同地层中对热熔速度的影响**

| $N$/kW | 玄武岩/(m·h$^{-1}$) | 凝灰岩/(m·h$^{-1}$) | 盐岩/(m·h$^{-1}$) |
|---|---|---|---|
| 1 | 0.02 | 0.22 | 0.09 |
| 2 | 0.2 | 1.37 | 0.29 |
| 3 | 0.42 | 2.56 | 0.6 |
| 5 | 0.63 | 3.95 | 1.4 |
| 7 | 0.83 | 4.96 | 1.66 |

对所得结果的分析可见，热熔速度与加在钻头上的热功率成正比，但岩层不同，影响也不同。在松散（多孔隙的）地层（凝灰岩、盐岩）中热功率对热熔速度的影响非常大；在致密的岩石（玄武岩）中，大量的热量只是将热熔体的温度提高，并将热熔体向上挤出，热熔器上的热功率对热熔速度的影响较小。两类不同的岩层热功率的影响截然相反，其最根本的原因是松散地层中的热熔体能够进入地层中的孔隙或空隙，这样热能就不能使热熔体过热（使热熔体熔化后再继续升温的意义不大，只能是热量的浪费），热熔速度自然就提高了。实验结果同时也证明：挤压热熔体也是提高热熔速度的一条途径。

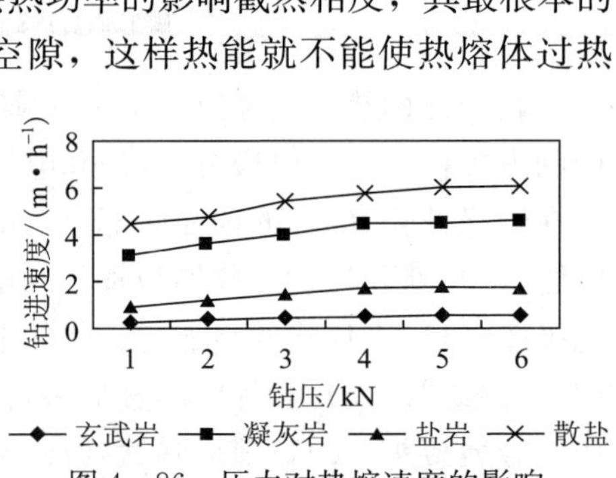

图 4-86　压力对热熔速度的影响

根据国内外的实验结果，采用的热功率大小应与热熔器的表面积有关，所以笔者提出了一个单位面积上热功率的概念，可以称为比热功率，即热熔器外表面单位面积上的热功率值。若将土作为热熔对象，则热熔器表面的热功率可为 2～3 W/cm$^2$；若将岩石作为热熔对象，则可为 40～50 W/cm²。

使用同样的热熔器，以玄武岩、凝灰岩、盐岩、松散的盐层作为地层，保持热熔器的热功率不变，改变作用在热熔器上的压力，所得的实验结果如图 4－86 和表 4－26 所示。

**表 4－26　钻压对热熔速度的影响**

| $P$/kN | 玄武岩/(m·h⁻¹) | 凝灰岩/(m·h⁻¹) | 盐岩/(m·h⁻¹) | 散盐/(m·h⁻¹) |
|---|---|---|---|---|
| 2 | 0.28 | 3.05 | 0.96 | 4.46 |
| 3 | 0.38 | 3.6 | 1.22 | 4.75 |
| 5 | 0.45 | 3.95 | 1.48 | 5.41 |
| 7 | 0.5 | 4.43 | 1.72 | 5.75 |
| 10 | 0.57 | 4.46 | 1.81 | 6.01 |
| 12 | 0.56 | 4.56 | 1.76 | 6.08 |

研究时采用 5 kW 的热功率，压力在 2～12 kN 范围变化。每次热熔钻进的时间是 10 min。对所得结果分析可以得出：热熔钻进速度与钻压成正比，但在松散的盐层中钻压对钻进速度的影响更大些。在其他的地层中，钻压在 0～4 kN 范围内对钻速的影响较大，继续加大压力对热熔速度的影响不十分明显。考虑到室内模拟地层的松散性，所得的压力结果可能偏低，结合国外的经验，建议钻压采用 0.2～1.0 kN/cm²。

热熔器的热功率和钻压是影响热熔钻进速度的最主要工艺参数。此外，还有一些因素与热熔钻具的结构及地层的性能参数对热熔钻进速度的影响也十分明显。如热熔器的高度对钻进速度的影响为：热熔器的高度越小，热熔钻进的速度越高。但是热熔器的高度小，热熔器内部的加热电阻元件的高度就小，产生的热功就少，有可能比热功率达不到地层熔化所需要的值。所以热熔器的高度应与加热电阻元件的高度值应有一优化关系。岩土体的导热性能的影响为：随着岩土体的热导率增加，热熔速度降低，原因是岩土体的热导率好，热能不能积聚在热熔器周围，大量的热能很快地传到远处，消耗在对大体积岩土体的加热上。

### （五）热熔岩过程中的孔壁硬壳形成机制

热熔岩过程中的主要工艺参数是热功率和热熔器表面温度（超过了大多数岩土熔点）以及钻压，它们对孔壁的影响涉及矿物学、岩石学以及耐火材料和陶瓷制备等内容。

在这个过程中要考虑岩土的两个变化过程，随着温度场的变化，既有渐进过程，也有衰退过程。渐进过程指高温和高压，衰退过程温度和压力变化正好相反。岩土在热力作用下状态变化形成光晕的过程明显伴随着温度渐进和衰退，而在实际中最终岩土变化的产物积聚在孔壁处，也是由这两个过程形成的：热熔器的平移（第一阶段）和紧随其后的冷却结晶成形期（第二阶段）。渐进和衰退的温度场变化参数确定了热熔器的工作温度、压力和其移动速度。矿物质将进一步随着温度场的提高而形成，不同的温度，形成的物质也将不同。可以按标准压力和温度下矿物和岩石性状的变化的现代理论阐述这两个过程。

**1. 渐进阶段**

根据固体物理化学研究成果，在温度升高时矿物质变化的主要形式为：烧结、再结晶→熔化→汽化（一级相变）。根据热力作用，岩石不同温度下的稳定性分为三类：低温区（<1000 ℃）、中等温度区（1000～1500 ℃）和高温区（>1500 ℃）。这三个阶段特点如图 4－87 所示。

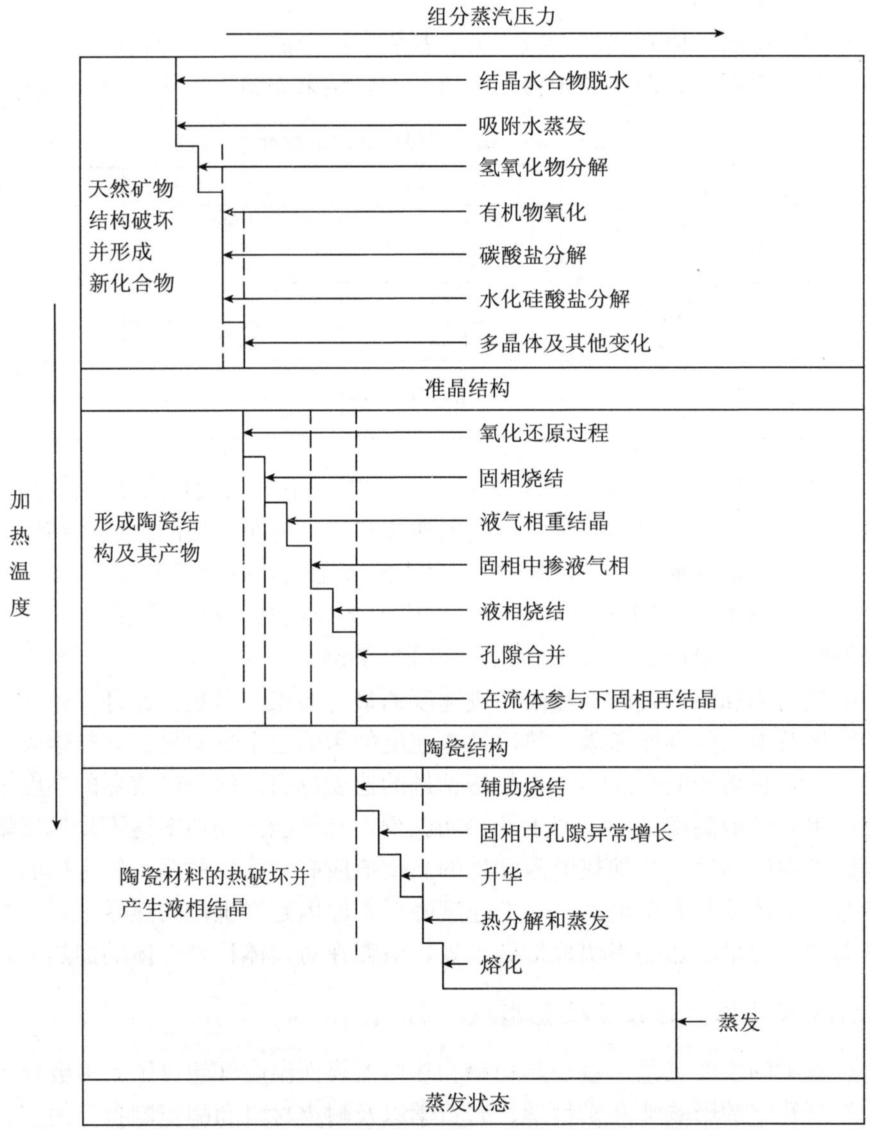


图 4-87　天然矿物和岩石在加热时结构相变顺序

（据 Perepelitsyn，1987）

$P=1.013\times10^5$ Pa；$P_0=0.21\times10^5$ Pa

（1）低温阶段

在低温区域，天然矿物产生破坏（分解）方式包括：结晶矿物分解、脱水、脱碳、吸附水蒸发、硫化物和其他矿物氧化、有机质燃烧。在此温度区间挥发物损失和没有烧结的物质，使得焙烧后的产物具高分散性和低机械强度。多晶转变和结构的热应力造成了单质矿物的高裂隙性，新生成矿相的不均匀成分具有较高的物理和化学活性，在环境物理化学条件（特别是含水量）变化时，容易产生反应。

（2）中等温度阶段

在中等温度区域，固相进程加快，达到固液分界温度时，出现了参与相变的热熔体，整个相变过程趋于均匀。物理化学变化趋于矿物的烧结和再结晶，热熔体和气相也同时参与。

矿物颗粒互相靠近紧密接触，有助于抵抗外界压力。烧结过程中积聚起来的气孔也成为烧结材料中的部分结构。同时矿物产生了化学和多晶反应。由于升华和高弹性联结气体物质成分（$K_2O$、$N_2O$、$B_2O_3$ 等）的分解作用，系统中的成分减少了。该过程的反应物包括二氧化硅、氧化铝以及其他元素（Mg、Ca、Fe 等）的氧化物，具有陶瓷结构和在很宽的温度区间较高的物理力学性质，如高强度、高密度、低孔隙。生成物中还包括某些原岩的结构构造特点，与变质岩结构构造中的变余结构类似。

（3）高温阶段

在此区间固相转变完成，最终出现了热熔体，产生沸腾和蒸发，扩散、分解、升华等反应急剧增加。热熔岩土转变为热塑状态，物体强度很低。由于气、液相强烈参与重结晶过程，结晶体大量增加，再次生成孔隙，此温度区间最终导致高塑性物体出现，其冷却时具有特殊的物理性质：玻璃状物体的高硬度、脆性、少裂纹以及具有物理化学稳定性。

综上，整个热熔岩过程应分为三个阶段：

低温阶段　矿物质成分具有较高的化学反应能力和较低的物理力学性质；

中等温度阶段　经过烧结和重结晶形成陶瓷，具有低化学反应能力和高强度；

高温阶段　玻璃状硬壳中含部分或结构完全破坏的原岩，含高熔点矿相、气相，具有特殊的物理和化学性质（特别是高硬度和脆性）。

**2. 衰退阶段**

该阶段钻孔周围温度场的变化取决于岩土的热物理性质和热熔器的钻进速度。为简化过程，采用和上述阶段类似的三个阶段描述，只是变化相反。

（1）低温阶段

在低温阶段，矿物开始化学反应。首先是围岩中的水进入系统产生水解水化反应。在渐进过程中形成的高孔隙率使水容易进入。由于化学反应是放热的，所以这个阶段的温度衰减将放缓。同时，重结晶过程增加，趋于高分散性和多孔隙。总的结果是生成物提高了物理化学稳定性，物理力学性质得到提高，特别是当生成物成分接近于硅酸盐水泥熟料时，各种指标尤其明显。

（2）中等温度阶段

在中等温度阶段，衰退变化可能较小，趋于亚稳态或温度控制的多晶相变，有部分硅酸盐玻璃和气穴。总之，生成物具有低孔隙度、化学惰性以及在水中稳定性。如果生成物成分接近于硅酸盐水泥熟料，如硅酸钙、铝酸钙、铁铝酸钙，则它与水的反应接近于水泥。

（3）高温阶段

在高温阶段化学反应只是在孔壁表面进行。玻璃中的硅和硅铝酸以很低的速度变化，未必能影响生成物性质。当保持塑性状态时，生成物的物理变化可能由于气泡的增加，显示为孔壁膨胀。热熔体硬化后，不可避免地收缩，钻孔径向出现裂隙和剥落。

总之，在岩土热力作用下形成的硬壳最外面部分（低温区域）主要为与水有关的化学反应，并同时密实；在内部（高温区域），生成物产生破坏性收缩；中间区域（中等温度）出现气孔收缩和晶相的改变，在某种程度上影响了生成物的陶瓷结构及其强度，甚至可以像硅酸盐水泥一样发展为水泥。

因此，在研究热熔岩钻孔的固壁问题时，需要考虑生成物的化学稳定性和强度，无论是硬壳形成时热力作用对岩土的影响、物理化学和物质结构变化的实质，还是在加热、冷却时岩土物理化学和其他性质的改变，都需要重点研究，如图4-88所示。

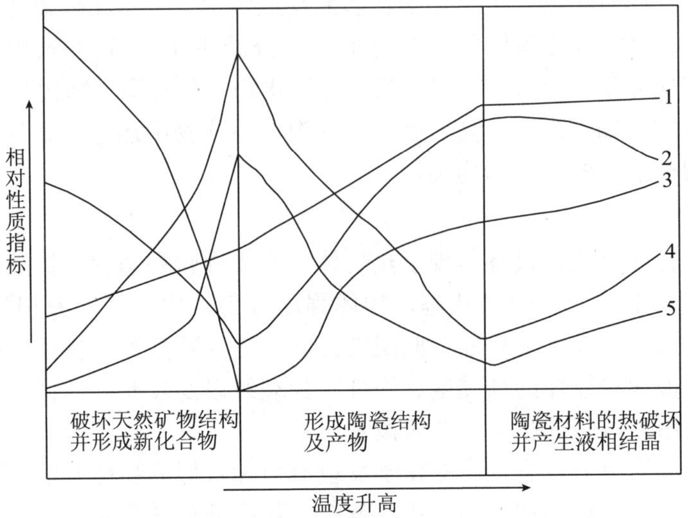


图4-88　天然矿物在加热时某些物理化学性质示意图

（据Perepelitsyn，1987）

$P=1.013\times10^5$ Pa；$P_0=0.21\times10^5$ Pa

1—密度；2—力学性质（强度、硬度等）；3—晶体尺寸；4—比表面积；5—真气孔率

优化热熔岩技术规程参数的方向主要应研究中等温度区（陶瓷），在这个区间的生成物具有更高的物理和化学稳定性。钻进松散地层，如地层组成为生产陶瓷和耐火材料（硅质耐火材料、耐火黏土等）的组分时，能达到非常好的固壁效果。

例如，采用野外的样品，进行热熔岩形成硬壳的试验。样品为渐新统粉砂，其组成为：石英90%，长石7%，黏土矿物2%，氧化铁及其他矿物1%。在室内实验台上进行，样品饱水，热熔器直径120 mm，工作温度1400～1500 ℃，钻压0.26 MPa，热熔岩钻进速度3.2 m/h。

对形成的热熔体硬壳（厚度30～35 mm）用电子显微镜和X射线分析，确认生成物硬壳具有低、中、高温度分布特征的三个区域，各区域特征如下：

外区（低温区域），如图4-89Ⅱ所示，原岩结构基本保持，但石英颗粒有强烈的微裂隙发育，原因是晶体结构在α—β转变（573 ℃）时逆转造成的。由于氧化铁焙烧，还能随处可见粉末状赤铁矿颗粒。黏土矿物转变成伴生的高岭石、γ—氧化铝和其他焙烧形成的层状硅酸盐、氧化铝等分散状聚集体。这个区域的孔隙度明显高于原岩，但力学强度差别不大。

在中等温度区域（图4-89Ⅲ），成分和结构有实质性的变化。毗连外区（低温区域）石英颗粒具有强烈的微裂隙发育和离散的铝土颗粒。但在石英和氧化铝的聚集体中观察到了固相烧结的特征，颗粒之间有陶瓷的结构特点。烧结伴随着气孔的聚集和石英、氧化铝颗粒在陶瓷整体结构中的增加。这个过程还伴随着石英的再生长，称为各向同性无结构变斑晶石（$T=1250$ ℃），沿着石英颗粒的表面和微裂隙发展，直到形成副象结构。随着靠近高温区域，观察到变斑晶石变为鳞片状变晶结构（1250～1500 ℃）。这个过程沿着石英颗粒表面发展，形成长0.01～0.1 mm的针状晶体。变为斑晶的石英颗粒之间的空隙充满了氧化铝玻璃，熔化的氧化铁置于其中，形成浅棕色的斑点。长石颗粒消失，转变成热熔体（钠长石

$T$=1180 ℃）。变斑晶和铝土形成的玻璃数量向高温区域增加。随着玻璃体积的增加，开始出现小气孔（0～0.5 mm），随后出现更大的气孔（0.5～1 mm）。

上述结果和已有耐火材料的研究结果基本一致。

内区（高温区，图 4-89Ⅳ）为铝代硅酸盐玻璃。其中含有鳞片状斑晶结构，有时还保持基岩的假晶结构。在区域边缘和孔壁表面，能够观察到棱柱形木板状富铝红柱石结晶体，长度为 0.1～0.5 mm，这可能是黏土与铝代硅酸盐反应的结果。更大的结晶体在孔壁气孔处，长度达到 1 mm。在玻璃体硬壳表面能看到流纹状的显示热熔器表面的纹路、大量的气孔及少量的微裂隙。

整个热熔岩中岩土的变化可以借鉴陶瓷或耐火材料的工艺原理。也可以借鉴矿物学或岩石学的已有成果，进一步完善热熔岩工艺。

总之，分析热熔岩孔壁硬壳形成机制时，必须要考虑孔周围岩土的状态变化及其变化过程，确定不均质硬壳中的物质成分及其结构特点，着重研究中等温度区的岩土变化。

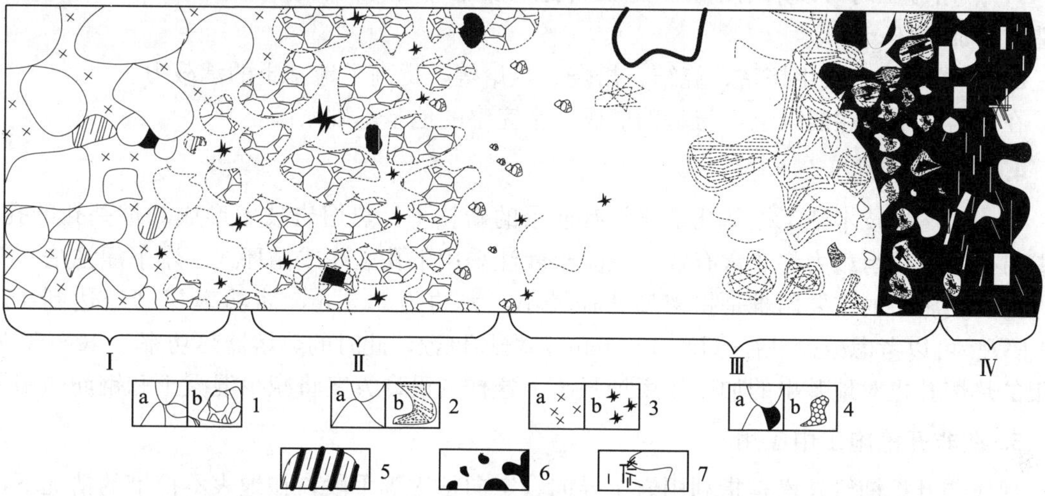


图 4-89　热熔法钻进渐新统饱水粉砂地层孔壁硬壳结构示意图（硬壳厚 30～35 mm）

Ⅰ—基岩；Ⅱ—外区（低温区）；Ⅲ—中间区（中等温度区）；Ⅳ—内区（高温区）

1—石英（a—未变化，b—微裂隙）；2—斑晶石（a—各向同性，b—鳞片状）；3—分散相矿物（a—黏土矿物，b—γ-氧化铝和其他焙烧形成的黏土矿物）；4—含铁矿物（a—氢氧化铁和氧化铁，b—热熔体聚集体）；5—长石；6—玻璃；7—玻璃和孔壁气孔中的富铝红柱石

## （六）热熔岩技术在土木工程中的应用

### 1. 地基改良和降水

高温挤密型热熔器可以在任何条件下使用，不需要专门的护壁。但在穿过含水层后需要对硬壳进行处理，打通与地层的水力联系。

LASL 的研究人员与美国的公园部门合作，对著名的建筑——宾捷列尔国家纪念碑完成了地下水治理工程。为降低地下水位需施工降水井，但采用常规的冲击和回转方法易对纪念碑的材料造成侵蚀破坏。热熔岩方法没有钻杆的回转，没有动力作用，能最大可能地保持土体原状，所以选择了热熔岩技术施工降水井。为此，LASL 研究人员研制了专门的野外试验装备，包括热熔器的液压给进提升系统、电力及其控制系统、辅助设备和钻杆。利用这套装备完成了孔深为13～15 m的8个钻孔，前5个钻孔是LASL研究人员完成的，后3个钻孔由经过培训的公园部门相关人员完成。

**2. 滑坡、露天矿和采石场边坡加固**

采用挤密型热熔器解决滑坡、露天矿和采石场边坡加固等岩土工程问题时，不需要采用锚索、土钉等加固体。利用直径为50 mm、5 kW热功率的热熔器完成一定深度和多孔施工，焙烧和热熔将松散地层加固，能够使边坡达到预期的强度。

LASL的专家证实，热熔岩技术在松散的冲积地层可以在巷道内沿支护轮廓施工钻孔，形成连续的支护墙体。当然，也可以利用热熔孔完成冷冻墙的设计和施工。

**3. 托换工程**

建筑物内管线施工时，利用热熔岩技术“穿墙凿洞”，避免灰尘、振动、噪声。热熔岩技术在既有基础工程中应用有两大优点：

1）热熔施工时可以采用钻杆，施工斜孔，没有冲击和回转振动的影响，不会对已有基础造成附加破坏；

2）热熔过程中发生挤密、烧结、焙烧、热熔等，提高了地基土的承载力。

在热熔孔中灌注混凝土，与基础形成一个完整的地基基础系统。

**4. 钻进桩基孔**

利用热熔岩技术施工桩基孔是非常有前景的新技术。热熔岩技术形成的桩基孔的孔底、孔壁对提高桩的承载力都非常有效。混凝土灌注采用干孔灌注或循环式（水下灌注法）都可以。桩基孔施工的主要困难是挤密型孔径较小，大约为0.3 m，而功率却已经达到150～200 kW。可以考虑减少桩径（$D$=150 mm），增加桩数，此时的热熔器热功率为40～50 kW，密集的热熔孔也对地基土的加固作用加强了。这样的设计方案将减少混凝土和钢筋的用量。

**5. 在非开挖施工中应用**

现代非开挖铺管技术是指利用岩土导向、定向钻进等手段，在地表不挖槽的情况下，铺设、更换或修复各种地下管线的施工新技术。该技术社会经济效益显著，尤其可在一些无法实施开挖作业的地区铺设管线，如穿越公路、铁路、建筑物、河流、古迹保护区、闹市区、农作物及植被保护区等。该技术现已广泛用于燃气、电信和电力等工程部门。

热熔岩技术可采用有钻杆式，将使热熔孔倾角不受限制。在小直径管线铺设时，利用挤密型热熔器钻孔，同时形成冷凝体硬壳保护孔壁，可以根据需要在孔内接管或直接利用硬壳作为管材。

## 第七节　其他地基处理方法

### 一、CFG桩法

（一）概述

凡复合地基中竖向增强体是由低强度混凝土形成的复合地基，统称为低强度混凝土桩复合地基。

低强度混凝土常用水泥、石子及其他掺和料（如砂、粉煤灰、石灰等）制成，强度一般处于 5～15 MPa 范围内，介于碎石桩和钢筋混凝土桩之间。与碎石桩相比，低强度混凝土桩桩身具有一定的刚度，不属于散体材料桩。其桩体承载力取决于桩侧摩阻力和桩端端承力之和或桩体材料强度。当桩间土不能提供较大侧限力时，低强度混凝土桩复合地基承载力高于碎石桩复合地基。与钢筋混凝土桩相比，桩体强度和刚度比一般混凝土小得多。这样有利于充分发挥桩体材料的潜力，降低地基处理费用。低强度混凝土桩常采用地方材料，因地制宜配制低强度混凝土。因此，低强度混凝土桩具有较好的经济效益和社会效益。下面介绍具有代表性的水泥粉煤灰碎石桩。

水泥粉煤灰碎石桩，简称 CFG 桩，由碎石、石屑、粉煤灰，掺适量水泥加水拌和，用各种成桩机制成的具有可变黏结强度的桩型。通过调整水泥掺量及配比，可使桩体强度等级在 C5～C20 之间变化。桩体中的粗骨料为碎石；石屑为中等粒径骨料，可使级配良好；粉煤灰具有细骨料及低标号水泥作用。

CFG 桩和桩间土一起，通过褥垫层形成 CFG 桩复合地基，如图 4－90 所示。此处的褥垫层，不是基础施工时通常做的 10 cm 厚素混凝土垫层，而是由粒状材料组成的散体垫层。工程中，对散体桩（如碎石桩）和低黏结强度桩（如石灰桩）复合地基，有时可不设置褥垫层，也能保证桩与土共同承担荷载。CFG 桩系高黏结强度桩，褥垫层是 CFG 桩和桩间土形成复合地基的必要条件，亦即褥垫层是 CFG 桩复合地基不可缺少的一部分。

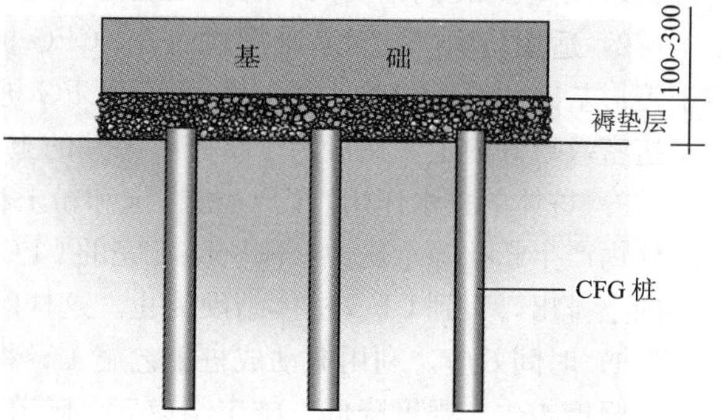


图 4－90　CFG 桩复合地基示意图（单位：mm）

**1. 褥垫层加固机理**

（1）保证桩与土共同承担荷载

如前所述，对 CFG 桩复合地基，基础通过厚度为 $H$ 的褥垫层与桩和桩间土相联系。如图 4－91a 所示。若基础和桩之间不设置褥垫层（即 $H=0$），则如图 4－91b 所示，桩和桩间土传递垂直荷载与桩基类似。当桩端落在坚硬土层上，基础承受荷载后，桩顶沉降变形很小，绝大部分荷载由桩承担，桩间土的承载力很难发挥。

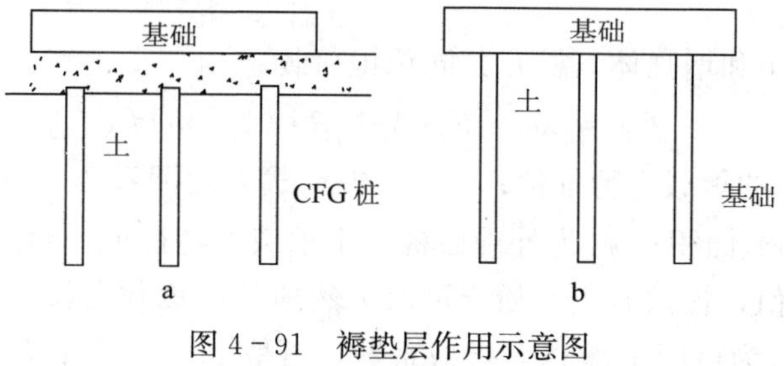


图 4－91　褥垫层作用示意图

（2）调整桩与土垂直和水平荷载的分组作用

CFG 桩复合地基中，桩土应力比 $n$ 多数在 10～40 之间变化，在较软的土中 $n$ 可达到 100 左右。桩承担的荷载占总荷载的百分比一般为 40%～75%。

需要特别指出的是：对碎石桩，$n$ 一般在 1.4～3.8 之间变化，如果想通过增加桩长来提高桩土应力比是很困难的。CFG 桩复合地基桩土应力比具有较大的可调性。当其他参数不变时，减少桩长可使桩土应力比降低；增加桩长可使桩土应力比提高。当其他参数不变时（桩长、桩径、桩距一定时），增加褥垫厚度可使桩土应力比降低，减少褥垫厚度可使桩土应力比提高。当褥垫厚度 $H=0$ 时，桩土应力比很大；当褥垫厚度 $H$ 很大时，桩土应力比接近 1。此时桩的荷载分担比为 $M$（$M$ 为面积置换率）。桩承受的水平荷载也有类似的变化规律。

（3）减少基础底面的应力集中

当褥垫厚度 $H=0$ 时，桩对基础的应力集中很显著，和桩基础一样，需要考虑桩对基础的冲切破坏。当 $H$ 大到一定程度时，基底反力即为天然地基的反力分布。

**2. CFG 桩复合地基的特点**

1）承载力提高幅度大，可调性强。

2）适用范围广。对基础形式而言，CFG 桩既可适用于独立基础和条形基础，也可适用于筏形基础和箱形基础；就土性而言，CFG 桩可用于填土、饱和及非饱和黏性土，既可用于挤密效果好的土，又可用于挤密效果差的土。

3）桩体的排水作用。CFG 桩在饱和粉土和砂土中施工时，由于成桩的振动作用，会使土体内产生超孔隙水压力，刚刚施工完的 CFG 桩是一个良好的排水通道，孔隙水将沿着桩体向上排出，直到 CFG 桩体结硬为止。这样的排水过程可延续几小时。

4）时间效应。利用振动成桩工艺施工，将会对桩间土产生扰动，特别是对高灵敏度土，结构强度丧失、强度降低。施工结束后，随着恢复期的增长，结构强度的恢复，桩间土承载力会有所增加。

CFG 桩复合地基，通过改变桩长、桩距、褥垫层厚度和桩体配比，可使复合地基承载力提高幅度有很大的可调性。沉降变形小、施工简单、造价低，具有明显的社会和经济效益。为此，1994 年建设部作为重点科研成果在全国推广应用。国家科委列为国家级全国重点推广项目向全国推广。自 1988 年以来，先后在江苏、天津、北京、河北、山东、浙江、安徽、河南和广西等 21 省（市、区）推广应用。

（二）设计计算

**1. 承载力计算**

复合地基由桩间土和增强体（桩）共同承担荷载。

$$f_{spk}=\lambda m\cdot R_a/A_p+\beta\cdot(1-m)f_{sk} \tag{4-85}$$

式中：$f_{spk}$ 为复合地基的承载力特征值；$\lambda$ 为单桩承载力发挥系数，可取 0.8～0.9；$m$ 为面积置换率；$A_p$ 为桩的截面积；$f_{sk}$ 为处理后桩间土承载力特征值，对非挤土成桩工艺可取天然地基土承载力特征值，松散砂土、粉土可取天然地基土承载力特征值的 1.2～1.5 倍，原土强度低的取大值；$\beta$ 为桩间土承载力折减系数，可取 0.9～1.0；$R_a$ 为单桩竖向承载力特征值，应通过现场单桩荷载试验确定。

桩体承载力特征值可采用类似摩擦桩承载力特征值以及根据桩身材料强度分别计算，取小值。

$$R_a = u_p \sum_{i=1}^{n} q_{si} l_{pi} + \alpha_p q_p A_p \tag{4-86}$$

$$f_{cu} \geqslant 4 \frac{\lambda R_a}{A_p} \tag{4-87}$$

当承载力验算深度修正时，桩身材料还应满足：

$$f_{cu} \geqslant 4 \frac{\lambda R_a}{A_p}\left[1+\frac{\gamma_m(d-0.5)}{f_{spa}}\right] \tag{4-88}$$

式中：$R_a$ 为单桩竖向承载力特征值，kN；$q_{si}$ 为桩周摩阻力特征值，kPa；$u_p$ 为桩周长度，m；$q_p$ 为桩端土端阻力特征值，kPa；$a_p$ 为桩端天然地基土的承载力折减系数，可取 1.0；$l_{pi}$ 为按土层划分的各段桩长，对柔性桩，桩长大于临界桩长时，计算桩长应取临界桩长值，m；$f_{cu}$ 为桩体试块（边长 150 mm 立方体）标准养护 28 d 立方体抗压强度平均值，kPa；$\gamma_m$ 为基础底面以上土的加权平均容重，地下水位以下取浮容重；$d$ 为基础埋置深度，m；$f_{spa}$ 为深度修正后地基承载力特征值，kPa。

**2. 沉降计算**

详见第四章第二节。

**3. 复合地基参数选择**

CFG 桩复合地基有 5 个设计参数，分别是桩径、桩距、桩长、桩体强度、褥垫厚度及材料。

（1）桩径

一般桩径 $d$ 设计成 350～400 mm，可用 $\varphi$377 mm 振动沉管打桩机或其他成桩设备制桩。

（2）桩距

一般桩距 $s$=（3～6）$d$，桩距的大小取决于设计要求的复合地基承载力、土性与施工机具。一般设计要求的承载力大时 $s$ 取小值，但必须考虑施工时新打桩对已打桩的影响，就施工而言希望采用大桩距大桩长，因此 $s$ 的大小应综合考虑。

（3）桩长

由式（4－89）可解出桩间土强度发挥度为 $\beta$ 时的桩土应力比：

$$n = \frac{\left(\frac{f_{spk}}{\alpha\beta f_{sk}}\right)}{m} + 1 \tag{4-89}$$

设计时复合地基承载力 $f_{spk}$ 和天然地基承载力 $f_{sk}$ 是已知的；桩径 $d$ 和桩距 $s$ 确定后，置换率 $m$ 也为已知，$\alpha$ 有经验时可按实际预估，没经验时一般黏性土可取 1。$\beta$ 通常可取 0.9～1.0，对重要建筑物或变形要求高的建筑物可取 0.75～1.0。这样，式（4－89）中 $n$ 为已知值。

桩顶受的集中力：

$$P_p = \sigma_n A_p = n\alpha\beta f_{sk} A_p \tag{4-90}$$

由式（4－90）求得的 $P_p$ 和地基土的力学参数，参照与施工方法相关的桩周摩阻力和桩端端承力，即可预估单桩承载力为 $P_p$ 时的桩长 $L$。

（4）桩体强度

原则上桩体配比按桩体强度控制，最低强度按 3 倍桩顶应力 $\sigma_p$ 确定，亦即 $f_{28} \geqslant 3\sigma_p$。

（5）褥垫层

褥垫层厚度一般取 10～30 cm 为宜，当桩距过大时并考虑土性，褥垫层厚度还可适当加大。褥垫层材料可用碎石、级配砂石（限制最大粒径）、粗砂或中砂。

（三）CFG 桩施工

CFG 桩复合地基设计时，必须同时考虑 CFG 桩的施工。施工时采用什么样的设备和施工工艺，要视场地土的性质、设计要求的承载力、变形以及拟建场地周围环境等情况而定。

**1. 常用的施工方法**

1）长螺旋钻孔灌注成桩。适用于地下水埋藏较深的黏性土、泥浆污染比较严重的场地。

2）泥浆护壁钻孔灌注成桩。适用于分布有砂层的地质条件。

3）长螺旋钻孔泵压混合料成桩。适用于分布有砂层的地质条件，以及对噪音和泥浆污染要求严格的场地。施工时，首先用长螺旋钻钻孔达到预定标高，然后提升钻杆，同时用高压泵将桩体混合料通过高压管路及长螺旋钻杆的内管压到孔内成桩。这一工艺具有低噪音、无泥浆污染的优点，是一种很有发展前途的施工方法。

4）振动沉管灌注成桩。适用于无坚硬土层和密实砂层的地质条件，以及对振动噪声限制不严格的场地。当遇坚硬黏性土层时，振动沉管会发生困难，此时可考虑用长螺旋钻预引孔，再用振动沉管机成孔制桩。就目前国内情况，振动沉管机灌注成桩用得比较多。这主要是由于振动沉管打桩机施工效率高，造价相对较低。

**2. 施工程序**

由于实际工程中振动沉管机成桩用得比较多，以下将振动沉管机施工进行简要介绍。

（1）施工准备

施工前应具备下列资料和条件：

1）建筑物场地工程地质报告书；

2）CFG 桩布桩图，图应注明桩位编号，以及设计说明和施工说明；

3）建筑场地邻近的高压电缆、电话线、地下管线、地下构筑物及障碍物等建筑材料；

4）建筑物场地的水准控制点和建筑物位置控制坐标等资料；

5）具备“三通一平”条件。

（2）施工技术措施

施工技术措施包括以下方面：

1）确定施工机具和配套设备；

2）材料供应计划，标明所用材料的规格、技术要求和数量；

3）试成孔应不少于两个，以复核地质资料以及设备、工艺是否适宜，核定选用的技术参数；

4）按施工平面图放好桩位，若采用钢筋混凝土预制桩，需埋入地表以下约 30 cm；

5）确定施工顺序；

6）复核测量基线、水准点及桩位、CFG 桩的轴线定位点是否会受施工影响；

7）振动沉管机沉管表面应有明显的进尺标记，并以米为单位。

（3）CFG 桩施工

CFG 桩施工过程如下：

1）桩机进入现场，根据设计桩长、沉管入土深度确定机架高度和沉管长度并进行设备组装。

2）桩机就位，调整沉管与地面垂直，确保垂直度偏差不大于 1%。

3）启动马达沉管到预定标高，停机。

4）沉管过程中做好记录，每沉管 1 m 记录电流表上的电流一次，并对土层变化处予以说明。

5）停机后立即向管内投料，直到混合料与进料口齐平。混合料按设计配比经搅拌机加水拌和，拌和时间不得少于 1 min，如粉煤灰用量较多，搅拌时间还要适当延长。加水量按坍落度 3～5 cm 控制，成桩后浮浆厚度以不超过 20 cm 为宜。

6）启动马达，留振 5～10 s，开始拔管，拔管速率一般为 1.2～11.5 m/min（拔管速度为线速度，不是平均速度），如遇淤泥或淤泥质土，拔管速度还应放慢。拔管过程中不允许反插。如上料不足，须在拔管过程中空中投料，以保证成桩后桩顶标高达到设计要求。成桩后桩顶标高应考虑计入保护桩长。

7）沉管拔出地面，确认成桩符合设计要求后，用粒状材料或湿黏性土封顶。然后移机进行下一根桩的施工。

8）施工过程中，抽样做混合料试块，一般一个台班做一组（3 块），试块尺寸为 15 cm×15 cm×15 cm。并测定 28 d 抗压强度。

**3. 施工质量控制措施**

（1）施工前的工艺试验

施工前的工艺试验主要是考察设计的施打顺序和桩距能否保证桩身质量。

工艺试验也可结合工程桩施工进行，并需做如下两种观测：

1）新打桩对未结硬的已打桩的影响。在已打桩桩顶表面埋设标杆，在施打新桩时量测已打桩桩顶的上升量，以估算桩径缩小的数值，待已打桩结硬后，开挖检查其桩身质量并量测桩径。

2）新打桩对结硬的已打桩的影响。在已打桩尚未结硬时，将标杆埋置在桩顶部的混合料中，待桩体结硬后，打新桩时观测已打桩桩顶的位移情况。对挤密效果好的土，比如饱和松散的粉土，打桩振动会引起地表的下沉，桩顶一般不会上升，断桩可能性小，当发现桩顶向上的位移过大时，桩可能发生断开。若向上的位移不超过 1 cm，断桩的可能性很小。

（2）施工监测

信息施工能及时发现施工过程中的问题，可以使施工管理人员有根据地把握施工工艺的决策，对保证施工质量至关重要。

（3）逐桩静压

对重要工程或通过施工监测发现桩顶上升量较大，并且桩的数量较多，可采用逐个桩快速静压，以消除可能出现的断桩对复合地基承载力造成的不良影响。这一技术在沿海一带广泛采用，当地称为跑桩。

静压桩机就是用打桩的沉管机，在沉管机桩架上配适量压重，配重的大小按可施于桩的压力下小于 1.2 倍桩的设计荷载为准，当桩身达到一定强度后即可进行逐桩静压，每个桩的静压时间一般为 3 min。

静压桩的目的在于将可能发生已脱开的断桩接起来，使之能正常传递垂直荷载。这一技术对保证复合地基能正常工作和发现桩的施工质量问题很有意义。

（4）施工检测及验收

见《建筑地基处理技术规范》（JGJ 79—2012）相关内容。

## 二、土工合成材料及其应用

### （一）概述

#### 1. 土工合成材料的含义

土工合成材料是一种新型的岩土工程材料。它以人工合成的聚合物，如塑料、化纤、合成橡胶等为原料，制成各种类型的产品，置于土体的内部、表面或各层土体之间，发挥加强、保护土体等作用。

土工合成材料应用于土建工程始于20世纪30年代，人们在游泳池中使用聚氯乙烯薄膜防渗。到目前为止，全世界10万余项各类工程中已铺设了3亿多平方米的土工合成材料。60年代土工合成材料开始在我国应用，首先用于渠道防渗。1976年在长江的一些护岸工程中用聚丙烯编织布，结合聚氯乙烯绳网和混凝土块压重，组成软排体，防止河岸冲刷；1981年在天津新港试用了塑料排水板；1998年在特大洪水中使用了大量土工合成材料。现已有600多项使用土工合成材料的工程。

土工合成材料（1983年由J. E. Fluet提出，geosynthetics）的生产和应用技术也在迅速发展，逐渐形成一门新的边缘性学科，它以岩土力学为基础，与石油化学工程和纺织工程有密切的联系，由于土工合成材料具有优良的力学、水理及抗腐蚀等性能，因而在岩土工程软弱地基处理中得到较广泛的应用。

#### 2. 土工合成材料的分类

土工合成材料的分类目前尚无统一的准则，土工合成材料界将土工合成材料分为如下六类。

（1）土工织物（透水性土工合成材料）

土工织物主要包括以下三种：

1）编型土工纤维：由单股线或多股线编织而成。

2）织型土工纤维即机织物：它是由相互正交纤维织成，其特点是孔径均匀，沿经纬线方向的强度大，而斜交方向强度低，拉断的延伸率较低。

3）非织造（无纺）型土工织物：它由合成纤维原料加工的连续长丝以不规则的排列连接起来而成。这类土工纤维抗拉强度各向一致。与织造物相比抗拉强度略低，但延伸率较大，孔径不很均匀，是当前世界上应用最广的一种土工织物。

（2）土工膜

土工膜分沥青和聚合物两类，主要特点是透水性低。

（3）土工格栅

经过拉伸形成的具有方形或矩形格栅的聚合物板材，常用作加筋土结构的筋材。

（4）土工网

土工网由合成材料条带、粗股条编织或合成树脂压制的具有较大孔眼、刚度较大的平面结构或三维网状结构的网状土工合成材料，用于软基加固垫层、坡面防护等。

（5）土工排水材

以无纺土工织物和土工网、土工膜或不同形状的土工合成材料组成的土工应用的排水材料，如塑料排水板。

(6) 土工复合材

土工复合材由上述各种材料复合而成。

## (二) 土工合成材料的作用及原理

土工合成材料应用在工程上，概括起来有以下六种作用。

### 1. 过滤作用

把土工织物置于土体表面或相邻土层之间，可以有效地阻止土颗粒通过，从而防止由于土颗粒的过量流失而造成土体的破坏，同时允许土中的水或气体穿过织物自由排出，以免由于孔隙中的水压力升高造成土体的失稳等不利后果，如图 4－92 所示。

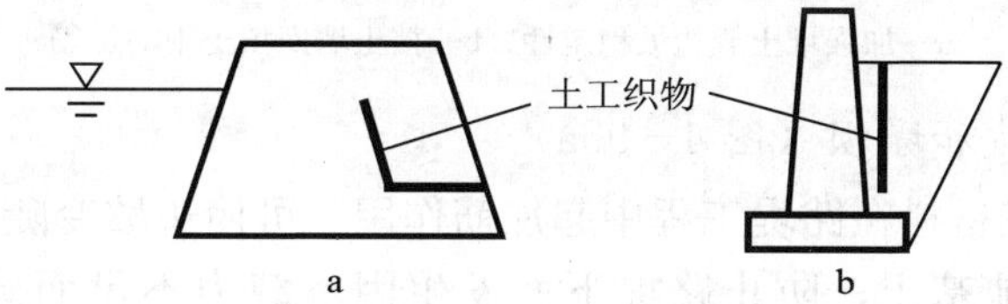


图 4－92　过滤作用应用

a—土石坝内排水体的滤层；b—挡土墙回填土中排水系统的滤层

### 2. 排水作用

具有一定厚度的土工织物具有良好的三维透水特性，可以在土体中形成排水通道，把土中的水汇集起来，沿着材料的平面排出。较厚的针刺型无纺织物和某些具有较多孔隙的复合型土工合成材料都可以起排水作用，如图 4－93 所示。

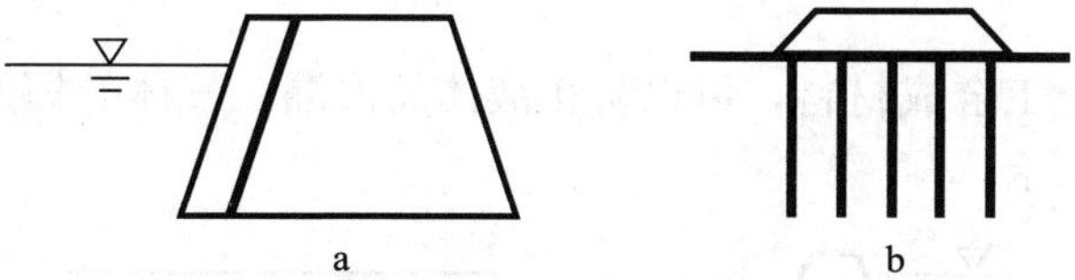


图 4－93　排水作用应用

a—土石坝护面下的排水；b—软基处理中垂直排水

### 3. 隔离作用

有些土工合成材料能够把两种不同粒径的土、砂、石料，或把土、砂、石料与地基或其他建筑物隔离开来，以免相互混杂，失去各种材料和结构的完整性，或发生土粒流失现象，如图 4－94 所示。

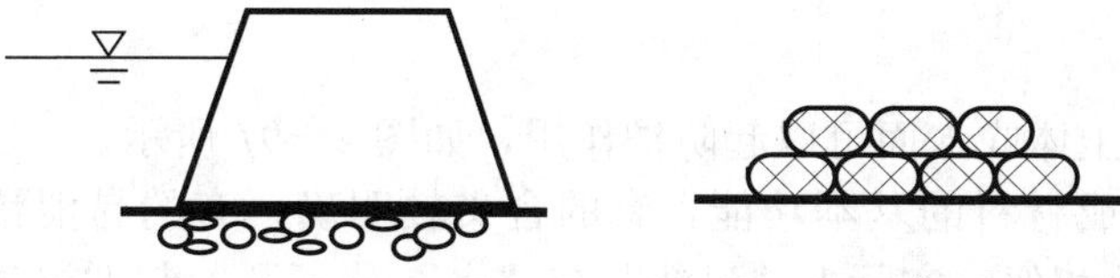


图 4－94　隔离作用应用

a—坝体与地基间的隔离层；b—石笼、砂袋与地基之间的隔离层

**4. 加筋作用**

土工合成材料埋在土体中，可以改变土中的应力状态，增加土体的模量，限制土体侧向位移；还可以增加土体和其他材料之间的摩阻力，提高土体及相关建筑物的稳定性，如图 4－95 所示。

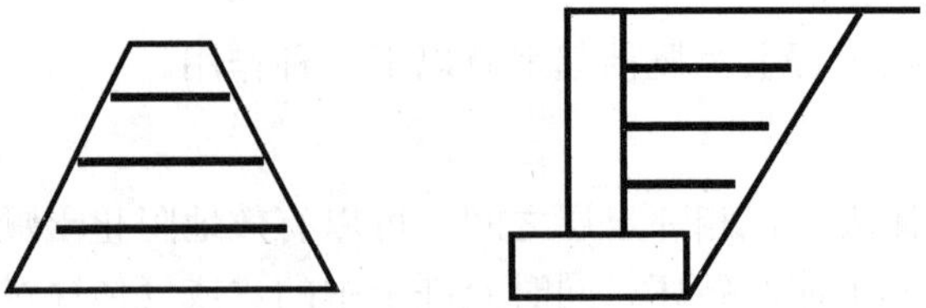


图 4－95　加筋作用应用

a—加强堆土或边坡稳定性；b—挡土墙回填土中的加筋

（1）用于加固土坡和堤坝（图 4－95a）

高强度的土工合成材料在路堤工程中起加筋作用，可使边坡变陡，节省占地面积；防止滑动圆弧通过路堤和地基土；防止路堤下面发生因承载力不足而破坏；跨越可能的沉陷区等。

（2）用于加筋土挡墙（图 4－95b）

在挡土结构的土体中，每隔一定距离铺设起加固作用的土工合成材料，可作为拉筋起到加筋作用。土工合成材料作为拉筋时一般要求有一定的刚度，新发展的土工格栅能很好地与土结合。与金属筋材相比，土工合成材料不会因腐蚀而失效，所以它能在桥台、挡墙、海岸和码头等支挡建筑物的应用中获得成功。

**5. 防渗作用**

土工膜和复合型土工合成材料，可以防止液体的渗漏、气体的挥发，保护环境和建筑物的安全，如图 4－96 所示。

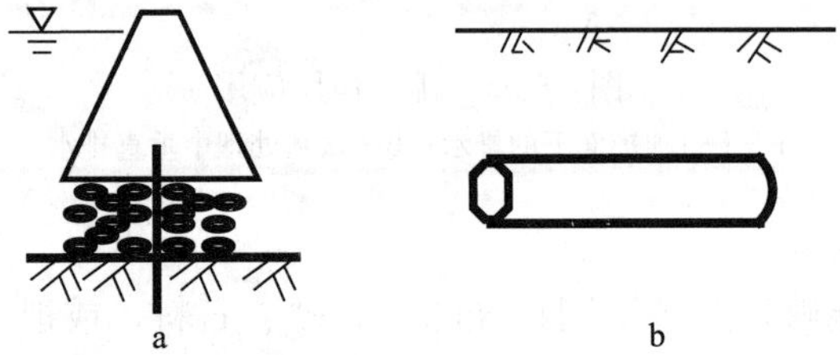


图 4－96　防渗作用应用

a—坝基下垂直防渗墙；b—灌区内的低压输水管道

**6. 防护作用**

土工合成材料对土体或水面可以起防护作用，如图 4－97 所示。

上述六种土工合成材料的基本功能，有的含义较明确，有的易混淆。例如“过滤”与“隔离”两种功能十分相似。实际上“过滤”与“水”分不开。起“过滤”作用的土工合成材料，不但要阻止土颗粒的通过，同时还要允许水分通过，而“隔离”作用是防止两种材料混在一起。再如“排水”与“过滤”也容易混淆。实际上起排水作用的土工合成材料本身就是一个排水通道，土中的水分主要靠它来排出，对于“过滤”则不一定要求本身是排水通道。只有掌握各种功能的特点和彼此的区别，才能选用合适的土工合成材料。

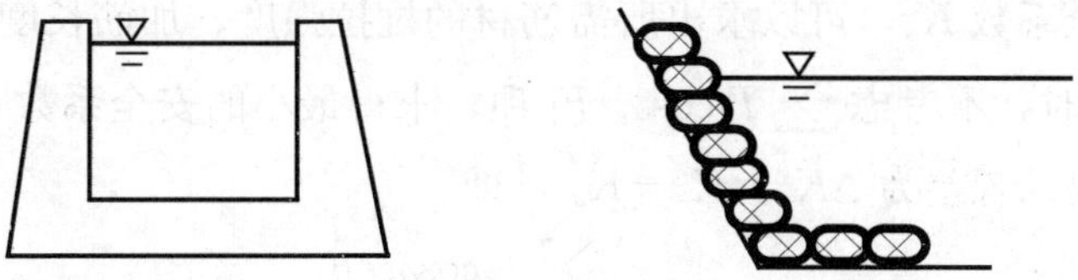


图 4-97　防护作用应用

a—防止水蒸发或空气中的灰尘污染水面；b—防止海岸或河岸被冲刷

有时一种土工合成材料用于某项工程中同时具备几种功能，但重要程度不一。例如在公路的碎石基层与地基之间铺放土工织物，同时具备“隔离”“过滤”“加筋”和“排水”等多种作用。在一般情况下，“隔离”是主要的，“过滤”和“加筋”是次要的，“排水”则不甚重要。设计者不能只考虑主要功能，而忽略次要功能，在上例中，如果只考虑对“隔离”的要求，不考虑对“过滤”和“加筋”的要求，而采用光滑的土工膜来代替土工织物，则可能引起路基中孔隙水压力的升高，甚至造成路基的滑动和失稳。尤其在软弱路基上修路，“加筋”可起控制作用。

### （三）土工合成材料加固路堤时的设计计算

以土工合成材料加固路堤时的稳定性为例来说明。

**1. 设计所需的基本资料**

设计要求　堤高、堤长、堤宽、边坡及各项外荷载。

地基土特性　地层剖面、地下水位、容重、不排水及排水抗剪强度、固结指标和土中的化学成分。

填土特性　颗粒的粒径分布、塑性指标、压实指标及强度等。

**2. 厚层软基上的加筋路堤**

深厚软土层堤坝，破坏常为圆弧滑动，填土加筋层和地基都可能产生破坏，且滑动受最大拉力点控制。

（1）设计原理

土工合成材料加筋相当于在地基与填土之间或填土中增加一个抗拉力（筋材克服摩擦阻力产生），采用简化的 Bishop 条分法计算：

$$K_s = \frac{\dfrac{\sum[c_i l_i + (W_i - u_i l_i)\tan\varphi_i]}{m_i} + \dfrac{\sum T_i \cos\alpha_i}{F_1}}{\sum W_i \sin\alpha_i}$$

$$m_i = \cos\alpha_i + \frac{\sin\alpha_i \cdot \tan\varphi_i}{K_s} \tag{4-91}$$

式中：$c_i$、$\varphi_i$ 为计算第 $i$ 条土的有效黏聚力和内摩擦角；$l_i$ 为计算第 $i$ 条土的宽度；$W_i$ 为计算第 $i$ 条土的重量；$u_i$ 为计算第 $i$ 条土的孔隙水压力；$T_i$ 为计算第 $i$ 条土的筋材容许抗拉强度；$F_1$ 为计算第 $i$ 条土的加筋摩擦阻力发挥程度系数，$>1.5$；$\alpha_i$ 为计算第 $i$ 条土的滑动面切线与水平面夹角。

(2) 筋材确定

根据需求的安全系数 $K_s$，可以求出所需筋材的抗拉强度、加筋长度和宽度。

1）假定不加筋时，不考虑 $\sum T_i\cos\alpha_i/F_1$ 项，求得最小的安全系数 $K_{s0}$。

2）已知 $K_s$，则二者差为 $\Delta K_s = K_s - K_{s0}$，即

$$\Delta K_s = \frac{\sum T_i\cos\alpha_i/F_1}{\sum W_i\sin\alpha_i} \tag{4-92}$$

$$T_i = \frac{2\sigma_i \cdot f \cdot L_i \cdot B_i}{F_1} \tag{4-93}$$

式中：$\sigma_i$ 为第 $i$ 条土中计算点的竖向正应力；$f$ 为筋材与土的拉、拔摩擦系数，约为 $0.8\tan\varphi_i$；$L_i$、$B_i$ 为筋材的长度和宽度。

一般采用试算法进行求解：假定加筋的位置、筋材的长度、宽度，按式（4-93）求 $T_i$；按式（4-92）验算是否满足 $\Delta K_s$ 值。

3）$T_i$ 应满足 $[T_a]\geqslant T_i$，$T_a$ 为筋材允许的抗拉强度。

**3. 浅层软基土上的加筋路堤**

当地基软土层不厚时，产生圆弧滑动的可能性很小。土堤将以下列形式之一失稳，应分别进行计算、校核。

(1) 沿下卧硬层顶面滑动（图 4-98a）

沿下卧硬层顶面滑动失稳如图 4-98a 所示。

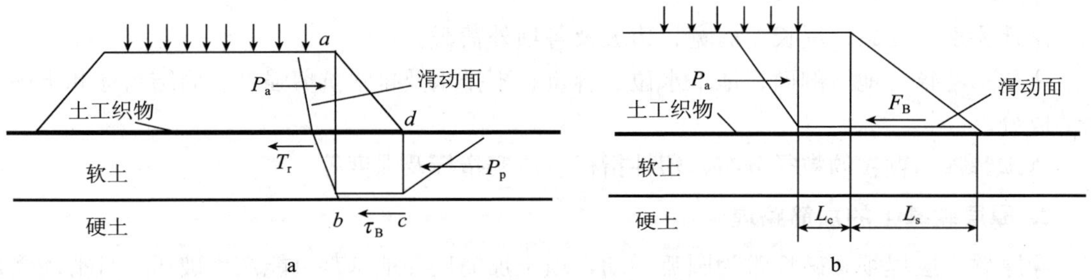


图 4-98 浅层软基上加筋路堤的稳定性核算

a—沿硬层顶面滑动；b—沿筋材顶面滑动

抗滑安全系数 $K_s$ 为：

$$K_s = \frac{P_p + \tau_B + T_r}{P_a} \geqslant 1.5 \tag{4-94}$$

式中：$T_r$ 为筋材的抗拉力（摩擦力）；$\tau_B$ 为硬层顶面抗滑力，$\tau_B = c \cdot \overline{bc}$，$c$ 为硬层顶面处的黏聚力；$P_a$ 为 $ab$ 面上主动土压力，$P_a = \frac{1}{2}\gamma h^2 K_a$，$h$ 为硬层以上至坡顶的高度，$\gamma$ 为坡土与地基土的平均容重，$K_a$ 为主动土压力系数，$K_a = \tan^2\left(45° - \frac{\varphi}{2}\right)$，$\varphi$ 为坡土与地基土的平均内摩擦角；$P_p$ 为 $cd$ 面上的被动土压力（考虑安全性，用静止土压力 $P_0$ 代替）。

$$P_0 = \frac{1}{2}\gamma_f h_f^2 \cdot K_0 \tag{4-95}$$

式中：$\gamma_f$ 为地基土的容重；$h_f$ 为地表面至硬层顶的厚度；$K_0$ 为静止土压力系数，$K_0 = 1-$

$\sin\varphi'$，$\varphi'$为地基土的有效内摩擦角。

（2）沿筋材顶面滑动

沿筋材顶面滑动失稳如图 4－98b 所示。抗滑安全系数 $K_s$ 为：

$$K_s = \frac{F_B}{P_a} \geqslant 1.5 \tag{4-96}$$

式中：$P_a$ 为主动土压力，$P_a=\frac{1}{2}\gamma_f' h_f^2 K_a$，$\gamma_f'$为堤土的容重，$h_f$ 为堤土的高度；$F_B$ 为滑楔底面上的抗滑力，与筋材和填料等有关。

1）当堤土为无黏性土，编织土工织物时，

$$F_B = \gamma_f' h_f \left(\frac{1}{2}L_s + L_c\right)\tan\varphi_{sg} \tag{4-97}$$

式中：$L_c$、$L_s$ 为计算长度，如图 4－98a 所示；$\varphi_{sg}$为土与土工织物间的摩擦角。

2）当堤土为黏性土，编织土工织物时，

$$F_B = \gamma_f' h_f \left(\frac{1}{2}L_s + L_c\right)\tan\varphi_{sg} + (L_s + L_c)c_g \tag{4-98}$$

式中：$c_g$ 为土与土工织物间的黏聚力。

3）当堤土为无黏性土，大开孔土工网时，

$$F_B = \gamma_f' h_f \left(\frac{1}{2}L_s + L_c\right)\tan\varphi_{sg} \cdot A_0 \tag{4-99}$$

式中：$A_0$ 为筋材网的开孔百分率。

4）当堤土为黏性土，大开孔土工网时，

$$F_B = \gamma_f' h_f \left(\frac{1}{2}L_s + L_c\right)\tan\varphi_{sg} \cdot A_0 + (L_s + L_c)c_g A_0 \tag{4-100}$$

**4. 有软弱薄夹层的加筋路堤**

当地基中有软弱薄夹层时，受上部堤坝重量的作用，软土在侧向土压力作用下很可能产生侧向挤出破坏，如图 4－99 所示。

采用极限平衡法，对于软土体 $abcd$，$ab$ 上受主动土压力 $P_a$ 和 $cd$ 上受被动土压力 $P_p$ 的作用，其抗挤出安全系数 $K_s$ 为

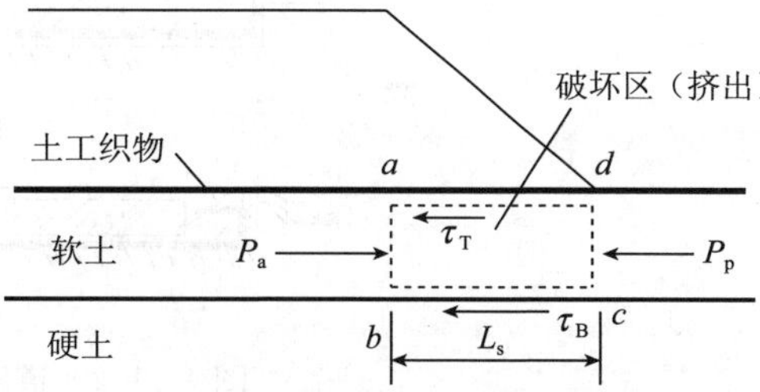

图 4－99　地基土抗挤出破坏核算

$$K_s = \frac{P_p + \tau_T + \tau_B}{P_a} \tag{4-101}$$

$$\tau_T = L_s(c_{sg} + \sigma_{v1}\tan\varphi_{sg})$$

$$\tau_B = L_s(c + \sigma_{v2}\tan\varphi)$$

式中：$\tau_T$、$\tau_B$ 分别为软土体 $abcd$ 顶面和底面的抗滑力；$c_{sg}$、$\varphi_{sg}$分别为软土和加筋材相互作用的黏聚力和内摩擦角；$c$、$\varphi$ 分别为软土的黏聚力和内摩擦角；$\sigma_{v1}$、$\sigma_{v2}$ 为由于路堤重量而作用于 $ab$ 面和 $bc$ 面上的法向应力。

（四）施工技术

**1. 土工合成材料的连接方法**

搭接法　将一片土工织物的末端自由地压在另一片的始端上。搭接的宽度为 750～

1500 mm，地层越软，搭接宽度越大。搭接法耗费土工织物较多。

*缝接法* 用手提缝纫机将两片土工织物缝起来，其搭接量一般小于 25 cm，各种缝接法如图 4－100 所示。

*胶接法* 用适用于各种土工膜的胶黏剂，如聚氯乙烯胶及聚氨酯类胶等，涂抹在被砂纸打毛揩净的土工膜搭接部位，压紧、固化 24 h 后，便黏合牢固。

*电热锲焊接法* 电热锲夹在两层被焊土工膜之间将膜加热，热锲向前移动时，其后的两辊轮一起向前移动将两膜压合，如图 4－101 所示。

*溶剂焊接* 溶剂将土工膜表面溶化成胶状然后黏结，例如 THF 溶剂，两膜搭接 80～100 mm，搭接面擦拭干净将溶剂涂刷在搭接面上，黏合后用滚筒滚压固化。

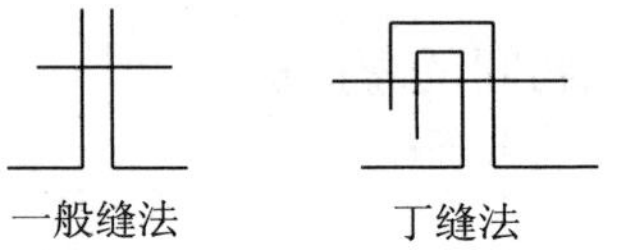


图 4－100 土工织物缝接方法

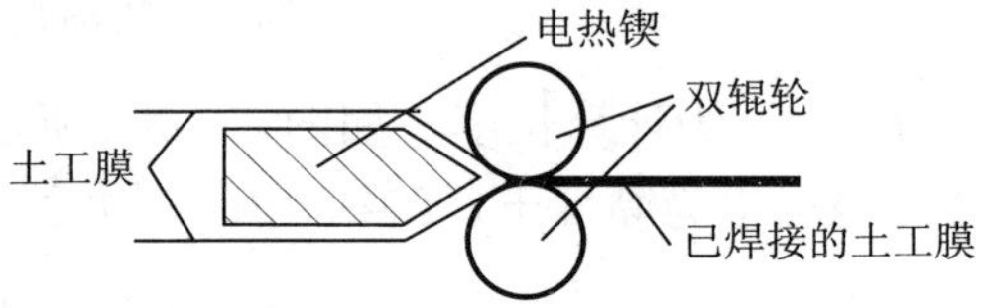


图 4－101 电热锲焊接示意图

**2. 土工合成材料展铺**

以道路工程为例，有三种展铺方法，如图 4－102 所示。

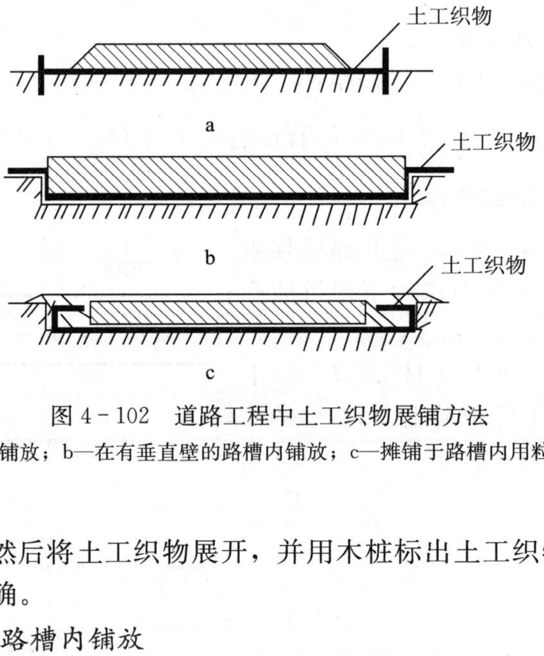


图 4－102 道路工程中土工织物展铺方法

a—直接铺放；b—在有垂直壁的路槽内铺放；c—摊铺于路槽内用粒料嵌固

（1）直接铺放

先清除地面植物，然后将土工织物展开，并用木桩标出土工织物相对于道路中心线的边，以保证摊铺位置正确。

（2）在有垂直壁的路槽内铺放

土工织物横越路槽成段展开，无须采取特殊措施。土工织物上折的端部与路槽边成垂直。

（3）摊铺于路槽内用粒料嵌固

土工织物横越路槽展开，两端嵌固长度由侧边粒料护道覆盖，然后土工织物折回护道上，再用第二层基层材料嵌固。

**3. 填土**

以在软土地基上加筋路堤为例进行说明，如图 4-103 所示。

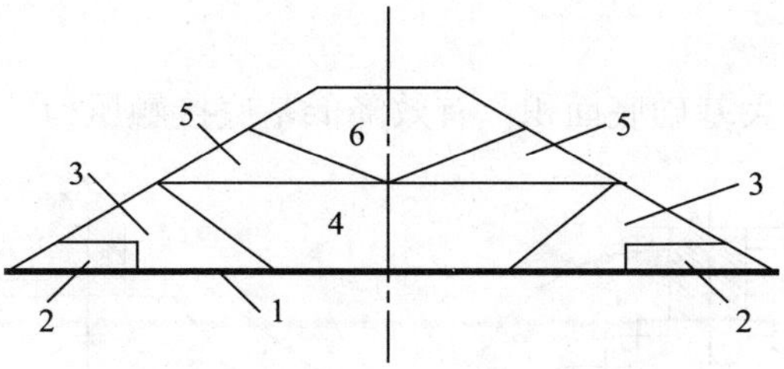


图 4-103　在软土地基上填筑加筋堤的顺序

1—横向铺土工合成材料，并将其缝接；2—后卸式卡车筑交通道（戗台）；3—填两侧土，将土工织物铺定；4—填内部土；5—填中间土；6—填最后中间部分

## 三、托换

### （一）概述

已有建筑物地基加固技术（基础托换技术）已有几百年的历史，但直到20世纪30年代修建美国纽约地铁时，才得到迅速发展。二战后联邦德国在修建地下铁道时，也大量采用了托换技术，积累了许多宝贵的经验。随着经济建设的发展，中国也陆续采用了大量的托换技术。它主要包括基础加宽法、墩式托换法、桩式托换法、地基加固法以及综合加固法等。

**1. 托换技术的分类**

1）按使用性质、目的，托换技术可分为：①补救性托换；②预防性托换；③维持性托换。

2）按使用的加固技术，托换技术可分为：①基础加宽技术；②坑（墩）式托换技术；③桩式托换，包括静压桩和树根桩；④地基加固技术，包括灌浆法、高压喷射注浆法，以及其他方法；⑤综合加固技术。

**2. 托换技术的特点**

托换技术的特点如下：

1）是一种高度综合的技术，建筑技术难度较大；

2）建筑费用较高；

3）工期较长，一年甚至几年的时间；

4）施工过程中及时监测并对观测结果的分析十分重要。

**3. 托换技术施工要点**

托换技术施工技术要点如下：

1）根据工程实际需要，或对建筑物基础全部或部分加固，或对建筑物全部或部分地基加固。

2）当建筑物基础下有新建建筑工程时，应将荷载传到新建的地下工程上。

3）不论何种情况，都是在一部分被托换后，才可开始另一部分的托换工作，托换范围由小到大，逐步扩大。

4）托换施工前，先要论证被托换建筑物的安全，记录沉降、水平位移、倾斜、沉降速率、裂缝大小和扩展情况等。

（二）基础加宽技术

通过基础加宽可以扩大基础底面积，有效降低基底接触压力，如图 4－104 所示。

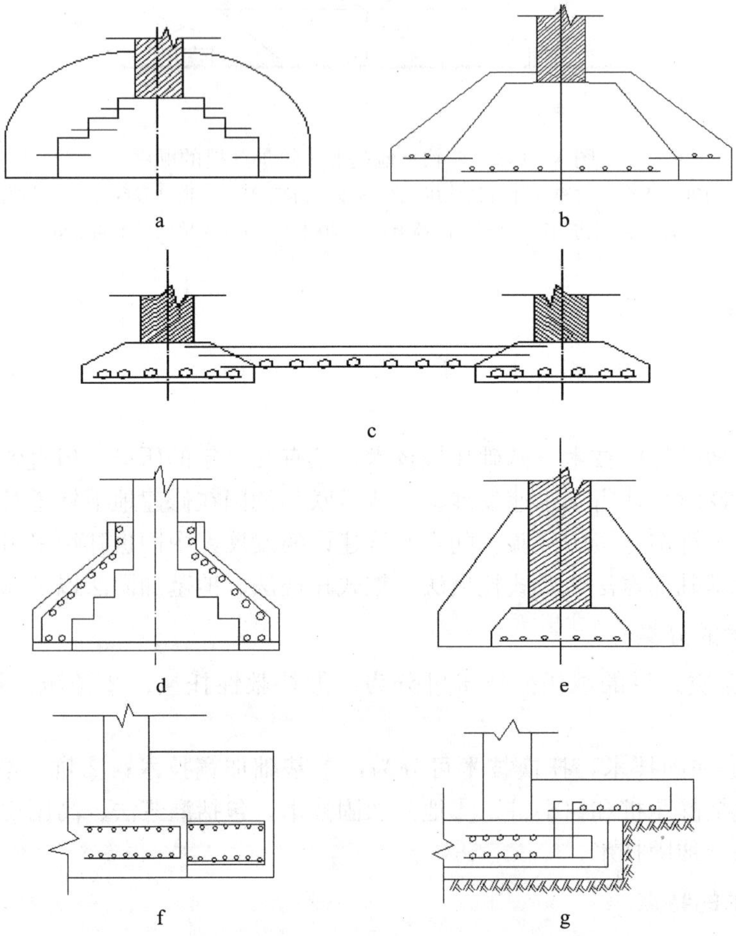


图 4－104　几种基础加宽示意图

a—刚性条形基础加宽；b—柔性条形基础加宽；c—条形基础扩大成片筏基础；d—柱基加宽；e—柔性基础加宽改为刚性基础；f—片筏基础加宽；g—片筏基础加宽

基础加宽技术优点包括：加宽费用低，施工方便。潜在的缺点包括：若基础埋置较深，则对环境影响较大；可能增加荷载作用影响深度。

施工的重点包括：①注意加宽部分与原有基础部分的连接（将原有基础凿毛，浇水湿透，使两部分混凝土能较好连成一体）；②刚性基础应满足刚性要求，柔性基础应满足抗弯要求。

（三）坑（墩）式托换技术

**1. 设计要点**

坑（墩）式托换技术设计要点如下：

1）墩式托换适用于土层易开挖，浅层有较好持力层，开挖深度内无地下水或降水较为方便。建筑物基础最好是条形基础。

2）坑内做的墩可以是间断的或连续的，主要取决于被托换加固结构的荷载和坑下地基土的承载力大小。

3）如基础墙为承重的砖石砌体，钢筋混凝土或其他基础梁时，其抗弯强度不足以在间断墩之间跨越时，则有必要设置过梁（钢的混凝土梁、钢梁或混凝土拱的支座），并在原有基础底面下干填。

4）对大的桩基基础用墩式托换时，可将桩基础面积划分成几个单元进行逐步托换。一次托换不宜超过基础支承面积的20%。

**2. 施工步骤**

坑（墩）托换技术施工步骤，如图4-105所示。

1）贴近被托换的基础前面，由人工开挖一个长×宽为1.2 m×0.9 m的导坑，坑比基础底面深1.5 m。

2）将导坑横向挖到基础下面，并继续在基础下面挖到要求的持力层标高。

3）采用就地浇筑法，在开挖坑内成墩，并在原有基础底面下80 mm处停止浇筑，养护1 d后，再将1∶1的水泥砂浆塞进80 mm的空隙内，并捣实成内密实的填充层（干填）。

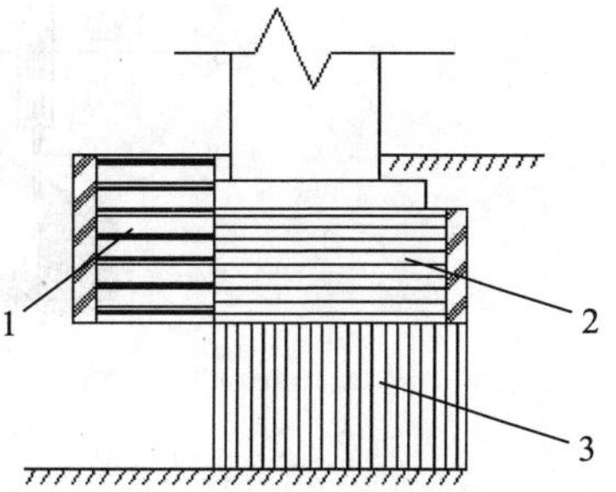

图4-105　坑式托换技术（剖面）
1—挖导坑；2—导坑（基础下面）；3—挖到持力层

4）重复步骤1)～3)做另一个托换墩，直至全部工程完成。

5）在基础下直接开挖小坑，对许多大型建筑物的基础进行托换时，也可没有支撑，局部基础下短时间内没有地基土的支承可以认为是容许的。

坑（墩）式托换的优点是费用低，施工简便，施工期间仍可使用建筑物。缺点是工期长，有一定新的附加沉降。

## （四）桩式托换技术

**1. 静压桩托换技术**

静压桩托换技术如图4-106所示，其施工过程如下：

1）在柱或墙基下开挖有关竖坑或横坑的方法如前述。

2）根据设计桩所需承受的荷载，使用$\phi$30～45 cm的开口钢管（也可采用0.2 m×0.2 m的预制钢筋混凝土方桩），用设置在基础底面下的液压千斤顶将钢管压进土层，液压千斤顶的反力由建筑物重量抵消。

3）当钢管顶入土中时，每隔一定时间可根据土质的具体情况，用合适的取土工具将土取出。

4）桩经过交替顶进，清孔和接高，直至桩尖到底部设计深度。

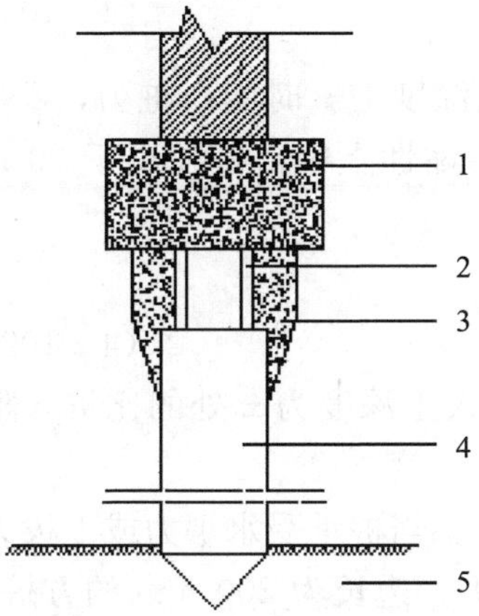

图4-106　静压桩托换技术
1—钢筋混凝土地梁；2—工字钢柱；3—混凝土保护层；4—桩；5—地基

5）到设计深度后，若管内无水，则可直接灌注混凝土；若管内有水，则可下入一个“砂浆塞”加以封闭，待砂浆结硬后，将管中的水抽干，管内灌注混凝土并捣实。

**2. 锚杆静压桩托换技术**

锚杆静压桩是锚杆和静力压桩结合形成的一种新的桩基施工工艺（图 4－107）。它是通过在基础上埋设锚杆固定压桩架，以建筑物所能发挥的自重荷载作为压桩反力，用千斤顶将桩从基础中预留或开凿的压桩孔内逐段压入土中，再将桩与基础连接在一起，从而达到提高基础承载力和控制沉降的目的。

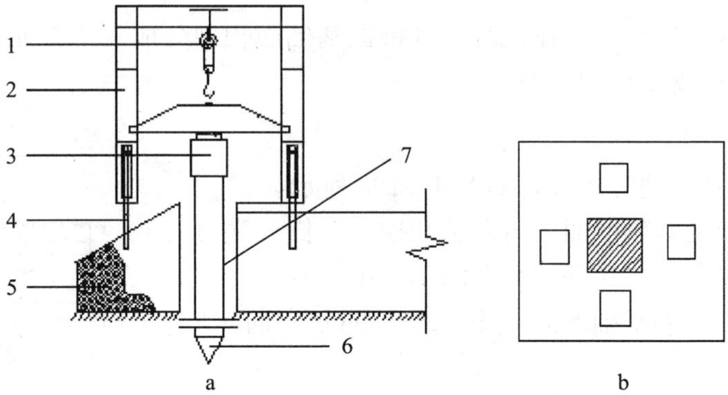


图 4－107　锚杆静压桩装置示意图

a—锚杆静压桩各部件连接示意图；b—压桩孔和锚杆位置图；

1—天车；2—反力架；3—液压油缸；4—锚杆；5—基础；6—桩；7—压桩孔

适用地层为粉土、人工填土、黏性土、淤泥质土和黄土等地基土。锚杆静压施工技术具有轻便灵活，施工方便，作业面小，可在室内施工，无振动，无噪声，无污染，施工时不停产、不搬迁等优点。

（1）锚杆静压桩加固设计

1）垂直承载力，一般由现场桩的载荷试验确定，也可根据相应规范确定：

$$P_a = \frac{P_p(z)}{K_p} \tag{4-102}$$

式中：$P_a$ 为设计单桩承载力标准值，kN；$P_p(z)$ 为桩最终入土深度为 $z$ 时的压桩力，kN；$K_p$ 为压桩力系数，与土质、桩本身及压桩速度等因素有关，在黏性土中，桩长小于 20 m 时，$K_p=1.5$，在黄土或填土中，$K_p=2.0$。

若已知静力触探比贯入阻力曲线（$P_s(z)-z$），则

$$P_p(z) = K_s P_s(z) \tag{4-103}$$

式中：$P_p(z)$ 为桩入土深度为 $z$ 处的压坑力，kN；$P_s(z)$ 为桩入土深度为 $z$ 处的比贯入阻力，kPa；$K_s$ 为换算系数，可取 0.06～0.07 $m^2$。

2）桩身参数。桩载面边长 180～300 mm，桩段长度 1～3 m。当桩承受水平力或上拔力时，应采用焊接。当桩仅承受垂直压力时，可采用硫黄胶泥接头。边长为 200 mm 的方桩，采用不小于 $4\varphi10$ mm 的钢筋；边长为 250 mm 的方桩，采用不小于 $4\phi12$ mm 的钢筋。

3）桩与基础连接构造如图 4－108 所示。

4）锚杆参数及其布置。锚杆可采用光面直杆墩粗螺栓或焊箍螺栓（图 4－109）。压桩力小于 400 kN 时，M24 锚杆；压桩力为 400～500 kN 时，M27 锚杆。硫黄胶泥的质量配合比：硫黄∶水泥∶砂∶聚硫橡胶＝44∶11∶44∶1，浇筑温度不低于 140 ℃，冷却时间为 4～15 min。

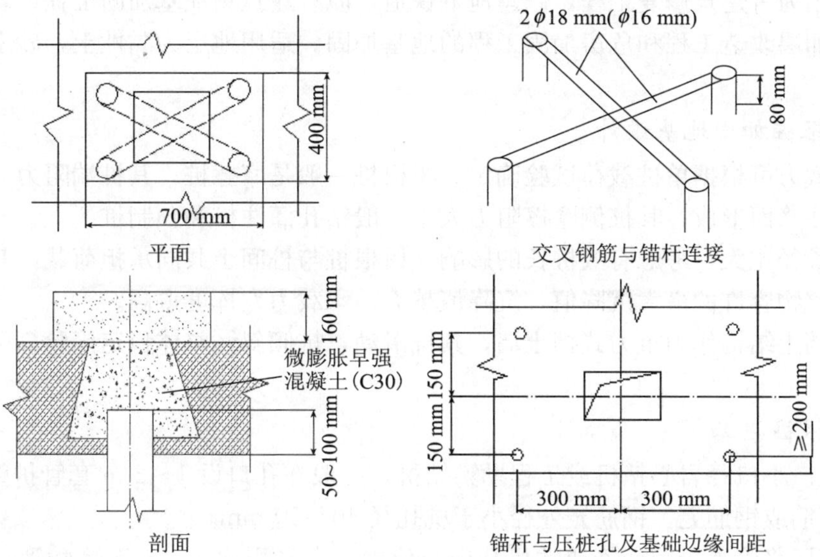


图 4－108　桩与基础之间连接示意图

硫黄胶泥主要物理力学性能指标：密度 2.28～2.38 g/cm³；弹性模量为 $5\times10^4$ MPa；抗拉强度为 4 MPa；抗压强度为 40 MPa；抗弯强度为 10 MPa。握裹强度：与螺纹钢筋为 11 MPa，与螺纹孔混凝土为 4 MPa。

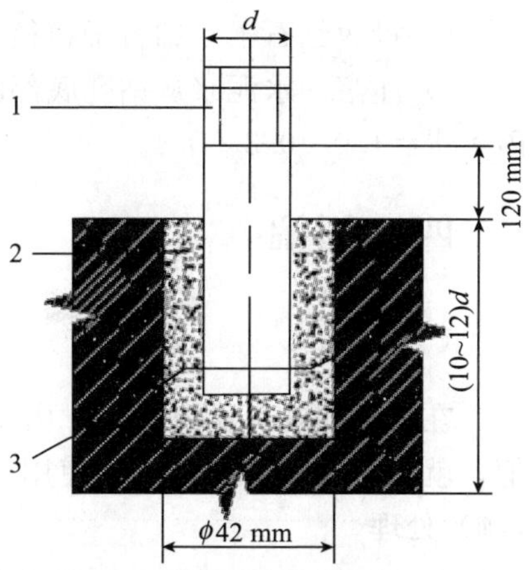


图 4－109　锚杆与基础连接示意图

1—带螺纹锚杆；2—硫黄胶泥；3—钢筋环

(2) 施工步骤

1）清除基础面上覆土，并将地下水降低至基础面下。

2）按加固设计图纸放线定位。压桩孔凿成上小下大的棱锥形。锚杆孔根据相应压桩力确定深度。压桩孔的上截面尺寸（$d+50$）和下截面尺寸（$d+100$）呈上小下大形（$d$ 为桩截面宽度），可采用人力或风动凿岩机作业完成。

3）锚杆孔清渣。由树脂砂浆固定锚杆，并养护后，安装反力架。

4）压桩。中途不能停顿过久，可采用电动或手动葫芦。

5）接桩。采用硫黄胶泥或焊接。

6）桩顶未压到设计标高时，应切除外露桩头，切时必须固定桩身。严禁悬臂状态下切除。

7）封桩。将压桩进入的杂物清除干净，在桩顶用 ϕ18 mm 钢筋与锚杆对角交叉焊牢然后和桩帽梁一起灌入微膨胀的 C30 混凝土，并捣实。

8）压桩控制标准，以设计最终压桩力为主，桩入土深度为辅。

### 3. 树根桩托换技术

树根桩是一种小直径钻孔灌注桩（ϕ100～250 mm），钻机成孔后，放入钢筋或钢筋笼，同时放入钢筋笼后，再灌入碎石，然后注入水泥浆或水泥砂浆而成桩。

适用范围为古建筑修复工程，修建地下铁道，原有建筑物地基加固工程，岩土边坡稳定加固，楼房加层改造工程和危房加固工程的地基加固。适用地层为黏性土，砂土，粉土，碎石土。

(1) 树根桩加固地基设计

单桩承载力可根据单桩载荷试验确定。树根桩一般是摩擦桩，其桩端阻力一般不计。由于采用压力注浆而形成，其桩侧摩擦阻力大于一般钻孔灌注桩和预制桩。

树根桩长径比大，考虑有效桩长的影响。树根桩与桩间土共同承担荷载，其承载力的发挥取决于建筑物容许的最大沉降值，沉降值越大，承载力发挥度愈高。

树根桩挡土结构作为重力式挡土墙，其抗滑动，抗倾斜，整体稳定等验算可采用常规计算方法。

(2) 树根桩施工

1) 成孔。小口径岩心钻机或工程勘察钻机，一般在孔口设 1～2 m 套管护壁。

2) 置钢筋或钢筋笼。钢筋笼外径小于坑孔径 40～50 mm。

3) 放置压浆管置于钢筋笼或钻机孔中心位置，常采用 $\phi$20 mm 无缝微管。放入后压入清水清孔。

4) 投放细石子。细石子粒径 5～15 mm，拔出套管后补灌细石子。

5) 注浆。水泥浆从钻孔底部由压浆管压出上井。分段压浆，分段提升注浆管。水泥∶砂∶水＝1.0∶0.3∶0.4。

## 四、纠偏

### (一) 概述

在新建和既有建筑物中，由于各种原因导致建筑物倾斜，如果倾斜值超过其允许倾斜值，就会影响建筑物的正常使用，对建筑物的安全构成威胁，就应考虑对建筑物进行纠偏(倾) 处理。

**1. 建筑物产生不均匀沉降的原因**

1) 场地工程地质情况了解不全面，即勘察报告不准确或内容缺失。如未能提供软弱土层的正确分布，地下暗浜、古河道、古井、古墓等的存在，在较大荷载作用下，极易发生过大的沉降或倾斜。

2) 设计方面的原因。设计人员对非均质土地基设计经验不足，未能处理好和相邻建筑物基础之间的关系，地基中附加应力叠加，地基沉降量过大。

3) 施工方面的原因。施工质量低劣（断桩）产生建筑物倾斜，降水防范措施失效引起相邻建筑倾斜，基坑支护系统失效等。

4) 建（构）筑物使用过程中失误。如管道漏水或地面积水没有及时清理，造成地基长期浸水、湿陷而发生建筑物倾斜；在已建建筑物附近大量堆载使地基承受较大的附加压力，引起沉降不均匀。

5) 自然灾害。如地震引起的地基土液化、砂喷土、山体滑坡等。

6) 综合原因。

**2. 建筑物容许倾斜值**

采用恰当的纠偏扶正技术措施，使倾斜建筑物完全回倾，或者保留一定允许倾斜值，该倾斜值就是工程上的允许偏差值，它是判断和评价工程从危险状态过渡到安全使用状态的一个重要界限值或标准值。

建筑物的容许倾斜值是一个包含众多复杂因素的界限值，不同结构，不同使用目的，不同材质，不同高度等因素都会对允许倾斜值造成影响，因而也有不同的允许倾斜值。

建筑物的倾斜值，系指建筑墙体或柱子的水平倾斜值，如图 4－110 所示。

$$S_H = \Delta S \cdot H_g / L \qquad (4-104)$$

式中：$S_H$ 为建筑物的倾斜值；$\Delta S$ 为相应的设计纠偏量；$H_g$ 为建筑物高度；$L$ 为纠偏方向建筑物的高度。

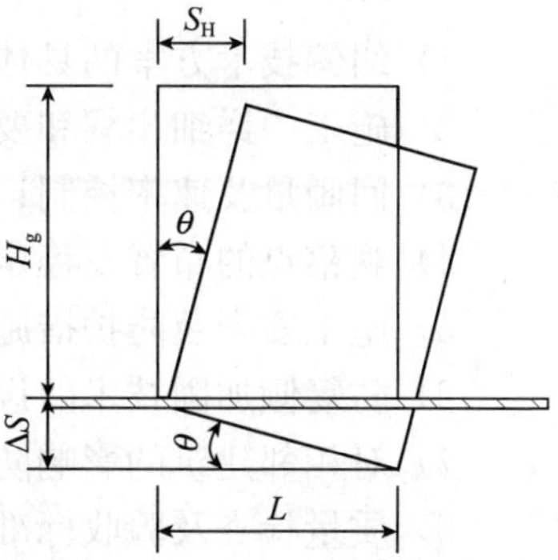

图 4－110　建筑物倾斜计算简图

**3. 建筑物纠偏方法的类型**

造成建筑物整体倾斜的主要因素是地基中不均匀沉降，而纠偏是利用新的不均匀沉降来调整现存的不均匀沉降，以达到新的平衡和矫正建筑物的倾斜，各种纠偏方法如图 4－111 所示。

- A. 迫降法
  - 掏土法
    - 浅层换土法
    - 深层换土法
  - 水处理法
    - 浸水法
    - 降水法
  - 加压法
    - 堆载加压法
    - 卸荷加压法
    - 增层加压法
  - 砂基液化法
    - 持力层浅层振捣液化法
    - 地基深层振实法
  - 淤泥触变法
    - 射水触变法
    - 振动触变法
  - 桩体卸荷法
    - 桩身射水卸荷法
    - 桩头卸荷法
- B. 抬升法
  - 顶升法
    - 基础底部抬升法
    - 基础上部锚杆静压桩抬升法
    - 地圈梁顶升法
    - 上部结构托梁顶升法
  - 地基注入膨胀剂抬升纠偏法
- C. 预留法：预估倾斜量，设计预留纠偏条件
- D. 横向加截法：扶壁式挡墙法
- E. 综合法：以上方法中的两种或几种方法相结合

图 4－111　建筑物纠偏方法

## （二）建筑物纠偏技术方案确定

**1. 纠偏前应具备的基础资料**

1）原建筑物场地地质资料和新补充的地质资料；

2）原建筑物发生倾斜的原因分析；

3）原建筑物检验鉴定结果及纠偏可行性报告；

4）经过论证和现场试验验证的纠偏可行性技术方案要点；

5）与纠偏工作有关的各方协议书。

**2. 设计内容**

1）纠偏技术方案的具体化内容；

2）施工中详细步骤和要点；

3）回倾量及速率控制；

4）观察点的布置及稳定期观察要求；

5）施工安全及防护措施；

6）防复倾加固技术的设计及施工方法；

7）对相邻建筑的影响防护技术及措施；

8）质量检查及验收标准；

9）竣工验收文件内容及要求。

**3. 纠偏方法的合理选择**

1）尽可能选用抬升法，这可避免采用迫降法造成的室内净空减少，室内外管线标高改变所带来的一系列问题，且可降低工程造价。

2）因地基浸水而引起的倾斜，可采用浸水法或掏土法。

3）对于饱和软黏土或含水量较高的砂性土地基上建筑物纠偏时，可采用降水法。

4）在软土地基上，可采用软掏土法。

5）对于粉土、粉质黏土、黏土等地基上的倾斜建筑物，用其他方法难以奏效时，可采用辐射井取土纠偏法。

6）位于砂土或砂性填土地基上的建筑物纠偏，可采用局部捣液化使地基发生瞬时液化，造成基础下沉而达到纠偏目的。

7）建筑物由于自重偏心引起倾斜时，可采用增层（或加载）反压纠偏法。

8）采用桩基础的建筑物发生倾斜时，可采用桩体卸载法或桩顶卸荷法。

9）建筑物纠偏时，常常不只是采用一种方法，可采用多种方法并用。如锚杆静压桩和压重法；注水和掏土法；辐射井法和压力解除法等。

10）建筑物纠偏和防止再复倾的加固应分别选择有效的方法同时进行，防复倾可采用双灰桩加固、灌浆加固等。

**4. 建筑物纠偏加固的施工技术要点**

1）对整体刚度较差的建筑物，纠偏施工前先进行破损部位或建筑物整体的加固施工，防止建筑物在施工时发生倒塌。

2）要考虑建筑物地基在纠偏施工时可能产生的附加沉降，并估计纠偏后建筑物地基可能持续的变形（即滞后的回倾量），在纠偏施工时及施工后要加强现场观测，并要采取有效的处理措施。

3）施工前要对相邻建筑物及地下设施进行一次检查或测量，要与对方协商或签订协议，采取必要的保护措施。

4）对于纠偏后的复倾可能性，应根据防复倾加固设计，在纠偏施工前或施工后进行加固处理。

5）纠偏扶正施工前要进行现场试验性施工，以便选定施工参数，验证纠偏扶正的设计方案可行性，进行必要的调整与补充，使其更臻完善。

6）应当具体安排现场监测方式，监测点，监测内容和手段，布设回倾率的控制装置，以便通过监测，控制回倾速率，调整施工进度与施工方法，掌握纠偏复位结束的时机，预留滞后回倾量。密切观测建筑物裂缝变化情况，根据裂缝变化规律，调整纠偏速率或采用相应的辅助措施。

7）纠偏施工中的安全防护措施和报警装置，特别是有人居住的建筑物，必须确保纠偏施工安全进行。

8）纠偏施工结束时应注意对建筑物房心土的回填、夯实、地坪做法以及墙体裂缝处理等的施工质量，以利增加建筑物整体刚度、增加抗倾覆、抗裂损的能力。

9）施工期间应严密监视相邻很近的建筑设施，经常检查对其保护性措施的状况，严防出现问题。

10）在纠偏施工期间，可能会出现原来没有预想到的新情况、新问题，因此，纠偏技术方案应根据现场条件的改变而修正调整，以便确保纠偏工程的成功。

11）纠偏施工竣工的文件应明确包括：纠偏工程设计文件；施工中修改调整措施；施工日记；试验性施工小结；现场监测及裂缝变化记录；相邻建筑物及地下设施情况；工程鉴定和验收结论等，并作为纠偏建筑物的技术档案予以保存。

### （三）掏土纠偏技术

#### 1. 纠偏原理

掏土纠偏的原理是通过在房屋沉降少的一侧掏土，使基底压力重分布，加大沉降量少一侧的基底应力，使之加速下沉。

#### 2. 使用条件

掏土纠偏的使用条件为房屋上部结构体型简单、结构完整及整座房屋具有较好的整体高度。

#### 3. 设计

首先测出沉降差，然后以沉降大的一侧为基点，算出该墙另一端应挖深度，进行分层分段掏挖。掏挖的每层厚度小于该段距离的 3%，以使结构受力构件符合规范要求，如图 4－112 所示。

$$\frac{\Delta h}{l} \leqslant 3\% \qquad (4-105)$$

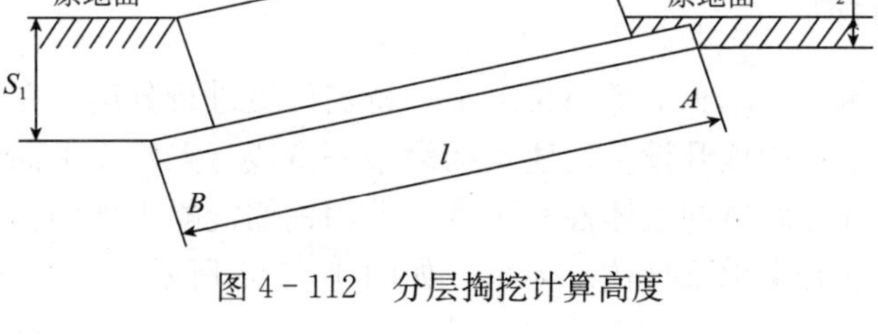


图 4－112　分层掏挖计算高度

式中：$\Delta h$ 为沉降差；$l$ 为基础间距离。

（1）室外开沟掏挖法

室外开沟掏挖法如图 4－113 所示。设原地基承载力特征值为 $f$，原基础长度为 $a$，宽度为 $b$，作用荷载 $N$，沟宽 $c$，条数为 $n$，挖沟槽到建筑物基础中轴线，则

$$f < \frac{N}{ab - n \cdot c \cdot \frac{b}{2}} \leqslant 1.2f \tag{4-106}$$

（2）截角挖除法

截角挖除法——独立基础或桩下条形基础如图 4－114 所示。设原地基承载力特征值为 $f$，原基础长度为 $a$，宽度为 $b$，作用荷载 $N$，沟宽 $c$，条数为 $n$，挖沟槽到建筑物基础中轴线，则

$$f < \frac{N}{ab - \frac{1}{2}a \cdot c} \leqslant 1.2f \tag{4-107}$$

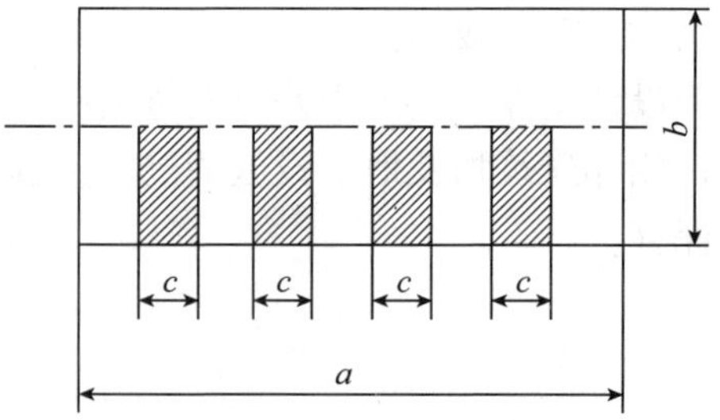

图 4－113　室外开沟掏挖

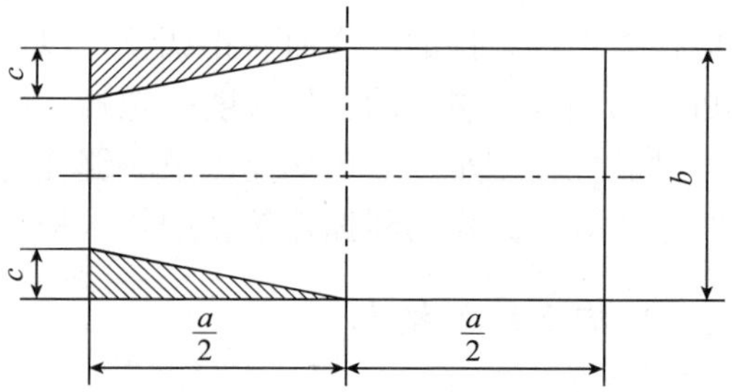

图 4－114　截角挖除法

（3）穿孔掏挖法

小钢管从基底的两边水平打入地基土内，然后将管拔出，带走管内基土。计算与分层掏挖法类似。

**4. 施工步骤**

1）开挖工作坑。工作坑宽 60～70 cm，比基底深 10～15 cm，以方便挖土为宜。

2）观测点布置。

基点　设于左右邻房各一个，主观测点，观测整幢房屋复位情况。

水平观测点　设于房屋外墙的四角或柱的外缘。

竖直观测点　以悬挂垂锤进行观测，设于房屋四角及中间适当位置，不少于 4 个。

3）掏土开挖。开挖时注意观测。

4）地基及基础的加固。

（四）顶升纠偏技术

顶升纠偏是将建筑物基础和上部结构沿某一特定位置进行分离，在分离后设置若干个支承点，通过安装在支承点的顶升设备使建筑物沿某一直线（点）作平面转动，使倾斜建筑物得到纠正。为确保上部分离体的整体性和刚度，采用钢筋混凝土加固，通过分段加固和分段托换，形成全封闭的顶升支承梁（柱）体系，如图 4－115 所示。

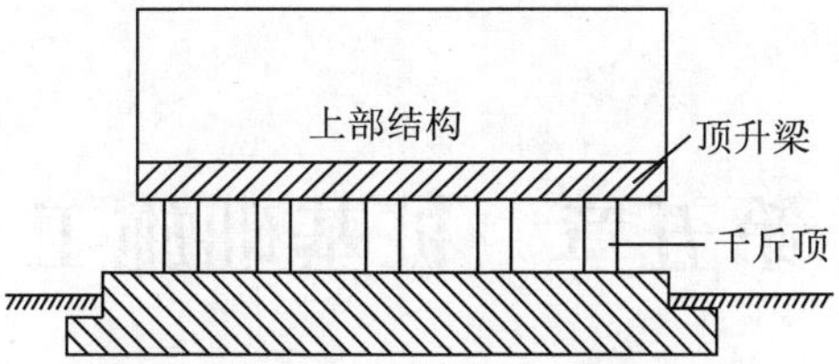


图 4-115　顶升纠偏示意图

**1. 设计**

1）选择顶升平面和反力提供体系；

2）千斤顶顶升力、数量、分布；

3）顶升框梁的设计，梁的断面尺寸，配筋及施工顺序；

4）各顶升点顶升量的计算。

**2. 施工**

1）施工顶升框梁。在上部结构的底层墙体中选定一个平行于楼面的平面。

2）设置好各顶升点的分次顶升高度标尺，以严格控制各点顶升量，水电管线及附属体与顶升体分离妥当与否。

3）顶升时统一指挥，均匀协调，千斤顶行程不够时，要有安排地逐台倒程。

4）顶升到位后将墙体主要受力部位垫牢，进行墙体连接，待连接体段受力以后卸去千斤顶，修复使用。

（五）加载纠偏技术

通过在建筑物沉降较少的一侧加载，迫使地基土变形产生沉降，以达到纠偏的目的。

适用条件　建（构）筑物刚度较好，跨度不大，深厚软黏土地基。

加载手段　堆载或锚桩加压（图 4-116）。

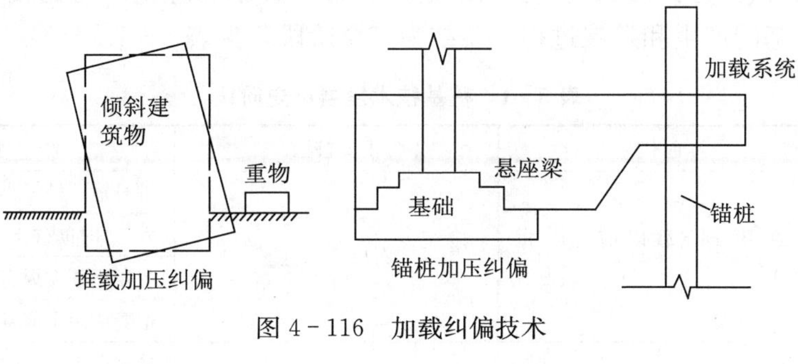


图 4-116　加载纠偏技术

# 第五章　桩基础施工

## 第一节　概　　述

### 一、桩基础的含义

桩基础指的是通过桩支撑着承台的基础，也就是由承台和支撑着这个承台的桩组成的基础。承台承受上部建（构）筑物的荷载，并把荷载传递给桩，使各桩受力均匀。桩是竖直或微倾斜的基础构件，其作用是把上部结构物的荷载和力传给下部的地基。地基是承受由基础传来的荷载和力的那部分地层。

桩基础有着悠久的发展历史，据历史文物挖掘揭示，早在新石器时代人类就在松软土层中应用下部削尖的树身支撑原始建筑物，这也是人类历史上使用桩基的最早记录。到宋朝，桩基技术已经比较成熟，今山西省太原市的晋祠圣母殿都是现留存的北宋年间修建的桩基建筑物，在英国也保存了部分罗马时代的木桩基础的建筑。后来还有石桩也被人类广泛应用，但是它没有木桩应用的广泛，直到科技进步的今天，木桩仍在世界个别地区得到使用。

在 19 世纪 20 年代人类开始使用铸铁板桩修筑码头，直至 19 世纪中叶，随着水泥工业的问世以及混凝土的广泛使用，逐渐出现了钢筋混凝土桩，由于当时缺乏混凝土的计算理论，且采用的钢筋和混凝土强度都不高，所以无论是桩的质量还是桩施工技术都比较原始化。直至 20 世纪初，尤其第二次世界大战之后，桩基技术和理论才得到较大发展，出现各种各样的桩，桩基的产生和发展过程可总结为三个阶段，见表 5－1。

**表 5－1　桩基技术发展历史阶段**

| 阶段 | 时代 | 主要桩型 | 特点 |
|---|---|---|---|
| 初级阶段 | 人类历史记载以前（19 世纪） | 石桩、木桩 | 桩身短，桩径小 |
| | | | 人工捶打成桩 |
| | | | 主要用于支撑房屋的竖向荷载 |
| | | | 主要应用于河谷和洪积地区 |
| 发展阶段 | 19 世纪中叶至 20 世纪 20 年代 | 石桩、木桩、混凝土桩、钢筋混凝土桩 | 受水泥工业影响 |
| | | | 打桩机沉桩 |
| | | | 设计理论施工技术萌芽 |
| | | | 桩身规格扩大 |
| | | | 土力学发展为桩基提供基础 |
| 现代化阶段 | 第二次世界大战之后至今 | 钢筋混凝土桩、水泥土桩、低强度混凝土桩、钢桩 | 出现多种新型桩 |
| | | | 沉桩机械化 |
| | | | 桩基范围得到扩展 |

20世纪中期以后，随着人口的增长和人口城市化速度加快，为解决居住、生活、交通和工农业生产现代化，促使现代建筑立体化，要向地下空间、地上高空发展。由于技术与建筑材料的发展，使地面上的高层建筑、重型建筑和地下建筑物的建造成为可能。传统的浅基础在重型建筑物荷载作用下沉降过多，这就迫使人们不得不把基础伸展到更深、更能胜任的持力层上，就必须采用承载力大的深基础。所以作为深基础之一的桩基础得到了极大的发展，其中灌注桩和预制桩作为桩基础的主要形式，在国内外已被广泛地应用于工程之中。

## 二、桩的类型

对桩的分类可分别按施工方法和施工工艺、承载性状、桩身材料、使用功能、成桩的排土效应、桩径大小、桩轴方向以及桩的形状等多种方式划分。桩的分类见表5-2，不同类型桩在全世界使用的大致比例如图5-1所示，成桩工艺及分类如图5-2所示。

**表5-2 桩的主要分类**

| 分类依据 | 桩型 | 主要特征 |
|---|---|---|
| 荷载传递机理 | 摩擦桩 | 垂直荷载由桩侧阻力承受 |
| | 摩擦端承桩 | 极限荷载由桩端极限阻力承受 |
| | 端承桩 | 垂直荷载由桩端阻力承受 |
| | 端承摩擦桩 | 桩的极限荷载由桩侧阻力承受 |
| 功　能 | 支撑桩 | 承受上部结构传递的垂直和水平荷载 |
| | 加固桩 | 改善桩周土体的承载能力 |
| | 支护桩 | 承受横向荷载，对坡体滑动起支护作用 |
| 排土效应 | 排土桩 | 桩打入土中使其受到排挤 |
| | 不排土桩 | 钻孔或挖孔，不排土 |
| | 少量排土桩 | 土进入桩的空心截面，少量排土 |
| 按桩径大小 | 大直径桩 | 桩径 $d \leqslant 250$ mm |
| | 中等直径桩 | 250 mm $<$ 桩径 $d < 800$ mm |
| | 小直径桩 | 桩直径 $d \geqslant 800$ mm |
| 桩一土相互作用 | 主动桩 | 因桩主动变化产生压力 |
| | 被动桩 | 因桩被动变化产生压力 |
| 桩轴方向 | 竖　桩 | 桩采用竖向设置 |
| | 斜　桩 | 桩采用斜向设置 |
| 桩顶结构 | 桩一梁基础 | 上层结构压力通过基础梁传递给桩 |
| | 桩一柱基础 | 柱下独立基础 |
| | 桩一墙基础 | 剪力墙或者实腹筒壁下桩基础 |
| | 桩一筏基础 | 通过整体钢筋底板将力传递给桩 |
| | 桩一箱基础 | 利用地下空箱结构将力传递给桩 |

实际成桩的施工方法目前已超过300种，而且施工方法的变化、完善、更新是日新月异的。

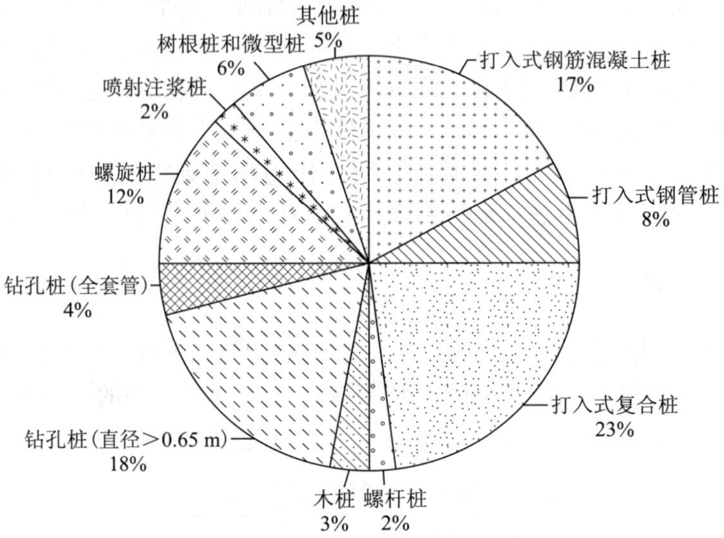


图 5-1　全世界各种类型桩使用大致比例

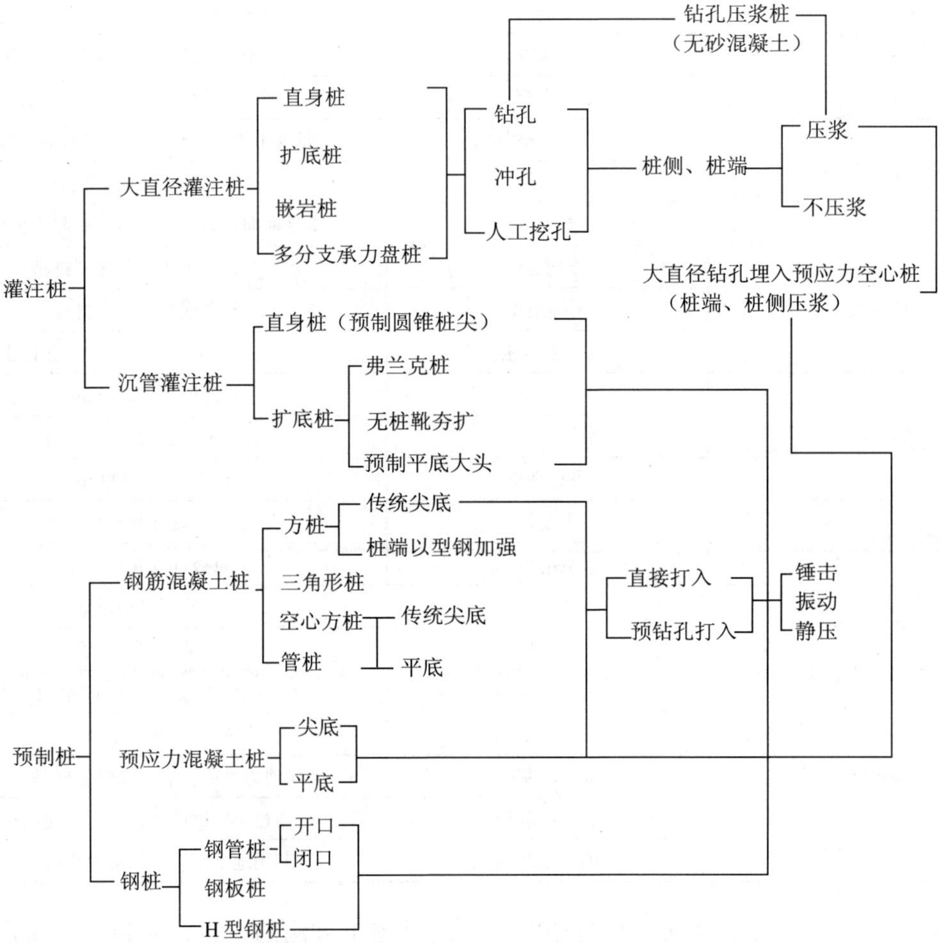


图 5-2　桩基础的类型及成桩工艺

## 三、桩型的选择

在选择桩基础时，由于各种条件不同，很难有一个统一的方法，现将使用的几种桩的优点和缺点列于表 5－3 以供比较，这些优缺点往往是相对的，所以在使用时不要产生误解。

表 5－3　几种桩的优缺点

| 桩型 | 优点 | 缺点 |
|---|---|---|
| 预制桩 | ①材质均匀密实，强度大、耐冲击<br>②非连接桩时，能确保成品桩质量<br>③使用时不受常水位深浅限制<br>④能穿通稍坚硬的夹层 | ①因质量大，操作时如有不慎易发生龟裂<br>②接头不合适的桩有时不能确保质量<br>③得不到较长的桩<br>④桩长不易控制，因截桩造成浪费 |
| | 中等荷载时使用 | |
| 灌注桩 | ①可以采用较大的桩径；<br>②桩的长度灵活；<br>③适应地层广；<br>④可节省钢材和木材，因此成本低；<br>⑤施工灵活方便、无噪声、无公害；<br>⑥抗震性能好，灌注桩是抗震性能最好的一种形式；<br>⑦单桩承载力高，根据桩径和长度的不同，单桩承载力可由几十吨到几百吨乃至一千多吨；<br>⑧在钻孔过程中，能够进一步查核地质情况，可根据地层构造和设计要求，选定适当的桩长和桩径 | ①现场作业较多，不利于预制装配施工；<br>②成桩后不易进行质量检查；<br>③施工技术上还有一些困难，如塌孔、清孔等 |
| | 承载地基深或载荷大时使用 | |
| 钢桩 | ①能制造出长桩；<br>②确保产品质量的可靠性大；<br>③冲击、弯曲耐力大，桩的承载力大；<br>④容易穿透地基的中间夹层；<br>⑤搬运、操作较容易，与混凝土桩比较，经得起施工中的苛刻条件；<br>⑥根据需要容易调控长度 | ①价格较高；<br>②根据具体地点，要事先进行防锈处理；<br>③因承载力大，需要进行大量的加载试验等准备工作 |
| | 承载地基深、地层中间有坚硬层或承载地基面非常不平时使用 | |

不同桩型的适用条件应符合下列规定：

1）泥浆护壁钻孔灌注桩宜用于地下水位以下的黏性土、粉土、砂土、填土、碎石土及风化岩层。

2）旋挖成孔灌注桩宜用于黏性土、粉土、砂土、填土、碎石土及风化岩层。

3）冲孔灌注桩除宜用于上述地质情况外，还能穿透旧基础、建筑垃圾填土或大孤石等障碍物。在岩溶发育地区应慎重使用，采用时，应适当加密勘察钻孔。

4）长螺旋钻孔压灌桩后插钢筋笼宜用于黏性土、粉土、砂土、填土、非密实的碎石类土、强风化岩。

5）干作业钻、挖孔灌注桩宜用于地下水位以上的黏性土、粉土、填土、中等密实以上的砂土、风化岩层。

6）在地下水位较高，有承压水的砂土层、滞水层、厚度较大的流塑状淤泥、淤泥质土层中不得选用人工挖孔灌注桩。

7）沉管灌注桩宜用于黏性土、粉土和砂土，夯扩桩宜用于桩端持力层为埋深不超过 20 m 的中、低压缩性黏性土、粉土、砂土和碎石类土。

常用桩型与成桩工艺的比较见表 5-4。

**表 5-4　常用桩型与成桩工艺的比较**

| 桩型 | | 高强预应力管桩 | 人工挖孔灌注桩 | 长螺旋钻孔灌注桩 | 泥浆护壁钻孔灌注桩 | 内夯沉管灌注桩（夯扩桩） |
|---|---|---|---|---|---|---|
| 桩径 | 桩身/mm | 300～800 | 800～2000 | 300～800 | 600～1200 | 325，377 |
| | 扩大头/mm | 无 | 800～3000 | 无 | 600～1600 | 500～700 |
| 最大桩长/m | | 60 | 30 | 30 | 30 | 25 |
| 穿越土层 | 一般黏性土及填土 | +++ | +++ | +++ | +++ | +++ |
| | 淤泥和淤泥质土 | +++ | + | ++ | +++ | +++ |
| | 粉土 | +++ | ++ | +++ | +++ | +++ |
| | 砂土 | ++ | ++ | ++ | ++ | ++ |
| | 碎石土 | ++ | ++ | ++ | ++ | ++ |
| | 季节性冻土、膨胀土 | ++ | +++ | +++ | ++ | +++ |
| | 非自重失陷性黄土 | +++ | +++ | +++ | +++ | +++ |
| | 自重失陷性黄土 | +++ | +++ | ++ | +++ | +++ |
| | 中间有硬夹层 | + | +++ | ++ | +++ | + |
| | 中间有砂夹层 | ++ | ++ | ++ | +++ | ++ |
| | 中间有砾石夹层 | + | ++ | ++ | ++ | + |
| 桩端进入持力层 | 硬黏性土 | +++ | +++ | +++ | +++ | +++ |
| | 密实砂土 | +++ | ++ | +++ | ++ | ++ |
| | 碎石土 | ++ | ++ | ++ | ++ | ++ |
| | 软质岩石和风化岩石 | ++ | +++ | ++ | ++ | + |
| 地下水位 | 以上 | +++ | +++ | +++ | +++ | +++ |
| | 以下 | +++ | ++ | ++ | +++ | +++ |
| 环境影响 | 震动和噪声 | 有 | 无 | 无 | 无 | 有 |
| | 排浆 | 无 | 无 | 无 | 有 | 无 |
| 孔底有无挤密 | | 有 | 无 | 无 | 无 | 有 |
| 桩基承载性状 | | 端承摩擦桩（以摩擦为主） | 端承桩 | 摩擦端承桩（以端承为主） | 摩擦端承桩（以端承为主） | 摩擦端承桩（以端承为主） |
| 桩基挤土效应 | | 挤土桩 | 非挤土桩 | 非挤土桩 | 非挤土桩 | 挤土桩 |
| 地质条件要求 | | 无坚硬的夹层 | 不适用于较厚的砂土层和淤泥质土层 | 基本能适用各种地层 | 基本能适用各种地层 | 无坚硬的夹层 |
| 施工安全 | | 安全 | 安全性差 | 安全 | 安全 | 安全 |

续表

| 桩型 | 高强预应力管桩 | 人工挖孔灌注桩 | 长螺旋钻孔灌注桩 | 泥浆护壁钻孔灌注桩 | 内夯沉管灌注桩（夯扩桩） |
|---|---|---|---|---|---|
| 施工质量 | 容易断桩，不易保证 | 质量可靠，易于保证 | 容易缩颈、夹泥，不易保证 | 容易缩颈、夹泥，不易保证 | 容易缩颈、夹泥，不易保证 |
| 适合建筑物 | 均适用，选择不同桩径即可 | 高层建筑 | 均适用，选择不同桩径即可 | 高层建筑，大跨度工业厂房，大型桥梁 | 多层建筑 |

注："+++"表示比较合适；"++"表示可能采用；"+"表示不宜采用。

## 四、桩的施工工序

灌注桩的施工工序如图 5－3 和图 5－4 所示，静压桩的施工工序如图 5－5 所示。

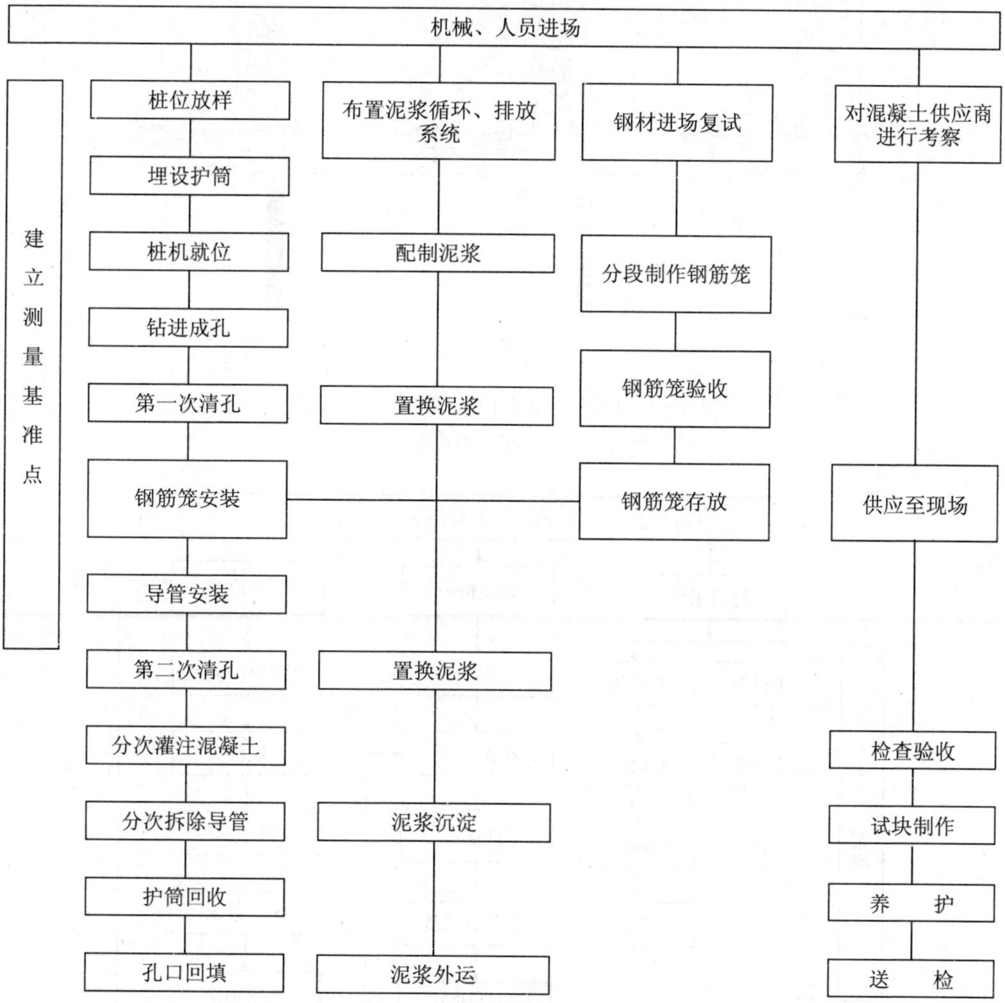


图 5－3　钻孔灌注桩施工工艺流程图

旋挖钻孔灌注桩的工序为：①用护筒回转器埋设第一节护筒；②用连接装置接护筒，一直压至下卧硬层顶面；③用短螺旋钻头钻进至硬层顶面；④用钻斗或其他钻头钻进至要求孔

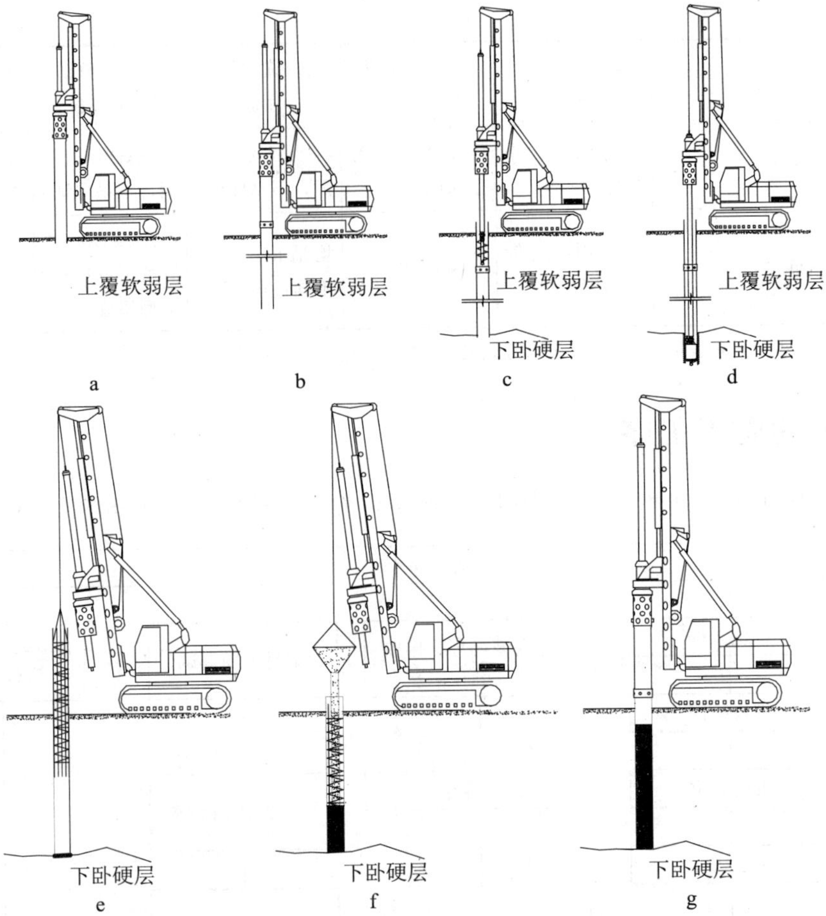


图 5 - 4　旋挖法全程护筒成桩工序示意图

a～g—施工顺序图

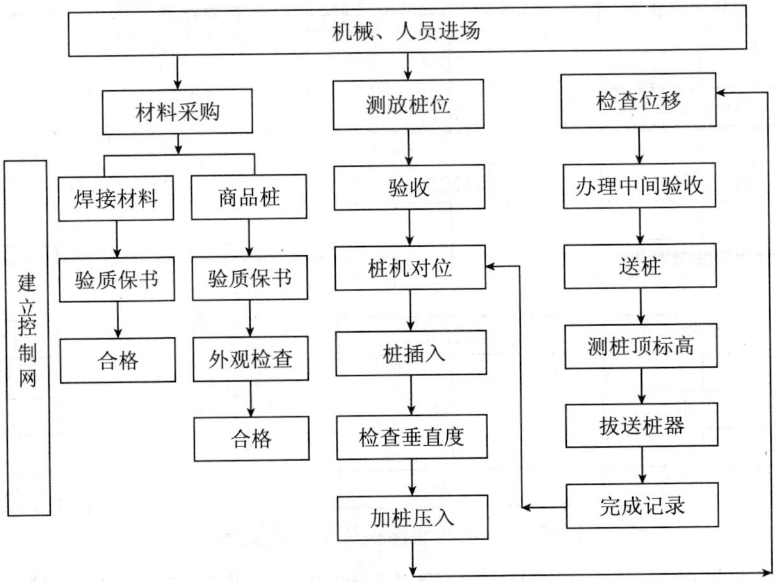


图 5 - 5　静压桩施工工艺流程图

深，并清孔；⑤用副卷扬（或吊车）下放钢筋笼；⑥用副卷扬（或吊车）下导管、浇筑混凝土；⑦浇筑完毕，起拔护筒。

## 第二节　施 工 准 备

根据工程的特点和要求，施工准备工作必须快速完成，在签订合同后，以项目经理为首的工程项目管理人员要在合同规定的时间内开始现场办公、组织施工队伍立即开始施工准备、临时工程及施工协调工作。

施工准备分为技术准备、施工现场准备和原材料、机械设备准备。具体工作内容包括编写施工组织设计，场地平整，桩位测量放线，布置设备行走轨道和运输道路，设置供电、供水系统，安设冲洗液循环、储备、净化和排水设施，混凝土搅拌站，护筒埋设以及设备、机具、材料的安装和准备等。以上各项工作都应按施工设计要求进行，并在开工前准备就绪。

### 一、技术准备及施工组织设计的编写

#### （一）技术准备

1）组织参加工程的有关管理人员认真学习、核对设计图纸，领会设计意图，明确技术要求，并逐级落实到生产第一线；并积极协助建设、监理单位组织各项设计交底工作。

2）编制完善补充施工组织设计与施工方案，及时报送监理审批。

3）按照监理工作程序的要求，及时报送有关文件、资料，为开工做好准备。

4）分级、分层、分阶段向管理人员，施工队伍进行施工组织设计交底与技术交底。

5）对施工人员进行安全技术总交底，并针对各专业人员进行各专业安全技术交底。

6）做好用于施工的各种原材料的采样测试工作。

#### （二）施工组织设计的意义及作用

桩基础是工程量大、质量要求高的地下隐蔽工程。这项工程是由许多工序组成的，随着地形、地质、水文、气象、交通、工期等条件的不同，而构成错综复杂的施工顺序、施工方法、运输方法、设备机具配套等不同的施工方案。除了基本作业活动以外，还要组织安排准备作业、辅助作业、材料运输以及生活福利设施等，增加了施工活动的复杂性。要正确处理好人与物、空间与时间、天时与地利、工艺与设备、使用与维修、专业与协作、供应与消耗等各种矛盾。必须严密地组织、计划，必须根据各项具体的技术、经济条件，从全局出发，从许多可能的方案中选出比较合理的方案，对施工各项活动做出全面部署，这就需要施工组织设计来解决。

施工组织设计必须具备下列性质：

合理性　确定的原则和事项必须符合施工队伍的技术水平和装备能力，又具有一定的先进水平，通过努力可以达到。

严肃性　即具有法定效力，必须严格执行，不得任意违背，如遇特殊情况必须变更时，须提出理由报请原批准单位审批后方得修改。

实践性　编写的原则和依据不是一成不变的，应从实际出发，认真调查研究。施工组织设计应随工人的熟练程度及生产水平的提高，施工方法的改进，新机具、新设备的出现而不断改进。

（三）施工组织设计的编写

**1. 一般规定**

1）施工设计是施工过程中各项工作的指南，不论工程项目大小，均应认真编审，严格做到没有设计不准施工；按照设计组织施工，设计未经批准同意，任何人不得随意变更。

2）施工设计由工程施工技术负责人组织有关人员编制，由上一级业务主管部门的总工程师主持审批。

3）施工设计编制要切合实际，提高预见性和可靠性。首先要全面了解工程的技术要求，详细进行现场调查，搜集和了解该工程的地质资料，然后组织编写，施工单位必须组织全体施工人员学习施工设计，对本岗位的工艺方法、质量要求和技术要点有透彻了解。

4）凡属重要建筑设施或工程、水文地质条件复杂的地区，以及缺乏施工工艺技术资料的情况下，施工前应酌情进行工艺性试成孔、成桩，以便核对地质资料，检验设计所选的设备、施工方法以及技术要求是否适宜，如出现不能满足工程设计要求的问题时，应修改补充施工设计，否则不准全面施工。

5）根据桩孔类型和工程、水文地质条件合理选定施工工艺方案，是确保优质、高效的重要前提。

**2. 设计的编写**

（1）编写施工设计应具备的技术资料

编写施工设计应具备的技术资料如下：

1）建筑场地岩土工程勘察报告；

2）桩基工程施工图及图纸会审纪要；

3）建筑场地和邻近区域内的地下管线、地下构筑物、危房、精密仪器车间等的调查资料；

4）主要施工机械及其配套设备的技术性能资料；

5）水泥、砂、石、钢筋等原材料及其制品的质检报告；

6）有关荷载、施工工艺的试验参考资料。

（2）施工设计应包括的主要内容

施工设计应包括的主要内容如下：

1）工程概况和设计要求，工程类型、地理位置、交通运输条件、桩的规格、数量（含成孔工作量和灌注量）、工程水文地质情况、持力层状况、工程质量要求、设计荷载、工期要求等。

2）施工工艺方案和设备选型配套。绘制工艺流程图。计算成孔与灌注速度，确定工程进度、顺序和总工期，绘制工程进度表。根据施工要求确定设备配套表，包括动力机、成孔设备、灌注设备、吊装设备、运输设备等。绘制现场设施平面布置图，合理摆放各类设备、循环系统、搅拌站及各种材料堆放场地。

3）施工力量部署。在工艺方法和设备类型确定后，提出工地人员组成与岗位分工，并列表说明各岗人数、职责范围。

4）编制主要消耗材料和备用机件数量、规格表，并按工期进度提出材料分期分批进场要求。

5）工艺技术设计。包括：①成孔工艺。包括设备安装、钻头选型、护筒埋设、冲洗液类型、循环方式和净化、钻渣处理、清孔要求、成孔质量检查和成孔的主要技术措施。②钢筋笼制作。包括制作图和技术要求。③混凝土配制。按设计强度要求，选择砂、石料、水泥及外掺剂，并提出配方试验资料。④混凝土灌注。现场搅拌要求、灌注导管和灌注机具配套方案及灌注时间计算；提高灌注质量的技术要点；混凝土现场取样、养护、送检要求。

6）桩基施工时，对安全、劳动保护、防火、防雨、防台风、爆破作业、文物和环境保护等方面应按有关规定执行。

7）技术安全和质量保证措施。

8）施工组织管理措施。

(3) 施工平面图设计

施工总平面图是施工组织设计的基本内容之一。它主要综合反映施工平面的总体部署和相互配合关系。通常在设计中要解决点、线、面、体四个方面的问题。

点　如钢筋笼加工场地、混凝土搅拌站、变电室、空气压缩机站、水泵房、宿舍等各项生产临时设施和工地生活设施。这些点要为全工地服务，并与施工对象和施工区域发生联系。

线　如交通道路、供排水管线、泥浆循环管线、施工用电线路、通信线路、压气、蒸气、氧气等管线。这些线路往往将上述的点和施工对象合理地联系起来，为开展施工活动创造必要的条件。

面　如各种材料、机具、构件、设备的堆放场地，起重机械的运行场地，结构装配和设备组装等平面位置的规划及其周转使用期限的安排。

体　如土方挖填平衡，高空和地下障碍物拆迁，各项生产、生活设施的允许高度和安全间隔的确定等。

(4) 编制施工进度计划

编制施工进度计划是在既定施工方案的基础上，按流水作业程序编制。在进度计划中要具体规定工程的开、竣工日期，各工序的开工和完工日期，以及各工序的施工顺序等。它是指导现场施工的主要技术文件之一。

## 二、施工现场准备

### (一) 施工场地准备要求

1）施工前应根据施工地点水文、工程地质勘探资料及机具、设备、动力、材料、运输等供应情况进行施工场地布置。

场地为旱地时，应平整场地、清除杂物、换除软土、夯打密实。钻机底座不宜直接置于不坚实填土上，以防产生不均匀沉陷。场地为陡坡时，可用木排架或枕木搭设工作平台。场地为浅水时，宜采用筑岛法，岛顶面通常高出水面 0.5～1 m。场地为深水时，根据水深、流速及水底地层等情况，采用固定式平台或浮动式钻船。

2）对设计单位交付的测量资料进行检查，复核测量基线和基点，标定钻孔桩位和高程。

3）在施工平面图上应标明桩位、编号、施工顺序、水电线路和临时设施；采用泥浆钻进时，应标明泥浆制备设施及其循环系统。

4）设备进场前要做到“三通一平”，即路通、水通、电（料）通、施工场地平整。

5）场地布置要力求合理，特别要注意运输畅通，有利于平行交叉作业，废水、废浆、废渣的排放符合环保法规，做到文明施工。

### （二）埋置护筒

#### 1. 护筒的作用

护筒的作用包括：①固定桩位，并作钻孔导向；②保护孔口，防止孔口土层坍塌；③隔离地表水，并保持钻孔内水位高出施工水位以稳定孔壁。

#### 2. 对护筒的一般要求

对护筒的一般要求如下：

1）护筒内径应比设计的桩径稍大，用冲抓或冲击方法大 0.2～0.3 m，回转方法大 0.1～0.2 m。

2）护筒顶端高度。在旱地施工时，应高出地面 0.3 m，在水上施工时，应高出施工水位 1.0～1.5 m；若为易塌孔时，宜高出施工水位 1.5～2.0 m，以保持一定泥浆水头；当孔内有承压水时，应高出稳定水位 1.5～2.0 m。

3）护筒制作要求坚固、耐用、不易变形、不漏水，安装和起拔方便并能重复使用。

#### 3. 护筒的埋置

1）护筒顶标高应高出地下水位和施工最高水位 1.5～2.0 m；无水地层钻孔因护壁顶部设有溢浆口，护筒顶也应高出地面 0.2～0.3 m。

2）护筒底应低于施工最低水位（一般低 0.1～0.3 m 即可）。深水下沉埋设的护筒应沿导向架借自重、射水、振动或锤击等方法将护筒下沉至稳定深度。入土深度：黏性土不宜小于 1.0 m，砂性土不宜小于 1.5 m。

3）护筒挖坑不宜过大（一般比护筒直径大 0.60～1.0 m），护筒四周应夯填密实的黏土，护筒底应埋置在稳固的黏土层中，否则也应换填黏土夯实，其厚度一般为 0.5 m。

#### 4. 护筒的种类

（1）木护筒

木护筒一般用 3 cm 厚木板制作，为加强它的整体性，可在外围加二、三道 5 cm 的弧形肋木。为便于拆卸，可将肋木做成两个半圆形，用螺栓加木板连接。护筒板缝应刨平合严，防止漏水。当用于透水性强的地层时，可做成双层木板护筒，两层中间用黏土填实。还有一种双层薄板护筒，中间夹油毡，内外层板缝错开，也可防止漏水。

木护筒重量轻，加工方便，搬运和埋设都较容易。它的缺点是重复使用次数少，易坏，耗用木材多。其结构如图 5－6a 所示。

（2）钢护筒

钢护筒坚固耐用，重复使用次数多，用料较省，在无水河床或岸滩和深水中都可使

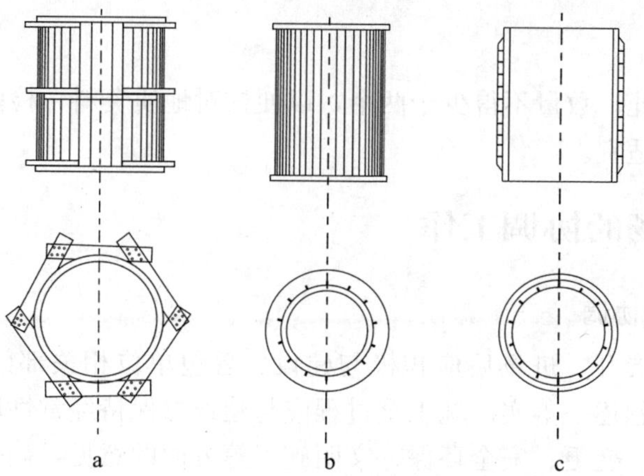


图 5-6　各种护筒示意图

a—木护筒；b—钢护筒；c—钢筋混凝土护筒

用。钢护筒一般用 3～5 mm 厚的钢板制作。为增加刚度防止变形，可在护筒上下端和中部的两侧各焊一道加强肋。它可做成整体的或两个半圆的。两个半圆钢护筒在竖向和水平向均有用角钢制成的法兰。竖向法兰用螺栓互相连接成为整圆；水平向法兰用螺栓互相连接后，可以逐节接长护筒。用钢丝绳或弹簧作为连接件的双开护筒，使用比较方便，只要护筒长度略大于水深与护筒入土深度之和，在拆卸护筒时就可避免水下作业。其结构如图 5-6b 所示。

(3) 钢筋混凝土护筒

钢筋混凝土护筒适用于深水钻孔，每节长度为 2～3 cm，壁厚 8～10 cm，配筋应根据吊装、下沉、加压方法经计算决定。这种护筒一般与桩身混凝土浇筑在一起，不再拔出。其结构如图 5-6c 所示。

（三）泥浆的制备和处理

1）除能自行造浆的黏性土层外，均应制备泥浆。泥浆制备应选用高塑性黏土或膨润土。泥浆应根据施工机械、工艺及穿越土层情况进行配合比设计。

2）泥浆护壁应符合下列规定：①施工期间护筒内的泥浆面应高出地下水位 1.0 m 以上，在受水位涨落影响时，泥浆面应高出最高水位 1.5 m 以上；②在清孔过程中，应不断置换泥浆，直至浇筑水下混凝土；③浇筑混凝土前，孔底 500 mm 以内的泥浆相对密度应小于 1.25，含砂率不得大于 8%，黏度不得大于 28 s；④在容易产生泥浆渗漏的土层中应采取维持孔壁稳定的措施。

3）废弃的浆、渣应进行处理，不得污染环境。

（四）设备安装

1）在钻孔过程中，成孔中心必须对准桩位中心，钻机（架）必须保持平稳。

2）钻台行走钢轨铺设必须平直、稳固，其对称线与桩孔中心线的偏差不得大于 20 mm，轨道面上任意两点的高差不得大于 10 mm。钻台运行时钢轨不应有明显沉陷。

3）设备安装就位之后，应精心调平，并支撑牢固。作业之前，设备应先试运转检查。

（五）试成孔

施工前必须试成孔，数量不得少于两个，以便核对地质资料，检验所选的设备、施工工艺以及技术要求是否适宜。

## 三、施工现场的协调工作

**1. 与建设单位的协调**

为保证施工尽快展开，进场后应积极与建设、总包单位相关部门联系，主要就施工用地、用电、用水等问题逐一落实。施工全过程应与建设方保持经常性联系，积极征询采纳有关单位对质量、进度、变更、安全环保、文明施工等方面的意见，确保施工文明有序，让招标单位达到最大程度的满意。

**2. 与设计单位的协调**

1）中标后，协助驻场监理、甲方代表及时同设计单位联系，进行开工前的设计技术交底。

2）如果在图纸中发现问题，应及时向驻场监理汇报，并向设计人员征求意见，经设计人员同意，办理设计变更后方可进行施工。严格按施工设计图纸施工，未经设计同意，不得随意更改设计。

3）积极邀请设计单位的有关人员参加关键部位的技术方案讨论审定会，充分理解设计意图，把设计思想贯穿进实际施工工程中，经理部及时与设计院驻场代表联系，解决施工中产生的变更设计问题，确保工程顺利进行。

**3. 与监理工程师的协调**

1）充分配合监理工程师的“质量、进度、投资”控制和合同、信息管理职能，做好基础工作。

2）在施工过程中，严格按照经甲方及监理工程师批准的施工组织设计进行质量管理。在班组自检和安质部专检的基础上，接受监理工程师的验收和检查，并按照监理要求，予以整改。

3）贯彻质量控制、检查、管理制度。所有进场的成品、半成品、设备、材料等均要求向监理工程师提交产品合格证、质量保证书及进场报验单，请监理工程师共同把关，审核生产单位的资质、信誉等是否符合本工程的要求。

4）部分或分项检查工序的质量，严格执行上道工序不合格，下道工序不施工的准则，使监理工程师能顺利展开工作。

5）积极配合试验监理工程师完成对各项试验项目的有见证送检。

# 第三节　灌注桩的施工

钻孔灌注桩施工应根据地质条件、桩径大小、入土（岩）深度和设备条件选用适当钻具和钻孔方法，以保证顺利地钻到预计孔深（各种成孔方法见第三章），然后，清孔、下钢筋笼、灌注混凝土等，见图5－3。

# 一、泥浆护壁钻孔灌注桩成孔施工

## （一）桩孔施工的一般规定

下述桩孔施工的有关规定采用了行业标准《建筑桩基技术规范》（JGJ 94—2008）中的相关部分。

1）本规定适用于回转、冲击、冲抓、螺旋钻、潜水钻、沉管成孔、钻孔扩底、人工挖孔等桩孔施工，不包括爆扩灌注桩。

2）在建筑物旧址或杂填土区域施工时，应先用钎探或其他方法，探明桩位处的地下情况。有浅埋旧基础、大石块、废铁等障碍物时，应先挖除或采取其他处理措施。

3）回转钻机钻架天车滑轮槽缘、回转器中心和桩孔中心三者应在同一铅垂线上，以保证钻孔垂直度，回转器中心同桩孔中心位置偏差不得大于 20 mm。

4）冲击或冲抓钻机钻架天车滑轮槽缘的铅直线应对准桩孔中心，其偏差不得大于 20 mm。

5）桩孔施工应尽量一次不间断完成，不得无故中途停钻，施工中，各岗位操作人员必须认真履行岗位职责，详细交代钻进情况及下一班应注意的事项。

6）桩孔施工到设计深度后，应会同有关部门对孔深、孔径、孔的垂直度、孔位以及其他情况进行检查，确认符合设计要求后，应填写终孔验收单。

7）桩孔竣工、搬移钻机后，必须保护好孔口，防止人员或杂物不慎掉落孔内。

## （二）桩孔质量标准和检测方法

### 1. 桩孔质量标准

桩孔质量标准如下：

1）桩孔直径的超径系数（充盈系数）不宜大于 1.3，不得小于 1.0，孔深达到设计要求。

2）孔底沉渣或虚土允许厚度。当桩以摩擦力为主时不得大于 100 mm，桩以端承力为主时不得大于 50 mm，桩以抗拔、抗水平力为主时不得大于 200 mm，沉管成孔的灌注桩不得有沉渣。

3）斜桩倾斜度的偏差，不得大于倾斜角（桩身轴线与铅垂线间的夹角）正切值的 15%。

4）其他质量标准见表 5 - 5。

### 2. 检测方法

桩孔质量检测方法如下：

1）孔深一般采用校正钻杆和钻具的方法检测或用标准测绳测锤测定。

2）孔径和孔形一般采用与设计同尺寸的球形孔径检查器，用钢丝绳吊放孔内，如上下顺畅，则为孔径符合设计要求。必要时，可用专门测量孔径的井径仪（例如，伞形孔径仪）测定。

3）桩位一般用经纬仪、水准仪测定。

4）桩孔垂直度可在钻杆内下入钻孔测斜仪测定。测斜仪的上下端应加导正环。进行量测时，钻杆下部应连接钻头，上部钢丝绳应拉直，使钻杆柱的轴线与桩孔中心线保持一致。

5）孔底沉渣一般采用标准测绳测锤、电阻率法、声波法测量。

各种检测仪器和器具应正确操作使用，妥善保管，并定期检修标定。

**表 5－5　灌注桩成孔施工允许偏差**

| 成孔方法 | | 桩径偏差 mm | 垂直度允许偏差 % | 桩位允许偏差/mm | |
|---|---|---|---|---|---|
| | | | | 1～3 根桩、条形桩基沿垂直轴线方向和群桩基础中的边桩 | 条形桩基沿轴线方向和群桩基础的中间桩 |
| 泥浆护壁钻、挖、冲孔桩 | $d$≤1000 mm | ≤－50 | 1 | $d$/6 且不大于 100 | $d$/4 且不于 150 |
| | $d$＞1000 mm | －50 | | 100＋0.01$H$ | 150＋0.01$H$ |
| 锤击（振动）沉管振动冲击沉管成孔 | $d$≤500 mm | －20 | 1 | 70 | 150 |
| | $d$＞500 mm | | | 100 | 150 |
| 螺旋钻、机动洛阳铲干作业成孔灌注桩 | | －20 | 1 | 70 | 150 |
| 人工挖孔桩 | 现浇混凝土护壁 | ±50 | 0.5 | 50 | 150 |
| | 长钢套管护壁 | ±20 | 1 | 100 | 200 |

注：桩径允许偏差的负值是指个别断面。$H$ 为施工现场地面标高与桩顶设计标高的距离，$d$ 为设计桩径。

（三）清孔

清孔的目的是彻底清除孔底沉淀的钻渣和替换孔内浓泥浆，保证灌注混凝土的质量和桩承载力。

**1. 清孔的一般规定**

1）清孔是通过循环冲洗液，携带孔底沉渣，使之符合规定要求。干作业施工的桩孔，不得用冲洗液清除孔底虚土，应采用专门的掏土工具或加碎石夯实的办法进行处理。

2）桩孔终孔后应立即清孔，以免沉渣增多而增加清孔工作量和清孔难度。

3）清孔过程中应随时观测孔底沉渣厚度和冲洗液含渣量，当冲洗液含渣量小于 4%时，孔底沉渣符合规定即可停止清孔，并应保持孔内水头高度，防止发生塌孔事故。

4）清孔结束，应在 2 h 内开始灌注混凝土，并应在灌注混凝土前探测孔底沉渣厚度，若超出规定应重新清孔。

5）沉渣厚度的测量因所用的钻头不同而采用不同的测量方法。①用平底钻头、冲击钻头，冲抓锥施工的桩孔，沉渣厚度以钻头或冲抓锥底部所到达的孔底平面为测量起点；②用锥底形的钻头施工，孔底为圆锥体形，沉渣厚度以圆锥体形的中点标高（作为桩底设计标高）为测量起点。③沉渣厚度应使用圆锥形测锤测定，锤底直径约为 130～150 mm，高度约为 180～200 mm，可用钢板焊制，中间灌钢砂配重，也可用圆钢加工制作，其质量视所系绳索种类，测探深度和泥浆相对密度等确定，一般为 3～5 kg。测绳以通用的水文测绳为宜。

**2. 清孔的方法**

（1）压风机清孔（亦称抽浆清孔）

压风机清孔，是用压缩空气抽吸出含钻渣的泥浆而达到清孔的目的。由风管将压缩空气输入排泥（渣）管，使泥浆形成密度较小的泥浆空气混合物，在管外液柱压力下沿排泥管向外排出泥浆和孔底沉渣，同时用水泵向孔内注水，保持水位不变直至喷出清水或沉渣厚度达到设计要求为止。

1）压风机清孔适用于孔壁稳定、孔深较大的各种直径的桩孔。

2）压风机清孔的主要设备机具包括空气压缩机（简称空压机）、出水管、送风管、气水混合器等。压风机的主要技术参数一般风量为6～9 $m^3$/min，风压0.7 MPa，出水管直径一般不宜小于108 mm，送风管直径可为10～25 mm。设备机具的规格型号应根据孔深、孔径等进行合理选择。管路系统的连接必须密封良好，无漏气、漏水现象。

3）出浆管的下入深度应以出浆管底距沉渣面300～400 mm为宜，出浆管底端宜加工成齿状。风管的下入深度一般以混合器至水位高度与孔深之比为0.55～0.65为宜。

4）开始送风时，应先向孔内供水，停止清孔时，应先关气后断水，以防止水头损失塌孔。

5）送风量应从小到大，风压应稍大于孔底水头压力。当孔底沉渣较厚、块度较大或沉淀密实时，可适当加大送风量，并摇动出浆管，以利排渣。

6）随孔底沉渣不断减少，出浆管应适时跟进以保持出浆管底口与沉渣的距离为300～400 mm。

（2）换浆清孔

换浆清孔是利用正、反循环回转钻机，在钻孔完成后不停钻、不进尺，继续循环清渣，直至达到清孔的质量要求。

A. 正循环泥浆清孔

1）正循环泥浆清孔一般适用于淤泥层、砂土层、基岩施工的桩孔，孔径不宜大于800 mm。

2）清孔时，先将钻头提离孔底80～100 mm，输入相对密度为1.05～1.08的新泥浆进行循环。把桩孔内悬浮大量钻渣的泥浆替换出来，并清洗孔底。若孔底沉渣物粒径较大，正循环泥浆清孔难以将其携带上来，或长时间清孔，孔底沉渣厚度仍超过规定要求时，应改换清孔方式。

3）清孔时，孔内泥浆上返流速不应小于0.25 m/s，返回孔内泥浆相对密度不应大于1.08。

B. 泵吸反循环清孔

1）泵吸反循环清孔一般适用于$\phi$600 mm以上的桩孔，且孔底沉淀物的块度小于钻杆内径。

2）泵吸反循环钻进施工的桩孔，在钻进到达孔深位置后，停止回转钻具并将钻头提离孔底50～80 mm，持续进行泵吸反循环，直到符合清孔的有关规定要求。

3）清孔时，送入孔内的冲洗液不得少于砂石泵的排量，防止冲洗液补给量不足，孔内水位下降导致塌孔。砂石泵出水阀的开口应根据清孔情况适时调整。以免泵吸量过大吸塌孔壁。返回孔内冲洗液的相对密度不应大于1.05。

（3）掏渣清孔

干钻（无循环液）施工的桩孔，不得用循环液清除孔底虚土，应采用掏渣筒、抓（斗）锥清孔或采用向孔底投入碎石夯实的办法使虚土密实，达到清孔目的和设计要求。

## 二、泥浆护壁钻孔灌注桩成桩施工

### （一）钢筋笼的制作及吊放

#### 1. 钢筋笼制作的一般规定

（1）钢筋笼制作要求

1）钢筋笼主筋直径不宜小于 16 mm，截面配筋率控制在 0.35%～0.5%之间，钢筋笼长度不应小于 14 倍桩径（图 5－7，图 5－8）。

图 5－7　钢筋笼各部分名称

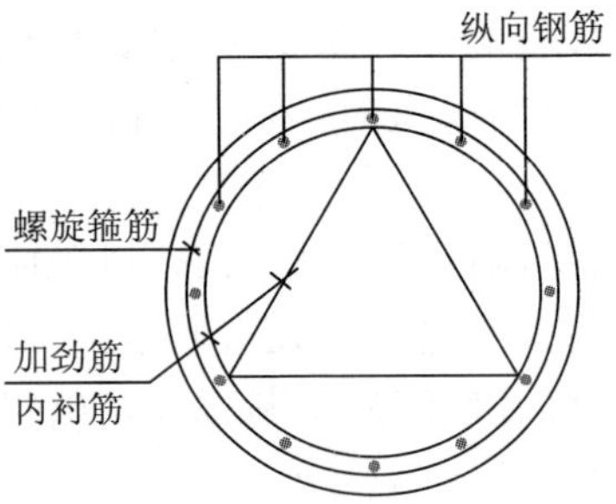


图 5－8　钢筋笼剖面示意图

2）钢筋的种类、钢号及规格应符合设计要求。对钢筋的材质有疑问时，应进行物理力学性能或化学成分的分析试验。

3）制作前应除锈、整直，用于螺旋筋的盘筋不须整直。主筋一般应尽量用整根钢筋。焊接用的钢材，须进行可焊性和焊接质量的检验。

4）为了便于运输和下笼，当钢筋笼全长超过 10 m 时宜分段制作。分段后的主筋接头应互相错开，保证同一截面内的接头数目不多于主筋总根数的 50%。两个接头的间距应大于 50 cm。接头可采用搭接、帮条或坡口焊接，也可采用绑扎加点焊。但要保证连接处能承受钢筋笼的自重。

5）钢筋笼制作的允许偏差应符合下列规定：

| | |
|---|---|
| 主筋间距 | ±10 mm |
| 箍筋间距 | ±20 mm |
| 钢筋笼直径 | ±10 mm |
| 钢筋笼长度 | ±100 mm |

6）主筋的混凝土保护层厚度不应小于 30 mm，水下灌注混凝土桩保护层厚度不应小于 50 mm。保护层的允许偏差应符合下列规定：

| | |
|---|---|
| 水下灌注混凝土成桩 | ±20 mm |
| 干孔灌注混凝土成桩 | ±10 mm |

7）每节钢筋笼的保护层垫块不得少于两组，垫块可用混凝土制作，也可用钢筋或钢管等材料制作。垫块混凝土标号不应低于桩身混凝土标号。垫块应固定在主筋上，靠孔壁的一面应是圆弧形，以减少吊放钢筋笼时的阻力，避免钢筋笼剐撞孔壁。

（2）钢筋笼的焊接要求

1）主筋的焊接不得在同一横断面上。应错开焊接。主筋的焊接长度，应为主筋直径的

10～15倍。

2）加劲筋的焊接长度应为加劲筋直径的8～10倍。加劲筋主筋的焊接应采用点焊。

3）螺旋筋与主筋可用细铁丝绑扎，并间隔点焊固定。

（3）加强措施

钢筋笼直径较大或较长时，为防止在吊放或运输中变形，应采取加强措施。

（4）校直

为保证钢筋笼的圆度和直度，制作钢筋笼的主筋必须校直。

（5）其他要求

主筋为高碳钢材质时，不宜采用焊接方法，以免焊接高温影响主筋强度。箍筋宜用细铁丝与主筋绑扎。

**2. 钢筋笼的制作**

1）制作钢筋笼的主要设备和工具有电焊机、钢筋切割机、钢筋圈制作台、支撑架等。

2）钢筋笼制作程序：①根据设计计算箍筋用料长度、主筋分段长度。将所需钢筋校直后用切割机成批切好备用。由于切断待焊的箍筋、主筋、螺旋筋的规格尺寸不尽相同，应注意分别摆放，防止用错。②在钢筋圈制作台上制作箍筋并按要求焊接。③将支撑架按2～3 m的间距摆放在同一水平面上的同一直线上，然后将配好定长的主筋平直地摆放在支撑架上。④将箍筋按设计要求套入主筋（也可将主筋套入箍筋内），且保持与主筋垂直，进行点焊或绑扎。⑤箍筋与主筋焊好或绑扎好后，将螺旋筋按规定间距绕于其上，用细铁丝绑扎并间隔点焊固定。⑥焊接或绑扎钢筋笼保护层垫块。保护层厚度一般以6～8 cm为宜。钢筋混凝土预制垫块或焊接钢筋“耳朵”，钢筋“耳朵”的直径不小于10 mm，长度不小于15 cm，高度不小于8 cm，焊在主筋外侧。⑦将制作好的钢筋笼稳固地放置在平整的地面上，防止变形。

3）对制作好的钢筋笼应按图纸尺寸和焊接质量要求进行检查，不合格者，应予返工。

4）钢筋笼制作方法：钢筋笼制作可用钢筋弯弧机、钢筋笼机械模板、钢筋笼滚焊机等制作，如图5-9至图5-11所示。

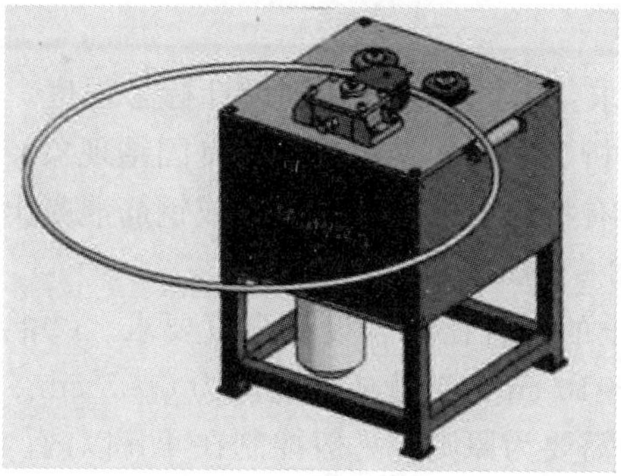

图5-9　钢筋弯弧机

图5-10　钢筋笼机械模板

**3. 钢筋笼的吊放**

1）钢筋笼的吊放应设2～4个位置恰当的起吊点。钢筋笼直径大于1300 mm，长度大于6 m时，可采取措施对起吊点予以加固，以保证钢筋笼起吊不变形。

图 5-11　钢筋笼滚焊机（青岛华雷重工设备）

2）吊放钢筋笼入孔时，应对准孔位轻放、慢放入孔。钢筋笼入孔后应徐徐下放，不得左右旋转。若遇阻碍应停止下放，查明原因进行处理。严禁高起猛落、碰撞和强行下放。

3）钢筋笼过长时宜分节吊放，孔口焊接。分节长度应按孔深、起吊高度和孔口焊接时间合理选定。孔口焊接时，上下主筋位置应对正，保持钢筋笼上下轴线一致。

4）钢筋笼全部入孔后，应按设计要求检查安放位置并做好记录。符合要求后，可将主筋点焊于孔口护筒上或用铁丝牢固绑扎于孔口，以使钢筋笼定位，防止钢筋笼因自重下落或灌注混凝土时往上窜动造成错位。

5）桩身混凝土灌注完毕达到初凝后，即可解除钢筋笼的固定措施，以使钢筋笼在混凝土收缩时不影响固结力。

6）采用正循环或压风机清孔时，钢筋笼入孔宜在清孔之前进行。若采用泵吸反循环清孔，钢筋笼入孔一般在清孔后进行。若钢筋笼入孔后未能及时灌注混凝土，停隔时间较长，致使孔内沉渣超过规定要求，应在钢筋笼定位可靠后重新清孔。

### （二）混凝土的配制与灌注

#### 1. 混凝土配制与灌注的一般要求

1）桩身混凝土在 28 d 龄期后应达到下列要求：①抗压强度达到设计标号强度。②凝固密实，胶结良好，不得有蜂窝、空洞、裂隙、离析、夹层、夹泥渣等不良固结现象。③水泥砂浆与钢筋黏结良好，不得有脱黏露筋现象。④有特殊要求时，混凝土或钢筋混凝土的其他性能指标符合设计要求。⑤桩身混凝土容重为 23～24 kN/$m^3$。

2）混凝土的配制应满足下列要求：①混凝土的配合比符合设计强度要求。②混凝土坍落度：水下灌注为 16～22 cm，干作业灌注为 8～10 cm，沉管成孔灌注为 6～8 cm。③混凝土具有良好的和易性，初凝时间以满足灌注时间需要为原则，一般控制在 4 h 以内。④混凝土应具有良好的黏结性和保水性。

3）水下混凝土灌注采用导管灌注法。灌注作业应连续紧凑，中途不得中断，使灌注工作在初次灌入的混凝土仍具塑性的时间内完成。灌注中严禁将导管拔出混凝土面，以免出现断桩事故。

4）实际灌入的混凝土量不得少于设计桩身直径的理论体积，灌注充盈系数，不得小于

1.0，一般也不宜大于1.3。灌注充盈系数可通过下列公式进行计算检查：

灌注充盈系数＝实际灌入的混凝土体积（$m^3$）/按设计桩径计算的体积（$m^3$）

5）必须认真完整地填写混凝土灌注施工记录，并按要求绘制有关图表，作为检查工程质量的原始依据。

**2. 混凝土配制材料**

（1）水泥

1）水泥是混凝土的胶结料，一般采用硅酸盐水泥、普通硅酸盐水泥（简称普通水泥）。有特殊需要时，可使用高强矿渣硅酸盐水泥（简称矿渣水泥）、火山灰质硅酸盐水泥（简称火山灰水泥）、抗硫酸盐水泥、油井水泥、地勘水泥等特种水泥。

2）选用水泥标号时，应以能达到要求的混凝土标号并能尽量减少混凝土的收缩和节约水泥为原则。在不使用外加剂、高强振捣、特殊养护等特殊措施时，选用的水泥标号应为混凝土标号的1.5～2倍，且不宜低于425#。

3）水泥应符合现行水泥标准的规定要求，必须有制造厂的试验报告单、质量检验单、出厂证等文件，并按其品种、标号和试验编号等进行检查验收。工地领用水泥时必须进行核对，避免差错。

4）袋装水泥在储运时应妥善保管，防雨、防潮，堆放在距离地面一定高度的堆架上。堆放高度不宜超过12袋。不同标号品种、厂家和出厂日期的水泥应分别堆放，以便分别使用和按出厂日期的先后顺序使用。

5）已受潮的水泥，或不同标号、品种混杂的水泥，不得用于配制钻孔桩混凝土，也不得在一根桩内，使用不同标号品种和厂家的水泥配制桩身混凝土。

（2）粗骨料

1）粗骨料宜选用坚硬卵砾石和碎石，其规格应符合要求，不得使用曾受矿化水，特别是酸水侵蚀过的石灰岩碎石。水下混凝土应优先采用符合要求的碎石作粗骨料。

2）石料中泥土杂物含量超过规定时，应过筛并用水冲洗以除去泥土杂物；若混入煤、煤渣、白灰、碎砖或煅烧过的石块等难以筛选的杂物，则禁止使用。

3）石粒一般采用粒径为20～40 mm，最大粒径不得大于导管内径的1/8～1/6和钢筋最小净距的1/3，用于素混凝土的石料粒径不宜大于50 mm，最大粒径不得大于导管内径的1/5～1/4。

4）石粒的级配应保证混凝土具有良好的和易性。石粒规格不符合级配要求时，可通过试验掺加另一种规格的石粒，使之符合设计要求。

5）每批石粒进场，应有检验报告单以检查石粒是否符合要求。现场石料应堆放于干净之处，不使泥土杂物混入。

（3）细骨料

1）细骨料应选用级配合理、质地坚硬、颗粒洁净的天然中、粗河砂。

2）每批砂料进场应有检验报告单，以检查砂料是否符合要求。如砂中泥土杂物含量超过要求时，可过筛并用水冲洗后用。

（4）拌和用水

拌制混凝土用水应符合下列规定：

1）水中不含有影响水泥正常凝结硬化的有害杂质，不得含有油脂、糖类及游离酸等。

2）污水、pH值小于4的酸性水和含硫酸根量超过水重1%的水均不得使用。

3）钢筋混凝土灌注桩不得用海水拌制混凝土。

4）拌制混凝土前，应对拌和用水进行水质分析检验。并进行拌和试验。使用供饮用的自来水或清洁的天然水作拌和用水，可免做试验。

（5）外掺剂

混凝土中掺入适量外掺剂，能改善混凝土的工艺性能，加速工程进度及节约水泥用量。混凝土中掺入的外掺剂，必须先经过试验，以确定外掺剂使用种类、掺入量和掺入程序。外掺剂试验及现场使用，应有专人负责掌握，精确称量，做好记录。常用外掺剂有速凝剂、缓凝剂、减水剂和早强剂。

1）减水剂对水泥颗粒起扩散作用，使水泥凝聚体中的水释放出来，使水泥得以充分水化，减少用水量。常用减水剂有纸浆废液（掺量为水泥质量的0.2%～0.3%，下同）和木质素磺酸钙（0.2%～0.3%）。

2）早强剂是提高混凝土早期强度的试剂。常用早强剂有氯化钙（素混凝土掺量2%）和三乙醇胺复合剂（氯化钠0.3%＋三乙醇胺复合剂0.05%＋亚硝酸钠0.5%～1.0%）。

3）加气剂能减少用水量，提高抗冻能力，适用于浇筑配筋较密的构件。常用加气剂有松香加气剂（松香酸钠0.007%～0.01%）和铝粉加气剂（0.05%～8%）。

4）速凝剂有加快凝结速度的作用，用于喷射混凝土及地下堵漏工程。常用速凝剂有711速凝剂（掺量2.5%～3.5%）和红星Ⅰ型速凝剂（2.5%～4.0%）。

5）缓凝剂具有延缓凝结时间的作用。高温季节、泵送混凝土及某些施工操作需用缓凝剂。常用缓凝剂有糖蜜缓凝剂（温度25～35 ℃时，掺量0.1%～0.3%）。

6）防冻剂为亚硝酸钠和硫酸钠复合剂（－3～－10 ℃时，亚硝酸钠2%～8%，硫酸钠3%）。

**3. 混凝土配合比设计**

（1）混凝土配合比设计的一般要求

1）混凝土的配合比应通过试验选定。在经济合理和节约水泥用量的原则下，所配制的混凝土拌和物应满足和易性、流动性、坍落度及凝固时间等工艺要求，并应达到设计标号强度及其他的特殊要求（抗冻、抗渗、抗侵蚀性等）。

2）混凝土试配前，应根据混凝土设计标号和所要求的坍落度进行配合比试验设计。考虑到施工条件与试验条件的差别，试配标号应比设计标号提高20%。若对混凝土还有其他技术性能要求，应在试配设计中增加相应的试验项目，以便取得有关数据，指导施工现场混凝土配制工作。

3）混凝土试配应使用施工实际采用的混凝土材料并按下列要求试配：①水灰比宜为0.5～0.6，最大水灰比不宜超过0.65。确定水灰比应考虑砂石的含水率。②含砂率为40%～50%；坍落度小于10 cm时，可适当降低含砂率。③石料可按（1.2～1.5）∶1的石砂比计算用量。如用碎石，含砂率增加约3%。④每立方米混凝土的水泥用量，若为水下灌注一般不得少于420 kg，若为干孔灌注不得少于300 kg。⑤水泥标号不宜低于425#。⑥保持坍落度降低至15 cm的时间，不宜低于1.0 h。

4）试配时，至少应采用三个不同的配合比。每一配合比的水灰比差值为0.02～0.03。每种配合比应至少制作一组（三块）试块，并模拟桩孔内条件进行养护，对28 d龄期试块作轴心抗压强度测定，检查试配标号是否达到要求。若达不到要求，应调整配比继续试配；若试配的各个配比均超过要求，选择其中合适的配比，作进一步的试配调整，以最终选定合适的配比。

5）整理配比的试配资料数据，填写“混凝土配合比试验报告单”，通知现场施工人员遵照执行。

（2）水下混凝土配合比设计计算

以水泥为基数，分初步设计计算和试配调整两个阶段。

A. 水下混凝土配合比设计

1）用水量计算如下：

普通混凝土：

$$m_{w}=\frac{10}{3}(s+k) \tag{5-1}$$

加气混凝土：

$$m_{wa}=m_{w}-k_{a}A \tag{5-2}$$

式中：$m_{w}$ 为每立方米混凝土用水量，kg；$m_{wa}$ 为每立方米混凝土中的加气混凝土用水量，kg；$s$ 为坍落度；$k_{a}$ 为减水系数，3.4～3.8；$A$ 为含气量；$k$ 为试验常数，见表 5-6。

**表 5-6　骨料粒径与 $k$ 值的关系**

| 骨料最大粒径/mm | | 10 | 20 | 40 | 80 |
|---|---|---|---|---|---|
| $k$ 值 | 碎石 | 57.5 | 53 | 48.5 | 44 |
| | 卵石 | 54.5 | 50 | 45.5 | 41 |

注：用火山灰质水泥时，增加 4.5～6.0；用细砂时，增加 3.0。

2）水泥用量计算。除满足强度要求外，还应满足耐久性要求。当按强度计算的水灰比和水泥用量达不到耐久性要求时，则按耐久性的要求确定。

a. 按强度要求选择水灰比：

$$f_{p}=a\times f_{c}\left(\frac{c}{w}-b\right) \tag{5-3}$$

式中：$f_{p}$ 为混凝土试配强度，MPa；$f_{c}$ 为水泥标号，MPa；$c/w$ 为灰水比，即水灰比的倒数；$a$，$b$ 为系数，见表 5-7。

**表 5-7　$a$，$b$ 系数值**

| 粗骨料种类 | 卵石 | | 碎石 | |
|---|---|---|---|---|
| 水泥品种 | 硅酸盐水泥<br>普通水泥 | 矿渣水泥<br>火山灰质水泥<br>粉煤灰水泥 | 硅酸盐水泥<br>普通水泥 | 矿渣水泥<br>火山灰质水泥<br>粉煤灰水泥 |
| $a$ | 0.43 | 0.50 | 0.52 | 0.50 |
| $b$ | 0.44 | 0.66 | 0.56 | 0.58 |

b. 耐久性对水灰比和水泥用量的要求（抗渗、抗冻、抗磨及对盐类和化学物质抗侵蚀能力），抗渗要求满足表 5-8 列出的条件，水泥用量小于 300 kg。抗冻要求混凝土满足表 5-9 列出的条件。

表 5-8　抗渗等级对水灰比的要求

| 抗渗等级 | $S_2$ | $S_4$ | $S_8$ | $S_{10}$、$S_{12}$ |
|---|---|---|---|---|
| 水灰比 | 0.60～0.65 | 0.55～0.60 | 0.50～0.55 | <0.5 |

表 5-9　抗冻等级对水灰比的要求

| 抗冻等级 | $D_{25}$～$D_{50}$ | $D_{100}$ | $D_{200}$ |
|---|---|---|---|
| 水灰比 | <0.65 | <0.60 | <0.5 |

c. 水泥用量 $m_c$。根据已定的用水量和水灰比即可计算水泥用量。

3）砂石用量计算：每立方米混凝土中，骨料所占的绝对体积按下式计算：

$$V = 1000 - m_w - \frac{m_c}{\rho_c} - 1000k_a \tag{5-4}$$

式中：$V$ 为每立方米混凝土中骨料的绝对体积，L；$m_w$ 为每立方米混凝土中的用水量，kg；$m_c$ 为每立方米混凝土中的水泥用量，kg；$k_a$ 为含气量，一般水下混凝土为 1%～2%，加气混凝土为 3%～6%；$\rho_c$ 为混凝土的密度。

水下混凝土的含砂率可按下式计算：

$$\beta_s = K\frac{e\rho_s}{\rho_g + e\rho_s} \times 100\% \tag{5-5}$$

$$e = \left(1 - \frac{\rho_g}{D_h}\right) \times 100\%$$

式中：$\beta_s$ 为含砂率，%；$e$ 为粗骨料空隙率，%；$\rho_s$、$\rho_g$ 分别为砂、石的表观密度，kg/m³；$D_h$ 为粗骨料的相对密度；$K$ 为富余系数，1.3～1.4。

每立方米混凝土中砂、石用量可用下面的联立方程求解：

$$\begin{cases} \dfrac{m_s}{m_s + m_g} = \beta_s \\ \dfrac{m_s}{\rho_s} + \dfrac{m_g}{\rho_g} = 1000 - \left(\dfrac{m_c}{\rho_c} + \dfrac{m_w}{\rho_w}\right) - 1000k_a \end{cases} \tag{5-6}$$

式中：$m_s$，$m_g$ 分别为每立方米混凝土中砂、石用量，kg/m³；$\rho_c$，$\rho_w$ 分别为水泥和水的密度，kg/m³；其他符号意义同前。

B. 水下混凝土配合比示例

表 5-10 给出水下混凝土配合比示例。

表 5-10　水下混凝土配合比示例

| 粗骨料最大粒径 mm | 坍落度 cm | 水灰比 $w/c$ | 水泥用量 kg·m⁻³ | 砂率 % | 导管直径 cm | 28 d 强度 MPa | 外掺剂 | 工程类型 |
|---|---|---|---|---|---|---|---|---|
| 40 | 17 | 0.435 | 390 | 40 | 25 | 38 | 加 | 灌注桩 |
| 25 | 17 | 0.44 | 370 | 32 | 25 | 40.3 | 加 | 灌注桩 |
| 25 | 17 | 0.465 | 390 | — | 15 | 38.1 | 加 | 地连墙 |

**4. 混凝土拌制**

1）现场拌制混凝土时，材料的配合误差应符合下列规定：①按质量计，水泥和干燥状态的外掺剂，容许误差不得超过 2%。②按质量计，砂、石料，容许误差不得超过 5%。

③视砂石的含水率调整水量，以保证混凝土的实际水灰比符合要求。④按质量计，水、外掺剂的水溶液，容许误差不得超过2%。

2）混凝土应采用机械搅拌，并搅拌至各种组成材料混合均匀、颜色一致。搅拌时间计算，从全部材料装入搅拌机开始搅拌起，至机内混凝土出黏为止。

3）首批混凝土出料时应进行坍落度测定，检验混凝土配比。至灌注中期和后期，按灌注的不同部位，进行混凝土坍落度测定，检查混凝土配比的变化情况，并填入“水下混凝土灌注记录表”。

4）拌制好的混凝土应以最短距离运至待灌注的桩孔并尽快灌注。运送容器应无漏浆、不吸水、无泥土杂物和严重锈蚀。

5）搅拌机工作完毕应立即冲洗干净，擦净各运转部件的混凝土积物，添加润滑油，按要求做好检修保养。运送混凝土的容器应冲洗清除黏附的混凝土残渣。

**5. 混凝土灌注**

1）混凝土灌注分干孔灌注和水下灌注。干孔灌注一般可直接由孔口倾倒，通过混凝土自重捣实，必要时也可利用捣振工具捣实。水下灌注，则通过灌注导管连续灌入混凝土成桩。

2）灌注导管用钢管制作，其技术规格及适用桩孔孔径见表5-11。

**表5-11　灌注导管用钢管技术规格及适用桩孔孔径**

<table>
<tr><th>灌注导管直径/mm</th><th>每节导管长度/mm</th><th>导管使用位置</th><th>连接方式</th><th>密封形式</th><th>适用桩孔孔径/mm</th></tr>
<tr><td>219</td><td>4000～5000<br>2000</td><td>导管下部第一根</td><td rowspan="3">螺纹或法兰盘连接</td><td rowspan="3">橡胶圈或胶皮密封垫</td><td>600<br>1000</td></tr>
<tr><td>273<br>250</td><td>1000<br>500</td><td>导管中部</td><td>800<br>1500</td></tr>
<tr><td>325</td><td>300</td><td>导管上部</td><td>1500以上</td></tr>
</table>

3）灌注导管技术性能应符合下列要求：①每节导管平直，其长度偏差不得超过管长的10%。②导管连接部位内径偏差不大于2 mm；内壁应光滑平整。③法兰盘螺眼分布均匀，每个螺眼至导管中心距离相等。④将单节导管连接为导管柱，其轴线偏差不得超过0.1%。⑤橡胶圈或胶皮垫密封性能可靠，保证在水下作业时导管内不渗漏。橡胶密封圈的直径为4～6 mm，胶皮垫的厚度以3～5 mm为宜。⑥导管顶部应设置漏斗和储料斗（槽）。漏斗设置的高度，应适应操作的需要，并应在灌注到最后阶段时，能满足对导管内混凝土柱高度的需要，保证上部桩身的灌注质量。混凝土柱的高度，一般在桩顶低于桩孔中的水位时，应比该水位至少高出2.0 m，在桩顶高于桩孔中的水位时，应比桩顶至少高出2.0 m。漏斗设置高度（即导管内混凝土柱高度）的计算，可参考图5-12和式（5-7）。

$$h_c = (P + \gamma_w H_w)/\gamma_c \tag{5-7}$$

式中：$h_c$为漏斗至预计灌注的桩顶混凝土面（包括预加高度）所需高度，m；$H_w$为预计灌注的桩顶混凝土面至孔内水位的高度，m；$\gamma_w$为孔内泥浆或水的容重，$kN/m^3$，一般为23～24 $kN/m^3$；$P$为超压力，kPa，与导管作用半径有关，见表5-12，$P$不宜小于75 kPa；$\gamma_c$为混凝土拌和物容重，$kN/m^3$。

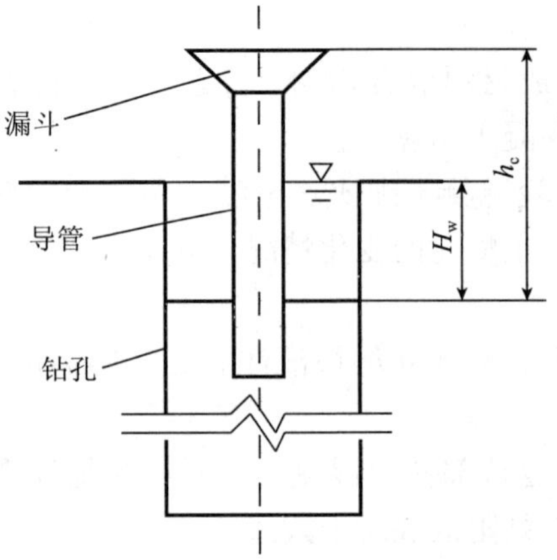


图 5-12　漏斗高度计算图

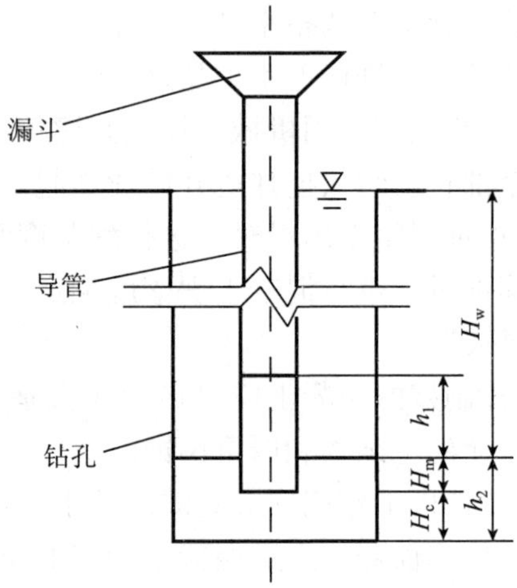


图 5-13　储料斗容量计算图

**表 5-12　超压力与导管作用半径**

| 导管作用半径/m | 最小超压力 $P$/kPa | 导管作用半径/m | 最小超压力 $P$/kPa |
|---|---|---|---|
| 4.0 | 250 | 3.0 | 100 |
| 3.5 | 150 | >2.5 | 75 |

4）漏斗与储料斗（槽）可用4～6 mm钢板制作，要求不漏浆、不挂浆、流动顺畅彻底。

5）漏斗与储料斗（槽）应有足够的容量储存混凝土（即初存量），以保证首批灌入的混凝土量（称初灌量）能达到埋管1～1.2 m的高度。漏斗与储料斗（槽）的初存量计算，可参考图5-13和式（5-8）。

$$V=\max\left[\frac{\pi D^2}{4}H_c+\frac{\pi D^2}{4}h_1;\quad \frac{\pi D^2}{4}\frac{\gamma_w}{\gamma_c}H_w+\frac{\pi D^2}{4}H_c\right] \tag{5-8}$$

式中：$V$为漏斗和储料斗（槽）容量，即初存量混凝土，$m^3$；$h_1$为孔内混凝土达到埋管高度$H_m$时，导管内混凝土柱与导管外水柱压力平衡所需的高度（m），即$h_1=H_w\gamma_w/\gamma_c$；$\gamma_w$为水或泥浆的容重，$kN/m^3$；$\gamma_c$为混凝土拌和物的容重，$kN/m^3$；$h_2$为孔内混凝土面距孔底高度，m；$H_m$为应达到的最小埋管高度，m；$H_c$为导管底口至孔底的高度，m；$H_w$为孔内水面至初次灌注需要的混凝土面高度（m），$H_w \approx H-H_c$，$H$为实际桩孔孔深，m；$D$为实际桩孔直径，m；$d$为导管内径，m。

6）新投入使用的灌注导管应先在地面进行连接组拼，检查导管柱是否弯曲、连接是否可靠，丈量核对导管柱的实际长度；进行压力充水试验，检查导管的密封性。充水试验的压力，以不小于0.5～0.7 MPa为宜。

7）隔水（栓）塞在混凝土开始灌注时起隔水作用，减少初灌混凝土被稀释的量，隔水塞置于漏斗与导管之间。隔水（栓）塞可采用硬栓（木制的或混凝土预制的）、软栓（麻袋内装麻刀、锯屑等）、球栓或带有方向装置的板栓（夹胶皮）等各种形式。

8）导管吊放入孔，应将橡胶圈或胶皮垫安放周正、严密，确保密封良好，导管在桩孔内的位置应保持居中，防止导管跑管，撞坏钢筋笼并损坏导管，导管底部距孔底高度不宜超过500 mm。

9）各项准备工作完成后，即可运输混凝土并开始灌注，但应注意下列事项：①隔水

（栓）塞用8号铁丝悬挂于导管内水面以上约50～300 mm处。②配制0.2～0.3 m水泥砂浆，灌入隔水（栓）塞以上的导管内，以便剪断铁丝后隔水（栓）塞在导管内下行顺畅，不被卡住。③配制满足初灌量需要的首批混凝土，运送至漏斗和储料斗（槽）内储存。严禁初存量不足。

10）导管的埋深应不小于表5-13中列出的要求；且最大埋深不宜超过导管下部的第一根导管长度。

**表5-13　导管的埋深**

| 桩孔直径/mm | 灌注导管直径/mm | 初灌量埋深/m | 连续灌注深度/m | 桩顶部灌注埋深/m |
|---|---|---|---|---|
| 600～800 | 219 | 1.2～1.5 | 2.0～3.0 | 0.8～1.2 |
| 800～1200 | 250 | 1.0～1.5 | 1.5～2.5 | 1～1.2 |
| 1200～1500 | 273 | 0.8～1.2 | 1.5～2.0 | 1～1.2 |
| ＞1500 | 325 | 0.8～1.0 | 1.2～1.5 | 1～1.2 |

11）灌注应连续不断地进行。每斗混凝土的灌注间隔时间应尽量缩短。提升拆卸导管所耗时间应严格限制，一般不超过15 min。各岗位人员应密切配合，齐心协力，不得中途中断灌注作业。混凝土的灌注速度，一般可控制在10～12 m/h之间。

12）混凝土运到灌注孔口时，应进行检查，如有泌水离析或坍落度不符合要求的现象，应在不提高水灰比的原则下重新拌和；重新拌和后仍不能达到要求，严禁灌入孔内。

13）后续的混凝土应徐徐灌入，防止在导管内攒成高压气囊，将导管连接处胶垫挤出，而使导管漏水；或将空气压入混凝土内，增大混凝土含气量，影响混凝土强度。

14）灌注中应经常用测锤探测混凝土面的上升高度，并适时提升拆卸导管，保持导管的合理埋深。探测次数一般不宜少于所使用的导管节数，并应在每次提升导管前，探测一次管内外混凝土面高度。特别情况下（局部严重超径、缩径、漏失层位，灌注量特别大的桩孔等）应增加探测次数，同时观察返水情况，以正确分析和判定孔内情况。每次探测数据和拆除的导管长度应填入“混凝土配制灌注记录表”并在现场绘制“管外混凝土高度一灌注量”“管内混凝土高度一灌注量”和灌注导管提升曲线。

15）拆除的导管应用清水冲洗干净，取下密封圈垫，放置妥当。灌注接近桩顶部位时，漏斗及导管的高度应按《建筑桩基技术规范》（JGJ 94—2008）的规定执行。应控制最后一次混凝土灌入量，使灌注的桩顶标高比设计标高增加约0.3 m。

16）深入到桩顶以下的护筒，可在混凝土灌注完毕后，即予提起。在提起过程中，要防止提起过快过猛，造成填土杂物或淤泥侵入混凝土，影响桩身质量。

17）灌注结束后，各岗位人员必须按职责要求整理冲洗现场，清除设备、工具上的混凝土积物。

18）在灌注过程中，应经常观察孔内情况。出现故障时，应及时分析和正确判断发生故障的原因，制定处理故障措施。

## 三、灌注桩后注浆施工

### （一）概述

#### 1. 工作过程

后注浆桩施工是指在钻孔、冲孔和挖孔灌注桩在成桩后，通过预埋在桩身的注浆管利用压力作用，将能固化的浆液（如纯水泥浆、水泥砂浆、加外掺剂及掺和料的水泥浆、超细水泥浆、化学浆液等），经桩侧或桩端的预留压力注浆装置均匀地注入地层，压力浆液对桩周或桩端附近的桩周土层起到渗透、填充、置换、劈裂、压密及固结或多种形式的组合等不同作用，改变其物理力学性能及桩与岩、土之间的边界条件，从而提高桩的承载力以及减少桩基的沉降量。其工艺流程如图 5-14 所示。

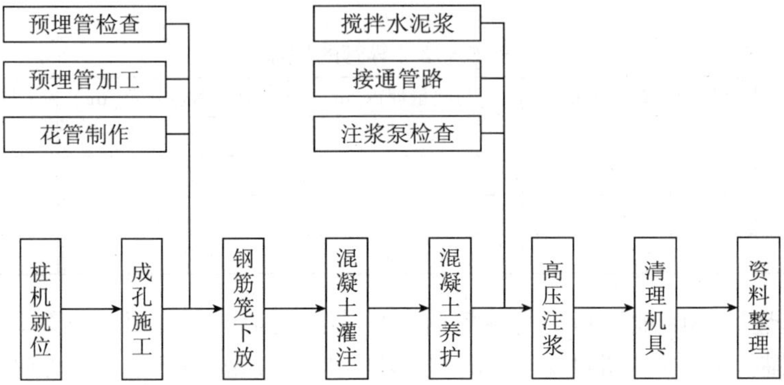


图 5-14　灌注桩后压浆施工工艺流程图

后注浆桩施工技术近 30 余年才发展起来，由于其依附于现有的各类灌注桩，所以与其说是一种新桩型，不如说是一种提高各类灌注桩承载力的辅助新技术。

**2. 后注浆桩优缺点**

优点　①大幅度提高桩的承载力，技术经济效益显著。其极限荷载为同条件的普通灌注桩的 1.2～2.5 倍。②压力注浆时可测试注浆量、注浆压力和桩顶上抬量等参数，既能进行压浆桩的质量管理，又能预估单桩承载力。③施工方法灵活，注浆设备简单。

缺点　①施工要求严格，否则会造成注浆管被堵、注浆管被包裹、地面冒浆和地下窜浆等现象。②已完成的相应灌注桩的成孔和成桩质量对后注浆工艺的效果影响较大。③压力注浆必须在桩身混凝土强度达到一定值后方可进行，故增加施工周期。但当施工场地桩数较多时，可采取合适的施工流水顺序以缩短工期。

**3. 后注浆桩技术分类**

1）按桩端预留压力注浆装置的形式分类，包括：①预留压力注浆室；②预留承压包；③预留注浆空腔；④预留注浆通道。

2）按注浆管埋设方法分类：①桩身预埋管注浆法。此法是在沉放钢筋笼的同时，将固定在钢筋笼上的注浆管一起放入孔内；或在钢筋笼沉放入孔中后，将注浆管单独插入孔底；或在钢筋笼沉放入孔中后，将注浆管随特殊注浆装置沉放入孔底。按注浆管埋设在桩身断面中的位置可分为桩身中心预埋管法和桩侧预埋管法。②钻孔埋管注浆法。此类方法往往在处理桩的质量事故以满足设计承载力要求时采用，成桩后，在桩身中心钻孔，并深入到桩端持力层一定深度（一般为 1 倍桩径以上），然后放入注浆管，进行桩端压力注浆。③桩外侧钻孔埋管注浆法。此类方法往往在桩身质量无问题，但需提高承载力，以满足设计要求时采用。成桩后，沿桩侧周围相距 0.2～0.5 m 进行钻孔，成孔后放入注浆管，进行桩端压力注浆。

3）按注浆工艺分类：①闭式注浆。将预制的弹性良好的腔体（又称承压包、预承包、注浆胶囊等）或压力注浆室随钢筋笼放入孔底。成桩后，在压力作用下，把浆液注入腔体内；随注浆压力和注浆量的增加，弹性腔体逐渐膨胀、扩张，在桩端土层中形成浆泡，浆泡逐渐扩大，压密沉渣和桩端土体，并用浆体取代（置换）部分桩端土层；在压密的同时，桩端土体及沉渣排出部分孔隙水；再进一步增加注浆压力和注浆量，水泥浆土体扩大头逐渐形成，压密区范围也逐渐增大，直至达到设计要求为止。②开式注浆。把浆液通过注浆管（单、双或多根），经桩端的预留注浆空腔、预留注浆通道、预留特殊的注浆装置等，直接注入桩端土、岩体中，浆液与桩端沉渣和周围土体呈混合状态，呈现出渗透、填充、置换、劈裂等效应，在桩端显示出复合地基的效果。

以上两种工艺对提高单桩承载力均有显著的效果，但闭式注浆的效果更好。从施工的难易程度而言，开式注浆工艺简单，闭式注浆工艺复杂。

**4. 适用条件**

桩端压力注浆桩适应性较大，几乎可适用于各种土层及强、中风化岩层；既能在水位以上施工，也能在有地下水的情况下施工。

### （二）后注浆桩提高桩承载力的机理

1）在细粒土中注浆时，如果浆液压力超过劈裂压力，则土体产生水力劈裂，实现劈裂注浆，单一介质土体被网状结石分割加筋成复合土体；它能有效地传递和分担荷载，从而提高桩端阻力。

2）在粗粒土的桩端持力层中注浆时，浆液主要通过渗透、挤密、填充及固结作用，大幅度地提高持力层扰动面及持力层的强度和变形模量，并形成扩大头，增大桩端受力面积，提高桩端阻力。

3）在非渗透性中等以上风化基岩的桩端持力层中注浆时，在注浆压力不够大的情况下，因受围岩的约束，压力浆液只能渗透填充到沉渣孔隙中，形成浆泡，挤压周围沉渣颗粒，使沉渣间的泥浆充填物产生脱水、固结；在注浆压力足够大的情况下，会发生劈裂注浆及挤密现象。

4）桩端压力注浆使桩上抬而产生反向摩擦阻力，相当于“预应力”的作用，提高桩侧摩擦阻力。

### （三）后注浆桩施工设备和机具

后注浆施工可分为地面注浆装置和地下注浆装置两部分。地面注浆装置由高压注浆泵、浆液拌和机、贮浆桶、地面管路系统及观测仪表等组成；地下注浆装置由竖向导浆管、注浆管及桩端压力注浆装置等组成，其布置如图 5－15 所示。

**1. 后压浆设备**

后压浆设备的性能如何，直接影响后压浆的成败，在施工中，后压浆设备常选用如下性能的设备：

灰浆搅拌机　搅拌桶容量一般选用 400～900 L，额定功率 11 kW，搅拌机的出口要加滤网，以防止水泥、纸等杂物进入注浆管。

高压注浆管　采用内置钢丝网的胶质高压管，注浆管的额定压力不低于 6 MPa。

高压注浆泵　额定功率 30 kW，注浆压力为 3.9～7.8 MPa，排量为 118～320 L/min。

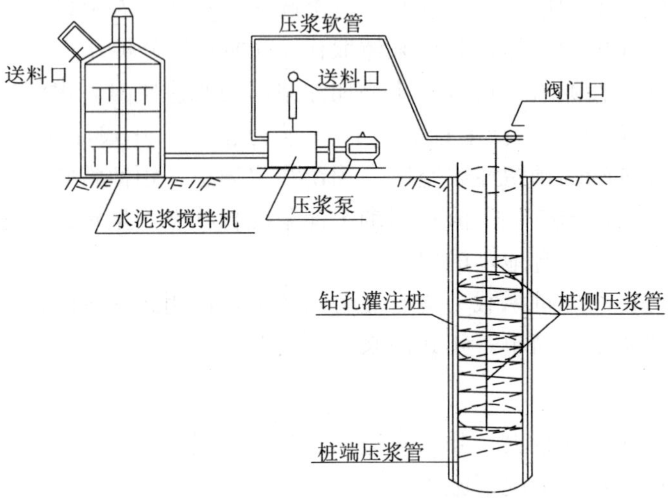


图 5-15　灌注桩后压浆设备装置图

**2. 地下注浆装置**

(1) 桩端压浆装置

桩端压浆装置为灌浆腔时，灌浆腔同钢筋笼底部焊接在一起，一同下入孔中，在灌浆腔下设过程中安装灌浆管，灌浆管自灌浆腔引出地面以上。在对灌浆腔同钢筋笼焊接及下设过程中，要保护好胶囊，以免损坏，灌浆管口要进行保护，以防在浇筑混凝土过程中及后续时间内掉入杂物。

桩端压浆装置为花管时，压浆管用 1 英寸的钢管，管底部超出钢筋笼底端 300 mm，在压浆管底部 500 mm 长度范围内每间隔 100 mm 沿灌浆管四周钻 4 个孔径为 6 mm 的灌浆孔眼，在下放压浆管之前，先用生胶带和条带状橡皮内胎包住孔眼，压浆管连接好后，绑扎在钢筋笼螺旋筋内侧上，随钢筋笼下放，压浆管与压浆管之间采用丝扣连接，连接时丝扣处需用防水胶带缠绕。

常用的桩端灌浆腔装置如下：

*压力灌浆腔制作方法一*　用汽车内胎，切去内圈后上下各黏结一块胶板，形成一个鼓状的弹性橡胶囊，其中胶囊的一个平面上开两个 $\phi$45 mm 的孔，另外加工一个直径小于桩径 50～100 mm 的圆形钢板，钢板上也打两个与胶囊同直径的孔，然后用螺帽和带丝扣的灌浆管把钢板、胶囊连成一个整体，就制成了一个压力灌浆腔，腔中充填碎石料。如图 5-16 所示。

*压力灌浆腔制作方法二*　加工两块圆形钢板，直径小于桩径 50～100 mm，钢板上面均布 $\phi$10 mm 的小孔，钢板周边有裙边，两钢板之间设 3 根短柱支撑，其中一块钢板上焊有 $\phi$45 mm 的灌浆管，把两块钢板叠放在一起，周边包有胶囊，形成一个桩底压力灌浆腔，如图 5-17 所示。

(2) 桩侧压浆装置

1) 桩侧压浆装置为花管时，常用花管外径 63.5 mm，孔眼直径 8 mm，间距 100 mm，灌浆管外径 26.75 mm 钢管，底节长 2.0 m，其他均为 1.0 m 平接头连接，止浆塞由橡胶加工成为圆柱形，起止浆作用。

2) 桩侧压浆装置为压浆环时，压浆管用 1 英寸的钢管作为注浆管，压浆环为 1.2 英寸

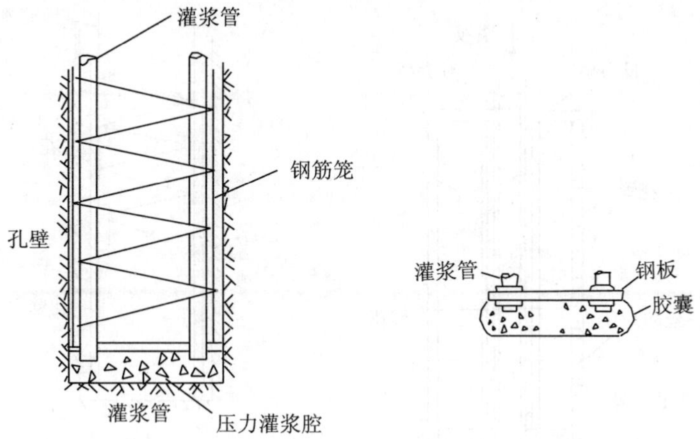


图 5－16　压力灌浆腔一

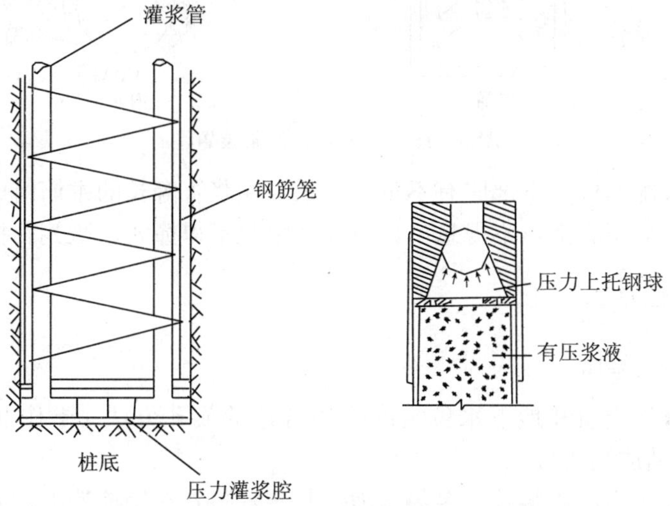


图 5－17　压力灌浆腔二

优质塑料管。下钢筋笼前在钢筋笼上设置 4 道压浆管及带有止回流装置的压浆环。注浆管及压浆环分别用绑丝绑在钢筋笼的外侧，在下放钢筋笼进行孔口焊接时焊接注浆管。

3）压浆管顶部采用丝堵头封住管口，以防止浇筑过程中或在等待注浆时管内进入杂物。常用的桩侧压浆花管装置如图 5－18 所示。

**3. 对后注浆装置的设置要求**

1）后注浆导管应采用钢管，且应与钢筋笼加劲筋绑扎固定或焊接。

2）桩端后注浆导管及注浆阀数量宜根据桩径大小设置。对于直径不大于 1200 mm 的桩，宜沿钢筋笼圆周对称设置 2 根；对于直径大于 1200 mm 而不大于 2500 mm 的桩，宜对称设置 3 根。

3）对于桩长超过 15 m 且承载力增幅要求较高者，宜采用桩端桩侧复式注浆。桩侧后注浆管阀设置数量应综合地层情况、桩长和承载力增幅要求等因素确定，可在离桩底 5～15 m 以上、桩顶 8 m 以下，每隔 6～12 m 设置一道桩侧注浆阀，当有粗粒土时，宜将注浆阀设置于粗粒土层下部，对于干作业成孔灌注桩宜设于粗粒土层中部。

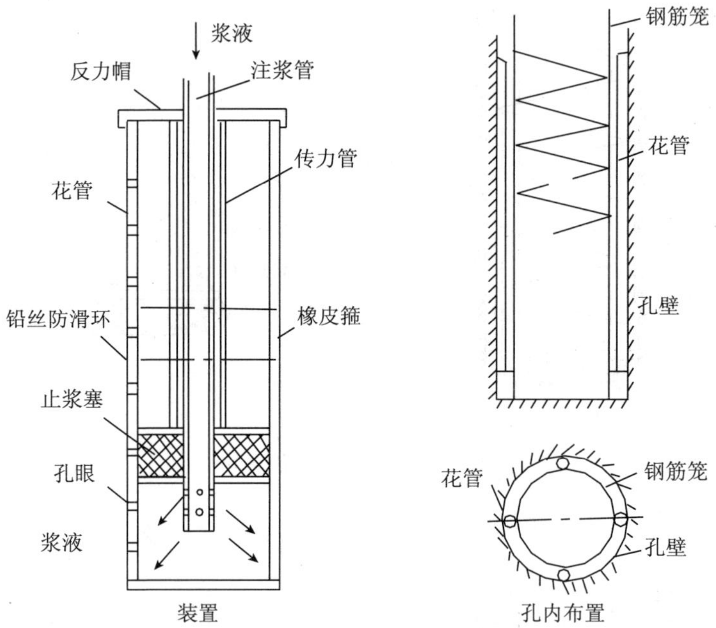


图 5－18　传力管式注浆装置图

4）对于非通长配筋桩，下部应有不少于 2 根与注浆管等长的主筋组成的钢筋笼通底。

5）钢筋笼应沉放至底部，不得悬吊，下笼受阻时不得撞笼、墩笼、扭笼等。

（四）后注浆桩施工

**1. 后注浆桩施工程序**

1）成孔。视地层土质和地下水位情况采用合适的成孔方法（干作业法、泥浆护壁法、套管护壁法及冲击钻成孔法）。

2）放钢筋笼及压力注浆装置。多数压力注浆装置附着在钢筋笼上，两者同步放入孔内；有的桩端压力注浆工法，是在钢筋笼放入孔内后再将压力注浆装置放入至桩孔底部。

3）按常规方法灌注混凝土。

4）进行压力注浆。当桩身混凝土强度达到一定值（通常为 75%）后，即通过注浆管注浆，注浆次数分 1 次、2 次或多次。

5）卸下注浆接头，成桩。

**2. 预留注浆空腔方式的桩端压力注浆桩施工程序**

该施工工法适用于干作业成孔工艺，于 1983 年由北京市建筑工程研究院研制开发成功，其施工程序为：①长螺旋钻干作业成孔。②放钢筋笼和附在钢筋笼底部的固定式钢板及注浆管。③灌注混凝土。④桩身混凝土达到一定强度后实施 2 次压力注浆（第 1 次为常压注浆，形成注、回浆通路；第 2 次为高压注浆，同时测量注浆压力、注浆量和桩顶上抬量）。⑤卸下注浆接头，成桩。该工法特点是成桩前在固定钢板底部与桩端土层之间留有空腔，注浆时由水泥浆注满空腔，凝固后成为水泥结石体。

**3. 预留注浆通道方式的桩端压力注浆桩施工程序**

该施工工法适用于泥浆护壁法灌注桩，于 1988 年由徐州市第二建筑设计院首先研制开发成功，其施工程序为：①用泥浆护壁法成孔；②放钢筋笼、注浆管和回浆管；③向孔底投入约 500 mm 厚的碎石；④灌注混凝土；⑤桩身混凝土强度达 75%后，向桩端注入清水，形成注浆通道；⑥进行桩端压力注浆；⑦卸下注浆接头，成桩。

**4. 注浆所采用的相关参数**

1）浆液的水灰比应根据土的饱和度、渗透性确定，对于饱和土水灰比宜为 0.45～0.65，对于非饱和土水灰比宜为 0.7～0.9（松散碎石土、砂砾石宜为 0.5～0.6）；低水灰比浆液宜掺入减水剂。

2）桩端注浆终止注浆压力应根据土层性质及注浆点深度确定，对于风化岩、非饱和黏性土及粉土，注浆压力宜为 3～10 MPa；对于饱和土层注浆压力宜为 1.2～4 MPa，软土宜取低值，密实黏性土宜取高值。

3）注浆流量不宜超过 75 L/min。

4）单桩注浆量的设计应根据桩径、桩长、桩端桩侧土层性质、单桩承载力增幅及是否复式注浆等因素确定，可按下式估算：

$$G_c = \alpha_p d + \alpha_s n d \tag{5-9}$$

式中：$\alpha_p$、$\alpha_s$ 为分别为桩端、桩侧注浆量经验系数，$\alpha_p = 1.5 \sim 1.8$，$\alpha_s = 0.5 \sim 0.7$；对于卵、砾石、中粗砂取较高值；$n$ 为桩侧注浆断面数；$d$ 为基桩设计直径，m；$G_c$ 为注浆量，以水泥质量计，t。

对独立单桩、桩距大于 $6d$ 的群桩和群桩初始注浆的数根基桩的注浆量应按上述估算值乘以 1.2 的系数。

5）后注浆作业开始前，宜进行注浆试验，优化并最终确定注浆参数。

6）注浆作业宜于成桩 2 d 后开始。

7）注浆作业与成孔作业点的距离不宜小于 8～10 m。

8）对于饱和土中的复式注浆顺序宜先桩侧、后桩端；对于非饱和土宜先桩端、后桩侧；多断面桩侧注浆应先上后下；桩侧桩端注浆间隔时间不宜少于 2 h。

9）桩端注浆应对同一根桩的各注浆导管依次实施等量注浆。

10）对于桩群注浆宜先外围、后内部。

### （五）后注浆桩施工注意事项

1）根据试验提出压力注浆工艺参数（注浆量、注浆压力和桩顶上抬量），检查压力注浆的施工质量。

2）不同地层的指标控制：①当桩端为松散的卵、砾石层时，主要控制指标是注浆量，注浆压力不宜大，仅作为参考指标。②当桩端为密实、级配良好的卵、砾石层时，注浆压力应适当加大。③当桩端为密实、级配良好的砂土层以及黏性土层时，注浆压力为主要控制指标，注浆量为重要指标。

3）后注浆施工完成后应提供水泥材质检验报告、压力表检定证书、试注浆记录、设计工艺参数、后注浆作业记录、特殊情况处理记录等资料。

4）在桩身混凝土强度达到设计要求的条件下，承载力检验应在后注浆 20 d 后进行，浆液中掺入早强剂时可于注浆 15 d 后进行。

## 四、其他灌注桩施工方法

### （一）长螺旋钻孔压灌桩

#### 1. 概述

（1）工作过程

超流态混凝土灌注桩是指采用长螺旋钻机钻至预定深度，通过钻头活门向孔内连续泵注超流态混凝土，至桩顶为止，然后安放钢筋笼形成的桩体。超流态混凝土是一种用于通过螺旋钻杆中心高压灌注成桩的混凝土，由水泥、碎（卵）石、砂、粉煤灰、外加剂和水组成的坍落度为180～250 mm的混凝土。

（2）适用地层

可用于一般地质条件，尤其地下水位以下的黏性土、粉土、砂土（流砂、淤泥）、卵砾石、碎石土等地质条件。

（3）工艺特点

优点　具有无震动、无污染、成桩速度快、单桩承载力高（单桩承载力比同截面的其他桩型可提高30%～80%）、造价低的优点，它不仅适用于作承载桩，而且适用于基坑支护和帷幕，在城市建设中是其他桩型最好的替代品。

缺点　混凝土和易性不好，影响安放钢筋笼。

#### 2. 承载特性

在压灌超流态混凝土的过程中，压力一般控制在7 MPa，桩周土被挤密压实，改良了土层性质，承载力是同条件普通灌注桩的1.3～1.8倍，桩身混凝土稳定性好，尤其适合在软弱地层、复杂地层中的施工。

#### 3. 施工注意事项

1）根据桩身混凝土的设计强度等级，应通过试验确定混凝土配合比；混凝土坍落度宜为180～220 mm；粗骨料可采用卵石或碎石，最大粒径不宜大于30 mm；可掺加粉煤灰或外加剂。

2）混凝土泵应根据桩径选型，混凝土输送泵管布置宜减少弯道，混凝土泵与钻机的距离不宜超过60 m。

3）桩身混凝土的泵送压灌应连续进行，当钻机移位时，混凝土泵料斗内的混凝土应连续搅拌，泵送混凝土时，料斗内混凝土的高度不得低于400 mm。

4）混凝土输送泵管宜保持水平，当长距离泵送时，泵管下面应垫实。

5）当气温高于30 ℃时，宜在输送泵管上覆盖隔热材料，每隔一段时间应洒水降温。

6）钻至设计标高后，应先泵入混凝土并停顿10～20 s，再缓慢提升钻杆。提钻速度应根据土层情况确定，且应与混凝土泵送量相匹配，保证管内有一定高度的混凝土。

7）在地下水位以下的砂土层中钻进时，钻杆底部活门应有防止进水的措施，压灌混凝土应连续进行。

8）压灌桩的充盈系数宜为1.0～1.2。桩顶混凝土超灌高度不宜小于0.3～0.5 m。

9）成桩后，应及时清除钻杆及泵（软）管内残留混凝土。长时间停置时，应采用清水将钻杆、泵管、混凝土泵清洗干净。

10）混凝土压灌结束后，应立即将钢筋笼插至设计深度。钢筋笼插设宜采用专用插筋器。

### （二）振动、振动冲击沉管灌注桩施工

1）振动、振动冲击沉管灌注桩应根据土质情况和荷载要求，分别选用单打法、复打法、反插法等。单打法可用于含水量较小的土层，且宜采用预制桩尖；反插法及复打法可用于饱和土层。

2）振动、振动冲击沉管灌注桩单打法施工的质量控制应符合下列规定：①必须严格控制最后 30 s 的电流、电压值，其值按设计要求或根据试桩和当地经验确定；②桩管内灌满混凝土后，应先振动 5～10 s，再开始拔管，应边振边拔，每拔出 0.5～1.0 m，停拔，振动 5～10 s；如此反复，直至桩管全部拔出；③在一般土层内，拔管速度宜为 1.2～1.5 m/min，用活瓣桩尖时宜慢，用预制桩尖时可适当加快，在软弱土层中宜控制在 0.6～0.8 m/min 之间。

3）振动、振动冲击沉管灌注桩反插法施工的质量控制应符合下列规定：①桩管灌满混凝土后，先振动再拔管，每次拔管高度 0.5～1.0 m，反插深度 0.3～0.5 m；在拔管过程中，应分段添加混凝土，保持管内混凝土面始终不低于地表面或高于地下水位 1.0～1.5 m 以上，拔管速度应小于 0.5 m/min；②在距桩尖 1.5 m 范围内，宜多次反插以扩大桩端部断面；③穿过淤泥夹层时，应减慢拔管速度，并减少拔管高度和反插深度，在流动性淤泥中不宜使用反插法。

4）振动、振动冲击沉管灌注桩复打法的施工要求包括：①混凝土的充盈系数不得小于 1.0；对于充盈系数小于 1.0 的桩，应全长复打，对可能断桩和缩颈桩，应采用局部复打。成桩后的桩身混凝土顶面应高于桩顶设计标高 500 mm 以内。全长复打时，桩管入土深度宜接近原桩长，局部复打应超过断桩或缩颈区 1 m 以上。②第一次灌注混凝土应达到自然地面。③拔管过程中应及时清除黏在管壁和散落在地面上的混凝土。④初打与复打的桩轴线应重合。⑤复打施工必须在第一次灌注的混凝土初凝之前完成。

### （三）人工挖孔灌注桩施工

1）人工挖孔桩的孔径（不含护壁）不得小于 0.8 m，且不宜大于 2.5 m；孔深不宜大于 30 m。当桩净距小于 2.5 m 时，应采用间隔开挖。相邻排桩跳挖的最小施工净距不得小于 4.5 m。

2）人工挖孔桩混凝土护壁的厚度不应小于 100 mm，混凝土强度等级不应低于桩身混凝土强度等级，并应振捣密实；护壁应配置直径不小于 8 mm 的构造钢筋，竖向筋应上下搭接或拉接。

3）人工挖孔桩施工应采取下列安全措施：①孔内必须设置应急软爬梯供人员上下；使用的电葫芦、吊笼等应安全可靠，并配有自动卡紧保险装置，不得使用麻绳和尼龙绳吊挂或脚踏井壁凸缘上下。电葫芦宜用按钮式开关，使用前必须检验其安全起吊能力。②每日开工前必须检测井下的有毒、有害气体，并应有足够的安全防范措施。当桩孔开挖深度超过 10 m 时，应有专门向井下送风的设备，风量不宜少于 25 L/s。③孔口四周必须设置护栏，护栏高度宜为 0.8 m。④挖出的土石方应及时运离孔口，不得堆放在孔口周边 1 m 范围

内，机动车辆的通行不得对井壁的安全造成影响。⑤施工现场的一切电源、电路的安装和拆除必须遵守《施工现场临时用电安全技术规范》（JGJ 46—2005）的规定。⑥开孔前，桩位应准确定位、放样，在桩位外设置定位基准桩，安装护壁模板必须用桩中心点校正模板位置，并应由专人负责。

4）第一节井圈护壁应符合下列规定：①井圈中心线与设计轴线的偏差不得大于 20 mm；②井圈顶面应比场地高出 100～150 mm，壁厚应比下面井壁厚度增加 100～150 mm。

5）修筑井圈护壁应符合下列规定：①护壁的厚度、拉接钢筋、配筋、混凝土强度等级均应符合设计要求；②上下节护壁的搭接长度不得小于 50 mm；③每节护壁均应在当日连续施工完毕；④护壁混凝土必须保证振捣密实，应根据土层渗水情况使用速凝剂；⑤护壁模板的拆除应在灌注混凝土 24 h 之后；⑥发现护壁有蜂窝、漏水现象时，应及时补强；⑦同一水平面上的井圈任意直径的极差不得大于 50 mm。

6）当遇有局部或厚度不大于 1.5 m 的流动性淤泥和可能出现涌土涌砂时，护壁施工可按下列方法处理：①将每节护壁的高度减小到 300～500 mm，并随挖、随验、随灌注混凝土；②采用钢护筒或有效的降水措施。

7）挖至设计标高，终孔后应清除护壁上的泥土和孔底残渣、积水，并应进行隐蔽工程验收。验收合格后，应立即封底和灌注桩身混凝土。

8）灌注桩身混凝土时，混凝土必须通过溜槽；当落距超过 3 m 时，应采用串筒，串筒末端距孔底高度不宜大于 2 m；也可采用导管泵送；混凝土宜采用插入式振捣器振实。

9）当渗水量过大时，应采取场地截水、降水或水下灌注混凝土等有效措施。严禁在桩孔中边抽水、边开挖、边灌注，包括相邻桩的灌注。

## 第四节　混凝土预制桩与钢桩

### 一、混凝土预制桩与钢桩制作

#### （一）混凝土预制桩的制作

1）混凝土预制桩可在施工现场预制，预制场地必须平整、坚实。

2）制桩模板宜采用钢模板，模板应具有足够刚度，并应平整，尺寸应准确。

3）钢筋骨架的主筋连接宜采用对焊和电弧焊，当钢筋直径不小于 20 mm 时，宜采用机械接头连接。主筋接头配置在同一截面内的数量，应符合下列规定：①当采用对焊或电弧焊时，对于受拉钢筋，不得超过 50%；②相邻两根主筋接头截面的距离应大于 $35d_g$（$d_g$ 为钢筋直径），并不应小于 500 mm；③必须符合现行《钢筋焊接及验收规程》（JGJ 18—2012）和《钢筋机械连接技术规程》（JGJ 107—2012）的规定。

4）预制桩钢筋骨架的允许偏差应符合表 5-14 的规定。

5）确定桩的单节长度时应符合下列规定：①满足桩架的有效高度、制作场地条件、运输与装卸能力；②避免在桩尖接近或处于硬持力层位置处接桩。

6）灌注混凝土预制桩时，宜从桩顶开始，并应防止另一端的砂浆积聚过多。

7）锤击预制桩的骨料粒径宜为 5～40 mm。

8）锤击预制桩，应在强度与龄期均达到要求后，方可锤击。

表 5-14　预制桩钢筋骨架的允许偏差

| 项　　目 | 允许偏差/mm | 项　　目 | 允许偏差/mm |
|---|---|---|---|
| 主筋间距 | ±5 | 吊环露出桩表面的高度 | ±10 |
| 桩尖中心线 | 10 | 主筋距桩顶距离 | ±5 |
| 箍筋间距或螺旋筋的螺距 | ±20 | 桩顶钢筋网片位置 | ±10 |
| 吊环沿纵轴线方向 | ±20 | 多节桩桩顶预埋件位置 | ±3 |
| 吊环沿垂直于纵轴线方向 | ±20 | | |

9）重叠法制作预制桩时，应符合下列规定：①桩与邻桩及底模之间的接触面不得黏连；②上层桩或邻桩的浇筑，必须在下层桩或邻桩的混凝土达到设计强度的 30%以上时，方可进行；③桩的重叠层数不应超过 4 层。

10）混凝土预制桩的表面应平整、密实，制作允许偏差应符合《建筑桩基技术规范》（JGJ 94—2008）的规定。

11）未作规定的预应力混凝土桩的其他要求及离心混凝土强度等级评定方法，应符合《先张法预应力混凝土管桩》（GB 13476—2009）、《先张法预应力混凝土薄壁管桩》（JC 888—2001）和《预应力混凝土空心方桩》（JG 197—2006）的规定。

（二）钢桩的制作

1）制作钢桩的材料应符合设计要求，并应有出厂合格证和试验报告。

2）现场制作钢桩应有平整的场地及挡风防雨措施。

3）钢桩制作的允许偏差应符合表 5-15 的规定，钢桩的分段长度应满足混凝土预制桩的制作第 5 条的规定，且不宜大于 15 m。

表 5-15　钢桩制作的允许偏差

| 项　　目 | | 容许偏差/mm |
|---|---|---|
| 外径或断面尺寸 | 桩端部 | ±0.5%外径或边长 |
| | 桩　身 | ±0.1%外径或边长 |
| 长　度 | | >0 |
| 矢　高 | | ≤1‰桩长 |
| 端部平整度 | | ≤2（H 形桩≤1） |
| 端部平面与桩身中心线的倾斜值 | | ≤2 |

## 二、混凝土预制桩与钢桩的起吊、运输和堆放

### 1. 实心桩吊运符合的规定

混凝土实心桩的吊运应符合下列规定：

1）混凝土设计强度达到 70%及以上方可起吊，达到 100%方可运输；

2）桩起吊时应采取相应措施，保证安全平稳，保护桩身质量；

3）水平运输时，应做到桩身平稳放置，严禁在场地上直接拖拉桩体。

### 2. 空心桩吊运应符合的规定

预应力混凝土空心桩的吊运应符合下列规定：

1）出厂前应进行出厂检查，其规格、批号、制作日期应符合所属的验收批号内容；

2）在吊运过程中应轻吊轻放，避免剧烈碰撞；

3）单节桩可采用专用吊钩勾住桩两端内壁直接进行水平起吊；

4）运至施工现场时应进行检查验收，严禁使用质量不合格及在吊运过程中产生裂缝的桩。

**3. 空心桩堆放应符合的规定**

预应力混凝土空心桩的堆放应符合下列规定：

1）堆放场地应平整坚实，最下层与地面接触的垫木应有足够的宽度和高度。堆放时桩应稳固，不得滚动。

2）应按不同规格、长度及施工流水顺序分别堆放。

3）当场地条件许可时，宜单层堆放；当叠层堆放时，外径为 500～600 mm 的桩不宜超过 4 层，外径为 300～400 mm 的桩不宜超过 5 层。

4）叠层堆放桩时，应在垂直于桩长度方向的地面上设置 2 道垫木，垫木应分别位于距桩端 0.2 倍桩长处；底层最外缘的桩应在垫木处用木楔塞紧。

5）垫木宜选用耐压的长木枋或枕木，不得使用有棱角的金属构件。

**4. 取桩应符合规定**

1）当桩叠层堆放超过 2 层时，应采用吊机取桩，严禁拖拉取桩；

2）三点支撑自行式打桩机不应拖拉取桩。

**5. 钢桩的运输与堆放**

钢桩的运输与堆放应符合下列规定：

1）堆放场地应平整、坚实、排水通畅；

2）桩的两端应有适当保护措施，钢管桩应设保护圈；

3）搬运时应防止桩体撞击而造成桩端、桩体损坏或弯曲；

4）钢桩应按规格、材质分别堆放，堆放层数：$\phi$900 mm 的钢桩，不宜大于 3 层；$\phi$600 mm 的钢桩，不宜大于 4 层；$\phi$400 mm 的钢桩，不宜大于 5 层；H 形钢桩不宜大于 6 层。支点设置应合理，钢桩的两侧应采用木楔塞住。

## 三、混凝土预制桩与钢桩的接桩

桩的连接可采用焊接、法兰连接或机械快速连接（螺纹式、啮合式）。

**1. 对接桩材料的要求**

*焊接接桩* 钢板宜采用低碳钢，焊条宜采用 E43；并应符合《建筑钢结构焊接技术规程》（JGJ 81—2002）要求。接头宜采用探伤检测，同一工程检测量不得少于 3 个接头。

*法兰接桩* 钢板和螺栓宜采用低碳钢。

**2. 采用焊接接桩的要求**

采用焊接接桩除应符合现行行业标准《建筑钢结构焊接技术规程》（JGJ 81—2002）的有关规定外，尚应符合下列规定：

1）下节桩段的桩头宜高出地面 0.5 m。

2）下节桩的桩头处宜设导向箍。接桩时上下节桩段应保持顺直，错位偏差不宜大于

2 mm。接桩就位纠偏时，不得采用大锤横向敲打。

3）桩对接前，上下端板表面应采用铁刷子清刷干净，坡口处应刷至露出金属光泽。

4）焊接宜在桩四周对称进行，待上下桩节固定后拆除导向箍再分层施焊；焊接层数不得少于2层，第一层焊完后必须把焊渣清理干净，方可进行第二层焊接，焊缝应连续、饱满。

5）焊好后的桩接头应自然冷却后方可继续锤击，自然冷却时间不宜少于8 min；严禁采用水冷却或焊好即施打。

6）雨天焊接时，应采取可靠的防雨措施。

7）焊接接头的质量检查，对于同一工程探伤抽样检验不得少于3个接头。

**3. 采用机械快速螺纹接桩的操作与质量规定**

采用机械快速螺纹接桩的操作与质量规定如下：

1）安装前应检查桩两端制作的尺寸偏差及连接件，无受损后方可起吊施工，其下节桩端宜高出地面0.8 m；

2）接桩时，卸下上下节桩两端的保护装置后，应清理接头残物，涂上润滑脂；

3）应采用专用接头锥度对中，对准上下节桩进行旋紧连接；

4）可采用专用链条式扳手进行旋紧（臂长1 m卡紧后人工旋紧再用铁锤敲击板臂），锁紧后两端板尚应有1～2 mm的间隙。

**4. 采用机械啮合接头接桩的操作与质量的规定**

采用机械啮合接头接桩的操作与质量的规定如下：

1）将上下接头板清理干净，用扳手将已涂抹沥青涂料的连接销逐根旋入上节桩Ⅰ型端头板的螺栓孔内，并用钢模板调整好连接销的方位。

2）剔除下节桩Ⅱ型端头板连接槽内泡沫塑料保护块，在连接槽内注入沥青涂料，并在端头板面周边抹上宽度20 mm、厚度3 mm的沥青涂料；当地基土、地下水含中等以上腐蚀介质时，桩端板板面应满涂沥青涂料。

3）将上节桩吊起，使连接销与Ⅱ型端头板上各连接口对准，随即将连接销插入连接槽内。

4）加压使上下节桩的桩头板接触，接桩完成。

**5. 钢桩的焊接**

钢桩的焊接规定如下：

1）必须清除桩端部的浮锈、油污等脏物，保持干燥；下节桩顶经锤击后变形的部分应割除。

2）上下节桩焊接时应校正垂直度，对口的间隙宜为2～3 mm。

3）焊丝（自动焊）或焊条应烘干。

4）焊接应对称进行。

5）应采用多层焊，钢管桩各层焊缝的接头应错开，焊渣应清除。

6）当气温低于0 ℃或雨雪天无可靠措施确保焊接质量时，不得焊接。

7）每个接头焊接完毕，应冷却1 min后方可锤击。

8）焊接质量应符合《钢结构工程施工质量验收规范》（GB 50205—2001）和《建筑钢结构焊接技术规程》（JGJ 81—2002）的规定，每个接头除应按《建筑桩基技术规范》（JGJ 94—2008）规定进行外观检查外，还应按接头总数的5%进行超声或2%进行X射线拍片检查，对于同一工程，探伤抽样检验不得少于3个接头。

9）H形钢桩或其他异形薄壁钢桩，接头处应加连接板，可按等强度设置。

## 四、混凝土预制桩与钢桩的施工

### （一）锤击沉桩

锤击沉桩也称打入桩，是靠打桩机的桩锤下落到桩顶产生的冲击能而将桩沉入土中的一种沉桩方法，该法施工速度快，机械化程度高，适用范围广，是预制钢筋混凝土桩最常用的沉桩方法。但施工时有噪声和振动，对施工场所、施工时间有所限制。

**1. 打桩机具**

打桩用的机具主要包括桩锤、桩架及动力装置三部分。

（1）桩锤

桩锤是打桩的主要机具，其作用是对桩施加冲击力，将桩打入土中。主要有落锤、单动汽锤和双动汽锤、柴油锤、液压锤。

落锤一般由生铁铸成，质量为0.5～1.5 t，构造简单，使用方便，提升高度可随意调整，一般用卷扬机拉升施打。但打桩速度慢（6～20次/min），效率低，适于在黏土和含砾石较多的土中打桩。

汽锤是利用蒸汽或压缩空气的压力将桩锤上举，然后下落冲击桩顶沉桩，根据其工作情况又可分为单动式汽锤与双动式汽锤。单动式汽锤的冲击体在上升时耗用动力，下降靠自重，打桩速度较落锤快（60～80次/min），锤质量为1.5～15 t，适于各类桩在各类土层中施工。

双动式汽锤的冲击体升降均耗用动力，冲击力更大、频率更快（100～120次/min），锤质量为0.6～6 t，还可用于打钢板桩、水下桩、斜桩和拔桩。

柴油锤本身附有桩架、动力设备，易搬运转移，不需外部能源，应用较为广泛。但施工中有噪声、污染和振动等影响，在城市中施工受到一定的限制。

液压锤是一种新型打桩设备，它的冲击缸体通过液压油提升与降落，每一击能获得更大的贯入度。液压锤不排出任何废气，无噪声，冲击频率高，并适合水下打桩，是理想的冲击式打桩设备，但构造复杂，造价高。

（2）桩架

桩架是吊桩就位，悬吊桩锤，要求其具有较好的稳定性、机动性和灵活性，保证锤击落点准确，并可调整垂直度。

常用桩架基本有两种形式，一种是沿轨道行走移动的多功能桩架，另一种是装在履带式底盘上自由行走的桩架。

（3）动力装置

打桩机构的动力装置及辅助设备主要根据选定的桩锤种类而定。落锤以电源为动力，需配置电动卷扬机等设备；蒸汽锤以高压饱和蒸汽为驱动力，配置蒸汽锅炉等设备；气锤以压缩空气为动力源，需配置空气压缩机等设备；柴油锤以柴油为能源，桩锤本身有燃烧室，不需外部动力设备。

**2. 打桩施工工艺**

打桩前应做好下列准备工作：处理架空高压线和地下障碍物，场地应平整，排水应畅通，并满足打桩所需的地面承载力；设置供电、供水系统；安装打桩机等。施工前还应做好定位放线。桩基轴线的定位点及水准点，应设置在不受打桩影响的区域，水准点设置不少于两个，在施工过程中可据此检查桩位的偏差以及桩的入土深度。

（1）打桩顺序

由于锤击沉桩是挤土法成孔，桩入土后对周围土体产生挤压作用。一方面先打入的桩会受到后打入桩的推挤而发生水平位移或上拔；另一方面由于土被挤紧使后打入的桩不易达到设计深度或造成土体隆起。特别是在群桩打入施工时，这些现象更为突出。为了保证打桩工程质量，防止周围建筑物受土体挤压的影响，打桩前应根据场地的土质、桩的密集程度、桩的规格、长短和桩架的移动方便等因素来正确选择打桩顺序。

当桩较密集（桩中心距小于或等于 4 倍桩边长或桩径）时，应由中间向两侧对称施打或由中间向四周施打。这样，打桩时土体由中间向两侧或四周均匀挤压，易于保证施工质量。当桩数较多时，也可采用分区段施打。

当桩较稀疏（桩中心距大于 4 倍桩边长或桩径）时，可采用上述两种打桩顺序，也可采用由一侧向另一侧单一方向施打的方式（即逐排施打），或由两侧同时向中间施打。

当桩规格、埋深、长度不同时，宜按“先大后小，先深后浅，先长后短”的原则进行施打，以免打桩时因土的挤压而使邻桩移位或上拔。在实际施工过程中，不仅要考虑打桩顺序，还要考虑桩架的移动是否方便。在打完桩后，当桩顶高于桩架底面高度时，桩架不能向前移动到下一个桩位继续打桩，只能后退打桩；当桩顶标高低于桩架底面高度时，则桩架可以向前移动来打桩。

（2）打桩程序

打桩程序包括：吊桩、插桩、打桩、接桩、送桩、截桩头，如图 5－19 所示。

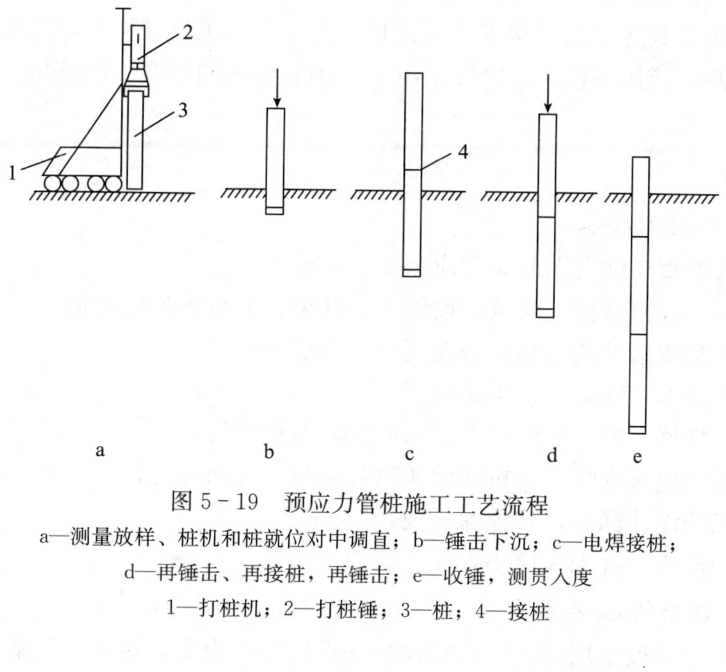


图 5－19　预应力管桩施工工艺流程

a—测量放样、桩机和桩就位对中调直；b—锤击下沉；c—电焊接桩；
d—再锤击、再接桩，再锤击；e—收锤，测贯入度
1—打桩机；2—打桩锤；3—桩；4—接桩

吊桩　按既定的打桩顺序，先将桩架移动至设计所定的桩位处并用缆风绳等稳定，然后将桩运至桩架下，一般利用桩架附设的起重钩借桩机上的卷扬机吊桩就位，或配一台履带式起重机送桩就位，并用桩架上夹具或落下桩锤借桩帽固定位置。桩提升为直立状态后，对准桩位中心，缓缓放下插入土中，桩插入时垂直度偏差不得超过0.5%。

插桩　桩就位后，在桩顶安上桩帽，然后放下桩锤轻轻压住桩帽。桩锤、桩帽和桩身中心线应在同一垂直线上。在桩的自重和锤重的压力下，桩便会沉入一定深度，等桩下沉达到稳定状态后，再一次复查其平面位置和垂直度，若有偏差应及时纠正，必要时要拔出重打，校核桩的垂直度可采用垂直角，即用两个方向（互成90°）的经纬仪使导架保持垂直。校正符合要求后，即可进行打桩。为了防止击碎桩顶，应在混凝土桩的桩顶和桩帽之间、桩锤与桩帽之间放上硬木、麻袋等弹性衬垫作缓冲层。

打桩　桩锤连续施打，使桩均匀下沉。宜用“重锤低击”。重锤低击获得的动量大，桩锤对桩顶的冲击小，其回弹也小，桩头不易损坏，大部分能量都用来克服桩周边土壤的摩阻力而使桩下沉。正因为桩锤落距小，频率高，对于较密实的土层，如砂土或黏土也能容易穿过，一般在工程中采用重锤低击。而轻锤高击所获得的动量小，冲击力大，其回弹也大，桩头易损坏，大部分能量被桩身吸收，桩不易打入，且轻锤高击所产生的应力，还会促使距桩顶1/3桩长范围内的薄弱处产生水平裂缝，甚至使桩身断裂。在实际工程中一般不采用轻锤高击。

接桩　当设计的桩较长时，但由于打桩机高度有限或预制、运输等因素，只能采用分段预制、分段打入的方法，需在桩打入过程中将桩接长。接长预制钢筋混凝土桩的方法有焊接法和浆锚法，目前以焊接法应用最多。接桩时，一般在距离地面1 m左右进行，上、下节桩的中心线偏差不得大于10 mm，节点弯曲矢高不得大于0.1%的两节桩长。在焊接后应使焊缝在自然条件下冷却10 min后方可继续沉桩。

送桩　如桩顶标高低于自然土面，则需用送桩管将桩送入土中。桩与送桩管的纵轴线应在同一直线上，拔出送桩管后，桩孔应及时回填或加盖。

截桩头　如桩底到达了设计深度，而配桩长度大于桩顶设计标高时需要截去桩头。截桩头宜用锯桩器截割，或用手锤人工凿除混凝土，钢筋用气割割齐。严禁用大锤横向敲击或强行扳拉截桩。

### 3. 打桩控制

(1) 对桩打入时的要求

1）桩帽或送桩帽与桩周围的间隙应为5～10 mm；

2）锤与桩帽、桩帽与桩之间应加设硬木、麻袋、草垫等弹性衬垫；

3）桩锤、桩帽或送桩帽应和桩身在同一中心线上；

4）桩插入时的垂直度偏差不得超过0.5%；

5）对于密集桩群，自中间向两个方向或四周对称施打；

6）当一侧毗邻建筑物时，由毗邻建筑物处向另一方向施打；

7）根据基础的设计标高，宜先深后浅；

8）根据桩的规格，宜先大后小，先长后短。

(2) 桩终止锤击的控制要求

1）当桩端位于一般土层时，应以控制桩端设计标高为主，贯入度为辅；

2）桩端达到坚硬、硬塑的黏性土、中密以上粉土、砂土、碎石类土及风化岩时，应以贯入度控制为主，桩端标高为辅；

3）贯入度已达到设计要求而桩端标高未达到时，应继续锤击3阵，并按每阵10的贯入度不应大于设计规定的数值确认，必要时，施工控制贯入度应通过试验确定；

4）当遇到贯入度剧变，桩身突然发生倾斜、位移或有严重回弹、桩顶或桩身出现严重裂缝、破碎等情况时，应暂停打桩，并分析原因，采取相应措施；

5）预应力混凝土管桩的总锤击数及最后1.0 m沉桩锤击数应根据当地工程经验确定。

（3）采用射水法沉桩时的要求

1）射水法沉桩宜用于砂土和碎石土；

2）沉桩至最后1～2 m时，应停止射水，并采用锤击至规定标高。

（4）施打大面积密集桩群时采取的辅助措施

1）对预钻孔沉桩，预钻孔孔径可比桩径（或方桩对角线）小50～100 mm，深度可根据桩距和土的密实度、渗透性确定，宜为桩长的1/3～1/2；施工时应随钻随打；桩架宜具备钻孔锤击双重性能。

2）应设置袋装砂井或塑料排水板。袋装砂井直径宜为70～80 mm，间距宜为1.0～1.5 m，深度宜为10～12 m；塑料排水板的深度、间距与袋装砂井相同。

3）应设置隔离板桩或地下连续墙。

4）可开挖地面防震沟，并可与其他措施结合使用。防震沟沟宽可取0.5～0.8 m，深度按土质情况决定。

5）应限制打桩速率。

6）沉桩结束后，应普遍实施一次复打。

7）沉桩过程中应加强邻近建筑物、地下管线等的观测、监护。

8）施工现场应配备桩身垂直度观测仪器（长条水准尺或经纬仪）和观测人员，随时量测桩身的垂直度。

（5）锤击沉桩送桩要求

1）送桩深度不宜大于2.0 m。

2）当桩顶打至接近地面需要送桩时，应测出桩的垂直度并检查桩顶质量，合格后应及时送桩。

3）送桩的最后贯入度应参考相同条件下不送桩时的最后贯入度并修正。

4）送桩后遗留的桩孔应立即回填或覆盖。

5）当送桩深度超过2.0 m且不大于6.0 m时，打桩机应为三点支撑履带自行式或步履式柴油打桩机；桩帽和桩锤之间应用竖纹硬木或盘圆层叠的钢丝绳作"锤垫"，其厚度宜取150～200 mm。

（6）送桩器及衬垫设置要求

1）送桩器宜做成圆筒形，并应有足够的强度、刚度和耐打性。送桩器长度应满足送桩深度的要求，弯曲度不得大于1/1000。

2）送桩器上下两端面应平整，且与送桩器中心轴线相垂直。

3）送桩器下端面应开孔，使空心桩内腔与外界连通。

4）送桩器应与桩匹配。套筒式送桩器下端的套筒深度宜取250～350 mm，套管内径应比桩外径大 20～30 mm，插销式送桩器下端的插销长度宜取 200～300 mm，杆销外径应比（管）桩内径小 20～30 mm。对于腔内存有余浆的管桩，不宜采用插销式送桩器。

5）送桩作业时，送桩器与桩头之间应设置 1～2 层麻袋或硬纸板等衬垫。内填弹性衬垫压实后的厚度不宜小于 60 mm。

### （二）静压沉桩法

#### 1. 概述

静压法施工是通过静力压桩机以压桩机自重及桩架上的配重作反力将预制桩压入土中的一种沉桩工艺。早在 20 世纪 50 年代初，我国沿海地区就开始采用静力压桩法。到 80 年代，随着压桩机械的发展和环保意识的增强得到了进一步推广。至 90 年代，压桩机实现系列化，且最大压桩力为 10000 kN 的压桩机已问世，它既能施压预制方桩，也可施压预应力管桩。适用的建筑物已不仅是多层和中高层，也可以是 20 层及以上的高层建筑及大型构筑物。目前我国湖北、广东、上海、江苏、浙江、福建、吉林等省市都有应用，尤以上海、南京、广州及珠江三角洲应用较多。与我国邻近的东南亚沿海国家也逐步认识了静压桩工法的优越性，如越南、马来西亚、新加坡不断地在我国引进液压静力压桩机设备进行施工。

静压法沉桩即借助专用桩架自重和配重或结构物自重，通过压梁或压柱将整个桩架自重和配重或结构物反力，以卷扬机滑轮组或电动油泵液压方式施加在桩顶或桩身上，当施加给桩的静压力与桩的入土阻力达到动态平衡时，桩在自重和静压力作用下逐渐压入地基土中。

静压法沉桩具有无噪声、无振动、无冲击力、施工应力小等特点，可减少打桩振动对地基和邻近建筑物的影响，桩顶不易损坏、不易产生偏心沉桩、沉桩精度较高、节省制桩材料和降低工程成本，且能在沉桩施工中测定沉桩阻力为设计施工提供参数，并预估和验证桩的承载能力。但由于专用桩架设备的高度和压桩能力受到一定限制，较难压入 30 m 以上的长桩。当地基持力层起伏较大或地基中存在中间硬夹层时，桩的入土深度较难调节。对长桩可通过接桩，分节压入。此外，对地基的挤土影响仍然存在，需视不同工程情况采取措施减少公害。

静压法适用条件如下：

*地层*　通常应用于高压缩性黏土层或砂性较轻的软黏土地基。当桩需贯穿有一定厚度的砂性土中间夹层时，必须根据桩机的压桩力与终压力及土层的性状、厚度、密度、组合变化特点与上下土层的力学指标，桩型、桩的构造、强度、桩截面规格大小与布桩形式，地下水位高低，以及终压前的稳压时间与稳压次数等综合考虑其适用性。

*桩径及桩长*　桩径为 300～600 mm；桩长最大为 65 m。

#### 2. 静压桩沉桩机理及特点

压桩开始阶段，桩尖“刺入”土体中，原状土的初始应力状态受到破坏，造成桩尖下的土体压缩变形，土体对桩尖产生相应阻力，随着桩贯入压力的逐渐增大，桩尖土体所受应力超过其抗剪强度时，土体发生急剧变形而达到极限破坏，土体产生塑性流动（黏性土）或挤密侧移和下拖（砂土），桩沉入土体以后，桩身与桩周土体之间产生摩阻力。随后的贯入首先要克服桩侧摩阻力，桩身受到因挤压而产生的桩周摩阻力和桩尖阻力的抵抗，当桩顶的静压力大于抵抗阻力，桩将继续“刺入”下沉，反之停止下沉。桩的贯入使土体产生了剧烈变形，改变了原有土体的性质，在挤压作用下，桩周一定范围内出现土的重塑区（图 5－20，

图 5－21)，土的黏聚力被破坏，土中超孔隙水压力增大，土的抗剪强度降低，桩侧摩阻力明显减小，从而可用较小的压力将桩压入到较深的土层中去。压桩结束后，超孔隙水压力消散，土体重新固结，土的抗剪强度及侧摩擦力逐步恢复，从而使工程桩获得较大的承载力。

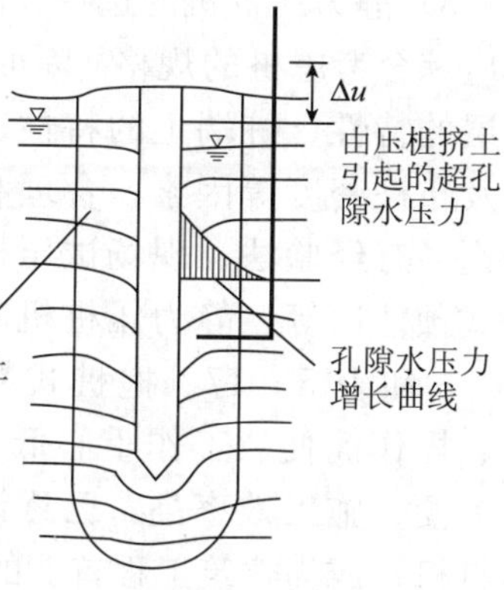


图 5－20　静压桩塑性区剖面示意图

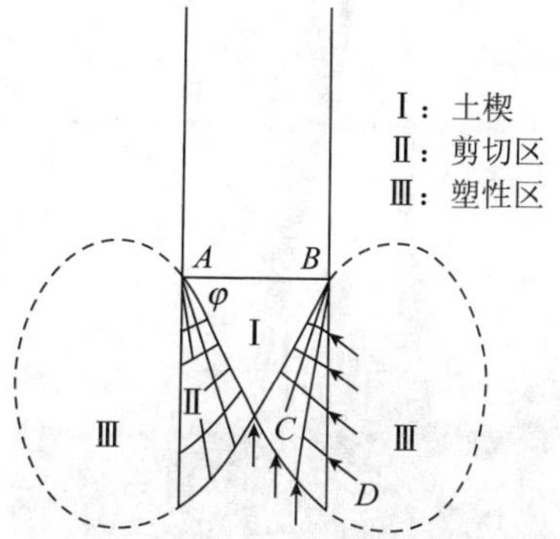


图 5－21　桩尖下假设的破坏形态

传统预制桩的沉桩方式主要有锤击法和振动法，然而沉桩施工中常会出现一些问题，如对环境的噪声污染及油烟污染、钢筋混凝土桩头破损或断桩等，静压法沉桩克服了这些缺点。静压法的发展是为了解决沉桩在城市建设中引起的一系列问题，它在许多方面具有独特的优势，主要体现在：

1）公害低。静压施工法无噪声、无振动、无油污飞溅，居民密集居住区和振动敏感区域非常适合应用该工法。如上海、广州等大城市地基施工将普遍推广应用静压法沉桩施工工艺，传统的锤击打桩将全面淡出中心城区。

2）成桩质量好。首先，静压桩桩身可在工厂预制，周期短，且施工前的准备期也可缩短，桩身质量有保障；其次，静压桩压入施工时不像锤击桩施工那样在桩身产生动应力，桩头和桩身不会受损，减小了对桩的破坏力，从而可以降低对桩身的强度等级要求，节约钢材和水泥；再次，压桩过程中压桩阻力能自始至终地显示和记录，可定量观测整个沉桩过程，预估单桩承载力；最后，静压桩可以很好地适用于某些特殊地质条件（如岩溶地区、上软下硬或软硬突变地层），而打入式预制桩等一般不适用于这些地区。

3）桩入土深度便于调整。静压桩送桩深度比打入式桩要深，接桩方便，避免了高空作业，桩长不像沉管灌注桩那样受施工机械的限制，在深厚软土地区使用，有较大的优势。

**3. 静力压桩设备**

静压法沉桩按加压方法可分为压桩机施工法、锚桩反压施工法和利用结构物自重压入施工法等，本书介绍压桩机施工法。

1）压桩机按压桩位置可分为中压式和前压式。中压式压桩机的夹桩机构设在压桩机中心，施压时要求桩位周围约有 4 m 以上的空间。前压式压桩机的夹桩机构设在桩机前端，可施压距邻近建筑物 0.6～1.2 m 处的桩，但因是偏置压桩，压桩力一般只能达到该桩机最大压桩力的 60％。

2）压桩机按压桩方式可分为顶压式和箍压式。顶压式是指通过压梁将整个压桩机自重和配重施加在桩顶上，把桩逐渐压入土中。抱压式是指压桩时，开动液压泵，通过抱箍千斤

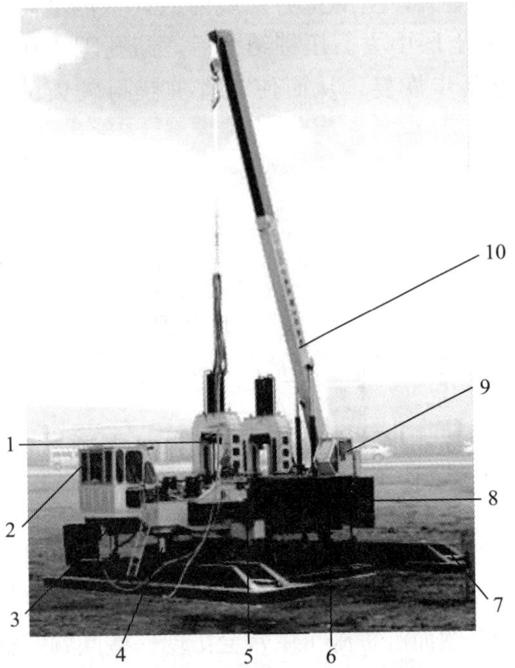

图 5-22 YZY 型静力压桩机的主体结构图

1—纵向行走机构；2—操纵室；3—支腿平台；4—液压系统；5—配重；6—导向架；7—横向行走及回转机构；8—夹持机构；9—电气控制台；10—吊桩吊机

顶将桩箍紧，并借助于压桩千斤顶将整个压桩机的自重和配重施加在桩顶上，把桩逐渐压入土中。图 5-22 为武汉建工机械厂生产的 YZY 型静力压桩机的主体结构图。

3）静力压桩机的选择。静力压桩机的选择应综合考虑桩的规格（断面和长度）、穿越土层的特性、桩端土的特性、单桩极限承载力及布桩密度等因素。合理利用静力压桩机的途径有经验法、现场试压桩法及静力计算公式预估法等。静力压桩机的选择可参考表 5-16 和表 5-17。抱桩式静压桩机结构紧凑、操作简便、工作重心低、移动平稳、转场方便、施工效率高，已逐渐取代顶压式静压桩机，成为建筑工程首选的桩工机械之一。

4）桩的类型。用于静压桩施工的钢筋混凝土预制桩有 RC 方桩、PC 管桩和 PHC 管桩。

#### 4. 静压法沉桩施工

(1) 沉桩施工准备工作

1）选择沉桩机具设备，进行改装、返修、保养、并准备运输。

2）现场制桩或订购构件、加工件的验收，并办好托运。

3）组织现场作业班组的劳动力，按计划工种、人数、需用工日配备齐全，并准备进场。

**表 5-16 部分 ZYJ 系列静力压桩机参数表**

| 参　　数 | ZYJ260 | ZYJ680BJ | ZYJ960 | ZYJ1060 |
|---|---|---|---|---|
| 外形尺寸（工作长×工作宽×运输高）/mm | 10000×6200×3120 | 14000×8360×3150 | 14500×8860×3190 | 16000×9160×3260 |
| 整机质量/t | 262 | 682 | 962 | 1062 |
| 最大压桩力/tf① | 260 | 680 | 960 | 1060 |
| 最大压桩速度/(m·min$^{-1}$) | 8.1 | 7 | 7.8 | 8 |
| 压桩行程（一次）/m | 1.6 | 1.8 | 1.8 | 1.8 |
| 行走能力（纵向行程：一次）/m | 3 | 3.6 | 3.6 | 3.6 |
| 行走能力（横向行程：一次）/m | 0.6 | 0.7 | 0.7 | 0.7 |
| 行走能力（转角：一次）/(°) | 8 | 8 | 8 | 8 |
| 升降行程/m | 0.9 | 1.1 | 1.1 | 1.1 |
| 标配起重机 | QY12C | QY16C | QY25C | QY25C |
| 中桩单桩长度/m | 14 | 15 | 16.2 | 16.2 |
| 接地比压（长船/短船）/(tf·m$^{-2}$) | 10/12.5 | 13.7/16.8 | 14.4/19 | 15/19 |

续表

| 参　数 | ZYJ260 | ZYJ680BJ | ZYJ960 | ZYJ1060 |
| --- | --- | --- | --- | --- |
| 边桩距离/mm | 800 | 680 | 995 | 995 |
| 角桩距离/mm | 1350 | 1160 | 2500 | 2500 |
| 可配最大圆桩钳口/mm | 500 | 600 | 800/600 | 800/600 |
| 可配最大方桩钳口/mm | 500 | 400/550 | 500/600 | 500/600 |

注：①1 tf（吨力）＝9.80665×10³ N。

**表 5－17　部分 YZY 系列静力压桩机参数表**

| 参　数 | YZY240 | YZY680 | YZY900 | YZY1200 |
| --- | --- | --- | --- | --- |
| 外形尺寸（工作长×工作宽×运输高）/mm | 10000×6440×2920 | 13800×8500×3090 | 14000×8900×3180 | 16000×9300×3300 |
| 整机质量/t | 242 | 682 | 902 | 1202 |
| 额定压桩力/kN | 2400 | 6800 | 9000 | 12000 |
| 最大压桩速度/(m·min$^{-1}$) | 5.5 | 5.5 | 5 | 5 |
| 压桩行程（一次)/m | 1.8 | 1.8 | 1.8 | 1.8 |
| 行走能力（纵向行程：一次)/m | 2.8 | 3.6 | 3.6 | 3.6 |
| 行走能力（横向行程：一次)/m | 0.6 | 0.6 | 0.7 | 0.7 |
| 行走能力（转角：一次)/(°) | 11 | 8 | 8 | 8 |
| 升降行程/m | 0.9 | 1.1 | 1.1 | 1.1 |
| 接地比压（长船/短船)/(tf·m$^{-2}$) | 9.4/10.4 | 12.9/18.2 | 15.3/18.4 | 15.6/20.3 |
| 边桩距离/mm | 900 | 800 | 1000 | 1000 |
| 角桩距离/mm | 2400 | 1700 | 1850 | 1850 |
| 可配最大圆桩钳口/mm | 400 | 600 | 800 | 800 |
| 可配最大方桩钳口/mm | 400 | 600 | 600 | 600 |

4）进入施工现场的运输道路的拓宽、加固、平整和验收。

5）清除现场妨碍施工的高空、地面和地下障碍物。

6）整平打桩范围内场地，周围布置好排水系统，修建现场临时道路和预制桩堆放场地。

7）邻近原有建筑物和地下管线，认真细致地查清结构和基础情况，并研究采取适当的隔振、减振、防挤、监测和预加固等措施。

8）布置测量控制网、水准基点的数量应不少于 2 个，并应设在打桩影响范围之外。

9）根据施工总平面图，设置施工临时设施，接通供水、电、气管线，并分别通过试运转且运转正常。

（2）桩的沉设程序

一般采取分段压入、逐段接长的方法，其程序如下：

1）桩尖就位、对中、调直，对于 YZY 型压桩机，通过启动纵向和横向行走油缸，将桩尖对准桩位；开动压桩油缸将桩压入土中 1 m 左右后停止压桩，调正桩在两个方向的垂直度。第一节桩是否垂直，是保证桩身质量的关键。

2）压桩。通过夹持油缸将桩夹紧，然后使压桩油缸压桩。在压桩过程中要认真记录桩入土深度和压力表读数的关系，以判断桩的质量及承载力。

3）接桩。桩的单节长度应根据设备条件和施工工艺确定。当桩贯穿的土层中夹有薄层砂土时，确定单节桩的长度时应避免桩端停在砂土层中进行接桩。当下一节桩压到露出地面0.8～1.0 m时，便可接上一节桩。桩身接头不宜超过2个的规定很难执行，目前已有大量桩身接头为3～4个的成功经验。接头主要采用焊接法接桩或硫黄胶泥锚固接头；当桩很长时，应在地面以下第1个接头采用焊接形式。

4）送桩或截桩。如果桩顶接近地面，而压桩力尚未达到规定值，可以送桩。如果桩顶高出地面一段距离，而压桩力已达到规定值时则要截桩，以便压桩机移位。

静压送桩的质量控制应符合下列规定：①测量桩的垂直度并检查桩头质量，合格后方可送桩，压、送作业应连续进行；②送桩应采用专制钢质送桩器，不得将工程桩用作送桩器；③当场地上多数桩的有效桩长 $L$ 小于或等于15 m或桩端持力层为风化软质岩，可能需要复压时，送桩深度不宜超过1.5 m；④除满足①～③的规定外，当桩的垂直度偏差小于1%，且桩的有效桩长大于15 m时，静压桩送桩深度不宜超过8 m；⑤送桩的最大压桩力不宜超过桩身允许抱压压桩力的1.1倍。

5）压桩结束。当压力表读数达到预先规定值时，便可停止压桩。

（3）终止压桩的控制原则

静压法沉桩时，终止压桩的控制原则与压桩机大小、桩型、桩长、桩周土灵敏性、桩端土特性、布桩密度、复压次数以及单桩竖向设计极限承载力（为单桩竖向承载力设计值的1.6～1.65倍）等因素有关。各地的控制原则各异。广东地区的终压控制条件如下：

1）对于摩擦桩，按照设计桩长进行控制。但在正式施工前，应先按设计桩长试压几根桩，待停置24 h后，用与桩的设计极限承载力相等的终压力进行复压，如果桩在复压时几乎不动，即可进行全面施工，否则，设计桩长应修正。

2）对于端承摩擦桩或摩擦端承桩，按终压力值进行控制。①对于桩长大于21 m的端承摩擦桩，终压力值一般取桩的设计极限承载力。当桩周土为黏性土且灵敏度较高时，终压力可按设计极限承载力的0.8～0.9倍取值；②当桩长小于21 m而大于14 m时，终压力按设计极限承载力的1.1～1.4倍取值；③当桩长小于14 m时，终压力按设计极限承载力的1.4～1.6倍取值，或设计极限承载力取终压力值的0.6～0.7倍，其中对于小于8 m的超短桩，按0.6倍取值。

3）超载施工时，一般不提倡满载连续复压法，但在必要时可以进行复压，复压的次数不宜超过2次，且每次稳压时间不宜超过10 s。

（4）压桩施工注意事项

1）压桩施工前应对现场的土层地质情况了解清楚，做到心中有数；同时应做好设备的检查工作，保证使用可靠，以免中途间断压桩。

2）压桩过程中，应随时注意使桩保持轴心受压，若有偏移，要及时调整。

3）接桩时应保证上、下节桩的轴线一致，并尽可能地缩短接桩时间。

4）量测压力等仪表应注意保养、及时检修和定期标定，以减少量测误差。

5）压桩机行驶道路的地基应有足够的承载力，必要时需进行处理。

**5. 辅助沉桩法**

随着桩基工程的发展，为适应多种工程环境和复杂的地基条件，发展了新的辅助沉桩法，如预钻孔辅助沉桩法、冲水辅助沉桩法、振动辅助沉桩法、掘削辅助沉桩法、爆破辅助沉桩法以及多种辅助沉桩法组合而成的混合辅助沉桩法。其中预钻孔辅助沉桩法、冲水辅助沉桩法、振动辅助沉桩法是最常用的辅助沉桩法。

（1）预钻孔辅助沉桩

采用本工艺能大幅减少沉桩区及其附近土体变形和超静孔隙水压力，减少对桩区邻近建筑物的危害，还有利于减小沉桩施工中的噪声和振动影响，并可减少地基后期的土体固结沉降量以及相应的负摩阻力。尤其当地基浅层中存在硬夹层时，能提高桩的穿透能力和沉桩效率。施工费约增大10%～20%。但当在浅层为透水性的砂土层地基中施工时，容易使浅层砂土松弛，则一般不宜采用。预钻孔辅助沉桩法主要用于软土层的地基，可分为全钻孔和局部钻孔沉桩法两类。

预钻孔辅助沉桩法可分为预钻孔锤击沉桩法、预钻孔静压沉桩法、预钻孔振动沉桩法等。

预钻孔锤击沉桩法　常用于黏性土地基，桩长可达50 m以上，桩径为450～800 mm，桩的承载力较高的长桩基础。本法适应地基土层软硬变化的能力强，能控制打桩应力，打入精度高，桩单节长度大可减少接头，施工设备简单，操作简便，功效高。但预钻孔施工设备较复杂。采用预钻孔锤击沉桩法可显著减小地基变形的影响和减小噪声及振动等公害的影响。

预钻孔静压沉桩法　常用于软黏土地基，桩长为30 m左右，桩径为400～450 mm，桩的承载能力不太大的中长桩基础。当在预钻孔深度范围内，地基中存在浅层硬土层时，应用本法有显著的优越性。不仅可减小地基变位的影响程度，且可提高沉桩设备的静压能力。本法预钻孔施工设备较复杂，对场地要求较高，施工费用较高，适宜于在城市建设中应用于摩擦桩基础。

预钻孔振动沉桩法　常用于黏性土地基中，为减少地基浅层变位和振动公害影响，提高桩的贯入能力，常与振动沉桩法同时使用。本法噪音较低、无烟火及溅油等公害问题，但仍存在振动公害。桩的承载能力受设备能力限制，常用于持力层较浅的摩擦支承桩基础。有时为了提高桩的贯入能力可采用预钻孔振动静压沉桩法，可使桩较深进入持力层，以提高桩的承载能力。

（2）冲水辅助沉桩

冲水辅助沉桩是为减少沉桩阻力，避免下沉困难，提高桩的贯入能力，采用压力喷射水辅助锤击、振动、静压等沉桩法进行的施工。冲水辅助沉桩的基本原理是在桩尖处设置冲射管喷出高压水，冲刷桩尖处的土体以破坏土的结构，并使一部分土沿桩上涌，从而减小了桩尖处的土体阻力和桩表面与地基土体间的摩擦阻力，使桩在自重以及锤击、振动、静压等作用下沉入土中。停止射水后，经过一段时间桩周松动的土又会逐渐固结紧密，使桩的承载力逐渐获得恢复。为了加强沉桩效果，也可用压缩空气和压力水同时冲刷土层，由于与压缩空气混合的泥浆容重降低，能以较快的速度冲向地面，并使土体对桩的阻力大为减小，从而加速了桩的下沉。

冲水沉桩的施工程序：吊装就位、下沉桩、开动水泵，随着桩的下沉下放射水并不断上下抽动以冲击土体避免喷嘴堵塞。如桩发生偏斜即通过开关调正射水量和压力，使桩恢复到正常位置。当桩下沉至设计标高附近时，停止冲水，改用锤击、振动或静压下沉。

冲水辅助沉桩也可分为冲水锤击沉桩法、冲水振动沉桩法、冲水静压沉桩法。当采用冲水振动沉桩法时，振动锤的必要振幅可以减小二分之一。射水沉桩还可分为内冲内排、内冲外排、外冲外排、外冲内排、内外冲内排等施工方法。按射水管的数量有单管式、双管式和多管式。

（3）振动辅助沉桩

振动辅助沉桩法可增大桩下沉贯穿硬土层的能力，提高工效，与锤击、静压、掘削等沉桩工艺组合沉桩能充分发挥沉桩设备的潜力。虽然工费有所增加，但能显著加快施工速度和提高沉桩工效。振动辅助沉桩法常用于软土地基以及存在硬夹层和硬持力层地基的桩基工程。可分为振动锤击沉桩法、振动静压沉桩法和振动掘削沉桩法。

振动锤击沉桩法　用于浅层为较厚的软弱黏性土，深层为硬土层的地基。如采用先振动插桩初沉至硬土层，然后连续锤击下沉至设计标高的施工方法。振动锤可直接安置在锤击沉桩的桩架上，也可另行安置在专业桩架上。前者施工简便，可在场地面积受限制时使用。后者施工操作管理较复杂，要求有较宽阔的施工场地。

振动静压沉桩法　用于浅层有硬夹层或硬持力层的地基，为克服静压沉桩设备的沉桩能力不足，可使桩下沉过程中能顺利穿透浅层硬夹层或进入硬持力层足够深度，避免发生滞桩现象。振动施工设备通常安置于静压沉桩的桩架上，振动锤常设置在顶压式压桩架的压梁下端与桩帽之间。当桩静压下沉至浅层硬夹层或硬持力层时，同时启动振动锤辅助将桩静压下沉穿透硬夹层或达到桩的设计标高。此法施工设备简单，能有效地提高静压沉桩设备的能力，常用于软土地基的摩擦支承桩基础中。

振动掘削沉桩法　用于较硬的黏性土和松砂土地基，可提高振动沉桩设备的沉桩贯入能力，减少噪声、振动、地基变位等公害，使桩顺利下沉进入持力层达到设计标高。振动锤通常均直接安置在桩顶上，在桩依靠自重下沉过程中，同时在空心桩中采用长螺旋钻连续排土或冲击铲、磨盘钻、短螺旋钻、铲斗等取土钻提升排土的掘削排土使桩下沉，当桩下沉至硬土层时，启动振动锤使桩继续下沉至设计标高。有时也可采用掘削振动静压沉桩施工法。当持力层起伏变化较大时，对桩的长度易于调节，能显著减小噪音、振动、地基变位等公害影响，并提高工效，但施工工艺较复杂。一般应用于水上、陆上、平台上要求承载能力较高的大直径空心钢筋混凝土桩、钢桩、组合桩的直桩基础。

**6. 静压沉桩法在应用中存在的问题**

静压沉桩法在使用中主要存在以下问题：

1）该施工法对现场的地耐力要求较高，特别是较笨重的大吨位压桩机，在回填土、淤泥地段及积水浸泡过的场地施工，机器行走困难，场地土过于软弱时容易发生陷机事故，场地土过硬时则压桩机吨位太小时穿透能力差难以压到设计标高而不满足承载力要求。

2）全液压静力压桩机占地面积大，要求边桩、角桩中心到已有建筑物的距离较大，尽管目前有些厂家生产出前置式压桩机，但压桩力一般只能到达该桩机最大压桩力的 60%，压桩能力有限。

3）由于压桩力有限，当地层中存在漂石、孤石及其他障碍物时，选择这种施工方法应谨慎，桩可能达不到设计的标高。

4）静压法沉桩属于挤土桩，在布桩密集地区施工，会产生土体挤压上涌所带来的危害。同时，后压桩由于先压桩的挤密作用而难以压入，要求合理布置施工流程，缩短压桩的停息时间。对工地周围的民房和管道，施工前应采取一定措施，较好的办法是取土填砂。

5）过大的压桩力易将桩身桩顶夹破夹碎。主要原因有混凝土强度低、桩不直或配筋不当、偏心受压等，针对不同情况可调整桩位，提高混凝土等级，改进配筋设计。

静压桩的沉桩机理非常复杂，与土质、土层排列、硬土层厚度、桩数、桩距、施工顺序、进度等有关，有待进一步研究。静压桩施工中出现的问题也各种各样，最常用的处理方法是提高终压力进行复压或补桩。复压或补桩有一定困难时，要采取其他一些措施处理不合格桩，如灌浆补强、降低桩承载力标准或扩大承台等。相信随着工程实践的不断丰富，能为静压桩出现的问题提供更多的解决方法。

随着城市高速发展，城市居民密集居住，工程建设与城市环境的矛盾也日益尖锐，绿色岩土工程得到大力提倡，它主要强调岩土工程的绿色性与可持续发展。传统的锤击打桩将全面淡出大城市的中心城区，而无噪声、无振动、无油烟和无泥浆等无环境污染的静压桩基础得到了广泛应用。随着静压桩施工技术的发展，液压静力压桩机技术及产品将由粗放型向功能精细化、操作智能化和大吨位方向发展。可以预计，静压桩在今后一段时间内在我国软土地区的桩基础中独占鳌头，成为我国软土地区应用最多的桩。

# 第六章　地下连续墙施工

## 第一节　概　　述

### 一、地下连续墙施工方法的含义

地下连续墙施工方法是一种不用模板在地下建造连续墙的施工方法。其工艺是采用合适的挖槽（孔）设备，沿着开挖工程的周边轴线，在泥浆护壁的条件下，挖出一个具有一定长度、宽度与深度的深槽（孔槽），并在槽内设置预先做好的钢筋笼，然后采用导管法往槽内浇灌混凝土形成一个单元墙段，依序施工，再以适当的接头形式将各单元墙段相互连接起来，最终构成完整的地下连续墙体。

地下连续墙开挖技术起源于欧洲。它是根据打井和石油钻井使用泥浆和水下浇筑混凝土的方法而发展起来的，1914 年开始使用泥浆，1920 年德国首先提出了地下连续墙专利。1921 年发表了泥浆开挖技术报告，1929 年正式使用膨润土制作泥浆。至于在泥浆支护的深槽中建造地下墙的施工方法则是意大利米兰的 C. 维达尔开发成功的。由于米兰的地基是由砂砾和石灰岩构成的，在这样的地质条件下，采用常规的打桩或打板桩的方法来建造地下构筑物非常困难，于是出现了这种先用机械挖出沟槽，然后再浇筑混凝土的地下连续墙工法(也叫米兰法)。1948 年首次在充满膨润土泥浆的长槽中进行试验，以便证实建造堤坝防渗墙的可能性。1950 年在意大利两项大型工程中建造了防渗墙，其一是圣玛丽亚大坝下砂卵石地基中建造深达 40 m 的防渗墙，其二是在凡那弗罗附近由 S. M. E 电力公司使用的储水池和跨沃尔托诺河的引水工程中，在高透水性地基中建造的深为 35 m 的防渗墙。这些防渗墙不仅用于隔断地下水流，同时还要承受垂直和水平的荷载，而需具有足够的强度。按预定工期建成地下墙后，经过从墙身取样试验和观测检查，确认其性能和精度及强度均符合要求。还证明了比采用钢板桩方案节省大量费用。20 世纪 50～60 年代该项技术在西方发达国家及苏联得到推广，成为地下工程和深基础施工中的有效技术。经过 60 多年的推广与改造，现在世界上主要发达国家都已将这一技术作为深基础施工的一种重要手段。目前地下连续墙的最大开挖深度为 140 m，最薄的地下连续墙厚度为 20 cm。我国水电部门早在 1958 年在山东省月子口水库和北京密云水库，就采用冲击钻机成孔施工排桩式（亦称柱列式）浇灌素混凝土的地下连续墙作为防渗墙的实例，是世界上建造和使用混凝土防渗墙较早的国家之一。目前我国已将地下连续墙施工推广到工业与民用建筑、城建、交通和矿山等建设工程中，成为深基础施工的重要方法。

地下连续墙适用于建造建筑物的地下室、地下商场、停车场、地下油库、挡土墙，高层建筑等的深基础，逆作法施工的围护结构，工业建筑的深池、坑、竖井，邻近建筑物基础的支护以及水工结构的堤坝防渗墙、护岸、码头、船坞、桥梁墩台、地下铁道、地下车站、通道或临时围堰工程等。

## 二、地下连续墙施工方法的优、缺点

**1. 优点**

1）墙体刚度大，强度高，可承重、挡土、截水、抗渗，耐久性能好。

2）用于密集建筑群中建造深基础，对周围地基无扰动，对相邻建筑物、地下设施影响较小；可在狭窄场地条件施工，与原有建筑物的最小距离可达 0.2 m 左右；对附近地面交通影响较小。

3）可用于逆作法施工，使地下部分与上部结构同时施工，大大缩短工期。

4）比常规挖槽施工可节省大量挖土石方工作量，且无须降低地下水位。

5）施工机械化程度高，精度高，劳动强度低，挖掘工效高。

6）施工振动小，噪声低，有利于保护城市环境。

**2. 缺点**

1）地下连续墙施工，需要较多的机具设备，一次性投资较高，适宜于较大规模的地下工程。

2）地下连续墙施工方法虽然对地层的适应性很强，但是，由于这种方法主要靠泥浆护壁，在槽壁大面积失去原地基土侧压力的条件下，对于岩溶地区含有较高承压水头的夹层，细、粉砂层，不稳定的流塑软黏土，具有动水渗流的细、粉砂层以及漂石或大的卵石层施工难度较大。

3）施工工艺较为复杂，技术要求高，质量要求严，施工队伍需具有相当的技术水平。

4）施工中的废浆（用泥浆护壁时）和弃土量较大，尤其是前者，处理起来费用较高。

## 三、地下连续墙的类型

**1. 根据地下连续墙的结构形式**

根据地下连续墙的结构形式可分为：

1）壁板式地下连续墙（图 6－1）。采用挖槽设备，在泥浆护壁的条件下，在地下挖出一个具有一定长度、宽度与深度的深槽，并在槽内吊入钢筋笼，然后采用导管法往槽内浇灌混凝土形成一个单元墙段。然后将各单元墙段相互连接起来，最终构成一道完整的地下连续墙体。

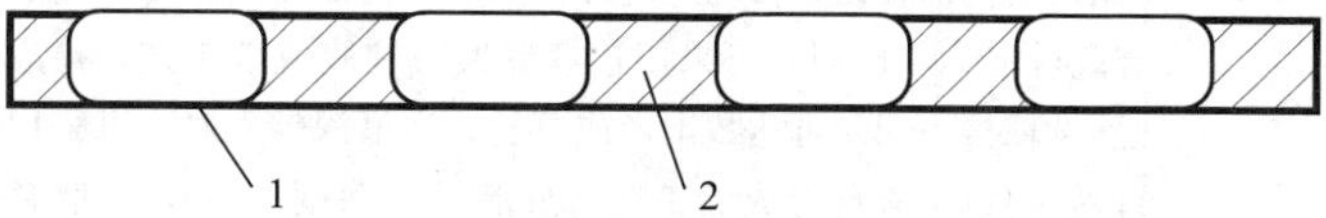


图 6－1　壁板式地下连续墙

1—开挖槽段；2—未开挖槽段

2）排桩式地下连续墙（图 6－2）。将单桩依次施工、连接，形成一道连续墙体。

3）组合式地下连续墙。将壁式和排桩式结合起来施工而建成的组合墙。

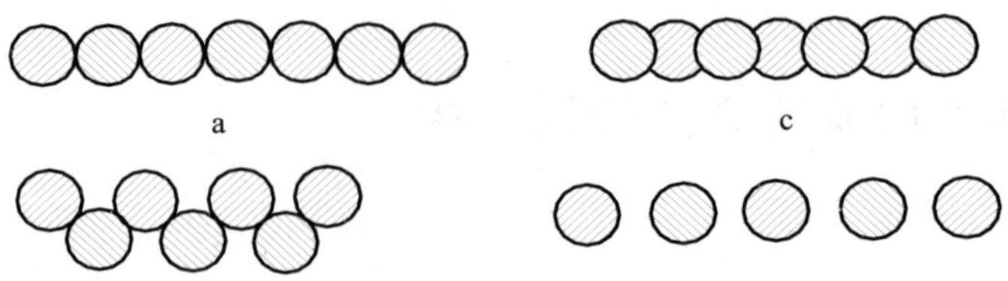


图 6－2　排桩式地下连续墙

a—相切式；b—交错式；c—搭接式；d—间隔式

**2. 按挖槽方法**

按挖槽方法可大致分为抓斗式、冲击式和回转式三种。

**3. 按墙体材料**

按墙体材料可分为钢筋混凝土、素混凝土、黏土、自凝泥浆和混合墙体材料等若干种。

**4. 按墙体施工方法**

按墙体施工方法可分为就地浇筑、预制及二者组合成墙。

**5. 按用途不同**

按用途不同可分为结构墙、临时性支护墙、挡土墙、防渗心墙以及抗滑、隔振墙。

各种地下连续墙施工方法见表 6－1。

**表 6－1　国内外地下连续墙施工技术及参数指标**

| 序号 | 技术名称 | 技术依托单位 | 技术要点 | 适用范围 |
|---|---|---|---|---|
| 1 | 射水法建造地下防渗墙技术 | 福建省水利水电科学研究所 | 利用水泵和特制成型器中的射水装置所形成的高速水流的冲击力，掏刷土质、砂土地基，水土混合使泥砂溢出地面，并通过成型器修整，泥浆固壁，形成规格尺寸槽孔，经灌注水下混凝土建成单块混凝土槽板，采用一定技术措施将单块槽板相互紧密衔接，形成一道混凝土地下连续防渗墙。墙体厚度 22～45 cm，深度可达 30 m，垂直度小于 1/300，整体防渗系数小于 $1\times10^{-7}$ cm/s。<br>射水法造墙机由造孔机、浇筑机、混凝土搅拌机三部分组成 | 适用于密实黏土、亚黏土、淤泥、砂土及粗砂的多种地基。Ⅲ型台机适用于 10 cm 以下的卵石层 |
| 2 | 锯齿掏槽修建地下连续防渗墙技术 | 东北岩土工程公司 | 成墙是由专门的锯槽机完成的。锯槽机上有功率较大的摆动机构，将近乎垂直的锯管做上下往复运动，在往复运动的同时，锯槽机向前移动，移动速度可根据地层情况需要调整。当墙的深度小于 15 m 时，可采用连续置换或铺膜成墙工艺，建成的连续墙接头间距可达数十米或更长。当槽深较大时，可采用分段隔离或浆液自凝成墙工艺。成墙最大深度 47 m，成墙宽度 0.15～0.40 m | 适用于颗粒粒径小于 100 mm 的松散地层，如黏土、砂土、砂、砾及小卵石等地层。 |
| 3 | 液压开槽机连续成槽技术 | 河南省黄河河务局 | 液压开槽机是由在同一轨道上行走的开槽机、水下混凝土浇筑机、清槽砂石泵及混凝土搅拌机组成。液压开槽机沿墙体轴线连续成槽，槽孔完全连续。墙体厚度 20 cm 左右，最大深度可达到 40 m | 适用于砂壤土、粉土、黏土等地质条件的地层 |

续表

| 序号 | 技术名称 | 技术依托单位 | 技术要点 | 适用范围 |
| --- | --- | --- | --- | --- |
| 4 | 多头小直径深层搅拌桩截渗墙技术 | 水利部淮河水利委员会基础工程有限责任公司 | 运用特制的多头小直径深层搅拌桩把水泥浆喷入土体，并搅拌形成水泥土墙，达到截渗目的。最大成墙深度可达 18 m，成墙厚度为 200～300 mm，渗透系数小于 $A\times10^{-6}$ cm/s（$1<A<10$），强度大于 0.3 MPa，渗透破坏比降大于 50 | 适用于黏土、砂土、粉质黏土、含砾直径小于 50 mm 的砂砾层、淤泥，甚至有土体架空或洞穴也可施工。在汛期也不影响施工 |
| 5 | 预制混凝土板水力插板成墙技术 | 山东省胜利油田黄河口治理办公室 | 在预制混凝土板中预留管道，并利用高压水冲击力割混凝土板下端土层，将预制混凝土板插入地下，板与板之间接缝进行灌浆，板顶浇筑连续梁，从而形成地下（上）的连续墙体。墙体厚 25 cm，墙深 15～20 m，1998 年 10 月获国家专利 | 适用于砂壤土、淤泥质等均质土层。可用于堤防险工、挑流丁坝、海堤护岸等工程 |
| 6 | 垂直铺塑防渗技术 | 山东省水利科学研究院山东水利岩土工程公司 | 利用适用于不同地质情况的刮板式、旋转式、往复式三种形式的开沟造槽铺塑机，在坝体（基）内开出一定宽度和深度的连续沟槽，并同步在沟槽内铺设塑料薄膜和填以设计要求的回填料，经过填料的湿陷固结形成以塑膜为主要幕体材料的复合防渗帐幕。<br>造槽宽度 16～30 cm（若用于浇筑地下连续墙，槽宽可增加到 50 cm），开槽深度达 10～15 m | 适用于砂砾石层、砂土、黏土层，含有少量大粒径砂砾石或树根的复杂土层也可适用 |
| 7 | 振动沉模板墙堤坝防渗技术 | 中国华水水电开发总公司山东分公司 | 利用振动模板墙设备将空腹钢模板沉入地层后，注满浆体。当振动提拔时，浆体从模板下端注入槽孔内，迅速填满因模板上拔而腾出的空间，空腹模板起到固壁作用，减少了泥浆固壁的工序。造槽、护壁、浇筑一次性直接成墙。成墙厚度 14～22 cm，最大深度 20 m | 适用于砂性土、淤泥质土和含小卵石的砂卵石层等 |
| 8 | 高速构筑堤坝防渗连续墙技术 | 德国赛德·迅博格特种地下工程建筑公司 | 挖掘-混合-喷射灌浆连续施工技术是利用一个安装在履带式吊车底盘上、周边带有刀片的履带式切割柱在土中快速掘进，掘进中，切割柱边搅拌土体，边喷出水泥浆，形成一道宽约 0.5～1 m、深可达 12 m 的连续墙 | 适用于多种不同类型的土质地层 |
| 9 | TRD 工法 | 日本 TRD 施工法株式会社神户制钢所 | TRD 工法是将链式切削器插入土中，靠链式切削器的转动并沿水平方向掘削前进，形成连续的沟槽，同时将固化液从切削器的端部喷出，与土在原地搅拌混合，形成水泥土地下连续墙。成墙厚度、深度视设备型号不同而不同。Ⅰ型：成墙厚度 0.45～0.55 m，深度 15 m；Ⅱ型：成墙厚度 0.55～0.70 m，深度 25 m；Ⅲ型：成墙厚度 0.55～0.80 m，深度 35 m，最大深度 47.5 m | 适用于各种地质条件的地层 |
| 10 | 超薄型地下连续防渗墙建造技术 | 法国威宝公司 | 采用液压震动锤将一宽度约 600～800 mm 的Ⅰ型钢模，通过高频振动锤打入地下，在钢模抽出的同时，灌浆浆液通过管道进入钢模底端喷出，形成墙体。墙厚 8～15 cm。液压振动锤输出功率 300～600 kW | 适用于砂土、砂壤土及密实砾石、泥灰岩等地层 |
|  |  | 德国宝峨公司 | 利用高频振动锤击成墙设备建造地下连续防渗墙。该产品与法国威宝公司产品基本相同。成槽深度 20 m 以内，“H”槽宽度最薄处 7.5 cm | 适用于砂土、砂壤土及颗粒小于 200 mm 的砂卵石地层 |

续表

| 序号 | 技术名称 | 技术依托单位 | 技术要点 | 适用范围 |
|---|---|---|---|---|
| 11 | 机械抓斗、液压抓斗建造地下连续墙技术 | 意大利土力公司 | 利用液压抓斗式成套设备，在泥浆护壁的条件下，开挖出具有一定宽度和深度的沟槽。然后把钢筋笼下入沟槽中，最后用导管在充满泥浆的沟槽中浇筑混凝土，筑成一个单元的墙段。各单元的墙段由特制的接头连接，形成地下连续墙。挖掘宽度0.6～1.2 m，挖掘长度2.0～3.5 m，最大挖深80 m | 适用于各种地质条件的地层 |
| | | 意大利卡沙特兰地基设备有限公司 | 利用钢绳液压地下连续墙抓斗、全导杆式地下连续墙液压抓斗、机械式地下连续墙抓斗建造防渗墙。机械式钢绳抓斗是一种绳索操纵的带有可更换抓斗与导向装置的抓斗，成墙宽度400～1200 mm，长度1400～4030 mm，最大深度可达100 m。全导杆式地下连续墙液压抓斗成槽宽度500～1200 mm，成槽长度2200～4000 mm，最大深度50 m | 适用于各种地质条件的地层 |
| | | 德国宝峨公司 | 利用系列地下连续墙液压抓斗造防渗墙。成槽深度50～100 m，成槽厚度0.35～1 m，抓斗宽度2.8 m。柴油发动机功率222 kW | 适用于各种地质条件的地层 |
| | | 中国水利水电基础工程局 | 使用斗宽为30 cm的液压抓斗在堤坝上挖槽宽为30 cm、深度最深达到40 m的槽孔，而后浇筑符合特定性能要求的塑性混凝土等抗渗材料，在其凝固后可形成一道渗透系数小于$10^{-6}$ cm/s的防渗墙 | 适用于一定含量和粒度以内的砂卵石层、密实的砂土层 |
| | | 中国水利水电科学研究院 | 利用正反循环钻机在地层中预先钻先导孔，两钻一抓采用机械式薄抓斗成槽（槽厚300 mm），采用自凝灰浆或塑性混凝土作为墙体材料，由于采用了先导孔，可充分保证墙体的连续性，设备简单实用。整机功率42.5 kW | 适用于粒径200 mm，含量不超过40%的砂卵石、砂砾石等地层 |
| 12 | 液压双轮铣成槽技术 | 德国宝峨公司 | 该公司生产的双轮铣设备的成槽原理是通过液压系统驱动下部两个轮轴转动，水平切削、破碎地层，采用反循环出渣。最大成槽深度可达150 m，一次成槽厚度在800～2800 mm之间 | 适用于建造各种地层的坝基、地基工程。由于造价太高，一般不用于堤防工程 |
| | | 意大利卡沙特兰地地基设备有限公司 | 该公司生产的液压滚铣式成槽机，施工原理与德国宝峨公司产品大致相同。切削部分除有两个由重型液压马达单独驱动滚轮外，铣削轮本身大，驱动一切削链条，从而保证整个槽宽范围内全断面进行铣削（铣削率100%） | 同上 |
| 13 | TMW工法 | 日本燕东株式会社 | 利用TMW系列等厚搅拌地下连续墙施工机建造地下防渗墙。该设备由三部分组成：①TMW挖掘装置；②装载TMW挖掘装置的挖掘移动机；③TMW挖掘装置配套设备。<br>被挖掘的土砂由装在挖掘搅拌轴上的螺旋杆和搅拌翼及压缩空气有效地搅拌、混合在一起，形成由水、水泥、岩屑、土、空气等组成的地下墙体。成墙厚度0.45～0.90 m，一次性成墙最大深度22 m | 适用于小粒径、少含量的砾石土及砂质土、黏性土等地质条件的地层 |

## 四、适用条件

**1. 地层**

可用于多种地质条件，包括淤泥、黏性土、冲积土、砂性土及粒径50 mm以下的砂砾层。但不适于在基岩地段、含承压水很高的细砂粉砂地层、很软的黏性土层使用。

**2. 地下连续墙厚度和深度**

地下连续墙常用厚度为0.40～1.2 m；深度可达100 m以上。

## 五、地下连续墙施工流程

地下连续墙施工流程如图6-3所示。

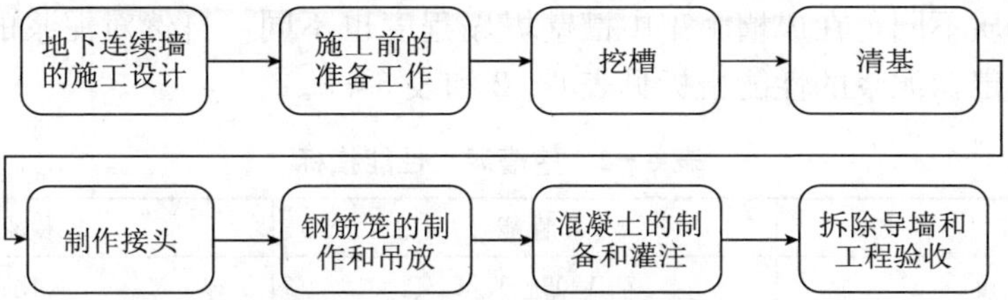


图6-3　地下连续墙施工流程图

# 第二节　施工前的准备工作

## 一、地下连续墙的施工设计

编写施工设计前应具有施工场地水文地质、工程地质勘察报告，现场的调查报告等资料。

编写的主要内容包括：①工程概况、设计要求、工程地质情况、现场条件及工期等；②平面规划，选定的施工设备及其有关的供应计划；③泥浆配方设计和管理措施；④导墙施工设计；⑤单元槽段施工作业计划；⑥墙体和结构接头的施工样图；⑦钢筋笼制作样图，钢筋笼的加工、运输及吊放工作；⑧混凝土配合比、供应及灌注方法；⑨技术培训、保证质量、安全及节约的技术措施。

## 二、场地准备

对作业位置放线测量；按设计地面标高进行场地整平，拆迁施工区域内的房屋、通信等障碍物和挖除工程部位地面以下3 m内的地下障碍物；必要时加固场地地基。

## 三、泥浆（或稳定液）制备

根据挖槽的方式不同，有两种类型的泥浆，即静止方式（稳定液）和循环方式。如使用抓斗挖槽机时，随着挖槽深度不断加深，槽内泥浆应随时补充增加，直至浇灌混凝土时将泥浆替换出为止，泥浆一直贮存在槽内，故属静止方式。这种方式使用的泥浆只是为了保持槽壁的稳定而无其他目的。循环式则不同，如用钻头或其他切削具回转挖槽时，则需要在槽内充满泥浆的同时，利用泵使泥浆在槽底与地面之间进行循环，泥浆始终处于流动状态，故称循环方式。这种方式使用的泥浆不仅可起稳定槽壁的作用，同时也是排除钻渣的手段。有关泥浆的论述已在第三章中作了介绍，本章仅就地下连续墙施工的特殊要求予以补充。

性能要求：①良好的稳定性。经过 24 h 水化后的泥浆应具备一定的稳定性，不应出现离析、沉淀的现象。②薄而韧性的泥皮。保证孔壁的稳定性，同时保证连续墙的平整度。③一定的黏度。泥浆黏度大小对携带泥浆的能力、泥皮厚度和混凝土灌注是否顺利等会产生直接的影响，必须保证一定的黏度以确保良好的携砂能力，又不宜过大，以免影响混凝土的灌注。④适当的密度。⑤良好的触变性。良好的触变性可以避免土粒、砂粒的迅速沉淀，保证混凝土的顺利灌注；同时渗入周围土层的泥浆，因不受扰动而迅速固结，提高孔壁的稳定性。

由于槽壁土质不同，在成槽施工中槽壁坍塌程度也不同，自然对泥浆的要求也不一样。为了保持槽壁稳定，泥浆的性能指标见表 6-2 和表 6-3。

**表 6-2　挖槽泥浆性能指标**

| 项目 | 性能 | 检验方法 |
|---|---|---|
| 相对密度 | 1.05～1.25 | 比重秤 |
| 黏度/s | 20～80 | 500 mL 漏斗黏度计 |
| 含砂量/% | <4 | 含砂量杯 |
| 胶体率/% | >98 | 量杯法 |
| 失水量/(mL/30min) | <30 | 失水仪 |
| 泥皮厚/(mm/30min) | 1～3 | 失水仪 |
| 静切力/(mg·cm$^{-2}$) | 20～30/min；50～100/10 min | 静切力仪或旋转黏度计 |
| 稳定性/(g·cm$^{-3}$) | <0.02 | 静置法 |
| pH | 7～8 | pH 试纸 |

**表 6-3　保持槽壁稳定时的泥浆黏度**　　单位：s

| 挖槽方法 | 含砂黏土层 | 砂质黏土层 | 砂层 | 砂砾层 |
|---|---|---|---|---|
| 回转法 | 25～30 | 27～34 | 30～38 | 35～44 |
| 抓斗法 | 25～30 | 30～37 | 33～40 | 45～70 |

## 四、导墙的施工

导墙也叫槽口板，是地下连续墙槽段开挖前沿墙面两侧构筑的临时性结构物。

**1. 导墙的作用和要求**

1）导墙是作为地下连续墙按设计要求施工的基准，是挖槽机工作时的导向，导墙的施工精度（宽度、平直度、垂直度及标高等）影响单元槽段施工的精度，高质量的导墙是高质量槽段的基础。

2）导墙可以有效地保证槽段接近地表部分土体的稳定。一般而言，槽段接近地表部分的土体很不稳定，导墙可以防止槽壁顶部坍塌，保证槽内泥浆液面的设计高度，使成槽作业过程中槽壁终始处于较稳定状态，为高效率地施工奠定良好的基础。

3）重物的支撑台。导墙是支撑槽段两侧垂直、水平载荷的刚性结构，有了导墙便可以保证成槽机、钢筋笼吊放及混凝土导管安置等施工设备有良好的基础。

4）导墙还可作为泥浆的储浆池，并维持稳定的液面。

5）导墙深度一般为1.2～1.5 m，墙顶高出地面10～15 cm，以防止地表水流入而影响泥浆质量。

6）导墙底不能设在松散的土层或地下水位波动的部位。

**2. 导墙的结构形式**

导墙的结构形式常用直墙式。它是在导沟内侧支模，外侧以槽沟壁为模板，内放少量钢筋（根据设计也可不放）再灌注混凝土而成。水泥用量为200～300 kg/m³。每隔2～3 m于顶部及底部各设一根横撑。如果表土十分松散，则应先浇筑导墙，然后填土。填土质量要十分注意，以免泥浆渗入墙内引起坍塌。为使墙后填土稳定，有时需掺入少量的水泥，常用的导墙形式及尺寸如图6-4所示，现场导墙施工如图6-5所示。

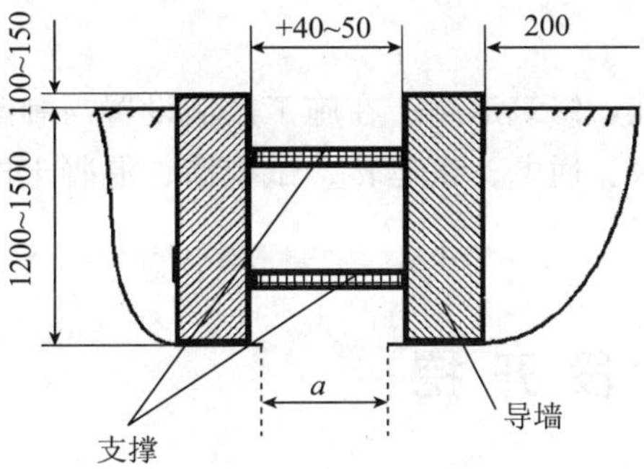


图6-4　常用的导墙形式及尺寸（单位：mm）
“+”代表增加

图6-5　导墙施工现场

普通（板）型　一般适用于表层地基土具有足够强度的土类（如致密的黏性土等），由于这种类型的导墙只能承受较小的上部载荷，因此常在槽段断面尺寸不大的小型地下连续墙工程中使用。

L形　一般适用于表层地基土不具有足够强度的土类（如含砂质较多的黏土等）。

倒L形　一般适用于表层地基土质松散、胶结强度低的土类（如坍塌可能性较大的砂土、回填土地基等）。

槽形　一般适用于表层地基土强度低且导墙需要承受较大荷载的情况，该类型导墙在施工中能较好地保证精度的要求。

**3. 导墙施工工艺**

导墙墙体材料一般采用现浇、预制混凝土或钢筋混凝土或木板等其他材料。以现浇钢筋混凝土导墙为例。

（1）施工顺序

平整场地—测量确定导墙平面位置—挖导沟（处理土方）—加工钢筋框结构—支模板（严格按设计要求保证模板安装垂直度）—浇灌混凝土—拆除模板（同时设置横撑）—回填导墙外侧空隙并压实。

（2）施工要求

1）导墙的纵向分段宜与地下连续墙的分段错开一定距离。

2）导墙内墙面应垂直并平行于连续墙中心线，墙面间距应比地下连续墙设计厚度大40～60 mm。

3）墙面与纵轴线的距离偏差一般不应大于±10 mm；两条导墙间距偏差不大于±5 mm。

4）导墙埋设深度由地基土质、墙体上部载荷、挖槽方法等因素决定，一般为1～2 m；导墙顶部应保持水平并略高于地面，保证槽内泥浆液面高于地下水位2.0 m以上；墙厚为0.1～0.2 m，带有墙趾的，其厚度不宜小于0.2 m，一般宜设在老土面以下10～15 cm。

5）导墙背侧须用黏土回填并夯实，不得有漏浆发生。

6）预制钢筋混凝土导墙安装时，必须保证接头连接质量；现浇钢筋混凝土导墙，水平钢筋必须连接牢固，使导墙成为一个整体，防止因强度不足或施工不善而出现事故。

7）现浇钢筋混凝土导墙，拆模板后应立即在墙间加设支撑，混凝土养护期间，起重机等重型设备不应在导墙附近作业，防止导墙开裂、位移或变形。

### 五、设置临时设施并进行试验

按平面及工艺要求安装设备，设置临时设施，修筑道路，在施工区域设置与制配、处理钢筋加工机具设备；安装水电线路；进行试通水、通电、试运转、试挖槽、混凝土试浇筑等工作。

## 第三节　槽段开挖

槽段开挖是地下连续墙施工过程中最重要的阶段，约占全部工期的二分之一，其质量又是后续工作的保证，是工程能否顺利完成的关键。

### 一、施工设备

#### （一）冲击钻进成槽机

冲击钻进施工法一般适用于硬质地层，分为冲击钻进成槽和潜孔锤钻进成槽。

**1. 冲击钻进法**

冲击钻设备由过去的钢绳冲击式发展为冲击反循环钻机，其主要技术参数见第二章相关部分。

冲击钻进法适用于中等规模的地下连续墙的施工，设备简单、操作容易，对地质条件适应性良好。但工效低，形成的槽壁面比较紊乱，垂直精度不高，成槽质量差，国内外已很少采用此种方法进行地下连续墙施工。

**2. 潜孔锤钻进法**

潜孔锤是在20世纪40年代开始应用于采矿工业，以后很快从矿山、采石发展到水井、油气井及基础桩孔、连续墙孔等。为了满足大直径工程井的要求，目前潜孔锤组合形式分单头和多头两种，国外有代表性的是美国INGERSOLL－RAND公司研制的潜孔锤和日本TONE公司研制的MACH钻具。

潜孔锤钻进稳定，振动小，噪声低，对多类型的基岩均可轻易穿透钻进。潜孔锤只需适中的钻压，故不必使用加重钻杆增大钻压，可用较小的钻机钻进，与常规的回转方法比较，钻杆所需的扭矩也小，回转速度低得多。

## （二）抓斗挖掘成槽设备

抓斗挖掘成槽施工法一般适用于软质地基，分为钢丝绳悬吊的机械抓斗、钢丝绳悬吊的液压抓斗、全导杆式液压抓斗和半导杆式液压抓斗。

### 1. 钢丝绳悬吊的机械抓斗

此类抓斗以意大利 SOILMEC 公司的 BF 系列和 CASAGRANDE 公司的 DL 和 DH 系列，以及德国 BAUER 公司的 DSG 系列为代表。机械式钢丝绳抓斗是一种用钢丝绳操纵的带有可更换爪与导向装置的抓斗。该抓斗通过装在一台相匹配的起重机上的两个钢丝绳卷筒上两条钢丝绳来操纵，其中一条钢丝绳用于将抓斗下入槽内或提出槽外，另一条钢丝绳则用来打开或闭合抓斗的抓爪。由于结构简单，操作简易，维修方便，价格相对便宜，过去比较常用。但这类抓斗的闭合力是靠吊车的提升力转换而来，这就要求吊车的单绳拉力较高，选配的吊车相应要求吨位较大。抓斗工作时虽对岩土有一定的冲击力，但由于闭合力不足，难以对岩土抓碎成槽，抓斗有效装载率不高，生产效率较低。由于抓斗上下频繁，槽壁受到很大冲击力，超挖现象较多，同时抓斗开挖槽段时导向性差，槽段开挖后的垂直精度不高，成槽质量差。

### 2. 钢丝绳悬吊的液压抓斗

抓斗的闭合通过抓斗上部的油缸组成的夹紧机构来完成。此类抓斗以德国 BAUER 公司的 DHG 系列为代表。

由于液压抓斗挖掘岩土是用 1～4 个油缸来驱动，抓斗的闭合力可达到 800～1800 kN，故生产效率较高，挖掘深度可以较深。这类抓斗配基础工程专用吊车，如德国 BAUER 公司的 DHG60 型钢丝绳悬吊液压抓斗配用的 BS655 吊车，配置有 2 个拉力各为 160 kN 的卷筒，由于没有全导杆或半导杆，当用抓斗挖掘时，2 个卷筒的钢丝绳供抓斗用。需要冲击较硬的岩土时，可将液压抓斗暂时放置一边，用 1 个卷筒吊冲锤，在软硬地层交替作业时，使用方便。在使用中为掌握垂直精度，可配测斜仪，为了提高抓斗工作的稳定性，在抓斗的上下左右、前后共装有 8 块可调整的导向板，抓斗上装有控制前后左右倾斜的电子装置，根据倾斜程度，通过电子装置对导向板予以调整，能够保证较高的垂直精度。

由于闭斗力的增加使土体对斗体的反作用力（垂直向上分力）也加大，必须有较重的抓斗重量来克服。这在抓斗的设计与液压系统的匹配方面是一个大的难题，如解决不好，则会失去液压抓斗的优越性。

图 6－6 为三一重工的液压抓斗示意图。

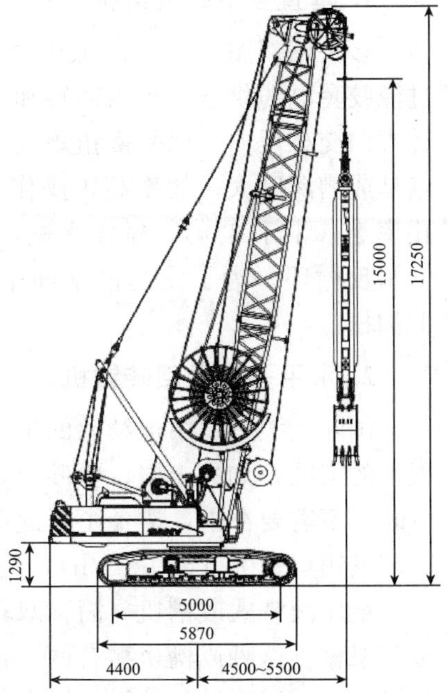

图 6－6　三一重工的 SH400C 液压成槽抓斗（单位：mm）

### 3. 全导杆式液压抓斗

这是一种装在伸缩式方钻杆上的由液压操纵的抓斗，具有可更换的抓爪及导向装置。这种设备开挖时噪声和振动很小，对周围土层的扰动也少。因此它是在松散砂层、软黏土或开挖时需仔细控制剪切作用的灵敏性土层中进行开挖的理想设备。这类抓斗以意大利 CASAGRANDE 公司的 KRC 系列伸缩方钻杆加 K 系列液压抓斗为代表，配备该公司生产的 C 系列基础工程专用吊车。

由于伸缩方钻杆有导向，定点卸料或抓斗重新进入槽段时无钢丝绳摆动问题，最初开挖时垂直度也由方钻杆予以保证，成槽质量好。但由于伸缩导杆间有间隙，长时间使用后间隙加大，影响施工质量，由于伸缩方钻杆自身重量影响了抓斗的施工深度，同时因自身重量大，抓斗侧面的导向板不能做得很长，深槽中下落时，整个重心偏于抓斗上部，也会影响槽段施工的垂直度。

**4. 半导杆式液压抓斗**

从抓斗由地表开挖，到抓斗进入地表下 1.5 m 以前，由方导杆在方导向架中运行，作为抓斗升降的导向，抓斗进入地下 1.5 m 以后，又成为钢丝绳悬吊式液压抓斗，由于不是全导杆，抓斗重心偏下，抓斗按自由落体自重导向。此类抓斗以意大利 SOILMEC 公司的 BH－7、BH－12 液压抓斗为主，配置基础工程专用 HC－60 型履带吊车。吊车桅杆顶部有液压马达驱动的回转机构，可使导向架、半导杆、抓斗一起回转±180°，在挖掘施工时，可随时回转 180°，避免抓斗在槽段中向一边偏斜。

### （三）回转挖掘成槽机械

回转式成槽机目前在国际上应用范围很广，发展速度也很快。它是一种以潜水电动机为动力，通过多轴旋转钻头的无钻杆钻机。这种钻机由于不需要安装钻杆，节省了时间，动力靠近钻头，所以功率消耗小，利用重力定向，钻孔垂直精度高。钻渣以反循环方式从钻机中心的排浆管吸出槽外。有用垂直轴钻头挖掘的垂直多轴式回转钻机和用横轴滚筒切削的水平多轴式回转钻机两种形式。前者适用的壁厚受限，施工速度也比后者慢，因此生产的数量逐年减少。

**1. 垂直多头钻成槽机**

多头钻（图 6－7）一般由 3～5 个轴的小钻头组成。潜水电机是由地面上的配电板，通过橡胶套电缆供电，提供回转和扭矩，3 个并联的主轴通过减速齿轮传动并列的钻头，其旋转方向交替反向，以平衡扭矩反力。适用于黏性土、砂质土、砂砾层以及淤泥等土层。其特点是成槽深度大，效率高，操作安全，对周围建筑物影响小，施工的槽壁尺寸较准确，扩孔率小（小于 3%），壁面平整。该钻机可防止钢丝绳扭绞。排渣一般可用泵吸反循环或气举反循环。为了使沟槽壁面平滑，该设备布置有边刀，由钻头旋转带动边刀上下来切平沟槽。

**2. 水平多轴式回转钻机**

国际上大型地下连续墙的工程大多使用这种钻机。这种反循环的成槽钻机，可穿透范围很大的土层，如黏土层、粉砂层、砂层、砾石层以及岩石等。在硬土层和岩石中使用这种机械时，不需要冲击，避免了由此而产生的振动，是城市施工中使用的一种理想工具。但它的循环液用量较大（600 $m^3/h$），泥浆处理起来费用较高。

液压滚铣式成槽机（简称双轮铣，图 6－8），是依据反循环原理，由液压运转的滚铣式破碎机械。这种成槽机械有两个带有切削齿的铣削轮，由重型液压马达单独驱动，铣削轮本身又驱动一切削链条，以保证在整个槽宽范围内进行铣削。该液压滚铣式成槽机在铣削轮附近装有一台大功率的潜水泵，它可将土层及岩石的碎屑连同槽内的稳定液一起输送到地表，以清洗槽底并重复循环。两个铣削轮可以被独立驱动，其速度可以调节，以适应土层的变化或借此来校正墙的垂直度。液压滚铣式成槽机挖槽深度可达 150 m，并确保槽的垂直度在 2‰以下。

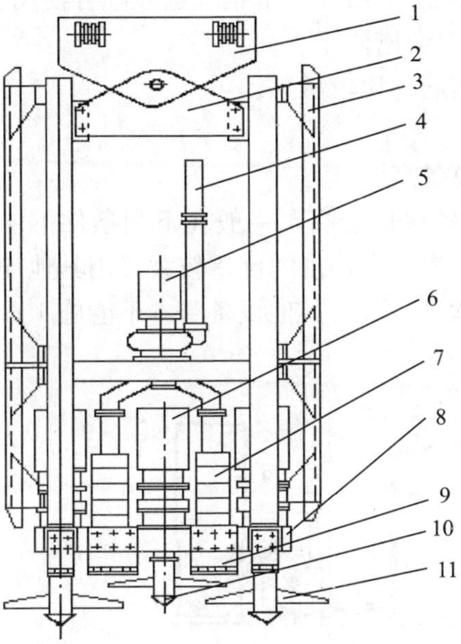


图 6-7　潜水多头钻示意图

1—提升架；2—连接架；3—宽导向板；4—5 英寸胶管；5—潜水泵；6—潜水电机；7—配重；8—机座；9—宽切刀；10—短钻头；11—长钻头

图 6-8　上海金泰 SX40 双轮铣成槽机

常用的地下连续墙施工设备中双轮铣的效率是最高的，平均可达到 15 $m^3/h$。经过长期的工程实践，单一的地下连续墙施工设备不仅效率低而且成本较高，特别是在地层复杂的地段，所以在实际运用中大都采用交叉作业，充分发挥各种设备特点，不仅效率大大提高，而且施工成本也得到改善。

目前国内使用的双轮铣设备主要有德国宝娥公司、意大利卡沙特兰地地基设备有限公司以及法国索莱唐日公司的铣削式成槽机，不过它们的成槽原理基本相同。一套全进口 40～50 吨级的双轮铣售价大约在 5000 万元左右。上海金泰自主研发了国内首台 SX40 双轮铣（图 6-8），率先打破了长期被国外技术垄断的局面，填补了国内该领域的技术空白。且 SX40 双轮铣的售价大约为 1300 万，不足国外进口设备的四分之一。

双轮铣的主要优缺点如下：

1）对地层适应性强，更换不同类型的刀具即可在淤泥、砂、砾石、卵石及中硬强度的岩石、混凝土中开挖。

2）钻进效率高，在松散地层中钻进效率为 20～30 $m^3/h$，在中硬岩石中钻进效率为 1～2 $m^3/h$。

3）孔形规则（墙体垂直度可控制在 3‰以下）。

4）运转灵活，操作方便。双轮铣的履带式起重机可自由行走，不需要轨道，在控制室可方便安全操作。

5）排碴同时即清孔换浆，减少了混凝土浇筑准备时间。

6）自动记录仪监控全施工过程，同时全部记录。

7）低噪音、低振动，可以贴近建筑物施工。

8）不适用于存在孤石、较大卵石等地层，此种地层下需和冲击钻或爆破配合使用。

9）受设备限制连续墙槽段划分不灵活，尤其是二期槽段。

10）对地层中的铁器掉落或原有地层中存在的钢筋等比较敏感。

11）设备维护复杂且费用高。

12）设备自重较大对场地硬化条件要求比传统设备高。

双轮铣的施工场地布置如图 6－9 所示。此类设备单价较高，一般在下列条件下才会考虑使用：①工程量大、工期紧；②中风化岩层在总工程量中，占的比重较大，用其他设备效率低；③对于比较深的地下工程，一般在大于 40 m 深度以下，其他设备基本不能施工；④在敏感建筑物附近施工。

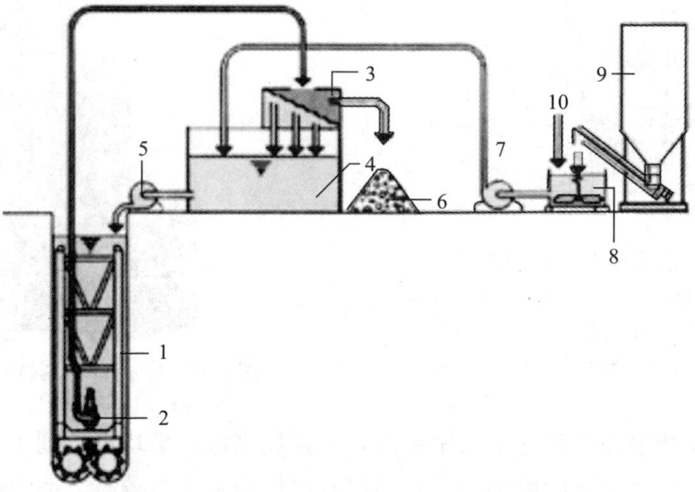


图 6－9　双轮铣成槽场地布置

1—旋转铣刀；2—铣刀泥浆泵；3—除砂器；4—供浆池；5—泥浆泵；6—砂堆；7—供浆泵；8—泥浆搅拌机；9—膨润土罐；10—供水

### （四）成槽方法的比较

双轮铣设备施工进度与传统的液压抓斗和冲孔机在土层、砂层等软弱地层中优势并不十分明显，大约为液压抓斗的 2～3 倍。液压抓斗成孔效率约为 10 $m^3/h$，双轮铣成槽速度在此种地层（小于 50 MPa 的岩石）中效率为 20～30 $m^3/h$。一旦进入岩段，双轮铣就显出其优势，在岩层段选择合适刀具，在中风化岩层中（50～100 MPa 的岩石），施工效率可达 5～8 $m^3/h$，在微风化岩层（大于 100 MPa 的岩石）中可达 1～2 $m^3/h$，而在此种地层中液压抓斗基本无法使用，必须采用冲击钻机来完成，冲孔速度在中风化岩层中效率约为 0.3～0.5 $m^3/h$，若在微风化地层中钻进就异常困难，每台班进尺仅能维持在几十厘米上下，不仅效率极低而且成槽形状差。

几种主要工法的比较，见表 6－4。

表 6-4　几种成槽方法的比较

| 序号 | 成槽设备 | 成槽速度 $m^3\cdot台^{-1}\cdot班^{-1}$ | | 成槽质量 | 适用范围 | 设备型号 | 施工消耗成本 元·$m^{-3}$ | 设备投入 万元 | 设备摊销 元·$m^{-3}$ | 配合设备 | 备注 |
|---|---|---|---|---|---|---|---|---|---|---|---|
| | | 土层/m | 岩石/m | | | | | | | | |
| 1 | 液压抓斗 | 130 | 0 | 墙壁较粗糙、钢筋笼顺利下放 | 土层 | HSWG 2.8/800—1200 | 600～1200 | 1500 | 52.1 | 挖掘机、汽车、100 t 履带吊车 | |
| 2 | 旋挖钻 | 80 | 5 | 圆弧壁面、只能下放圆形钢筋笼 | 土层、软岩 | SR22C（三一） | 200～398 | 500 | 27～433 | 挖掘机、汽车、100 t 履带吊车 | |
| 3 | 双轮铣 | 180 | 10 | 壁面光滑、钢筋笼顺利下放 | 所有复杂地层在硬岩中优势突出 | BC36（宝峨） | 616～1700 | 3500 | 120～383 | 挖掘机、汽车、100 t 履带吊车 | 在硬岩地层或者漂石砂层中可配备重型冲锤，降低消耗成本 |

## 二、槽段长度的划分

### 1. 槽段划分考虑的因素

槽段的划分就是确定单元槽段的长度，并按连续墙设计平面构造要求和施工的可能性，将墙划分为若干个单元槽段。单元槽段长度长、接头数量少，可提高墙体整体性和截水防渗能力，简化施工，提高工效。但由于种种原因，单元槽段长度又受到限制，必须根据设计、施工条件综合考虑。一般决定单元槽段长度的因素有：

1）设计构造要求，墙的深度和厚度。

2）地质水文情况，开挖槽面的稳定性。

3）对相邻结构物的影响。

4）钢筋笼质量、尺寸，吊放方法及起重机的能力。

5）泥浆生产和护壁的能力。

6）单位时间内混凝土的供应能力。必须在 4 h 内灌注完毕，所以可由 4 h 所供应的混凝土量来计算槽段长度。

7）施工技术的可能性，占地面积，连续操作有效工作时间。

8）划分槽段时还应考虑接头位置。为保证地下连续墙的整体性和强度，接头要避开拐角部分。

9）应是挖槽机挖槽长度的整数倍。其中最重要的是槽壁的稳定性。一般采用挖槽机最小挖掘长度（即一个挖掘单元的长度）为一单元槽段。地质条件良好，施工条件允许，亦可采用 2～4 个挖掘单元组成一个槽段，长度为 4～8 m。

### 2. 各槽段的施工顺序

根据已划分的单元槽段长度，在导墙上标出各槽段的相应位置，即 1，2，3，4，5，6，…，$n$。可采取两种施工顺序：

1）按序（顺墙）施工：顺序为 1，2，3，4，…，$n$。将施工的误差在最后一单元槽段解决。

2）间隔施工：即 $2n-1 \rightarrow 2n+1 \rightarrow 2n$。能保证墙体的整体质量，但较费时。

## 三、施工工艺

### （一）施工方法

#### 1. 多头钻施工法

下钻应使吊索保持一定张力，即使钻具对地层保持适当压力，引导钻头垂直成槽。下钻速度取决于钻渣的排出能力及土质的软硬程度，注意使下钻速度均匀，下钻速度最大为 9.6 m/h；采用空气吸泥法及砂石泵时，速度一般为 5 m/h。

#### 2. 抓斗式施工法

导杆抓斗安装在一般的起重机上，抓斗连同导杆由起重机操纵上下、起落卸土和挖槽，抓斗挖槽通常用“分条抓”或“分块抓”两种方法（图 6－10）。分条抓或分块抓是先抓两侧“条”（或“块”），再抓中间“条”（或“块”），这样可避免抓斗挖槽时发生侧倾，保证抓槽精度。

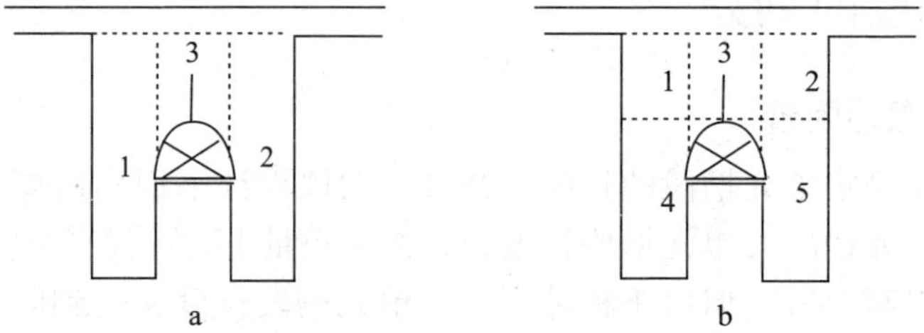


图 6－10　抓斗挖槽方法

a—“分条抓”槽法；b—“分块抓”槽法

1，2，3，4，5—抓槽顺序

#### 3. 钻抓式施工法

钻抓式挖槽机成槽时，采取两孔一抓挖槽法，预先在每个挖掘单元的两端，先用潜水钻机钻两个直径与槽段宽度相同的垂直导孔，然后用导板抓斗形成槽段。

#### 4. 冲击式施工法

其挖槽方法为常规单孔桩方法，采取间隔挖槽施工。

### （二）单元槽段施工

采用接头管的单元槽段的施工顺序如图 6－11 和图 6－12 所示。

### （三）施工注意事项

1）由地面至地下 10 m 左右的初始挖槽精度对整个槽壁精度影响很大，首先应将钻头调整到准确位置，同时必须慢速均匀钻进，严加控制垂直度和偏斜度在允许偏差范围内。

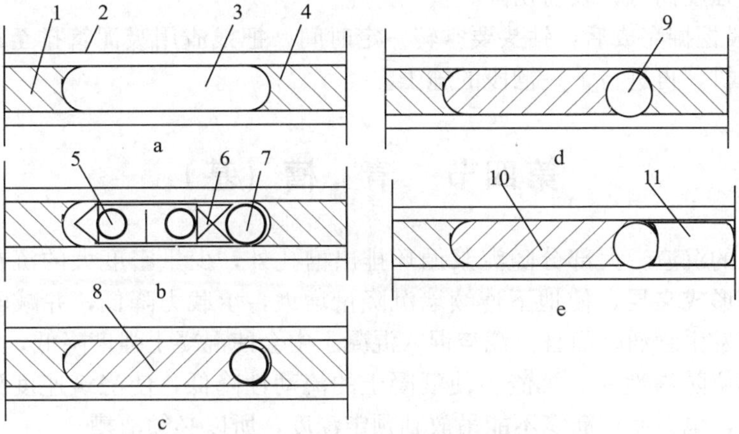


图 6－11　单元槽段施工顺序

a—挖槽；b—吊放接头管、钢筋笼；c—浇筑混凝土；d—拔接头管；e—形成半圆接头，开挖下一槽段

1—已完成槽段；2—导墙；3—已挖完槽段；4—未开挖槽段；5—混凝土导管；6—钢筋笼；7—接头管；8—混凝土；9—拔管后形成的圆孔；10—已完成槽段；11—开挖新槽段

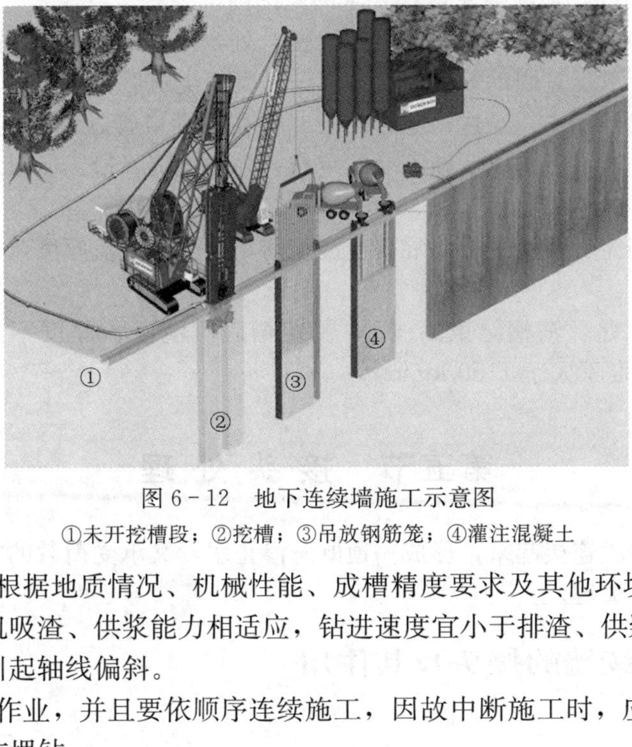


图 6－12　地下连续墙施工示意图

①未开挖槽段；②挖槽；③吊放钢筋笼；④灌注混凝土

2）开槽速度要根据地质情况、机械性能、成槽精度要求及其他环境条件等来选定。一般钻进速度要与钻机吸渣、供浆能力相适应，钻进速度宜小于排渣、供浆速度，避免发生埋钻事故或速度过快引起轴线偏斜。

3）挖槽要连续作业，并且要依顺序连续施工，因故中断施工时，应迅速将挖掘机从沟槽中提出，以防塌方埋钻。

4）钻进过程中应保持护壁泥浆不低于规定高度，特别对渗透系数较大的砂砾层、卵石层，更应注意保持一定的浆位。对有承压水及渗漏水的地层，应加强对泥浆的调整和管理，以防大量水进入槽内稀释泥浆，危及槽壁安全。

5）成槽过程中局部遇岩石层或坚硬地层，钻孔或钻抓进尺困难时，可配冲击钻联合作业。用冲击钻冲击破碎，用多头挖槽机排渣系统或抓斗排渣，交错进行，以提高效率。

6）成槽应连续进行，在上一槽段接头管拔出 2 h 左右，即应开始下一槽段，这样如存在偏差，混凝土强度尚低，较易切除。

7）每一槽段挖掘完成后，钻头要空转一定时间，把残渣用吸泥管排至地面，待清槽完成后，再退出钻机，再进行下一槽段的施工。

## 第四节　清　槽（基）

连续墙槽孔的沉渣，大部分随泥浆循环排出槽孔外，少量密度大的沉在底部，如不清除，会沉在底部形成夹层，使地下连续墙沉降量增大，承载力降低，并减弱其截水防渗性能，甚至会导致发生管涌。而且，泥渣混入混凝土中会使混凝土强度降低，钻渣被挤至接头处会影响接头部位防渗性能。沉渣会使混凝土的流动性降低，使浇筑速度降低、钢筋笼上浮。如沉渣过厚，也会使钢筋笼不能吊放到预定深度，所以必须清槽。

清槽的目的是置换槽孔内稠泥浆，清除钻渣和槽底沉淀物，以保证墙体结构功能要求。同时为后续工序提供良好的条件。

清槽的一般方法采用导管吸泥泵法、空气升液法和潜水泵排泥法三种排渣方式。一般操作程序是（以回转挖掘法为例）：到设计深度后，停止钻进，使钻头空转 4～6 min 并同时用反循环方式抽吸 10 min，使泥浆密度在要求的范围内。

为提高接头处的抗渗及抗剪性能，对地墙接合处，用外形与槽段端头相吻合的接头刷，紧贴混凝土凹面，上下反复刷动 5～10 次，保证混凝土浇筑后密实、不渗漏。

在地下连续墙成槽完毕，经过检验合格后，但在下锁口管、钢筋笼、下导管的过程中，总会有一些沉渣产生，将影响以后地下墙的承载力并增大沉降量。所以对基底沉渣进行处理就显得十分必要。

清渣一般在钢筋笼安装前进行。混凝土浇筑前，再测定沉渣厚度，如不符合要求，再清槽一次。

清槽的质量要求是：清槽结束后 1 h，测定槽底沉渣淤积厚度不大于 100 mm；槽底 100 mm 处的泥浆密度不大于 1150 $kg/m^3$。

## 第五节　接 头 处 理

如何把各单元墙段连接起来，形成一道既防渗止水，又承受荷载的完整地下连续墙，特殊的接头工艺是技术关键。

### 一、地下连续墙的接头及其作用

#### 1. 结构接头

当地下连续墙作为主体结构时，地下连续墙与内部结构的楼板、柱、梁等进行连接，为保证地下结构的整体性，必须采用钢筋进行刚性连接，钢筋的连接可以用以下方式：

*预埋钢筋方式*　这种方式把预埋钢筋处的墙面混凝土凿掉，弯出预埋的钢筋，通过搭接方式与内部结构钢筋连接，连接钢筋直径宜小于 22 mm。

*预埋中继钢板方式*　把预埋在钢筋笼上的钢板凿露出来，使钢板与内部结构中的钢筋连在一起，从而使地下连续墙与内部结构连成一体。

预埋剪力连接件 把预埋在钢筋笼上的剪力连接件凿露出来，通过焊接的方式加以连接。施工中为保证混凝土易于流动，剪力件形状越简单越好，但承压面积要大。

除此之外，还可在墙体上预留或凿出槽孔，将预制构件插入孔洞内填筑干硬性混凝土，使墙体与内部结构连接在一起。

**2. 施工接头**

施工接头是指单元墙段间的接头。它使地下连续墙成为一道完整的连续墙体，因此要求连接部位既要防渗止水，又要承受荷载，同时便于施工。

1）防渗止水。使用过程中，墙后水流在压力作用下沿墙体贯通裂隙流入坑内，而施工接缝恰恰是薄弱环节。为阻止水流通过，一是采用特殊结构和黏接材料加强接缝黏接，避免缝隙产生；二是改变接缝形状，延长水流渗透路径，如平面式接缝，相邻墙段接触面为平面，接触面积小，黏接不牢固，承受荷载时易产生裂隙，且水流沿最短的直线路径通过，防渗止水效果较差；而曲面式接缝，相邻墙段以曲面进行咬合黏接，黏接牢固，同时水流沿曲线路径渗透，路径长，水头损失大，渗透能力差，具有较好的防渗效果。曲面形式可通过改变接头装置和施工工艺来控制。

2）承受荷载。由于地下连续墙必须承受墙后土压力、水压力和上部结构荷载或地震引起的荷载，因此，连接部位必须和单元墙段一样具有相同的刚度和强度，满足整体性要求。显然，曲面式咬合接缝具有较高的刚度和强度，可以承受较大的荷载，目前广泛采用的就是这种连接方式。

槽段清基合格后，立刻吊放接头管，由履带起重机分节吊放拼装垂直插入槽内。接头管的中心应与设计中心线相吻合，底部插入槽底 30～50 cm，以保证密贴，防止混凝土倒灌。上端口与导墙连接处用木榫楔实。

## 二、施工接头的形式及选择

施工接头的形式如图 6－13 所示。

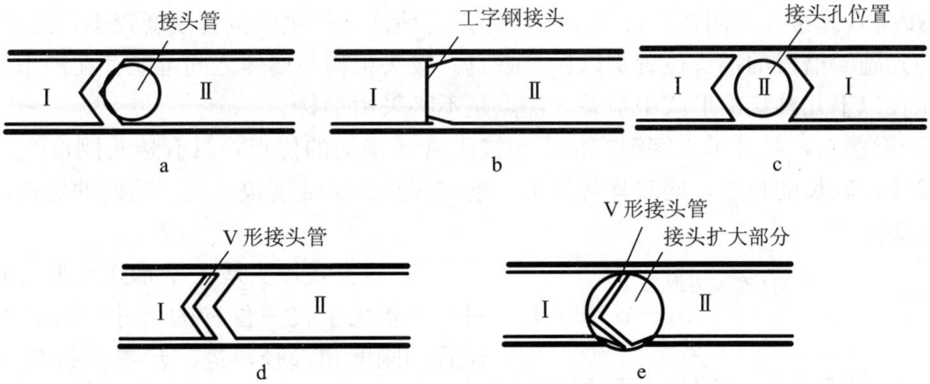


图 6－13 地下连续墙施工接头

a—接头管式接头；b—工字钢式接头；c—接头孔式接头；d—V 形接头；e—扩大式接头

1）接头管式接头，优点是接头刚性较大，可以承受较大的剪力，而且渗径也较长，抗渗性能较好。缺点是接头管须拔出，施工复杂，钢管的拔出时机难以掌握。

2）工字钢式接头，优点是结构简单，施工方便、速度快。工字钢接头缺点是接头刚度比较小，不能承受过大的横向剪切力，而且渗径较短，抗渗性能较差，且由于工字形接头与钢筋笼成整体，导致下放困难。上海基础公司的十字钢板式接头，基本克服了工字钢式接头的缺点，但施工复杂。如图 6-14 所示。

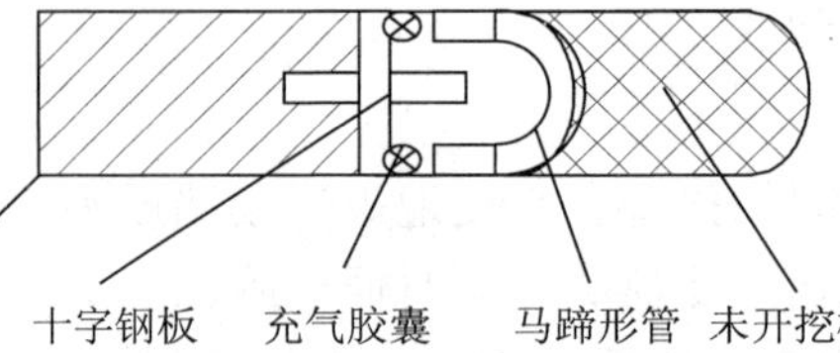


图 6-14　十字钢板式接头

3）钢板柱接头，解决了工字形接头常导致钢筋笼无法下放的问题，接头刚度大，抗渗性能好。如图 6-15 所示。

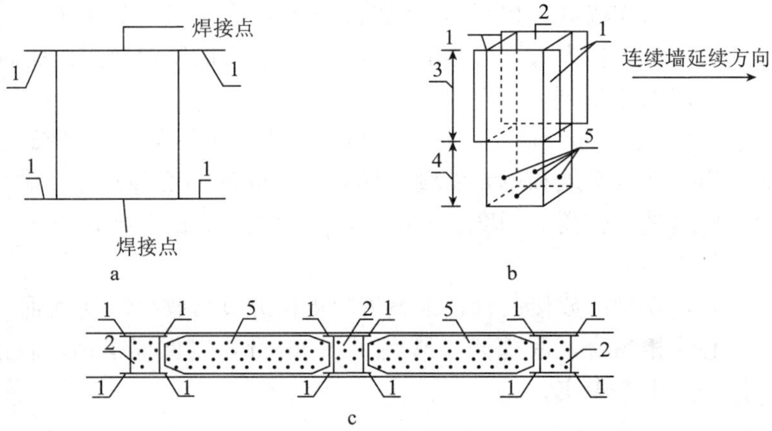


图 6-15　钢板柱接头

a—钢板柱俯视图；b—钢板柱接头全景图；c—施工结束后单元槽之间钢板柱接头俯视图

1—翼板；2—钢板柱；3—地下连续墙设计深度；4—延长部分；5—孔

4）接头孔式接头，因接头部位单独于邻近的墙体，故接头位置刚度较小，抗剪性能差，而且两端先施工槽段的端头位置难以保证垂直。接头结构与墙体之间可能存在渗水通道，其抗渗性能在以上几种接头形式中最差。优点是不必采用钢材。

5）V 形接头，结合了工字钢式接头和接头管式接头的优点。具有接头刚度大，抗剪能力强，渗径比较长的特点，同时具备了工字钢式接头施工速度快、施工简便的优点，是一种较好的接头形式。

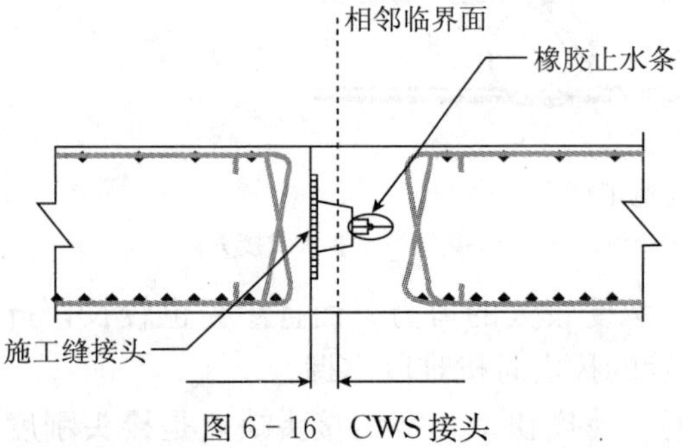


图 6-16　CWS 接头

6）扩大式接头是在 V 形接头形式的基础上进一步扩大了接头位置的尺寸，从而加大接头位置的刚度和渗径，进一步提高接头位置的抗剪能力和抗渗能力。

7）CWS（coffrage water stop）接头，是法国地基建筑公司研发的一种新型接头，较好地解决了常规接头起拔时间控制、密实度差而产生的漏水问题。如图 6-16 所示。

## 三、接头装置的起拔时间

接头装置的起拔时机对工程质量及施工有很大影响，起拔时间过早，会导致混凝土因未初凝而坍塌；相反，起拔过迟，由于混凝土已初凝，起拔阻力增大，会导致接头起拔困难甚至拔不出来。因此，最佳起拔时机是既要保证混凝土不流动坍塌，又要使起拔阻力小，合理确定接头装置的起拔时间是施工中极为关键的一环。

接头管的起拔阻力包括混凝土对接头管表面的摩擦阻力、混凝土与接头管的黏结力以及接头管的自重。起拔时间应控制在混凝土不坍塌的前提下使起拔阻力最小。由于黏结力值较小，通过实测一般为摩擦力的5%，而摩擦力在浇筑速度一定时是随时间变化的，所以根据混凝土在初凝时的剪切破坏曲线来计算出起拔力随时间变化的数值，从而确定最佳起拔时间，也可通过实验来确定。一般施工中，起拔时间控制在 $1.1t_0$（$t_0$ 为混凝土初凝时间）。

## 四、接头插入和拔出应注意的事项

1）接头吊入预定深度后，在地表用楔块定位。

2）接头管的拔出采用吊车和千斤顶。

3）起拔速度：0.5～1.0 m/30 min；拔出 0.5～1.0 m 观察几分钟。

# 第六节　钢筋笼的制作和吊放

## 一、钢筋笼的制作

钢筋笼的制作应根据设计钢筋配置图和槽段的具体情况及吊放机具能力而定。钢筋笼按一个单元槽段宽制作，在墙转角则制成L型钢筋笼。

为保证钢筋笼的几何尺寸和相对位置正确，钢筋加工一般应在工厂平台上放样成型，下端纵向主筋宜稍向内弯曲一点，以防止钢筋笼放下时，损伤槽壁。钢筋笼在现场地面平卧组装，先将闭合钢筋排列整齐，再将通长主筋依次穿入钢箍，点焊就位，要求钢筋笼表面平整度误差不得大于5 cm。为保证钢筋笼具有足够的刚度，吊放时不发生变形，钢筋笼除设结构受力筋外，一般还设纵向钢筋桁架和主筋平面内的水平及斜向拉条，与闭合箍筋点焊成骨架。钢筋笼的主筋（包括主筋组成的纵向桁架）和箍筋交点采用点焊，也可视钢筋笼结构情况除四周两道主筋交点全部点焊外，其余采用50%交错点焊和用0.8 mm以上铁丝扎结。成型时用的临时绑扎铁丝，应在焊后全部拆除，以免挂泥。对较宽尺寸的钢筋笼，应增设直径25 mm的水平筋和剪力拉条组成的横向水平桁架，主筋保护层厚度一般为7～8 cm，水平筋端部距接头管和混凝土接头面应有10～15 cm间隙。一般在主筋上焊50～60 cm高的钢筋耳环或扁钢板作为定位垫块，其垂直方向每隔2～5 m设一排，每排每个面不少于2块，垫块与壁面间留有2～3 cm间隔，可防止插入钢筋笼时擦伤槽壁和保证位置正确。钢筋笼内净空尺寸应比混凝土导管连接处的外径大10 cm以上，这部分空间要求贯通，钢筋叠置的地方要确保混凝土流动的必要距离。有的还在混凝土导孔内两侧各焊1～2根通长的钢筋作导向用，以便下放混凝土导管。钢筋笼纵向筋距槽底应有20～30 cm。

钢筋套筒冷挤压接驳技术是最近开始使用的一种新型钢筋连接技术，可以克服上述常规连接方法的缺点，是一个比较理想的连接方法。

钢筋笼制作尺寸必须正确，其允许偏差为：主筋间距±10 mm；箍筋间距±20 mm；钢筋笼厚度和宽度±10 mm；总长±50 mm。

## 二、钢筋笼的吊放

对长度小于15 m的钢筋笼，一般采用整体制作，用15 t或25 t履带式吊车一次整体吊放；对长度超过15 m的钢筋笼，常采取分二段制作吊放，接头尽量布置在应力小的地方，先吊放一节，在槽上用帮条焊焊接（或搭接焊接）。由于一般是一个单元槽段为一个钢筋笼，因此宽度较大，应采用二副铁扁担或一副铁扁担及二副吊钩起吊的方法，以防钢筋笼弯曲变形。先六点绑扎水平起吊，使其在空中不晃动，辅助起重机吊下部两点或四点，然后主机升起，系在钢筋笼上口的横担将钢筋笼吊直对准槽口，使吊头中心对准槽段中心，缓慢垂直落入槽内，避免损伤槽壁。在放到设计标高后，用横担设吊钩或在四角主筋上设弯钩，搁置在导墙上，进行混凝土灌注。为保证槽壁不塌，应在清完槽3～4 h内下完钢筋笼，并开始灌注混凝土。图6－17和图6－18分别为长春市中心医院新建工程“一”形槽段和“L”形槽段钢筋笼吊放示意图。

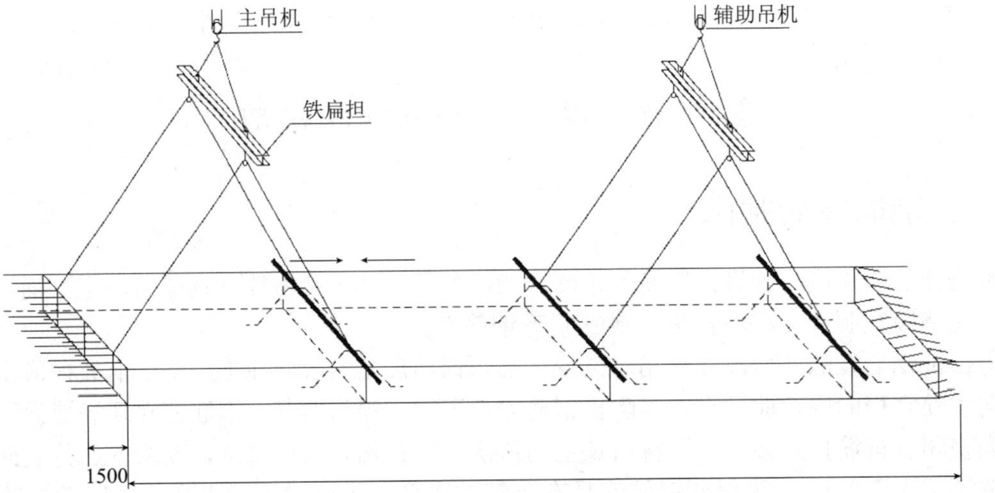


图6－17　一形槽段钢筋笼吊放（单位：mm）

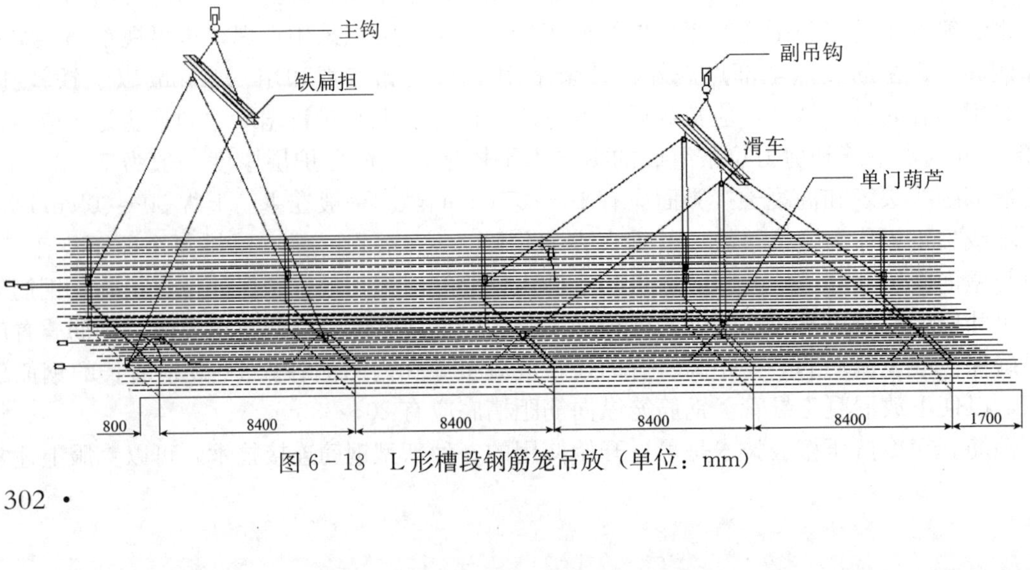


图6－18　L形槽段钢筋笼吊放（单位：mm）

# 第七节 混凝土的配制与灌注

## 一、混凝土配合比的选择

混凝土配合比的设计除满足设计强度要求外，还应考虑导管法在泥浆中灌注混凝土的施工特点（要求混凝土和易性好、流动度大、缓凝）和对混凝土强度的影响。混凝土强度一般比设计强度提高 5 MPa。水泥应采用 425# 或 525# 普通水泥或矿渣水泥；石子宜用卵石，最大粒径不大于导管内径的 1/6 和钢筋最小净距的 1/4，且不大于 40 mm；使用碎石时的粒径宜为 0.5～20 mm；砂宜用中粗砂；水灰比不大于 0.6；单位水泥用量不大于 370 kg/m$^3$；含砂率宜为 40%～45%；混凝土应具有良好的和易性，坍落度宜为 18～20 cm，并有一定的流动度保持率，坍落度降低至 15 cm 的时间不宜小于 1 h，扩散度宜为 34～38 m。混凝土初凝时间应满足灌注和接头施工工艺要求，一般宜低于 3～4 h。如运输距离过远，一般宜在混凝土中掺加减水剂，可减小水灰比，增大流动度，减少离析，防止导管堵塞，并延缓初凝时间。

## 二、灌注方法

通常采用履带式吊车吊混凝土料斗（或翻料斗），通过下料漏斗提升导管灌注。导管内径一般选用 150～300 mm，用 2～3 mm 厚钢板卷焊而成，每节长 2～2.5 m，并配几节 1～1.5 m 的调节长度用的短管，由管端粗丝扣或法兰螺栓连接，接头处用橡胶垫圈密封防漏，接头外部应光滑，使之在钢筋笼内上拔不挂住钢筋。当单元槽段长度在 4 m 以下时，采用单根导管，槽段长度在 4 m 以上用 2～3 根导管，导管间距一般在 3 m 以下，最大不得超过 4 m，同时距槽段端部不得超过 1.5 m。接头管在地面组装成 2～3 节一段，用吊车吊入槽孔连接，导管的下口至槽底间距，一般取 0.4 m 或 1.5$d$（$d$ 为导管直径）。

采用球胆或预制圆柱形混凝土隔水塞，球胆预先塞在混凝土漏斗下口，当混凝土灌注后，从导管下口压出漂浮在泥浆表面；混凝土塞则用 8 号铁丝吊在导管口，上盖一层砂浆，待混凝土达一定量后，剪断铁丝，混凝土塞下落埋入底部混凝土中。在整个灌注过程中，混凝土导管应埋入混凝土中 2～4 m，最小埋深不得小于 1.5 m，否则会把混凝土上升面附近的浮浆卷入混凝土内；亦不宜大于 6 m，埋入太深，将会影响混凝土充分地流动。导管随灌注随提升，避免提升过快造成混凝土脱空现象，或提升过晚而造成埋管拔不出的事故。灌注时利用不停灌注及导管出口混凝土的压力差，使混凝土不断从导管内挤出，使混凝土面逐渐均匀上升，槽内的泥浆逐渐被混凝土置换而排出槽外，流入泥浆池内。

混凝土初灌量的计算可参考第五章的相关部分。

## 三、混凝土灌注注意事项

1）灌注要连续进行，不得中断，并控制在 4～6 h 内完成，以保证混凝土的均匀性，间歇时间一般应控制在 15 min 内，任何情况下不得超过 30 min。

2）灌注时要保持槽内混凝土面均衡上升，而且要使混凝土面上升速度不大于 2 m/h。灌注速度一般为 30～35 m$^3$/h，导管不能做横向运动，否则会使泥渣、泥浆混入混凝土内。

采用多根导管时，各导管处的混凝土面高差不宜大于 0.3 m。导管提升速度应与混凝土的上升速度相适应，始终保持导管在混凝土中的插入深度不小于 1.5 m，也不能使混凝土溢出漏斗或流进槽内。

3）在混凝土灌注过程中，要随时用探锤测量混凝土面实际标高（至少三处，取平均值），计算混凝土上升高度，导管下口与混凝土相对位置，统计混凝土灌注量，及时做好记录。

4）搅拌好的混凝土应在 1.5 h 内灌注完毕，夏季应在 1.0 h 内浇完。否则应掺加缓凝剂。混凝土灌注到顶部 3 m 时，可在槽段内放水适当稀释泥浆，或将导管埋深减为 1 m，或适当放慢灌注速度，以减少混凝土排除泥浆的阻力，保证灌注顺利进行。

5）当混凝土灌注到墙顶层时，由于导管内超压力减少，混凝土与泥浆混杂，质量较差。所以应超灌 0.5～0.6 m。

## 第八节　地下连续墙工程验收

地下连续墙工程质量验收标准分为竣工验收标准和施工过程中验收标准两部分，按《地基基础工程施工质量验收规范》（GB 50502—2002）和《建筑工程施工质量验收统一标准》（GB 50300—2013）等进行验收。

### 一、竣工验收标准

1）地下连续墙裸露墙面应符合的规定（基本项目）包括：①合格：表面密实，无渗漏。孔洞、露筋、蜂窝累计面积不超过单元槽段裸露面积的 5%。②优良：表面密实，无渗漏。孔洞、露筋、蜂窝累计面积不超过单元槽段裸露面积的 2%。③检查数量：按单元槽段全数检查。④检查方法：观察和尺量检查。

2）地下连续墙槽段混凝土完整性及密实度：可采用锤击法或机械效应法检验。

3）垂直度（保证项目）：应满足设计要求。检验方法：采用锤球方式检查或建立工程师与施工单位共同商榷检查方式。

4）地下连续墙的接头应符合的规定（基本项目）包括：①合格：接缝处仅有少量夹泥，无漏水现象。②优良：接缝处无明显夹泥和渗水现象。③检查数量：按单元槽段全数检查。④检查方法：观察检查。

### 二、施工过程中的验收标准

施工过程中验收部分包括地下连续墙成槽开挖、钢筋笼成型安装、混凝土浇筑等内容。

1）地下连续墙的钢筋骨架和预埋管件的安装应符合下列要求（基本项目）：①合格：安装后基本无变形，预埋件无松动和遗漏，标高、位置符合要求。②优良：安装后无变形，预埋件牢固，标高、位置及保护层厚度正确。③检查数量：按单元槽段全数检查。④检查方法：观察、尺量检验和检查施工记录。

2）挖槽的平面位置、深度、宽度和垂直度必须符合设计要求。检查方法包括：①尺量检查和检查挖槽施工记录。②采用成槽测斜仪器检查成槽时垂直度。

3）泥浆的配制质量、稳定性、槽底清理和置换泥浆必须符合施工规范规定（保证项目）。检查方法为取样检查和检查泥浆质量记录。

4）地下连续墙工程所用原材料、混凝土抗压强度、抗渗标号必须符合设计要求和施工规范规定（保证项目）。检查方法为观察检查和检查材料合格证、试验报告。

5）地下连续墙的允许偏差和检验方法应符合规定。检查数量应按单元槽段全数检查。验收检查标准见表6－5。

**表6－5 地下连续墙的质量检验标准**

| 项 | 序 | 检查项目 | | 合格标准 | 检验方法 |
|---|---|---|---|---|---|
| 主控项目 | 1 | 墙体强度 | | 设计要求 | 查试件记录或取心试压 |
| | 2 | 垂直度 | 永久结构<br>临时结构 | 1/350<br>1/200 | 超声波测槽仪或成槽机上的监测系统 |
| 一般项目 | 1 | 导墙尺寸 | 宽度<br>墙面平整度<br>导墙平面位置 | W＋35 mm<br>＜5 mm<br>±10 mm | 钢尺测量，W为墙体厚度<br>钢尺测量<br>钢尺测量 |
| | 2 | 沉渣厚度 | 永久结构<br>临时结构 | ≤80 mm<br>≤160 mm | 重锤测量或沉积物测定仪器 |
| | 3 | 槽深 | | ＋100 mm | 重锤测量 |
| | 4 | 混凝土坍落度 | | 180～220 mm | 坍落度测定器 |
| | 5 | 钢筋笼尺寸 | 主筋间距 | ±8 mm | 钢尺测量 |
| | | | 网片长度 | ±80 mm | |
| | | | 钢筋材质检验 | 设计要求 | 抽样送检 |
| | | | 箍筋间距 | ±16 mm | 钢尺测量 |
| | | | 网片宽度 | ±10 mm | |
| | 6 | 地下墙表面平整度 | 永久结构<br>临时结构<br>插入式结构 | ＜80 mm<br>＜120 mm<br>＜16 mm | 钢尺测量 |
| | 7 | 永久结构时的预埋件位置 | 水平向<br>垂直向 | ≤10 mm<br>≤20 mm | 钢尺测量<br>水准仪 |

## 三、竣工时提交下列资料

竣工时提交的资料有：①工程竣工图；②单元槽段验收记录；③设计变更及材料代用通知单；④混凝土试块的试验报告单；⑤钢筋焊接头的试验报告；⑥质量事故的处理资料。

# 第九节 地下连续墙其他施工方法

## 一、SMW地下连续墙施工技术

SMW（soil mixing wall）地下连续墙施工技术是基于深层搅拌桩施工方法发展起来的，具有很大经济潜力的一种新颖的地下连续墙施工技术。

图 6－19　三轴长螺旋钻机

**1. 工作过程**

SMW 工法是用多轴长螺旋钻孔机在土层中钻孔（图 6－19），在钻孔的同时通过钻杆从钻头端部注入水泥浆和高压空气，在原位置上建成一段水泥墙，然后再进行第二段墙施工，使相邻的水泥墙彼此有重合段，连续施工形成连续墙，并按墙功能在墙体中插入加强心材。

**2. SMW 工法的特点**

（1）对周围地层影响小

SMW 工法是直接把水泥浆液就地与破碎的地基土混合，不存在槽（孔）壁坍塌现象，故不会造成邻近地面下沉、房屋倾斜、道路裂损或地下设施破坏等危害。

（2）抗渗性好

由于钻削与搅拌反复进行，使浆液与土得以充分混合形成较均匀的水泥土，且墙幅完全搭接无接缝，比传统地下墙具有更好的止水性，水泥土渗透系数很小，达 $10^{-7}$～$10^{-8}$ cm/s。

（3）施工噪声小、无振动、工期短

SMW 挡墙采用就地加固原土而一次筑成墙体，成桩速度快，墙体构造简单，施工效率高，省去了挖槽、安放钢筋笼等工序，同槽式地下连续墙施工相比，工期可缩短约二分之一。

（4）废土产生量少，无泥浆污染

水泥浆液与土混合不会产生废泥浆，不存在泥浆回收处理问题。先做废土基槽，限制了废水泥土的溢流污染，最终产生的少量废水泥土经处理还可再利用作为铺设场地道路的材料，这样既降低了成本，同时又消除了建筑垃圾的公害。

（5）大壁厚、大深度

成墙厚度在 550～1300 mm 之间，最大深度已达 65 m。视地质条件尚可施工更深，并且成孔垂直精度高，安全性大。

**3. 适用土质范围**

适用于从软弱地层到砂、砂砾石地层及直径 100 mm 以上的卵石，甚至风化岩层等，如果采用预钻孔方法还可适用于硬质地层或单轴抗压强度 60 MPa 以下的岩层。

**4. 墙体施工方法**

施工时，保证墙体的连续性和垂直精度，各墙段均需搭接施工。施工方式分为连续方式和先钻孔后造墙方式。

（1）连续方式

一般适用于 $N$ 值在 50 以下的土质。如图 6－20 所示，先做第一工段，然后再做第二工段。做第三工段时，将其 $A$ 轴和 $C$ 轴分别插入第一工段的 $C$ 轴和第二工段的 $A$ 轴（完全搭接）。依此类推，第四段、第五段直至做成连续的 SMW。

（2）先钻孔后造墙方式

适用于 $N$ 值在 50 以上较密实的土质和 $N$ 值在 50 以下但混有碎石块的砂砾土质等。

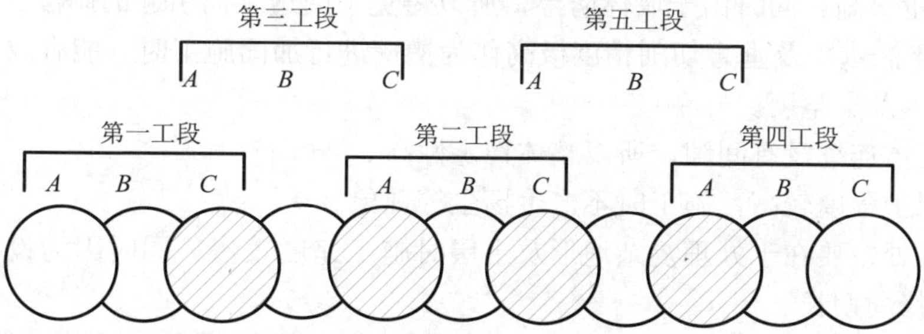


图 6-20　SMW 工法施工顺序

先用单轴螺旋钻孔机预先钻孔，使地基有一定的松动并将石块等粉碎，然后再用多轴螺旋钻机连续钻孔方式将各孔连接起来做成 SMW。

## 二、TRD 工法

### 1. 概述

TRD 工法（trench cutting re-mixing deep wall method，即水泥加固土地下连续墙浇筑施工法）是把插入地基中的链锯式刀具与主机进行连接，并横向移动切割及灌注水泥浆，使水泥浆在槽内形成对流，从而混合搅拌和固结在原来位置上的泥土的一种施工方法。其工作原理如图 6-21 所示。

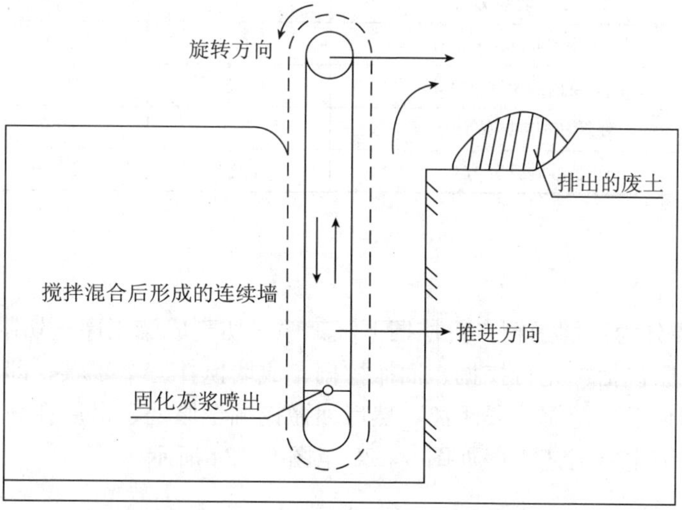


图 6-21　TRD 工法成墙原理

此工法形成的地下连续墙与三轴搅拌桩（SMW 工法）不同，它所形成的是完全连续墙，止水防渗性能特别好，另外，根据地基深度的不同，通过链锯式刀具的上下移动，能够在垂直方向将全土层完全混合搅拌，即使是原地基的土质和强度不同，混合后的地基也尽可能地减小了成桩的深度和透水系数的偏差。因此此工法形成的连续墙质量非常稳定，特别适合在砂砾、硬质黏土、砂质土、黏土等土层中进行施工。其成墙深度可达 50 m，并可通过改变刀具的宽度来形成不同的厚度，是一种十分有利于在地下形成连续墙的施工方法。

TRD 工法的优点与不足：

1）采用 TRD 工法施工时，由于刀具上下搅拌均匀，使水泥浆与各层土层紧密结合，所以成墙的质量很高，同时由于墙体防渗，所以避免了因透水而引起的倾覆。

2）TRD 工法水平及垂直切削精度极高作为槽壁进行加固施工时，能有效地提高地下连续墙成墙垂直度及平整度。

3）由于墙体连续没有间隙，所以整体稳定性高。

4）环境保护程度较高，施工时不产生扬尘等现象。

5）不足之处主要在于处理复杂地形及土层时施工速度较慢，同时因为设备及配件均为进口，所以维修周期长。

### 2. 主要装置及技术参数

TRD 工法施工装置有三种机型，其主要技术性能见表 6－6。

**表 6－6　TRD 施工装置的技术性能**

| | 项目 | TDR－10 | TDR－25 | TDR－35 |
|---|---|---|---|---|
| 主要尺寸 | 全长/mm | 7365 | 8905 | 8500 |
| | 全高/mm | 9980 | 12052 | 9650 |
| | 全宽/mm | 6700 | 7200 | 7200 |
| | 工作质量/kg | 63500 | 127000 | 132000 |
| | 标准铣刀长度/m | 17.5 | 25.5 | 36.3 |
| | 切削沟槽宽度/mm | 450～550 | 550～700 | 550～850 |
| 主要技术参数 | 切削刀头切线力/kN | 190 | 355 | 355 |
| | 链条圆周速度/(m·min$^{-1}$) | 66.3 | 69 | 69 |
| | 横向油缸最大推力/kN | 265 | 540 | 540 |
| | 发动机功率/马力① | 300 | 469 | 469 |
| | 切削机构升降方式 | 油缸 | 卷扬机 | 油缸 |

①1 马力≈735 W。

### 3. 施工工艺

TRD 工法主要分为：切割箱自行挖掘下沉工序—切割成墙工序—切割箱拔出分解工序。其中，切割成墙工序包括：先行挖掘、回撤挖掘、成墙搅拌三个步骤，即切割箱钻至设计深度后，在挖掘液配合下先挖掘一段距离，然后回撤挖掘至原处，最后在固化液注入同时向前推进搅拌成墙。三个主要工艺工序如图 6－22 至图 6－24 所示。

其施工要点：

1）要做好各项施工前的准备工作，如清障、修筑施工便道，铺设钢板测量放线定位，特别是对施工便道的确认，必要时对施工便道地基进行加固，以确保履带桩机推进的安全和成墙的垂直度。

2）TRD 主机拼装完成后，用经纬仪从正面、侧面 2 个方向确认导杆的垂直度。

3）TRD 工法中，在进行切割箱自行打入挖掘的工序时，在确保垂直精度的同时，将挖掘液的注入量控制到最小，使混合泥浆处于高浓度、高黏度状态，以便应对急剧的地层变化；部分易坍塌砂层，切割箱先行退避养生，施工时应注入或掺入膨润土。

4）先行挖掘，若能顺利启动及切边时，则可按照操作流程进行施工，但遇到深度大及砂石地基为主体的工程时，应迅速对挖掘液进行调配采取相应的变更措施，以便切割箱能够

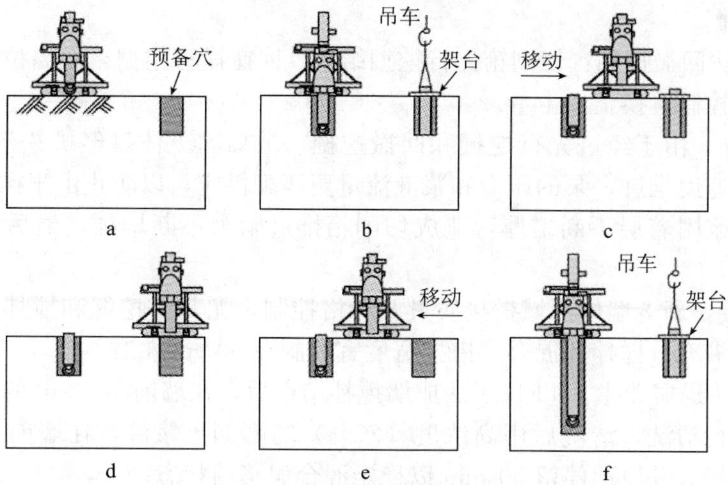


图 6－22　切割箱自行打入挖掘工序

a—连接准备完毕；b—连接开始切割箱放置于预备穴；c—移动；d—连接后将切割箱提起；e—移动；f—连接后向下切割预备穴放置下一节切割箱

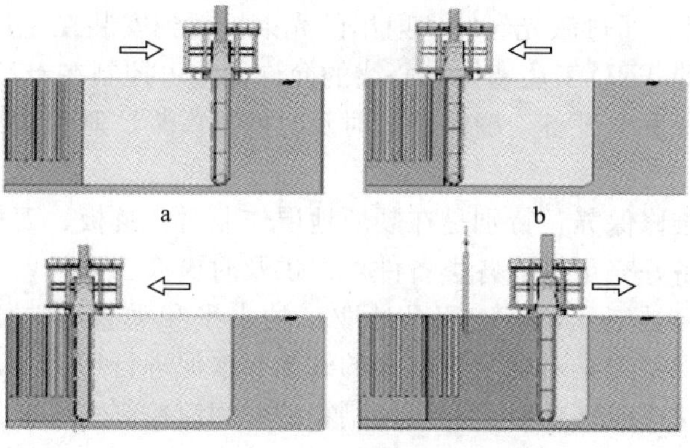


图 6－23　水泥土搅拌墙施工工序

a—先行挖掘；b—回撤挖掘；c—搭接成型部 30～50 cm；d—成墙搅拌，插入型钢

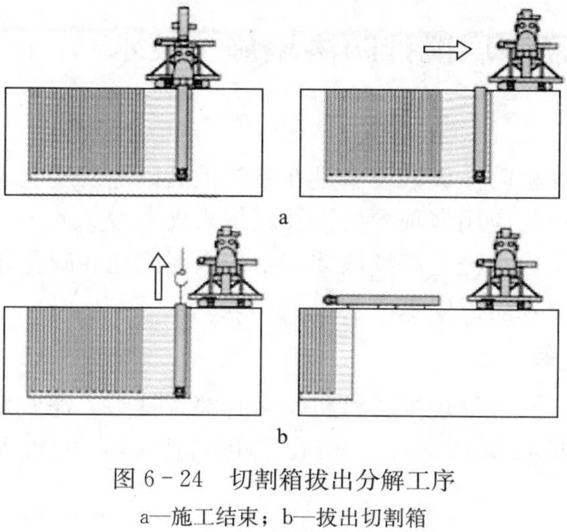


图 6－24　切割箱拔出分解工序

a—施工结束；b—拔出切割箱

顺利启动先行挖掘。

5）TRD工法回撤挖掘：切割箱先行挖掘结束，回撤横移挖掘至成墙位置时，应尽量减少挖掘排量，以控制置换土发生量。

6）成墙搅拌，由于经过先行挖掘和回撤挖掘，被加固土体已经被松动。成墙搅拌时，要确保横向较快速度推进，泵的压力和浆液流量要匹配供应，以防止由于推进速度缓慢而导致切割箱体水泥浆附着层不断增厚，造成切削箱推进阻力不断增加，最后导致抱死的事故发生。

7）成墙搭接，新老墙体区域搭接质量要严格控制，尤其是挖掘和搅拌速度，使土体中混合泥浆与固化液充分搅拌和混合。搭接宽度宜控制在50 cm左右。

8）TRD工法退避养生。TRD工法成墙搅拌结束后，在墙前1～2 m的距离内用少量清水对设备管路进行清洗，清洗后用高浓度（20%）的膨润土浆液，在墙前2.0 m区间内进行临时养生区挖掘，并原地停留30 min以稳定混合泥浆的状态。

9）为防止切割箱停留在砂性土层发生抱死的现象，现场应备有增黏剂，当膨润土不能满足混合泥浆的流动性要求时，可添加适量的增黏剂。

10）通过安装在切割箱内部的多段式测斜仪，对墙体的垂直度进行实时控制，确保1/250以内的垂直精度；通过激光经纬仪射出的光束投射到安装在主机上的2块透明丙烯板上，以控制与其平行的TRD工法墙体中心线的允许偏差可控制在±25 mm以内。

11）建议现场配备发电设备，确保停电时及时恢复供浆，避免切割箱因时间过长造成埋置事故。

12）加强设备的维修保养，特别是在硬质地层作业时，链板、刀板、切削合金块等钻具的磨耗比较大，要准备好充足量的各类备件，以供及时更换、镶补，确保正常施工。

13）为防止切割箱被抱死，当液压马达驱动的水平和垂直油缸压力接近600～650 kN时，应立即采用专用切割刀具对切削箱四周的砂土、水泥进行切边。

14）当成墙搅拌结束或转角时，起拔切割箱的时间应控制在4 h之内进行（宜配置大吨位吊车和振动器），根据切割箱长度、吊车起吊能力以及操作空间因素，将切割箱分割成2～3段拔出，应边分解边拔除。施工过程必须严格控制切割箱的拔出速度。拔出切割箱的过程中，注入浆量要能够补充切割箱拔出的体积，以防止混合泥浆液面下降。

## 三、多轴大直径深层搅拌防渗墙施工技术

**1. 工作过程**

多轴大直径深层搅拌桩防渗成墙技术是在单头桩基础上发展起来并突破多轴小直径的一项堤坝防渗技术，该工法是应用多轴深层搅拌机把水泥浆喷入搅拌切削的土中并重复搅拌，通过若干组相割的桩体组成水泥土连续墙体。由于水泥固化和碳化作用，水泥土连续墙的抗压强度和渗透指标满足堤坝防渗要求。

**2. 主要施工机械设备**

主要设备有：多轴大直径深层搅拌桩机、多种喷浆钻头、泥浆泵、水泥搅拌桶、电脑计量仪、清水桶等。可满足墙厚190～450 mm、深度可达25 m的防渗墙施工。

**3. 施工工艺**

1）采用二喷二搅施工工艺：即喷浆下钻，浆量达到整根桩浆量的80%，到达设计深度

后喷浆搅拌 30 s，然后喷浆提升，提升速度 0.9 m/min。到达设计桩顶时停止提升，搅拌数秒，以保证桩头均匀密实。

2）根据设计要求采用三次成墙或二次成墙或一次成墙。

3）水泥浆的水灰比为 0.8∶1。水泥与土体的掺入比为 15%。

## 四、板桩工法施工防渗墙的技术

**1. 工作过程**

板桩工法是利用大功率振动锤将一个具有一定厚度和长度的模板（根据设计要求模板厚一般为 18 cm）振动进入预定深度地层，再起出地面，在起拔模板的同时，向已成槽段内灌注防渗材料。振动成第一槽段后，在紧邻第一槽段的位置再连续振动成第二槽段，相邻槽段保持有 10～20 cm 的重复切入段。

**2. 主要机械设备及工具**

主要机械设备及工具有：JZZ－90 振动打桩机、90 kW 振动锤、规格为 0.6 m×18 m 的模板、JB－12 型搅拌机、WB－250 型灌浆机。

**3. 操作方法**

在振动锤高频振动作用下将模板振入土层，当振入至设计深度时，在振动锤激振力和吊车提升力的共同作用下，将模具缓慢提升，同时边提升边注浆直到槽口。成槽、护壁、注浆、成墙工序在模板振入和提升过程中一次完成。然后移动桩机，进行循环作业，形成连续的防渗墙。

## 五、预制地下连续墙施工

**1. 工作过程**

采用常规的成槽方法，但墙体采用预制混凝土板吊入，采用特殊接头连为一体的地下连续墙施工技术。

**2. 就地灌注的地下连续墙存在的缺陷**

1）混凝土在水下浇筑，容易因夹泥而引起墙面的无规则渗水。

2）有时操作不当会发生堵管事故，严重的甚至会发生断墙事件。

3）当土层软弱或为砂性土时，若泥浆护壁处理不当，槽壁可能发生坍塌问题，常见的是墙面有外鼓现象（最大处超过 20 cm），墙面平整度也难以控制，严重者会引起邻近地面沉降。

4）如果连续墙作为地下建筑主体结构的一部分（即“两墙合一”），由于现浇墙接头处泥皮较厚，抗渗指标达不到技术要求，还需砌内衬墙或做复合墙的处理，不仅增加成本，也减小了地下室的面积。另外现浇墙的接头结构只能传递剪力，而不能传递弯矩，墙与底板、墙与梁连接处预埋筋的位置也不易保证。

**3. 预制地下连续墙的特点**

1）预制地下墙的墙段在地面预制，混凝土的浇筑质量可以保证，墙面的平整度和渗漏问题也可得到控制。

2）成槽完毕后即可连续吊放墙段，无需养护，其施工速度不仅远快于现浇地下墙，还减少了槽壁的不稳定性。

3）预制时可采用不同的构造措施，来改善和加强地下墙受力的整体性。

4）地下墙作为主体结构时，其墙体与底板和梁连接的预埋筋的位置准确，通过构造措施满足结构自防水要求。

**4. 墙段之间的接头处理方法**

预制地下连续墙各墙段之间应满足抗渗和传递墙间内力的要求，接头施工时可采用注浆法和小口径导管浇筑法（视墙段构造设计实际情况而定），如图 6-25 所示。

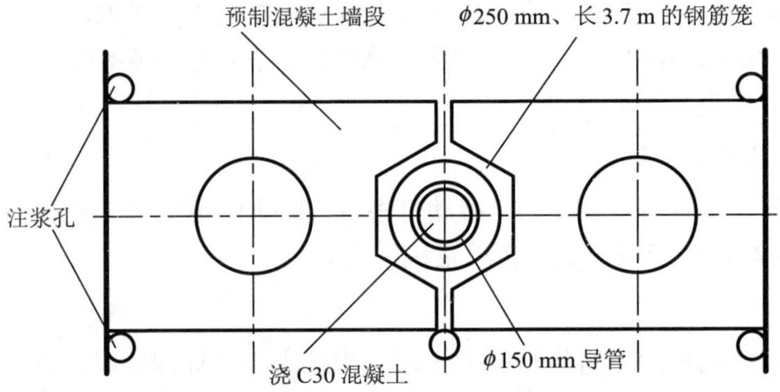


图 6-25　预制地下连续墙接头处理示意图

另外，当地下墙作为主体结构墙时，其渗漏水的路径可分为地下墙与底板接缝间的渗水和接头处渗水两个方面。对前者可在底板与墙连接处通过设计剪力凹槽和设橡胶止水带或钢板止水带；对后者除采用注浆法或小口径导管浇筑法进行接头处理外，可在墙段预制时，于基坑内侧的墙段接缝处预埋钢筋，做一个扶壁桩，提高墙段之间的抗剪强度。

**5. 墙体恢复摩擦阻力和抗浮性能的方法**

地下墙成槽过程中对槽的两侧土体产生扰动后，会使土体丧失部分摩擦阻力。预制地下墙是将预制成的墙段放入槽内，槽与墙体设计厚度一般有 1～2 cm 的空间。因此当预制地下墙用作主体结构墙时，在基础施工时其摩擦阻力和抗浮性就不能满足设计要求。对此问题采取的对策是通过导墙上的预留孔对地下墙两侧和槽底进行注浆，使地下墙很快地恢复摩擦阻力和具有承重、抗浮性能。它的控制指标是，当空隙中的泥浆被置换出来，水泥浆溢出时即认为达到要求。

# 第七章 锚固技术

## 第一节 概 述

岩土锚固技术亦称锚杆技术，它是将一种新型受拉杆件的一端固定在边坡或地基的岩土体中，另一端与工程结构物相连接，用来承受来自于边坡的岩土压力、水压力或风荷载等所产生的对结构物的推力，从而利用地层的锚固力维持边坡、建筑物或岩土体的稳定。而设计、施工、调整、保护这种受拉杆件系统的整套工艺称为锚固技术。

### 一、锚固技术的分类

锚固技术国内外已达600余种，可在各种地层、各种条件下使用。锚固技术可按锚固体的形状、受力方式、锚杆结构等进行分类。

（一）按锚固体形态

**1. 圆柱形锚杆**

圆柱形锚杆指锚固体呈均匀圆柱状，如图7-1所示。锚杆施加应力后，预应力由自由端传递给锚固体，再由锚固体从上而下逐渐传递，依靠锚固体与周围岩土间的摩擦阻力或黏结力将应力传递给地层。该类锚杆施工工艺简单，适用于各种岩土条件。

**2. 端部扩大头型锚杆**

端部扩大头型锚杆又称扩底型锚杆，如图7-2所示。它依靠锚固体与岩土体间的摩擦阻力及扩大头处岩土对锚固体的端承力，将结构物通过锚杆自由端传来的拉力传递给地层。在相同锚固段长度及直径下，端部扩大头型锚杆的承载力远比圆柱形大，但施工工艺复杂，周期长，成本偏高。适用于软弱土层和锚固段不宜过长的土层。

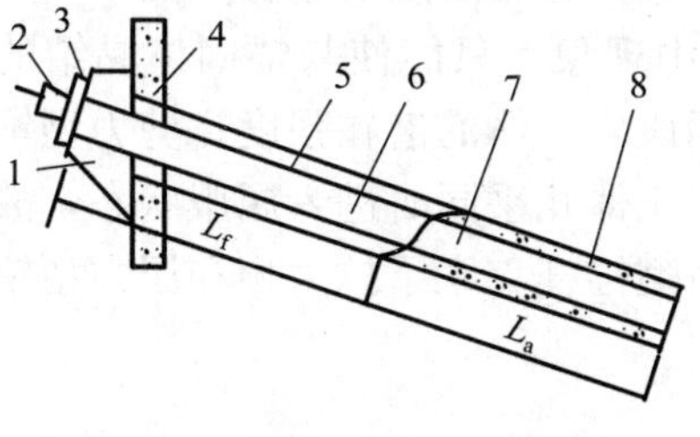


图7-1 圆柱形锚杆结构图

1—台座；2—锚具；3—承压板；4—支挡结构；5—钻孔；6—塑料管；7—拉杆；8—锚固体。$L_f$—自由段长度；$L_a$—锚固段长度

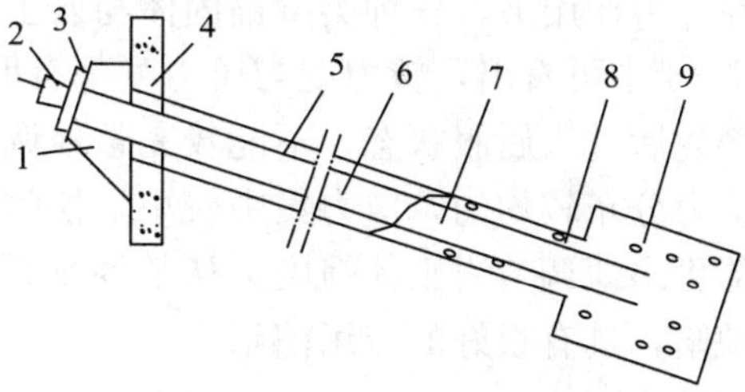


图7-2 端部扩大型锚杆结构图

1—台座；2—锚具；3—承压板；4—支挡结构；5—钻孔；6—塑料管；7—拉杆；8—锚固体；9—扩大端

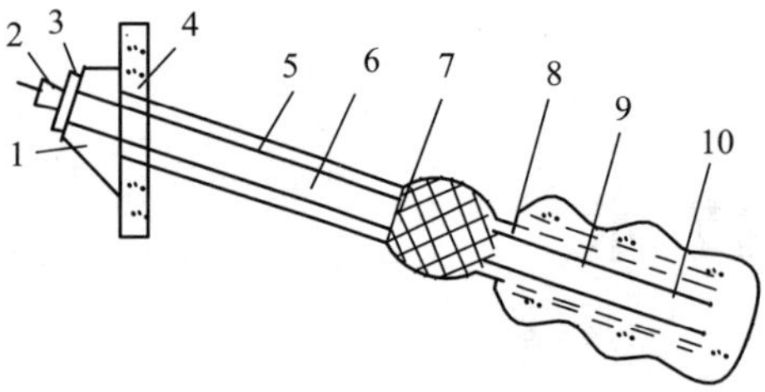


图 7-3　连续球体型锚杆结构图

1—台座；2—锚具；3—承压板；4—支挡结构；5—钻孔；6—塑料管；7—止浆封闭装置；8—拉杆；9—注浆管；10—扩大端

**3. 连续球体型锚杆**

该类锚杆在自由段与锚固段交界处安设有止浆密封装置，如图 7-3 所示。因此可对锚固段进行高压灌浆，并且可进行二次以上灌浆处理，迫使锚固段形成一连串球形扩散体，使周围土体与灌浆体间具有更高的嵌合强度，所形成的串球锚固体是通过灌浆压力的挤压作用和浆液的扩散作用而形成。该类锚杆一般仅适用于淤泥质黏土层、松散土层或在有较高锚固力要求的土层中使用。

### （二）按锚固体传力方式

**1. 拉力型锚杆**

锚杆的传力方式是通过拉杆与锚固体以及锚固体与地层间的黏结或摩阻力引导外力依次递减的，是依靠锚固段首尾部位的不均匀拉伸变形来带动与锚固段相结合的岩土体变形，从而调用岩土体的抗剪强度。当受较大拉力作用时，锚固体易开裂，甚至被拉崩塌。但结构简单，施工方便，属国内外应用最广泛的锚杆类型。

**2. 压力型锚杆**

为克服拉力型锚杆中锚固体受力不均匀而对锚固力的影响，出现了压力型锚杆。这类锚杆的特点是沿预应力拉杆全长涂以油脂并套上塑料管使拉杆与锚固体分离，拉杆埋于锚固体中，内端接内锚头或承拉板。当灌浆后锚杆受拉时，外力通过无黏结拉杆直接将锚固力传到锚固体根部，将锚杆拉力转变为对锚固体根部的压力，再通过锚固段根部与首部间不均匀压缩变形来带动与其黏结在一起的岩土体发生变形，从而调节岩土体的抗剪强度。该类锚杆在相同条件下比拉力型锚杆锚固力大，防腐性与稳定性较好，内锚头和承拉板与拉杆之间可拆卸，变成可拆性锚杆。

**3. 剪力型锚杆**

剪力型锚杆同压力型锚杆一样，也用油脂和塑料胶管将拉杆套起并与锚固体分离，再通过若干个与黏结在拉杆上的小剪力管将作用在锚杆上的总拉力分解成几个分力，使拉力分别作用于锚固体的不同部位，因此整个锚固体受力均匀而产生均匀变形，从而带动与锚固体黏结的岩土体的变形，调动更大范围的岩土体抗剪能力。

在外力作用下，三种类型锚固体与岩土体间的结合应力分布及发展趋势如图 7-4 所示。从图 7-4 中可看出，拉力型与压力型都有明显应力集中现象，只能使与锚固体黏结的岩土体局部先后进入屈服状态，不能较完整地调节整个锚固段岩土体的潜在强度；剪力型锚杆的结合应力分布较均匀，应力集中较小，使整个锚固段岩土体几乎同时进入屈服状态，故这类锚杆能更多地调节岩土体强度。从某种意义上看，剪力型锚杆克服了拉力型和压力型锚杆固有的缺陷，具有很好的应用前景。

### （三）锚固技术的其他类型

1）胶结式锚杆是指通过向孔内注入黏结剂将拉杆与孔壁岩土体固结在一起，产生锚固力而形成的锚杆。根据灌入的胶结材料可分为水泥砂浆、水泥素浆、树脂锚杆和快硬水泥卷

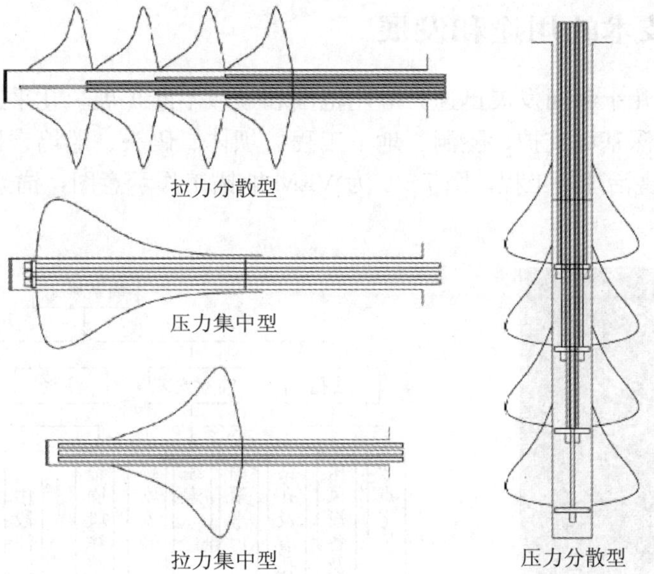


图 7-4　锚杆在外力作用下结合应力分布状态

锚杆。

2）机械式内锚头锚杆是指利用机械锁紧装置将锚拉杆与孔壁岩土体楔紧，从而产生锚固力的锚杆，它不用灌入黏结剂。这种锚杆只用于完好岩石层及浅孔中。

3）土钉是指将拉筋水平或近似水平地设置于拟加固的原位岩土体中，全长与岩土体黏结，并在坡面或墙面上喷射混凝土及挂钢筋网，形成类似重力式挡土墙的岩土体加固区带。土钉设置密度大而深度较浅。一般 0.5～2.0 m 设置一根，其深度在 3～10 m 之间。

## 二、锚固技术的特点

1）在岩土工程中采用锚固技术，能充分调用岩土体能量，调用岩土的自身强度和自承能力，减轻结构自重，确保施工安全。

2）在岩土工程中，各类地层均可进行锚固，但作为永久性锚杆的锚固段不能设置在未经处理的有机质土、液限 $w_L$ 大于 50%的岩土层中，以及相对密度 $D_r$ 小于 0.3 的砂层中。

3）锚固工程施工机械及设备作业要求的空间较小，对各种地形及场地无太多的空间要求。

4）用锚杆替代钢横撑作侧壁支撑，不但可节约大量钢材，而且大大改善了施工条件。

5）用锚杆或土钉支护替代放坡、衬砌或重力式挡土墙支护，可大量节省土石方工作量，从而节约成本和缩短施工工期。

6）锚杆的设计拉力可由现场试验和施工来准确获得，它可保证锚固工程具有足够的安全系数和工作的可靠性。

7）利用锚固工程支护与其他施工相比较，对环境污染小。

8）锚杆施加预应力后可较准确地控制结构物的变位量，以保证结构物的安全。

9）使用年限在 2 年以内的锚杆，按临时性锚杆设计；使用年限大于 2 年的按永久性锚杆设计，永久性锚杆设计必须先进行基本试验。

## 三、锚固技术的用途和发展

锚固技术在近几十年间发展迅速，应用范围和领域不断扩展，几乎遍及土建领域各个方面，如边坡支护、深基坑支护、隧洞、地下工程、坝体、码头、船坞、桥梁及悬索建筑的拉力型基础和地质灾害治理等工程，图 7－5 为 VLM 地锚工作示意图，锚索施工流程如图 7－6 所示。

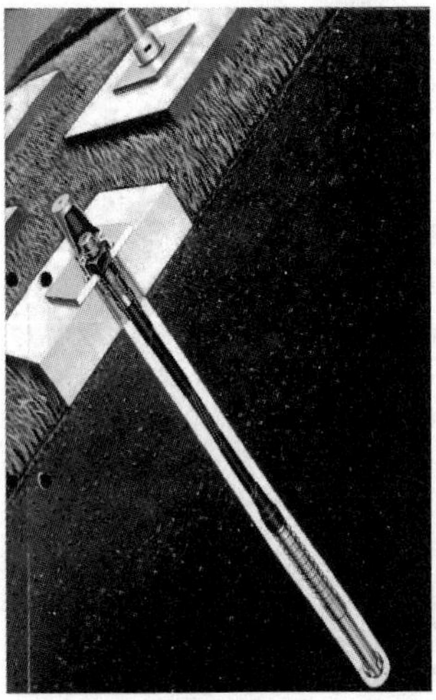

图 7－5　VLM 地锚工作示意图

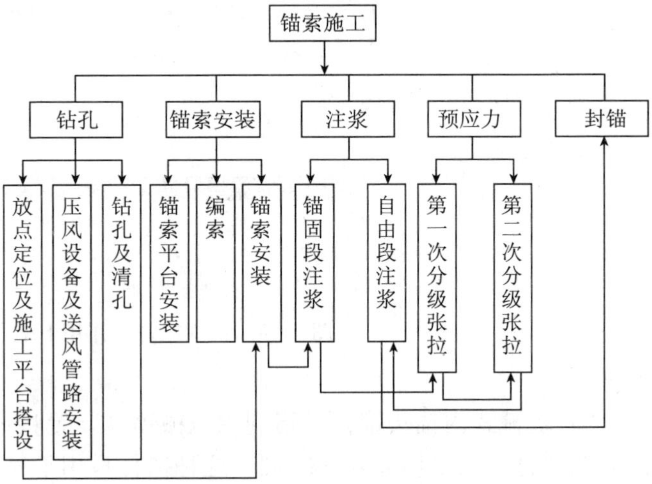


图 7－6　锚索施工工艺流程图

就锚固技术的发展趋势来看，主要概况为以下几点。

**1. 对锚固头的改进**

世界各国竞相发展不同结构的锚头，并取得专利。这些专利在锚固技术上解决了深岩层（15～40 m）机械自锁的专用锚固头。使钢索锚杆、预应力锚杆广泛应用，使锚固技术可靠、高强和高效益。锚头锚固口径有大小不同规格，同时解决了不同长度的锚固问题。出现了可适应各种情况的各类锚杆。因此我们应特别注意对锚固头的研究。

**2. 发展专用化、轻型化的锚固钻孔机械**

由于改进后的专用锚头，一般直径都在 70～146 mm 之间，因工程地质钻机不是专为锚固技术提供的设备，在遇到一定高度和特殊角度钻孔时十分不便。目前国外已经生产了专用潜孔钻机，其机动性、轻便性和钻进能力都显示了专用钻机的优越性。因此，我国在发展运用锚固技术的同时，应注意发展与之相匹配的专用钻机。

**3. 发展锚固技术与各种土工建筑物的联合运用**

由于国外已经有了各种规格的机械自锁锚头，设计人员可根据土工建筑物的种类进行选用。如在傍山和河谷地段的岩石路基上可选用轻便、高强、耐腐蚀的锚头以设置经济有效的锚定挡墙，使得污工数量少、施工方便，经济效益也十分显著。利用微型锚杆与护坡建筑物相配合使用的边坡防护锚固可有效地防止边坡冲刷和滑塌，是一种新型边坡防护工程。

在隧道中，国内外已经成功地运用锚杆和喷射混凝土相结合代替隧道衬砌。在山区工程建设中，处理特殊岩层滑塌常采用抗滑桩（又称锚固桩）。新型抗滑桩可采用高强大直径锚固技术。高强锚固桩置于地层深处稳定的岩层中，高强锚杆与建筑物或滑塌岩体连成整体，通过地层的锚固力使山坡或路基稳定。这种抗滑桩还可用于加固已建成的建筑物，如路基、挡墙及隧道。其他如处理危岩、桥台护岸加固、施工缆索锚定等都可应用。

**4. 完善施工技术**

我国在应用锚固技术的施工方面应广泛吸收国内外的成功经验，结合试验工程项目进行锚固施工的探索，尽早研制出适合我国支护工程需要的锚头、锚杆、成孔机械。

锚固技术的进步带动了边坡支护、基坑施工等工程的发展，锚固技术的进步主要体现在锚头以及施工技术方面，在施工上要合理借助锚固技术的新成果，更好地完成工程项目。

# 第二节　锚杆的成孔工艺

## 一、成孔设备

国内常用锚固钻机的类型及主要性能参数见表 7－1。

**表 7－1　国内部分常用锚杆钻机的主要性能参数**

| 钻机型号 | 技术性能 | 适用条件 | 生产厂家 |
|---|---|---|---|
| MGJ－50 | $\theta=0^\circ\sim180^\circ$，$D=110\sim180$ mm，$H=60$ m，机械动力头，液压给进，行程 1200～2300 mm | 各类地层 | 重庆探矿机械厂 |
| MGY－100A | $\theta=-20^\circ\sim100^\circ$，$D=110\sim200$ mm，$H=100$ m，全液压双动力头，行程 2000 mm | 各类地层 | |
| MD－50A | $\theta=-10^\circ\sim90^\circ$，$D=85\sim160$ mm，$H=60$ m，全液压单动力头，可跟套管，行程 1800 mm | 各类地层 | 无锡探矿机械总厂 |
| MDL－200G | $\theta=0^\circ\sim90^\circ$，$D=150\sim250$ mm，$H=150\sim220$ m，全液压单动力头，可跟套管，行程 3600 mm | 各类地层 | |
| JD180B | 给进梁倾斜角度 0°～123°，夹持钻具直径 65～225 mm，给进力 57 kN，起拔力 85 kN，液压动力头，行程 4100 mm | 各类地层 | 中国建筑科学研究院<br>北京建研机械科技有限公司 |
| JD110B | 给进梁倾斜角度－6°～115°，夹持钻具直径 65～273 mm，给进力 53 kN，起拔力 71 kN，液压动力头，行程 4100 mm | 各类地层 | |
| YGS－120 | $\theta=-10^\circ\sim90^\circ$，$D=110\sim250$ mm，$H=120$ m，双动力头，液压给进，行程 1500mm | 各类地层 | 无锡双帆钻凿设备有限公司 |
| YG－80 | $\theta=0^\circ\sim120^\circ$，$D=130\sim220$ mm，$H=100$ m，电动机驱动，液压给进，行程 1800 mm | 各类地层 | |
| HTYM165A | $\theta=0^\circ\sim90^\circ$，$D=90\sim300$ mm，$H=150$ m，液压给进，行程 1500 mm | 硬岩地层 | 宣化恒通鑫钻孔机械有限公司 |
| TL－70 | $\theta=0^\circ\sim90^\circ$，$D=90\sim230$ mm，$H=80$ m，全液压动力头给进，行程 1800 mm | 各类地层 | 成都拓力机电设备有限公司 |
| TL－40 | $\theta=0^\circ\sim90^\circ$，$D=90\sim146$ mm，$H=500$ m，全液压双动力头给进，行程 2000 mm，可跟管钻进 | 各类地层 | |

续表

| 钻机型号 | 技术性能 | 适用条件 | 生产厂家 |
| --- | --- | --- | --- |
| QDG－2B－1 | $\theta$=0°～90°，$D$=110～220 mm，$H$=100 m，全液压驱动给进，行程 2150 mm | 各类地层 | 北京探矿机械厂 |
| DBZ－200C | $\theta$=0°～40°，$D$=90～150 mm，$H$=60 m，全液压驱动给进，行程 2150 mm | 各类地层 | 吉林大学建设工程学院 |

注：$\theta$ 为机构转动角度；$D$ 为成孔直径；$H$ 为钻孔浓度。

根据施工环境的不同，需要选择不同的锚固钻机，不同企业的锚固钻机在性能方面各具优势，也存在着一些缺点，充分发挥各种钻机的优势，可以节省时间与成本。

锚固钻机在工作时会对环境产生一些影响，包括作业噪声、水污染、矿物油污染和对工作面环境温度的影响等。不同钻机对环境的影响明显不同。

噪声污染是机械设备的重要指标。锚固钻机作业噪声值超过一定限度时，会直接影响工作人员的健康。在不同动力的锚固钻机中，电动锚固钻机与液压锚固钻机作业噪声值相近，均低于气动锚固钻机。目前的气动锚固钻机在气动马达排气口处都设有消声器，但消声后的噪声声压级仍然超过 90 dB。如操作人员不采取个体防护措施，从安全角度出发，允许工作时间不应超过 4 h。气动锚固钻机所采用气马达不同，其作业噪声稍有不同。采用叶片式马达的噪声低些，采用柱塞式气动马达的噪声高些。

目前，锚固钻机大多采用湿式钻孔，冲洗液的直接排放会导致工作面积水，影响工作环境。电动锚固钻机采用不同类型推进支腿时，对工作面环境有不同影响。当采用水力支腿时，因钻锚杆孔时反复换钎作业需伸缩支腿，支腿缸体缩回时要排放出水，致使工作面底板泥水大，地面环境恶化。当采用液压支腿时，矿物油泄漏会污染环境。由于电动锚固钻机能量利用率高，工作时对工作面温度影响较小。液压锚固钻机以矿物油为工作介质，若液压系统维护不当或液压元件质量不过关，液压油易泄漏污染环境。同时，液压锚固钻机工作时将有一定温升。一般工作液温度常在 55 ℃以上。气动锚固钻机以压缩空气为动力，对工作面环境温度基本没有影响，但是，其排放的气体中含有大量油雾，污染环境。

电动、液压、气动锚固钻机的性能方面各有优点，施工时要综合考虑、权衡利弊。

## 二、锚杆的成孔方法

在锚固工程中所钻进的岩土体绝大部分为软弱土层和复杂破碎或坚硬不稳固地层，常常是在一个钻孔中出现几种岩土层，因此，锚固工程施工成孔工艺较为复杂，往往采用综合性成孔方法。目前常用的钻进方法除常规正循环回转钻进外，大量使用的是长螺旋回转钻进、长螺旋冲击回转钻进、风动冲击器冲击回转钻进、跟套管长螺旋回转钻进、跟管冲击回转钻进、冲击挤密钻进和反循环冲击回转钻进等钻进方法。

在软土地层中，由于冲洗液循环时对孔壁的渗透作用，削弱了地层的抗剪强度，不利于锚杆的承载能力；而在硬岩石斜孔钻进时，采用硬质合金钻头破碎岩石，效率低而成本增加，采用金刚石钻头破碎岩石时钻头寿命短，易产生偏斜，且成本高，所以正循环回转钻进在锚固工程施工中不提倡使用。这里介绍其他的钻进成孔方法。

### 1. 长螺旋回转钻进

长螺旋回转钻进不使用冲洗介质，是在各类土层中成孔的优选方法。钻进中土屑沿螺旋叶片在惯性离心力和向上推力作用下返出孔口。这种方法钻进效率高，最高可达 20 m/h，操作简单，要求设备功率低，转速控制在 50～80 r/min 之间，给进压力小，深孔时利用钻具回转力和自身重力即可钻进。无污染、噪声小，是城市深基坑支护中土层锚杆施工成孔的主要方法。

**2. 长螺旋冲击回转钻进**

长螺旋冲击回转钻进是在土层中含有块石、碎石或破碎的岩层中使用的成孔方法。它是将风动冲击器安装在长螺旋钻杆的前端，利用风动冲击器破碎孔内硬岩块，而用螺旋叶片排除岩土屑。由于在土层中夹块石、碎石时螺旋钻进效率极低，且易发生孔内事故，而冲击回转钻进时地层破碎而风量漏失后，上返气流减少，携带岩粉屑能力降低，易造成埋钻事故。将两种方法结合起来，解决了硬岩破碎困难和排粉困难的双重问题，由此提高成孔效率和施工质量。此种方法的技术参数只要满足风动冲击回转钻进的要求，就能满足钻进成孔的需要。为防止叶片在软硬不均的地层中卡钻，在软地层前部有硬岩层和软地层厚度超过单根螺旋钻杆长度时慎用此法。

**3. 冲击回转钻进**

在锚固工程施工中，多采用气动冲击回转钻进方法。冲击回转钻进主要优点是在硬岩层中成孔效率高，质量好，钻孔偏斜小，成孔后洗孔时间短，施工工期容易保证。冲击回转钻进的主要技术参数是风动冲击器所需要的风压、风量和转数，给进压力控制在 10 kN 左右。钻进过程中经常进行强力排粉来达到孔内安全。所选用的风动冲击器可根据设计的钻孔直径选择。

**4. 冲击回转挤密钻进**

冲击回转挤密钻进方法主要是在软弱土层中为了提高锚杆的承载能力，减小坍塌和孔内残留钻渣而使用的一种新型成孔方法。将冲击器安装在钻杆底部，冲击器装有特殊形状的挤密钻头。钻进时利用冲击器的冲击力将钻头击入土层中，同时钻机的给进力推动钻头压入土层之中，并且在钻机回转力的作用下钻头转动一定角度对土层作剪切破碎，产生的土屑被冲击力、给进压力双重作用挤到孔壁之中，并使土层结构破坏，排挤土颗粒间的薄膜水、孔隙水，土颗粒重新排列而密实，黏聚力增加，抗剪强度增大，因此增加了锚固体与土层的黏结力和摩擦阻力，增大锚杆的承载能力。

冲击回转挤密钻进方法的优点是在钻进中无岩屑，无污染，钻进效率高，成孔质量好，纯钻进时间利用率可达 70%～80%。对于不同土层可适当调整给进压力，钻进过程中不需反复提拉钻具。冲击回转挤密钻具结构如图 7－7 所示。

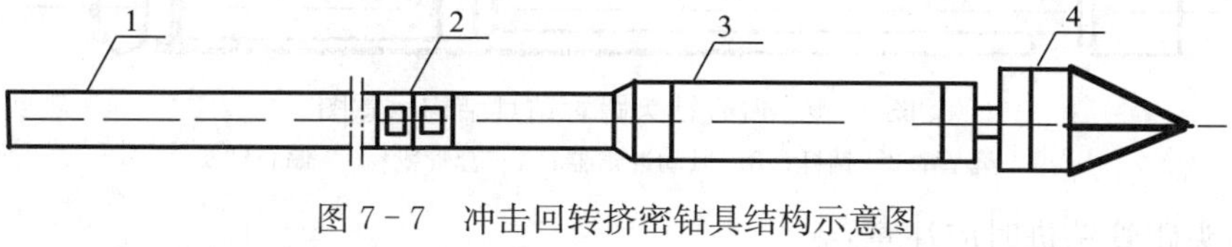


图 7－7 冲击回转挤密钻具结构示意图

1—钻杆；2—锁接头；3—冲击器；4—挤密钻头

**5. 跟套管冲击回转钻进**

跟套管钻进成孔有三种方式：双动力头跟管钻进、偏心钻头跟管钻进和冲击器跟管钻进。在双动力头跟管钻进时，地层为软土或含碎石较小、较少时，小径钻具可用长螺旋钻具；在硬岩层或含岩块较大、较多时，多用冲击回转钻具作为超前小径钻具。这里主要以冲击回转钻进为主进行介绍。

（1）双动力头跟管钻进

利用钻机上的前动力头（1）和后动力头（2）同时回转，同步进行跟套管护壁，套管内小径钻具破碎孔内岩土体，当钻进至稳定的岩土层时，后动力头（2）停止转动，并不再接套管，利用小一级冲击回转钻具钻进至设计孔深，提出钻具，下入锚拉杆后，起拔套管或边灌浆边起拔套管。双动力头跟管钻具结构如图 7-8 所示。

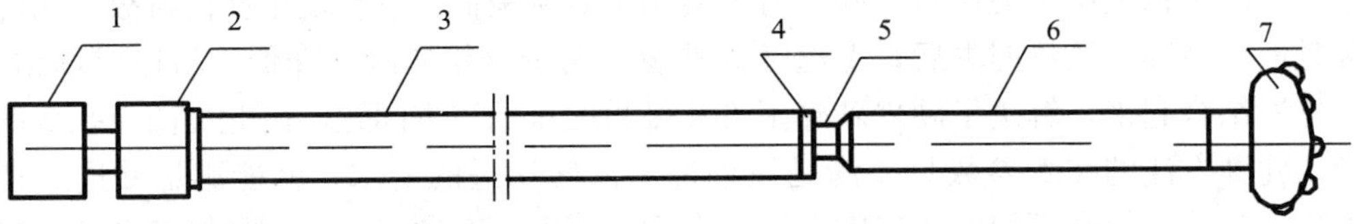


图 7-8　双动力头跟套管钻进的钻具结构示意图

1—前动力头；2—后动力头；3—套管；4—钻头；5—钻杆；6—风动冲击器；7—球齿钻头

在双动力头跟管钻进时必须注意下列事项：

1）套管必须是左螺纹连接，套管长度必须与单根钻杆长度相匹配。

2）前动力头（1）和后动力头（2）的转数要匹配，前动力头（1）为正向转动，而后动力头（2）为反向回转，两者不同转数过多时，易将套管螺纹反脱扣而造成孔内事故。

3）给进速度要同步，不然会造成小径冲击器空打或套管底部硬质合金钻头过早磨损。

4）套管最好选用内平式连接，底部钻头的内出刃应小于 0.5 mm 或无内出刃，以免刮伤冲击器。

（2）偏心钻头跟套管钻进

将偏心钻头代替冲击器下部的球齿型硬质合金钻头，在含碎石、卵砾石及破碎的硬岩层中钻进成孔，代替双动力头跟套管钻进成孔方法。其特点是冲击力作用在套管底部的套管靴上，带动套管与内部的小径冲击回转钻具同步前进，套管不回转，冲击器边冲击边回转，在破碎孔底岩土层的同时，用冲击力带动套管一起进入孔内。此种方法只要有单动力头钻机即可，且偏心钻头只伸出套管靴底部 150～200 mm，不容易发生卡钻事故。当到稳定地层后，提出小径钻具，将偏心钻头更换成普通钻头，继续钻进完成设计孔深，安装好锚拉杆后，方可起拔套管。偏心钻头跟管钻具结构如图 7-9 所示。

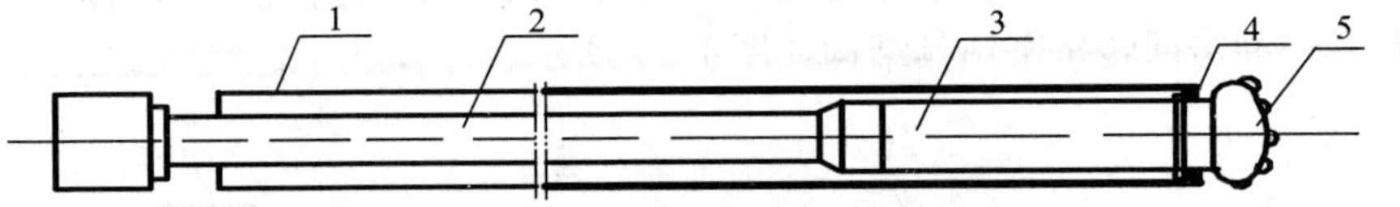


图 7-9　偏心钻头跟管钻具结构示意图

1—套管；2—钻杆；3—风动冲击器；4—套管靴；5—偏心钻头

偏心钻头跟管钻进时应注意：

1）组装钻具前必须仔细检查偏心块的活动程度、销钉的完好度和轴的润滑度。

2）套管必须采用左螺旋连接，且内平。套管靴与钻头外径是否匹配合理，能否使钻具顺利通过。

3）套管长度与单根钻杆长度必须匹配，便于拧卸钻具，增加纯钻进时间。

4）小径钻具下入套管内，钻头到达套管靴部位时，用人工反转将钻头伸出套管靴到孔底，避免使用机械回转。提升小径钻具前必须强风排渣，用人工反转小径钻具，边转边提，禁止用机械反转回转，防止将套管一起转动或螺纹脱扣。

5）套管在下入锚拉杆后起拔，可以在灌浆前起拔，或边灌浆边起拔。一般孔壁不稳定地段为锚杆自由段，灌浆前起拔套管对锚杆承载能力影响不大。

6）选择的套管应具有足够强度，最好用高频淬火后的套管。

(3) 冲击器跟管钻进

在无双动力头钻机和偏心钻头的情况下，可以采用双套冲击器联合使用进行跟管钻进。这种方法适合于含碎石、块石较小和较少的土层、松散的砂层、小砾石层和破碎带地层使用。冲击器跟管钻进的钻具结构如图 7－10 所示。

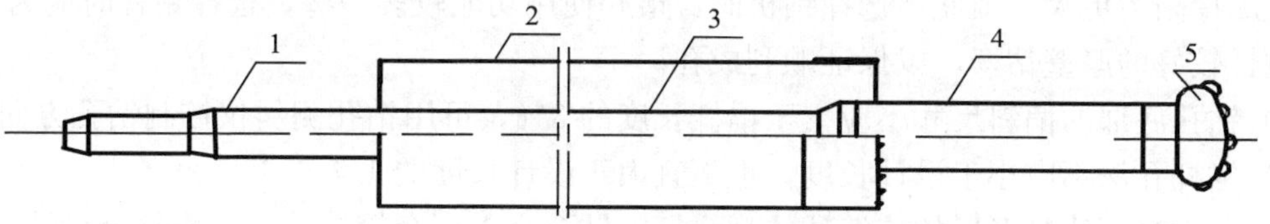


图 7－10　冲击器跟管钻进的钻具结构示意图

1—冲击器；2—套管；3—钻杆；4—冲击器；5—球齿钻头

冲击器跟管钻进的操作较为复杂。首先将冲击器与动力头和套管连接，用冲击器将套管打入地层进行开孔，当套管打入困难时，去掉冲击器和套管接头，下入小径冲击器钻具，将套管内的岩屑全部排出后继续钻进 3～5 m；当排出岩渣困难时，将钻具提升到套管底部 0.2～0.3 m 位置，去掉超出套管上头的钻杆，并且用丝堵封闭钻杆头，将套管接头、冲击器接于动力头上，送高压空气给进，将套管击入到已有小孔的地层中；同样当套管击入困难时，去掉冲击器及接头，连接钻杆，用小径钻具将套管内岩土屑排出后，继续钻进，反复上述工序，至稳定岩土层后，用小径钻具钻至设计孔深，提出钻具，下入锚拉杆，起拔套管。冲击器跟管钻进时要注意以下几点：

1）套管应采用厚壁、强度大、左螺纹连接的内平式套管。

2）套管击入时不能强力打击，当进入困难时，可用人工转动一个角度或进行排渣及超前钻孔。

3）钻具在击入套管时必须提到套管内，防止套管切削下的岩土屑埋住冲击器而发生孔内事故。

4）套管上部钻杆拧卸后，钻杆头必须封闭，以免脏物进入钻杆内腔，堵塞冲击器而无法工作。

5）超前钻具钻进时不宜过长，防止埋钻。

## 三、锚杆成孔中的注意事项

锚杆成孔质量的好坏，不仅关系到锚杆的承载能力，而且对后续工序有直接影响，因此在锚杆成孔中应注意以下事项：

1）锚杆成孔前必须将场地平整好，准确测量锚杆孔位与钻机的机高，使钻孔轴线与设计轴线偏差在 50 mm 之内，以保证所有锚杆的承压台顺利安装。

2）成孔中钻机的安装必须保证其稳固性，在钻进中钻机不得移位或摆动，以防止钻孔偏斜和倾角的变化，防止孔深后两孔交叉而串通。

3）钻进中及时排除孔内岩渣，尤其是干孔钻进时，排渣不及时或孔内岩渣过多往往造成孔内事故而影响施工进度和锚固质量。

4）无冲洗介质或采用高压空气作为冲洗介质钻进成孔时，一定要依据地层性质选择合理的钻进技术参数，确定合理的给进速度，防止盲目施加压力和加快给进速度，以防止钻具扭矩增大而折断、埋钻和卡钻。

5）在溶蚀地层或黏性较高的地层中钻进时，一定要注意钻机扭矩的变化，控制回转速度和给进压力，防止钻孔角度下垂使钻具起拔困难或锚拉杆不能安装，而重复透孔。

6）锚杆成孔多为斜孔，倾角较大，钻具在重力作用下与孔壁摩擦较严重，当岩土屑较多时，摩擦阻力更大，因此，选择钻机时，最好使用功能较多一些，选择钻杆时应为直径较大、刚性较好的厚壁钻杆，以保证顺利成孔。

7）钻孔底部的偏斜尺寸不应大于锚杆长度的3%，可用钻孔测斜仪控制钻孔方向。

8）锚杆孔深不应小于设计长度，也不宜大于设计长度的1%。

9）二次高压注浆形成的连续球体型锚杆的钻孔宜采用套管护壁，一次钻至设计长度。

## 第三节　锚杆的制作与安装

预应力锚杆拉杆材料的选择主要决定于锚固对象和现场使用施加预应力及锁定设备、使用年限等因素。锚杆的结构主要由拉杆、扶正架、锚头、锚尖和注浆管等组成。锚杆的制作与安装视锚杆用途、使用年限、预应力大小等来决定。

### 一、锚拉杆材料的选择

锚拉杆的质量主要决定于拉杆材料。拉杆的材料主要有普通螺纹钢、高强精轧螺纹钢、高强钢丝和钢绞线等类型。为保证锚固体系在使用期限内能有效保持所施加应力，对锚杆体系中的拉杆进行防腐处理，以降低锚杆周围环境中的腐蚀物对杆体的腐蚀作用。为保证杆体位于锚固体之中，使锚固体受力均匀，每一段长度安装支撑架，并在拉杆下端安装锚尖，以增加锚杆的承载能力。

国内锚固工程施工中常用的拉杆材料见表7－2。

**表7－2　国内常用锚杆材料主要性能**

| 种类 | 规格/mm | $f_{ptk}$/MPa |
|---|---|---|
| 碳素钢丝 | $\phi$4 | 1670 |
| | $\phi$5 | 1570 |
| 刻痕钢丝 | $\phi$5 | 1470 |
| 冷拔低碳钢丝 | 甲级 | Ⅰ级，Ⅱ级 |
| | $\phi$4 | 700　650 |
| | $\phi$5 | 650　600 |

续表

| 种类 | 规格/mm | $f_{ptk}$/mPa |
|---|---|---|
| 钢绞线 | $d$=9.0（7$\phi$3） | 1670 |
| | $d$=12.0（7$\phi$4） | 1570 |
| | $d$=15.0（7$\phi$5） | 1470 |
| 热轧钢筋 | Ⅱ级 HRB335$d$=28～40 | 315 |
| | Ⅲ级 HRB400 | 370 |
| | Ⅳ级 HRB500 | 540 |
| 精轧螺纹钢 | PSB830 | 1470 |

注：碳素钢丝指《预应力混凝土用钢丝》（GB/T 5223—2002）中矫直回火钢丝。$f_{ptk}$为抗拉强度标准值，$d$为直径。

## 二、棒条状拉杆的制作与防腐

普通螺纹钢筋和精轧螺纹钢筋统称为棒条状钢筋。选用其作为拉杆时，一般由一根或数根钢筋组合而成。如果用数根（一般不超过三根）钢筋时则需要焊接或绑扎成为一体。钢筋长度按锚杆设计长度（自由段长、锚固段长之和）与张拉锁定所需要的长度之和计算下料。

拉杆材料按要求下料后，应除油除锈，并在锚头端焊接螺纹接头。为使拉杆下入孔中时能居中，保证拉杆具有足够保护层厚度，同时使灌浆体对锚固段拉杆起到防腐作用，应在拉杆体上每隔 1.5～2.0 m 设置一个支撑架，支撑对中方式如图 7-11 所示。支撑架除起对中作用外，同时处于锚固段内的支撑架还可起到增加锚固力的作用（即可起到内锚头作用）。

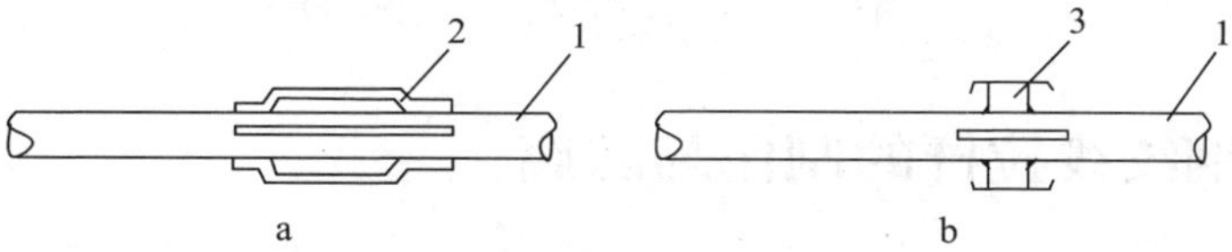


图 7-11　拉杆支撑架结构示意图

a—钢条式；b—扁钢式

1—拉杆；2—支撑钢筋；3—支承钢带

对于在自由段的拉杆，在安装前应对拉杆做防腐和隔离处理，常用的防腐方法有以下几种：

1）在杆体上除锈除油后涂上防锈漆。待干燥后敷上一层润滑油或黄干油，外部缠绕上经油浸渍过的防腐带，并用胶带固定。

2）在杆体除锈除油后涂刷防锈漆，待干以后再敷上约 1.5～2.0 mm 厚黄干油，最后用塑料布缠绕包裹，并用细铁线绑扎固定。

3）将柔性的聚氯乙烯管套在涂有防锈漆和油脂的拉杆自由段上，两端用密封胶带固定密封。选择的聚氯乙烯管内径一定要大于拉杆外径 2～3 mm，才能保证套时顺利。

4）将直径为拉杆外径 2 倍左右的聚丙烯管套在涂有防锈漆和油脂拉杆的自由段上，安装好后将聚丙烯管两端加热收缩，使其与拉杆黏在一起，中间段每隔 1.0～1.5 m 进行加热处理，使聚丙烯管收缩，使其紧贴于拉杆之上。

以上方法，前两种操作简单，防腐性能一般，但安装拉杆时容易破坏保护层，主要用于临时性锚固工程中使用。其他方法操作复杂，但防腐性能好，有较好的抗破坏能力，使用寿命长，多用于永久性锚固工程中。

棒条状拉杆在单根钢筋长度不够时，必须进行连接。对于精轧螺纹钢，出厂时整根钢筋上带有螺纹，所以采用接头连接，并且避免焊接。对于普通Ⅱ级或Ⅲ级螺纹钢，在连接时必须采用焊接，其焊接方法有摩擦对焊，帮条对焊和转角搭接焊三种方式。不论采用哪种方式连接，必须保证两根或多根钢筋的中心线在同一条直线上，保证受拉力时不产生分力。焊接的要求按钢筋焊接规范要求。帮条焊接时其长度不得小于 $30d$（$d$ 为拉杆直径）。搭接焊时，搭接长度不得小于 300 mm。并必须采用双面焊接。多根钢筋组成的拉杆，在同一断面上的焊接点不得超过30%。

支撑架用 $\phi$6 mm 或 $\phi$8 mm 圆钢筋制作，其外径小于钻孔直径 5～8 mm，长度为 150～300 mm，每个支撑架上不得少于 4 根肋筋。可直接焊在杆体上，拉杆的总体结构如图 7－12 所示。

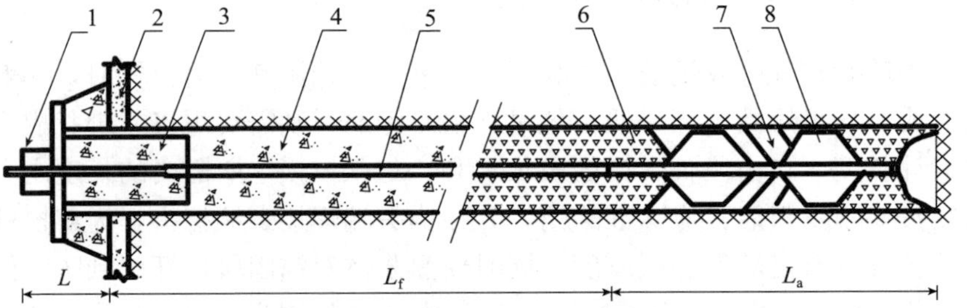


图 7－12　棒条状拉杆的结构示意图

1—锚具；2—结构物；3—油脂；4—注浆液；5—套管；6—锚固体；7—裂纹；8—对中支撑架

$L$—锚头长；$L_f$—自由段长；$L_a$—锚固段长

## 三、多股钢绞线拉杆的制作与防腐

采用多股钢绞线做成拉杆形成的锚杆亦称为锚索。钢绞线拉杆的柔性较好，容易靠自重沉入锚孔内，并且拉力大，长度不受限制，对施工场地空间要求较小，主要用于承载能力大于 600 kN 以上、长度大于 20 m 的永久性锚固工程之中。但钢绞线拉杆制作复杂且费时。

1）钢绞线严格按要求长度下料，并保证每股长度误差在±50 mm 以内，并对每股钢绞线作除油、除锈处理。

2）将钢绞线按设计排列，沿杆件轴线方向每隔 1.0～1.5 m 安装隔离架和紧箍环，杆体保护层不应小于 2.0 cm，将隔离架与紧箍环间隔固定在杆件上，并绑扎牢固。在隔离架与紧箍环中心安装灌浆管至锚杆下底端，距杆体底面 200～300 mm 处。

3）在钢绞线拉杆的自由段除油后，涂防锈漆 0.5～1.0 mm 厚，待干燥后，敷 2.0～3.0 mm 厚黄油，并套以 PVC 管，管的内径大于单根钢绞线外径 3～4 mm，把进入锚孔内的多股钢绞线的下端用密封带绑扎牢固，或加热后使其收缩与钢绞线黏接在一起，进行防腐处理。国内常用制作拉杆的钢绞线多为 $\phi$12.0 mm 和 $\phi$15.24 mm 两种，以 $\phi$15.24 mm 为主。多股钢绞线制作的拉杆结构如图 7－13 和图 7－14 所示。

4）采用钢绞线做压力型锚杆体时，选用厂家直接滚压胶的钢绞线制作。这种钢绞线的表面涂有油脂并滚压一层 2～3.0 mm 的塑胶。其拉杆制作时同样需安装隔离架和紧箍环，只是在拉杆的下部 0.5 m 长去掉防腐层后，除油除塑后，安装下锚头并锁紧。其结构如

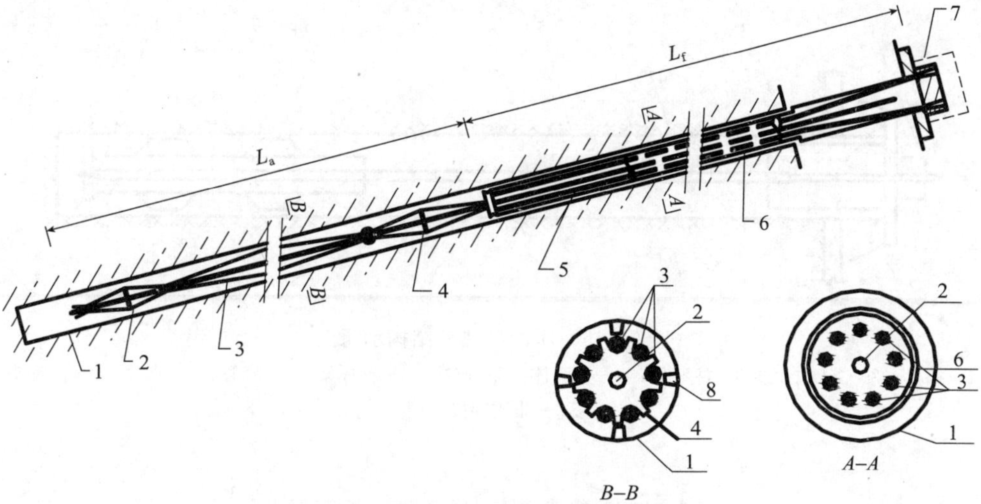


图 7 - 13　临时性多股钢绞线锚杆构造示意图

1—钻孔；2—注浆管；3—钢绞线；4—隔离件；5—涂油钢绞线；6—光滑套管；7—锚头；8—扩张件

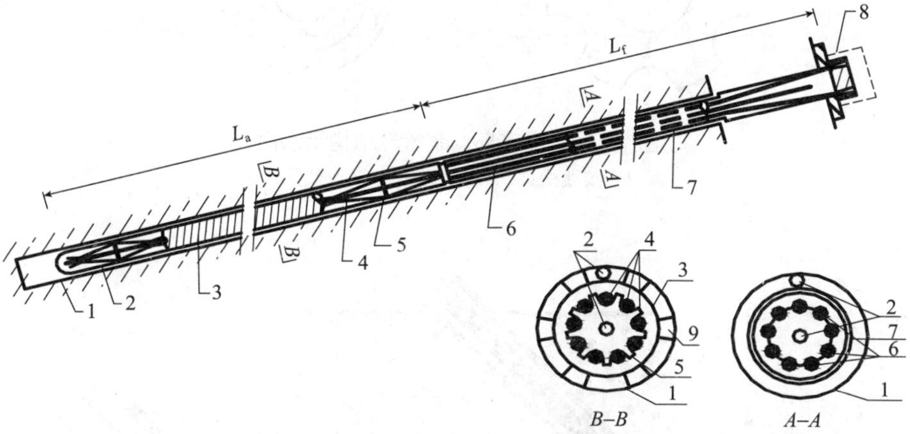


图 7 - 14　永久性多股钢绞线锚杆构造示意图

1—钻孔；2—注浆管；3—波形套管；4—无包裹钢绞线；5—隔离件；6—涂塑钢绞线；7—光滑套管；8—锚头；9—扩张件

图 7 - 15 所示。

5）用钢绞线制成的拉杆体使用的隔离架和紧箍环有两种形式。其材质可用 $\phi$6 mm 或 $\phi$8 mm 的无钢筋制作，也可用硬塑料压制而成。其结构如图 7 - 16 所示。

6）钢绞线锚杆用于高压灌浆的锚固工程时，它的结构与常压灌浆锚杆不同，主要依靠把锚固段与自由段分隔开的密封袋和带环形止逆密封弹性胶圈的袖阀管以形成高压灌浆过程。图 7 - 17 为法国 Soletanche 公司的 IRP 高压灌浆锚杆，在松散或破碎地层中经常使用。

IRP 高压灌浆锚杆采用无纺布密封袋，袋长为 2.0 m 左右，采用滑动方法套在锚杆锚固段与自由段分界处，袋的两端紧固于杆体与灌浆管上，当杆体与灌浆管下入孔内并拔出套管后，以低压灌注灰浆使密封袋充满灰浆，密封袋紧贴在孔壁上，将锚固段与自由段分开。带孔的灌浆袖阀管是直径为 32～40 mm 的 PVC 管，管壁孔的间距为 1.0 mm，孔外管壁上套

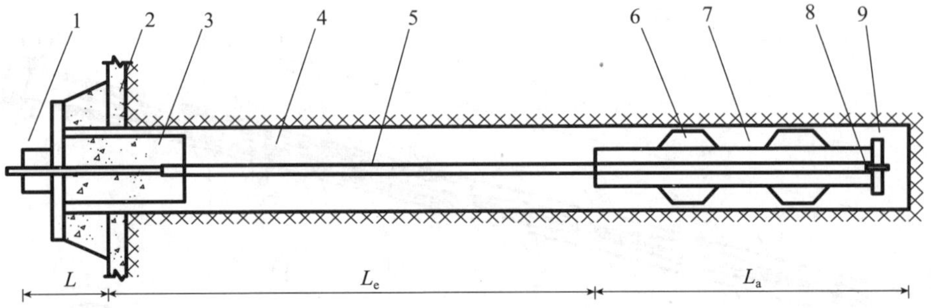


图 7-15　压力型锚杆结构示意图

1—锚具；2—支挡结构；3—注浆体；4—锚固体；5—拉杆；6—支撑架；7—套管；8—夹片；9—内锚头

$L_e$—非锚固段长度

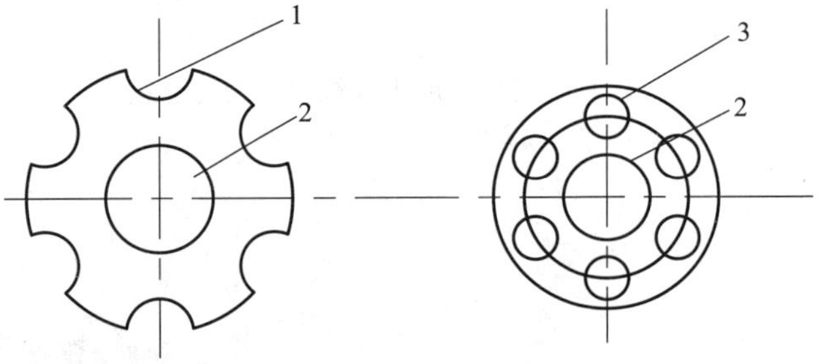


图 7-16　隔离环、紧箍环结构示意图

1—绞线槽；2—注浆管孔；3—绞线孔

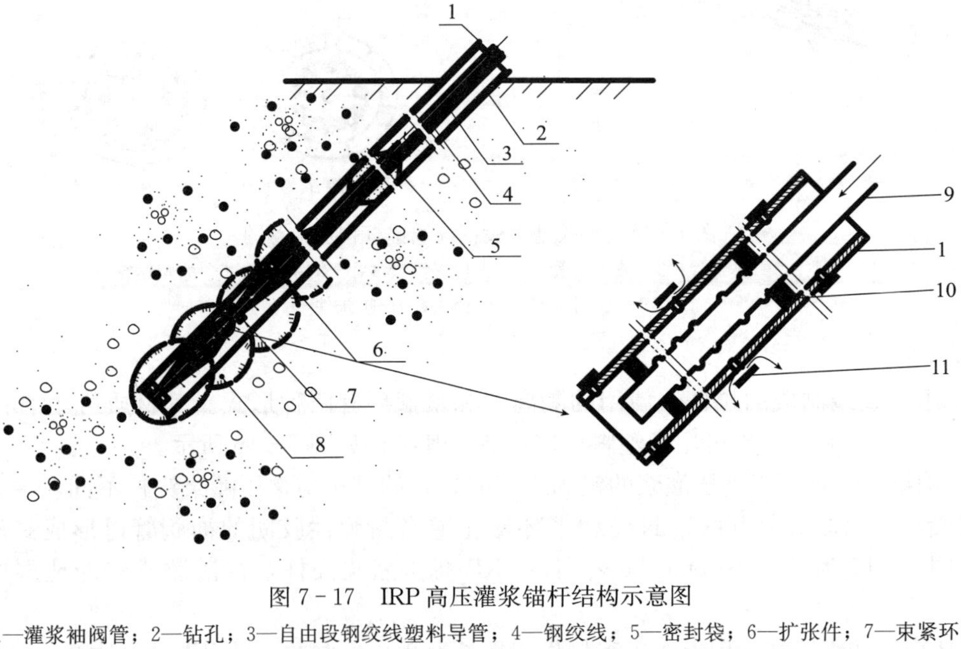


图 7-17　IRP 高压灌浆锚杆结构示意图

1—灌浆袖阀管；2—钻孔；3—自由段钢绞线塑料导管；4—钢绞线；5—密封袋；6—扩张件；7—束紧环；8—球形扩散锚固体；9—灌浆管；10—灌浆管与袖阀管间密封胶塞；11—袖阀管止逆弹性胶圈

有弹性塑料套使浆液只能由管内流出，而不能由管外流入管内。PVC 管内安装封底侧面开孔的小直径灌浆钢管，并安装两个限定区域的密封胶圈。高压注浆时，将钢管下入指定位置，使两个密封圈位置定位于 PVC 管上带有塑料的侧壁孔两端，即可以进行分段灌注浆液。一段注完后，可移动钢管再进行另一段灌注。

中国三峡船闸高边坡锚固工程浩大，锚索结构形式及施工工艺直接关系到工程进度和造价。为此，设计单位在船闸边坡施工初期开展了大规模的现场和室内岩锚试验，对锚索结构、防腐措施及施工工艺等进行了全面、系统研究。图 7－18 为采用的一种锚索结构。

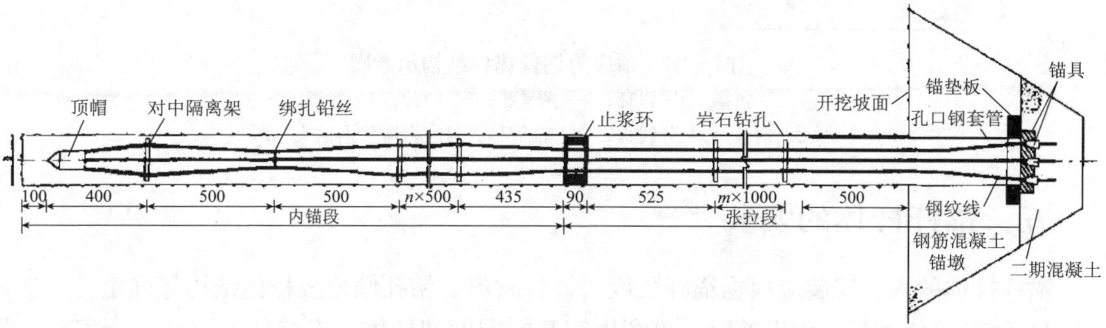


图 7－18　1000 kN、3000 kN 级全长黏结端头锚索结构

## 四、多根钢丝锚杆的制作与防腐

国内常用钢丝锚杆（索）材料多为 $\phi$4 mm 或 $\phi$5 mm 的碳素钢丝、刻痕钢丝和冷拔钢丝等。用钢丝组成大型锚杆，不仅费时费工，而且占用的场地较大，岩锚杆较短，则相对容易些。在制作锚杆时，首先将钢丝校直，并按要求长度下料，不能有接头。然后借助于带孔的分线板将钢丝按层或按图布置在分线板孔中固定，分线板结构如图 7－19 所示。

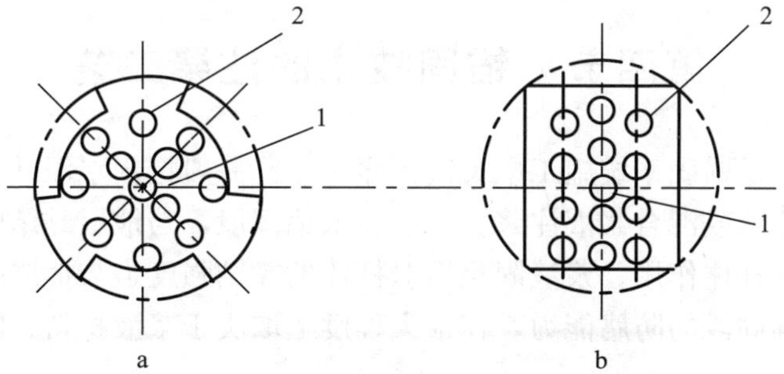


图 7－19　钢丝锚索分线板结构示意图

a—按圈布置分线板；b—按排布置分线板

1—灌浆管通孔；2—钢丝通孔

分线板的作用是将钢丝有效分离并固定，增大锚固体对每束钢丝的握固力。编制钢丝如同编制钢绞线，应对钢丝及对应的分线板钢丝孔进行编号，以免在穿孔时出现错误。并保持在全长钢丝的平行性。如果一个锚杆使用的钢丝较少，可以在每根钢丝底部安装一个锚板单独使用，或在底部用内锚头固定所有钢丝。图 7－20 为预应力钢丝锚杆结构。

预应力钢丝锚杆在锚固段的防腐是采用水泥砂浆或水泥素浆形成的结石体保护。而在自由段要对每根钢丝进行除油、除锈处理，涂防锈漆后再涂黄油或沥青油，并分别用塑料管套上来防腐。

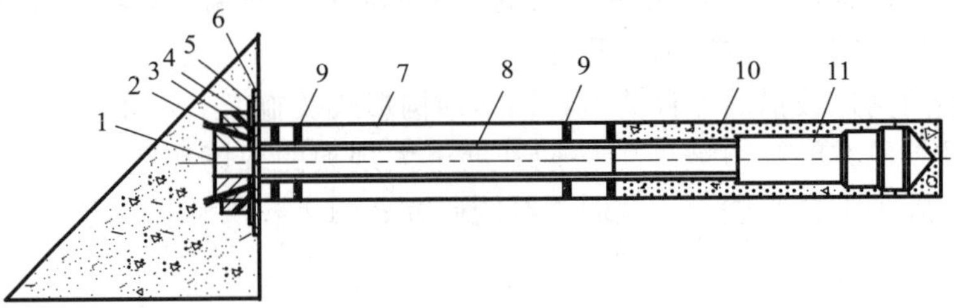


图 7-20　预应力钢丝锚杆结构示意图

1—注浆孔；2—锚塞；3—锚环；4—排气孔；5—垫片；6—垫板；7—钻孔；
8—钢丝；9—分线板；10—锚固体；11—台阶状内锚头

## 五、锚杆杆体的安装

锚杆杆体的入孔安装应根据锚杆长度、杆件材料、钻孔倾角及杆体结构等确定。

1）锚杆杆体的材料为钢筋时，可利用钢筋的刚度和杆体上安装的支撑环直接安放。将制作质量合格的杆体直接插入锚孔内，插入深度不得少于设计深度的 95%，注浆管一同下入孔底，距离为 100～200 mm。

2）当锚杆杆体为钢绞线、钢丝组装而成时，应首先检查杆体制作质量，确保隔离环、束紧环安装牢固。注浆管安装符合设计要求时，可采用人力直接插入锚孔内，或用钻杆和钢质注浆管送入孔底。安装时不得扭压、弯曲，杆体送入孔内深度不得小于锚杆长度的 95%。注浆管底部管头距孔底距离不得大于 200 mm，宜为 50～100 mm。杆体安装好后，不得扭转或敲击。

# 第四节　锚固技术的注浆工艺

锚固工程的注浆是锚固系统施工中关键工序之一，一般选用水泥砂浆或水泥素浆，特殊情况下可采用化学浆液或混合浆液注浆。浆液注入锚固段，与地层黏结的同时握紧杆体，起到传递锚固力和保护杆体作用。浆液固化后对杆体的黏结强度、与地层间的黏结产生的最大摩阻应力，以及对锚固段的防腐能力，在很大程度上取决于浆液材料、配合比、拌和质量和注浆方法等。

## 一、注浆材料

### 1. 注浆材料的质量要求

1）水泥宜采用 525# 普通硅酸盐水泥，必要时可选用抗硫酸盐水泥。水泥必须具有抵抗水和土层中所含化学物质的侵蚀能力。为防止或减缓锚固体内钢质拉杆材料的腐蚀，要求水泥中所含氯化物总量不宜超过 0.1%。水泥不宜选用火山灰水泥和泌水性高的矿渣水泥。

2）拌和用的水不能采用污水，水中的硫酸盐含量不能超过 0.1%，氯化物含量不能超过 0.5%，并且水中不能含有糖类和腐殖质或明显含有有机质悬浮物。在选矿场或工厂附近施工时，不能采用浅层地表水或地下水。适合于饮用水标准的水均可作为拌和用水。

3）浆液为水泥砂浆时，一般宜选用灰砂比 1∶1～1∶2，水灰比 0.38～0.45，拌和用砂应选用细砂或过筛中砂。砂中含泥量不得超过3%，砂质选用含石英较多的河砂，砂中应严禁含有砾石等粗颗粒，砂中含云母、有机质、氯化物、硫酸盐等有害物质按质量计不得超过1%。

**2. 浆液水灰比与配合比**

水灰比对浆液的流动性和结石质量有重大影响。水灰比增大，将使浆液固化时泌水性增大，结石率及结石强度降低，结石收缩性增强，造成固化灰浆的耐久性降低，与地层黏结强度下降，降低锚杆承载力。但水灰比大可提高浆液流动性，有利于注浆施工。锚固工程施工注浆时所采用的水灰比以0.4～0.45为宜，有利于泵送和渗入裂隙或孔隙中。灰浆固化28 d后强度可达30 MPa以上，水泥结石渗透率低。为降低浆液泌水性和结石干缩性，提高结石强度，降低水灰比并保持浆液良好流动性，可适量加入外加剂。在加入适量外加剂后，须保证让锚固体的强度在7 d时不低于20 MPa，28 d的强度不低于30 MPa。

当使用水泥砂浆时，灰砂比为1∶1～1∶2，为减少砂浆对泵的磨损，可将配合比调整为1∶0.5～1∶1。砂的含量越高，其流动性越差，对泵的磨损也越严重。同时由于砂的沉析效应而易堵塞输送管，使注浆质量受到影响。

**3. 浆液配制**

正式注浆前，应进行浆液试配，浆液配制时应遵循下列基本原则：

1）选用水泥素浆时，水泥的存放期不得超过两个月。选用水泥砂浆时，砂的含水量大约为砂重的2%～3%方可使用，干砂按实际质量计算。

2）按试配所确定的配合比，砂、水泥及外加剂都必须过秤计算。

3）水的质量必须严格按水、灰比质量计，总的用水量须包括砂中所有的水质量。

4）配制浆液时，其搅拌时间一般为3～5 min，不能少于2 min，并必须采用机械搅拌，严禁用人工搅拌代替机械搅拌，以防搅拌不均。

5）注浆浆液应搅拌均匀，随搅随用，浆液应在初凝前用完，并严防石块、杂物混入浆液。

6）孔口溢出浆液或排气管停止排气时，可停止注浆；浆体硬化后不能充满锚固体须进行补浆。

## 二、注浆设备与工具

锚固工程施工使用的注浆设备主要有注浆泵、搅拌机、输浆高压管、计算秤等。

### （一）注浆泵的选择

注浆泵是注浆工艺中的重要设备，在高压注浆中尤为重要。

**1. 对注浆泵的要求**

1）泵压要求高。在高压注浆中要求注浆泵具有的压力大于所需注浆压力的1.2～1.5倍。常用高压泵注浆额定压力应为2.5～5.0 MPa，最大可达10 MPa。

2）泵的流量小。在土层注浆过程中，锚杆长度较短，锚孔直径在150 mm之内，单孔注浆较少，又不需要快速注浆，目的是避免浆液上返不均匀，因此，在常规条件下注浆流量为30～100 L/min即可。注浆泵流量最好可调。

3）泵的工作平稳，流量稳定。在注浆过程中，一般要求泵的流量不随泵压变化而变化，能保持恒定的泵量。

4）泵的使用寿命长，易损件耐磨性好。尤其是在砂浆的条件下，要求泵的活动件具有较长的使用寿命，以保持稳定的压力和泵量。

**2. 锚固工程施工常用注浆泵类型**

依据锚固工程注浆工艺对注浆泵要求的特点，锚杆注浆中常用注浆泵有柱塞式往复泵、隔膜泵、滚轮式挤压泵等类型。国内常用的注浆泵及其性能参见表7-3。

**表7-3　注浆泵及技术性能参数表**

| 型号 | 流量/(L·$min^{-1}$) | 压力/MPa | 功率/kW | 质量/kg | 电机型号 | 备注 |
|---|---|---|---|---|---|---|
| YSB—250/120 | 50～250 | 12.0～6.7 | 75 | 3500 | $BJO_2$—92—4 | 双缸双作用 |
| 2MJ—3/40 | 50 | 4.0 | 7.5 | 1000 | | 双缸单作用 |
| BLB—50/40 | 50 | 4.0 | 7.5 | 400 | $BJO_2$—52—6 | 单缸单作用 |
| 2TGZ—60/210 | 16～210 | 21.0～6.0 | 75 | 1050 | $BJO_2$—51—4 | 双缸单作用 |
| HFV—2D | 20～100 | 20.0～5.0 | 18.5 | 110 | | 双缸双作用 |
| HFV—C | 0～200 | 13.0～3.0 | 22 | 1045 | | 双缸双作用 |
| 2DB—1.5/30 | 25 | 3.0 | 4.2 | 670 | | 立式双缸双作用 |
| 2DN—15/40 | 250 | 4.0 | 30 | 1400 | J82—8 | 卧式双缸双作用 |
| 2DN—25/80 | 400 | 8.0 | 70 | 2500 | JR116—8 | 卧式双缸双作用 |
| TBW—50/15 | 50 | 1.5 | 2.2 | 218 | $JBQ_2$—31—6 | 立式双缸双作用 |
| TBW—250/40 | 250 | 4.0 | 24 | 1120 | | 双缸单作用 |
| BW—250/50 | 250 | 5.0 | 20 | 400 | | 三缸单作用 |
| HP—013 | 50 | 1.5 | 7 | 520 | JO—52—4 | 灰浆泵 |
| HB6—3 | 50 | 1.5 | 4 | 250 | $JQ_2$—41—4 | 灰浆泵 |
| UBJ2 | 30 | 1.5 | | | | 灰浆泵 |

（二）搅拌设备的选择

搅拌设备是保证连续注浆技术和浆液质量好坏的重要设备。锚固工程使用的浆液搅拌设备与建筑施工基本相同，常用的搅拌设备见表7-4。

**表7-4　常用的浆液搅拌设备及性能表**

| 基本参数 | 型　号 | | | | | | |
|---|---|---|---|---|---|---|---|
| | JG—150 | JG—250 | JQ—50 | JQ—150 | JQ—250 | JQ—350 | JQ—500 |
| 出料容量/$m^3$ | 0.15 | 0.25 | 0.05 | 0.15 | 0.25 | 0.35 | 0.5 |
| 进料容量/L | 240 | 400 | 80 | 240 | 400 | 560 | 800 |
| 额定功率/kW | 5.5 | 7.5 | | 10 | 13 | 22 | 30 |

注浆高压胶管为钢丝编织，耐高压在10 MPa以上，其直径在50～65 mm范围内，长度选择要依据施工条件确定。

## 三、注浆方法

锚固工程施工中注浆可分为常压注浆、一次高压注浆和二次高压注浆三种方式。

### 1. 常压注浆方式

常压注浆是指利用注浆泵通过高压胶管与注浆管连接，向锚孔内注入浆液。浆液在孔底克服液柱压力和摩擦阻力上升，直到锚孔孔口流出纯浆液为止。处于锚固段的浆液在固化后紧握杆体，并与地层有效黏接，起到传递锚固力和保护拉杆的作用；处于自由段的浆液固化后，由于受到杆体与固化结石体之间防腐层油脂的分隔，结石体只起到防腐和保持杆体处于锚孔轴线位置的作用。

注浆管一般采用$\phi$22 mm 的 PVC 管，同杆体一同下入孔内，距孔底 200 mm 之内。为保证注浆结石体密实和补充浆液在地层中的渗透损失量，必须在浆满孔口后停留 20～30 min，再进行一次补浆，直到孔口再次注满并溢出少量浆液为止。

注浆后，注浆管留在孔内，除特殊情况下可拔出。注浆压力为浆液在整个管路中和从孔内上返的流动阻力，一般常压注浆时，泵压在 0.5～1.0 MPa 之间。

常压注浆是最简单注浆方法，可适用于各种预应力锚杆工程中。

### 2. 一次高压注浆

高压注浆是指在浆液注满孔口后，采用一定的方法将自由段封堵，并利用注浆泵给浆液施加一定压力，使浆液在压力作用下向地层深处渗透，形成比孔径更大的锚固结石体。以增大锚杆的承载能力。

采用一次高压注浆时，在自由段和锚固段的分界处，把密封圈和密封袋安装在拉杆上，与拉杆同时下入孔内，然后由孔口用水泥砂浆或混凝土封堵自由段，但必须在锚杆制作时，除放注浆管外，同时安装排气管。排气管下端口伸出密封袋或密封圈底部 100～150 mm，以便在常压注浆时将孔内积水、残泥等排出孔外。其机构如图 7-21 所示。

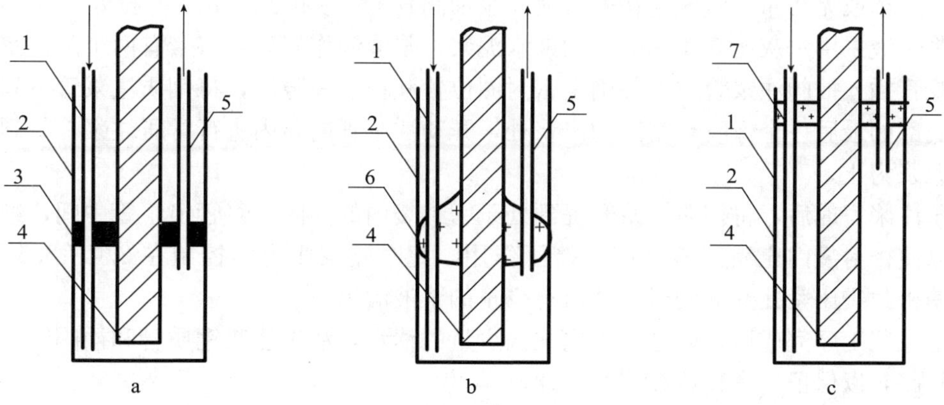


图 7-21　一次高压注浆密封装置安装示意图

a—密封圈封隔方式；b—密封袋封隔方式；c—孔口混凝土封隔方式

1—注浆管；2—钻孔；3—密封胶圈；4—锚杆杆体；5—排气管；6—密封袋；7—孔口封堵的混凝土

利用常压进行注浆，当排气管中排净孔内残留积水，流出纯浆液后，将排气管出口封堵，并停止 10～20 min 后，进行一次高压注浆。此时排气管内的浆液初凝而形成阻力，使孔内注浆建立起高压。一般情况下，一次高压注浆使泵压达到 2.0～2.5 MPa 时，观察浆液流失量，如果在 2.5 MPa 条件下，5 min 的流失量损失小于 10 L，可以停止注浆，并将注浆管阀门关闭，观察压力变化，在 15～20 min 内压力变化不大时，则注浆达到预期效果，如果压力很快消失，则说明浆液注入量不足，地层漏失严重，锚固体形成后与孔壁地层黏结不牢固，应当继续注入浆液，直到满足要求为止。

### 3. 二次高压注浆

二次高压注浆又称劈裂注浆，它是采用较高注浆压力使锚固段在第一次注浆后形成的具有一定强度的结石体劈裂，浆液向孔壁岩土空隙内扩散、挤压以及充填因浆液凝固所产生的空隙，并使锚固体扩大的注浆方法。

二次高压注浆使锚固段和自由段界线分明。可对两段进行分别注浆，并且浆液材料、配合比不同，锚固段采用优质高强材料，自由段可用砂浆不加压力注入。

目前较为有效地对锚固段进行二次高压注浆的方法是采用带环套的注浆管，该类锚杆结构如图 7-21 所示，注浆管结构如图 7-22 所示。

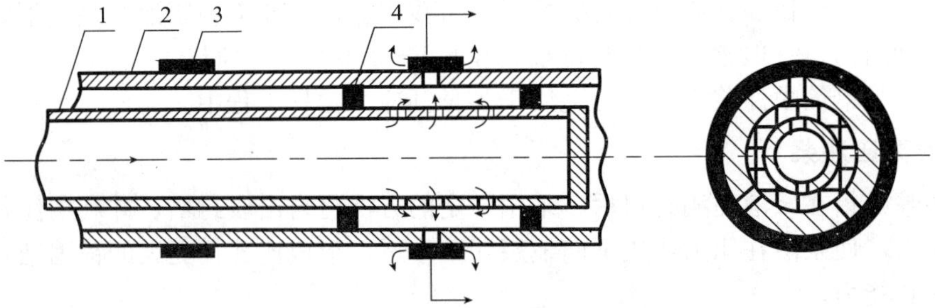


图 7-22　注浆管组合结构示意图

1—钢质注浆管；2—注浆袖阀管；3—橡胶圈；4—注浆管密封胶圈

注浆管采用 PVC 塑料管，其侧壁每隔 1 m 钻 2～3 个均匀分布的小孔，孔洞用橡胶圈覆盖，具有逆止作用。在锚固段顶部与自由段分界处安装密封袋，如图 7-21 所示。其材料可用橡胶、皮革或无纺布，做成筒状安装在注浆袖阀管上，长度约 2 m，并排除空气。

注浆浆液采用水灰比 0.4～0.45 的纯水泥浆，浆液制作好后，将带有两个限位密封圈的钢质注浆管插入袖阀注浆管内，并确定密封圈位置和环状间隙后，将钢质注浆管下到袖阀注浆管最底部的最后一个橡胶环密闭的出浆处，开动注浆管向孔内进行常压注浆，待到孔内溢出纯水泥浆为止。

常压注浆完成后，将钢质注浆管提到处于密封袋内的袖阀注浆管出浆管中间，继续注入浆液，以使密封袋内充满浆液且产生挤压作用，此时注浆压力应控制在 2.0～2.5 MPa 之间，以使密封袋压紧孔壁的同时，孔口有少量的浆液溢出。

上述注浆工序完成后，向注浆管内注入少量的清水，清洗注浆钢质管和袖阀管、注浆泵及地面管路，以保证二次高压注浆时畅通。

待密封袋内高压泥浆结石强度达到 5.0 MPa 时，即可进行二次高压注浆。结石体检查方法是通过同样材料、配合比的浆液在地表做试块进行测定，控制凝固时间来计算锚杆内常压注浆与高压注浆的间隔时间来进行二次高压劈裂注浆。

二次高压注浆时，应从最底部的注浆段开始，将注浆管下到预定位置，使注浆管上两个限位密封圈分别处于袖阀注浆管上两个橡胶圈覆盖的侧向孔两端。注浆压力及注浆时间可根据地层情况确定的锚固体扩散半径而定。同时注浆压力的确定应考虑到注浆段的地层深度、周围土体的松散程度、地下水含量等因素。当注浆时，因为要压裂已有初凝达到一定强度的结石体，所以泵压较高，一般可达 3.0～3.5 MPa，当结石体压裂后，浆液有了足够的流通通道后，泵压会有所下降，随着浆液不断注入并扩散到地层中，阻力越来越大，泵压又回升，一般压力可控制在 3.0～4.0 MPa 之间，并保持 5～10 min 不变动，此段注浆结束。上提钢质注浆管至袖阀管上两个出浆口及橡胶圈的位置，进行上段高压注浆，依次由下至上将整个锚固段高压劈裂注浆完成。注浆后，清洗注浆管路、注浆设备。

采用二次高压注浆，在软土地层可使锚固体形成连续球形，在破碎、裂隙岩层可扩大浆液渗透形成树根形，从而大大增加锚杆的承载能力。一般情况下，可比常压或一次高压注浆锚杆的承载力提高 1.0～1.5 倍。但二次高压注浆的工艺复杂，施工时间长，只在特殊条件下使用。

## 第五节　张拉与锁定

锚杆的张拉是指通过张拉设备使锚杆自由段和锚固自由段的拉筋产生变形，从而对锚固结构产生所需要的预应力。锚杆锁定是指在锚头上通过锁定部件对已产生变形的锚杆进行固定，从而保持锚杆预应力的过程。

### 一、锚杆张拉、锁定的准备工作

锚杆张拉前，首先应设计和制作承压台、承压板。承压台上的承压板必须平整，并且与锚杆的轴线垂直，使其将锚杆拉力传递给支挡结构物使力量均衡，同时还能固定张拉锁定设备与工具。承压台座要有足够强度，至少能承受锚杆的预应力而不能有较大变形和移动。目前的承压台座对永久性锚杆多用钢筋混凝土制作而成，其强度大于 30 MPa；对于临时锚杆多用型钢制作，如工字钢、槽钢或重型钢轨制作。此外，对选定的张拉设备要进行标定，以便张拉时能获得锚杆预应力的准确值。

### 二、锚杆张拉与锁定设备的选择

锚杆的张拉设备由空心千斤顶和电动油泵等组成。锁定设备分为两种，对于锚杆的锁定是用承压垫片、螺杆和螺母组成；对于锚索，采用 HVM、VLM、OVM 等锚具。锚杆的张拉设备一般与锚具配套使用。千斤顶及锚具安装结构如图 7－23 所示。

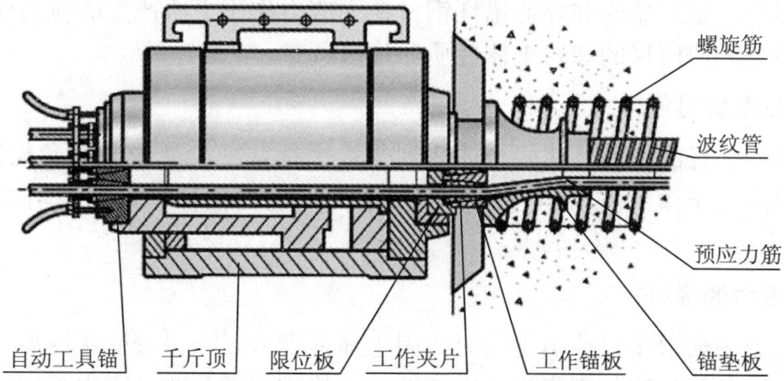


图 7－23　VLM 型锚具与千斤顶安装示意图

## 三、锚杆的张拉与张拉荷载分级

锚固张拉必须在锚固体和台座混凝土强度达到 15 MPa 以上（最好是在 20 MPa 以上）时进行。在正式对锚杆张拉前，应采用试张拉，取 $(0.1\sim0.2)N_t$（$N_t$ 是锚杆设计轴向拉力值）拉力值对锚杆进行张拉，对钢绞线制作的拉杆要对每根钢绞线进行张拉。其目的是将自由状态下的拉杆拉直，消除其弯曲度和自由度，这样的张拉可称为预张拉。

锚杆张拉时，首先确定拉杆张拉控制应力 $\sigma_{con}$。对永久性锚杆 $\sigma_{con}\leqslant0.60f_{ptk}$（$f_{ptk}$ 为拉杆材料的抗拉强度标准值）；临时性锚杆张拉控制应力 $\sigma_{con}\leqslant0.65f_{ptk}$。正式张拉时，应对张拉荷载进行详细分级和确定观测时间。其原因是锚杆受力后，锚固体周围岩土体会在抗剪应力作用下产生变形，拉杆也会发生应力变化，并且要一定的时间才能达到新的平衡状态。分级张拉及观测保证了锚杆预应力在锁定后稳定。否则，锁定后锚杆预应力将产生大幅度的衰减，从而影响锚固质量。锚杆张拉荷载分级及观测时间见表 7-5。每级张拉后，必须保证规定的观测时间，以使锚固体系充分变形，当张拉到 $(1.1\sim1.2)N_t$ 时，对于土层锚杆应观测 10～15 min。土质为砂质土时，保持 10 min；黏性土时保持 15 min。然后卸荷至 $1.0N_t$ 进行锁定。对于岩石锚杆应观测 20 min，稳定后卸载至 $1.0N_t$ 后进行锁定。

**表 7-5　土层锚杆张拉荷载分级及观测时间表**

| 荷载分级 | 观测时间/min | |
|---|---|---|
| | 砂质土 | 黏性土 |
| $0.1N_t$ | 5 | 5 |
| $0.25N_t$ | 5 | 5 |
| $0.5N_t$ | 5 | 5 |
| $0.75N_t$ | 5 | 5 |
| $1.00N_t$ | 5 | 5 |
| $1.0\sim1.25N_t$ | 10 | 15 |
| 锁定荷载 $N_t$ | 10 | 10 |

## 四、锚杆的锁定

锚杆锁定载荷可按锚杆设计轴向拉力 $N_t$ 值作为预应力锁定值。但是，为了尽量降低在拉应力下岩土体所产生的蠕变和降低锚杆钢材在大应力作用下所产生的应力松弛，锚杆的锁定荷载应依据锚杆的使用目的和岩土体性质而加以调整。

### 1. 抗滑、加固型锚杆

抗滑、加固型锚杆的作用是使岩土体达到受力平衡，减少变形和避免松散岩土的滑动、坍塌等。为了提高岩土体的抗剪强度和足够抗滑力，这类锚杆锁定荷载与设计轴向拉力值相等。

### 2. 松散土质中的锚杆

在挡土墙背上为松散土层或填土层时，因土体强度低，当锚杆受张拉后，引起土层的蠕变和塑性变形，因此锚杆张拉力很小，以免造成结构物内部具有较大内应力或预应力明显降低等情况。锚杆的锁定荷载可由现场张拉试验结果而定。一般情况下，锁定荷载为（0.6～0.80）$N_t$。

**3. 允许变形结构物的锚杆**

被锚固的结构物采用铰接构造或受力分析中可简化为铰接构造而对力的作用无明显影响的条件下，结构物允许有较大变形量，锚杆的实际拉力可不必完全按设计拉应力 $N_t$ 锁定。而是根据设计允许的变形条件确定锁定值。一般情况下可选为（0.5～0.70）$N_t$。

**4. 锚固段有明显蠕变的锚杆**

当锚固段设计在较松散的岩土层中，岩土体受力后有较明显的蠕变和塑性变形，而锚杆拉力值又不需十分稳定时，可先将锚杆的张拉力提高到（1.0～1.4）$N_t$，稳定 20～30 min 后再退回设计轴向拉力值进行锁定。这样可大大减少因岩土体的蠕变和塑性变形而造成的预应力值明显损失的现象。

锚杆张拉锁定后，随着时间推移，初始预应力一般会有所下降，这是由于受荷载岩土体的蠕变、塑性变形、钢材的松弛或锚杆体受外力冲击、振动、温度的变化等引起。因此为使锚杆长期有效，在预应力损失后，对锚杆进行二次张拉锁定，以恢复其预应力值，保持锚杆应力基本稳定。

## 五、锚杆的现场实验

在锚杆施工正式开始前，应在施工现场进行施工试验，主要是了解锚固体与岩土的黏结强度，验证锚杆设计参数及施工工艺的合理性。现场试验包括极限抗拔力试验、验收试验和特殊试验，简称为基本试验、张拉确认试验和特殊试验。欧洲标准的锚杆张拉试验示意图如图 7-24 所示。

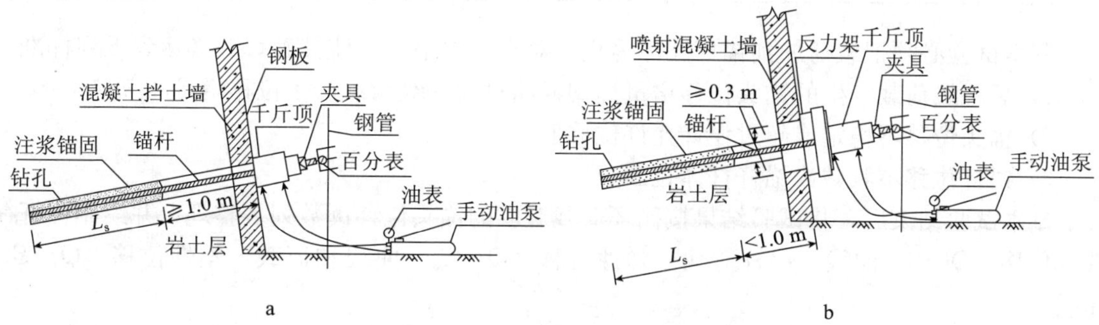


图 7-24 锚杆张拉试验示意图

a—锚杆自由长度 $L_s$ 大于或等于 1.0 m；b—锚杆自由长度小于 1.0 m

### （一）基本试验

基本试验是锚杆的极限抗拔力试验，目的是确定锚杆的极限承载力，为设计和施工提供依据。锚杆的基本试验应在施工现场进行，或在具有相同工程地质条件的岩土体中进行。试验的锚杆应为三组，每组三根，但至少应是三根锚杆。施工时完全按锚杆设计的原参数、原施工方案进行。对于临时性锚杆，若施工现场附近进行过锚固施工，且资料比较齐全，可不做基本试验。

锚杆基本试验的主要仪器设备有加载设备空心千斤顶；量测设备为百分表或千分表；反力装置为锚杆的承压台座，另外有计时装置、长度测量装置等。当锚杆施工完毕进行养护达到 20 MPa 以上的条件下，方可进行基本试验。试验加载方法及步骤如下：

1）最大试验荷载 $Q_{max}$ 不应超过拉杆材料强度标准值 $f_{ptk}$ 的 0.8 倍。且不应小于锚杆的破坏荷载。

2）基本试验要采用循环分级加载方法。初始荷载宜取 $Q_0=0.1A\cdot f_{ptk}$（$A$ 为拉杆截面积），然后每级加载增加量取 $A\cdot f_{ptk}$ 的 1/15～1/10。

3）加载后每 5～10 min 测读一次变位数值，每级加载阶段内记录值不得小于 3 次；每级荷载等级观测时间内锚头位移小于 0.1 mm 时，可施加下一级荷载，否则应延长观测时间，直至锚头位移增量在 2 h 内小于 2.0 mm 时，方可施加下一级荷载。锚杆基本试验循环施加卸荷等级与位移观测间隔时间见表 7－6。

**表 7－6　锚杆基本试验循环施加卸荷等级与位移观测时间间隔表**

| 施加荷载标准 / 循环数 | 施加荷载量/预估破坏载荷/% | | | | | | | | |
|---|---|---|---|---|---|---|---|---|---|
| 第一循环 | 10 | — | — | — | 30 | — | — | — | 10 |
| 第二循环 | 10 | 30 | — | — | 50 | — | — | 30 | 10 |
| 第三循环 | 10 | 30 | 50 | — | 70 | — | 50 | 30 | 10 |
| 第四循环 | 10 | 30 | 50 | 70 | 80 | 70 | 50 | 30 | 10 |
| 第五循环 | 10 | 30 | 50 | 80 | 90 | 80 | 50 | 30 | 10 |
| 第六循环 | 10 | 30 | 50 | 90 | 100 | 90 | 50 | 30 | 10 |
| 观测时间/min | 5 | 5 | 5 | 5 | 5 | 10 | 5 | 5 | 5 |

基本试验必须把载荷加到锚杆破坏为止，对于土层锚杆，使其破坏务必达到下列标准：

1）后一级荷载产生的锚头位移增量达到或超过前一级荷载产生位移增量的 2 倍；

2）锚头位移不稳定或超过设计允许位移值；

3）锚杆位移不收敛或锚杆杆体拉断。

基本试验结束后，将试验结果按循环荷载对应的锚头位移读数列表整理，并绘制锚杆荷载—位移（$Q—S$）曲线，锚杆荷载－弹性位移（$Q—S_e$）曲线和荷载－塑性位移（$Q—S_e$）曲线。

基本试验所得的拉杆总弹性位移应超过自由段长度理论弹性伸长量的 90%，且不应小于自由段长度与 1/2 锚固段长度之和的理论弹性变形量值。另外，锚杆极限承载力取破坏荷载的前一级荷载值为锚杆的极限抗拔力。

试验得出的锚杆安全系数 $K_0$ 由下式确定：

$$K_0=R_u/N_t \tag{7-1}$$

式中：$R_u$ 为锚杆极限承载力，取破坏载荷的 95%。

（二）锚杆验收试验

为了判定施工的锚杆是否达到设计要求，现行规范规定要在现场进行锚杆的验收试验。验收试验的数量不应少于锚杆总数的 5%，最少不得少于 3 根。其最大试验荷载为锚杆轴向拉力设计值$N_t$，且不超过杆体强度标准值$f_{ptk}$的0.8倍，永久性锚杆的最大试验载荷为锚杆设计轴向拉力值的1.5倍；临时性锚杆的最大试验载荷为锚杆设计轴向拉力值的1.2倍。锚杆验收试验施加荷载等级及测读锚杆头位移量应符合下列规定；①初始荷载宜取锚杆轴向拉力设计值的0.1倍；②施加荷载等级与观测时间按表7-6规定进行；③每级施加荷载等级观测时间内，测读锚头位移不应少于3次；④达到最大试验荷载后观测15 min，施加荷载至0.1$N_t$，并测读锚头位移。

试验结果按每级荷载对应的锚头位移列表整理，并绘制锚杆荷载—位移（$Q-S$）曲线。锚杆在最大试验荷载作用下，锚头位移相对稳定值则是锚杆验收的标准值。

（三）特殊试验

锚固工程施工中，特殊情况下应进行特殊的锚杆试验。

**1. 锚杆群的张拉试验**

当锚杆在同层间距小于1.0 m或小于10倍的锚孔直径时，不能忽略锚杆群的群锚杆效应，应采用3～5根的锚固效果。

**2. 多循环的张拉试验**

当锚杆经常承受风力、波浪等反复作用力或冲击力时，需要判明在重复荷载作用下岩土的锚固效果，要求做多次循环张拉试验，以防止因锚杆松弛、预应力衰减而危及结构物安全。

**3. 徐变试验**

徐变试验即为蠕变试验，是锚杆长期工作后存在的徐变与松弛问题。徐变是指在恒定荷载作用下，锚杆的位移随时间而增加的现象；锚杆松弛是指在锚杆位移不变的条件下，锚杆预应力随时间而降低的现象。徐变和松弛相互伴随产生，是导致预应力损失的主要因素。徐变可来自锚固体与岩土体之间黏结力下降或来自锚固体自身的压密收缩，徐变试验就是为掌握锚杆的徐变性能而进行的试验。实践证明，软弱黏性土对徐变非常敏感，因此对于锚固在淤泥质土（塑性指数大于17）等软弱地层的锚杆需做徐变试验，且用作蠕变试验的锚杆不应少于3根。

锚杆徐变试验施加荷载等级与观测时间应满足表7-7的规定，在观测时间内荷载必须保持恒定。

**表7-7　锚杆徐变试验施加荷载等级及观测时间**

| 施加荷载等级 | 0.4$N_t$ | 0.6$N_t$ | 0.8$N_t$ | 1.0$N_t$ |
|---|---|---|---|---|
| 观测时间/min | 10 | 30 | 60 | 90 |

每级荷载按时间间隔1 min，2 min，3 min，4 min，5 min，10 min，15 min，20 min，30 min，45 min，60 min，75 min，90 min记录徐变量（即锚头位移量），最终绘制出徐变量与时间的对数曲线（$S-\lg t$），求得各级荷载的徐变系数$K_e$值：

$$K_e = (S_2 - S_1)/\lg(t_2/t_1) \tag{7-2}$$

式中：$K_e$为徐变系数；$S_1$为$t_1$时所测得的徐变量；$S_2$为$t_2$时所测得的徐变量。

在最后一级荷载作用下，$K_e \leqslant 2.0$ mm。

徐变主要发生在施加荷载初期，所以在施加荷载初期增加测读次数十分重要。徐变系数

$K_e$ 是锚杆徐变特征的重要参数。可判断锚杆的长期工作特性。若 $K_e=2.0$ mm，意味着在 30 min 至 50 a 内，徐变量将增加 12 mm。

## 六、锚杆预应力的长期监测与控制

对于永久性锚杆及用于重要工程的临时性锚杆，应对锚杆预应力进行长期监测，对长期监测预应力值的永久性锚杆数量不应少于锚杆总数的 5%～10%，监测时间不应少于 12 个月。

锚杆预应力监测应满足：

1）宜采用钢弦式压力盒、应变式压力盒、液压式压力盒进行监测；

2）预应力变化值，在最初 10 d 应每天记录一次，第 11 d 到第 30 d，每 10 d 记录一次，第 31 d 至第 12 个月每 30 d 记录一次。

预应力变化值不宜大于锚杆设计轴向拉力值的 10%，必要时可采取重复张拉或适当放松的措施以控制预应力变化。

## 七、锚杆防腐

对土层锚杆，尤其是永久性锚杆的腐蚀环境应进行充分调查。同时，防腐方法必须适应锚杆的使用目的，对锚杆锚头、自由端、锚固段部分应分别对待。防腐方法的确定，必须使防腐材料在施工期间免受损伤，并保证防腐长期有效。永久性锚杆必须进行双层防腐；临时性锚杆可进行简单防腐，当腐蚀环境特别严重时，应采用双层防腐。

锚固段　一般腐蚀环境中的永久性锚杆，其锚固段内杆体可以采用水泥浆或水泥砂浆封闭防腐，但杆体周围必须有 2.0 cm 厚的保护层。

严重腐蚀环境中的永久性锚杆，其锚固段内杆体宜用波纹管外套，管内空隙用环氧树脂、水泥浆或水泥砂浆填充，套管周围保护层厚度不小于 1.0 cm。

自由段　永久性锚杆自由段内杆体表面宜涂润滑油或防腐漆，然后包裹塑料布，在塑料布上再涂润滑油或防腐漆，最好装入塑料套管中，形成双层防腐。

临时性锚杆的自由段杆体可采用涂润滑油或防腐漆，再包裹塑料布等简单防腐措施。

锚头部分　永久性锚杆采用外露锚头，必须涂以沥青等防腐材料，再用混凝土密封，外露钢垫板和锚具的保护层厚度不得小于 2.5 cm。

永久性锚杆采用盒具密封时，必须用润滑油充填盒具的空腔。临时性锚杆的锚头宜采用沥青防腐。

# 第六节　其他锚固技术

锚固技术中，注浆锚杆所占的比例较大，但其他加固技术也在不同条件下应用，同样有很好的效果。目前常见的其他加固方法有土钉加固技术、锚定板加固技术、加筋土加固方法等，它们在边坡支护、深基坑支护和抗滑治理中起到相当大的作用。

## 一、土钉加固技术

土钉加固技术（简称土钉）是将拉杆插入岩土体内部，全长与岩土体黏结，在坡面上挂钢丝网并喷射混凝土，通过拉杆与岩土体的相互作用，形成结构类似重力式挡土墙式的岩土体加固区带，明显提高原位岩土体的强度，增加整体边坡稳定性的一种加固技术方法。

### （一）土钉加固原理

土钉加固技术是基于喷射混凝土及土钉群对岩土体的嵌固作用，即自身结构承受其后的岩土体侧压力，防止岩土体整体稳定性破坏。土钉是在岩土体内放置一定长度和密度的拉杆与岩土体共同工作，弥补岩土体自身强度的不足，拉杆与岩土体构成复合岩土体，形成主动制约机制，它不仅有效地提高了岩土体整体刚度，弥补了岩土体抗拉、抗剪强度低的弱点，通过相互作用，岩土体自身结构强度潜力得以充分发挥，改变了边坡变形和破坏状态，提高了整体稳定性。

### （二）土钉的结构

#### 1. 土钉

土钉主要是由拉杆与面板组成。土钉采用钻孔插筋注浆和射孔不注浆形成；而面板是由钢丝网和喷射混凝土或水泥砂浆涂抹而成。拉杆和面板通过拉杆头部钢垫圈、紧固螺母有效地连接成整体，以承受拉杆之间岩土体的压应力，其结构如图 7－25 所示。

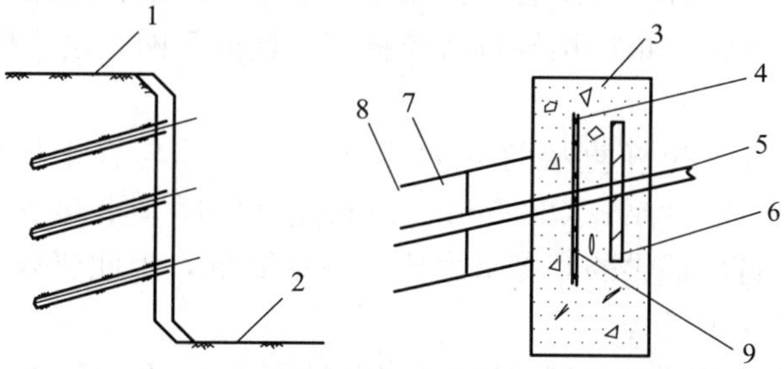


图 7－25　土钉墙结构图

1—地面；2—基底面；3—喷射混凝土；4—$\phi$12 mm 加强筋；5—$\phi$25 mm 螺纹钢；6—钢垫板；7—水泥砂浆；8—孔壁；9—网面

#### 2. 土钉的经验设计参数选择

土钉加固一般用于深度 $H$ 在 15 m 以内的基坑或边坡加固工程，常用高度在 6～12 m 之间，斜面坡角为 70°～90°。

拉杆长度一般为 0.5～1.0$H$；均匀布置在坡面上。其间距为 1.0～2.0 m，与水平面夹角为 5°～20°。

#### 3. 土钉的材料

土钉加固中，使用拉杆多为Ⅱ级或Ⅲ级热轧普通螺纹钢。钢筋直径为 16～25 mm。面板采用钢丝网为 1.0 mm 的 15～20 目（0.6～0.9 mm）编织网或直径 6.0 mm 的圆钢筋编制而成，其网眼为 150 mm×150 mm 或 200 mm×200 mm。采用普通硅酸盐 425# 水泥、中砂和直径在 4.0 mm 以内小砾石搅拌而成的 C20 混凝土。钢垫多为 10～15 mm 厚钢板或 10# 槽钢制作。

### （三）土钉的施工方法

#### 1. 工作面开挖

土钉施工是随着工作面开挖分层施工的，每层开挖的最大高度取决于岩土体可站立而不破坏的程度。在砂性土中，每层开挖高度为 0.5～2.0 m；在黏性土中每层开挖高度可按下式计算：

$$h=\frac{2c}{\lambda\tan\left(45^{\circ}-\frac{\varphi}{2}\right)} \tag{7-3}$$

式中：$h$ 为开挖高度，m；$c$ 为土的黏聚力，kPa；$\lambda$ 为土的容重，$kN/m^3$；$\varphi$ 为土的内摩擦角。

开挖高度要与土钉竖向间距相配合，以便进行土钉施工与整修。

#### 2. 土钉施工

土钉施工包括定位、钻孔、插筋、注浆等工序。目前，土钉的施工分为钻孔注浆型、打入型和射入型三种方法。

1）钻孔注浆型土钉。先在预留孔位钻直径 75～100 mm，长度 0.5～1.0 $H$（$H$ 为基坑深度）深的孔，然后插入拉杆和注浆管，再用常压注浆方法自孔底充满孔穴至孔口，形成与周围岩土体密实黏合的土钉，最后用螺母将拉杆与坡面的钢网、钢垫板连接在一起，压在混凝土面板上。

2）打入型土钉。将钢拉杆直接打入岩土体中，使其与岩土体黏结。钢拉杆多采用 50 mm×50 mm×5 mm 或 60 mm×60 mm×5 mm 的角钢，其长度在 4～6 m 以内，可用气动土钉机打入。这种土钉所提供的摩擦阻力比注浆型要低，因此要求钢拉杆设置密度较大。此类土钉多用于临时性支护工程。

3）射入型土钉。采用压缩空气的射钉机将钢拉杆射入岩土体中，射入的钢拉杆常用直径 25～28 mm，长 3 m 的钢管或钢钎，然后在管内注浆溢出管外，使其与岩土体黏合。

#### 3. 钢丝网的编织与挂装

钢丝网的编织与拉杆施工可同时进行，采用 $\phi$6 mm 钢筋进行现场编制成网眼 150 mm×150 mm 或 200 mm×200 mm 的方孔钢网，亦可购置网目较小的钢丝网直接使用。待拉杆注浆完成后，将钢网挂在预先设置的加固钢筋柱上。

挂网后，将钢垫板、钢网和第一次喷射的混凝土用螺母压紧，使钢网紧贴在坡面混凝土表面上，然后进行第二次喷射混凝土至设计厚度。

#### 4. 面板施工工艺

一般情况下，为防止岩土体松动或局部塌方，开挖后尽快做面板。也可将拉杆安装完后进行面板施工。首先在坡面上喷射 50～80 mm 厚混凝土，混凝土中水泥含量不应少于 400 $kg/m^3$，采用的骨料为中砂或粗砂，其直径小于 1.0 mm，用卵石、碎石时不应超过 5.0 mm。并且每 4～6 $m^2$ 打入长 0.5 m 的固定筋。且留下拉杆安装孔位和安装排水管。若用水泥砂浆抹面时，其配合比水泥中砂为 1∶2.5～1∶3.0，并安装加固钢筋，准备挂网使用。当第一次喷射完成后进行初凝，施工拉杆孔，安装拉杆，冷凝并挂网。上述工序完成后，方可进行第二次喷射混凝土至设计厚度 100～150 mm。

**5. 设置排水管**

用 0.4～0.6 m 长带孔的塑料管插入岩土体中的钻孔内，其间距为 2.5～3.0 m，高度与土钉排距匹配，安装于两层土钉之间，并长出混凝土表面 100～150 mm，进行排水。

## 二、锚定板挡土结构

锚定板挡土结构适用于人工填土的挡土结构，可以用作挡土墙、桥台及港湾护岸的加固工程。这种结构由墙面、钢拉杆、锚定杆和填土共同组成，如图 7－26 所示。它的墙面可用预制的钢筋混凝土立柱和挡板拼装，钢拉杆的外端与立柱连接，内端与锚定板连接。填土对挡板的侧压力通过墙面传至立柱，钢拉杆则依靠锚定板在填土中的抗拔力（端阻力）而维持结构物的平衡和稳定。

锚定板结构的特点是结构轻、柔性大、构件可以预制拼装，与重力式挡土墙相比，可节省三分之一的工程量，降低造价并能适应承载力较低的不良地基。

锚定板结构的施工关键是填土，填土的程序如图 7－27 所示。

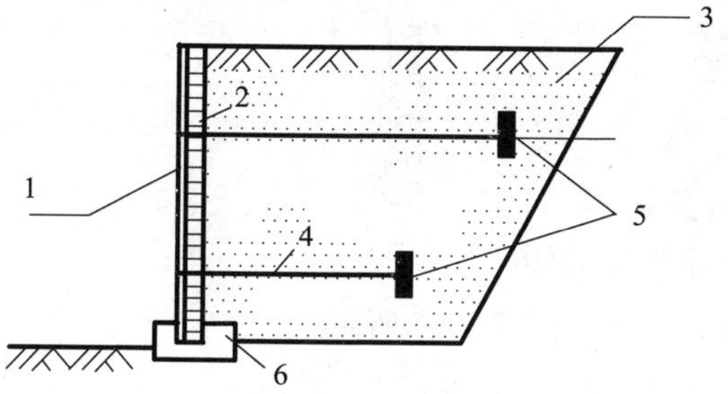


图 7－26　锚定板挡土结构

1—筋柱；2—挡板；3—填土；4—拉杆；5—锚定板；6—杯座

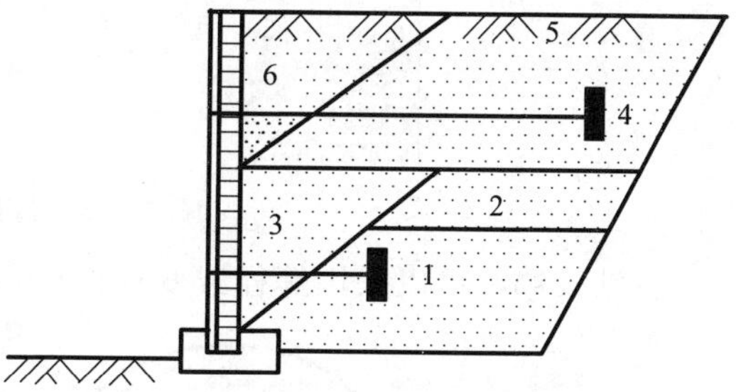


图 7－27　锚定板填土程序

1～6—填土顺序号

1）自肋柱底 1∶1 的坡度夯填土方第 1 部分，使肋柱不受推力，当填夯至下层拉杆以上 0.2 m 处时，挖下层拉杆槽及安装锚定板；再填夯第 2 部分，填高 1 m 后，可填夯第 3 部分。

2）按 1）的顺序填夯第 4、5、6 部分及安装上层拉杆与锚定板。

钢拉杆与锚定板及肋板的连接一定要牢固，一般采用垫板上套双螺母拧紧，挡土板必须紧贴肋柱安装，使其压实。

目前国内常用的挡土板多为钢筋混凝土预制的具有 C20 以上强度的混凝土板。钢拉杆采用螺纹钢筋，直径为 16～25 mm，进行防腐处理后，埋入地下。

锚定板挡土结构亦需设排水系统，以便排除挡板后部的积水或填土中渗透的水。

## 三、自钻式锚杆技术

自钻式锚杆施工技术是 1984 年由德国开发出来的锚固工艺，在我国也得到应用。该方法适用于各种复杂地质条件和施工现场环境。施工时将钻进、置筋、注浆、张拉、锚固在一个流程中完成，工艺简单、工期短、锚固强度高、成孔率好。广泛应用于边坡、危岩、深基坑支护、隧道支护等工程。

自钻式锚杆钻头由耐磨合金钢铸造而成，并留有浆液出孔，根据土体情况选择不同的形式，有圆锥形、一字形、十字形等多种钻头。钻杆由高抗拉合金钢无缝钢管制成。自钻式锚杆的构造如图 7－28 所示。当用于临时支护的基坑中时，在抗拉强度许可的情况下，也可由地质钻探用的无缝钢管代替，以降低支护造价。施工结束后钻头和钻杆留在孔内作为锚杆。

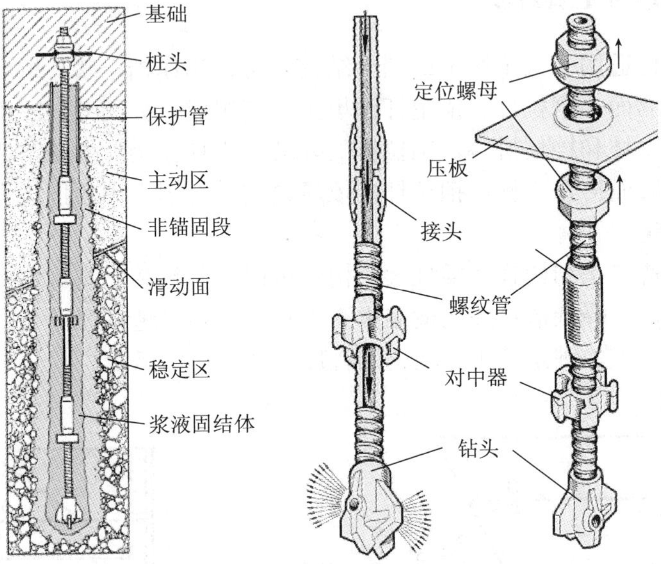


图 7－28　自钻式锚杆组成示意图

自钻式锚杆可以采用等径或变径设计，如图 7－29 和图 7－30 所示。

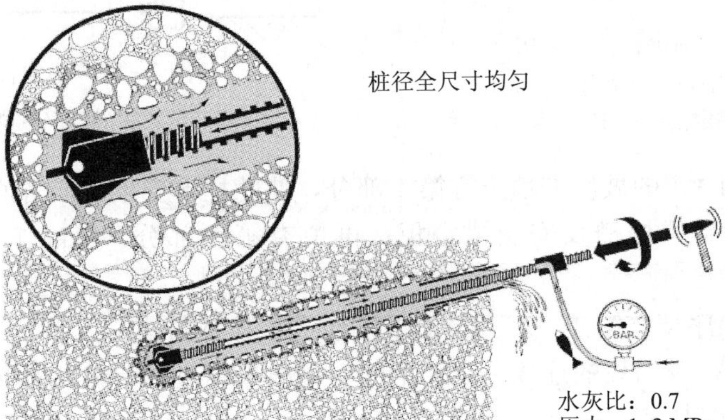


图 7－29　自钻式锚杆等径设计

自钻式锚杆与常规锚杆相比，具有以下优势：

1）适用于各类土层，尤其在常规工艺不易施工的粉性土、砂性土中使用效果更好。

2）锚杆长度不受限制。由于受现有锚杆材料与钻进设备的限制，常规锚杆长度为 12～15 m，但自钻式锚杆由于钻进阻力小，钻进深度相对可以大很多。

3）适用于狭小空间内施工。自钻式锚杆单根杆体长度可以根据需要增减，一般采用 1100～1175 m，杆体之间使用接头随意延长。

4）工艺流程简单。自钻式锚杆将钻孔、注浆、锚固在一次钻进中完成，简化工艺流程，加快施工速度。

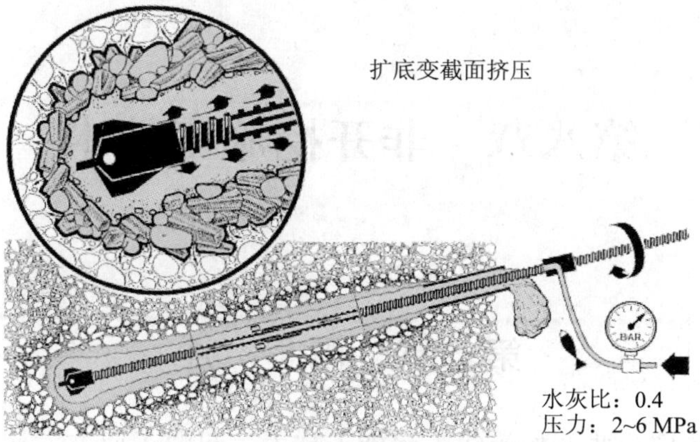


图 7－30　自钻式锚杆变径设计

5）利于稳定孔壁。在钻杆钻进的同时供给水灰比为 0.4～0.5 的纯水泥浆，使之迅速被孔壁土层吸收固化，确保孔壁稳定。

图 7－31 为德国 TITAN 锚桩施工流程。

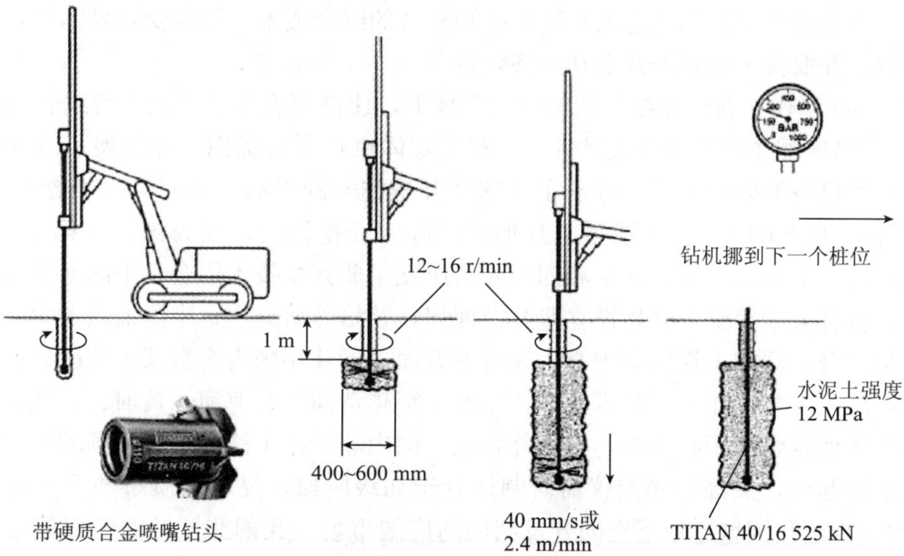


图 7－31　德国 TITAN 型锚桩施工流程

# 第八章　非开挖施工技术

## 第一节　概　　述

非开挖技术简述即为非开挖管线工程施工技术，起源于西方发达国家，称为“No—Dig”或“Trenchless Technology”，译为非开挖技术。非开挖施工技术是指利用岩土钻凿手段在地表不挖槽的情况下，在各类地层中进行各类用途、各类材质管线的铺设、修复和更换等工作。

该技术自20世纪70年代末、80年代初进入实际工程施工以来，以其独特的技术特征、对环境和交通的最小干扰和危害以及高效率和较低的综合成本，日益受到发达国家各方面的重视和提倡，并取得了很好的社会和经济效益。

20世纪90年代，在产业结构调整的大环境下，建设部成立了“地下管线管理技术专业委员会”，同时国外非开挖设备大量进入，有关媒体也在大力提倡，并开展了以导向钻机为主体的非开挖设备的研制开发，推动了我国非开挖技术的发展。1998年4月组建了中国非开挖技术协会（CSTT），并于同年7月加入国际非开挖协会，成为该协会第20个国家会员。与此同时，上海、广东、北京和四川先后成立了非开挖技术协会；中国地质大学、成都理工大学、吉林大学等院校开始设立非开挖课程，并培养研究生；中国地质大学（武汉）还成立了中美联合非开挖工程研究中心。在设备方面，近几年国内有数家单位已先后研制出成套的设备和施工工艺；在施工技术方面，已有了穿越黄浦江、海河、黄河、长江的成功工程实例。但总体而言，由于起步晚，与国外相比，国内非开挖工法少，服务领域窄，管线修复与更换技术刚起步，关键的测控仪器研制还处于初级阶段，复杂地质条件下铺管技术不成熟。面对21世纪我国城市地下空间开发利用的广阔市场，我国非开挖的工程施工量和投入的设备数量均以每年40%的高速度增长，非开挖技术在我国已形成了一个新兴的产业。

### 一、非开挖施工方法分类

非开挖施工方法很多，按其用途可分为管线铺设、管线更换和管线修复三类。

**1. 管线铺设**

管线铺设（installation of pipelines）有下面两种情况：

1）管径大于$\phi$900 mm的人可进入的管线铺设方法：顶管施工法、隧道施工法。

2）管径小于$\phi$900 mm的人不可进入的管线铺设方法：主要有水平钻进法、水平导向钻进法、冲击矛法、夯管法、水平螺旋钻进法、顶推钻进法、微型隧道法、冲击钻进法等。

**2. 管线更换**

管线更换（replacement of pipelines）有吃管法、爆管法、胀管法、抽管法等四种。

### 3. 管线修复

管线修复（rehabilitation of pipelines）有内衬法和局部修复两种。

*内衬法*　传统内衬法、改进内衬法、软衬法、缠绕法、铰接管法、管片法、滑衬法（slip lining）、原位固化法（国内通常称为翻转法）（cured-in-place pipe，CIPP）、折叠内衬法（fold-and-form pipe，FFP）、变形还原内衬法（deformed/reformed pipe，DRP）和贴合衬管法（swage-lining）等。

*局部修复*（point repair）　灌浆法、喷涂法、化学稳定法、机器人进管修补法等。

目前各种非开挖施工技术根据所适用的管径大小、施工长度、地层和地下水的条件以及周围环境的不同而有所不同，具体可参见表 8-1。

**表 8-1　各种非开挖施工方法的比较**

| 施工方法 | | 管道类型 | 使用管材 | 适用管径 /mm | 施工长度/m | 适宜的土层 |
|---|---|---|---|---|---|---|
| 铺设新管线 | 大口径顶管法 | 各种大口径管道、跨越孔 | 混凝土、钢、铸铁 | >900 | 30～1500 | 软硬土层均可，可水下施工 |
| | 小口径顶管法 | 小口径管道、管棚、跨越孔 | 混凝土、钢、铸铁 | 150～900 | 30～300 | |
| | 水平定向钻进法 | 长跨越孔、水平环境井 | 钢、塑料管 | 350～1500 | 100～1500 | 各种软硬土层均可，并可水下施工 |
| | 导向钻进法 | 压力管道、电缆线、短跨越孔 | 钢、塑料管 | 50～350 | 20～300 | 黏土、砂土层 |
| | 螺旋钻进法 | 钢套管、跨越孔 | 钢套管 | 100～1500 | 20～130 | 黏土、砂土层 |
| | 顶推钻进法 | 压力管道、钢套管 | 钢、混凝土管 | 40～200 | 30～50 | 黏土、砂土层 |
| | 微型隧道法 | 下水管道 | 钢管，RCP，玻璃纤维管，GFRP，DI，VCP，PVC | 254～3048 或者更大 | 24～228 或者更大 | 复杂地层 |
| | 水平钻进法 | 钢套管、跨越孔、水平降水井 | 钢套管 | 50～300 | 20～50 | 中一硬黏土层、中一致密砂卵砾石层 |
| | 冲击矛法 | 压力管道、电缆线、跨越孔 | 钢、塑料管 | 40～250 | 20～100 | 略软黏土、中密砂土层 |
| | 夯管法 | 钢套管、跨越孔、管棚、打入桩 | 钢套管 | 50～2000 | 20～80 | 黏土层、小卵砾石层 |
| | 冲击钻进法 | 跨越孔 | 钢管、混凝土管 | 100～1250 | 20～80 | 较硬土层、岩层 |
| 更新旧管线 | 碎管法 | 各种重力和压力管 | PE、PP、GRP | 100～600 | 230 | |
| | 胀管法 | 各种重力和压力管 | 同上 | 150～900 | 200 | |
| | 吃管法 | 各种重力和压力管 | 同上 | 100～900 | 180 | |
| 修复旧管线 | 内衬法 | 各种重力和压力管 | 同上 | 100～2500 | 300 | |
| | 改进的内衬法 | 各种重力和压力管 | HDPE、PVC、MDPE | 50～60 | 450 | |
| | 软衬法 | 各种重力和压力管 | 树脂+纤维 | 50～2700 | 900 | |
| | 缠绕法 | 各种重力管 | PE、PP、PVC、GRP | 100～2500 | 300 | |
| | 喷涂法 | 各种重力和压力管 | 树脂、水泥浆 | 75～4500 | 150 | |
| | 灌浆法 | 各种重力和压力管 | 树脂、水泥浆 | 100～600 | — | |

注：PE 为聚乙烯；PP 为聚丙烯；PVC 为聚氯乙烯；HD/MDPE 为高/中密度聚乙烯；GRP 为玻璃纤维加强树脂（玻璃钢）；RCP 为钢筋混凝土管；GFRP 为离心铸造玻璃纤维管；DI 为球墨铸铁管；VCP 为陶土管。

## 二、非开挖技术与开挖施工技术相比的优点

1）可以避免开挖施工对居民正常生活的干扰，以及对交通、环境、周边建筑基础的破坏和不良影响。非开挖施工不会阻断交通，不破坏绿地、植被，不影响商店、医院、学校和居民的正常生活和工作秩序。

2）在开挖施工无法进行或不允许开挖施工的环境（如穿越河流、湖泊、重要交通干线、重要建筑物的地下管线），可用非开挖技术从其下方穿越铺设，并可将管线设计在工程量最小的地点穿越。

3）现代非开挖技术可以高精度地控制地下管线的铺设方向、埋深，并可使管线绕过地下障碍（如巨石和地下构筑物）。

4）有较好的经济效益和社会效益。在可比性相同的情况下，非开挖管线铺设、更换、修复的综合技术经济效益和社会效益均高于开挖施工，管径越大、埋深越深时越明显。

## 三、常用施工设备

根据施工设备功能进行分类，常用施工设备见表 8－2。

**表 8－2　国产主要设备类型与主要性能**

| 设备型号 | 适用管径/mm | 扭矩/(kN・m) | 回拖力/kN | 研制单位 |
|---|---|---|---|---|
| DDW 系列 | 60～1050 | 120 | 200～600 | 德威土行孙工程机械（北京）有限公司 |
| CBS 系列 | 60～500 | 85 | 200～3200 | 国土资源部勘察技术研究所 |
| ZT 系列 | 50～500 | 66 | 100～1500 | 深圳钻通工程机械股份有限公司 |
| DL、DF、DDL 系列 | 50～600 | 112.5 | 200～3000 | 南京地龙非开挖工程技术有限公司 |
| HL530 | 220～940 | 100 | 300 | 桂林华力重工机械有限公司 |
| 威猛 D750×900 | 900 以内 | 125.2 | 3375 | 百莱玛设备有限公司 |
| XZ 系列 | 600～1000 | 160 | 6600 | 徐州徐工基础工程机械有限公司 |
| DH 系列 | 1200 | 166 | 200～8200 | 江苏德航工程机械装备有限公司 |
| $\phi$2400、$\phi$2200 | 2400、2200 | 100 | | 上海市市政工程研究所 |
| SYD 系列 | 60～800 | 60 | | 河南畅通管道电讯工程公司 |
| $\phi$1650－1800 | 1650、1800 | 100 | | 上海市市政工程研究所、上海市隧道工程公司 |
| 16C、20C 系列 | 160～800 | 70 | 200 | 北京中海恒通 |
| GD 系列 | 1300、2000 | 300 | 2000 | 江苏谷登铸造机械新技术有限公司 |

1）管线安装设备类：定向钻机与导向钻机；夯管设备；微型隧道掘进机与顶管设备；螺旋钻、泥水盾构型、硬岩切割型、置换（吃管）型、侧向型、扩孔型、导向监测型；冲击矛分：非转向、自由转向、钻孔安装式可转向三类；辅助设备：泵、泥浆处理机、空气压缩机。

2）管线更换与修复设备类：拖管与改型拖管设备；侧向更新设备；局部修复设备；原位硬化树脂更新设备；沿管喷浆设备；型模改型设备。

3）管线替换设备：气管设备；爆管设备；切削设备。

4）人员可进入管道修复设备。

5）工作井掘进设备。

6）监控、定位、测量仪设备类：探地雷达；闭路电视；声波、超声波仪；压力实验机。

7）测漏设备。

8）地理信息系统。

9）腐蚀测绘仪。

10）清洗设备：雨水清洗设备、高压水切刮设备、沉淀物清洗设备、真空罐。

# 第二节　顶　管　法

## 一、概述

顶管施工就是借助于主顶油缸及管道间中继站（中继间）等的推力，把工具管或掘进机从工作坑内穿过土层一直推到接收坑内吊起，与此同时，也就把紧随工具管或掘进机后的管道埋设在两坑之间，这是一种非开挖的铺设地下管道的施工方法。

顶管施工最早始于1896年美国的北太平洋铁路铺设工程的施工中。我国的顶管施工最早始于1953年的北京，后来上海也在1956年开始顶管试验。但均为手掘式顶管，设备比较简陋。在1964年前后，上海一些单位已进行了大口径机械式顶管的各种试验。当时，口径在2 m的钢筋混凝土管的一次推进距离可达120 m，同时，也开创了使用中继间的先河。1984年前后，我国的北京、上海、南京等地先后开始引进国外先进的机械式顶管设备。1986年上海穿越黄浦江输水钢质管道，应用计算机控制、激光导向等先进技术，单向顶进距离1120 m，顶进轴线精度：左右小于±150 mm，上下小于±50 mm。1981年浙江镇海穿越甬江管道，直径2.6 m，单向顶进581 m，采用5只中继环，上下左右偏差小于10 mm。从而，使我国的顶管技术上了一个新台阶。随之也引进了一些顶管理论、施工技术和管理经验。随后，诸如土压平衡理论、泥水平衡理论、管接口形式和制管新技术都风行起来。

### （一）顶管分类

顶管施工的分类方法很多，而且每一种分类方法都只是从某一个侧面强调某一方面，不能也无法概全，所以，每一种分类方法都有其局限性。下面我们介绍几种使用最为普通的分类方法。

1）按所顶管子口径的大小可分为大口径（$\phi$2000 mm以上）、中口径（$\phi$1200～$\phi$1800 mm）、小口径（$\phi$500～$\phi$1000 mm）和微型顶管（$\phi$75～$\phi$400 mm）四种。

2）以推进管前工具管或掘进机的作业形式可分为：①手掘式。推进管前只有一个钢制的带刃口的管子，具有挖土保护和纠偏功能的被称为工具管，人在工具管内挖土。②挤压式。工具管内的土被挤进来再做处理。③机械顶管。在推进管前的钢制壳体内有机械。为了稳定挖掘面，这类顶管往往需要采用降水、注浆或采用气压等辅助施工手段。该类顶管又可分为：泥水式、泥浆式、土压式和岩石式。

3）以推进管的管材分，可分为钢筋混凝土管顶管、钢管顶管以及其他管材的顶管。

4）按顶进管子轨迹的曲直分，可分为直线顶管和曲线顶管。曲线顶管技术相当复杂，是顶管施工的难点之一。

5）按工作坑和接收坑之间距离的长短，可分为普通顶管和长距离顶管。而长距离顶管是随顶管技术不断发展而发展的。过去把 100 m 左右的顶管就称为长距离顶管。随着注浆减摩技术水平的提高和设备的不断改进，现在通常把一次顶进 300 m 以上距离的顶管才称为长距离顶管。

### （二）顶管方法与其他铺设管道方式比较

顶管施工的优点：

1）可以应用于任何地层，最合适地层为稳定的粒状和黏土地层；

2）无需明挖土方，对地面影响小；

3）设备少、工序简单、工期短、造价低、速度快、精度高；

4）适用于中型管道（1.5～2 m）施工；

5）大直径、超长顶进；

6）可穿越公路、铁路、河流、地面建筑物进行地下管道施工；

7）可以在很深的地下铺设管道。

顶管施工的缺点：

1）施工人员需要大量的培训和知识储备；

2）高成本；

3）任何对管线和钻进角的调整耗资都非常昂贵。

顶管施工有它独特的优点，但也有其局限性。下面比较顶管施工和开槽埋管以及盾构施工的优缺点。

**1. 与开槽埋管相比较的优点**

1）开挖部分仅仅只有工作坑和接收坑，土方开挖量少，而且安全，对交通影响小。

2）在管道顶进过程中，只挖去管道断面的土，比开槽施工挖土量少许多。

3）施工作业人员比开槽埋管少。

4）建设公害少，文明施工程度比开槽施工高。

5）工期比开槽埋管短。

6）在覆土深度大的情况下比开槽埋管经济。

但是，它与开槽埋管相比较，也有以下不足之处：

1）曲率半径小而且多种曲线组合在一起时，施工非常困难。

2）在软土层中易发生偏差，而且纠正这种偏差又比较困难，管道容易产生不均匀下沉。

3）推进过程中如果遇到障碍物时处理这些障碍物非常困难。

4）在覆土浅的条件下显得不很经济。

**2. 与盾构施工相比较的优点**

1）推进完后不需要进行衬砌，节省材料，同时也可缩短工期。

2）工作坑和接收坑占用面积小，公害少。

3）挖掘断面小，渣土处理量少。

4）作业人员少。

5）造价比盾构施工低。

6）与盾构相比，地面沉降小。

与盾构施工相比的缺点：

1）超长距离顶进比较困难，曲率半径变化大时施工也比较困难。

2）大口径，如 45000 mm 以上的顶管几乎不太可能进行施工。

3）在转折多的复杂条件下施工，工作坑和接收坑都会增加。

## 二、顶管的基本理论

顶管法是地下管道铺设常用的方法，是一种不开挖或者少开挖的管道埋设施工技术。顶管法施工就是在工作坑内借助于顶进设备产生的顶力，克服管道与周围土壤的摩擦力，将管道按设计的坡度顶入土中，并将土方运走。一节管完成顶入土层之后，再下第二节管子继续顶进。其原理是借助于主顶油缸及管道间、中继间等推力，把工具管或掘进机从工作坑内穿过土层一直推进到接收坑内吊起。管道紧随工具管或掘进机后，埋设在两坑之间。

无论是何种形式的顶管，在施工过程中要保证地面无沉降和隆起。关键要保证顶进面土压力与掘进机头保持动平衡。它有两方面的基本内容：第一，顶管掘进机在顶进过程中与它所处土层的地下水压力和土压力处于一种平衡状态；第二，它的排土量与掘进机推进所占去的土体积也处于一种平衡状态。只有同时满足以上两个条件，才是真正的土压平衡。

从理论上讲，掘进机在顶进过程中，其顶进面的压力 $p$ 如果小于掘进机所处土层的主动土压力时，地面就会产生沉降。反之，如果在掘进机顶进过程中，其顶进面的压力大于掘进机所处土层的被动土压力时，地面就会产生隆起。并且，上述施工过程的沉降是一个逐渐演变过程，尤其是在黏性土中，要达到最终的沉降所经历的时间会比较长。然而，隆起却是一个立即会反映出来的迅速变化的过程。隆起的最高点是沿土体的滑裂面上升，最终反映到距掘进机前方一定距离的地面上。裂缝自最高点呈放射状延伸。如果把土压力控制在主动土压力和被动土压力之间，就能达到土压平衡。

从实际操作来看，在覆土比较厚时，从主动土压力到被动土压力这一变化范围比较大，再加上理论计算与实际之间有一定误差，所以必须进一步限定控制土压力的范围。一般常把控制土压力 $p$ 设置在静止土压力正负 20 kPa 范围之内。

目前，在顶管施工中最为流行的平衡理论有三种：气压平衡、泥水平衡和土压平衡理论。

*气压平衡理论* 所谓气压平衡又有全气压平衡和局部气压平衡之分。全气压平衡使用最早，它是在所顶进的管道中及挖掘面上都充满一定压力的空气，以空气的压力来平衡地下水的压力。而局部气压平衡则往往只有掘进机的土仓内充以一定压力的空气，达到平衡地下水压力和疏干挖掘面土体中地下水的作用。

*泥水平衡理论* 所谓泥水平衡理论是以含有一定量黏土且具有一定相对密度的泥浆水充满掘进机的泥水舱，并对它施加一定的压力，以平衡地下水压力和土压力的一种顶管施工理论。按照该理论，泥浆水在挖掘面上能形成泥膜，以防止地下水的渗透，然后再加上一定的压力就可平衡地下水压力，同时，也可以平衡土压力。该理论用于顶管施工始于 20 世纪 50 年代末期。

*土压平衡理论* 所谓土压平衡理论就是以掘进机土舱内泥土的压力来平衡掘进机所处土层的土压力和地下水压力的顶管理论。

## 三、顶管设备

顶管施工设备由顶进设备（液压站、液压缸）、掘进机（工具管）、中继环、注浆设备、起吊装置（行车、汽车吊）、工程管、平台（导轨、后背、激光经纬仪、顶铁）、排土设备（拉土车、泥水循环系统）等组成。

主要介绍土压式和泥水式两种类型顶管的设备。

## （一）土压平衡式顶管

该方法是通过机头前方的刀盘切削土体并搅拌，同时由螺旋输土机输出挖掘的土体的一种顶管方法。在土压机头的前方面板上装有压力感应装置，操作者通过控制螺旋输土机的出土量以及顶速来控制顶进面压力，和前方土体静止土压力保持一致即可防止地面沉降和隆起。

土压平衡式顶管机从刀盘的分类可分为单刀盘和多刀盘两种。

### 1. 单刀盘式

DK式土压平衡顶管掘进机是日本大丰建设株式会社等公司在20世纪70年代初期开发成功的一种具有广泛适应性、高度可靠性和技术先进性的顶管掘进机。它又称为泥土加压式掘进机，国内则称为辐条式刀盘掘进机或加泥式掘进机。

该机型在国内已成系列，最小的有外径 $\phi$1440 mm，适用于 $\phi$1200 mm 口径混凝土管；最大的有外径 $\phi$3540 mm，适用于 $\phi$3000 mm 口径混凝土管。在该机型的施工条件中，有中砂也有淤泥质黏土，有穿越各种管线也有穿越河川和建筑物，都取得了相当大的成功，累计施工长度已达数千米以上。

图 8-1 为该掘进机的结构。它有两个显著的特点：第一，该机刀盘呈辐条式，没有面板，其开口率达 100%；第二，该机刀盘的后面设有多根搅拌棒。以上两点，就是该掘进机成功的关键所在。

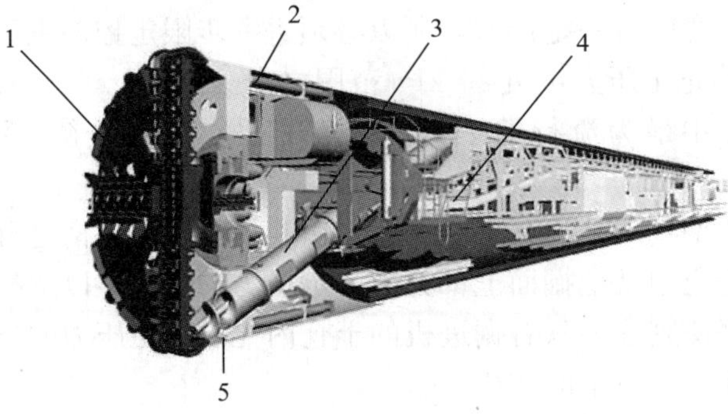


图 8-1　土压平衡顶管掘进机示意图

切削刀盘；2—纠偏油缸；3—螺旋输送器；4—控制台；5—泥土仓

由于它没有面板，开口率在 100%，所以，土仓内的土压力就是挖掘面上的土压力，所测压力准确。刀盘切削下来的土被刀盘后面的搅拌棒在土仓中不断搅拌，就会把切削下来的“生”土，搅拌成“熟”土。而这种“熟”土具有较好的塑性和流动性，又具有较好的止水性。如果“生”土中缺少具有塑性和流动性及止水性所必需的黏土成分，如在砂砾石层或卵石层中顶进，这时，就可以通过设置在刀排前面和中心刀上的注浆孔，直接向挖掘面上注入泥浆，然后，把这些泥浆与砂砾或卵石进行充分搅拌，同样可使之具有较好的塑性、流动性和止水性。还有，在砂砾石中施工时，刀盘上的扭矩会比黏性土中增加许多。这时，如果加入一定量的黏土，刀盘扭矩就会有较大的下降。

**2. 多刀盘式**

多刀盘土压平衡顶管掘进机是把通常的全断面切削刀盘改成四个独立的切削搅拌刀盘，所以它只能用于软土层中的顶管，尤其适用于软黏土层的顶管。如果在泥土仓中注入一定量的黏土，它也能用于砂层的顶管。

通常大刀盘土压平衡顶管掘进机的质量约为它所排开土体积质量的0.5～0.7倍，而多刀盘土压平衡掘进机的质量只有它所排开土体积质量的0.35～0.40倍。正因为这样，所以多刀盘土压平衡顶管掘进机即使在极容易液化的土中施工，也不会因掘进机过重而使方向失控，产生走低现象。另外，由于该机采用了四把切削搅拌刀盘对称布置，只要把它们的左右两把刀盘按相反方向旋转，就可以使刀盘间的扭矩得以平衡，从而不会如同大刀盘在初始顶进中那样产生顺时针或逆时针方向的偏转。

此外，还有输土车、螺旋输送机、皮带输送机等辅助设备。

（二）泥水平衡顶管机

在顶管施工的分类中，我们把用水力切削泥土以及虽然采用机械切削泥土而采用水力输送弃土，同时有的利用泥水压力来平衡地下水压力和土压力的这类顶管形式都称为泥水式顶管施工。

从有无平衡的角度出发，又可以把它们细分为具有泥水平衡功能和不具有泥水平衡功能的两类。如常用的网格式水力切割土体的，是属于没有泥水平衡功能的一类。即使它采用了局部气压——向泥土仓内加上一定压力的空气，也只能属于气压平衡而非泥水平衡。

在泥水式顶管施工中，要使挖掘面上保持稳定，就必须在泥水仓中充满一定压力的泥水，泥水在挖掘面上可以形成一层不透水的泥膜，它可以阻止泥水向挖掘面里面渗透。同时，该泥水本身又有一定的压力，因此，它就可以用来平衡地下水压力和土压力，这就是泥水平衡式顶管最基本的原理。

泥水式顶管施工有以下优点：

1）适用的土质范围比较广，如在地下水压力很高以及变化范围较大的条件下，它也能适用。

2）可有效地保持挖掘面的稳定，对所顶管周围的土体扰动比较小。因此，采用泥水式顶管，特别是采用泥水平衡式顶管施工引起的地面沉降也比较小。

3）与其他类型顶管比较，泥水顶管施工时的总推力比较小，尤其是在黏土层表现得更为突出。所以，它适宜于长距离顶管。

4）工作坑内的作业环境比较好，作业也比较安全。由于它采用泥水管道输送弃土，不存在吊土、搬运土方等容易发生危险的作业。它可以在大气常压下作业，也不存在采用气压顶管带来的各种问题及危及作业人员健康等问题。

5）由于泥水输送弃土的作业是连续不断地进行的，所以它作业时的进度比较快。在黏土层中，由于其渗透系数极小，无论采用的是泥水还是清水，在较短的时间内，都不会产生不良状况，这时在顶进中应考虑以土压力作为基础。在较硬的黏土层中，土层相当稳定，这时，即使采用清水而不用泥水，也不会造成挖掘面失稳现象。然而，在较软的黏土层中，泥水压力大于其主动土压力，从理论上讲是可以防止挖掘面失稳的。但实际上，即使在静止土压力的范围内，顶进停止时间过长时，也会使挖掘面失稳，从而导致地面下陷，这时，我们应把泥水压力适当提高些。

该类顶管机有刀盘可伸缩式、偏压破碎型、砂砾石破碎型、偏压破碎岩盘机等，下面以刀盘可伸缩式为例来说明。

它分为大小两种口径：小口径机人无法进入，采用远距离控制，称为 TM 型；大口径机人可以进入，人直接在管内操作，则称为 MEP 型。除此以外，两者的工作原理完全相同。

刀盘是一个直径比掘进机前壳体略小的具有一定刚度的圆盘。圆盘中还嵌有切削刀和刀架。刀盘和切削刀架之间可以同步伸缩，也可以单独伸缩。而且，不论刀盘停在哪一个位置上，切削刀架都可以把刀盘的进泥口关闭。刀架上的切土刀呈八字形，无论刀盘是正转还是反转，它都可以切土。刀盘的中心有一三角形的中心刀。刀盘的边缘有两把对称安装的边缘切削刀，该刀可在土中挖掘成一个直径与掘进机外径相等或者比掘进机外径大一些的隧洞，便于推进。刀盘上还有一些螺旋形布置的先行刀，它的主要功能是进行辅助切削。

TM 或 MEP 型掘进机的工作原理如下：刀盘前土压力过小时，它就往前伸；刀盘前土压力过大时，它就往后退。刀盘前伸时，应加快推进速度；刀盘后退时，应减慢推进速度。这样，就可以使刀盘前的土压力控制在设定的范围内。如果刀盘前压力小于土层的主动土压力 $p_a$ 时，地面就下陷；反之，如果刀盘前压力大于土层的被动土压力 $p_p$ 时，地面就隆起。

整个刀盘由和刀盘主轴为一体的一台油缸支撑，设定土压力后就可以调定油缸的压力。当刀盘受到大于设定的土压力时就后退，反之则前伸。只要推进速度得当，刀盘就可以保持浮动状态。

由于有以上刀盘可伸缩的浮动特性以及刀架可开闭的进泥口调节特性，这种掘进机就可以实现用机械来平衡土压力的功能。另外，TM 或 MEP 的泥水压力也是可调节的，刀架的开闭状态就使其具有用泥水压力来平衡地下水压力的功能。不过，这种顶管掘进机比较适用于软土和土层变化比较大的土层，用它施工后的地面沉降很小，一般在 5 mm 以内。

## 四、顶管施工

### 1. 顶管施工程序

顶管施工程序如图 8－2 所示。

### 2. 施工前的准备

对于非开挖施工之一的顶管施工法来说，施工前的场地勘察具有非常重要的意义，它是工程施工设计、确定施工工艺和选择施工设备的主要依据。顶管法施工前的勘察主要了解地层地质情况、施工现场地形、地下水情况、地下管线的分布、可能出现的地下障碍物以及考虑在施工过程中对挖掘出的土渣堆放和清运等工作。

### 3. 水平钻顶管施工法

水平钻顶管施工法适用于地下水位以上的小口径管道顶进作业。主要采用水平螺旋钻具或硬质合金钻具，在油压力下回转钻进，切削土层或挤压土体成孔，然后将管逐节顶入土层中。采用水平螺旋钻具施工工序如下：

1）安装钻机。先将导向架和导轨按照设计安装于工作井内，严格检查其方向和高度。然后，在导轨上边安放其他部件。

2）安装首节管，管内装有螺旋钻具。

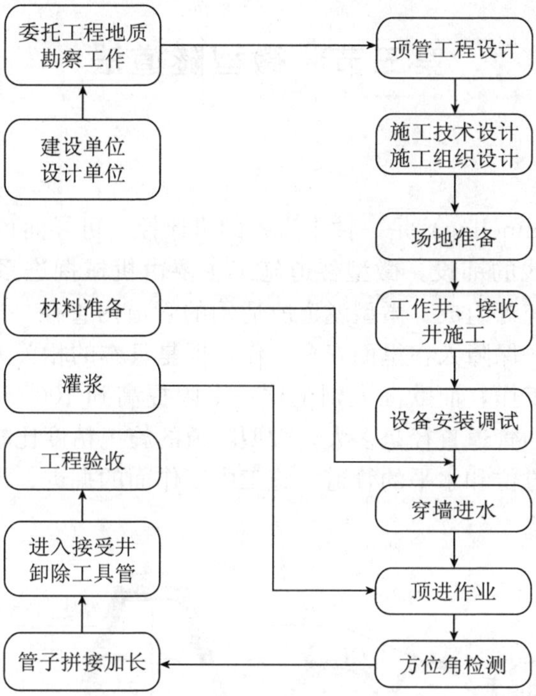


图 8－2　顶管施工程序

3）启动电动机，边回转边顶进。

4）螺旋钻具输出管外的土由土斗接满后，用吊车吊出工作井运走。

5）顶完一节管，卸开夹持器，螺旋钻具法兰盘，加接螺旋输土器（钻杆），同时加接外管。整个管道依照上述方法，循环工作，直至结束。

6）螺旋钻孔顶管施工还有一种方法，就是先用钻具成孔，然后将管一节节顶入。这种方法只适用于土层密实、钻孔时能形成稳定孔壁的土层中顶进施工。

**4. 逐步扩孔顶管施工法**

采用逐步扩孔顶管施工时，先挖好工作井和接收井，再将水平钻机安装于工作井，使钻机钻进方向和设计顶进方向一致。开动钻机在两井之间钻出一个小径通孔，从孔中穿过一根钢丝绳，钢丝绳的一端系在接收井内的卷扬机上，另一端系于从工作井插入的扩孔器上，扩孔器在卷扬机的往复拖动下，把原小径通孔逐步扩大到所需要的直径，再将欲铺设的管子牵引入洞完成管道施工。这种逐步扩孔顶管施工方法只适应于黏性土、塑性指数较高、不会坍塌的地层。在这种方法的施工中，用于扩孔的扩孔器可以是螺旋钻具、筒形钻具、锥形扩孔器、刮刀扩孔器。这种施工方法的优点是，管道施工精度高，所需动力较小。

**5. 钢筋混凝土管及钢管顶管施工法**

钢筋混凝土管的顶进与其他管材的顶进方法相同，且混凝土管及钢管的口径可大可小。只是在顶进过程中混凝土管强度低，易损坏，从而影响顶进距离，顶进时须加以保护。另一个问题是管与管间的连接和密封问题，应严格按照国家有关规范和规定执行。一般的做法是，在两管接口处加衬垫，施工完后，再用混凝土加封口。钢管的顶进方法同混凝土管，只是其连接和密封均靠焊接，焊接时要均布焊点防止管节歪斜。

# 第三节　微型隧道法

## 一、概述

微型隧道（micro tunneling）是一种小直径的可遥控、可导向顶管施工方法，如图 8－3 所示。广泛用于地下管线的铺设。微型隧道施工主要由机械掘进系统、顶管系统、导向系统、出渣系统、控制系统等组成。微型隧道所适用的管道内直径一般小于 900 mm，这一管道直径通常被认为是无法保障人在里面安全工作，但是日本的相关人员认为 800 mm 管道内径就已经足够人在里面工作，而欧洲人则把这一上限提高到 1000 mm，特别是在长距离顶管施工中。无论其精确的管道直径是多大，微型隧道的施工精度比较高，采用地表遥控的方法来施工可以事先确定方位和水平的管道，施工中工作面的掘进、泥砂的排运和掘进机的导向等全部采用远程控制。

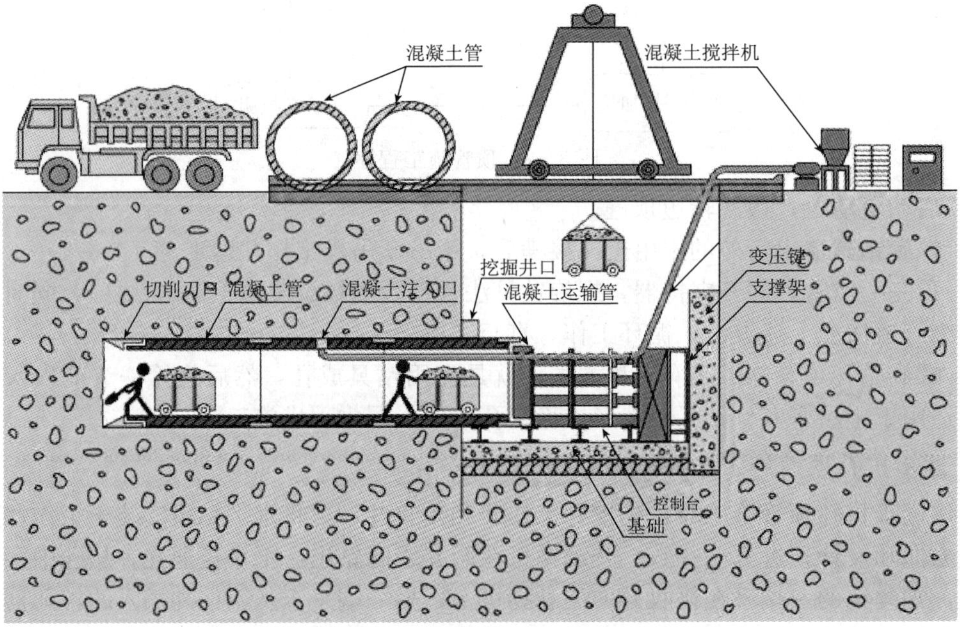


图 8－3　微型隧道施工示意图

因此，顶管技术（图 8－4）和微型隧道的主要区别是管道直径的大小，而不是是否采用了远程控制系统，因为同一个设备制造商的同一规格的远程控制掘进机的直径系列可能从 500 mm 到 1500 mm 甚至更大，而远程控制设备也趋于用来铺设直径为 2000 mm 的较大管道。

微型隧道铺管方法诞生于日本。1975 年，日本 Komatsu 公司推出了世界第一台微型隧道设备。日本政府从 1976 年开始资助的一系列排污管铺设新技术项目对该技术在日本的发展起了重要的推动作用。1980 年，联邦德国开始执行一项大规模的研究和开发计划，由联邦研究和技术部投资，研究和开发用于排污管施工的微型隧道技术。在引进日本技术的基础上，根据德国国情，进行了更深入的开发。如今微型隧道铺管方法已经成为欧洲和美国、日本应用最广泛的铺管方法。我国从 20 世纪 80 年代起开始从日本和德国引进国外微型隧道铺管技术和设备，在引进的同时，也在研究开发自己的产品，从20世纪90年代以来，在直径1.2～3 m的微型隧道顶管机方面，已经先后研制了先进的反铲顶管机、土压平衡顶管机和泥水加压顶管机，国内已完全有能力制造国产机械，替代进口设备。

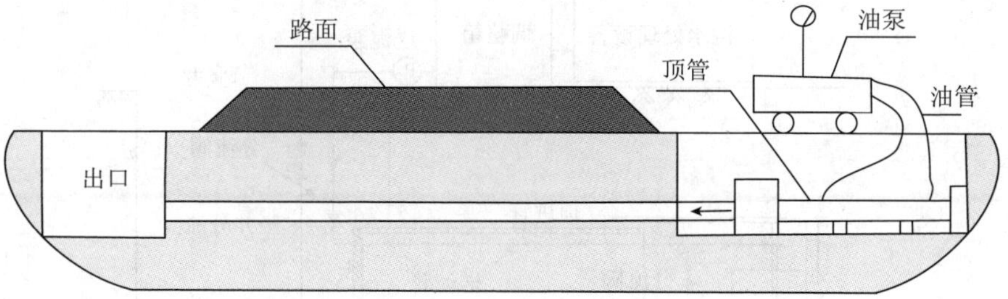


图8-4　顶管示意图

微型隧道施工法分为以下几类：先导式微型隧道工法、螺旋排土式微型隧道工法、水力排土式微型隧道工法、气力排土式微型隧道工法、其他机械排土式微型隧道工法、土层挤密式微型隧道工法、管道在线更换微型隧道工法和连接住户的微型隧道工法等。

## 二、微型隧道施工法设备系统

### 1. 机械掘进系统

机械掘进系统是将由安装于钻进机内的电力或者液压马达驱动的切割头安装在微型隧道掘进机表面组成的。切割头适用于各种土层条件，并且已经成功应用于岩石中。一些工程实例声明它们可以使用非限制抗压强度达到200 MPa来钻进岩石。并且，掘进机配置有节点可控单元，带有可控顶管和激光控制靶。微型隧道可以独立计算平衡地层压力和静水压力。可以通过计算平衡泥浆压力或者压缩空气来控制地下水保持在原始地层高度。

### 2. 动力或顶管系统

如前述，微型隧道施工是顶管的过程。微型隧道和钻铤的动力系统由顶管框架和驱动轴组成。为微型隧道特殊设计的顶管单元能够提供压缩设计和高推进能力。根据工程长度和驱动轴直径以及需要克服的土体阻力的不同，推进力可以达到1000～10000 kN。动力系统为操作人员提供两组数据：①动力系统施加于推进系统上的总压力或者水力压力。②管道穿透地层的穿透速率。

### 3. 钻渣移除系统

微型隧道钻渣移除系统可以分为泥浆排渣运输系统和螺旋除渣系统。

在泥浆系统的帮助下，操作系统可以提高地层控制精度，减少由于钻机面对的不同钻进角度而带来的误差。这两种系统在美国应用十分广泛。在泥浆系统中，废渣与钻井液混合流入位于钻进机的切割刀头之后的腔室中。废渣通过位于主管道内部的钻进液排出管水力排出。这些废渣最终通过隔离系统排出。因为钻井液腔室压力与地下水压力此消彼长。所以钻井液流速和腔室压力的检测和控制至关重要，如图8-5所示。

螺旋除渣系统利用安装于主管道中的独立封闭套管进行排渣。废渣首先被螺旋钻进到驱动轴中，收集在料车中，然后卷扬到靠近驱动轴的表面存储装置。一般会在废渣中加水来加速废渣移动。但是，螺旋除渣系统的一大优点是移动废渣不需要达到其抽稠度。

当钻进复杂地层时，仔细的地质勘查、钻进机器的选择、参数设置以及操作是最核心的内容。设计相应的补救措施和快速的弥补方法也至关重要，诸如应对钻井液漏失、地层坍塌或者钻进卡钻等事故的发生。

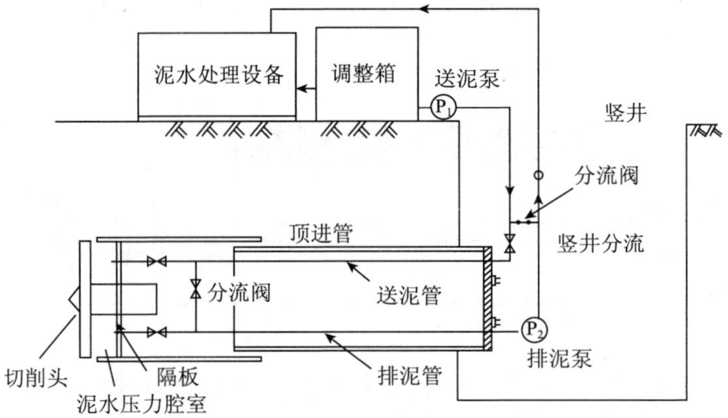


图 8-5　泥水顶管法泥水循环系统

**4. 导向系统**

多数导向系统的核心是激光导向（图 8-6）。激光可以提供校准评估信息，帮助钻进机器（盾构机）不偏离管道线路。位于钻进机器头部的激光束从驱动轴到靶标之间必须是无障碍通道。激光导向必须有顶管坑支持，这样才能避免任何由驱动系统所产生的力导致的运动对激光导向产生的影响。用于接收激光信号的靶标可以是主动或者被动系统。被动系统包括安装于可控钻头上用于接受激光光束的目标网格。靶标由安装在钻头中的可视闭路电视显示。然后，这些信息被传输回在钻进设备中的显示屏上。控制员可以根据这些信息对钻进路线做出必要的可控调整。主动系统在靶标上含有感光元件，这些元件可以将激光信息转化为数码数据。这些数据传送回显示屏，为控制员提供数码可读信息，帮助激光光束击中靶标。被动和主动系统都是应用广泛和可靠的导向系统。

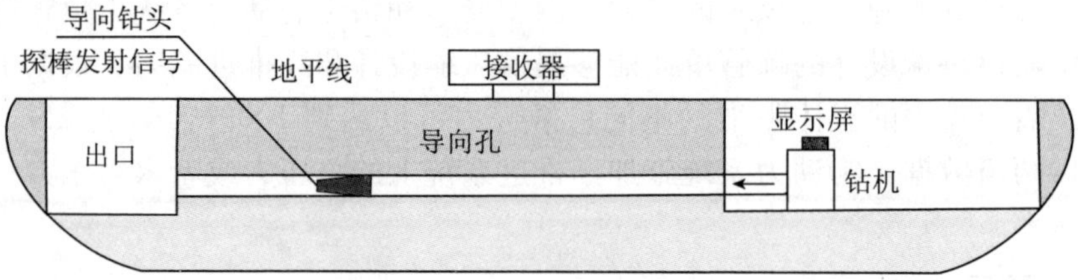


图 8-6　导向系统工作原理

**5. 控制系统**

所有的微型隧道都依靠远程控制系统，允许操作员坐在靠近驱动轴的舒适安全的操作室中。操作员可以直接观察检测驱动轴的运行情况。如果由于空间限制不能设置靠近驱动轴的操作室，操作员可以通过闭路电视显示器观察驱动轴的活动。控制室一般尺寸是 2.5 m×6.7 m。但是，控制室可以根据实际空间来调节大小。操作员的水平对于控制系统至关重要。他们需要观察工人的操作情况与现场的其他情况。其他需要观察的信息有掘进机器的角度和线路，切割钻头的扭矩，顶管的推进力，操作导向压力，泥浆流动速度，泥浆系统压力和顶管前进速度等。

控制系统现有人工操作控制系统和自动操作控制系统（图 8-7）两种方式。人工操作控制系统需要操作员监视一切信息。自动操作控制系统由电脑监控，根据设置的时间间隔来提供各种参数。自动操作控制系统还会进行自动纠正。人工操作控制系统和自动操作控制系统相结合的方式也是可行的。

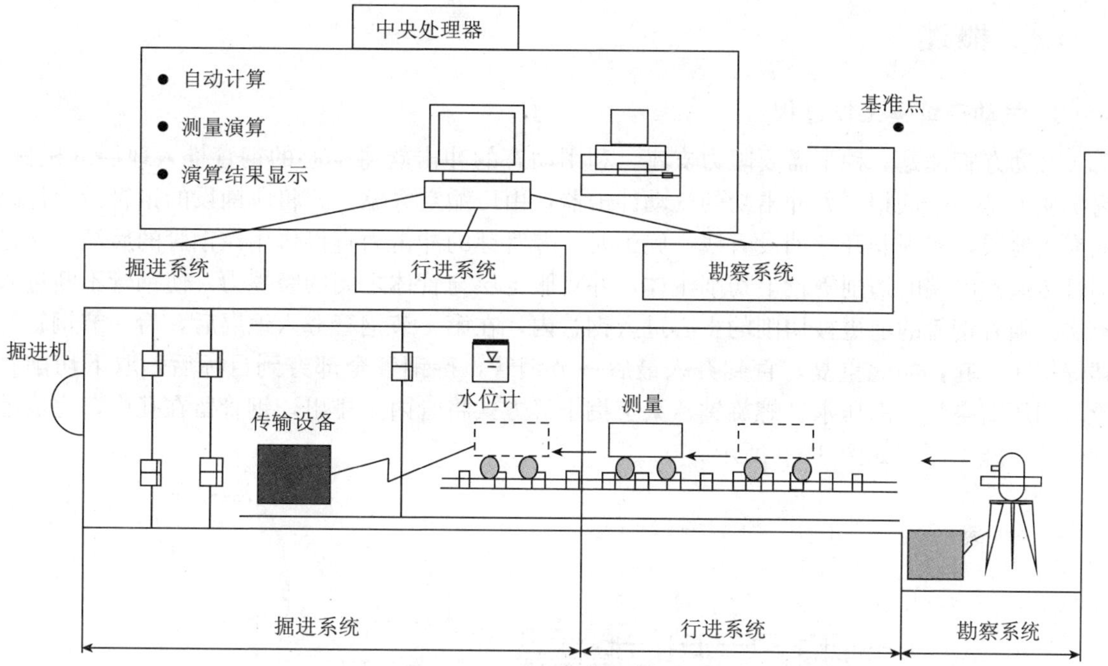


图 8－7　自动控制系统工作原理

**6. 管道润滑系统**

管道润滑系统（图 8－8）由混合池和必要的泵压设备组成，用于从靠近驱动轴的混合池向润滑剂连接点传送润滑剂。管道润滑不是强制要求的，但是一般对于长管道铺设都推荐使用。润滑剂是由膨润土或者聚合物材料构成。对于直径小于 1 m 的非进人的管道，大多数的润滑剂连接点是在掘进机的盾牌上。对于直径大于 1 m 的要求人员进入的管道，润滑剂连接点可以选择在管道内部。这些润滑剂连接点是可以插入和随着副线的完成而减少的。润滑剂的使用可以减少顶管的推进力。

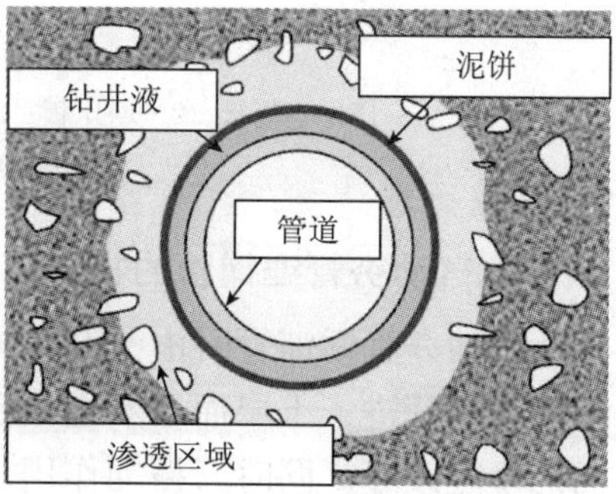


图 8－8　管道润滑系统

## 三、微型隧道在施工中的主要应用领域

微型隧道的主要应用领域在于铺设重力排水管道，其他形式的管道也可以采用此法，但应用比例还不大；在某些施工条件下，微型隧道可能是在交叉路口铺设排污管道的有效方法。

在研究用于新管道铺设远程控制微型隧道掘进机的同时，人们还开发了用于旧的污水管道在线更换的微型隧道掘进机，使旧管道的破碎、挖掘和更换铺设在同一施工过程中一次完成。

# 第四节　气动夯管锤施工技术

## 一、概述

### 1. 气动夯管锤工作过程

气动夯管锤是一种不需要阻力支座，利用动态的冲击能将空心的钢管推入地层的机械。它实质上是一个低频、大冲击功的气动冲击器，由压缩空气驱动，将所铺设的钢管沿设计路线夯入地层，实现非开挖铺设管线。施工时，夯管锤的冲击力直接作用在钢管的后端，通过钢管传递到前端的切削管靴上切削土体，并克服土层与管体之间的摩擦力，使钢管不断进入土层。随着钢管的前进被切削的土心进入钢管内，在第一节钢管夯入地层后，后一节钢管与其焊接在一起，如此重复，直到夯入最后一节钢管，待钢管全部夯到目标后，取下切削管靴，用压缩空气、高压水、螺旋钻、人工掏土等方式将管内土排出，钢管留在孔内，完成铺管作业，施工原理如图 8－9 所示。

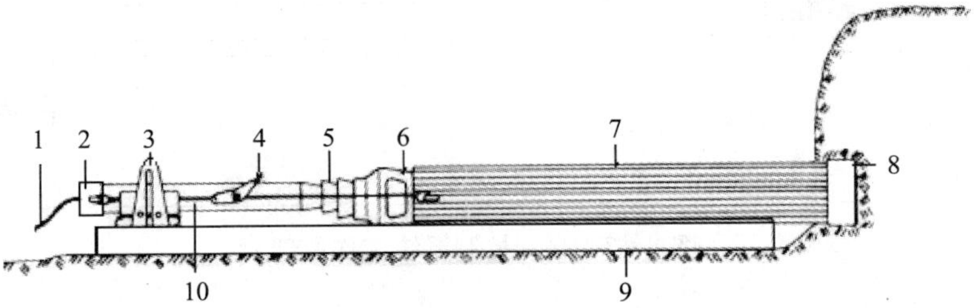


图 8－9　夯管锤铺管施工原理图

1—压缩空气管；2—增压板；3—滑架；4—棘轮拉手；5—套插锥体；6—排土锥体；7—钢管；8—切削护环；9—钢管起始支架；10—夯管锤

### 2. 气动夯管锤铺管的特点

气动夯管锤铺管时由于夯管锤对钢管是动态夯进，产生强力的冲击和振动，绝大部分泥土随着钢管进入土层而不断进入管道，这样大大减小了夯管的管端阻力，且减小对穿越处地面的隆起破坏。同时，振动作用也有利于使钢管周围的土层产生一定程度的液化，并与地层间产生一定的空隙，减少了钢管与地层间的摩擦阻力。由于动态夯进可以击碎障碍物，所以在含卵砾石地层或回填地层中铺管时，比管径大的砾石或石块可将其击碎后一部分进入管内并穿过障碍物，而不是试图将整个障碍物排开或推进。基于此，气动夯管锤具有以下特点：

1）地层适用范围广。夯管锤铺管几乎适应除岩层以外的所有地层。

2）铺管精度较高。气动夯管锤铺管属不可控向铺管，但由于其以冲击方式将管道夯入地层，在管端无土楔形成，且在遇障碍物时，可将其击碎穿越，所以具有较好的目标准确性。

3）对地表的影响较小。夯管锤由于是将钢管开口夯入地层，除了钢管管壁部分需排挤土体之外，切削下来的土心全部进入管内，因此即使钢管铺设深度很浅，地表也不会产生隆起或沉降现象。

4）夯管锤铺管适合较短长度的管道铺设，为保证铺管精度，在实际施工中，可铺管长度按钢管直径（mm）除以 10 就得到夯进长度（以 m 为单位）。

5）对铺管材料的要求。夯管锤铺管要求管道材料必须是钢管，若要铺设其他材料的管道，可铺设钢套管，再将工作管道穿入套管内。

6）投资和施工成本低。施工条件要求简单，施工进度快，材料消耗少，施工成本较低。

7）工作坑要求低，通常只需很小施工深度，无须进行很复杂的深基坑支护作业。

8）穿越河流时，无须在施工中清理管内土体，无渗水现象，确保施工人员安全。

**3. 气动夯管锤铺管技术在我国的发展现状**

气动夯管锤铺管技术在我国的开发和研制工作起步较晚，1994 年才开始该项技术的研究。但初期产品无论从铺管能力、使用寿命、工作可靠性和机具配套方面都比进口产品相差甚远。随着不断改进与实验，我国的气动夯管锤性能也逐步达到了较高水平（表 8－3）。

**表 8－3　H 系列气动夯管锤性能参数表**

| 夯管锤型号 | 公称直径/mm | 可铺管直径/mm | 工作压力/MPa | 耗气量/($m^3 \cdot min^{-1}$) | 主机长/mm | 主机质量/kg |
|---|---|---|---|---|---|---|
| H190 | 190/200 | 108～325 | 0.4～0.7 | 3～6 | 1600 | 200 |
| H260 | 260/270 | 159～539 | 0.4～0.7 | 4～9 | 1900 | 520 |
| H300 | 300/310 | 219～630 | 0.4～0.7 | 6～12 | 2100 | 750 |
| H350 | 350/365 | 273～830 | 0.4～0.7 | 9～18 | 2400 | 1200 |
| H420 | 415/425 | 325～1020 | 0.4～0.7 | 12～24 | 2800 | 1950 |
| H510 | 510/525 | 426～1500 | 0.4～0.7 | 18～35 | 3200 | 3200 |
| H610 | 610/625 | 529～2000 | 0.4～0.7 | 25～50 | 3700 | 5000 |

## 二、气动夯管锤的结构及工作原理

### （一）气动夯管锤的结构

气动夯管锤实质是一种以压缩空气作为动力的低频大功率冲击器，其结构简单，由配气装置、活塞、汽缸、外套及一些附属件组成（图 8－10）。

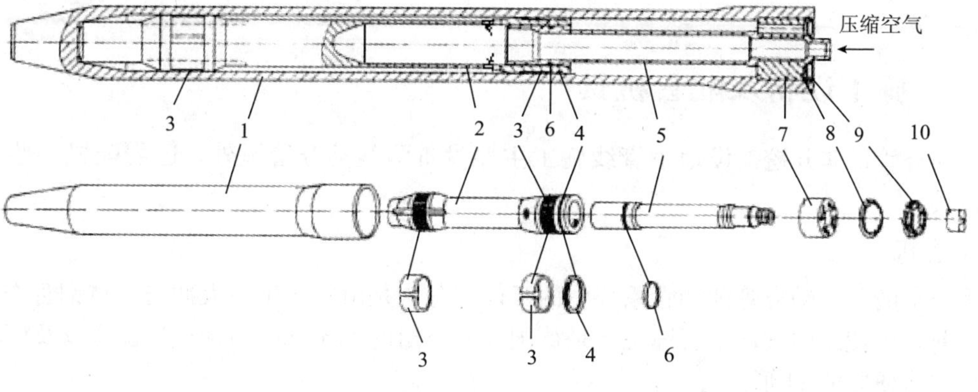


图 8－10　气动夯管锤结构图

1—机壳；2—活塞；3—活塞滑动环（一套）；4—活塞密封圈（一套）；5—控制器管；6—控制器活塞密封圈；7—弹性缓冲垫；8—压力支撑环；9—弧形组合环；10—保护盖

**1. 配气装置**

配气装置的作用是将压缩空气分别交替地送至汽缸的前后室，使活塞做往复运动而冲击夯管锤外套，由外套将冲击力传递至钢管上。因此，要求配气装置气路简单、拐弯少、断面大、密封性好、压力损失小、阀体轻、动作灵敏、结构简单、制造容易、具有抗冲击耐磨性、寿命高等。

**2. 活塞**

活塞在夯管锤中是主要的运动件，在汽缸中做往复运动，前进行程终了到冲击锤体外壳上端部，将能传递至钢管上，而使钢管切割土体前进。为此，活塞应能在汽缸内灵活运动，且密封性好，以免压气漏失，与锤体有适当的碰撞质量比，有合理的形状及尺寸，以达到高的冲击频率。

**3. 汽缸与外套**

夯管锤的汽缸被活塞分割成前后气室，活塞在其中做往复运动。汽缸与锤体外壳为一体，锤外套端部受活塞冲击震动，为此，锤外套应具有较强的抗冲击性。

### （二）气动夯管锤的工作原理

气动夯管锤按其配气装置的形式属于无阀式冲击器，它利用布置在活塞和汽缸壁上的配气系统控制活塞往复运动，即活塞运动时自动配气，如图 8－10 所示。压缩空气由气管进入夯管锤后，进入夯管锤的内腔沿内缸与外壳之间的环状空隙，经活塞的环腔进入下气室，推动活塞上行。

当活塞上行至控制器管 d 段并封闭活塞进气口 a 后，压缩空气即停止向下气室进气，这时活塞靠下气室内的压缩空气膨胀，继续推动活塞上行。

当活塞上行到进气口 a 越过控制器管 d 段上方时，压缩空气即停止向下气室进气，活塞的中间环腔与进气控制器管连通，压缩空气进入活塞的内腔，此时，活塞也接近上死点，靠惯性再向上移动一段很小距离，此时，活塞内腔聚集了很大的能量。

当活塞内腔的压缩空气能量足够大时，以很大的推力驱动活塞加速下行，将最大的冲击能量施加于夯管锤外壳。由外壳传递到钢管上。此时，压缩空气又进入活塞下部，重复以上动作。

## 三、施工设备及配套机具

气动夯管锤非开挖铺设地下管线施工主要设备除气动夯管锤外，还需配置一些其他设备、机具。

**1. 主机**

主机指的是气动夯管锤铺管系统中的锤体部分，是由它产生强大冲击力将钢管夯入地层中。目前国内使用的气动夯管锤主要是德国 TT 公司的 Ground－Ram 夯管锤以及廊坊勘探技术研究所研制的 H 形夯管锤。

**2. 动力系统**

气动夯管锤以压缩空气为主，同时压缩空气又是排除土心的动力。气源主要通过空气压缩机和驱动气动夯管锤的空压机获得，压力为 0.5～0.7 MPa，排气量根据不同型号夯管锤的耗气量而定。

**3. 注油与管路系统**

注油器用于向压缩空气中注油，润滑夯管锤中的运动零件，注油器设计成注油量可调，其调节范围一般为0.005～0.052 L/min。夯管锤通过管路系统与气源连接，而注油器位于管路的中间，利用压缩空气将润滑油连续不断地带入夯管锤中。

**4. 连接固定系统**

连接固定系统由夯管头、出土器、调节锥套和张紧器组成。夯管头用于防止钢管端部因承受巨大的冲击力扩张而损害。出土器用于排出在夯管过程中进入钢管内又从钢管的另一端挤出的土体。调节锥套用于调节钢管直径、出土器直径和夯管锤直径间的相配关系。夯管锤通过调节锥套、出土器和夯管头与钢管连接，并用张紧器将它们紧固在一起。因为调节锥套、出土器和夯管头传递着巨大的冲击力，设计中应对它们的强度连接可靠性进行综合考虑。

**5. 注浆系统**

注浆系统主要由储浆罐、注浆头、注浆管、传压管和控制阀等组成，其特点在于用压缩空气作动力，可持续向地层的钢管内外两侧注浆，用来减少夯入地层的阻力。

**6. 清土系统**

清土系统包括封盖和清土球，封盖用于防止钢管内的压缩空气从管端泄漏，清土球在钢管内相当于一个活塞，在空气或水压力作用下在钢管内不断前进，从而将管内的土体从钢管另一端推出。

**7. 辅助工具**

专门设计的在夯管过程中用于支撑夯管锤和保证夯管目标准确度的钢支架等。

## 四、气动夯管锤铺管工艺

### （一）地层可夯性

**1. 夯管铺管破土机理**

钢管在夯管锤的冲击力作用下进入土体中，其受力情况如图8－11所示。图中P为钢管受到的冲击力，$F_1$为钢管内、外壁所受的摩擦阻力和黏聚力，$F_2$为管端阻力，$G$为钢管自重，$N$为土体对钢管的侧向反力总和。理论上，当$P>F_1+F_2$时，钢管就能进入土体。因此，讨论夯管锤铺管的破土机理也就是讨论影响$F_1$和$F_2$的因素。

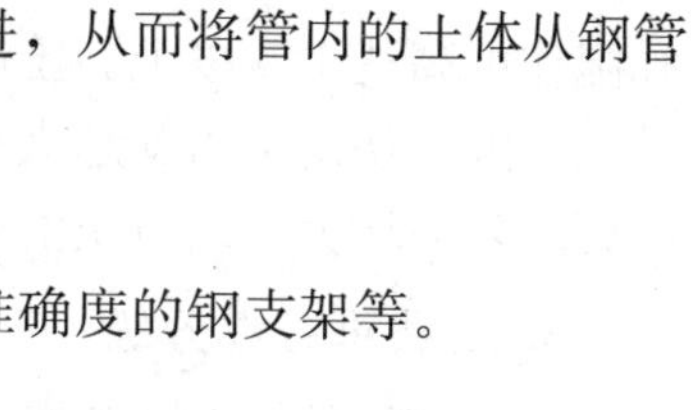

图8－11 钢管受力分析

*摩擦阻力和黏聚力* 砂土层中，$F_1$主要表现为摩擦阻力，当砂层含一定量的水时，在夯管锤震动载荷作用下易液化，从而大大降低摩擦阻力。黏聚力的大小与黏土颗粒间的黏结力有关。相同含水量的土，黏结力越大，则与钢管间的黏聚力也越大。因砂土的黏结力很小，所以它与钢管间的黏聚力也较小。黏性土层中，对于干性土，$F_1$主要表现为摩擦

阻力，这是因为干性土颗粒间的结构一旦受到破坏，就很难在短时间内形成，尽管它的黏结力较大，但与管间的黏聚力却较小。相反，对于潮湿土，$F_1$ 主要表现为黏聚力。

管端阻力　管端阻力按管鞋对土层的作用形式可分为切削阻力和挤压阻力。在正常情况下，这个力主要是切削阻力，但当管内土心与管内壁的摩擦力足够大到土心不能在管内滑动时，这个力就主要表现为挤压阻力。

**2. 土的性质对地层可夯性的影响**

土的基本性质主要包括土的种类、相对密度、容重、含水量、密实度、饱和度等，其中土的种类、含水量和孔隙比对土的可夯性影响最大。

土的种类　随着土颗粒的增大，管鞋切削地层的阻力也就加大，地层可夯性就愈差；相反，土颗粒愈细，地层可夯性愈好。一般来说，碎石土除松散的卵石、圆砾外，大部分为不可夯地层，其他土构成的地层均为可夯性地层，随着土颗粒由粗变细，可夯性变好。

土的含水量　土的含水量反映了土的干湿程度。含水量越大，说明土越湿；含水量越小，说明土越干。在实际施工中所遇到土的含水量的变化幅度非常大，砂土可在 10%～40%之间变化，黏土可在 20%～100%之间，有时甚至可在高达百分之几百之间变化。土的含水量越大，即土越潮湿，在震动载荷作用下液化程度越好，故可夯性越好。

土的密实度　土的密实度由孔隙比来描述。对于一般土来说，孔隙比不表示孔隙的大小，只表示孔隙总体积的变化。孔隙比与孔隙体积变化成正比，所以孔隙比可反映土的密实程度。一般黏性土的孔隙比在 0.4～1.2 之间，砂性土的孔隙比在 0.5～1.0 之间，而淤泥的孔隙比可高达 1.5 以上。土越密实，土颗粒就越接近，土粒间的吸引力（即土的黏结力）就越大，因而切削阻力就越大；同时，土越密实，土可压缩性就越差。两方面原因都使夯管时的管端阻力增大，所以土的密实度越大，可夯性越差。

**3. 地层可夯性分级**

从夯管锤铺管破土机理的分析中，我们知道地层可夯性主要和地层土的种类和性质有关。为了定量地说明地层可夯性，根据地层土的种类和性质，并参考标贯实验数据，对地层进行初步的可夯性分级（表 8-4）。

**表 8-4　对地层进行初步的可夯性分级**

| 级别 | 土的种类和性质 | 标贯值 $N_{63.5}$ | 难度系数 |
|---|---|---|---|
| 1 | 非常软的黏土、流塑性土、未缩水的淤泥 | 0～2 | 0.4 |
| 2 | 非常软的粉质黏土、软的黏土、含水量很大的极松散的砂土、未夯实的素填土 | 2～4 | 0.5 |
| 3 | 软的黏性土、含水量较大的松散砂土、稍实的素填土、充填土 | 4～6 | 0.6 |
| 4 | 较软的黏性土、潮湿松散的砂土、较湿的素填土、松散的杂填土 | 6～9 | 0.8 |
| 5 | 一般的黏性土、含水量很大的稍密实砂土、稍湿的松散砂土、夯实后的素填土、稍实的杂填土 | 9～12 | 1.0 |
| 6 | 稍硬的黏性土、很湿的稍密实砂土、干的松散砂土、较实的杂填土 | 12～16 | 1.2 |
| 7 | 较硬的黏性土、湿的稍密实砂土、夯实后的湿杂填土、饱和含水的极松散碎石土 | 16～21 | 1.5 |
| 8 | 非常硬的黏性土、稍密实的稍湿砂土、很湿的中密实砂土、夯实后的稍干杂填土、湿的松散的碎石土 | 21～27 | 1.8 |

续表

| 级别 | 土的种类和性质 | 标贯值 $N_{63.5}$ | 难度系数 |
|---|---|---|---|
| 9 | 半固结的黏性土、稍湿的中密实砂土、饱和含水中密实碎石土 | 27～34 | 2.1 |
| 10 | 固结的黏性土、稍干的中密实砂土、饱和含水的密实碎石土、稍湿的松散碎石土 | 34～41 | 2.5 |
| 11 | 稍干的密实砂土、稍湿的中密碎石土 | 41～50 | 3.0 |
| 12 | 干的密实砂土、干的中密碎石土 | 50 以上 | 4.0 |

## （二）气动夯管锤铺管施工过程

气动夯管锤铺管工程的一般施工程序如图 8－12 所示。

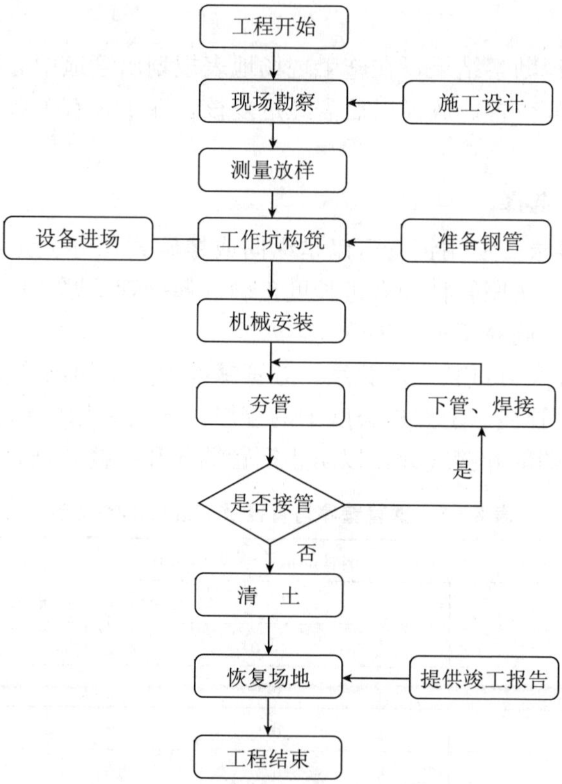


图 8－12　气动夯管锤铺管工艺流程图

### 1. 现场勘察

现场的勘察资料是进行工程设计的重要依据，也是决定工程难易程度，计算工程造价的重要因素，因此必须高度重视现场勘察工作，勘察资料必须精确、可靠。现场勘察包括地表勘察和地下勘察两部分。地表勘察的主要目的是确定穿越铺管路线。地下勘察包括原有地下管线的勘察和地层的勘察。

### 2. 施工设计

根据工程要求和工程勘察结果进行施工设计。施工设计包括施工组织设计、工程预算和施工图设计等。各个管线工程部门对施工设计都有不同的要求和规定。但进行夯管锤铺管工程施工设计时必须考虑如下几点：

*确定夯管锤铺管可行性* 根据工程勘察情况、工程质量要求、地层情况和以往施工经验，决定该项工程是否可用夯管锤铺管技术进行施工。

*确定铺管路线和深度* 一般步骤是先根据地表勘察情况确定穿越铺管的路线，然后根据地下勘察情况确定铺管深度。但有时在确定路线下的一定深度范围内没有铺管空间，需重新进行工程勘察以确定最佳的铺管路线和铺管深度。

*预测铺管精度* 因为夯管锤铺管属非控向铺管，管道到达目标坑时的偏差受管道长度、直径、地层情况、施工经验等多方面因素的影响，预测并控制好铺管精度是工程成败的关键。

*确定是否注浆* 一般地层较干、铺管长度较长、直径较大时，应考虑注浆润滑。确定注浆后必须预置注浆管。

### 3. 测量放样

根据施工设计和工程勘察结果，在施工现场地表规划出管道中心线、下管坑位置、目标坑位置和地表设备的停放位置。放样以后需经过复核，在工程有关各方没有异议后即可进行下一步施工。

### 4. 钢管准备及机型选择

1）对钢管特性的要求。所用钢管可以是纵向或螺旋式焊管、无缝钢管，也可以是平滑或带聚乙烯护层的钢管。按照管径和夯进长度正确选择钢管壁厚，以使传来的冲击力能克服尖端阻力和管壁摩擦力，同时不损伤钢管。

2）钢管壁厚与管径及夯进长度的关系。夯管锤铺管所用的钢管在壁厚上有一定的要求，表 8－5 是常用管径的钢管在一定夯进长度下的壁厚，当所采用的钢管壁厚度小于要求的最小壁厚时，需加强钢管端部和接缝处，以防止钢管端部和接缝处被打裂。

**表 8－5 钢管壁厚与管径及夯进长度的关系**

| Q235 钢管的最小管壁厚/mm | | |
|---|---|---|
| 管径/mm | 最大夯进长度/m | |
| | 25 m | 50 m |
| $\phi$108 | 6.0 | — |
| $\phi$159 | 6.0 | — |
| $\phi$219 | 6.0 | — |
| $\phi$325 | 6.0 | 12.0 |
| $\phi$426 | 8.0 | 12.0 |
| $\phi$529 | 8.0 | 12.0 |
| $\phi$630 | 9.0 | 13.0 |
| $\phi$720 | 10.0 | 13.5 |
| $\phi$810 | 10.0 | 14.0 |

3）钢管直径与夯进长度的关系。对较小直径的钢管铺设（直径小于 $\phi$800 mm）可用经验公式计算可允许夯进长度。夯管锤铺管的夯进长度与所铺钢管直径有如下关系：钢管直径(mm)/10＝可夯进长度（m)。例如：管径 200 mm 的钢管可夯进长度为 20 m。按照这一比

例关系施工，可以保证精确到达目的点。表 8-6 为根据钢管直径推荐的最大夯进长度。

**表 8-6　根据钢管直径推荐的最大夯进长度**

| 钢管直径/mm | 最大夯进长度/m | 钢管直径/mm | 最大夯进长度/m |
|---|---|---|---|
| DN100 | 10.5 | DN400 | 40.0 |
| DN150 | 15.0 | DN500 | 50.0 |
| DN200 | 20.0 | DN600 | 60.0 |
| DN250 | 25.0 | DN700 | 70.0 |
| DN300 | 30.0 | DN800 | 80.0 |

4）钢管前端切削护环的作用。钢管在夯入地层之前在管头必须焊制一切削护环，其基本作用如下：①增加钢管横截面的强度，以利于击碎较大的障碍物；②套在钢管前的切削护环通过内外凸出于管壁的结构部分减小管壁与土壤的摩擦；③保护有表面涂层钢管的涂层。

切削护环的构成在极大程度上影响了夯进目标的准确性（图 8-13）。

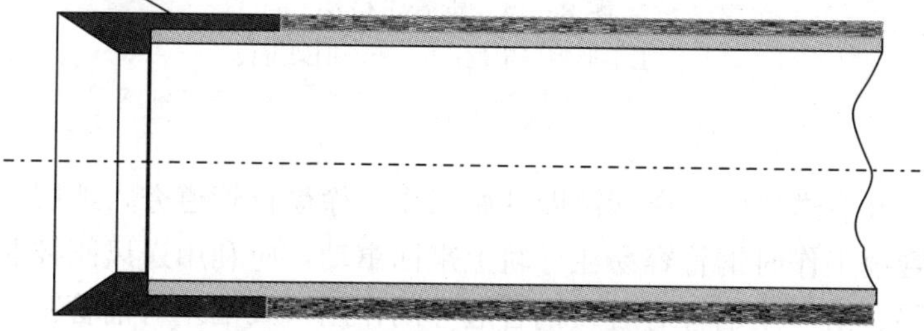


图 8-13　套在钢管前的标准切削护环

切削护环是在工厂预制的，施工时只需将它焊制在钢管前端，以防夯进中脱落。这个切削护环可以在每次施工时被重复使用。在现场，也可用扁钢焊接加工一个切削护环。但需注意，扁钢应完全包围住钢管并进行全焊接，护环边缘应打磨成向内倾斜的切形，以避免更高的尖端阻力。

5）机型选择。夯管工程中正确选用夯管锤非常重要。选择夯管锤时应综合考虑所穿地层、铺管长度和铺管直径三个因素。当地层可夯性级别低时，可选用较小直径的夯管锤铺设较大直径或较长距离的管道；地层可夯性级别高时，必须选用较大直径的夯管锤铺设较小直径或较短距离的管道。实际工程中以平均铺管速度 2～5 m/h 的标准选用夯管锤，能比较理想地降低铺管成本。

**5. 工作坑的构筑**

工作坑包括下管坑和目标坑。正式施工前应按照施工设计要求开挖工作坑。一般下管坑底长度为：管段长度＋夯管锤长度＋1 m，坑底宽为：管径＋1 m。目标坑可挖成正方形，边长为：管径＋1 m。

**6. 夯管锤和钢管的安装与调整定位**

以上各项工作准备好以后即可进行机械安装。先在下管坑内安装导轨（短距离穿越铺管可以不用导轨），调整好导轨的位置，然后将钢管置于导轨上。

第一节被夯进的钢管方向决定了整个工程的目标准确性，所以应极为小心谨慎地进行调节定位，并给这项工作以充裕的时间。工字形和槽形钢架作为导轨的效果很理想。为给钢管焊接留出适当的空间，导轨应离开钢管开始进土的位置约 1 m。为保证导轨的稳定，应将其固定在用低标号混凝土铺设的基础上，固定前一定要调准方向及期望的倾斜度。在某些情况下或某些特定的土质条件下，也可以将钢架设置在卵石或砾石中。特别对长距离夯进多节钢管时更应如此。图 8-14 是常用的钢管定位方法。

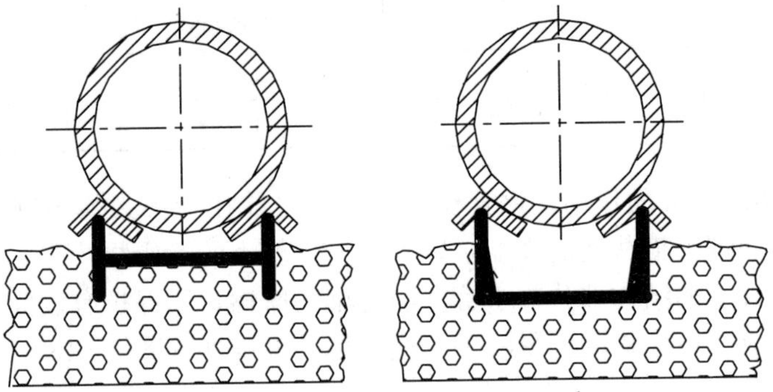


图 8-14　钢管定位法

a—工字形钢架定位；b—槽形钢架定位

### 7. 夯管

启动空压机，开启送风阀，夯管锤即开始工作，徐徐将管道夯入地层。在第一根管段进入地层以前，夯管锤工作时钢管容易在导轨上来回窜动，应利用送风阀控制工作风量，使钢管平稳地进入地层。第一段钢管对后续钢管起导向作用，其偏差对铺管精度影响极大。一般在第一段钢管进入地层 3 倍管径长度时，要对钢管的偏差进行监测，如发现偏差过大时应及时调整，并在继续夯入一段后重复测量和调整一次，直至符合要求为止。钢管进入地层 3～4 m 后逐渐加大风量至正常工作风量。第一段管夯管结束后，从钢管上卸下夯管锤和出土器等，待接上下一段管后装上夯管锤继续夯管工作，直至将全部管道夯入地层为止。

### 8. 下管、焊接

当前一段管不能到达目标坑时，还需下入下一管段。将夯管锤和出土器等从钢管端部卸下并沿着导轨移到下管坑的后部，将下一管段置于导轨上，并调到与前一管段成一直线。管段间一般采用手工电弧焊接，焊缝要求焊牢焊透，管壁太薄时焊缝处应用筋板加强，提供足够的强度来承受夯管时的冲击力。要求防腐的管道，焊缝还须进行防腐处理。采用注浆措施的，还须加接注浆用管。

### 9. 清土与恢复场地

夯管到达目的工作坑后，须将钢管内的存土清除。清土的方法有多种，通常用以下几种不同的方法进行排土：①利用水压将土石整体一次排出；②利用气压将土石整体一次排出；③利用螺旋钻机、吸泥机、水压喷枪和冲洗车或人力（管道端面可行人时）排土。

上述的第①和第②种方法是极为经济的排土方法。在现场最常用的方法是压气排土。其具体做法是：将管的一端掏空 0.5～1.0 m 深，置清土球（密封塞）于管内，用封盖封住管段，向管内注入适量的水，然后连接送风管道，送入压缩空气，管内土心即在空气压力作用下排出管外（图 8-15）。用此法必须注意的是，清土球和封盖应具有良好的密封性，注水有助于提高清土球的封气性能。排土过程一般都应有专业人员来完成。禁止非操作人员在工作坑附近逗留，以防因土心的迅速排出对靠近的物品和人员可能造成损害。

螺旋钻排土和人工清土用于较大直径管道。

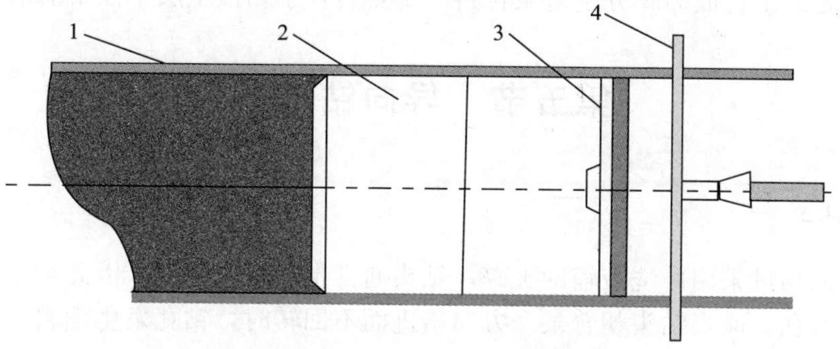


图 8-15　压缩空气清土原理图

1—钢管；2—密封塞；3—压力挡土板；4—保险杆

## 五、气动夯管锤的铺管精度问题

从夯管锤铺管的技术特点来看，尽管它的铺管精度比不出土水平顶管和水平螺旋钻铺管精度高，但它仍属非控向铺管技术，如何预测其铺管精度并事先采取措施预防其偏斜是夯管锤铺管工程中的技术难点。

夯管锤铺管精度与所穿越地层、铺管长度、直径、焊缝数量和施工经验有关。一般来说，地层太软或软硬不均、一次性穿越距离过长、管径太小，焊缝数量多或施工经验不足都会造成铺管偏差过大。这些因素对铺管偏差的影响都有一定的规律性，施工中不断积累经验，总结其规律，对提高夯管锤铺管精度非常重要。通过试验，总结出如下经验公式：

$$\delta_1 = 2k_1(L/D)^2 \times 10^{-5} \tag{8-1}$$

$$\delta_2 = 2k_2(L/D)^2 \times 10^{-5} \tag{8-2}$$

式中：$\delta_1$ 为钢管在重力作用下的垂直向下偏差，m；$\delta_2$ 为综合因素产生的偏差，m；$k_1$ 为地层软硬系数，硬地层取 1，软地层取 1.1～1.3；$k_2$ 为综合影响系数，取 1～1.5；$L$ 为夯管总长，m；$D$ 为钢管直径，m。

垂直向下偏差 $\delta_1$ 可通过导轨上扬一定角度来补偿，当穿越距离长或地层软时上扬角度大些，穿越距离短或地层硬时上扬角度小些。通过补偿可大大提高铺管精度。

综合影响系数与地层软硬程度、焊缝数量和施工经验（如导轨安装质量）等多种因素有关，如要提高铺管精度，除不断积累施工经验外，尽量增加每段管的长度也非常重要，尤其要注意的是第一段管的精度。

此外，导向钻进可与夯管相结合，即利用导向孔钻机先打一导向孔并扩孔，然后再沿着这个孔夯管，可作为提高夯管锤铺管精度最彻底的方法。

## 六、气动夯管锤铺管的注浆润滑

在多数地层中，通过注浆润滑可以大大减少地层与钢管间的摩擦系数，减小钢管进入地层中的阻力，因而注浆润滑是提高夯管成功率的一个极其重要的环节。

注浆的目的就是要使润滑浆液在钢管的内外周形成一个比较完整的浆套，使土体与钢管之间的干摩擦转为湿润摩擦，并使湿润摩擦在夯管过程中一直保持。地层情况多种多样，如何保证润滑浆液不渗透到地层中是技术的关键。这个问题主要由采用不同的浆液材料和处理剂来解决。目前常用的铺管注浆材料有两类：一类是以膨润土为主，适用于砂土层中注浆润滑，另一类则是人工合成的高分子造浆材料，主要适合于黏性土层中注浆润滑。

# 第五节　导向钻进法

## 一、概述

大多数导向钻进采用冲洗液辅助破碎，钻头通常带有一个斜面，因此当钻杆不停地回转时则钻出一个直孔，而当钻头朝着某个方向给进而不回转时，钻孔发生偏斜。导向钻头内带有一个探头或发射器，探头也可以固定在钻头后面。当钻孔向前推进时，发射器发射出来的信号被地表接收器所接收和追踪，因此可以监视方向、深度和其他参数。

成孔方式有两种：干式和湿式。干式钻具由挤压钻头、探头室和冲击锤组成，靠冲击挤压成孔，不排土。湿式钻具由射流钻头和探头室组成，以高压水射流切割土层，有时以顶驱式冲击动力头来破碎大块卵石和硬地层。两种成孔方式均以斜面钻头来控制钻孔方向。若同时给进和回转钻杆，斜面失去方向性，实现保直钻进；若只给进而不回转，作用于斜面的反力使钻头改变方向，实现造斜。钻头轨迹的监视，一般由手持式地表探测器和孔底探头来实现，地表探测器接收显示位于钻头后面探头发出的信号（深度、顶角、工具面向角等参数），供操作人员掌握孔内情况，以便随时进行调整。

## 二、钻机锚固

钻机在安装期间发生事故的情况非常多，甚至和钻进期间发生事故的概率相当，尤其是对地下管线的损坏。在钻机锚固时，要防止将锚杆打在地下管线上，同时，合理的钻机锚固是顺利完成钻孔的前提，钻机的锚固能力反映了钻机在给进和回拉施工时利用其本身功率的能力。

## 三、钻头的选择依据

1）在淤泥质黏土中施工，一般采用较大的钻头，以适应变向的要求。

2）在干燥软黏土中施工，采用中等尺寸钻头一般效果最佳（土层干燥，可较快地实现方向控制）。

3）在硬黏土中，较小的钻头效果比较理想，但在施工中要保证钻头至少比探头外筒尺寸大 12 mm 以上。

4）在钙质土层中，钻头向前推进十分困难，所以，较小直径的钻头效果最佳。

5）在粗粒砂层，中等尺寸狗腿度的钻头使用效果最佳。在这类地层中，一般采用耐磨性能好的硬质合金钻头来克服钻头的严重磨损。另外，钻机的锚固和冲洗液质量是施工成败的关键。

6）对于砂质淤泥，中等到大尺寸钻头效果较好。在较软土层中，采用 10°狗腿度钻头以加强其控制能力。

7）对于致密砂层，小尺寸锥形钻头效果最好，但要确保钻头尺寸大于探头筒的尺寸。在这种土层中，向前推进较难，可较快地实现控向。另一方面，钻机锚固是钻孔成功的关键。

8）在砾石层中施工，镶焊小尺寸硬质合金的钻头使用效果较佳。

9）对于固结的岩层，使用孔内动力钻具钻进效果最佳。

### 四、导向孔施工

导向孔施工步骤主要为：探头装入探头盒内；导向钻头连接到钻杆上；转动钻杆，测试探头发射是否正常；回转钻进 2 m 左右；开始按设计轨迹施工；导向孔完成。

导向钻头前端为 15°造斜面。该造斜面的作用是在钻具不回转钻进时，造斜面对钻头有一个偏斜力，使钻头向着斜面的反方向偏斜；钻具在回转顶进时，由于斜面在旋转中斜面的方向不断改变，斜面周向各方向受力均等，使钻头沿其轴向的原有趋势直线前进。

导向孔施工多采用手提式地表导航仪来确定钻头所在的空间位置。导向仪器由探头、地表接收器和同步显示器组成。探头放置在钻头附近的钻具内。接收器接收并显示探测数据，同步显示器置于钻机旁，同步显示接收器探测的数据，供操作人员掌握孔内情况，以便随时调整。

钻进时应特别注意纠偏过度，即偏向原来方向的反方向，这种情况一旦发生将给施工带来不必要的麻烦，会大大影响施工的进度和加大施工的工作量。为了避免这种情况的发生，钻进少量进尺后便进行测量，检验调整钻头方向。

### 五、扩孔施工

扩孔是将导向孔孔径扩大至所铺设的管径以上，以减小铺管时的阻力。当先导孔钻至靶区时就需用一个扩孔器来扩大钻孔。一般的经验是将钻孔扩大到成品管尺寸的 1.2～1.5 倍，扩孔器的拉力或推力一般要求为每毫米孔径 175.1 N。根据成品管和钻机的规格，可采用多级扩孔。

扩孔时将扩孔钻头连接在钻杆后端，然后由钻机旋转回拉扩孔。随着扩孔的进行，在扩孔钻头后面的单动器上不断加接钻杆，直到扩至与钻机同一侧的工作场地，即完成了这级孔眼的扩孔，如此反复，通过采用不同直径的扩孔钻头扩孔，直至达到设计的扩孔孔径为止。对于回拉力较大的钻机，扩孔时可以采用阶梯形扩孔钻头，一次完成扩孔施工，甚至有时可以同时完成扩孔和铺管施工。

## 第六节 振动法铺设管道技术

### 一、概述

在岩土工程中使用的挤土（挤密）法由苏联 Ю. М. Абелев 教授于 1934 年首创，在许多岩土工程实践中使用，起了很大的作用。同样，在仅仅只有 30 多年的地下管线非开挖技术的发展历史中，挤土（挤密）法也得到了较广泛的应用。在国内外现有的 10 余种非开挖铺管方法中，可按铺管（成孔）时对周围岩土的影响分为：挤土法、部分挤土法和非挤土法。

挤土（挤密）法的最大优势是成孔时不使用冲洗液，不排土干作业成孔，施工速度快，所以挤土法、部分挤土法是用途很广的非开挖施工方法。

无论是挤土或部分挤土（顶管法）中施加静力载荷，还是从顶入的管中取土，都要采用较复杂的设备、工具和工艺，增加成本。如果在金属管的非开挖铺设中采用振动技术，则将会大幅度提高工作效率和经济效益。

## 二、水平振动沉管与土的相互作用机理

国外的试验资料证实，垂直振动构件与土的相互作用的原理完全可以用到水平振动上来。在分析振动沉管与土相互作用的计算模型时，国内外专家采用过不同的土体阻力模型，如弹塑性体、塑性体和黏弹性体等。

目前使用最广泛的是弹塑性模型，在确定桩土分离的可能性、最小振幅、沉管压力等方面，这种模型具有很重要的实际意义。这种模型的特点是假定在沉管与无质量的单元土体之间作用着理想状态下的弹簧，如果作用在单元土体上的力高于其移动阻力，则单元土体可以移动。沉管时土的动阻力变化为非线性函数，表现为黏弹塑性的特点。黏度这个分项阻力在沉管滑动时表现出来，它与振动速度之间是非线性关系。在试验中通过对摩擦力的测量证实了采用弹塑性模型是合理的。

第二种使用较普遍的土按塑性体考虑，桩表面与土之间作用着干摩擦。在塑性模型中土作为无质量的单元体作用在桩表面产生动阻力，若作用在单元体上的力高于其干摩擦阻力，单元体可以移动。所以在塑性模型中为实现沉管，作用在沉管上的力应该大于土作用于桩身和桩尖部分的阻力。

在轴向回转振动沉管时，土的阻力取决于轴向和回转振动分速度，由于沉管的振幅超过土振幅约 2～3 个数量级，所以管周围的土可以认为不动，在施工开口管时，管前端形成土塞，这时要采用弹塑性体来研究土的阻力。使用振动冲击沉管时，因为有冲击和静载，所以考虑土为塑性体。

为便于工程计算，在利用各个模型时还应掌握土阻力的变化幅度。如随着振动速度的增加，土的阻力不断减少并趋向一个定值，这个定值小于静载下土的阻力，这个试验结果说明土的阻力不仅具有干摩擦力，而且还有黏滞力的特点，这些阻力有一个极限值，并可以用与干摩擦力等价的能量来评价。根据沉管时能量的消耗来评价土的阻力应该是非常可靠的，这个观点是计算侧摩擦力的基础。根据 A. C. Головачев 的资料，沉管时动阻力小于静载时的阻力，含水的砂土中为 1/5～2/7；饱和土为 1/6～2/9；砂质黏土为 1/4～2/5。在坚硬和硬塑土中沉管时土的动阻力接近于静载时的阻力，在塑性土中减少 20%～30%，实际上此时振动沉管和冲击沉管的阻力是相等的，实际在计算振动沉管的阻力时，可以参考在不同土体条件下的静载阻力。

在实际考虑该方法时，还要对振动和挤土的影响做出准确评价和估计，以尽可能发挥该法的优越性。考虑振动挤土效应实际是确定在一定管径下的挤土半径大小，建议采用以下的经验公式来估算：

$$d_z = 0.282kd_0\left(\sqrt{\frac{8\gamma_0 + 4\gamma_m}{\gamma_0 - \gamma_m} + 1} - 1\right) \tag{8-3}$$

式中：$d_z$ 为估算的挤土半径；$\gamma_m$，$\gamma_0$ 分别表示土的天然状态下的干容重和与挤土器接触处土的最大干容重；$d_0$ 为挤土器的半径；$k$ 取决于土质条件、挤土方法等，约为 1.8～2.1。

## 三、非开挖铺管施工中使用的振动设备和工具

### （一）振动铺管设备

苏联在管道工程中推广使用了 УВВГП－400 型和 УВГ－51 型非开挖铺管设备，其技术特点见表 8－7。

表 8－7　非开挖振动铺管设备的主要特点

| 评价指标 | УВВГП－400 型 | УВГ－51 型 |
|---|---|---|
| 适宜地层 | 砂土、砂质黏土及饱和土 | 砂土、砂质黏土及饱和土 |
| 适用管径/mm | 273～426 | 挤土：530；顶管 530～1020 |
| 施工长度/m | 17～40 | 25～50 |
| 铺管速度/$(m\cdot h^{-1})$ | 20～60 | 20～60 |
| 使用管材 | 钢管 | 钢管 |
| 环境效应 | 挤土和振动效应 | 挤土和振动效应 |

振动冲击铺管装置（УВВГП－400 型）如图 8－16 所示。将振动锤（6）设于被铺设的钢管（8）上部与管刚性连接，形成一个振动体系，当启动振动锤时，锤内两组对称的偏心块（12）通过齿轮控制做相反方向但同步的回转运动，转动时产生的惯性离心力的垂直分力相互抵消，水平分力大小相等、方向相同，相互叠加，从而产生忽前忽后周期性的激振力，使沉管沿管轴线方向产生振动，当管的振动频率与周围土的自振频率一致时，土体发生共振，土中的结合水释放出来成为自由水，颗粒间黏结力急剧下降，呈现液化状态，土体对管表面的摩阻力、端阻力均大为降低（一般减少到 1/10～1/8）；同时由锤头（11）和砧子（13）相撞产生冲击力，由于冲击力使沉管有很高的振动速度，在管上产生很大的冲击力（约为激振力的几倍）并作用于锥形的端部，钢管较容易被挤入到土中预定深度。

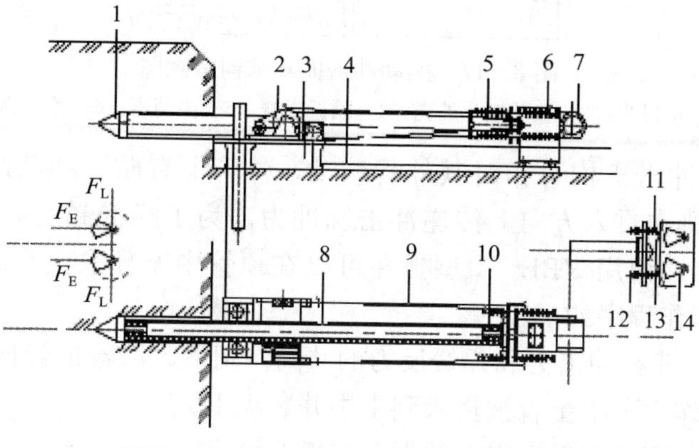


图 8－16　非开挖振动铺管装置示意图

1—挤密钻头；2—换向升降机；3—固定架；4—滑道；5—调节弹簧；6—振动锤；7—电机；8—钢管；9—滑轮组；10—接头；11—锤头；12—偏心块；13—砧子；14—调节弹簧

$F_L$—垂直激振力；$F_E$—水平激振力

一般要求滑轮组能提供一定的静载。钢管之间采用焊接连接，接管长度可达 8 m。调节弹簧（5）的弹力取决于钢管贯入的阻力、冲击频率等，施工时可以利用滑轮组（9）来调整弹力。

振动冲击机构由激振器和附加冲击机构组成，在滑轮组作用下沿导向滑道移动，贯入土中时土的反作用力由滑道前部的锚桩承担，第一节管的前部装锥形帽，电机由专门的控制台来调节。铺管按下面工序进行：①将锥形帽装于第一节管的头部；②连接第一节管与振动冲击机构；③振动冲击机构工作；④打开升降机并沉管；⑤振动冲击机构退回到起始位置；⑥安装并焊接下一节管。

如果贯入阻力较大，贯入速度降到 0.06 m/min 时，应该换管径小一号的钢管，“伸缩”铺管，这种方法可以保证铺管长度达 70 m 时仍有很高的贯入速度。铺管时要严格保证第一节管的挤入方向正确。通过铺管实践，证明该设备在铺设钢管时具有很高的效率。该设备还可根据钢管贯入土中的阻力自动调整振动冲击机构中的压紧弹簧，使贯入时的静载与冲击规程能更有效地配合。

振动冲击设备 УВГ—51 也是专门的非开挖铺管设备。当用振动冲击挤土时，应该在管的底部焊锥形帽，并将带锥形帽的第一节管通过冲击和静压联合作用打入土中；当用振动冲击顶管时，第一节管不设锥形帽，而是在管的内部设振动冲击式抽筒，当钢管的开口端贯入土中一定深度后，用振动锤将抽筒贯入钢管内的土中，然后用钢绳将抽筒取出到卸土管中，利用振动器将土从抽筒中振动取出。

### （二）用于管内取土的振动冲击抓斗

振动冲击抓斗是一个微型工具，它能够从直径 1020 mm 和 1420 mm 顶管中取土。该抓斗可以沿着顶管的内壁自行移动到孔底，贯入到挤入顶管内的土中。抓斗的移动和贯入靠振动冲击机构产生的冲击力，该冲击力通过振动器的外壳传到与其刚性连接的集土管上，如图 8-17 所示。

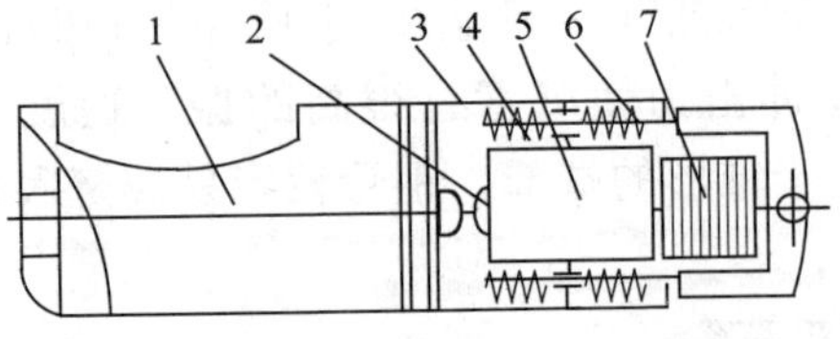


图 8-17 振动冲击抓斗结构示意图

1—集土器；2—锤头；3—振动抓斗外壳；4—隔振弹簧；5—振动器；6—冲击弹簧；7—电机

УВБ—1 型振动冲击机构可相对其外管移动，外管上有砧子和凸起，而振动冲击机构（即所谓的冲击器）则在贯入方向上传递冲击脉冲力。为了降低卸土时对吊钩的动力作用，可以采用弹簧减振器。使用 УВБ—1 型抓斗可以在顶管中循环取土，而顶管油缸可正常工作。打水平孔时的工作程序如下：

1）УВБ—1 型抓斗在冲击力和弹簧反力的共同作用下，沿着顶管自动移动到孔底；

2）在振动冲击作用下集土管被贯入到土中并装满土；

3）利用钢绳或作用在相反方向上的振动将抓斗拉出；

4）将抓斗提到垂直状态，在振动冲击状态下卸土。

为了降低 УВБ—1 型抓斗提出时的拉力，应该在抓斗被拉紧时，振动器向后冲击。УВБ—1 型抓斗可以在许多类型的土质条件下使用。清除 1 m 长管的土约需 10 min，其中在孔底工作约 2～3 min。该抓斗工作时完全没有手工劳动，提高了生产率，安全也有了保证，而且整个过程也容易机械化。

振动法铺管时不使用冲洗液，可以不排土干作业成孔，容易实现非开挖施工过程的机械化。无论是完全挤土，还是部分挤土（顶管），虽然其使用的直径较小，但在施工速度上占有优势，所以这是一种值得推广的非开挖施工方法。

## 第七节 其他非开挖施工技术

### 一、非开挖铺设管线的其他施工技术

**1. 水平定向钻进法**

用可导向的小直径回转钻头从地表以10°～15°的角度钻入，形成直径90 mm的先导孔。在钻进过程中，因钻杆与孔壁的摩阻力很大，给施工带来困难，可采用套洗钻进。即将直径为125 mm的套洗钻杆（其前有套洗钻头）套在导向钻杆柱上进行套洗钻进。导向孔钻进和套洗钻进交替进行，至另一侧目标点。随后，拆下导向钻杆和套洗钻头，并换上一个大口径的回转扩孔钻头进行回拉扩孔。扩孔时，泥浆用于排屑并维护孔壁的稳定。根据所铺管道的直径大小，可进行一次扩孔或多次扩孔。最后一次扩孔时，新管连接在扩孔钻头后的旋转接头上，一边扩孔一边将管道拉入孔内。钻孔轨迹的监测和调控是水平定向钻进最重要的技术环节，目前一般采用随钻测量的方法来确定钻孔的顶角、方位角和工具面向角，采用弯接头来控制钻进方向。

优点 ①施工速度快；②可控制方向，施工精度高。

缺点 ①在非黏性土和卵砾石层中施工较困难；②对场地必须勘查清楚。

水平定向钻进原则上适用于各种地层，可广泛用于跨越公路、铁路、机场跑道、大河等障碍物铺设压力管道。适用管径300～1500 mm。施工长度100～1500 m。适用管材为钢管、塑料管。

**2. 油压夯管锤法**

油压夯管锤是以油压动力设备替代空气压缩机，体积小、重量轻、动力消耗小，施工中大幅度降低燃油消耗，且油压动力设备造价低于空压机价格，设备投资小。油压动力站工作噪声低，并因压力油为闭式循环，对外无任何污染。油压夯管锤冲击能量转化效率高，其能量恢复系数可达60%～70%，远远大于风动潜孔锤，锤内所有零件浸于油液中，润滑性好，磨损轻，工作运行可靠，使用寿命长。

应用范围：除含有大直径卵砾石土层外，几乎所有土层中均可使用，无论是含小粒径卵砾石的土层，还是含有地下水的土层如软泥、黄土、黏土、砂土等地层均可使用。吉林大学建设工程学院研制的UH－3000油压夯管锤，夯管速度一般在5～20 m/h，夯管直径200～800 mm，夯管长度10～50 m。

**3. 冲击矛法**

施工时，冲击矛（气动或液动）从工作坑出发，通过冲击排土形成管道孔，新管一般随冲击矛拉入管道孔内。也可先成孔后随着矛的后退将管线拉入，或边扩孔边将管线拉入。冲击矛法要求覆土厚度大于矛体外径的10倍。

本方法的缺点：①土质不均或遇障碍易偏离方向；②不可控制方向，精度有限；③不适用于硬土层或含大的卵砾石层及含水地层。

冲击矛法主要用于各类管线的分支管线的施工。适用于不含水的均质土，如黏土、粉质黏土等。适用管径 30～250 mm，施工长度 20～100 m，适用管材为钢管、塑料管。

**4. 滚压挤土法**

滚压挤土法由俄罗斯专家发明，在 1991 年日内瓦新技术发明博览会上以及 1995 年的世界工业创新成果展览会上均获得了金奖。该方法是一种自旋转滚压挤土成孔技术，它在成孔时采用滚压器，滚压器在钻进时不排土，而是将土沿径向挤密。滚压法的优势在于它不仅可以铺设管线，而且可以对管道更新。除了施工管道孔外，该方法还可以加固已有建(构)筑物地基、施工桩基孔等。

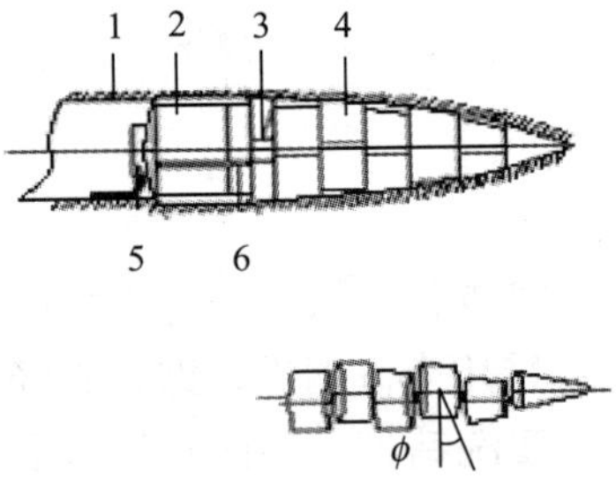


图 8－18　滚压挤密装置

1—孔壁；2—驱动装置；3—偏心轴；4—滚轮；5—电缆；6—翼板

滚压挤密装置如图 8－18 所示。驱动装置（2）（马达或液压马达）与工作部分的输出轴刚性连接，而该轴相对于滚轮（4）是偏心设置，则回转的轴线与滚轮的中心线在回转过程中形成了角度 $\phi$。工作时滚轮沿螺旋线转动，旋入土中，形成钻孔并挤密孔壁。角度 $\phi$ 决定了转动滚轮步长，即偏心轴回转一周的进尺。

## 二、非开挖原位换管技术

该技术是指以预修复的旧管道为导向，将其切碎或压碎，将新管道同步拉入或推入的换管技术。

*胀管法*　专门采用气动锤或液压胀管器，在卷扬机牵引下将旧管切碎并压入周围土层，同时将新管拉入。该方法可使管道的过流能力不变或增大，施工效率高、成本低，但要注意旧管破碎下来的碎片可能会对新管造成破坏。

*吃管法*　以旧管为导向，用专门的隧道掘进机将旧管破碎形成更大的孔，同时顶入直径更大的管道。该技术能增大管道的过流能力，主要应用于深污水管道的更换。

## 三、非开挖管道原位修复技术

管道修复技术因为原位固化法（国内通常称为翻转法）、折叠内衬法、变形还原内衬法而产生了巨大的变革。CIPP 是一种把液体热硬化饱和树脂材料插入到现存的管线中，然后通过水力翻转、空气翻转或者机械绞车和缆线拉拽内衬材料的方法进行管道修复。折叠内衬法和变形还原内衬法是将折叠或者变形的缩小了横截面积的热塑管道，拖到需要进行管道修复的位置，再利用热能或者气压来对折叠或者变形的热塑管道进行恢复复原。CIPP、FFP 和 DRP 技术在美国已经广泛使用，受到越来越多使用者的好评。随着市场需求量的增加，管道原位修复技术的价格竞争和技术竞争日趋激烈。同时社会对于管道无破坏原位修复技术人才的需求也与日俱增。

CIPP、FFP 和 DRP 产品是实际工程系统和现有产品的集合。对于 FFP/DRP 产品，有标准尺寸比例（内衬直径和厚度的比例）要求，但是安装的方法和材料的选择都会随着生产商的不同而改变。CIPP 系统可以适应不同的管道建设需求，包括不同的需要修复内衬的尺寸、不同的安装方法和修复方法等。为了能够提供高质量的 CIPP 产品，生产商必须根据实际工程设计特定的 CIPP 产品。本书作为对非开挖修复管道工程的指导，将介绍给工程师需要考虑的数据、检验设计公式并提供了帮助设计和具体化修复系统的相关资料。

CIPP 和 FFP/DRP 系统管道修复能力经过多年的研究、发展以及现场评估已经取得了长足的进步。CIPP 产品现有直径尺寸为 100～26000 mm，长度为 340～1000 m。FFP/DRP 产品现有直径为 75～1000 mm，最大安装长度为 500 m。对于不同形状的管道接头，包括肘状、弯曲状和平状接头都可以成功的连接，但是需要特殊的设计考虑。例如在下水道管道修复中，必须考虑到内衬修复支路的可行性。

聚酯纤维材料是 CIPP 系统常用于下水道管道修复的材料，乙烯基酯和环氧树脂构成的修复系统可以适用于高腐蚀、强溶解和高温环境。聚氯乙烯和高密度聚乙烯薄膜这两种修复材料适用于 FFP/DRP 系统，经过多年在下水管道系统中的应用实践证明其对于防腐和防磨效果显著。

美国测试和材料协会（ASTM）制定了一些关于 CIPP 和 FFP/DRP 的标准测试方法和针对实际工程材料的个性化设计方法。在设计和修复管道系统时，一个完整的下水道评估方法包括渗透和流动的评估，设计时也必须要考虑结构的分析和水力学条件。某种特定的修复技术对于另外一种特定的管道力学失效效果显著。因此，管道修复技术要根据不同破坏机理、尺寸和形状的管道量身设计，这样才能获得需要的、正确的管道修复效果。对于评估下水道系统的工作条件，常规方法有查看过往记录、实地勘察、实地测试、预清理，临时检测以及流量、腐蚀和结构条件分析、预防荷载失效分析以及加强下水道的水力承载能力分析等。无论如何，工程师必须对现有的下水道系统有一个很好的了解，这样才能设计出有效的管道修复方法。

对于抗腐蚀能力的评估，树脂内衬供应商生产时已经对他们的树脂材料进行了标准化学测试。测试内容包括测试特殊条件下暴露于下水管道系统中不常见的化学物质和进行特殊的测试。化学腐蚀可能会因为压力导致的内衬变形而加速，这些情况会出现在内衬硬化，特别会出现在玻璃纤维管道中。还有一些标准化学腐蚀测试，工程师必须根据实际工程做出判断是否需要进行额外的测试以及失败评定的非标准测试。在内衬设计过程中，必须考虑到现存管道的恶化情况对于内衬承载的影响。部分损坏和完全损坏是两种典型的结构损害方式。在部分损坏条件时，可以认为管道是结构完好的，修复完成后管道能够保证原有的使用寿命，原有的管道能够继续支持土体荷载和地面荷载。修复内衬必须能够支撑来自原有管道破裂处的裂隙水的水压力。

传统的计算内衬静水压力的屈曲方程是建立在经典的铁摩辛柯梁公式上的，适用于不受限制的圆形管道。通过参数的优化，这一公式适用于主管道和支路管道椭圆度的计算，这一方程可以保守预测最大值为 10%的 CIPP 和 FFP/DRP 的主管道椭圆度屈曲率。当主管道的屈曲率超过 10%时，需要进行特别的计算和处理。在完全破坏条件下，我们认为现存管道没有承载土体和载荷的能力，或者期待在管道修复之后可以达到这一状态。在用铁摩辛柯梁公式计算时，我们考虑内衬可以承载周围土体载荷。标准灵活的管道设计方法考虑屈曲阻力、椭圆度变化产生的弯曲压力以及管道的刚度和形变。管道设计中，必须要考虑和设计用于支撑土体压力的足够量的支路管线。所以，对于与管道相互作用的土体，在管道设计之前必须要进行地质勘查。设计过程中，通常是假设所有的下水管道为全部结构损害，但是这样可能会导致过度保守的设计，从而削弱 CIPP 和 FFP/DRP 这些新技术相对于传统技术的竞争力。

大多数的管道供应商提供的下水道设计寿命是 50 年。美国管道协会对 CIPP 和 FFP/

DRP 的长期强度进行了实验测试，测试结果显示当塑料管道由于载荷和使用年限的原因，材料会产生蠕变，表现为管道的屈曲强度减小。

目前的实际工程对于内衬分析显示，内衬实际受到的长期屈曲压力小于实验室的预期值。所以考虑到假定的弹性模量值、蠕变因素和制约因素等，目前的实验室得到的数值是保守估计的结果。但是，这些数值不能单独考虑，必须建立在可靠的实验结果和整体系统的表现上。基本上，短期强度实验数据，不能单独正确地反映 CIPP 和 FFP/DRP 的长期强度。

现场实际工程一般都不是在理想状态之下，所以工程设计需要考虑到现场不确定因素的安全系数。目前来说，安全系数根据现场实际情况一般在 1.5～2.5 之间。随着对材料性能的了解，这一参数可能会减小，这样可以减少过于保守的估计从而减少设计费用。安全系数也是建立在实际管道安装的质量上的，这和现场的具体情况和施工工艺密切相关。

要从系统工程整体上考虑 CIPP 和 FFP/DRP 内衬对于管道静水压力能力的影响。管道修复可以通过增加或者减少管道流量来影响静水压力。管道尺寸的改变一般会减少管道流量的横截面积以及水力半径的计算参数。尽管这些因素减少了管道的横截面积，但是实际的流量会因为渗透量的减少和主管道粗糙度的减少而得到保持。一味强调管道局部的修复，会导致其他部位附加的破坏从而产生新的问题。

如果不能提供关于管道支路和窨井的充足信息，内衬系统的设计就会产生问题。内衬供应商必须要在内衬系统安装前、后定位所有的管道支路和窨井。远程控制切割技术和闭路电视技术可以用于打开和勘查需要修复的管道支路，机器人技术可以用于修复主管道的表面。如果设计要求减少渗流量，内衬必须保证在支路部位的绝对密封，从而确保管路没有渗流。

CIPP 的相应材料组成必须要仔细选定。管材必须和指定的树脂系统相容，这样才能保证分解、叠层以及其他的退化失效形式不会因为材料的不相容性而发生。同样要在径向和轴向留好配合公差。调整好合适的树脂饱和度以填补树脂的所有空隙。对于准确合适的修复技术，需要严密控制加热源、加热速率、温度分布以及加热时间。应该注意一些不合适的树脂修复的情况，包括管道的断裂、设备故障和对于温度观察设备的检测疏忽等。

现场树脂内衬样品的收集对于评估内衬的性质至关重要。现场安装和修复条件会使内衬的性质和实验室里测试的性质有较大差别。现场试样要进行安装厚度等其他性质的评估。施工相关事宜对于选择一个独特的修复技术也很重要。主要的施工相关事宜包括：安全评估、准备工作、施工方法和现场勘查。最重要的是工程施工人员和施工方要熟悉施工工艺，施工人员要经过系统训练或者有丰富的工作经验。

修复管道对于公众的告知也至关重要。对于受到管道修复施工气味、噪声以及交通等影响的单位，必须予以提前通知。

以下是两种原位修复技术的简单介绍：

*原位固化法* 在现存旧管内壁衬一层热固性物质，通过加热使其固化形成致密的隔水层。施工时检查欲修复管道的状况并将其清洗干净，将充填有树脂的编织管从入口通过绞车拉入或靠压力推入管中，靠气压或水压的作用使编织管紧贴旧管内壁。衬管就位后通入热气或水蒸气使树脂受热硬化，在旧管内形成一平滑无缝的内衬。

*滑动内衬法* 在欲修复的旧管中插入一条直径较小的管道，然后注浆固结。该法可用在旧管中无障碍、管道无明显变形的场合，优点是简单易行、施工成本低；缺点是过流断面损失较大。

# 第九章　其他岩土工程施工方法

## 第一节　脉冲放电法

### 一、概述

液相介质中发生高压脉冲放电时，在液体内部放电区域产生极高的压力，这种压力可以广泛应用于实践当中，尤特金把这种电能转化为机械能的新方法称为“液电效应”。目前国内外对该技术的研究和应用越来越广泛，如可用于液电成型、矿藏勘探、建筑、农业、医疗、生物技术、化学和环境保护等领域。

在20世纪50年代末期，苏联的Г. М. Ломизе教授第一次将该方法应用于密实饱和砂土，液体中高压脉冲放电时会产生上万个大气压的冲击波压力，此冲击波压力经由液体传播给周围松散饱和砂，直至破坏其结构，并使其颗粒更加细小，因此使饱和砂土更加密实。在1967～1969年，Лейн和Пристли又一次证实了液体中高压脉冲放电能够产生冲击波压力的事实。70年代末80年代初，在苏联的В. М. Улицкий和Г. Н. Ясевич教授的领导下研究出应用高压脉冲放电成桩工艺的基本原理，而后Г. Н. Гаврилов和В. А. Попов教授发明了成桩设备。并且该成桩工艺在圣彼得堡进行了20多个项目的实践。20世纪90年代，在俄罗斯莫斯科成立了РИТ公司，公司主要利用高压脉冲放电技术成桩，并在莫斯科完成了大约15个工程项目。在2003年以前，利用该技术成桩的建筑物基础有300多个，其中包括很多著名建筑物都应用了这项先进技术，诸如古老的百货商城，该类型桩使用量超过了10000根，全俄戏剧协会大楼、国家大剧院全部辅助建筑、1529中学的教学楼、大部分住宅楼、办公楼和体育场等，该技术在这些项目中的应用在莫斯科受到了好评。俄罗斯的工程实例足以表明，高压脉冲放电技术成桩具有高的经济效益，随着经验的积累，桩基的容许承载力也在不断增长，在21世纪的今天，各国专家开始关注此项技术。

工作过程　在充满液相介质的钻孔（$\phi$130～300 mm）中放入电极，通入高压电，形成放电现象，电能转变为机械波能，产生冲击波，扩孔（一般扩大两倍）并挤密周围土体。如图9-1所示。

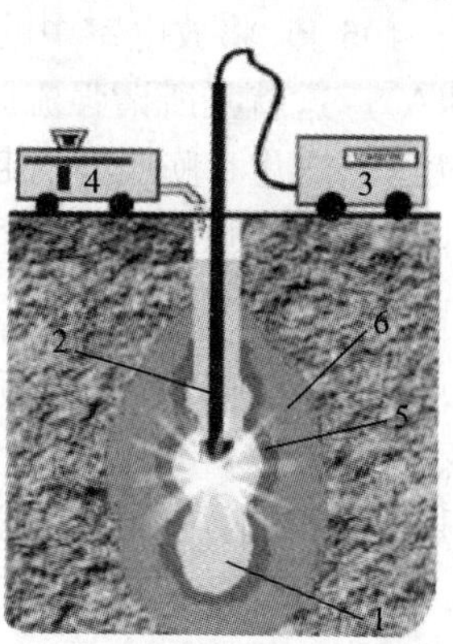

图9-1　脉冲放电技术示意图

1—挤扩孔；2—孔内脉冲放电装置；3—高电压脉冲发生装置；4—注浆罐车；5—挤密孔壁；6—被挤密土体

特点　①挤密土体；②扩大桩身的任意部位；③在狭窄的空间（小于2.5 m的高度）使用小型钻机；④绿色施工技术；⑤若制桩，则承载力可提高2～3倍，成本降低20％～50％。

应用领域　①钻孔桩；②永久性和临时性锚杆；③边坡加固；④建（构）筑物墙身或基础的加固；⑤地基加固。

## 二、工作原理

### （一）放电原理

脉冲放电技术也即脉冲功率技术，就是把“慢”储存起来的具有较高密度的能量，进行快速压缩，转换或直接释放给负载的电物理技术。一般来说，脉冲功率技术装置包括初级能源、中间储能和脉冲形成系统、转换系统以及负载。所以就其实质来讲，脉冲功率技术最主要的就是能量的压缩和转换。脉冲水下放电主要是利用所谓的“液电效应”，其原理如图 9－2 所示。

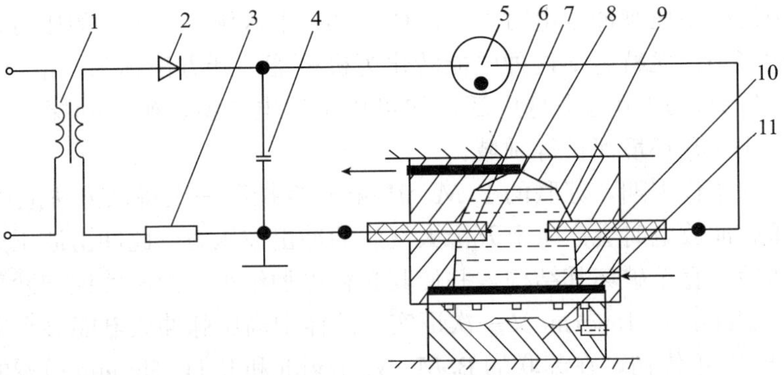


图 9－2　液体中放电原理示意图

1—升压变压器；2—整流器；3—限流电阻；4—电容器；5—隔离间隙（开关）；6—排液通道；7—液体介质；8，9—电极；10—隔离板；11—放电室

当外加电源接通后，电源通过整流器（2）向电容器（4）充电，当电容器的电压（也就是两极（8）和（9）之间的电压）上升到两极间介质的击穿电压时，放电间隙被击穿，电容器快速放电，把储存的能量瞬间释放。一般放电时间为 1～10 $\mu$s，此时释放的能量（大约为 103～106 J）将放电室中的介质加热到高温，并产生极强的放电电流（可以达到数 kA 至数百 kA)，这就是所谓强流脉冲放电效应。由于巨大能量瞬间释放于放电通道内，通道中的水就迅速汽化、膨胀并引起爆炸，爆炸所引起的冲击压力可达（103～105）$\times 10^2$ kPa，这种水中放电产生强烈爆炸的效应又称为液电效应。

**1. 力学效应**

液体中放电时，放电通道周围的液体瞬时气化并形成气泡，高速剧烈膨胀而爆炸，产生强烈的冲击波，其压强可达到 100 kPa 以上，有的高达 10 GPa。冲击波的前沿速度达 10～50 km/s，同时施加给不可压缩的液体以及其中的物质。可用于薄壁工件的快速成型、冲压、冲孔、切断、拉伸等，可用来粉碎材料、破碎岩石、清洗零件、强化材料表面、杀菌、粉碎细胞、细胞融合等。

**2. 电磁效应**

液体中放电时，会产生极大的冲击大电流，可达到几百到数百万安培，会伴随产生几百到几千万高斯的强磁场和极大的磁场梯度，以及频率很宽的电磁波辐射。对带电粒子会产生极强的电动力、磁力等作用，可用于工件的成型，加速化学反应，干扰、诱发和破坏生物体及细菌、病毒的生活能力。可用来研究强磁场中物质（生物或非生物）的基本特征等。

**3. 热学效应**

在放电通道内，由于等离子体（带电粒子）的高速运动，相互碰撞，会产生大量的热，使通道温度相当高。通道中心可成上万度甚至几千万度的高温等离子流。当然通道内的温度分布是不均匀的，一般由通道中心向边缘逐渐降低。但由于放电通道极小，如果短时或少数几次放电，对整个液体而言，尤其在液体介质流动的情况下，其整体温升并不高，一般不会因热学效应而引起液体介质特性的变化。

**4. 声学效应**

放电通道中的高温等离子体流，除了使液体介质气化、热分解气化以外，也会使两电极表面材料熔化、气化。这些气化后的液体介质和金属蒸汽瞬时间体积猛增，迅速膨胀，具有火药、爆竹点燃后爆炸的特性，并发出清脆的爆炸声。伴随的强力超声波，可用于海底矿藏的探测，或作为电火花的振源等。

**5. 光学效应**

液体中放电时会发光和产生电晕现象，尤其是高压液体中放电，还会产生极强的紫外光，起强烈的灭菌作用。

**6. 化学效应**

放电通道高温会把液体介质气化，进而热裂分解，产生多种等离子体和基本粒子，如 $H^+OH^-$ 在激励状态下的 O 和 H，以及氧气、氢气和臭氧分子、光子、电子等。这可大大提高化学活性以及化学元素和化合物的亲和力，这一效应可用于乳化、均质等。

### （二）高压脉冲充电放电回路的相关计算

**1. 电容器储存的电场能 $W_e$**

$$W_e = \frac{1}{2}CU_c^2 \tag{9-1}$$

式中：$C$ 为电容器电容；$U_c$ 为电容器充电电压。

**2. 放电功率 $N$**

$$N = \frac{W_e}{I} = \frac{CU_{GK}^2}{2T} \tag{9-2}$$

式中：$U_{GK}$ 为击穿电压；$T$ 为放电时间。

**3. 电极间隙**

$$\delta_j = 6 \times 10^{-5} U^2 C^{3/2} \tag{9-3}$$

式中：$\delta_j$ 为电极之间的间距；$U$ 为电压，kV；$C$ 为电容，$\mu$F。

根据电极之间的距离和放电时间可以将放电的形状（对称）分为两种形式：

1）$\delta_j \ll R_0 \leqslant \lambda$，其中 $R_0$ 为放电室半径；$\lambda$ 为放电产生的波长。此时的放电室形状接近于球形，流体动力场为球对称。

2）$R_0 \leqslant \lambda \ll \delta_j$，放电室形状接近于圆柱形，流体动力场为圆柱对称。

第二种方法保证了能量的最大利用。当放电时间控制在 $\tau = \pi(LC)^{1/2}$ 时，能量利用达到

80%。通过调整放电参数，如 $U$、$C$、$L$、$\delta$ 等可以分配电能用于放电或作为应力波能，或气泡波动能。特别是利用应力波可以破碎岩石、土体，钻孔；利用气泡能量可以挤密和加固软土、制桩、拌和建筑材料等。

### （三）电能的转换和传递

整个脉冲放电过程的能量转换过程包括：①电能转变为冲击波能；②放电中电能转变为气泡能；③电能向放电区的传递。

电能（$E_0$）转变为冲击波能 $E_a$ 时，能量转换效率 $\eta_a = E_a/E_0$；电能转变为蒸汽能 $E_b$ 时，其能量转换效率 $\eta_b = E_b/E_0$；电能向放电区的能量传递效率 $\eta_f = E_f/E_0$（$E_f$ 转变为等离子的能量）。则总的能量利用率 $\eta_0$ 可达 50%以上。

## 三、高压脉冲设备及其技术参数

### （一）国外使用的高压脉冲设备相关参数

放电设备的参数：能量转换约 $10^6$ J；放电室压力达到 $10^4 \sim 10^8$ Pa；工作电压到 70 kV；放电室产生的电流 $10^2 \sim 10^6$ A；频率达到 $10^2$ Hz。

电极系统（图 9－3）的主要要求是有最大的工作寿命。电极寿命主要取决于其放电部分的耐磨蚀能力和绝缘材料在接触面上电流密度 $I = 10^{10}$ A/m$^2$ 时的耐久性。中心电极杆的直径 $d = (8 \sim 12) \times 10^{-3}$ m。电极材料可使用钨、钼、镍、钢、铜等几种材料组成的合金。

为保证放电过程安全可靠，在电极间的绝缘材料上采用了玻璃纤维、聚乙烯、真空橡胶、氟塑料。

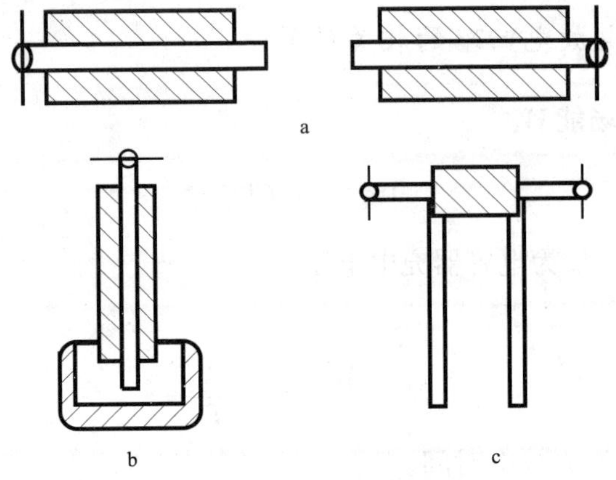


图 9－3　放电设备的电极系统

a—直线形；b—同心闭式型；c—长电极型

### （二）HDVID50 高压脉冲放电装置

为了深入研究高压脉冲放电技术的应用，吉林大学委托俄罗斯托木斯克理工大学高压电技术研究所研制了 HDVID50 高压脉冲放电装置，其结构和性能参数如下。

**1. 脉冲放电装置的使用条件和技术性能**

该装置应放置在温度为－15～＋30 ℃之间的空气环境中，空气相对湿度低于 95%，大气压在650～800 mm Hg范围内使用。

电网电源要求　电源电压：220/380 V；频率：50 Hz；功率：10 kW。

脉冲电流发生器参数　脉冲电压幅值：9 kV；脉冲能量：50±10％ kJ；脉冲作用频率：≤0.2±25％次/s；放电电容：1600±10％ μF。

扩桩参数　孔深（最大值）：20 m；孔径（最大值）：0.4 m；材料：细粒混凝土。

**2. 高压脉冲放电装置（HDVID50）的组成**

高压脉冲放电装置各部件如图9－4所示。

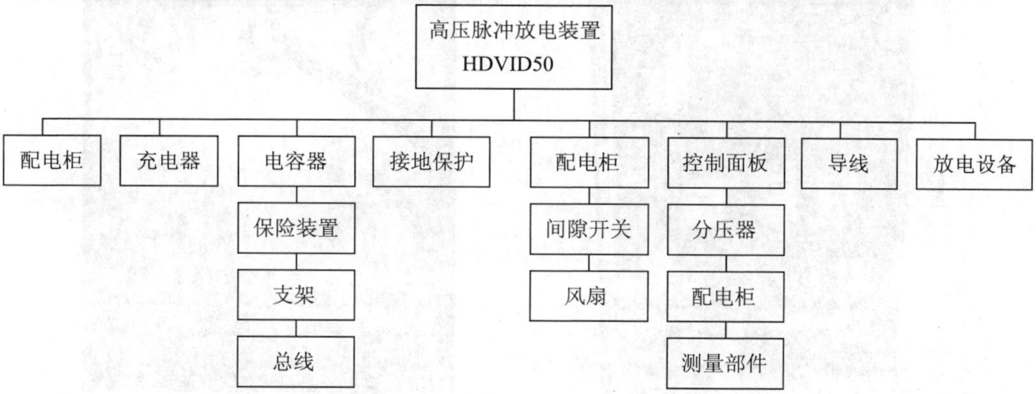


图9－4　高压脉冲放电装置总体布置

高压脉冲放电装置如图9－5所示，主要由充电电路、放电电路、接地电路、操纵和信号电路组成。充电电路包括高压变压器、电容和脉冲电流发生器；放电电路包括电容、间隙开关、导电电缆和负载；接地电路包括外部接地的负荷元件、低势能放电总线端头用接地螺栓接地；操纵和信号电路包括配电柜、操纵桌面和远程操纵平台。

图9－5　高压脉冲放电装置总布置图

装置的电路系统如图9－6所示。

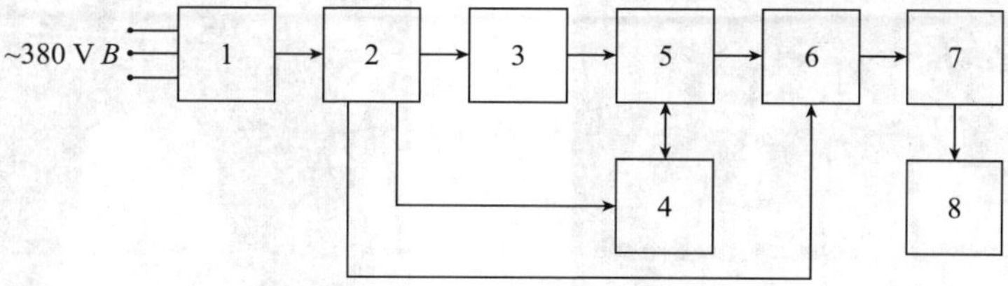


图9－6　高压脉冲电路系统图

1—配电柜；2—操纵面板；3—充电器；4—接地保护设备；5—脉冲电流发生器；6—脉冲电流发生器整流器；7—导线；8—放电设备

## （三）装置各部件的功能及技术描述

**1. 配电柜**

配电柜（图9－7）的主要功能是为高压脉冲放电装置提供交流电源，要求电网电压为

380 V，为了确保装置的安全，在配电柜中设有保险装置和总开关。

**2. 充电设备**

充电设备（图 9－8）的主要作用是将电网动力交流电压转化为指定大小的直流高电压，以便完成脉冲电流发生器内电容器充电。为了保证电容器顺利充电和能够产生具有一定频率的脉冲，要求充电设备必须具有一定的功率。

图 9－7　配电柜

图 9－8　充电设备

**3. 脉冲电流发生器**

脉冲电流发生器（图 9－9）是高压脉冲放电装置的重要组成部分，它的功能是在电压值为 9 kV 时储蓄脉冲能量到 50 kJ。高压脉冲电流发生器由电容 75 μF、额定电压为 16 kV 的电容组成的电容器。发生器由八组电容器并联连接，且每组电容器由两个电容并联组成，每组电容器都有高电压保险装置。

图 9－9　脉冲电流发生器

图 9－10　间隙开关

**4. 间隙开关**

间隙开关（图 9－10）通常有火花放电开关、两电极放电开关、三电极放电开关及多电极开关等多种形式，本装置采用的是三电极放电开关，其主要功能是启动脉冲电流发生器。

**5. 接地保护装置**

接地保护装置（图 9－11）的主要功能是在有效切断电流或者紧急切断电流时保证从脉冲电流发生器的电容中移走剩余电荷，确保装置断电。它包括电磁铁保护和可移动的接地保护。这是脉冲放电非常重要的问题，处理不当就会导致设备不能正常工作，甚至导致人身伤亡时间的发生。接地装置需要满足在有效断开电流或者应急断开电流后迅速将剩余电荷从脉冲电流发生器的电容器中排除，保证设备和人身安全。

**6. 操纵面板**

操纵面板（图 9－12）应用于远程操纵装置。在操纵台中布置变压器、整流器、检测—测量仪器，它是远程调度台。

图 9－11　电磁继电器

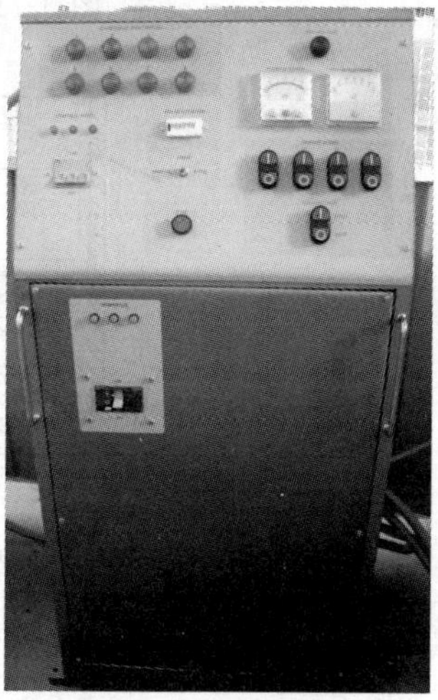

图 9－12　操纵面板

**7. 放电电缆**

放电电缆（图 9－13）的选择要求是在传送过程中，最低程度地损耗脉冲幅值和保证在短时间内将高压脉冲传送到放电设备，导线是由具有高电伏、强脉冲能力的电缆制成，长度 40 m，如图 9－13 所示。

**8. 放电设备**

放电设备（放电头，图 9－13）是放在液态混凝土中的“放电头”，可将电能转化为机械能，产生冲击波压力，它是具有两个电极的放电系统。其中放电头的两电极之间的间隙长度选择非常重要，它是放电扩桩效果的重要影响因素之一。

## 四、挤密土体机理

放电设备可以在地表（图 9－14a）或地下（图 9－14b）挤密土体。在脉冲能量作用下，土体可作为“可塑材料”来考虑。在放电条件下，土体作为完整的塑性介质，其密度在载荷作用下按某一规律变化，然后等于某一常数 $\rho$。当土体、混凝土、砖和其他材料中的应力超过了其自身的屈服点较大时，都可以按这一模式描述，孔中挤密土体属于圆柱对称问题。

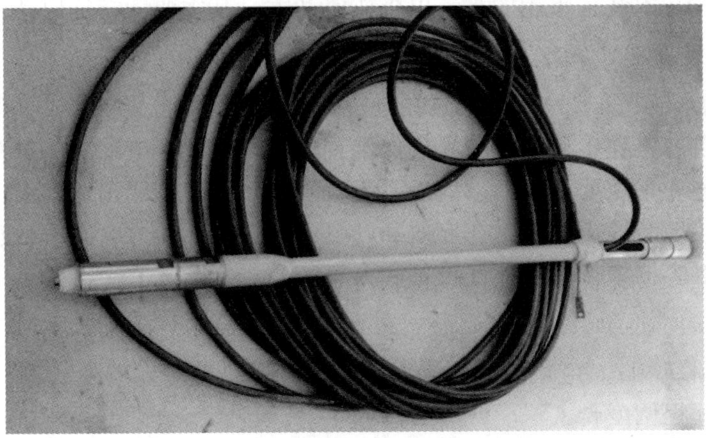

图 9-13　放电设备与放电电缆

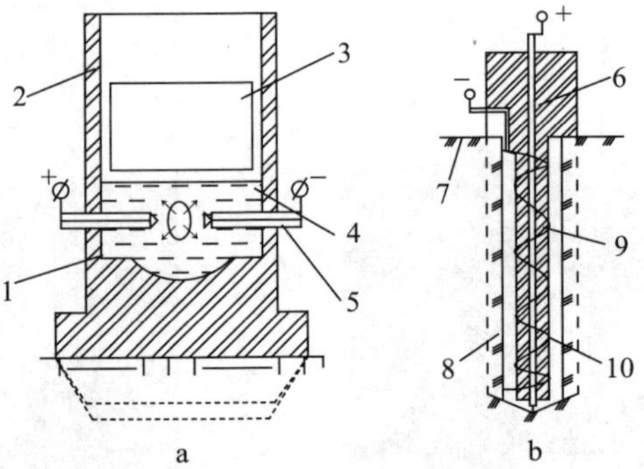


图 9-14　土体挤密示意图

a—地表挤密；b—孔内挤密

1—液体；2—夯锤的外壳；3—移动活塞；4—隔板；5—电极；6—钻孔；

7—被挤密的土体；8—电极；9—绝缘体；10—爆炸导线

## （一）高压脉冲放电扩径理论

高压脉冲放电扩径的变化是一个复杂的动态过程，它与脉冲放电次数、放电能量及土的变形模量等性质参数有关，为了评价放电参数与孔径变化的关系式，根据弹性力学公式可确定土体的变形模量 $E_0$：

$$E_0 = \omega \frac{b\Delta P(1-\mu^2)}{\Delta s} \tag{9-4}$$

式中：$\omega$ 为量纲为一的沉降影响系数，可取 0.8；$b$ 为压模直径；$\mu$ 为桩周土的泊松比，黏土可取 0.25～0.45；$\Delta P$ 为压力荷载；$\Delta s$ 为土的沉降量。

设钻孔内部放电形状呈圆柱形，土体变形模型如图 9-15 所示。

圆柱的高度取放电通道长度 $l_0$，半径 $R_i$ 取放电通道与介质边界的距离，$R_i$ 在每次冲击荷载作用下发生不连续变化，按照这样的模型脉冲放电，当施加第 $i$ 个脉冲时：

$$S_i = 2\pi \cdot R_i \cdot l_0 \tag{9-5}$$

当施加第 $i+1$ 个脉冲时：

$$S_{i+1} = 2\pi \cdot (R_i + \Delta R_i) \cdot l_0 \tag{9-6}$$

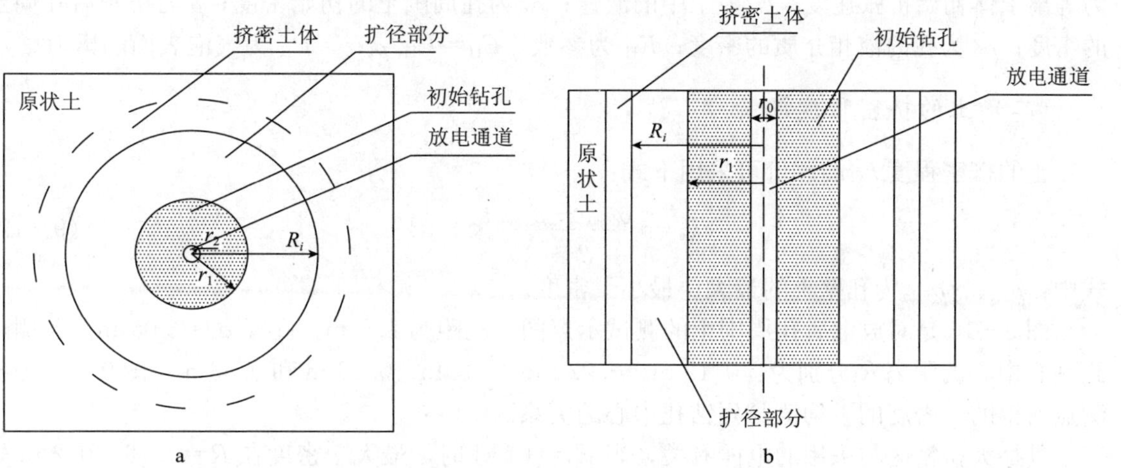


图 9-15　土体挤密模型

a—挤密模型平面图；b—挤密模型剖面图

式中：$\Delta R_i$ 为在冲击压力作用下孔径的变化值。

当（$r/2R_i$）$P_m \gg P_0^*$ 时，表达式（9-4）可写成：

$$E_0 \approx \frac{(1-\mu^2)\cdot\omega\cdot 2\pi\cdot R_i\cdot l_0\cdot r_0\cdot P_m}{2\pi\cdot l_0\cdot R_i\cdot\Delta R_i} = \frac{(1-\mu^2)\cdot\omega\cdot r_0\cdot P_m}{\Delta R_i} \tag{9-7}$$

式中：$P_m$ 为放电通道内产生的最大压力值；$r_0$ 为放电通道半径。

考虑公式中的所有数值参数，将 $\mu=0.3$，$\omega=0.8$ 代入式（9-7），可得第 $i$ 个脉冲后孔径的变化为：

$$\Delta R_i \approx \frac{0.7\cdot P_m r_0}{E_0^*\cdot N_i} \tag{9-8}$$

每次脉冲作用都会使孔径增大，当施加 $N$ 个脉冲时，孔径增大值的总和可根据累加法计算，表达式为：

$$\sum_1^n \Delta R_i \approx \sum_1^n \frac{0.7\cdot P_m r_0}{E_0^*\cdot N_i} \tag{9-9}$$

式中：$N_i$ 为脉冲编号；$n$ 为脉冲次数。

在式（9-8）和式（9-9）中，土的变形模量 $E_0$ 随脉冲的作用而变化，它的变化规律需要专门的研究。为了便于研究桩径变化规律，可将变形模量 $E_0$ 看为常数，取其最初值为 $E_0^*$，该值根据土力学实验确定。

为了评价高压脉冲放电对桩周土的影响及扩径程度，根据质量守恒定律对孔内液体、孔周土体及能量消耗进行分析，令孔径变化程度 $\Delta=(R-R_0)/R_0$，则在“放电－土体”体系中：

$$\Delta = \frac{u_0 r_0^{2/3}}{c_0 R_0^{2/3}\sqrt{2E_H}}\exp\left(\frac{\left(\frac{R}{r_0}\right)^2}{2\ln\omega\left(\frac{R_0}{r_0}\right)}\right) \tag{9-10}$$

$$\omega = \left(\frac{1}{1-\frac{\rho_0}{\rho_1}}\right)^{\rho/\rho_1} \tag{9-11}$$

式中：$R$ 为放电时相应的扩孔半径；$R_0$ 为放电前的钻孔半径；$r_0$ 为放电前的汽泡半径；$u_0$

为等离子体初始扩张速度；$c_0$ 为土中的波速；$\rho_0$ 为孔周围土的初始密度；$\rho$ 为挤密后孔周土的密度；$\rho_1$ 为孔内液相介质的密度；$E_H$ 为参数，$E_H=P_H/\rho_1 c_0^2$，$P_H$ 为气泡表面的压力。

### （二）土的挤密程度评价

土的挤密程度 $k_y$ 的评价可采用下式：

$$k_y=\frac{\rho_{dmax}-\rho_{dmin}}{\rho_{dmax}}\times 100\% \tag{9-12}$$

式中：$\rho_{dmax}$、$\rho_{dmin}$为孔壁土的最大、最小干密度。

图 9-16 是对放电后孔周围土的测试示意图。孔距为 1.0 m，孔径 $d$=0.05 m。各测点到钻孔中心的距离 $R$ 分别为：0.12 m、0.22 m、0.32 m、0.43 m 和 0.53 m。图 9-17 为各测点所得的干密度的平均值与到钻孔中心的关系。

其最大挤密区与采用的电能有关，当 $E_0$=10 kJ 时，最大干密度在 $R$=0.18～0.2 m 处（图 9-17）；当 $E_0$=40 kJ 时，最大干密度在 $R$=0.4～0.43 m 处。

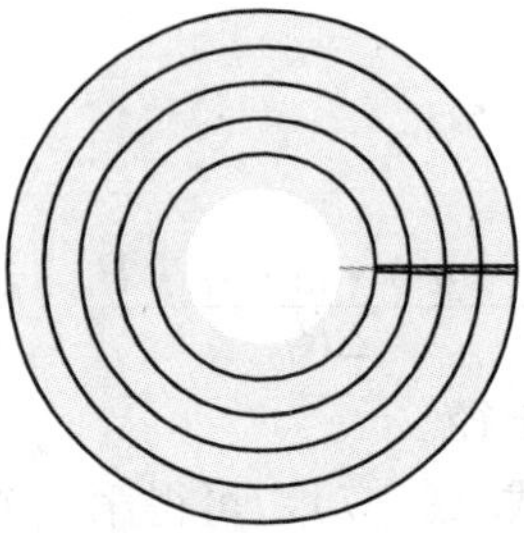

图 9-16　孔周围土密度测试示意图

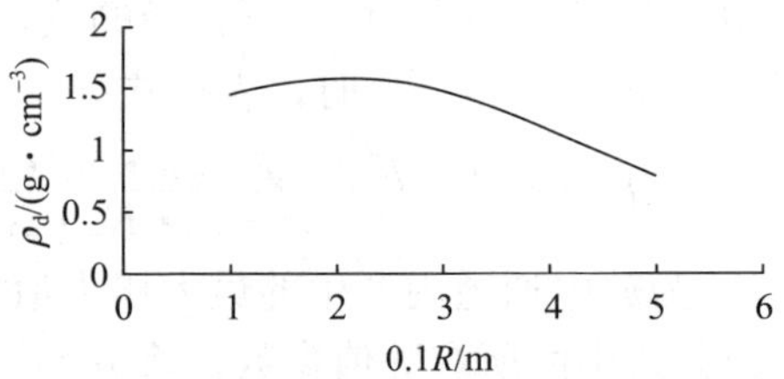


图 9-17　土的干密度与孔中心距之间的关系

在试验的基础上可以确定放电设备的相关参数如下：

电能：$E_0$=20～100 kJ；工作电容：$C$=400～2000 pF；工作电压：$U$=10 kV；挤密区径向范围：0.2～0.8 m；土的挤密程度：$k_y$=10%～30%；设备的工作频率：0.02 次/s；电源功率：5～10 kW；设备效率：5～7 $m^3$/h；设备质量：(2.5～4)×$10^3$ kg；占地范围：1.5 m×2 m×2.5 m。

## 五、高压脉冲放电扩桩试验

### （一）试验方案

本试验设计方案及高压脉冲放电参数见表 9-1。

**表 9-1　试验设计方案**

| 桩号 | | Z—1 桩 | Z—2 桩 | Z—3 桩 |
|---|---|---|---|---|
| 钻孔深度/m | | 3 | 3 | 3 |
| 钻孔直径/mm | | 150 | 150 | 150 |
| 放电位置 | | 深 1.5 m 和 2.5 m 处 | 深 1.5 m 和 2.5 m 处 | 深 1.5 m 和 2.5 m 处 |
| 放电参数 | 电压/kV | 7.5 | 7.0 | 6.5 |
| | 电容/μF | 750 | 750 | 750 |
| | 能量/kJ | 21.1 | 18.4 | 15.8 |

续表

| 桩号 | | Z—1桩 | Z—2桩 | Z—3桩 |
|---|---|---|---|---|
| 放电次数 | 1.5 m处 | 10次 | 10次 | 10次 |
| | 2.5 m处 | 14次 | 14次 | 14次 |

试验采用标号为M32.5的复合硅酸盐水泥，砂子采用普通河砂，水采用吉林大学地质工程专业实习基地的自来水。为了降低试验成本，提高浇筑液体材料的流动性，故浇筑成桩的材料选择配制的水泥砂浆，这样不仅降低试验成本，还有助于提高高压脉冲装置的扩桩效果，保证了成桩质量，水泥及砂浆性质见表9-2和表9-3。

**表9-2　水泥物理力学性质**

| M32.5 | 细度/% | 标准稠度用水量/% | 初凝时间/min | 终凝时间/min |
|---|---|---|---|---|
| | 1.6 | 28.5 | 210 | 300 |

**表9-3　水泥砂浆性质**

| 水泥：砂：水=1.0：3.0：0.7 | |
|---|---|
| 水灰比 | 砂浆稠度/mm |
| 0.7 | 40～60 |

（二）试验过程

**1. 钻孔**

采用GJ-100钻机钻孔，成孔钻机及所成钻孔如图9-18和图9-19所示，钻孔K—1孔、K—2孔、K—3孔深均为3 m，孔径150 mm。经钻孔勘察可知，K—1孔和K—2孔在孔深1.0 m以下均为原状土，可用来放电扩桩进行试验研究，K—3孔在深1.5 m处为砖块，孔深2.5 m处为原状土，故对K—3孔只可在2.5 m处做试验。

图9-18　试验钻机GJ-100

图9-19　试验所成钻孔

**2. 钻孔的浇筑**

通过导向管向孔内浇筑已配制好的水泥砂浆，直至距孔口大约20～30 cm处为止，需要说明的是下一步将在孔内安装放电头，因此放电头会占有部分体积并将整个孔挤满。

**3. 放电头的安装**

首先对孔K－1进行施工，安装放电头，将其固定在孔深为1.5 m处，安装过程如图9－20所示，安装放电头完毕后，再次向孔内浇筑砂浆，直至浇满整个钻孔，图9－21为浇满整个钻孔并安装好放电头的待放电状态。本试验中由于钻孔较浅，因此放电头简易用绳子固定于孔内设计标高，在实际较深钻孔中应用时，可用钻杆控制放电头在孔内的高程。

图9－20　正在安装放电头

图9－21　固定后的放电头

**4. 高压脉冲放电处理**

将高压脉冲放电装置接通电源，首先在K—1孔深1.5 m处启动放电，在控制面板上选择电压$U=7.5$ kV，电容$C=750$ μF，根据公式$W=CU^2/2$计算，能量$W\approx21.1$ kJ。要求放两次电后停止放电，观看钻孔表面水泥砂浆的下降程度并做好记录，然后提升放电头，放电前后钻孔情况如图9－22和图9－23所示，水泥砂浆会在自重作用下充满放电处被加扩的区域，然后再次将放电头安装到孔深1.5 m处，向孔中浇筑水泥砂浆至孔顶，再放电两次，

图9－22　脉冲放电处理前

图9－23　脉冲放电处理后

循环操作这个工序，直至孔中水泥砂浆液面变化不明显时停止，即扩径达到极限，此时停止放电，记录放电次数，此试验在K—1孔深1.5 m处放电10次。

按照这个工序分别对K—1孔、K—2孔、K—3孔的不同深度进行高压脉冲放电处理，详细情况见表9-4。

**表9-4　各孔实际放电处理情况**

| 位置 | 孔号 | K—1孔 | K—2孔 | K—3孔 |
|---|---|---|---|---|
| 放电次数 | 1.5 m处 | 10 | 10 | — |
| | 2.5 m处 | 14 | 14 | 14 |

**5. 提出放电头**

待整个孔内放电完毕后取出放电头，取出后孔内水泥砂浆会在自重作用下下沉，填满放电头所占空间及放电加扩处，再向孔中浇筑水泥砂浆直至充满整个钻孔。

（三）试验结果

试验结束后，对所成的桩进行养护，为了不破坏桩在地下的基本形状，待桩已成型且具有一定强度后，采用人工挖桩，挖出后的桩如图9-24所示，从左至右分别为Z—1桩、Z—2桩、Z—3桩，从图9-24中明显看出放电处的桩径变大。为了研究放电次数、放电能量与桩径扩大的关系，分别对每个桩扩大处进行尺寸测量（图9-25），实测结果见表9-5。

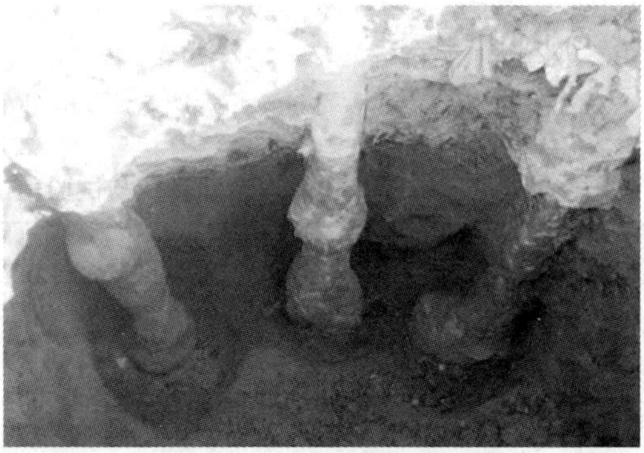

图9-24　挖出后的桩

图9-25　对已成桩扩大处的测量

**表 9－5　扩桩实测结果**

| | Z—1 桩 | | Z—2 桩 | | Z—3 桩 | |
|---|---|---|---|---|---|---|
| | 1.5 m 处 | 2.5 m 处 | 1.5 m 处 | 2.5 m 处 | 1.5 m 处 | 2.5 m 处 |
| 桩径（横向）/cm | 30.3 | 41.6 | 28.7 | 40.0 | — | 39.5 |
| 桩径纵向/cm | 38.5 | 42.5 | 30.5 | 42.4 | — | 38.8 |
| 周长/cm | 95.0 | 120.0 | 90.0 | 108.0 | — | 105.0 |
| 桩径平均值/cm | 33.02 | 40.80 | 29.29 | 38.93 | — | 37.25 |

分别对 3 个桩不同位置的桩径变化试验值与计算值进行对比，对比结果如图 9－26、图 9－27 和表 9－6 所示。

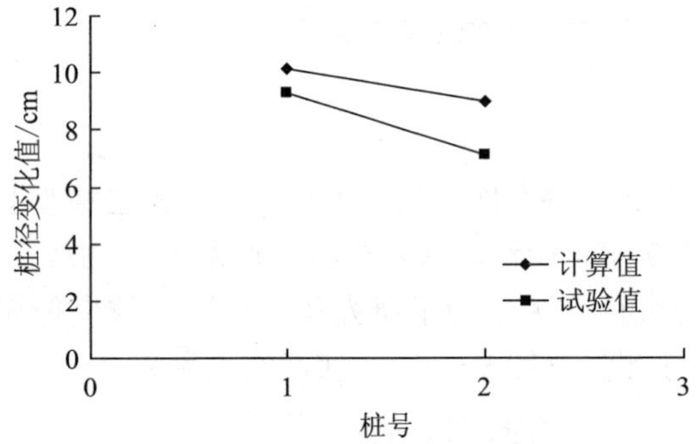


图 9－26　Z—1 桩、Z—2 桩在深 1.5 m 处的计算值与试验值比较

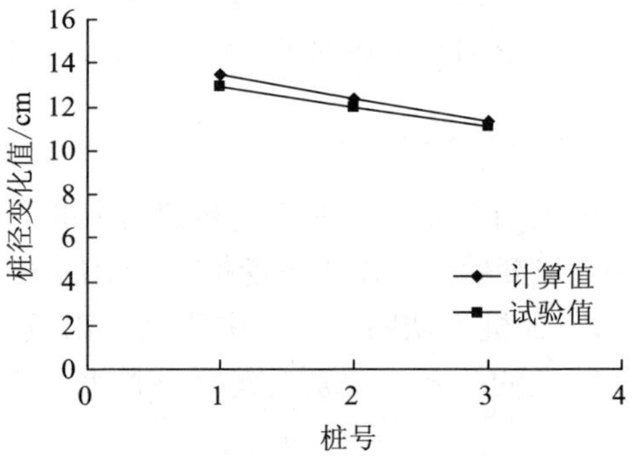


图 9－27　Z—1 桩、Z—2 桩、Z—3 桩在深 2.5 m 处的计算值与试验值比较

**表 9－6　放电处理后桩径变化的理论计算值与试验值的比较**

| | | Z—1 桩 | | Z—1 桩 | | Z—3 桩 | |
|---|---|---|---|---|---|---|---|
| | | 1.5 m 处 | 2.5 m 处 | 1.5 m 处 | 2.5 m 处 | 1.5 m 处 | 2.5 m 处 |
| $\sum_{1}^{n}\Delta R_i$ | 计算值 | 10.11 | 13.48 | 9.29 | 12.36 | — | 11.36 |
| | 试验值 | 9.01 | 12.90 | 7.14 | 11.97 | — | 11.12 |
| 计算值/试验值 | | 1.12 | 1.04 | 1.30 | 1.03 | — | 1.02 |

从表 9－6 可以看出，桩径变化的试验值与理论值符合程度较好，但试验值比理论值稍小。究其原因是土的实际变形模量与计算取值略有差异，而且脉冲放电作用过程中土的变形模量、含水率和土的密实程度是变化的。

土的密实特性同土的组成与结构、土粒的表面现象、孔隙水、孔隙气及毛细管压力等有复杂的关系。当高压脉冲放电产生强烈的冲击波压力对土体作用时，使土体丧失部分结构强度，土体中的孔隙受到压缩，土体发生变形，桩径得到扩大。当多次脉冲作用时，随着土体的密实，内部的空隙和气体体积逐渐变小，所以孔径的膨胀速率会下降，通过试验与理论研究可确定桩周土体变形主要受外部荷载和土体内部结构影响。

**1. 脉冲放电能量的影响**

放电能量参数较高的桩孔径的变化值比较大。因为在桩周土被完全密实之前，脉冲能量越大，土体的变形越大，即桩径变化越大。这是因为脉冲能量越大，所产生的冲击波压力越大，导致作用在桩周土体的压力也就越大，所以桩周土的塑性变形就越大。

**2. 脉冲放电次数的影响**

孔径变化随着放电次数的增加逐渐变大，且曲线斜率逐渐降低。因为每次放电结束后，对桩周土的压力作用都会产生一个峰值，致使土的有效应力增大，所以桩周土在每一次脉冲作用后都会产生一定的塑性变形，即桩周土受到不同程度的挤密，随着桩周土被挤密的同时，它的变形模量不断增大，故在桩周土被完全挤密之前桩径的变化与脉冲放电次数成正比，而桩径每次的增大量随桩周土的密实情况逐渐变化。

**3. 桩周土孔隙率的影响**

若桩周土的孔隙率较大，则说明在土体中含有很多孔隙，在冲击波压力作用下，桩周土中的颗粒之间就会相互挤压，孔隙中的气体会被挤压至土体外部，还有部分气体会受到进一步压缩，故使土体产生较大变形，被挤压密实。

**4. 桩周土颗粒的影响**

若桩周土的颗粒级配较好，则土体的孔隙率较小，在冲击波作用下桩周土体塑性变形就小，即桩径变化相对也小。相反，桩周土体颗粒级配越差，桩径变化也就相对越大。

**5. 含水量的影响**

当桩周土含水量偏干时，土颗粒见水少而气多，在外界压力作用下，虽然土粒间气体容易被排出，密度可以增大，但是由于薄的强结合水润滑作用不明显，土粒间相互移动并不明显，因此密实效果比较差；当含水率适中时，压力作用下桩周土中的水有利于土粒的移动，因此密实效果较好；当含水量较高时，尤其是孔隙中含有自由水时，压力作用时不能使土中多余的水和气全部排出，孔中孔隙水压力显著升高，降低了桩周土的有效应力，使桩周土体变形较小，密实效果较差。

从以上分析可知，脉冲放电作用后，土中孔隙在冲击波压力作用下被压缩，土体间隙更加紧密，体积变小，即达到扩大桩径的作用，同时土体颗粒间凝聚力增强，变形模量增大，从而承载能力也得到提高。

## 六、对已有建筑物的地基和基础加固

俄罗斯中部某城市教堂为解决教堂墙壁和基础损坏的问题，采用了脉冲放电注浆方法。在墙体上并通过基础钻直径 42 mm 的孔，钻孔间距为 500 mm×500 mm，孔内注入水泥浆。采用放电压浆的方法。此时脉冲放电技术既制桩又加固墙体、基础和地基，如图 9－28 所示。

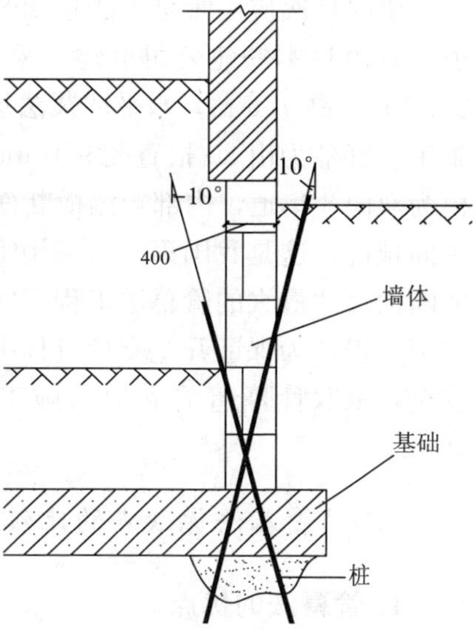

图 9－28　放电压浆方法加固既有建筑物（单位：mm）

1 kJ 的放电电能相当于 0.0834 g TNT 炸药。加固砖墙时提供的能量为 0.3～1.5 kJ，放电频率 10～150 次/min。制桩和加固地基时，开始采用 20～50 kJ/次的电能，放电频率为 3～15 次/m。

# 第二节　管幕钢管施工法

## 一、概述

随着经济发展，人口增加，以及城市不断扩张，交通已日趋拥挤。为缓解不断增大的交通压力，立交结构越来越多地出现在城市里，下穿地道就是一种常用的立交形式。管幕法就是在下穿地道施工中应用较多的一种非明挖施工方法，这种工法也常用于下穿已建高速公路或铁路线的地道施工中。

管幕法，也叫排管顶进法，是一种新型暗挖法施工技术。管幕法的施工原理为在始发井与接收井之间，利用顶管设备顶进钢管到土体中，各单管间依靠锁口在钢管侧面相接形成管排，并在锁口空隙注入止水剂以达到止水要求，形成超前支护，然后在管幕的保护下，施做地下箱涵结构。管幕可以为各种形状，包括半圆形、圆形、门字形、口字形等，采用管幕法时，由于开挖土体或者推进箱涵是在管幕的保护下进行的，因此，地面沉降可以显著减少，施工时开挖面的稳定性也大大增加，同时，由于管幕具有隔离地下水的作用，故施工时无需降低地下水位。

### （一）管幕法的发展与应用

管幕法起源于日本，最早出现在1971年，位于日本Kawase Inae穿越铁路的通道工程采用了管幕法。1971～1980年，采用Iseki公司设备施工的管幕法工程就有六项。欧洲最早采用管幕法的工程是1979年比利时Antewerp地铁车站的修建，该地铁车站位于既有铁路车站的下面。1982年新加坡采用管幕法在城市街道下修建地下通道，24根直径为600 mm的钢管围成管幕。美国首次应用管幕法工程是1994年，管幕钢管直径为770 mm。

中国首次应用管幕工法是1984年在香港修建地下通道。1989年台北松山机场地下通道工程由日本铁建公司承建，采用管幕结合ESA箱涵推进工法施工，长100 m，箱涵宽22.2 m，高7.5 m，水平注浆法加固管幕内土体。2004年，上海中环线虹许路北虹路地道施工，管幕为由80根直径970 mm的钢管组成的矩形，钢管单根长度为125 m。该工程规模为双向8车道，内部箱涵横断面尺寸为34 m×7.85 m，箱涵分8节，每节长度为15.5 m，单向顶进。这是我国第一次采用管幕结合箱涵顶进施工技术，也是世界上在软土地层中施工的断面尺寸最大的管幕法工程。2004年北京地铁五号线崇文门站下穿既有地铁一号线区间隧道工程，为保证开挖支护过程中车站的结构稳定，严格控制地面沉降，保护邻近建筑物的安全，采取管幕超前支护的施工方案，使用30根直径600 mm的钢管，单根顶进距离36 m。

### （二）管幕法优缺点的比较

#### 1. 管幕法的优点

1）不影响地面的正常交通，地面道路不用改道；

2）无需进行道路改建，即不需开挖道路和重新铺设路面；

3）无需进行管线改接（指地面5 m以内的各种管线的位移、复位等），从而不会发生断电、断水、断气等影响市民生活的情况；

4）由于不抽取地下水，地面沉降较小；

5）由于管幕法施工技术没有对附近建筑物产生不良影响，故无须加固房屋地基和桩基；

6）无噪声、无振动，可以 24 h 连续施工；

7）管幕钢管锁口注浆后可有效防止渗漏水。

**2. 管幕法的主要缺点**

1）使用小型顶管机进行施工，要求顶管机具有较高的顶进精度和顶进速度，顶管机研制或购置费用较高，埋入的钢管不能回收，工程投入大，单位延米造价高；

2）当管幕钢管顶进距离较长，箱顶覆土较薄，顶管精度控制不好时，容易引起上层路面的隆起破坏，存在一定的施工风险；

3）箱涵与管幕之间空隙不好控制，如果空隙过大且填充不密实，容易在施工过程中局部路面发生沉降，产生跳车现象。

### （三）管幕法施工流程

管幕法施工流程如图 9－29 所示。

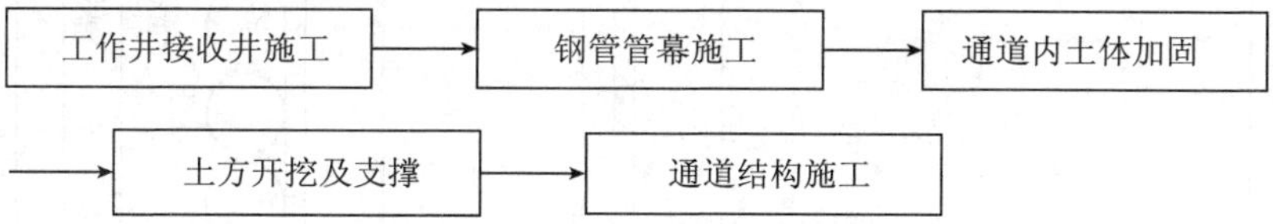


图 9－29　管幕法施工流程

## 二、管幕法的设计内容

管幕法的设计计算以管幕的变形为主要设计依据，日本工法以变形量 5 mm 为设计标准。工程实践表明，通常情况下，管幕变形量小于 5 mm 时，地表沉降可控制在 20 mm 以内。

管幕设计包括管幕施工中钢管幕接头设计、钢管的配置、钢管顶进过程中的一些力学计算；地下构筑物施工中采用开挖方案时支撑的布置、开挖顺序、开挖边坡稳定性评价、地表沉降分析与控制、土体加固设计，以及采用箱涵方案时出洞口地基加固、开挖面稳定计算、顶进力计算、切土网格的结构计算等内容。

图 9－30 为上海某工程采用的管幕结构。表 9－7 为工程中的钢管棚参数表，钢管棚采用外径为 $\phi$786 mm，壁厚 $\delta$＝12 mm 的钢管，上下左右共设置 46 根。

**表 9－7　上海某工程采用的钢管棚参数表**

| 项　　目 | 钢管幕段 |
|---|---|
| 钢管幕长度/m | 25.4 |
| 分节顶进长度/m | 4 |
| 钢管外径/mm | 786 |
| 钢管壁厚/mm | 12 |
| 钢管及锁口材料 | Q235 |
| 管幕配置 | 顶底 14＋14，左右 9＋9，共 46 根 |

续表

| 项　　目 | 钢管幕段 |
| --- | --- |
| 钢管锁口/mm | L75×75×10（与钢管通过焊接连接） |
| 管幕立面外包尺寸/m | 11.966×9.386 |
| 管幕内部净尺寸/m | 10.394×7.814 |
| 管幕与箱涵间的空隙/cm | 上 357，下 357，左 200，右 194 |

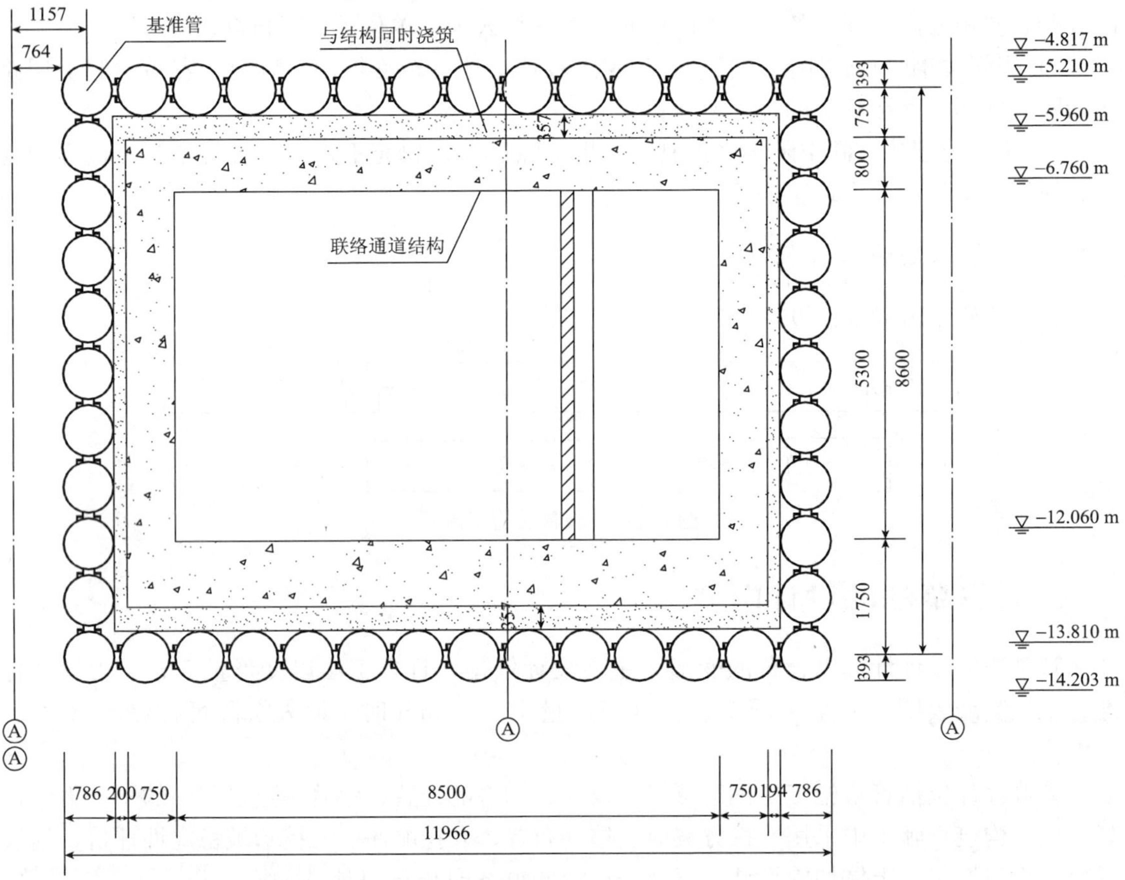


图 9－30　上海某工程采用的管幕结构设计位置（单位：mm）

## 三、管幕法的施工

以管幕钢管施工为例。管幕钢管施工采用钢拉索单向拉进贯通施工工法为主。钢拉索单向拉进贯通施工是利用水平定向钻机在钢管设计管位内铺设两根高强度钢索，将钢拉索一端与待铺管道相连，另一端与穿心千斤顶相连，利用千斤顶的顶力将钢管拉进直至贯通。考虑到管幕之间的锁接结构，为防止拉管施工过程中锁接结构咬死，在拉进困难时可采用高频振动器在管尾施加高频振动。管幕施工结束后，进行管幕内土体水平旋喷桩加固施工，待土体固结一定强度（0.5～0.8 MPa）后进行土体开挖，边开挖边设置围檩支撑。管幕内混凝土结构采用预拌混凝土现浇施工工艺。

钢管拉索定位测量采用全站仪导线测量；地下连续墙洞口开凿采用小型金刚石钻机环钻

小孔切除；钢管进出洞洞口采用止水橡胶板止水；钢拉索铺设采用水平定向钻有线控向系统进行定位回拉铺设。钢管回拉采用空心千斤顶进行回拉铺设。管内土塞利用高压水枪跟进清除。单次钢管铺设施工工艺流程如图 9－31 所示。

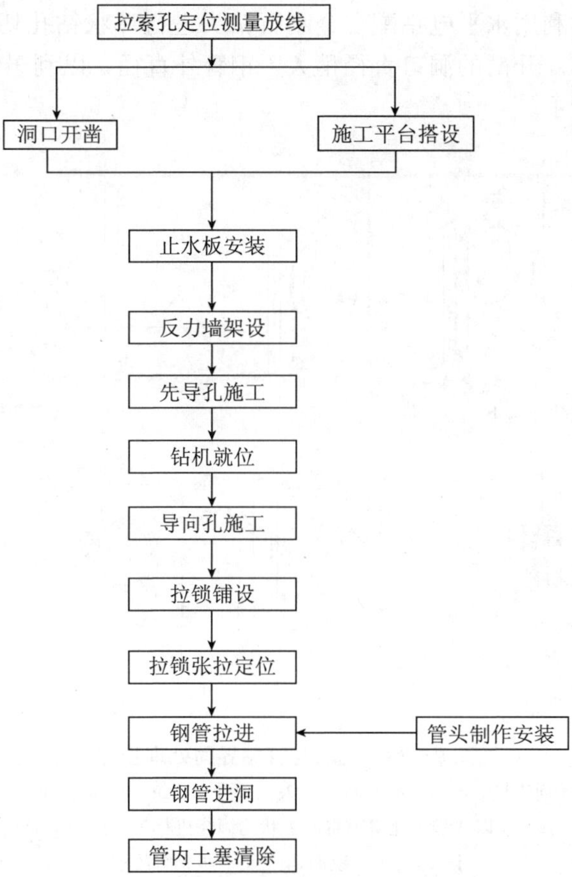


图 9－31　单次钢管铺设施工工艺流程

管幕钢管施工顺序（图 9－32）为：首先铺设 1、14 两根钢管，施工上排和竖向管幕钢管；再铺设 37、24 两根钢管，施工底排管幕钢管。由上述四根钢管组成整个管幕钢管非开挖铺设时的定位钢管。顶排钢管由定位管依次向中间铺设，上排钢管铺设完成后，施工两侧钢管，最后施工底排钢管，底排钢管铺设由定位钢管向中间铺设。

图 9－32　管幕钢管施工顺序

**1. 拉索孔平面与立面定位测量**

钢管拉进的拉索孔平面位置布置精度直接关系到钢管拉进及后期的通道标高控制，因此拉索孔孔位的测放精度较高，平面位置控制可在 2 cm 以内。同时测量要为后期拉索导向孔施工提供坐标参考点。导向孔施工参考点在每根拉索水平投影线上按 2 m 设置一个点，每个点的水平坐标与高程同时测出，以利于在导向孔施工过程中的方向控制。

**2. 钢管进出洞口开凿及止水板安装**

（1）钢管进出洞口开凿

钢管进出洞口开凿利用水平电钻配合金刚石钻头进行环状钻孔切除地下连续墙混凝土，形成钢管进出洞的洞口。开凿的洞口直径稍大于钢管外直径，以利于钢管进出洞口时可以调节方向。如图 9－33 所示。

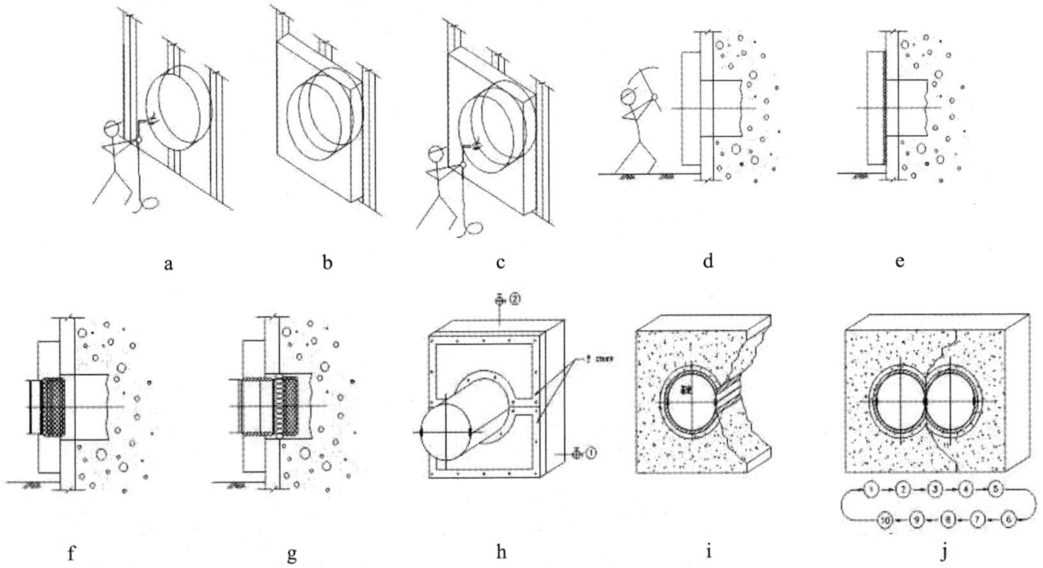


图 9－33 地墙与管棚界面处理步骤

a—内壁切断；b—镜面组模；c—外壁切断；d—人工掘进 1.0 m；e—镜面止水；f—包裹好钻具头，防止混凝土进入钻具；g—以沙袋填充空隙将海绵状物缠绕机具头，作为镜面止水；h—砂浆灌入；i—施工下一镜面；j—下一根钢管施工

（2）洞口止水处理

钢管进出洞洞口处理如图 9－34 所示。

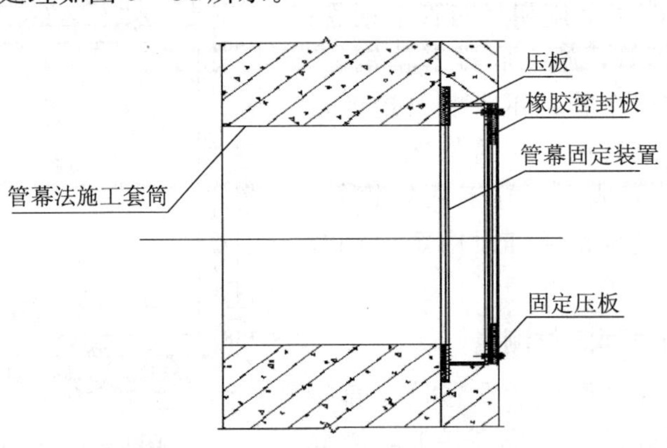


图 9－34 钢管进出洞洞口处理

**3. 水平定向钻机施工平台搭建**

在拉索铺设过程中，钻机的工作井主要根据现场的施工道路与工况条件决定。但在施工

前，钻机平台的搭建有以下要求：

1）为满足水平定向钻机的施工安装定位空间，地下连续墙在开挖以后不能进行内饰墙壁施工，同时对地墙施工时产生的外延部分要进行凿除，以满足钻机就位的要求。

2）施工平台搭建时要求能承受水平定向钻机施工时的整体荷载，同时要将平台与地连墙之间牢固连接。

3）平台标高计算要根据水平定向钻机的底部与钻机水平状态下钻杆中心高度来确定，在施工过程中不可高出该标高。

4）为安全考虑，整个工作井内平台须满堂铺设，且整体刚度要满足钻机移位要求。

依据上述要求，可采用水平定向钻机或非开挖水平定向钻机进行钢拉索铺设。另一工作井主要是为钢管拉进时的施工平台，考虑施工过程中平台堆放两套钢管，两套钢管质量为11 t。依据以上对平台的承重要求，采用脚手架与25# 工字钢结合搭设，脚手架采用满堂架搭设。由于本工程施工过程中，依据两侧的钢管定位，平台面标高在不断变化，所以在施工过程中考虑平台施工，顶部的平台面利用型钢作为钻机承重与移位的平台，顶部型钢与脚手架桁架安装为配合施工，不能进行焊接施工。如图 9－35 所示。

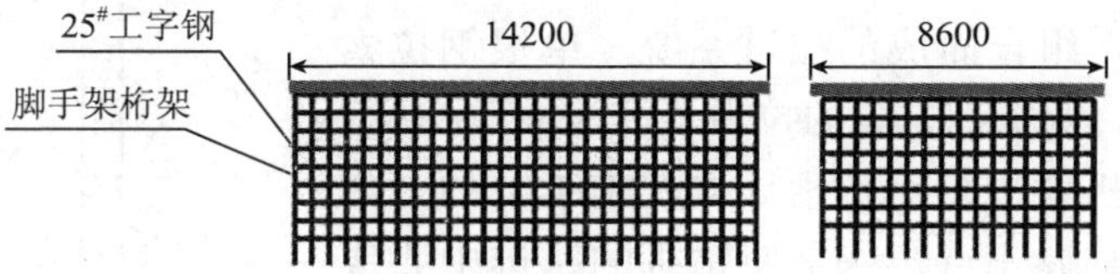


图 9－35 水平定向钻机施工平台（单位：mm）

**4. 反力墙型钢架设**

根据工程钢管拉进时的阻力计算单次拉进拉力，单次施工的拉力必须大于钢管本身与地层之间的摩阻力。每根钢管设置两个拉点，每个拉点拉力为总拉力的二分之一。拉力的支点选择为已建的地下连续墙，为增强地下连续墙的刚度，同时为后续拉管时千斤顶的定位，在地下连续墙上利用 300 mm×500 mm“H”形钢搭设一只立面钢架，使钢架、地下连续墙、墙后加固土体组成反力墙。

反力墙型钢架设考虑两点，一是进出洞开孔位置必须预留，二是利用地下连续墙位于管幕周边的梁，如图 9－36 所示。

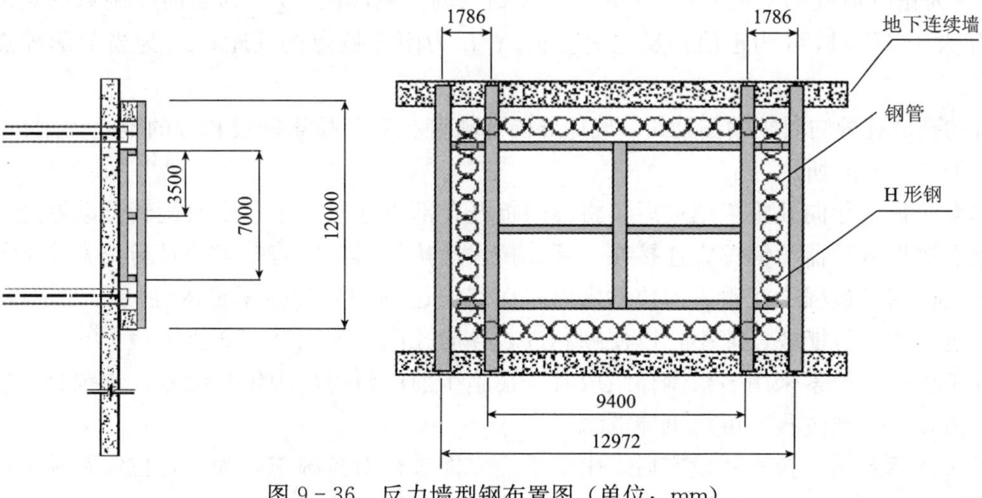


图 9－36 反力墙型钢布置图（单位：mm）

反力墙型钢与地下连续墙连接采用膨胀螺栓连接或与地下连续墙中主体结构钢筋焊牢，型钢与型钢连接采用电焊进行焊接，注意不得使型钢扭曲变形。型钢与地下墙之间的空隙用砂浆填平。在施工过中，部分型钢根据现场情况进行调整。

**5. 先导孔施工**

拉索孔施工钻机位于地下空间主体结构内部，施工时拉索孔要穿过主体结构地下连续墙，可能还要穿越连续墙外部的水泥土搅拌桩。考虑这两部分的研磨性和导向板的强度，同时为了稳定钻头进入土体的位置相对固定，防止钻进时发生抖动，在地下连续墙和水泥土搅拌桩体上拉索孔位置处利用人工电钻预先开孔，先导孔中心与钢拉索中心重合，长度必须穿过地下连续墙体与搅拌桩体，先导孔直径与导向孔造斜板直径一致。

先导孔施工时注意将水泥土搅拌桩体钻穿，同时注意先导孔施工的位置与方位，施工过程中要严格控制。如图 9－37 所示。

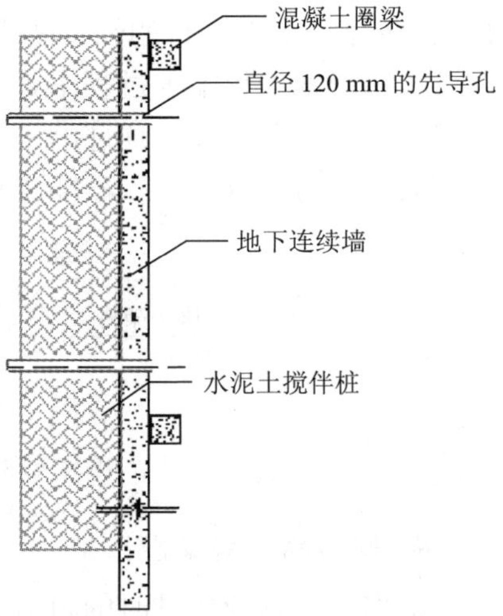


图 9－37　先导孔施工示意图

**6. 拉索铺设**

钢拉索采用两根实心螺纹高强度钢拉索，配合拉索锚具和空心千斤顶，组合而成的拉进系统。单根钢拉索的拉力为 1000 kN，两根钢拉索的拉力合计为 2000 kN。

*钻机就位*　钻机就位是钢拉索导向孔施工前的一个重要环节。就位时掌握三点：一是使钻机的钻进中心线（大梁中心线）与拉索轴线重合；二是使钻机的钻头与拉索孔位重合；三是使钻机保持水平（入土角为 0°），上述三点要求在导向孔施工前同时达到。

*导向孔施工*　由于本工程顶排及底排拉索埋深较深，导向仪器应选用进口有线控向系统，导向孔施工前应对导向钻头的探测系统进行校正，保证钻头的测量误差小于 5 cm。导向孔施工时依据控制点的控制深度，对钻杆在地层中钻进过程的坡度进行调节。调节的坡度值可按式（9－13）计算：

$$\alpha = (H_2 - H_1)/L - \alpha_1 \qquad (9-13)$$

式中：$\alpha$ 为钻杆坡度的变换值；$H_2$ 为前一控制点的控制深度；$H_1$ 为当前控制点的实测深度（当 $H_1$ 大于 $H_2$ 时，$\alpha$ 为正值；反之为负值）；$L$ 为两测控点的间距；$\alpha_1$ 为当前测控点的实测坡度。

导向孔成孔导向时须勤测勤纠，确保导向孔轨迹相对于拉索铺设轨迹的偏差控制在 10 cm 以内。如图 9－38 所示。

*拉索回拖*　导向孔施工结束后，将导向板开孔部位连接“十”字头旋转分动器连接，通过拉索引锚将分动器与钢拉索连接在一起。拉索连接好后，应将拉索锚具与拉索连接部位密封，防止在回拉过程中泥砂进入拉索内部。在回拉过程中处理拉索进入导向孔处洞口土体，在回拉过程中尽可能放慢速率，以便顺利进入导向孔内。如图 9－39 所示。

在工程中，拉索采用多根钢棒组成时，在施工前应将每单根钢棒编号，与锚具上的孔位编号一致，在穿插过程不可将钢棒混编。

*拉索张拉定位*　拉索铺设完后，由于不能立即进行对拉施工，为防止拉索在软土地层内

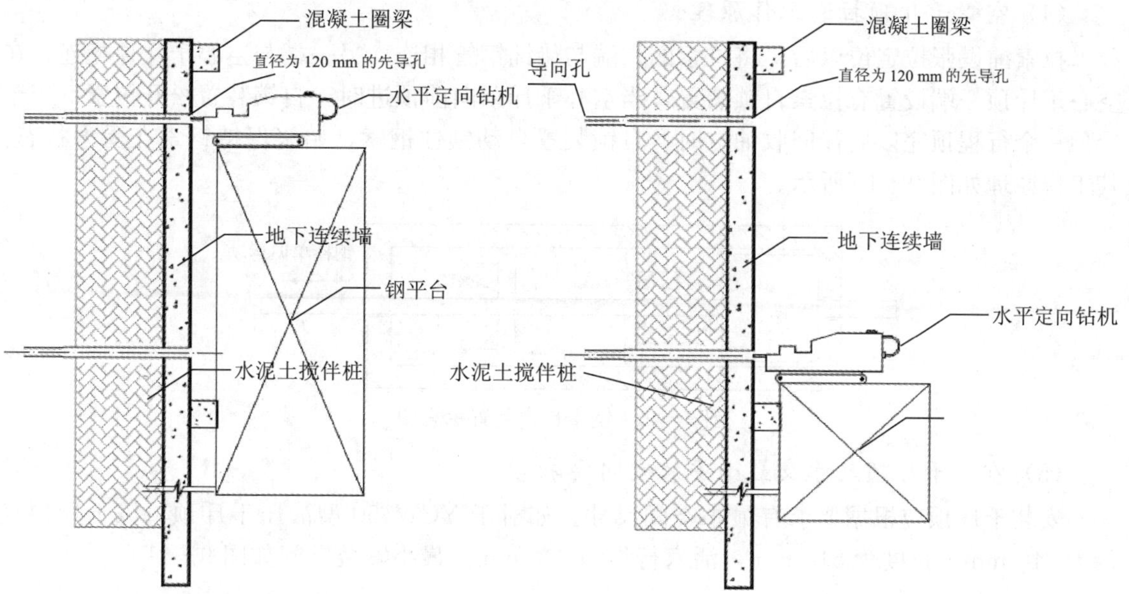


图 9－38　导向孔施工示意图

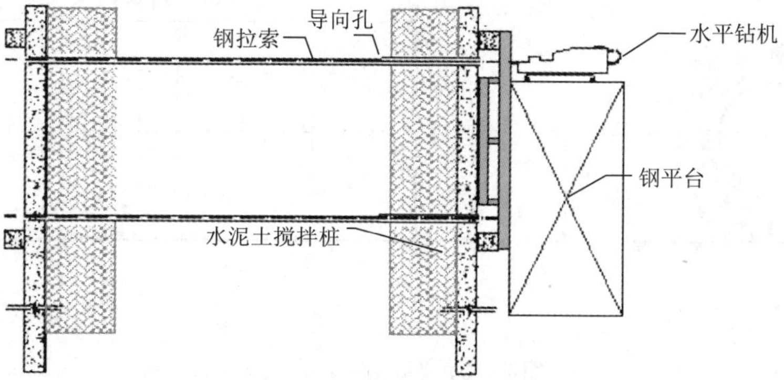


图 9－39　拉锁铺设施工示意图

因重力产生下沉，同时因导向孔施工时会产生偏差，故在拉索铺设结束以后，对拉索进行张拉。张拉时采用预应力锚具，以拉索定位网格作为反力支座进行张拉。

**7. 钢管拉进**

(1) 土体加固

管幕进洞、出洞口土体采用深层搅拌桩进行加固施工，确保在出土前加固土体强度达到 0.5 MPa。

(2) 管幕出洞施工技术措施

在出洞之前，需要通过开观察孔等手段，确认加固后土体的止水性能是否达到设计要求，防止由于加固效果不良，导致洞口泥水涌入。若出现泥水涌入现象，则需要进行二次加固处理，直到确认安全后，才可进行拉管的出洞施工。

(3) 管幕进洞技术措施

在拉管头将要到达接收井时，要精确测出拉管头姿态位置，尽量满足橡胶法兰与管头同心的要求。拉管结束后，拉管首节与尾节和井壁预埋钢环连接，并作密封处理。

（4）空心千斤顶拉进工作原理

拉索铺设张拉定位以后，将拉索的一端与待铺钢管相连，另一端与空心千斤顶相连，在空心千斤顶一端设置有拉索自锁装置，当空心千斤顶向前顶进时，自锁装置松开拉索，当千斤顶一个行程顶完以后往回收油缸时，自锁装置自动锁住钢索，始终保持钢索在受力状态。其工作原理如图 9-40 所示。

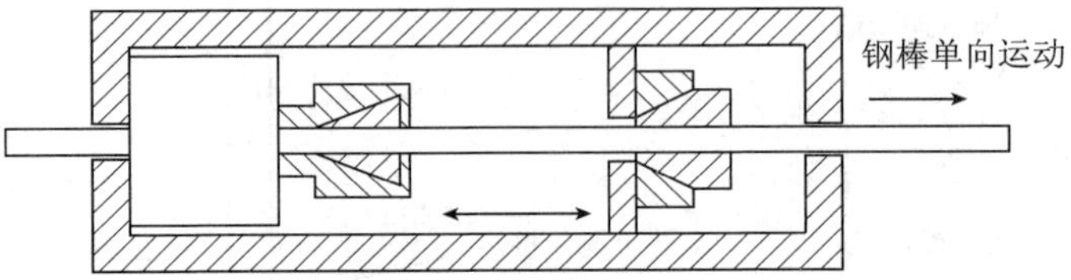


图 9-40　钢索自索装置示意图

（5）空心千斤顶尺寸及最小安装空间要求

安装千斤顶应根据要求有最小空间尺寸。如对于 YCW150 型液压千斤顶，该千斤顶直径为 310 mm，长度为 510 mm，活塞行程为 200 mm。最小安装空间如图 9-41 所示。

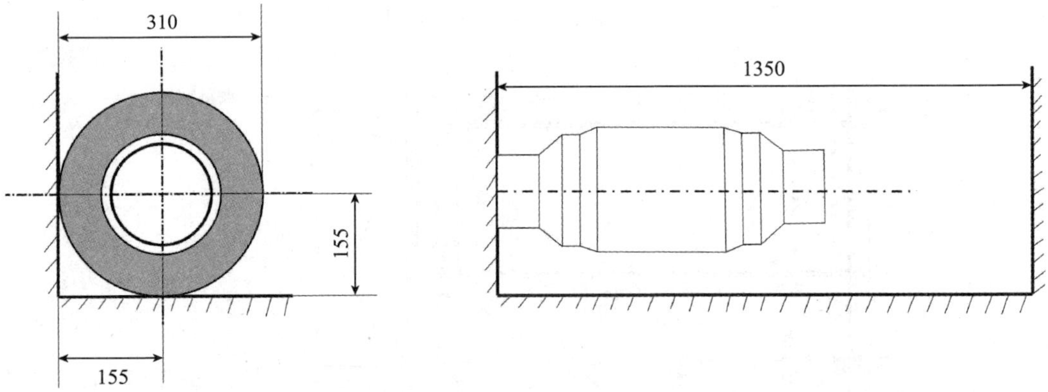


图 9-41　空心千斤顶最小安装间距（单位：mm）

（6）钢管管头制作与安装

钢管拉进前与拉索进行连接时必须制作拉管头，以便钢索与钢管很好连接与受力，钢管管头与钢管外径一致，拉管头内部用 30 mm 厚的钢板与钢管进行焊接并形成一个密闭空间，中部开洞是拉索与管头连接孔，管头与钢管连接时采用电焊进行连接。如图 9-42 所示。

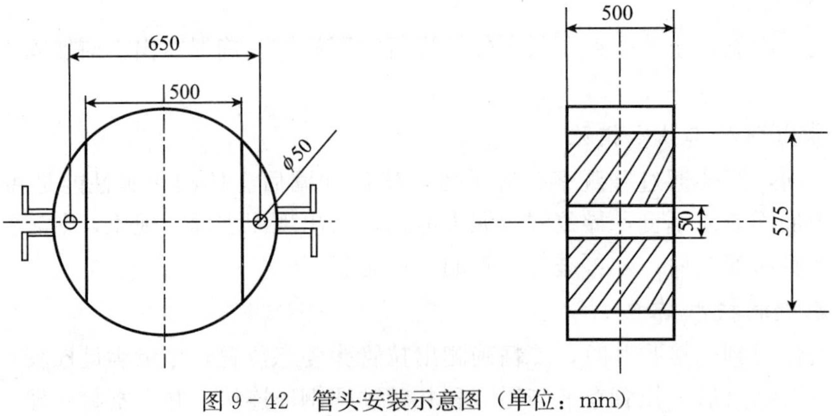


图 9-42　管头安装示意图（单位：mm）

（7）钢管拉进

钢管拉进作业为工程重点，为保证施工过程中不对地面构筑物的影响超过限定范围，应做好以下几点：

1）钢管出洞时，根据管材两侧的角钢连接扣铁形状，在止水橡胶板上相应部位用锯条切开小缝，以利于角钢顺利进入洞口内。

2）钢管进洞时必须安装轻型导轨，以利后续管道进行焊接与吊装，同时保持与管幕整体走向设计角度一致。

3）钢管出洞时应轻拉慢进，洞口地下连续墙外部加固土体利用人工凿除，当洞口加固土体清除完毕以后进入正常拉管速率。

4）拉管时应同地面监测人员配合，按监测结果，及时调整拉管速率和钢管内土塞的长度。

5）钢管内土塞的清除：钢管内土塞与钢管的摩擦力不大于拉管头正面的被动土压力时土体才能进入钢管内部，否则不能进入钢管。如继续拉进则会造成挤土效应，地面土体会产生隆起，因此在拉进一段时间后，土塞的摩阻力会随土塞加长而加大，必须对土塞进行清除，根据计算，顶部钢管在拉进过程中土塞长度大于 3 m 时必须进行清除，底部钢管在拉进过程中土塞长度大于 10 m 时必须清除。由于钢管内径较小，不便人工进行清理，故采用高压水流冲刷切除，使该部分土体成流体状态运出管外。如图 9－43 所示。

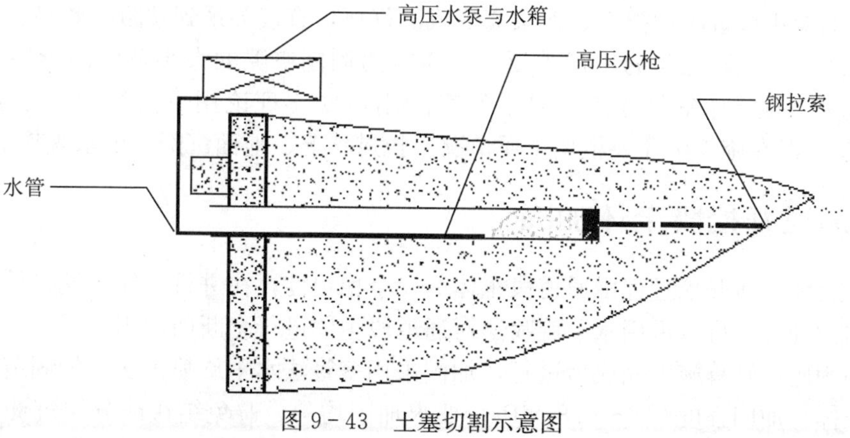


图 9－43　土塞切割示意图

6）钢管进洞后，地下连续墙体外的加固土体利用人工凿除，凿除后立即将钢管拉进加固土体，注意此时应停止用水枪清洗管道。随后进行管头切割，将管头与后续施工钢管进行连接。

（8）钢管现场拼焊要求

1）坡口形式和尺寸应符合设计要求，焊接前应除去坡口表面氧化皮、熔渣及影响接头质量的表面层，并应将凹凸不平处打磨平整。

2）焊接前应将坡口及其内外表面不小于 10 mm 范围内的油、漆、垢、锈、毛刺等清除干净，且不得有裂纹、夹层等缺陷。

3）管节对接时，相邻两纵缝的距离应大于 300 mm，内壁应齐平，内壁错边量不应大于 2 mm，且应垫置牢固，并采取措施防止焊接过程中产生附加应力和变形。

4）焊条在使用前应进行烘干，并在使用过程中保持干燥。

5）严禁在坡口之外的母材表面引弧和试验电流，并应防止电弧擦伤母材。

6）焊接定位焊缝时，应采用与根部焊道相同的焊接工艺，定位焊缝长度、厚度和间距，应能保证焊缝在正式焊接过程中不致开裂。

7）在焊接根部焊道前，应对定位焊缝进行检查，当发现缺陷时应处理后方可施焊。

8）拆除与母材焊接的工卡具时不应损伤母材，拆除后应将残留焊疤打磨修整至与母材表面齐平。

9）焊接时应采用合理的施焊方法和施焊顺序。

10）在保证焊透和熔合良好的条件下采用小电流、短电弧、快焊速和多层道工艺。

11）多层焊每层焊完后，应立即对层间进行清理，并进行外观检查，发现缺陷消除后方可继续进行焊接。

12）对不合格焊缝必须进行返修，返修前应进行质量分析，当同一部位的返修次数超过两次时，应制订返修措施。

13）焊缝应在焊完后立即去除渣皮、飞溅物，清理干净焊缝表面并进行焊缝外观检查，其外观质量必须满足要求；否则必须进行返修。

**8. 黏土原浆润滑减摩**

拉进施工中，泥浆的运用是减小拉进阻力的主要措施。拉进时通过钢管上的注浆孔，向管道外壁压入一定量的黏土泥浆，在管道外围形成一个泥浆环套，减小管节外壁和土层间的摩擦力，从而减小拉进时的拉力。泥浆套形成的好坏，直接关系到减阻的效果。

拉进施工中，减阻泥浆的用量主要取决于管道周围空隙的大小及周围土层的特性，由于泥浆的流失及地下水等的作用，泥浆的实际用量要比理论用量大很多，一般可达理论值的3～5倍，但在施工中还要根据土质情况、拉进状况、地面沉降的要求等作适当的调整。

## 四、通道开挖段土体加固

为确保后续土体开挖过程中通道段土体的安全稳定性，在进行土体开挖之前应先对开挖土体进行加固处理，可以采用水平旋喷法对通道段土体进行全断面加固。

水平加固应在管幕施工完成后进行，加固采用多管法水平旋喷工法，加固范围为整个管幕通道内土体，加固强度0.6～0.8 MPa，要求加固均匀，避免结块或分层沉淀。加固体达到设计强度后方可进行管幕内部的土体掘进、支撑、结构混凝土浇筑施工。

### （一）水平旋喷施工原理

水平旋喷在国外已有较广泛的应用，与普通旋喷最大的区别是设计了一种位于高压喷水枪端头的排泥装置。这一结果，使排泥和地基内压力得到合理的控制，使地基内压力稳定，避免了在水平施工中出现地表变形的可能性。

该方法不仅适用于水平的注浆加固，也适用于垂直、倾斜、多方位的注浆加固。

水平旋喷管由高压泥浆管、高压水管、压缩空气管及负压吸泥管等4根管道共同包含于一根大管道中。除负压吸泥管外，其他3根管道均与喷嘴连接；高压水管与负压吸泥管在头部连接在一起。当水平旋喷作业时，硬化材料及压缩空气分别从硬化材料喷嘴喷出，此时钻杆作旋转或一定角度的摆动切削土体，硬化材料与土体颗粒混合后可形成加固体。与此同时，高压水喷嘴同时进水，并高速回流，以在出浆管口形成真空，从而把水泥浆置换出来的泥浆从出浆管排出。水平旋喷机如图 9－44 所示。

图 9－44 水平旋喷钻机

（二）水平旋喷施工顺序

1）水平旋喷机定位：按设计要求，准确定位水平旋喷机，并将底盘垫牢固。要求定位偏差不大于 5 cm，整体布置如图 9－45 所示。

2）钻进：在外套管的保护下，进行钻孔，直至设计位置。

3）拔出钻杆：钻至设计位置后，拔出钻杆，并在孔内留置外套管。

4）插入水平注浆管并进行注浆：在外套管内插入水平注浆管至设计位置，注浆时，注浆管及外套管同时向孔外拔出，直至预定位置。

5）封堵孔口：注浆完毕后，进行补充注浆，并及时封堵孔口。

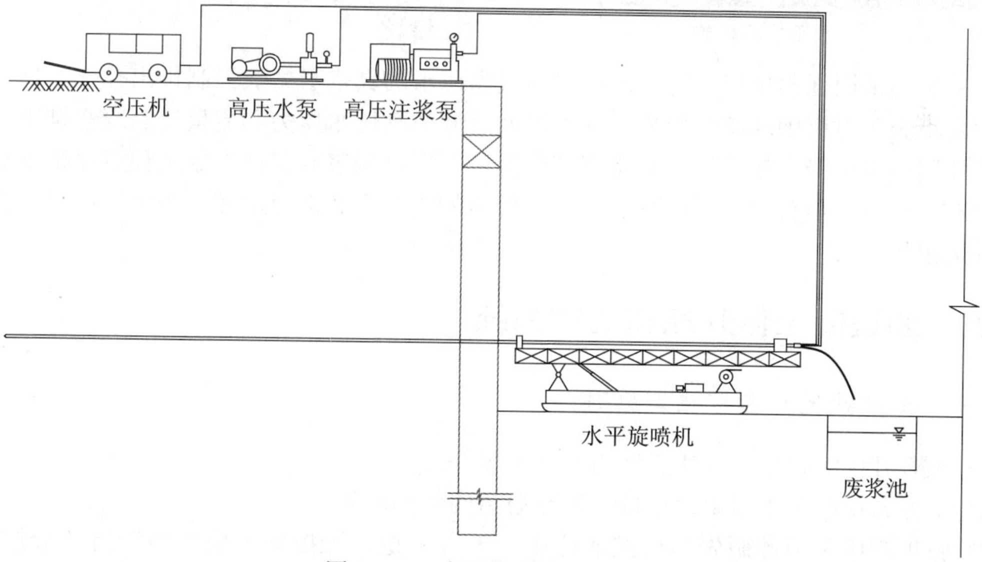


图 9－45 水平旋喷施工示意图

（三）开孔

按 600 mm 间距在连续墙上开孔，再进行旋喷加固施工。施工顺序依次从下至上，由于在旋喷施工过程中有挤土现象发生，因此在旋喷施工过程中上下两排钻孔同时施工后，下排先进行旋喷施工，以上一排作为旋喷加固的应力释放孔。图 9－46 为通道内土体加固点分布图。

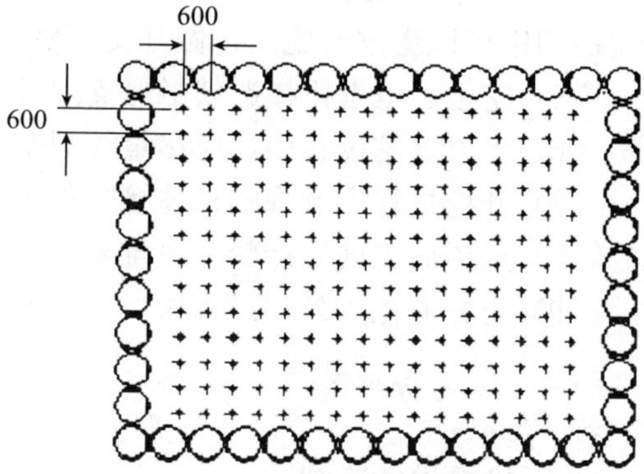


图 9－46 通道内水平加固点示意图（单位：mm）

（四）旋喷施工

**1. 钻孔**

水平旋喷机本身具有成孔能力，一般采用回

转钻进，并采用护套管同时跟管钻进。护套管跟管钻进的成孔质量及直线度较好，这对于较长水平旋喷桩的施工质量是一个有利因素。

水平旋喷也可以采用单管法，采用喷管直接钻进，喷管间采用丝扣连接，拆接方便，加上单管长度较长，施工速度较快，总体施工效率高。

图 9-47　水平旋喷桩施工

**2. 水平旋喷施工**

钻孔至预定深度后，需首先将钻杆取出，再放入水平旋喷管。喷管放至预定深度后，开启高压泥浆泵、空压机、高压清水泵即可进行施工。

水平旋喷机分前后两个动力头，前动力头驱动钻杆钻进及喷管的摆动及提升，后动力头驱动护套管的钻进、旋转及提升。施工中，前后两个动力头以不同的转速旋转，并带动喷管及套管以一定的速度向外提升，如图 9-47 所示。

**3. 排浆**

水平旋喷采用强制排浆工艺，即废浆通过高压水的真空吸力被强制排出孔外。该工艺可以大大减小施工对周围环境的影响，并可以通过调节高压水压力和流量控制废浆排出量，并进一步控制地表沉降或抬升。废浆排至储浆池后，通过泥浆泵二次排放至预定泥浆堆放区域（距离较近时也可以直接排至堆浆区）。由于排出的废浆含有部分水泥，凝固后可以以土方的形式外运出场。

## 五、通道段土体开挖和支撑系统

### （一）土方开挖和支撑施工原则

1）土方开挖的顺序、方法必须与设计工况一致。

2）土方开挖施工采用单向推进，不在通道两侧同时施工。

3）施工顺序必须遵循先撑后挖的原则。土方开挖、支撑施工应严格实行“分层分段、留土护壁、限时开挖支撑”，将开挖造成的周围设施的变形控制在允许范围内。

4）土体开挖过程中应严格遵守边挖边撑的原则，即每次土体开挖到下一道撑的设计位置后即进行该道撑的施工，做好支撑后方可进行后续土体的开挖。

5）挖土、运土机械严禁触碰支撑杆件。

6）土方开挖过程中，应尽量缩短基坑无支撑暴露时间。

7）开挖过程中发现围护体接缝处渗水应及时采取封堵措施。

8）通道施工区域严禁大量堆载。

9）土方开挖和外运过程中，应做好文物、道路及测点的保护措施。

### （二）土方开挖

**1. 机械设备选型**

可以采用人工挖土清运，空压机、风镐辅助破土，手推车推运出通道口后，垂直运输出地面。

**2. 出土**

采用人工手推车出土，在底部管幕钢管上铺板作施工便道，人工运输出通道，在工作井采用塔吊垂直吊运至地面外运。

**3. 土方开挖技术措施**

1）应在加固土体养护到达设计要求后才能进行挖土施工；

2）台阶高度超过人工挖土的高度时，可再分小台阶开挖；

3）挖土过程要严密监控基坑及周围管线、设施和建筑物的位移变形情况，如有异常，应采取有效措施后再继续挖土。

**4. 挖土过程中发现渗漏的预案**

土体开挖过程中，如发现顶部钢管接缝处发生渗漏水现象时，应及时对漏水处加焊止水钢板，钢板宽度大于漏水处的面积，同时准备止水橡胶或木塞填充钢板与钢管之间间隙。以确保施工过程中不发生由于渗漏水造成不良后果。

对侧壁及通道底部的渗漏水现象也采取同样的防治措施。

（三）支撑安装

**1. 管幕支撑系统**

以上海某工程为例，管幕支撑系统采用双拼 H400×400×13×21 间距 3000 mm 作为支撑围檩，2 根 H400×400×13×21 型钢间距 3000 mm 作为竖向支撑，中间设置剪刀撑以保证支撑整体稳定性，2 根 H400×400×13×21 型钢间距 3000 mm 作为横向支撑，型钢钢材 Q235B。钢支撑须施加预应力，单根支撑施加 100 kN。支撑结构如图 9－48 和图 9－49 所示。

**2. 支撑系统备料和准备**

1）采用 2H400×400 型钢@3000 mm 支撑作为竖向支承构件，中间设置剪刀撑以保证支撑整体稳定性。

2）开挖前应根据设计图纸完成翻样，按设计尺寸下料，拼接成能便捷进入施工通道并快速拼装的施工件。

3）支撑必须预先制备，能与挖土、内结构施工形成有效的流水作业，保证按挖土进度及时保证供应。

**3. 支撑安装流程**

1）先安装下部底撑；

2）再安装两侧支撑并将两侧支撑与钢管帷幕用抱箍保持竖撑牢固树立；

3）然后吊装上部支撑；

4）最后安装当中的竖撑和横撑，施加一定应力后将各节点焊接牢固，并焊接角撑。

**4. 支撑施工方法**

1）安装起吊支架。施工前准备 2 个支撑吊装架，根据安装进度逐跨跟进安装支撑，直至所有支撑安装完成后拆除。支撑架主杆上设置爬梯，支撑吊装架节点如图 9－50 和图 9－51 所示。

起吊架委托专业钢结构单位进行设计加工，并在设计中需通过强度安全验算。

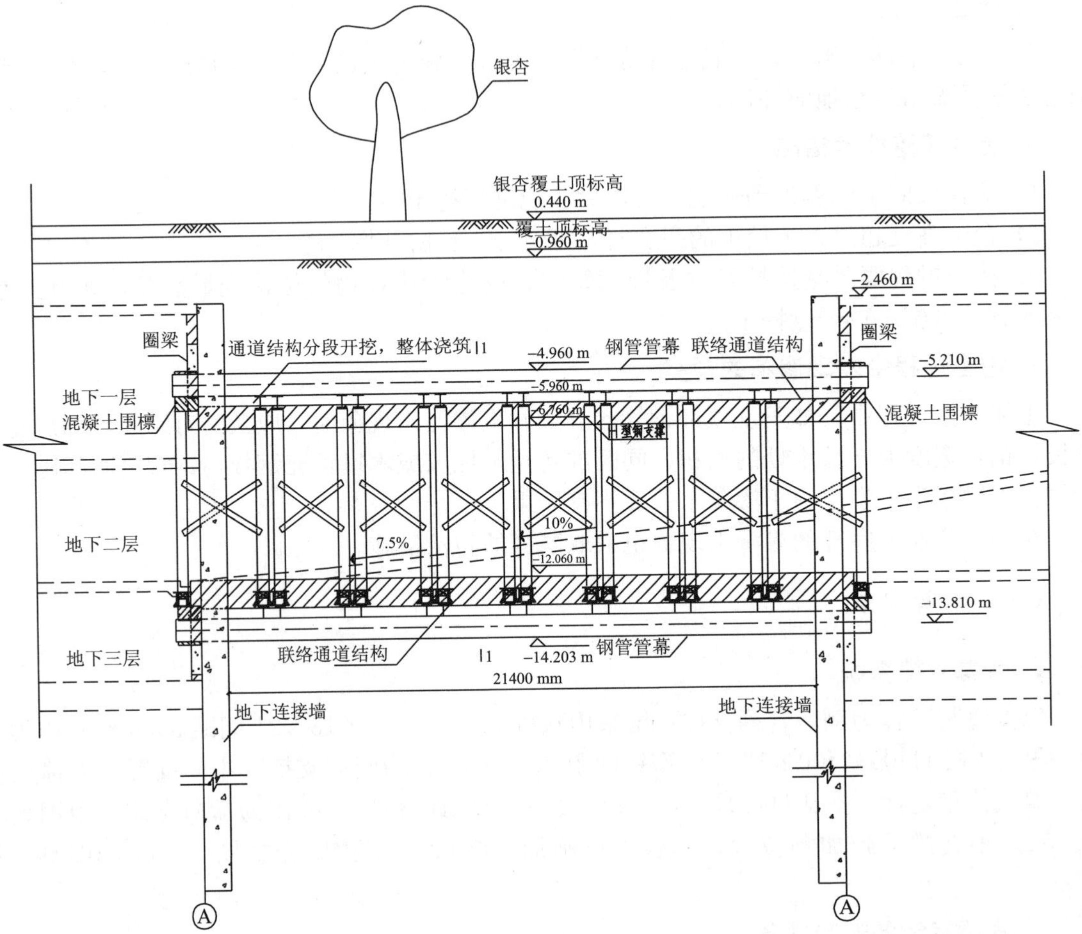


图 9－48 支撑结构纵剖面图

2）用运输架车把制作好的型钢支撑运至安装段；

3）安装底撑，底撑安装后长度方向上与周壁钢管的间隙用垫铁焊满；

4）使用支撑吊装架吊装两侧竖撑，将两侧支撑与钢管帷幕用抱箍固定，保证竖撑牢固树立；

5）用 2 台支撑架起吊顶撑，在顶撑上安装施工吊篮，吊装至最高位搁置在 2 侧竖撑上，并插好预制铰接插销；

6）在顶撑中间预装滑轮，利用顶撑起吊中间竖撑，将中间竖撑与顶撑铰接；

7）使用起吊架与顶撑中间滑轮起吊横撑，安装横撑；

8）用千斤顶顶起竖撑，直至顶撑与管幕顶部结合紧密，固定竖撑与底撑；

9）从吊装支架上的梯子进入挂在顶撑上的施工吊篮，将顶撑与管幕上部钢管之间用垫铁焊实，完成本跨支撑结构施工；

10）拆除起吊支架，准备转入下段施工。

**5. 施工技术措施**

1）必须严格执行《建筑施工高处作业安全技术规范》（JGJ 80—1991）的规定进行高空作业。

2）施工中对高处作业的安全技术设施，发现有缺陷和隐患时，必须及时解决；危及人

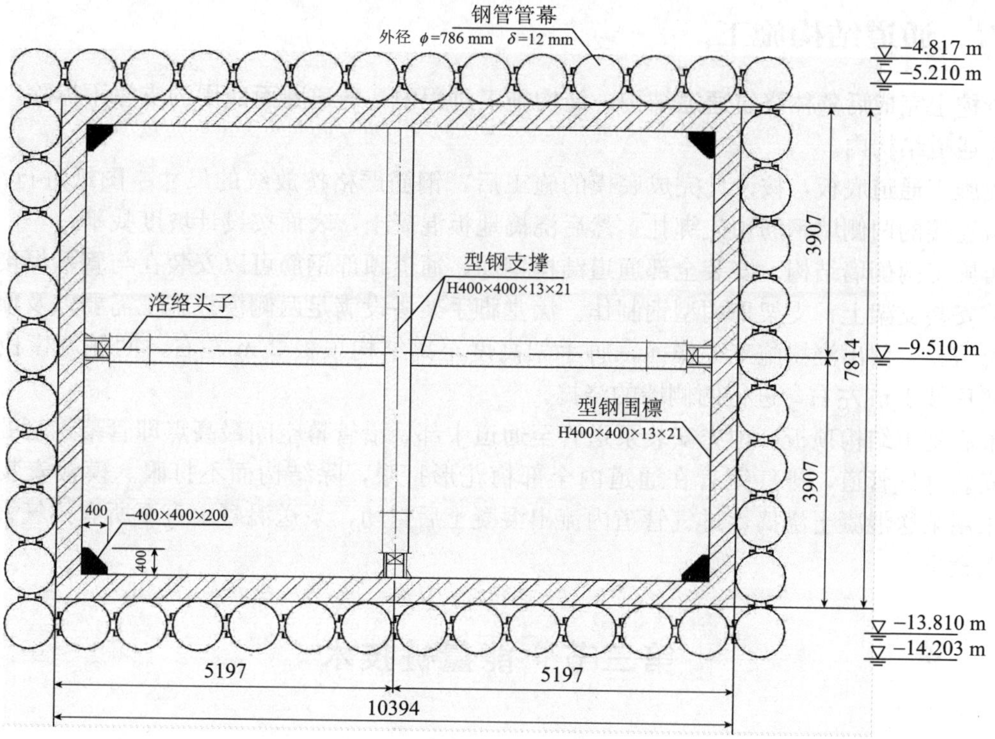


图 9－49　支撑结构横剖面图（单位：mm）

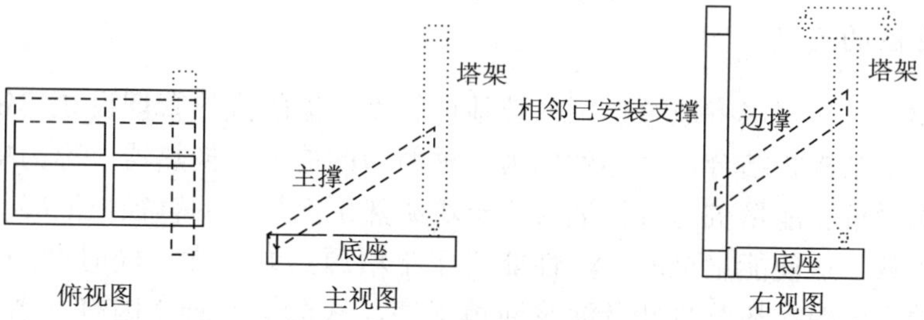


图 9－50　起吊架

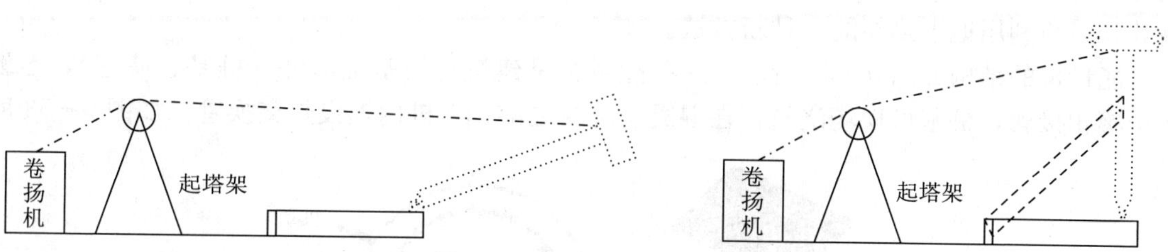


图 9－51　起吊架安装工况

身安全时，必须停止作业。

3）钢支撑焊接所有需电焊的部位均应保证等强度连接。所有焊缝高度不得小于 8 mm，对受拉受剪力的焊缝必须敲掉药皮检查，防止虚假焊。焊缝满焊，焊缝表面要求焊波均匀，不准有气孔、夹渣、裂纹、肉瘤等现象。

4）严格执行焊接质量，记录验收制度，每道工序完成后，经过自检巡检后，由施工负责人通知有关人员检查验收。

## 六、通道结构施工

待挖土完成后整体浇筑通道结构。结构施工过程中，通道断面四周的支撑不拆除，直接浇捣在通道结构内。

先施工通道底板，按设计完成底模的施工后，钢筋严格按放线的尺寸、图纸进行绑扎，与底板连接的两侧墙钢筋预先绑扎。然后浇捣地板混凝土，表面按设计坡度找平。

再施工两侧墙结构。安装全部通道结构钢筋，通道顶部钢筋可以安装在与管幕焊接吊装的钢筋安装支架上，支架采用型钢制作。满堂脚手架搭设满足两侧模板施工需要以及顶板结构浇捣需要。留出浇捣施工工作面，脚手架高度至离结构顶板 2 m 左右，两侧墙模板先安装至离顶部 1 m 左右，进行两侧墙的浇捣。

最后施工结构顶板。预先安装泵送管至通道中部，沿管幕空间最高点即管幕钢管的间隙预先安装排气管道，排气钢管在通道内全部梅花形打眼，除结构面不打眼。模板安装完成后，采用泵送混凝土浇捣，排气管道内流出混凝土后封闭，泵送混凝土直至所有排气管道均流出混凝土。

# 第三节　能量桩技术

## 一、概述

### （一）能量桩的定义

在建筑物建造时，直接将地源热泵系统地埋管换热器的换热管埋设在建筑物的混凝土桩基中，使其与建筑结构相结合，这样就成为一种新型的地埋管换热器，称为桩基埋管地热换热器，也称为能量桩。能量桩的直径远大于土壤源热泵换热井的直径，混凝土的导热系数高于土壤的导热系数，这使能量桩的换热性能优于土壤源热泵技术；同时利用混凝土桩储热，可以省去常规的土壤源换热管打井及灌浆回填工序，从根本上避免因打井造成的施工费用。同时，可实现建筑物冬季零能供暖，夏季零能制冷，是节约化石能源，减少温室气体排放，高效开发与利用地下热能的一种新方法。

能量桩的结构如图 9－52 所示。这些能量桩是建筑物的基础部件（桩基、墙基），与地下土壤相接触，桩基可现场浇筑，在混凝土浇筑之前，在桩内埋设热交换管，如图 9－53 所

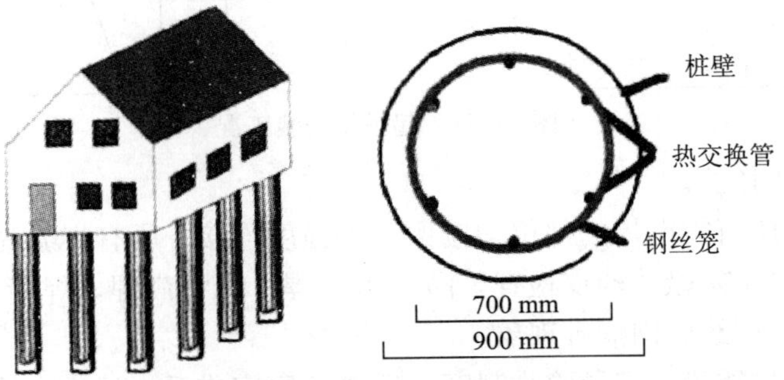


图 9－52　能量桩结构示意图

示。同样也可以在预制的混凝土冲击桩内安设热交换管，以适用于有孤石的砂砾石层、漂石层、坚硬土层、岩层等，预制的混凝土冲击桩如图 9－54 所示。

图 9－53　能量桩浇筑现场

（二）能量桩的埋管形式

目前，我国的建筑物基础以钻孔灌注桩为主要形式，能量桩多为钻孔灌注桩中埋设塑料管换热器而成。换热管埋于建筑物桩基础中的主要方式：是将换热管（一般是 PE 管）先固定在预制空心钢筋笼壁的内侧，然后随钢筋笼一起下到桩井中，再浇筑混凝土。目前，桩基埋管主要采用五种形式：单 U 形、串联双 U 形（W 形）、并联双 U 形、并联三 U 形和单螺旋形，如图 9－55 所示。

图 9－54　预制混凝土冲击桩

桩基埋管换热器主要延用钻孔埋管的 U 形或 W 形布管技术。由于桩基的深度远小于竖直钻孔埋管的深度，在相对较短的桩中埋设单 U 形管，埋管的传热面积太少，不能充分发挥桩基础的作用；埋设并联双 U 形和三 U 形塑料管虽然增加了埋管在桩基础中的总传热面积，但是流体单程的行程仍偏短，多个 U 形管并联设置造成循环液的流通截面过大，换热器进出口的温差偏小，使循环水泵的功耗和运行费用增加。螺旋形埋管比直管传热系数高，在相同空间里容易布置更大的传热面积。

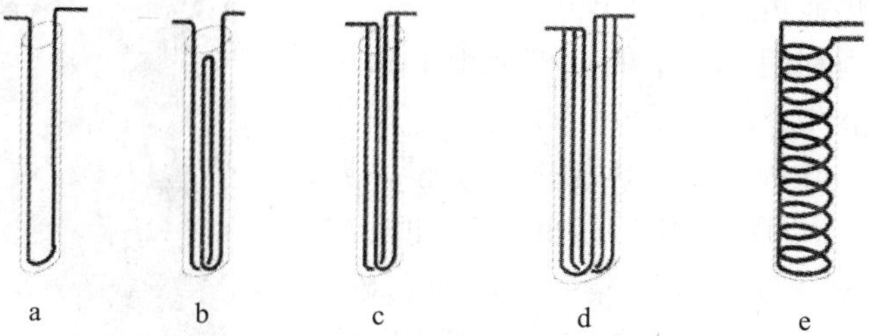


图 9－55　五种桩埋管形式示意图

a—单 U 形；b—W 形；c—并联双 U 形；d—并联三 U 形；e—螺旋形

## （三）不同埋管形式的传热性能对比

不同埋管形式的系统换热量公式如下：

$$Q = \rho \cdot c_p G(t_{in} - t_{out}) \tag{9-14}$$

式中：$Q$ 为地埋管放热量，W；$\rho$ 为混凝土的密度，$kg/m^3$；$c_p$ 为水的比热，J/(kg·℃)；$G$ 为水的体积流量，$m^3/s$；$t_{in}$为进口温度,℃；$t_{out}$为出口温度,℃。

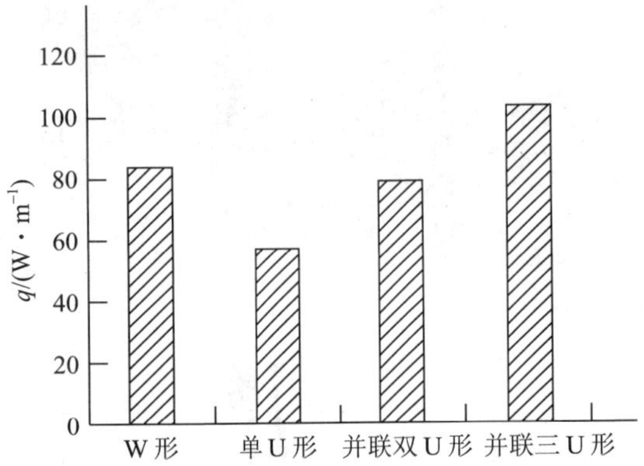


图 9-56　不同埋管形式的传热性能对比

能量桩埋管系统额定进口水温为 35 ℃，管内流速 0.3 m/s，可得单位桩深的不同埋管形式放热量，如图 9-56 所示。如果以单 U 形换热管为基准，串联 W 形、并联双 U 形、并联三 U 形的放热量分别为单 U 形换热管放热量的 1.44 倍、1.55 倍和 1.87 倍。

## （四）能量桩应用现状

Nageleban 公司于 1980 年在澳大利亚首次使用能量桩系统。此后，能量桩技术被广泛应用于别墅、公寓楼、商业楼、文化中心和工业设施。奥地利从 1985 年到现在打入能源预制桩总长度已超过 $100 \times 10^4$ m，且以每年 $13 \times 10^4$ m 的速度在增长。德国法兰克福的美茵塔建筑、德国图宾根的 Kreissparkasse Tuebingen 银行、德国波鸿市 Stadtwerke 公司办公楼、日本札幌市立大学一栋建筑均采用了能源桩基技术。瑞士政府在 2001 年制订的“瑞士十年能源计划”中，大力提倡并以多种形式利用地温能，包括钻孔法、挖井法、能源桩、温泉、深层地下水及输水隧道等。瑞士 PAGO 公司办公大楼从 1996 年起利用 570 个能源桩从地下获得能量用于公司的供暖和供冷，效果非常显著。

德国图宾根的 Kreissparkasse Tuebingen 银行，其主楼用深度 18～22 m 的 150 个能源桩进行供暖和供冷。地下地层由卵石和砂石组成，地下水水流经过，温度为 11.5 ℃，地下水流速 400 m/a。这种水文地质条件保证了地下温度常年恒定。德国法兰克福的美茵塔建筑（图 9-57）有 112 个能量桩，桩直径 1.5 m，长度 30 m，能量桩热能负荷 500 kW。

图 9-57　美茵塔

瑞士 PAGO 公司利用 570 个能量桩从地下获得能量用于公司的供暖和供冷，如图 9-58 所示。在冬天能量桩每米可获得 35 kW·h 的热能进行供暖，夏天每米可获得 40 kW·h 的冷能用于房间空调和机器的降温。能量桩长 12 m，安装在干燥的淤泥质粉砂内，以 4 个能量桩为一组，呈方形顶角安装，四边间距为 1.4 m。

国内也有少量能量桩基应用案例。2006 年同济大学的旭日楼工程采用了能量桩基，桩基为现浇钻孔灌

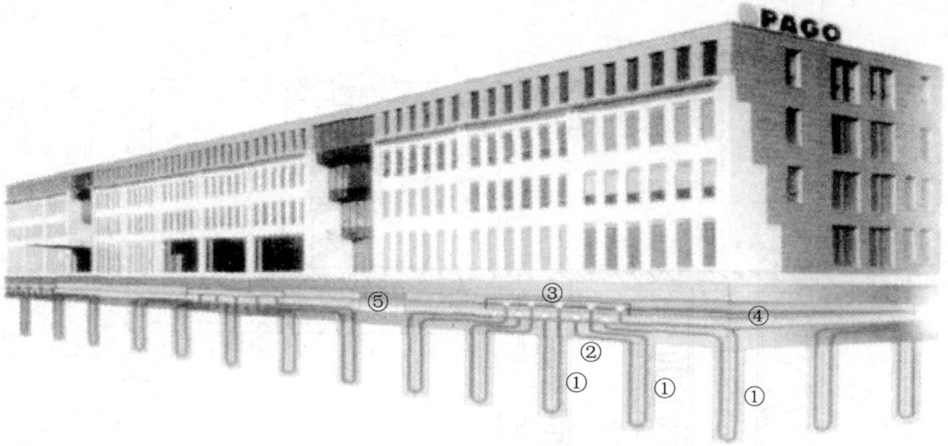


图 9－58　瑞士 PAGO 公司能量桩示意图

注桩，深度达 28 m，效果十分理想。目前国内规模较大的尝试桩基埋管系统的工程是南京朗诗国际街区，总建筑面积 91557 $m^2$，地上建筑面积为 68115 $m^2$，2007 年夏天已运行，反映较好。此外，还有天津市梅江综合办公楼、浙江省温州市会所、吴江中达电子营建处办公楼、塘沽凯华商业广场等均采用了桩埋管地源热泵系统。2010 年上海世博会中轴线，采用了能量桩地源热泵系统，通过利用 6000 多根能量桩，结合黄浦江水源，配合水源热泵实现供冷、采暖。从能量桩在国内外的发展现状可看出，能量桩在全世界大部分地区适用，具有广阔发展前景。

能量桩作为一种新型节能技术，将环保、节能的概念融入地下工程中，其经济效益、环境效益和社会效益不可估量，在我国有着巨大的发展潜力和广泛的应用前景。能量桩应用在房屋主体结构的深基础中，可为居民或办公楼提供能源，对其进行制热和制冷。且其在继承传统地源热泵技术优点的同时，解决了地源热泵技术在城市推广中占地和成本高两个主要障碍，因此，它在我国城市建设中具有无与伦比的优势。但同时，由于在设计和施工上仍有一些技术难题有待解决。如作为新技术，布设在地下结构中的换热器传热计算理论、计算模型以及埋管优化是该项技术研究和发展的关键。且还没有普遍公认的地埋管换热器的传热分析模型和规范，有待对其做更深入研究。此外，能量桩在实际应用中，对材料和各种管接件提出了更高的要求，对现浇或预制桩基的工艺、现场作业程序提出了更严格的标准，这对管理、工艺、施工人员的素质都是一种挑战。

## 二、能量桩技术系统及其模拟计算

### （一）能量桩的地埋管地源热泵系统

能量桩地源热泵系统与钻孔埋管地源热泵空调系统相似，现以桩基为螺旋埋管为例，如图 9－59 所示，能量桩的地埋管地源热泵系统主要由三部分组成：桩基螺旋埋管地热换热器、热泵机组内部的制冷与制热系统、向建筑物内的输送和末端系统。桩基螺旋埋管地热换热器实现管内循环液（纯水或以水为主要成分的防冻液）与土壤（固体）之间的热交换，各个桩基螺旋埋管可以串联也可以并联。

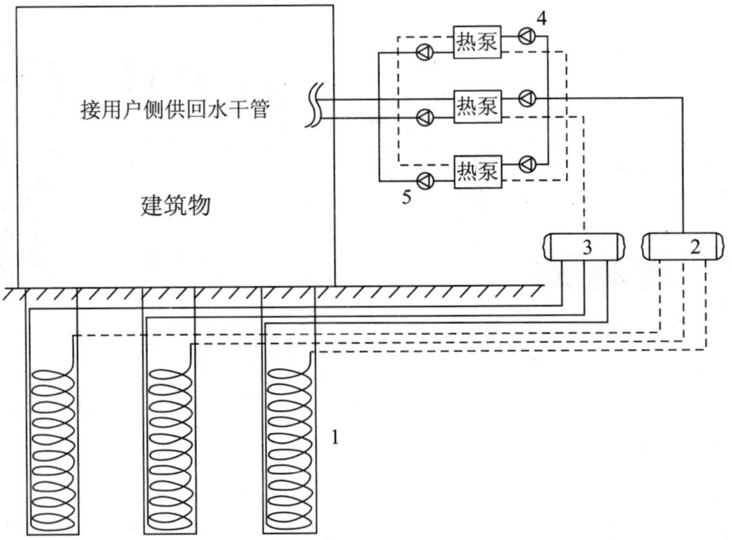


图 9-59 能量桩的地埋管地源热泵系统示意图

1—桩基螺旋埋管换热器；2—地源侧分水器；3—地源侧集水器；4—地源侧循环泵；5—用户侧循环泵

（二）能量桩储热的数学模型

目前，已有的地埋管换热器所基于的设计计算传热模型有 30 余种，有稳态传热模型和动态传热模型；有一维传热模型、二维传热模型和三维有限差分法或二维有限元法等，尽管模型众多，但基本理论有三种：一是 1948 年 Ingersolland Plass 提出的线源理论，它是目前大多数设计的理论基础；二是 1983 年 BNL 修改过的线源理论，它和线热源理论的不同点在于它考虑了盘管内流体的流动性能特征；三是 1986 年 V. C. Mei 提出的三维瞬态远边界传热模型，该理论建立在能量平衡基础上，区别于线源理论，考虑了土壤冻结相界面的移动以及回填土等因素的影响。

国内外应用的传热模型主要有线源模型、柱源模型、瞬态热平衡传热原理模型和变热流传热模型等。

**1. 基于线源理论的模型**

在线热源模型中，将垂直埋在地下的管看作一个均匀的线热源，通常是把换热器的中心轴线视为线热源，以该轴线为中心，以恒定热流向周围传热，将管周围的介质环境看作无限大的实体。

**2. 柱源理论传热模型**

柱源理论传热模型是在线源模型的基础上，通过改进将整个能量桩看成具有一定半径的均匀柱热源，向周围土壤平面进行热量交换。结合混凝土传热实际情况，柱源传热模型简化的假设条件如下：

1）将柱体周围的混凝土看成无限大的实体，具有相同的初始温度；

2）柱体周围混凝土的热物性均匀，并且热物性参数不随温度变化；

3）传热以纯导热方式进行，忽略柱体竖直方向上的热量传递；

4）混凝土与换热管管壁接触良好，忽略接触热阻；

5）柱体与混凝土换热强度维持不变；

6）相邻储热桩之间没有热干扰。

**3. 基于瞬态热平衡原理传热模型**

在仅考虑能量平衡或同时考虑能量平衡和质量平衡的基础上，结合热、质传递方程建立的瞬态传热模型，考虑到结冰层界面的移动、回填土、埋管的热阻等因素对模型的影响。V. C. Mei 与 Emerson 发展了较为完整的垂直埋管的二维瞬态热平衡模型；T－K. Lei、Rottmayer 与 Yavuzturk 等人也发展了不同形式的瞬态热平衡原理传热模型。瞬态传热模型的出现，将地下换热计算模型由简单的线热源方法向基于热平衡原理的方向发展，对地下换热特性的分析也越来越精确化。瞬态传热模型适合浅埋地下的换热器。

**4. 变热流传热模型**

考虑到在实际运行中，埋管换热器向周围混凝土释放的热量不是固定不变的，Deerman 与 Kavanaugh 在 Ingersoll 研究的基础上，于 1991 年提出利用叠加原理，考虑不同时刻热流对当前时刻温度和热流的影响，建立了变热流量模型。

能量桩储热埋管如果看作是一个均匀的热线源，以恒定热流向周围传热，能量桩储热系统传热过程简化条件如下：

1）将混凝土桩近似看成无限大的传热介质，具有相同初始温度；

2）混凝土桩热物性均匀，热物性参数不随温度变化；

3）忽略埋管换热器几何尺寸，看成线热源；

4）埋管换热器与周围混凝土的换热强度保持不变。

根据以上假设条件把混凝土桩内埋管传热问题简化，桩储热系统的控制方程、初始条件和边界条件如下：

$$\begin{cases}\dfrac{\partial T(r,t)}{\partial t}=\dfrac{\lambda_s}{\rho_s c_s}\left(\dfrac{\partial^2 T}{\partial r^2}+\dfrac{1}{r}\dfrac{\partial T}{\partial t}\right) & \dfrac{d_b}{2}\leqslant r<\infty,\quad t>0 \quad (9-15)\\ T(r,t)=T_0 & \dfrac{d_b}{2}<r<\infty,\quad t=0 \quad (9-16)\\ -\lambda_s\left.\dfrac{\partial T(r,t)}{\partial r}\right|_{r=r_b}=q & t>0 \quad (9-17)\\ T(r,t)=T_0 & r\rightarrow\infty,\quad t=0 \quad (9-18)\end{cases}$$

式中：$d_b$ 为换热管直径，m；$c_s$ 为混凝土的比热，J/(kg·℃)；$\lambda_s$ 为混凝土的导热系数，W/(m·k)；$q$ 为单位长度线热源热流强度，W/m；$T$ 为温度,℃；$\rho_s$ 为混凝土的密度，kg/m$^3$；$T_0$ 为未扰动混凝土温度,℃；$t$ 为时间，s。

（三）能量桩间歇储热温度场模拟

以非稳态导热为基础，建立双 U 形能量桩与土壤换热的数学模型，通过模拟桩内换热器的工作情况，得出连续加热 8 h，储热 16 h 工况下，能量桩周围土壤的温度云图及各交界面的热流量。

**1. Gambit 建模**

模型选定能量桩长 12 m，直径 300 mm，土壤半径 5 m，U 形管外径为 32 mm，内径为 25 mm 的 PEX 管。U 形管两管中心距为 120 mm。图 9－60 为桩内埋管的几何模型示意图，图 9－61 为整个求解区域的几何模型示意图。

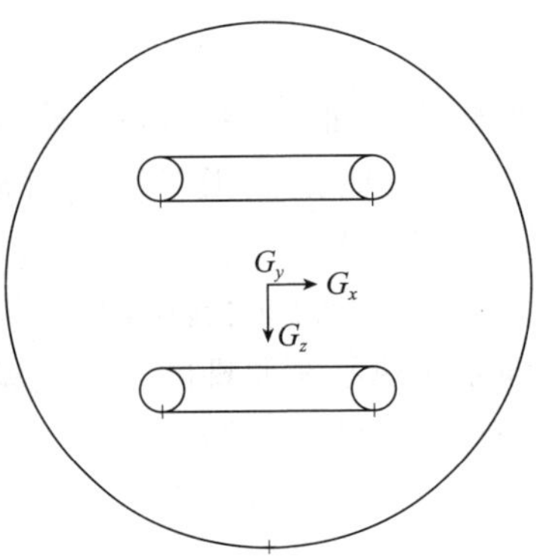


图 9-60　桩内埋管几何模型示意图

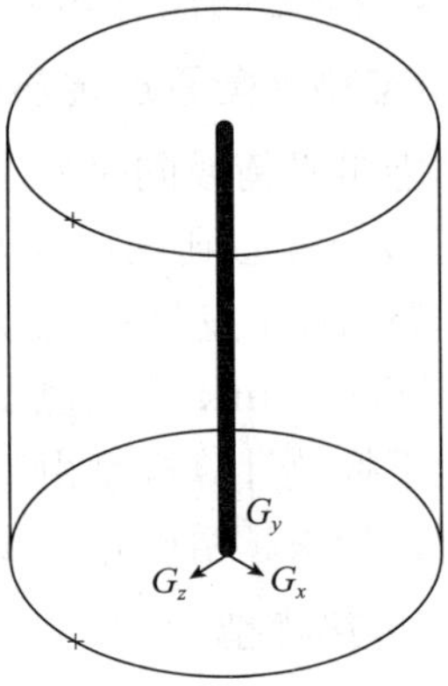


图 9-61　求解区域几何模型示意图

**2. 模拟参数**

能量桩加热和储热是复杂时变过程，设定初始地层温度为 12 ℃，入口温度 35 ℃，流速 0.6 m/s，相关的模拟参数见表 9-8。

**表 9-8　主要参数**

| 种类 | 密度/(kg·m$^{-3}$) | 比热/(J·kg$^{-1}$·℃$^{-1}$) | 导热系数/(W·m$^{-1}$·K$^{-1}$) |
|---|---|---|---|
| 水 | 1000 | 4200 | 0.64 |
| 混凝土 | 2000 | 1100 | 1.5 |
| 含水黏土 | 1400 | 1200 | 1.13 |
| PEX 管 | 1860 | 840 | 0.44 |

**3. FLUENT 模拟计算**

能量桩在加热阶段的温度分布如图 9-62 和图 9-63 所示，加热阶段能量桩各壁面的热流量见表 9-9。

**表 9-9　加热阶段各壁面的热流量**

| 时间/h | U 形管外壁热流量/W | 能量桩侧壁热流量/W | 土壤远边界热流量/W |
|---|---|---|---|
| 1 | 1489 | 9 | 0 |
| 3 | 972 | 277 | 0 |
| 5 | 573 | 600 | 0 |
| 8 | 379 | 674 | 0 |

白天加热结束后，控制入口流速为 0 m/s，进行储热计算模拟，得到储热 1 h，5 h，10 h，16 h 后的温度分布及热流量。图 9-64 为储热阶段混凝土储热桩垂直向温度分布云图，表 9-10 为储热阶段各壁面的热流量。

能量桩双 U 形埋管换热器在加热过程中，径向温度场的变化规律随离 U 形管的距离和加热时间有显著变化，离 U 形管越近温度越高，作用半径随时间增加逐渐增大，但作用效果随时间增加而放慢，即单位热作用长度所需时间增大。

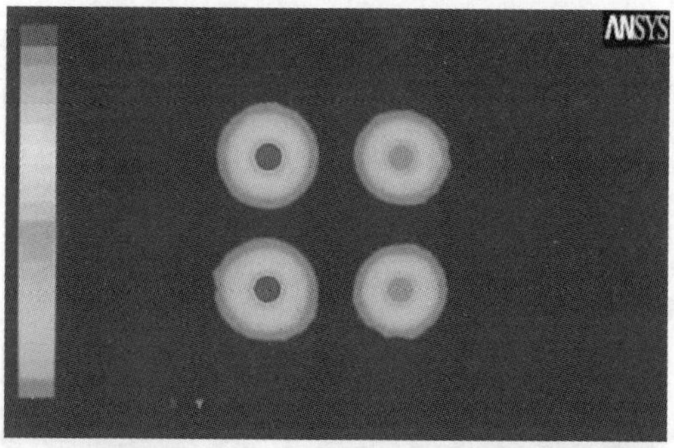
a

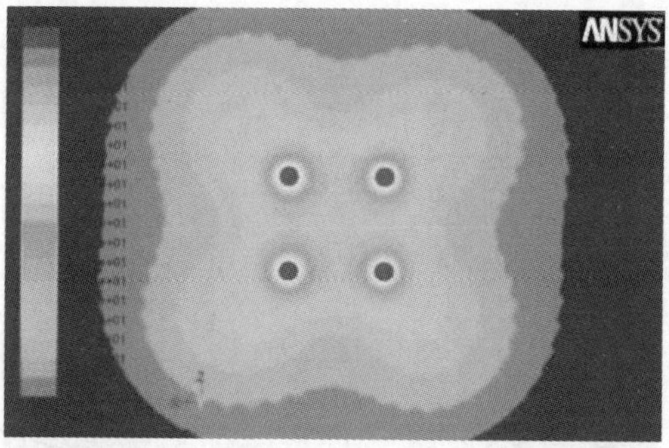
b

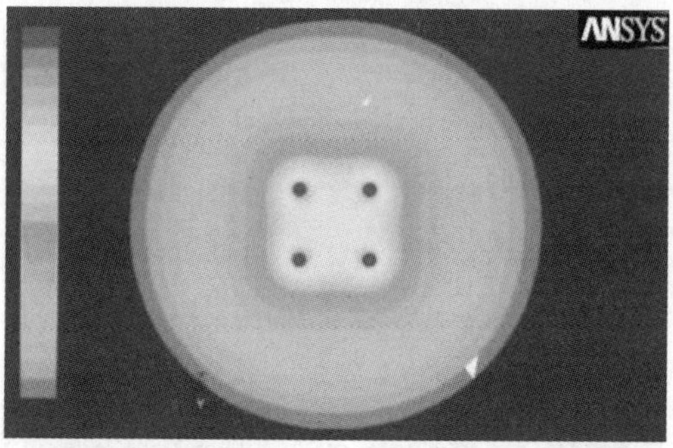
c

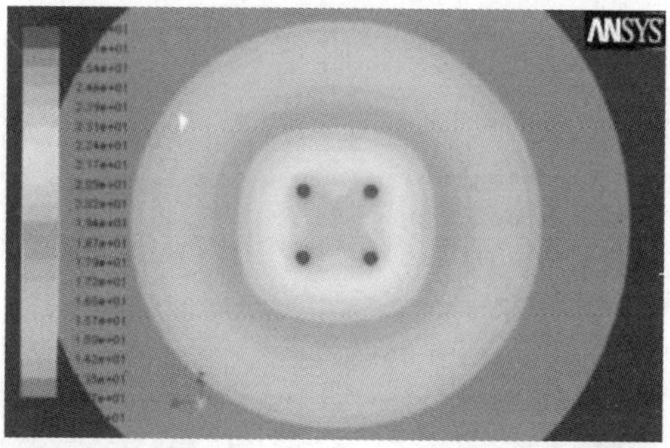
d

图 9－62　加热阶段埋管深度 6 m 处的温度分布云图

a—1 h；b—3 h；c—5 h；d—8 h

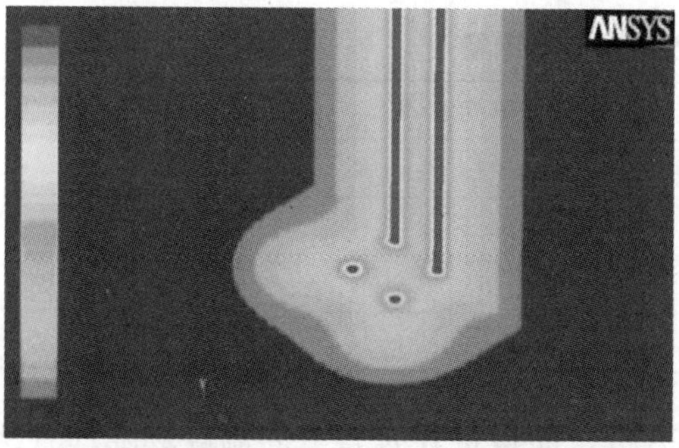
a

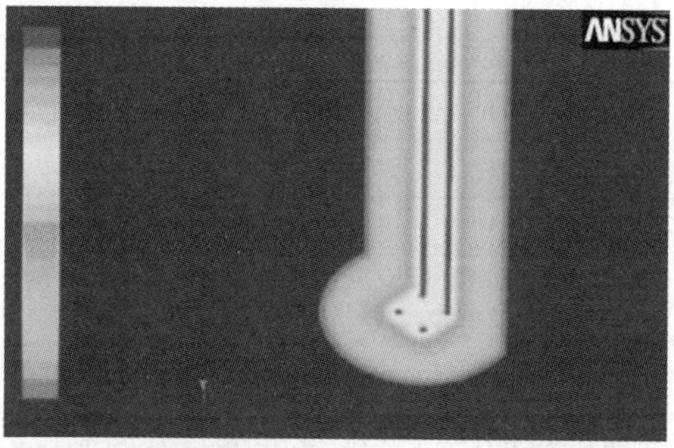
b

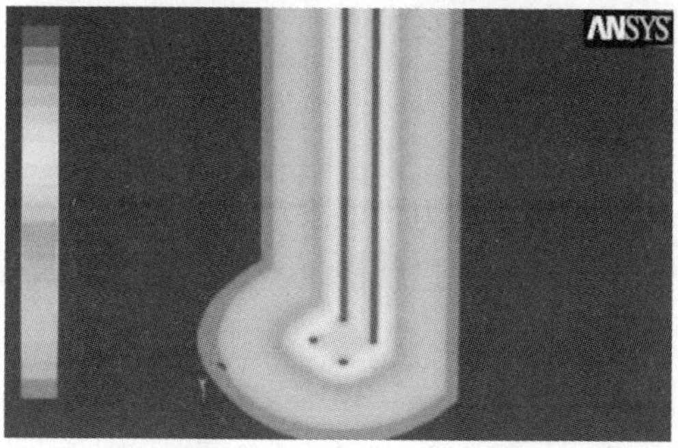
c

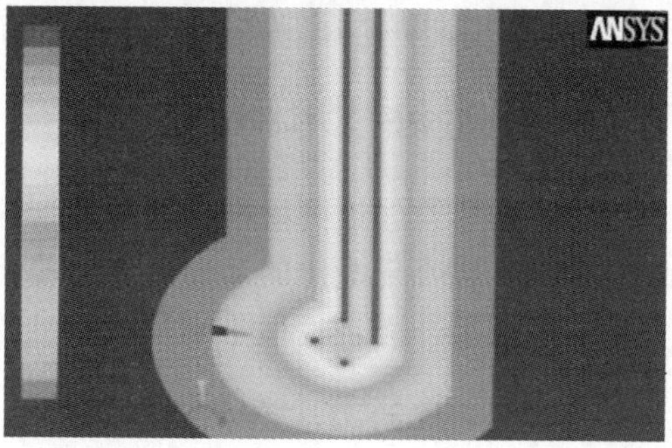
d

图 9－63　加热阶段垂直向温度分布云图

a—1 h；b—3 h；c—5 h；d—8 h

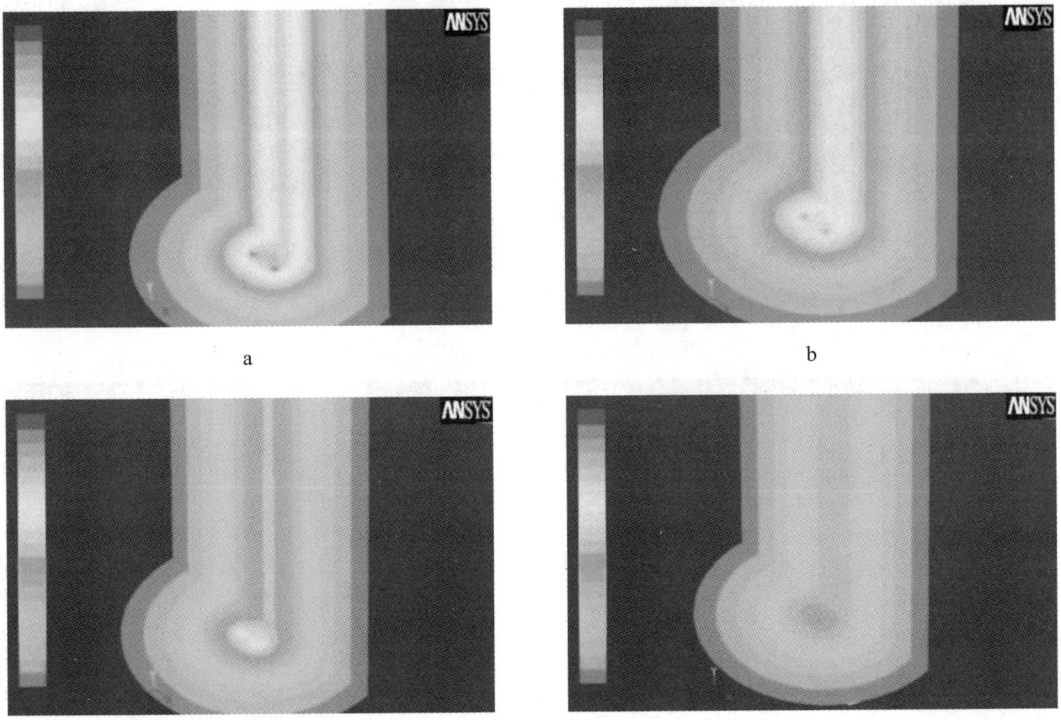

a b c d

图 9-64 储热阶段垂直向温度分布云图

a—1 h；b—5 h；c—10 h；d—16 h

**表 9-10 储热阶段各壁面的热流量**

| 时间/h | U 形管外壁热流量/W | 能量桩侧壁热流量/W | 土壤远边界热流量/W |
|---|---|---|---|
| 1 | 230 | 600 | 0 |
| 5 | 223 | 483 | 0 |
| 10 | 185 | 339 | 0 |
| 16 | 139 | 207 | 0 |

通过对加热过程能量桩垂直方向温度云图的分析，能量桩在竖直方向温度场随埋管深度几乎没有变化，通过对储热阶段温度云图的分析，在储热阶段尽管管内的水不再流动，但由于加热后能量桩和周围土壤已经有温度差存在，热作用半径还在扩大。

## 三、能量桩技术材料选取

由于将换热管埋设到桩基中，换热管的存在会对桩基原有力学要求产生较大影响，如果建筑物在既有混凝土配比的基础上，直接将换热管加入至桩中进行浇筑，这不但对建筑安全性产生严重后果，而且也很难满足能量桩的储热要求。

### （一）能量桩的力学和热力学性质

由于能量桩是以地源热泵理论为基础所提出的，作为一种新的建筑节能技术，其相关规定并未在《建筑基桩技术规范》（JGJ 94—2008）中体现。现阶段能量桩施工仅对建筑基桩原设计加入换热管是极不可取的，建筑原有基桩设计一般为普通混凝土加钢筋的构件，加入换热管后，其力学性质将受到严重影响，以螺旋埋管为例，在桩中加入换热管后其构件的抗压极限承载能力、抗弯极限承载能力等都会产生不同程度的影响。图 9－65 为无埋管桩与埋管桩在压力作用下的破坏情况，图 9－66 为无埋管桩跨中载荷一应变曲线，图 9－67 为埋管桩跨中载荷一应变曲线。

a　　　　b　　　　c

图 9－65　无埋管桩与埋管桩压力破坏情况

a—开始时的裂缝分布；b—无埋管桩破坏；c—埋管桩破坏

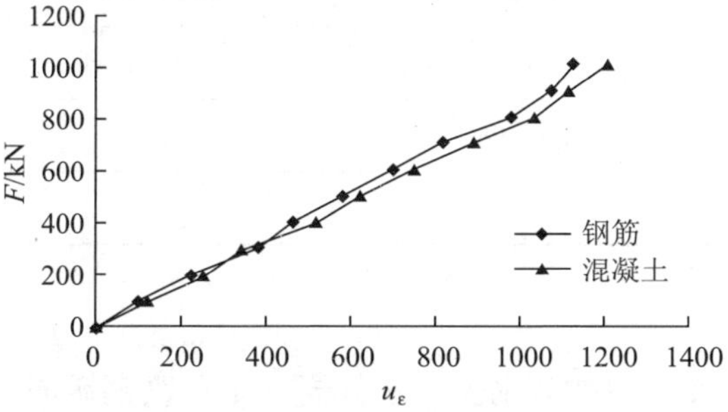


图 9－66　无埋管桩跨中载荷一应变曲线

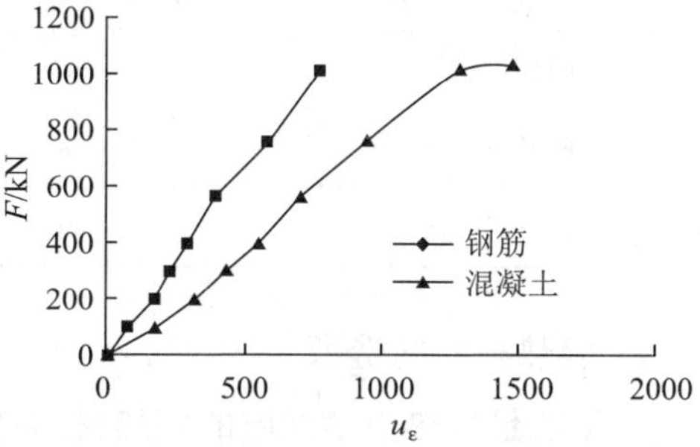


图 9－67　埋管桩跨中载荷一应变曲线

目前，国内建筑基桩材料多为普通硅酸盐混凝土加钢骨，硅酸盐混凝土在长时间高温和外部环境作用下，其化学和力学稳定性较差，并且和换热管的热膨胀系数不同会导致空气薄膜存在，使能量桩导热受阻，由于以上诸多因素存在，故要对现有混凝土各组分选择配比进行研究，从而提高能量桩储热系统的工作效率。

### （二）能量桩材料选取

能量桩材料选取上应满足以下几点要求：在长时间高温和外部环境作用下能量桩有很好的化学和力学稳定性；在换热管和土壤之间的能量桩应具有较高的导热系数；具有较低的热膨胀系数，使桩与换热管有很强的结合力，防止由于导热管与混凝土热膨胀系数不同，造成空气薄膜存在，而使导热完全受阻；基桩在整个使用历程对环境不会产生影响，对生态不会产生破坏。

#### 1. 增强材料的选取

混凝土抗拉、抗弯、抗冲击、抗爆以及韧性差。纤维混凝土作为一种新型复合建筑材料，具有抗拉、抗弯、抗剪、抗裂、阻裂、耐冲击、抗疲劳、高韧性等特点，其应用可以改善建筑构件力学特性。目前纤维增强混凝土主要有两种：一种是高弹模量短纤维增强混凝土，以钢纤维为代表；另一种是低弹模量短纤维增强混凝土，以聚丙烯和尼龙纤维为代表。图 9－68 为聚丙烯纤维、碳纤维、钢纤维三种纤维材料。表 9－11 为聚丙烯纤维、碳纤维、钢纤维三种材料的抗拉强度等性能对比，由表 9－11 可以看出，用纤维作为增强材料可以提高能量桩力学强度，从而避免因埋设换热管而造成的力学缺陷。

a　　b　　c

图 9－68　聚丙烯纤维（a）、碳纤维（b）、钢纤维材料（c）

**表 9－11　聚丙烯纤维、碳纤维、钢纤维性能对比**

| 名称 | 抗拉强度/MPa | 弹性模量/GPa | 极限延伸率/% |
|---|---|---|---|
| 聚丙烯纤维 | 200～550 | 0.6～6 | 10～15 |
| 碳纤维 | 2000～3000 | 220～400 | 6～15 |
| 钢纤维 | 2400～3800 | 200 | 1～2 |

**2. 储热材料的选取**

满足能量桩热力学性质的储热材料选取主要为铝酸盐水泥、玄武岩、工业废铜矿渣、石墨。以铝酸盐水泥作为胶凝剂，可以确保储热材料在工作温度下具有较强的稳定性及使用寿命，且其硬化后不含铝酸三钙，不析出游离的氢氧化钙，对地下矿物水的侵蚀抵抗作用明显优于硅酸盐水泥；选用玄武岩及工业废渣、铜矿渣等热容大的作为集料，既解决了工业废渣的环境污染又使改性混凝土的体积热容得到大幅提高；同时掺入导热性能优越的石墨能使混凝土储热材料的导热系数得到明显提高。

**3. 其他材料选取**

其他材料的选取为复合高效减水剂、膨胀剂。性能优异的复合高效减水剂可以有效降低施工用水量并提高混凝土的强度。加入适当量的膨胀剂可以密实混凝土，从而减少因温度和干湿度变化导致基桩自身体积发生较大变化，进而影响换热管与混凝土的结合。

（三）选取材料的性能

**1. 力学性质**

在水泥基体和水泥砂浆中分别掺入碳纤维，分析其抗压强度随纤维掺量的变化。表 9－12 和表 9－13 为碳纤维增强水泥和增强水泥砂浆的抗压强度随纤维掺量变化的实验数据（水灰比为 0.45，砂灰比为 0.5，碳纤维的掺量以占水泥质量百分比表示）。

表 9-12　不同碳纤维掺量下的水泥基体抗压强度　　单位：MPa

| 纤维掺量/% | — | 0 | 0.1 | 0.2 | 0.3 | 0.4 | 0.5 | 0.6 |
|---|---|---|---|---|---|---|---|---|
| 抗压强度 | 14.7 | 14.6 | 14.1 | 15.7 | 16.4 | 15.8 | 16.6 | 18.7 |

表 9-13　不同碳纤维掺量下的水泥砂浆基体抗压强度　　单位：MPa

| 纤维掺量/% | — | 0 | 0.5 | 0.6 |
|---|---|---|---|---|
| 抗压强度 | 15.0 | 13.2 | 16.5 | 18.4 |

注："—"表示未加分散剂。

由表 9-12 和表 9-13 中的数据可以看出，碳纤维增强水泥和增强水泥砂浆的抗压强度随纤维掺量增加而增加，且在碳纤维掺量为 0.6%时，水泥基和水泥砂浆的抗压强度增加量是未添加碳纤维时抗压强度的 25%以上，抗压强度效果显著。

表 9-14 为钢纤维混凝土与普通混凝土力学性能比较的试验结果，由表 9-14 中可以看出，钢纤维混凝土的抗压强度明显高于普通混凝土，掺加钢纤维的混凝土抗压强度提高量达 50%以上。

表 9-14　钢纤维混凝土与普通混凝土力学性能比较

| 物理力学性质指标 | 极限抗弯拉强度 MPa | 极限抗压强度 MPa | 抗剪强度 MPa | 弹性模量 MPa | 热膨胀系数 $m \cdot K^{-1}$ | 抗疲劳限值 | 抗裂指标比 |
|---|---|---|---|---|---|---|---|
| 普通混凝土 | 2～5.5 | 21～35 | 2.5 | $2\times10^4$～$3.5\times10^4$ | 9.9～10.8 | 0.5～0.55 | 1 |
| 钢纤维混凝土 | 5～26 | 35～56 | 4.2 | $1.5\times10^4$～$3.5\times10^4$ | 10.4～11.1 | 0.80～0.95 | 7 |

表 9-15 和表 9-16 为掺入聚丙烯纤维混凝土 7 d 和 28 d 的试验结果。

表 9-15　7 d 试验结果

| 指标 | 抗压强度/MPa | 抗折强度/MPa | 劈裂强度/MPa | 轴心抗压强度/MPa | 抗压模量/GPa |
|---|---|---|---|---|---|
| 基准混凝土 | 27.7 | 3.90 | 2.46 | 23.6 | 23.2 |
| 掺 1.8 kg/m$^3$ 聚丙烯纤维混凝土 | 30.2 (1.09) | 4.28 (1.10) | 2.71 (1.10) | 25.9 (1.10) | 25.7 (1.11) |
| 掺 2.7 kg/m$^3$ 聚丙烯纤维混凝土 | 31.4 (1.13) | 4.59 (1.18) | 3.03 (1.23) | 27.8 (1.18) | 27.3 (1.18) |

注：括号内数据为与基准混凝土的强度比。

表 9-16　28d 试验结果

| 指标 | 抗压强度/MPa | 抗折强度/MPa | 劈裂强度/MPa | 轴心抗压强度/MPa | 抗压模量/GPa |
|---|---|---|---|---|---|
| 基准混凝土 | 33.7 | 5.16 | 2.47 | 34.0 | 31.0 |
| 掺 1.8 kg/m$^3$ 聚丙烯纤维混凝土 | 38.9 (1.15) | 5.84 (1.13) | 2.90 (1.17) | 37.7 (1.14) | 34.9 (1.13) |
| 掺 2.7 kg/m$^3$ 聚丙烯纤维混凝土 | 40.0 (1.19) | 6.26 (1.21) | 3.14 (1.27) | 40.0 (1.18) | 37.2 (1.20) |

注：括号内数据为与基准混凝土的强度比。

由表 9-15 和表 9-16 可以看出，掺入聚丙烯纤维 1.8 kg/m$^3$ 混凝土，比基准混凝土 7 d 抗压强度增加 10%左右，28 d 抗压强度增加 15%左右；掺入聚丙烯纤维 2.7 kg/m$^3$ 混凝土，比基准混凝土 7 d、28 d 抗压强度均增加 20%左右。

**2. 热力学性质**

能量桩中掺入玄武岩、工业废铜矿渣、石墨等材料都可以提高混凝土的导热系数，表

9-17为加入导热性能优越的石墨后，储热材料热导率的测试结果。由表9-17中可以看出，储热材料的热导率随石墨粉含量的增加而增大，当石墨粉含量为3%时，材料的热导率达到或超过1.6 W/(m·K)时，这个数值已经超过液态碳酸盐的热导率值2.0 W/(m·K)。所以石墨的加入完全可以符合要求，并能提高桩的导热系数。

**表9-17　储热材料热导率的测试结果**

| 石墨粉含量/% | 0 | 1 | 2 | 3 |
|---|---|---|---|---|
| 热导率/($W \cdot m^{-1} \cdot K^{-1}$) | 0.88 | 1.21 | 1.68 | — |

能量桩以纤维作为增强材料，以铝酸盐水泥作为胶凝剂，基桩可以避免由于换热管和石墨粉加入而造成的力学缺陷，确保储热材料的稳定性和使用寿命，抵抗地下矿物水的侵蚀；选用玄武岩及工业废铜矿渣等热容大的材料作为集料，可使改性混凝土的体积容积大幅提高，又对工业废渣进行再利用，解决了工业废渣的环境污染问题，使节能和环保相结合；选用高导热系数的石墨，可提高能量桩的储热性能；选用性能优异的复合高效减水剂和膨胀剂，可以防止混凝土的温度应力裂缝，有效促进换热管和混凝土的结合；通过对混凝土桩材料优化配比，可以制备满足能量桩要求的新型高强混凝土储热材料。

## 四、能量桩施工技术

### （一）能量桩埋管换热器的优点及注意事项

#### 1. 能量桩埋管换热器的优点

首先，有避免受后期扩建工程施工时对地下换热器的不利影响，更稳定安全；其次，换热管安装在建筑物桩基内，桩基用混凝土浇实后换热管与桩基混凝土融为一体，由换热管与周围土壤的热交换变为桩基混凝土浇筑体与土壤热交换，扩大了换热管与周围土壤的热交换面积（混凝土的换热性能优于土壤的换热性能），也增强热交换效率；再次，因换热器插管与建筑桩基同时进行，具有工期优势；并且施工的先期性也使换热器的安装不需要避让给排水、电缆等，因此设计更简单，施工更便利，缩短总工期。

#### 2. 需要注意的事项

第一，因交叉作业多，需要跟土建方密切配合；第二，安装过程中需要做好对换热管的保护，以免受给排水、电缆等施工时对换热管的破坏。不过，只要业主和土建方对换热器施工配合，换热器的安装一般不会影响土建的施工。而且，在地下室安装换热器比在地上安装时受给排水、电缆等施工的破坏的风险要小得多。

### （二）桩埋管施工工艺

桩埋管属于垂直地埋管换热器的一种，早在20世纪80年代起就开始在国外得到广泛利用，如工厂、体育馆、展览大厅、办公楼、学校、宾馆、博物馆和住宅楼等。它通过在建筑物钢筋混凝土灌注桩中埋设各种形状的管状换热器装置进行承载、挡土支护、地基加固的同时，可以进行浅层低温地热能转换，起到桩基和地源热泵预成孔直接埋设管状换热器的双重作用。这样也就省却钻孔工序，节约施工费用，更能有效地利用建筑物底板下的面积。这种技术的推广将为绿地面积小、容积率高的建筑物提供新的应用空间，必将成为垂直埋管方式新的应用典范。

在混凝土灌注桩内敷设换热管的桩基可以现场浇筑。在混凝土浇筑前，在钢筋笼内沿绑扎U形管状换热器，随沉桩至土（岩）层中。预制钢筋混凝土桩内的管状换热器与地表管路连接，换热器管路内充填交换流体，通过管状换热器系统中的交换流体与钢筋笼、桩身混凝土、桩周进行热交换，形成封闭式地源热泵的地下低温地热能交换器。

**1. 换热管的绑扎及安装**

PE换热管顶端安装球阀和压力表，施工过程中PE换热管需要加压并将顶部密封保护，以防止混凝土灌浆料进入PE管，也避免在混凝土重力作用下PE管被压变形。

在整个过程中要保证换热管之间保持合适的间距，并且换热管与钢筋笼之间绑扎牢固，以防止运输过程中或混凝土浇筑过程中换热管脱落。

在PE换热管的顶端接出口处安装保护套管并接出钢筋笼，以防止安装灌注桩时对换热管的破坏，同时确保回灌水泥浆料时换热管接头不受水泥浆料的污染，这样才能保证换热管方便连接到水平集管上（图9－69）。

图9－69　在PE换热管的顶端接出口处安装保护套管

钢筋笼中的PE换热管宜为整根完整直杆，不宜由多根短管焊接而成，如图9－70所示。

桩顶细节　在桩顶处离压力表大约400 mm的位置焊接一个起保护作用的方形钢筋箍。

图9－70　钢筋笼中的PE换热管安装示意图

桩底细节　在U形换热管的底部绑扎保护套管，防止桩孔底部尖锐物体反冲上来损坏换热管，如图9－71所示。

**2. 水平接管的连接**

除了要做好水压试验和记录试验报告，钢筋笼放入桩孔时要严格安装在所需要的高度上。在换热管顶部处的混凝土捣实工作需由手动完成。

在换热管和钢筋笼放入桩位并且浇铸水泥后，应该在桩位顶部浇铸一层混凝土以保护换

图 9-71　在 U 形换热管的底部绑扎保护套管，防止桩孔底部尖锐物体反冲上来损坏换热管

热管。

在混凝土浇筑前，需先测量并记录换热管中的压力；浇筑后再测量并记录一次；在水平集管接到集分水器上之前，同样需要在水平集管上安装球阀和压力表并测量水平集管的压力，一旦试压结果正常，即在该水平集管上做好永久的标志。

**3. 需要土建方的配合**

为防患未然，需要在现场施工的土建方至少要做好以下措施和注意事项。选择合适的地点存放钢筋笼，在不影响工期的前提下做好以下工作：在钢筋笼中铺设换热管、换热管接头的热熔连接，以及对换热管底部的保护措施。土建方应做好钢筋笼的运输工作，以防止钢筋笼中的换热管受到损坏和发生异位。

钢筋笼放入桩位时需要特别小心，以防止钢筋笼中的换热管受到损坏和发生异位。钢筋笼应就位在合适的高度。做好对换热管、减震装置、压力表和球阀的保护工作。

在地下室开挖到换热管附近时要特别小心，最好手动调整挖掘机的挖掘深度。

在制作承台将换热管接出承台时要特别小心。

换热管还有可能被诸如尖锐物体、焊液、飞溅的火花和烟头等损坏。因此要针对性告知现场施工人员。

### （三）能量桩基设计对埋管工艺的要求

在钻孔灌注桩内地源换热器埋管，根据钻孔灌注桩的设计桩径、钢筋笼设计长度不同，决定埋管工艺不同。

**1. 能量桩径的设计**

设计桩径在 700 mm 以下，同时钢筋笼设计到孔底时（图 9-72），采用换热器管分段绑扎在钢筋笼主筋上，随钢筋笼一起下放到孔底。每节钢筋笼之间的分段换热器管采用热熔焊接。

**2. 钢筋笼的设计**

设计钢筋笼不到孔底，同时设计桩径在 750 mm 以上时（图 9-73），采用换热器管整根随桩机导管一起下放到孔底。

### （四）能量桩埋管工艺对桩基设计的要求

能量桩埋管施工工艺不同，对钻孔灌注桩的主筋直径、主筋分布方式的设计也有一定的要求。

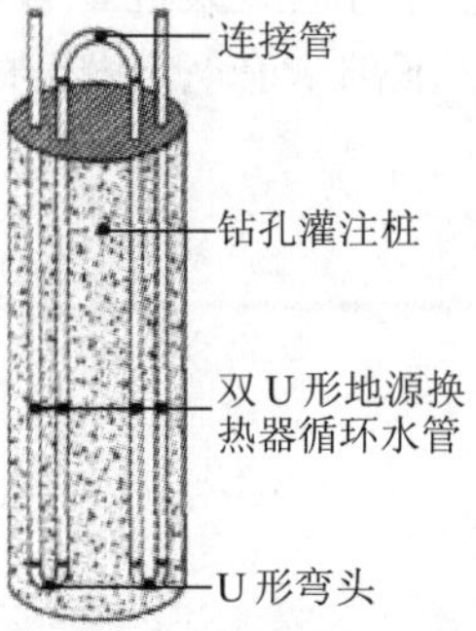


图 9－72　钻孔灌注桩与换热管

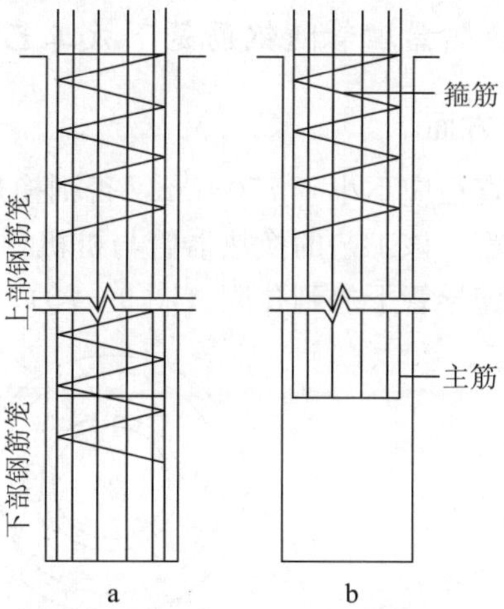


图 9－73　钢筋笼至孔底（a）和钢筋笼不至孔底（b）

1）为保护换热器管不被桩机导管碰伤，设计主筋直径不小于 32 mm 时，换热器埋管紧贴主筋根部与箍筋扎牢（图 9－74a）；或者设计主筋直径小于 32 mm 且不小于 16 mm 时，采用其中两根主筋与另两根主筋叠放的布筋方式（图 9－74b）；若主筋直径小于 16 mm 时，采用其中两根主筋与另两根主筋叠放的布筋方式，同时在叠放的两根钢筋之间焊接垫筋，以保护换热器管（图 9－74c）。

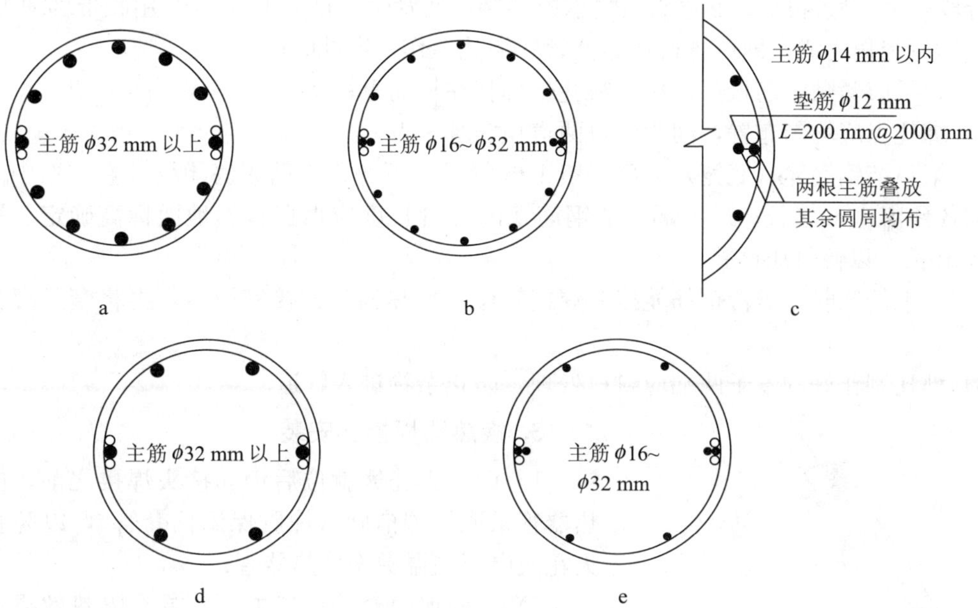


图 9－74　主筋布筋图

a—主筋直径大于 32 mm 的布筋方式；b—主筋直径小于 32 mm 的布筋方式；c—主筋直径小于 16 mm 的布筋方式；d—6 根主筋直径大于 32 mm 的布筋方式；e—8 根主筋直径大于 16 mm，小于 32 mm 的布筋方式

2）为保证换热器管埋置深度，钢筋笼必须设计到换热器需要的深度。若钢筋笼主筋上下数量不同，当主筋直径不小于 32 mm 时，且根数不少于 6 根（图 9－74d）；当主筋直径小于 32 mm 时，主筋不少于 8 根（图 9－74e），以保证钢筋笼成圆形，同时有利于钢筋叠放。

## (五) 换热器埋管随钢筋笼下放工艺

### 1. 设计方面

钢筋笼直径应不小于 750 mm,否则换热器水管和钢筋笼之间的距离太近,容易卡住或碰伤换热器管。该工艺的换热器管与桩机导管的固定,采用导管下部卡套管支架的方式,将换热器埋管随导管下放到孔底(图 9-75)。

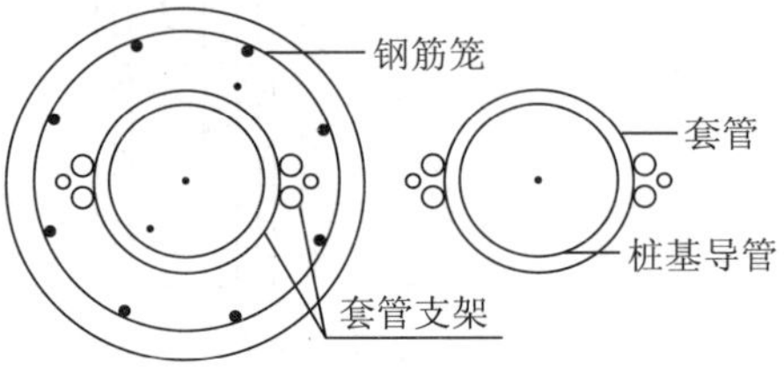


图 9-75　钢筋笼内部结构

施工时,混凝土灌注过程中桩机导管切忌大幅度“串管”操作,当桩内混凝土浇筑高度达到 6 m 左右时,拆除部分导管。

换热器管在下放前,制作完成后,即开始打压,并带压下管。

### 2. 换热器管的制作

结合钻孔灌注桩钢筋笼一般采用分段制作、分段安装的工艺特点,换热器管也应分段制作、分段安装,底部用 U 形弯头热熔承插连接,使管子连接成 U 形,并用胶带绑缚加固。

钢筋笼制作完成,即可进行换热器管的绑扎工作,绑扎时应注意:

1) 管子应紧贴主筋根部,用塑料扎带绑扎在箍筋上;

2) 绑扎点应均匀布置,间距为每两道箍筋绑一点;

3) 第一节钢筋笼(底笼)上部预留 1 m 管长,下部距钢筋笼底 40 cm 左右;中间钢筋笼两端各预留 1 m 管长。最上部一节钢筋笼的绑管长度应根据自然地面标高确定,甩出孔口约 2 m 长,以便打压试验;

4) 放钢筋笼时,需待钢筋笼接头焊接就位、换热器管连接完毕后,再将管子绑扎在钢筋上;

5) 绑扎制作好的管子两端应封口处理,防止杂物进入管道。

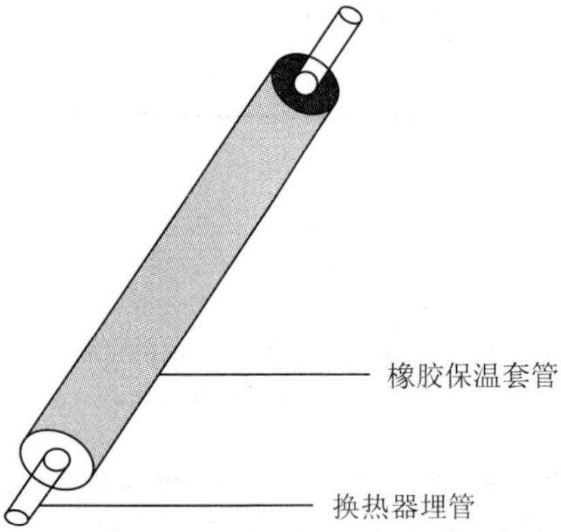


图 9-76　橡胶保温套管结构图

### 3. 换热器焊接、安装

1) 两节钢筋笼就位后钢筋接头焊接之前,应对换热器管采取保护措施(橡胶保温棉套管),以防止电焊火花或电焊高温烫伤换热器管;

2) 橡胶保温套管施工方便,具有隔热效果,且橡胶保温材料具有阻燃性,可有效保护换热器管,长度一般为 80 cm。橡胶保温套管结构如图 9-76 所示。

3) 钢筋笼焊接完,待焊接点冷却 20 min 后,方可进行换热器管的热熔焊接(严禁采用泼水的方法对钢筋笼焊接点冷却)。热熔焊接完成后,按照要求进行扎带绑扎;

4）橡胶保温套管在热熔焊接前拆除，可再利用；

5）钢筋笼放置完成后，桩机导管下放前，应对整组连接完毕的换热器管进行密闭打压试验，试验压力根据地下室深度一般不小于 0.6 MPa（10 min 压降小于 0.05 MPa）即为合格；

6）打压试验合格后两端应用管帽封闭，以防止水泥浆进入管内，同时保持管道内存水，在混凝土浇灌时保证换热器管不变形；

7）若打压试验不合格，则本桩位换热器管埋设报废，应立即通知设计单位调整至其他桩位埋管。

### （六）能量桩桩顶处理

桩顶处理换热器管在桩顶由竖直埋管变为水平走向的水平埋管，水平埋管位置一般是在垫层下或垫层内（图 9－77），此时的桩顶处理尤为重要。

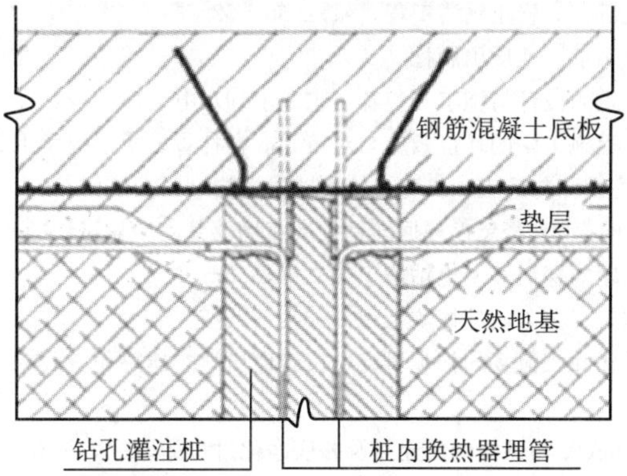


图 9－77　桩内 PE 管引出状态图

1）截桩时应严格保护桩内埋管，要求先从底部找出埋管位置，凿开后截断管子并封堵完再开始截桩，截桩至桩顶以上 30 cm 左右，采取精修的方式凿桩；

2）埋管需从桩内引出后变为水平走向，如换热器管道在桩中间露出，需要用手动风镐在桩头上开槽，管道从槽中连接至垫层下，如果桩头被破坏，则需要浇垫层时在桩头周围留一定坡度，接桩或在底板浇筑时一起浇捣，不得随意补平；

3）考虑到底板钢筋安装时对管道的保护，一般要求桩顶管水平引出时低于大底板垫层底标高，所以对桩顶周边一般采用局部承台设计的处理方式较为简单实用；

4）若为双 U 形管，四根换热器管引出桩头后，将双 U 形管的两个 U 形管中每个拉出一根，在桩顶附近焊接连接，形成 W 形管，另两根管分别编号，保证一进一出，且在同一回路，避免混淆。

# 参 考 文 献

《地基处理手册》编写委员会．1988．地基处理手册．北京：中国建筑工业出版社．
《桩基工程手册》编委会．1995．桩基工程手册．北京：中国建筑工业出版社．
白克军．1995．大直径钻孔灌注桩的灌注和计算方法．工业建筑，(3)：24—30.
北京振冲工程股份有限公司．2000．江河截流技术交流论文集．
卜长根，张兴辉．2010．旋挖钻机伸缩钻杆稳定性分析．地质装备，11（5)：13—16.
蔡汉明，胡海明．1998．AUTOCAD R14．北京：人民邮电出版社．
曹同生．1998．新型螺旋三翼钻头的研制．矿山机械，(8)：19—20.
常世臣，郑培根，汪多伦．1990．现代基础工程施工．长春：长春地质学院．
陈晨．2012．热熔岩与热融冰技术．北京：科学出版社．
陈晨．2005．超固结土中基坑体系性能及热熔碎岩技术．哈尔滨：哈尔滨工业大学．
陈晨．2001．热熔法钻进理论与工艺．长春：吉林大学．
陈晨．2000．反循环钻进井底净化研究．岩土钻凿工程，(1)：60—62.
陈晨．1999．岩土工程电子手册．北京：地质出版社．
陈晨．1998．深基坑土钉墙护壁体系的设计与施工．长春：东北水利水电，(4)：21—24.
陈晨，卢文阁．1998．城市岩土工程施工中的环境效应与对策．98 吉林省岩土工程学术会议交流论文．
陈晨，蒋荣庆．1994a．钻孔灌注桩设计与施工．长春：长春地质学院．
陈晨，赵大军，徐龙宪，等．1994b．大直径反循环回转钻井底流场及井底净化过程的研究．地质行业基金项目．
陈晨．1993．钻扩桩施工中若干问题的探讨．岩土钻凿工程文集，36—38.
陈晨．1992．槽壁式地下连续墙施工工艺．西部探矿工程，(6)：72—74.
陈晨，郑培根．1992．大直径反循环井底流场的初步研究．长春地质学院建院 40 周年科学研究论文集．长春：吉林科学技术出版社，286—290.
陈晨．1991a．泵吸反循环回转钻井底流场试验台的建立及井底净化过程的研究．长春：长春地质学院．
陈晨．1991b．大直径钻扩桩现状及发展方向．探矿工程，(12)：36—37.
陈金巧，张玉，张长增，等．2001．关于旋挖钻孔灌注桩施工的研究．化工建设工程，(4)：45—46.
陈美玲，马玉麟．AUTOCAD 11.0 问题集．北京：海洋出版社．
陈念军，蔡升华．1998．振冲碎石桩复合地基承载力标准值的修正．电力勘测，(2)：1—5.
陈肇元，等．2000．土钉支护在基坑工程中的应用．北京：中国建筑工业出版社．
陈仲颐，叶书麟．1997．基础工程学．北京：中国建筑工业出版社．
程斐．2009．旋挖钻机钻头的选配与使用．中国煤炭地质，21（增刊)：72—73.
程良奎．2001．岩土锚固的现状与发展．土木工程学报，(3)：7—12.
程良奎．1993．岩土工程中的锚固技术——岩土锚杆的施工．工业建筑，(5)：51—56.
程云程．2000．非开挖技术及其在工程中的应用．土工基础，(3)：47—50.
崔江余．2000．高压喷射注浆法产生的超孔隙水压分析．探矿工程，(1)：32—34.
邓容有，唐捷朗．2001．地下连续墙的工字钢接头施工工艺及其技术改进．建筑技术开发，(10)：34—35.
董晔．2001．提高锚杆锚固力方法研究．地质与资源，(3)：190—192.
杜向忠．2002．自钻式锚杆加固的应用．路基工程，(2)：60—62.
方伟，王瑜．2000．地下连续墙施工机械及工法．建筑机械，(6)：36—38.
高大水．2013．三峡船闸高边坡锚固及新型无粘结锚索开发．水力发电，29（1)：36—40.
耿家祥．1997．国外地下连续墙施工设备的现状与展望．施工技术，(1)：49—51.
耿令强．2001．气举反循环钻进深度的理论计算与加深试验．中国煤田地质，(6)：86—87.
龚晓南．2004．地基处理技术发展与展望．北京：中国水利水电出版社，知识产权出版社．
龚晓南．1997．地基处理新技术．西安：陕西科学技术出版社．
郭传新．2011．中国桩工机械现状及发展趋势．建筑机械化，(8)：16—21.
郭传新，彭振．2005．旋挖钻机用组合式伸缩钻杆．建筑机械，(8)：90—91.

韩日君，石秉元，范景伦．1998. 软土地区深基坑地下连续墙多层锚杆支护正逆施工法．施工技术，(1)：23－24.
韩泽亮．2010. 钻孔灌注桩拔除工艺研究．岩土工程学报，32（增刊2)：398－401.
汉纳 T H. 1987. 锚固技术在岩土工程中的应用．北京：中国建筑工业出版社．
洪继祥，黄殿贵．1995. 高压喷射注浆技术状况及发展趋势．西部探矿工程，(3)：48－51.
侯传东，孙国庆．2001. 大口径非开挖铺管技术的施工工艺．岩土工程界，(8)：44.
江正荣．1997. 地基与基础施工手册．北京：中国建筑工业出版社．
江正荣，朱国梁．1986. 简明施工手册（第二版）．北京：中国建筑工业出版社．
蒋荣庆，殷琨，王茂森，等．2003. HC型环状组合式潜孔锤及取心方法试验研究．探矿工程，(3)：26－29.
蒋荣庆，殷琨，王茂森，等．2001. 潜孔锤钻进理论与实践的新进展．探矿工程（增刊)：179－183.
蒋荣庆，殷坤，王茂森．1995. FGC－15型大直径单头潜孔锤钻具系统研制．探矿工程，(5)：17－19.
金文龙．1998. 钢管桩穿透护岸抛石层的工程实践．水运工程，(10)：67－70.
蓝俊康．2001. 非开挖铺设地下管线施工方法及设备的类型．广西地质，(3)：71－75.
雷开运，李斌，王美利．1998. 现代防渗墙施工机械 BC30 液压铣槽机．水利电力施工机械，(2)：36－39.
李旭，王世顺，谢在巍．2006. 自钻式锚杆在基坑支护中的应用．铁道建筑，(5)：65－66.
李保健．1999. 高压喷射注浆施工工艺的改进与优化．工业建筑，(11)：66－69.
李博．2011. 风动潜孔锤钻进技术在北京地铁降水中的应用研究．探矿工程，38（4)：45－52.
李红民．2001. 120 m超长钻孔灌注桩的施工技术．公路，(5)：24－25.
李立刚．1999. 双轮铣在小浪底工程槽孔防渗墙施工中的运用．水利水电科技进展，(6)：51－56.
李世忠．1992. 钻探工艺学．北京：地质出版社．
李威，刘久生．2000. 夯扩桩的应用及其施工中应注意的几个问题．岩土力学，(2)：185－187.
李振亚．2001. 我国冲击反循环桩孔钻机现状与发展．探矿工程，(1)：57－59.
梁武．2001. 非开挖施工技术与设备简介．建设机械技术与管理，(10)：20－22.
廖光华．2000. 泵吸反循环施工大口径灌注桩钻进深度的理论分析．探矿工程，(6)：15－16.
林孔锱．1984. 矿石桩地基的承载力与沉降计算探讨．工业建筑，1984，(7)：1－6.
林晓玲，周连明，吴建东，等．2000. 土工织物加筋垫层的应用研究．岩土力学，(3)：252－255.
林宗元．1994. 岩土工程治理手册．沈阳：辽宁科学技术出版社．
刘宝亨．1999. 三重管高压喷射注浆技术参数的选择．工程勘察，(4)：21－25.
刘博海，杨亮，罗昊冲．2011. 管幕法简述．城市道桥与防洪，(5)：141－149.
刘福新，戎文娥．2003. 基础桩市场现状及存在的问题．建筑机械，(6)：26－28.
刘根芳．1995a. 对沉桩施工土壤挤密半径的分析．建筑机械化，(2)：6－8.
刘根芳．1995b. 液压全套管钻孔灌注桩（贝诺特桩）施工技术．建筑技术，(3)：136－140.
刘建航，侯学渊．1997. 基坑工程手册．北京：中国建筑工业出版社．
刘金砺，李大展，张雁．2001. 桩基设计施工与检测．北京：中国建材工业出版社．
刘瑞祺，张长舟．1992. 水文地质钻探、钻井工程实用技术手册．北京：中国勘察协会技术咨询部．
刘守进．2014. 长螺旋钻机的发展趋势探析．硅谷，(3)：89－90.
刘天泉，钱七虎．1999. 城市地下岩土工程技术发展动向．煤炭科学技术，(1)：1－5.
刘万伟．1998. 宁波大桥锁口钢管桩围堰施工．施工技术，(9)：14.
刘亚东．1999. 地基处理技术的发展与现状．内蒙古水利，(2)：40－41.
刘振东．2013. 大孔径集束式潜孔锤结构与动力特性的研究．大庆：东北石油大学．
卢满堂，梁文彪．2001. 钻孔灌注桩新技术的发展现状及应用前景．科技情报开发与经济，(1)：65－66.
卢文阁，陈晨．1999a. 静压与劈裂注浆加固铁路路基的效果分析．水文地质工程地质，(4)：54－57.
卢文阁，陈晨．1999b. 土石坝观测孔成孔方法的研究．东北水利水电，(3)：25－27，49.
卢予北．1994. 岩土钻探工程大口径钻头设计与应用．探矿工程，(3)：25－27.
卢忠汉．1999. 地下连续墙及其成槽设备．中国港湾建设，(4)：40－44.
陆学文．2010. 我国桩工机械的十年发展回顾与展望．建筑机械化，(4)：22－24.
罗俊国．2008. 贝诺特工法在南京河西地区的应用研究．山西建筑，(11)：13－14.
马植侃，汪滨．1998. 钻探工程学．北京：地质出版社．

美国英格索兰公司（Ingersoll－Rand）. 2003. 钻进设备制造的先驱．地质装备，4（2）：32－36．
尼加提·沙塔尔．2012. 全套管钻孔法施工技术．黑龙江交通科技，（10）：107－108.
潘江，徐旭炯．2002. 振冲碎石桩与振动沉管挤密砂石桩地基处理方法比较．工程建设与设计，（1）：33－35.
彭文祥，彭振斌．2001. 强夯法设计．岩土工程界，（11）：41－42.
彭新明．1998. 螺旋钻进技术在工程施工中的应用．西部探矿工程，（3）：53－56.
戚瑞安．2014. 自钻式锚杆在深基坑支护中的应用．施工技术，43（9）：111－113.
齐开珊．1997. 多头潜水电机在京唐港地下连续墙工程中的应用．港口工程，（6）：45－46.
钱奂云．2011. SWSD系列套管式螺旋钻孔机．建筑机械，（11上）：126－132.
冉恒谦，张金昌，谢文卫，等．2011. 地质钻探技术与应用研究．地质学报，85（11）：1807－1827.
尚尔海．2010. 欧洲标准下锚杆拉拔试验方法．铁道建筑技术，（4）：10－14.
沈保汉．2012a. 桩基础施工新技术专题讲座（二十二）气动潜孔锤反循环钻孔灌注桩（上）. 工程机械与维修，（5）：162－164.
沈保汉．2012b. 桩基础施工新技术专题讲座（二十二）气动潜孔锤反循环钻孔灌注桩（下）. 工程机械与维修，（6）：158－160.
沈保汉．2010a. 桩基础施工新技术（第二讲）桩基础施工技术现状（上）. 工程机械与维修，（5）：118－122.
沈保汉．2010b. 桩基础施工新技术（第二讲）桩基础施工技术现状（下）. 工程机械与维修，（6）：138－144.
沈保汉．2010c. 桩基础施工新技术（第一讲）桩基础施工技术现状．工程机械与维修，（4）：136－140.
沈保汉．2005. 桩基础施工技术现状及发展趋向浅谈．建设机械与管理，（3）：20－26.
沈保汉．2001a. 后注浆桩技术．工业建筑，（6）：62－63.
沈保汉．2001b. 预先钻孔法埋入式桩．施工技术，（7）：43－44.
沈保汉．2000a. 贝诺特灌注桩．施工技术，（8）：47－49.
沈保汉．2000b. 反循环钻成孔灌注桩．施工技术，（7）：48－50.
沈保汉．2000c. 桩基础施工技术讲座——长螺旋钻成孔工艺的发展．施工技术，（10）：49－51.
沈保汉．2000d. 桩基础施工技术现状及发展方向．施工技术，（5）：58－61.
沈保汉．2000e. 钻斗钻成孔灌注桩．施工技术，（6）：46－48.
沈保汉．2000f. 钻孔压浆桩．施工技术，（9）：47－49.
石井準之助，等．1987. 基础工程．北京：煤炭工业出版社．
史佩栋．2011. 我国深基础工程技术发展现状与展望——21世纪头10年情况综述．施工技术，40（350）：757－766.
史佩栋．2008. 桩基工程手册．北京：人民交通出版社．
史佩栋，高大钊．2001. 千年更替话岩土．岩土工程界，4（1）：16－20.
史佩栋．1997. 我国桩基础施工技术现状．铁道建筑技术，（1）：11－14.
史佩栋．1995. SMW工法地下连续墙．施工技术，（2）：52－53.
盛崇文，王盛源，方永凯，等．1983. 南通天生港电厂地基用碎石桩加固及其观测．岩土工程学报，5（1）：43－50.
帅华国．2001. 对深层搅拌法处理地基存在问题的探讨．建筑技术开发，（9）：5－6.
宋志彬．2013. 全回转套管钻机和全套管施工工艺的研究．探矿工程，40（9）：29－36.
孙广阔．1998. 破岩滚刀钻头的布刀设计和使用．水利水电技术，（8）：33－35.
孙君．2014. 螺杆桩机的钻具结构分析．硅谷，（3）：147－148.
孙志峰．2006. 高精度水平锚索技术研究及在三峡工程中的应用．长春：吉林大学．
铁道部第四勘察设计院科研所．1985. 加筋土挡墙．北京：人民交通出版社．
童小东，蒋永生，龚维明，等．2000. 多功能喷射深层搅拌法装置的工作原理．东南大学学报（自然科学版），（5）：78－80.
屠厚泽．1988. 钻探工程学．武汉：中国地质大学出版社．
《土工合成材料工程应用手册》编写委员会．1994. 土工合成材料工程应用手册．北京：中国建筑工业出版社．
王崇绪．2001. CJF－20型冲击反循环钻机桩基钻孔施工．建筑机械化，（1）：36－38.
王崇绪．2000. CJF－20型冲击反循环钻机．建筑机械，（10）：50－52.
王鸿．1999. 后压浆提高钻孔灌注桩承载力的初步研究．长春：长春科技大学．
王健．2000. 劲性水泥土地下连续墙技术的发展及应用．建筑技术开发，（4）：10－12.
王茂森，殷琨，张晓光．2006. 大直径环式组合潜孔锤及钻进工艺研究．地质与勘探，42（2）：90－92.

王平，赵永生，赵政．2001. 旋挖钻机选型及其在成孔施工中存在问题的探讨．探矿工程，(4)：18－20.
王文光，孙虹．2000. 地下连续墙设计与施工中若干问题的探讨．施工技术，(1)：39.
王旭惠，何建平．1997. 钻孔扩底灌注桩施工新工艺．华东地质学院学报，(1)：30－34.
王予铭．1998. 螺旋钻机主要参数计算．筑路机械与施工机械化，(6)：8－10.
王芝银．1999. 岩土工程学科发展动向．西安矿业学院学报，(增刊)：1－4.
韦伟．2000. 21 世纪岩土工程技术发展方向探讨．岩土工程界，(1)：4－7.
《建筑机械》编辑部．2009. 我国桩工机械行业 60 年发展及成就回顾（上）. 建筑机械，(8 月上半月刊)：14－23.
《建筑机械》编辑部．2009. 我国桩工机械行业 60 年发展及成就回顾（下）. 建筑机械，(9 月上半月刊)：24－25.
吴旭君．2006. 大直经单管喷射（旋喷）注浆法及其工程应用研究．长春：吉林大学．
吴允成．2000. 旋挖钻斗结构的探讨．探矿工程，(2)：28－31.
谢金宝，范光辉．1996. 中文 Excel 5.0 从入门到精通．上海：上海交通大学出版社．
谢俊．1994. 粉体喷射搅拌桩机理及施工技术．探矿工程，(1)：28－30.
辛凤波．2000. 浅述非开挖地下管线工程技术及其装备．建筑机械化，(6)：49－52.
徐少曼．1999. 关于土工织物加筋堤坝软基问题．福州大学学报，(2)：76－80.
薛智武．2004. 最新研制的国产多层伸缩钻杆．地质装备，5 (2)：11－12.
《岩土工程施工方法》编写组．1991. 岩土工程施工方法．沈阳：辽宁科学技术出版社．
阎红民．1996. 钻孔灌注桩施工工艺选择．工厂建设与设计，(6)：40－46.
阎立忠．2000. 泥浆护壁钻孔灌注桩后压浆施工技术．桥梁建设，(4)：46－48.
燕嵘生．2001. 长江干堤防渗墙施工技术分析．西部探矿工程，(增刊)：14－15.
杨明．2001. 强夯地基机理及其在高速公路中的应用．中外公路，(4)：22－24.
杨清青．2013. 深层搅拌桩在坝基渗流中的应用与研究．成都：西华大学．
杨仁杰．1981. SF 地下连续墙多头钻成槽机．工业建筑，(8)：12－16.
杨瑞莲，刘文．2010. 大型地下厂房围岩预应力锚固施工新技术应用．人民长江，41 (14)：56－58.
杨新亮．2001. 夯实水泥土桩复合地基的研究．长春：吉林大学建工学院．
杨引娥．2012. 大直径滚刀钻头寿命和效率创新的记录．地质装备，13 (2)：9－10.
杨志强，杜民．1999. 预制地下连续墙设计与成套施工工艺．建筑技术，(3)：180－181.
叶观宝，叶书麟．1999. 地基加固新技术．北京：机械工业出版社．
叶建良，蒋国盛，窦斌．2000. 非开挖铺设地下管线施工技术与实践．武汉：中国地质大学出版社．
叶书麟，韩杰，叶观宝．1994. 地基处理与托换技术（第二版）. 北京：中国建筑工业出版社．
叶书麟．1988. 地基处理．北京：中国建筑工业出版社．
英格索兰公司．1993. 大口径潜孔锤介绍册．
于长海．2009. 大直径钻孔灌注桩施工技术及桩底注浆研究．西安：长安大学．
于飞．1995. MD－50 型钻机的研制．探矿工程，(5)：20－21.
余吉平．2000. 强夯法在机场跑道延长填海中的应用实例．施工技术，(1)：43－44.
中国建筑标准设计研究所．2008. 预应力混凝土管桩（03SG409).
袁伟力．2009. 自钻式锚杆在高陡边坡防护加固中的应用．施工技术，38 (11)：125－126.
袁新民．2007. 潜孔锤钻进工艺及技术问题探讨．中国煤田地质，19 (6)：76－78.
张春标．2001. 应用锚杆及注浆技术加固挡土墙．铁道建筑，(6)：4－6.
张建国，赵惠君．1996. 高压喷射注浆技术在水利工程中的应用．山西水利科技，(1)：29－35.
张剑锋．2001. 21 世纪岩土工程展望．电力勘测，(1)：7－11.
张金昌．2001. CG1900 型全套管冲抓成孔设备、器具及施工工艺的研究和应用．探矿工程，(6)：29－32.
张蛮庆．2000. 深层搅拌法施工技术．探矿工程，(增刊)：71－76.
张启君．2005. 国内旋挖钻机的现状与施工技术点．交通世界，(7)：41－43.
张秋冬，吴青松，孟江，等．2013. 潜孔锤在大口径深井钻探中的应用．地质装备，14 (1)：29－32.
张树人．1997. 土工织物及其应用．港口工程，(6)：19－26.
张卫元．2003. 沉管灌注桩质量事故成因和预防补救措施研究．长春：吉林大学．
张振，郭伟．2012. 旋挖钻头的类型及选配．现代隧道技术，49 (2)：152－163.

章浩．2001. 振冲碎石桩处理不同类型软弱地基的方案选择．建筑，(9)：50.

赵建军，陈凯杰．2011. 我国静力压入桩发展现状及问题．广东建材，(3)：59－61.

赵伟民，顾迪民，诸文农，等．1999. 关于冲抓斗冲击掘削能量的计算．建筑机械，(6)：40－42.

赵伟民，顾迪民，诸文农，等．1998a. 冲抓斗钻孔机冲抓斗的理论分析．建筑机械，(3)：7－9.

赵伟民，顾迪民，诸文农，等．1998b. 冲抓斗钻孔机的发展概述．建筑机械，(3)：27－29.

赵伟民．1991. 回转斗钻孔机的构造原理与掘削机理分析．建筑机械，(2)：2－6.

赵志缙，赵帆．1994. 高层建筑基础工程施工．北京：中国建筑工业出版社．

赵志缙．1991. 高层建筑施工手册（第二版）. 上海：同济大学出版社．

郑培根，陈晨，赵大军．1994a. 大直径嵌岩钻井取心钻进方法的研究．大口径工程井：21－24.

郑培根，陈晨，赵大军，等．1994b. 大直径反循环回转钻进用翼状钻头常规结构分析及改进意见．探矿工程学会主编．探矿工程论文集．177－180.

郑培根，陈晨，郑午．1993. 大口径钻头图谱．北京：地质出版社．

中国建筑工业出版社．2014. 注册岩土工程师必备规范规程汇编（缩印本）. 北京：中国建筑工业出版社．

中国土木工程学会土力学及基础工程学会．1991. 土力学及基础工程名词（汉英及英汉对照）（第二版）. 北京：中国建筑工业出版社．

中国岩土锚固工程协会．1992. 岩土工程中的锚固技术．北京：地震出版社．

中华人民共和国国家质量监督检验检疫总局，中国国家标准化管理委员会．2009. 先张法预应力混凝土管桩（GB 13476—2009）. 北京：中国标准出版社．

中华人民共和国国家质量监督检验检疫总局，中华人民共和国建设部．2001. 钢结构工程施工质量验收规范（GB 50205—2001）. 北京：中国标准出版社．

中华人民共和国建设部．2008. 建筑桩基技术规范（JGJ 94—2008）. 北京：中国建筑工业出版社．

中华人民共和国建设部．2006. 预应力混凝土空心方桩（JG 197—2006）. 北京：中国标准出版社．

中华人民共和国交通部．2006. 公路路基施工技术规范（JTG F10—2006）. 北京：人民交通出版社．

中华人民共和国建设部．2005. 施工现场临时用电安全技术规范（JGJ 46—2005）. 北京：中国建筑工业出版社．

中华人民共和国建设部．2001. 岩土工程勘察规范（GB 50021—2001）. 北京：中国建筑工业出版社．

中华人民共和国建设部．1999. 土工试验方法标准（GB/T 50123—1999）. 北京：中国计划出版社．

中华人民共和国经济贸易委员会．2001. 先张法预应力混凝土薄壁管桩（JC 888－2001）. 北京：中国标准出版社．

中华人民共和国水利部．2003. 水利水电工程钻孔压水试验规程（SL 31—2003）. 北京：中国水利水电出版社．

中华人民共和国水利部．2003. 水利水电工程钻探规程（SL 291—2003）. 北京：中国水利水电出版社．

中华人民共和国住房和城乡建设部．2012. 钢筋焊接及验收规程（JGJ 18—2012）. 北京：中国建筑工业出版社．

中华人民共和国住房和城乡建设部．2012. 钢筋机械连接技术规程（JGJ 107—2012）. 北京：中国建筑工业出版社．

中华人民共和国住房和城乡建设部．2012. 建筑地基处理技术规范（JGJ 79—2012）. 北京：中国计划出版社．

中华人民共和国住房和城乡建设部．2011. 建筑地基基础设计规范（GB50007—2011）. 北京：中国建筑工业出版社．

中华人民共和国住房和城乡建设部，中华人民共和国国家质量监督检验检疫总局．2010. 建筑抗震设计规范（GB 50011—2010）. 北京：中国建筑工业出版社．

钟兴吉，潘学森，郑文丽，等．2003. 冲击反循环钻进工艺在大直径钻孔灌注桩施工中的应用．吉林地质，(3)：50－55.

周红军．2003. 我国旋挖钻进技术及设备的应用与发展．探矿工程，(2)：11－17.

周升风．2000. 气动夯管锤铺管施工工艺的研究．探矿工程，(4)：57－61.

周晓，陈松清．2000. 地下连续墙施工新技术．水利水电快报，(3)：5－7.

周晓林．勘察工程施工现场操作技术规范与执行标准实用手册．长春：吉林省音像出版社．

祝鹤，刘恒军，刘明宇．1998. 无桩靴夯扩桩在赣江冲积平原地区的设计与施工．南昌大学学报（工科版），(1)：89－95.

Brandl H. 2006. Energy foundations and other thermo-active ground structures. Géotechnique，56 (2)：81－122.

Brill G T，Burke G K，Ringen A R. 2003. A ten-year perspective of jet grouting：advancements in applications and technology. Grounting，101：218－235.

Preene M，Powrie W. 2009. Ground energy systems：from analysis to geotechnical design. Géotechnique，59 (3)：261－71.

Tamwski V R，Momose T，Leong W H. 2009. Assessing the impact of quartz content on the prediction of soil thermal conductivity. Geotechnique, 59 (4): 331—338.

Venkatarama B V, Gupta R A. 2005. Characteristics of cement-soil mortars. Materials and Structures, (38): 639—650.

Yasuhiro H, Hisashi S, Makoto N, et al. 2007. Field performance of an energy pile system for space heating. Energy and Buildings, 39: 517—524.

Yin K, Peng J M, Wang M, et al. 2006. FGC—15D large-diameter DTH air hammer drilling system and its application in offshore rock-socketed pile hole drilling. Global Geology, (2): 138—140.

Zhao S Y, Chen C. 2013. Heat simulation analysis of heat exchangers with inclined boreholes in ground-source heat pump systems. Advanced Materials Research, 671—674: 2551—2554.

Zhao S Y , Chen C. 2013. Simulation and economic analysis of the soil temperature field when concrete heat accumulation piles buried in different modes. Applied Mechanics and Materials, 291—294: 1149—1152.

Б. Б. Кудряшов и др. 1991. Бурение скважин в условиях изменения агрегатного состояния горных пород. 《Недра》.

Добронравов С С, Дронов В Г. 2001. Строительные машины и оснсвы автоматизации. М. , 《Высшая школа》, 280～294.

Чжан Цзупэй, Чэнь Чэнь. 1995. Бурение скважин большого диаметра в твёрдых породах.

Чэнь Чэнь, Чжан Цзупэй. 1999. Изучение движение жидкости в призабойной зоне и очистки забоя бурения скважины большого диаметра приобратной промывке.